品質管理

QUALITY CONTROL, 8th Edition

DALE H. BESTERFIELD 著

黃川誌 譯

衣叔堯 審閱

東華書局

PEARSON 台灣培生教育出版股份有限公司
Pearson Education Taiwan Ltd.

國家圖書館出版品預行編目資料

品質管理 / Dale H. Besterfield 著；黃川誌
譯. -- 初版. -- 臺北市：臺灣培生教育，
2009.11
　　面；公分
　參考書目：面
　譯自：Quality control, 8th ed.
　ISBN 978-986-154-921-7(平裝)

1. 品質管理

494.56　　　　　　　　　98020634

品質管理
QUALITY CONTROL, 8th Edition

原　　著	DALE H. BESTERFIELD
譯　　者	黃川誌
審　　閱	衣叔堯
出 版 者	台灣培生教育出版股份有限公司
	地址／台北市重慶南路一段 147 號 5 樓
	電話／ 02-2370-8168
	傳真／ 02-2370-8169
	網址／ www.Pearson.com.tw
	E-mail ／ Hed.srv.TW@Pearson.com
	台灣東華書局股份有限公司
	地址／台北市重慶南路一段 147 號 3 樓
	電話／ 02-2311-4027
	傳真／ 02-2311-6615
	網址／ www.tunghua.com.tw
	E-mail ／ service@tunghua.com.tw
總 經 銷	台灣東華書局股份有限公司
出 版 日 期	2009 年 11 月 初版一刷
I S B N	978-986-154-921-7

版權所有 · 翻印必究

Authorized Translation from the English language edition, entitled QUALITY CONTROL, 8th Edition, 9780135000953 by BESTERFIELD, DALE H., published by Pearson Education, Inc, publishing as Prentice Hall, Copyright © 2009, 2004, 2001, 1998, 1990, 1986, 1979 by Pearson Education, Inc.

All rights reserved. No part of this book may be reproduced or transmitted in any form or by any means, electronic or mechanical, including photocopying, recording or by any information storage retrieval system, without permission from Pearson Education, Inc.

CHINESE TRADITIONAL language edition published by PEARSON EDUCATION TAIWAN and TUNG HUA BOOK COMPANY LTD, Copyright © 2009.

作者序 Preface

　　本書提供了基本且廣泛的品質管制觀念；在這本書當中，所採用的都是目前最新、而且實用的方法。本書列出充份的品質管制理論，以確保讀者能夠徹底瞭解品質管制的基本原則。這本書裡運用了簡化的數學計算，還有一些廣泛運用的表格與圖形的機率與統計方法。

　　本書可以提供高職、社區大學及大學的工科學生所需要的品管知識與技術，也適用於商學院大學部及研究所的學生。一般專業機構、公司行號、工廠發現這本書最大的助益在於：在製造程序、品質、檢驗、行銷、採購和產品設計方面，能作為優良的員工訓練教材。

　　本書是設計作為品質管制領域的第一個基礎課程，若以一學期三學分的時數講授，它的內容相當豐富；它同時也提供（包含實驗設計的進階課程）一些必修的內容。

　　本書品質管理（*Quality Control*）第八版，第一章先介紹品質責任，接下來的兩章描述品質的全部範圍。讀者會發現，在進入有統計內容的章節之前，前三章的內容可以很快地理解。接下來的章節，討論統計的基礎、計量管制圖、計量值的其他統計製程管制技巧、機率的理論和計數值管制圖。最後的章節，主要是描述允收抽樣、可靠度，以及管理與規劃的工具。本書另外附有一片 CD-ROM 資料檔，可以使用 EXCEL 讀取。

　　對於使用本書的老師們，也提供了線上的老師教學手冊。若要從網路取得這項輔助性的線上教學手冊，老師們必須先獲得使用密碼，網址是 www.pearsonhighered.com/irc，請先註冊一組登錄存取使用的密碼。在註冊之後的 48 小時之內，就會有確認的 e-mail 回函。而在取得使用密碼之後，便可以再到網站上登錄，並且下載所需要的教材文件。

　　另外要特別感謝授權作者可以在書中使用各類圖表的作者、出版商。我也要感謝下列人員協助校閱：北德州大學工學院（University of North Texas

College of Engineering）的 Leticia Anaya、傑克森維爾州立大學（Jacksonville State University）的 Lyle Barnard、曼菲斯大學（University of Memphis）的 Carl R. Williams。我也要感謝中文版與西班牙文版的翻譯人員，協助將英文版翻譯成這兩種語言。希望全世界的教授、實務界士人以及學生，若發現第八版的內容有需要更進一步說明或補充教材之處，可以不吝指正。

Dale H. Besterfield

目 錄
Contents

Chapter 1　品質簡介　　1

　　簡　介　　2
　　品質責任　　6
　　執行長　　13
　　電腦與品質管制　　14

Chapter 2　全面品質管理：原則與實務　　25

　　簡　介　　26
　　基礎方法　　26
　　領導能力　　30
　　顧客滿意度　　37
　　員工參與　　41
　　持續的製程改善　　45
　　與供應商的合夥關係　　55
　　績效衡量　　56
　　戴明的 14 點聲明　　73
　　最後註解　　73

Chapter 3　全面品質管理：工具和方法　　77

　　簡　介　　78
　　統計製程管制　　78
　　允收抽樣　　89
　　可靠度　　90
　　實驗設計　　90
　　田口品質工程　　90
　　失效模式與效應分析　　91
　　品質機能展開　　91

ISO 9000	92
ISO 14000	107
標竿制度	107
全面生產維護	108
管理和規劃工具	108
設計品質	108
產品責任	109
資訊科技	110
精　實	110
電腦程式	111

Chapter 4　統計學基本原理　　115

簡　介	116
次數分配	121
集中趨勢的量測	134
離散量測	140
其他量測	145
母體和樣本的概念	149
常態曲線	151
常態性的檢定	158
散佈圖	162
電腦程式	166

Chapter 5　計量值管制圖　　179

簡　介	180
管制圖的方法	187
管制狀態	206

規　格	215
製程能力	223
六個標準差	229
其他管制圖	231
電腦程式	242

Chapter 6　其他的計量值統計製程管制技術　　251

簡　介	252
連續製程與分批製程	252
多變異管制圖	257
短期生產的統計製程管制圖	258
量規管制	275
電腦程式	281

Chapter 7　機率的基本原理　　285

簡　介	286
基本概念	286
離散機率分配	297
連續機率分配	307
分配之間的相互關係	308
電腦程式	309

Chapter 8　計數值管制圖　　315

簡　介	316
不合格品數管制圖	317
不合格點數管制圖	339
品質等級制度	349

	電腦程式	352

Chapter 9 計數值逐批允收抽樣 361

	簡　介	362
	基本概念	362
	統計觀點	369
	抽樣計畫設計	389
	電腦程式	396

Chapter 10 允收抽樣系統 401

	簡　介	402
	計數值逐批允收抽樣計畫	402
	連續生產允收抽樣計畫	436
	計量值允收抽樣計畫	443

Chapter 11 可靠度 461

	簡　介	462
	基本觀點	462
	附加的統計觀點	468
	壽命與可靠度試驗計畫	478
	試驗設計	485
	可用度與維護度	486
	電腦程式	488

Chapter 12 管理與規劃的方法 493

	簡　介	494
	為什麼？為什麼？	494

影響力分析	495
公稱群體技術	495
親和圖	496
關聯圖	496
樹狀圖	500
矩陣圖	500
優先順序矩陣圖	502
過程決策計畫圖	504
活動網路圖	505
總　結	507

附　錄　511

表 A	常態曲線下的面積	512
表 B	$\bar{X}$、s 和 R 管制圖的計算中心線及 3σ 管制界限的係數	514
表 C	卜瓦松分配	515
表 D	亂數表	520
表 E	一般常用的換算係數	521

參考文獻　523

名詞解釋　527

單數習題解答　531

英中名詞對照　539

CHAPTER 1 品質簡介

目 標

在完成本章之後,讀者可以預期:

- 定義品質、品質管制、統計品質管制與全面品質管理
- 瞭解品質的歷史
- 知道執行長各項功能性業務的責任
- 瞭解電腦所從事的品質功能

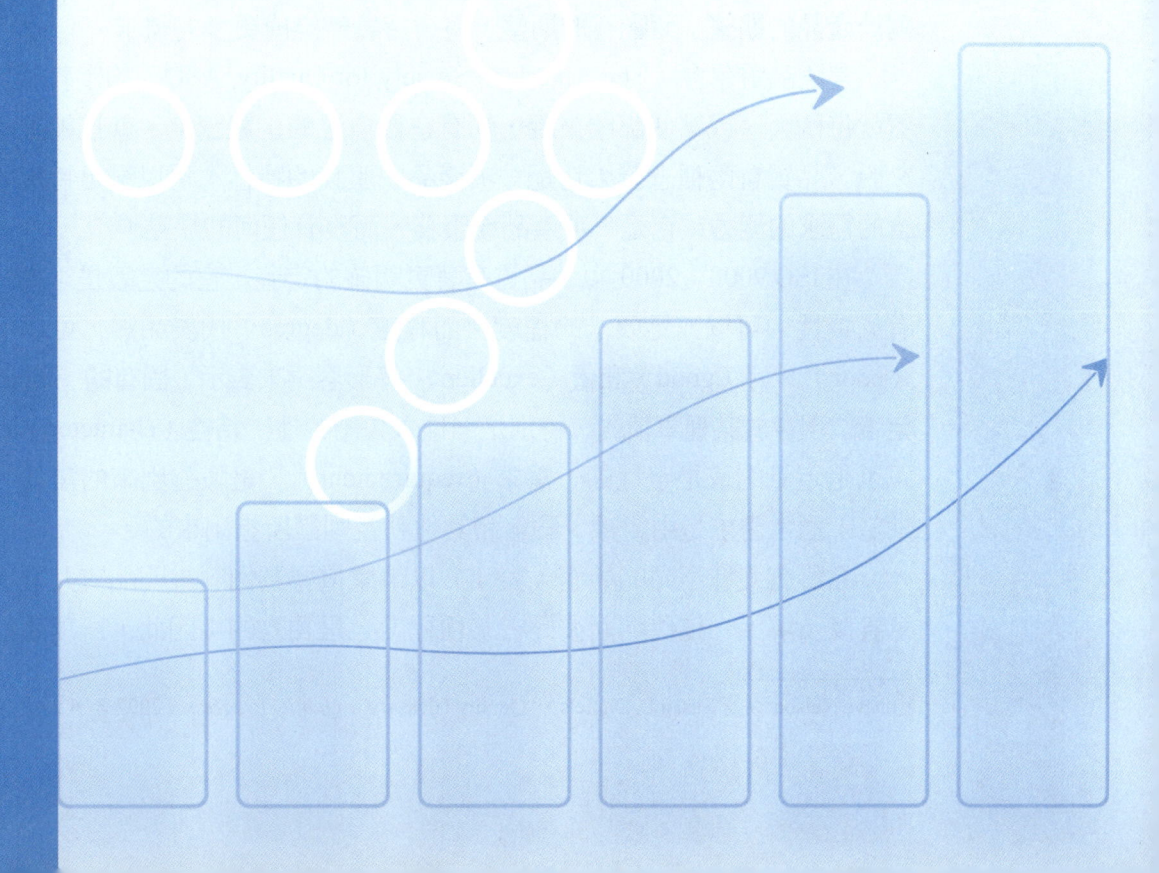

◼ 簡　介

➠ 定　義

　　當「品質」這個專有名詞被使用時，通常想到的是：優良的產品或是服務，滿足、甚至於超越我們的期望。這種期望，是基於對預期用途、售價衡量而得來的。例如：顧客認為完全鋼製的墊圈，與鍍鉻的鋼製墊圈，預期的性能是不同的；因為它們的等級不同。當某種產品超越我們的期望，那就是我們所認為的品質；也因此，品質在認知的程度上，是無形、觸摸不到的。

　　品質可以如下加以量化：

$$Q = \frac{P}{E}$$

其中，Q = 品質
　　　P = 性能
　　　E = 期望

如果 Q 大於 1.0，顧客對產品或服務的感覺比較好。當然，P 與 E 的決定，最有可能是取決於顧客的認知。企業組織會決定產品性能，而顧客則決定了對於產品的期望；而顧客的期望，將會持續轉變成更多的需求。

　　美國品質學會（The American Society for Quality, ASQ）的定義認為，品質就每個人、或某個部門來說，都有它們自己的主觀認定。就技術上的使用來說，品質有兩種意義：它是一項產品或服務的特性，可以滿足特定的、隱含的需求的能力或它是一項產品或服務，而沒有任何的缺點[1]。

　　在 ISO 9000：2000 中，品質有著更明確的定義，它的定義是：為一組固有的特性，可以滿足要求的程度。而程度（degree）代表品質，可以用：差（poor）、好（good）和優（excellent）等形容詞來表示。固有的（inherent）定義：現存於某種事情內，特別是一種永久的特性。特性（characteristics），可以是定量的或是定性的。需求（requirement），是陳述出來的需要、或是期望，通常需求是由組織、顧客和其他利益團體所指出來的。

　　品質有九種不同的構面，表 1.1 以電漿電視為例，說明品質九種構面的意義以及解說。這些構面彼此在某種程度上是獨立的；因此，一項產品可能

---
[1] Dave Nelson 以及 Susan E. Daniels，"Quality Glossary"，*Quality Progress*（2007 年 6 月）：39-59。

表 1-1　電漿電視的品質構面

構　面	意義與範例
性能	產品的主要特性,例如:照片的明亮程度。
特徵	次要特性、附加的特徵,例如:遙控裝置。
符合規格	符合規格或工業標準、技能。
可靠度	在一定的時間內性能一致,單元平均失效時間。
耐久性	使用壽命期間,包含修復的時間。
服務性	問題與抱怨的解決、容易修復的程度。
反應性	人與人的溝通介面,例如:經銷商是有禮貌的。
美學	感官的特性,例如:外部的修飾。
信譽	過去的性能以及無形的因素,例如:排名得到第一。

摘錄自:David A. Garvin, *Managing Quality: The Strategic and Competitive Edge*(New York: Free Press, 1988)。

在某一構面表現得非常優秀,而在另一構面則表現得普通,或是很差。很少有產品,能在九種構面都表現得非常優異。例如,1970 年代,日本車被讚譽為高品質的汽車,只因為具有可靠度、符合規格和美學等構面。因此,有品質的產品,是可以透過少量品質構面來決定的。

行銷部門有責任確認,品質每個構面的相對重要性;這些構面,之後會被轉化成發展新產品,或是改善現有產品的必備項目。

品質管制(quality control)是使用技術與活動,以達成、維持以及改善產品或服務的品質;它包含了整合下列相關的技術與活動:

1. 需要何種**規格**(specification)。
2. 滿足所需規格的產品或服務的**設計**(design)。
3. 符合全部規格內容所需的**生產**(production)或**安裝**(installation)。
4. 決定是否符合規格的**檢驗**(inspection)。
5. 提供修改規格所需資訊的使用**參考**(review of usage)。

運用這些活動,可以在最低的成本下提供顧客最好的產品或服務,而目標是要持續不斷的品質改善。

統計品質管制(Statistical Quality Control, SQC),是全面品質管理的分支,在第 4 章有它的名詞定義。它是蒐集、分析和解釋用於品質管制活動所需的資料。這本書有很多部分,著重在品質管制的統計方法,而這僅僅統計品質管制當中的一部分而已。**統計製程管制**(Statistical Process Control, SPC)

和**允收抽樣**（acceptance sampling）是統計品質管制（SQC）裡的兩個主要課題。

　　所有能夠提供足夠的信心，使產品或服務可以滿足特定品質要求的計畫性或系統性活動，稱為**品質保證**（quality assurance）。它包含了必須確認哪些是品質應該有的，以及持續評估品質的充份性與有效性，並且具有時效性正確的衡量，同時取得必要的回饋資訊。

　　全面品質管理（Total Quality Management, TQM）是一種哲學，也是一組指導原則，代表持續不斷改善組織的基礎。全面品質管理是數量方法、與人力資源的應用，以改善組織內全部的製程，並且能夠超越顧客現在和未來的需求。全面品質管理整合了基本的管理技術、現有的改善成果、以及原則性方法下的技術工具，這些將在第 2 章和第 3 章中討論。

　　生產製程（process）是一組彼此互相關聯的活動，使用特定的投入，而生產出特別的輸出；而一項過程當中的產出，常是另一項製程的投入。生產製程指的是企業活動與生產活動；而**顧客**（customer），則有外部顧客與內部顧客；**供應商**（supplier），亦包括外部供應商與內部供應商。

▶ 歷史回顧

　　無疑地，品質管制的歷史與產業本身一樣古老。在中世紀時代，品質大部分是由工會所要求的長期員工訓練控制的；這種以顧客為考慮之訓練，教導了工人對於產品的品質榮譽心。

　　工業革命時，引進了人工專業化的觀念；結果是工人不需要製作整個產品，只需要作其中的一部分即可。這樣的改變造成工人的技能降低，因為已經不再需要技術良好的工人。很多在早期階段製造的產品並不複雜，也因此品質沒有受到很大的影響。事實上，因為產能的改善，生產成本降低，也使顧客的期望降低。而當產品變得更複雜，工作變得更專業化的同時，產品製造完成後的檢驗也就變成是必要的了。

　　1924 年，貝爾實驗室的蕭華特（W. A. Shewhart）發展出一種管制產品變數的統計圖表；這張圖表被認為是統計品質管制的開始。往後的十年裡，同樣是貝爾實驗室的道奇（H. F. Dodge）和羅敏（H. G. Roming）發展了允收抽樣範圍，代替了 100% 全數檢驗。到 1942 年，統計品質管制的價值，已經被認定是很顯著的；但不幸的是，當時美國的管理者並不肯定它的價值。

　　1946 年，美國品質管制學會（American Society for Quality）成立，這個

組織透過出版、會議和訓練課程，對所有製造與服務項目大力推擴使用品質管制。

　　1950 年，戴明（W. Edwards Deming）向蕭華特學了統計品質管制後，對日本的工程師講授一系列統計方法的課程，並對日本一些最大公司的執行長（CEO）講授品質責任的課程。朱蘭（Joseph M. Juran）在 1954 年第一次到日本，並且進一步強調管理者要達成品質的責任。日本人運用這些觀念，建立讓全世界其他國家都遵循的品質標準。

　　1960 年，第一個為了改善品質的品管圈成立；日本的工人，學會並且應用簡單的統計方法。

　　到了 1970 年代後期以及 1980 年代初期，美國的管理者經常搭飛機到日本，學習日本奇蹟；這樣的旅行實際上是不需要的，因為他們可以閱讀戴明和朱蘭所寫的書。雖然如此，品質的再興起卻在美國產品與服務上開始發生，直到 1980 年代中期，TQM 的觀念才被公佈、宣傳。

　　1980 年代後期，汽車工業開始強調統計製程管制（SPC）。供應商和他們的供應商都被要求必須使用這一項技術；其他的產業和美國國防部也開始使用統計製程管制（SPC）。接著，馬康包立茲國家品質獎（Malcolm Baldrige National Quality Award）設立，成為衡量全面品質管理（TQM）的方法。田口玄一（Genechi Taguchi）發表了參數與容差設計的觀念，帶來一連串的實驗設計風潮，使實驗設計成為有價值的品質改善工具。

　　1990 年代，雖然鈦星（Saturn）汽車的顧客滿意度排名第三，落後於日本兩家最貴的汽車廠，但是汽車產業仍然繼續強調品質對於這個產業的重要性。除此之外，ISO 9000 成為品質系統的世界性典範；汽車產業修改了 ISO 9000，更加重視顧客滿意度，同時也增加生產零件的核可製程、持續性改良以及製造能力等項目。而 ISO 14000 則成為環境管理系統的世界性典範。

　　到了 2000 年，品質的注意力則轉移至組織內部的資訊科技，以及藉由網際網路的外部資訊科技。

公制系統

　　1960 年，國際度量衡委員會（International Committee of Weights and Measures）修改了公制系統。修改之後的是國際單位系統（International System of Units, SI），基本單位如下：

- 長度－公尺（m）
- 質量－公斤（kg）
- 時間－秒（s）
- 電流－安培（A）
- 熱力溫度－凱文（K）
- 物質總量－莫耳（mol）
- 照明強度－燭光（cd）

這些基本的單位，可以組合成其他的單位；例如：kg/m² (psi) 以及 m/s (ft/sec)。

本書使用的是公制單位，並在括弧內附註美制單位。有關國際單位系統 (SI) 的細節，並不需要特別瞭解，因為這些單位系統的概念是獨立的。公制系統與美制系統兩者間常用的轉換公式，可以在附錄的表 E 查到。

品質責任

責任範圍

品質不是一個人或是一個部門的責任，而是每一個人的責任；要負責任的，包括裝配線作業員、打字員、採購代理商、公司的總經理等。品質責任在行銷部門決定顧客的品質要求就開始了，而且一直持續到顧客使用產品一段時間，都能滿意為止。

品質責任是以授權的方式，賦予有權利作品質決定的不同單位，相關的權利。除此之外，責任制的方法，例如：成本、錯誤率、不合格品等，可以作為相關的責任與應有的權利。品質管制責任範圍，如圖 1-1 所示，包含行銷、設計工程、採購、製程設計、生產、檢驗與測試、包裝與儲存、服務以及顧客。圖 1-1 是一個封閉的迴路，顧客（customer）在最上面，其餘各項依順序，排在迴路當中。因為品質功能沒有直接的品質責任，所以不包含在圖 1-1 的封閉迴路裡。

在本節中所談的資訊，是針對製造業的產品，然而其觀念亦適用於服務業。

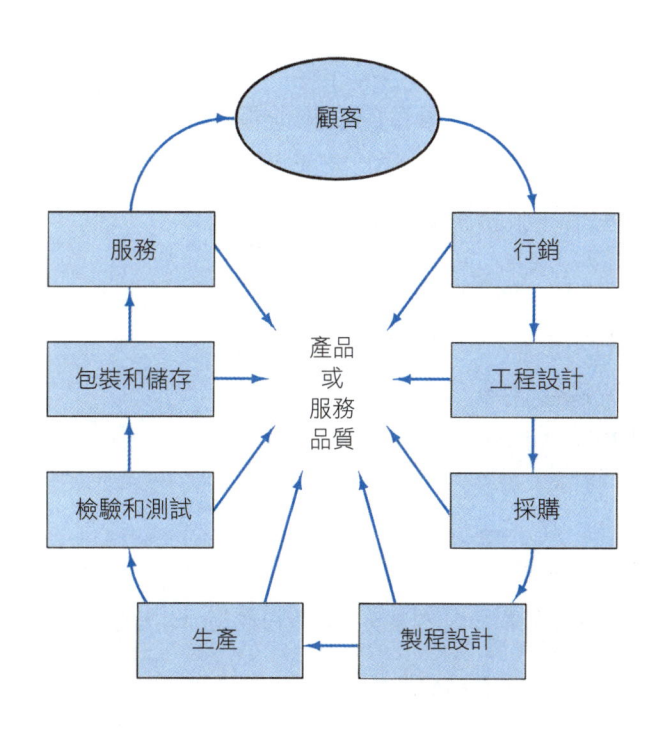

圖 1-1　品質管制責任範圍

⮕ 行　銷

　　行銷協助評估顧客想要的、需要的以及所願意支付購買的產品品質水準。此外，行銷也提供產品品質資料，並且幫助決定品質需求。

　　足夠的行銷資訊就可以執行此項功能。有關於顧客不滿意的資訊，可以從顧客抱怨、銷售業務員報告、產品服務、產品責任獲得。比較銷售量與整體經濟的情況，是瞭解顧客對於產品品質意見一個很好的指標。若對備份零件銷售進行詳細分析，可以找出潛在的品質問題。政府也會提供消費者使用產品安全報告以及品質實驗室報告，這些都是有用的市場品質資訊。

　　當資訊不容易取得時，有四種方法可以取得所要的產品或是服務的品質資料：

1. 訪問或觀察顧客使用產品的情況，瞭解使用者遇到的問題。
2. 建立切合實際的測驗實驗室，例如，汽車的測試跑道。
3. 進行市場測試。
4. 組織經銷商顧問團或專注討論小組。

行銷會評估全部的資料，並決定產品或服務的品質需求；要使資料的蒐集更為有效率，就必須透過持續性的資訊監督回饋系統達成。

行銷提供公司產品或服務應有的簡要項目，轉化顧客需求，成為初步的產品規格組合。產品或服務應有的簡要項目，包括了：

1. 性能特性，例如：環境的、用法的和可靠性的考量。
2. 感官特性，例如：風格、顏色、口味和氣味。
3. 安裝、結構或適合性。
4. 適用的標準和法令規章。
5. 包裝。
6. 品質證明。

行銷是與顧客之間的橋樑，也因此是重要的連結，也是發展超越顧客期望的產品的命脈。

➡ 設計工程

設計工程將顧客的品質需求，轉換成作業特性、確切規格以及新產品或服務、或是修改原產品，而給予適當的公差。最簡單又最低成本的設計，又能符合顧客需求的，就是最好的設計。當產品或服務的複雜性增加，品質和可靠度就會降低。讓行銷、生產、品質、採購以及顧客等各方面盡早參與設計工程，對於預防問題發生是必須的。這種形式的參與，稱作**同步工程**（concurrent engineering）。

不論何時，只要是可行的，設計工程應該運用已獲得驗證的設計以及標準的零件。基於這種觀點，產業以及政府的標準，在需要時應該加以應用。

公差（tolerance）是允許品質特性，變異大小的程度；而公差選擇對品質有雙重的影響。當公差較為緊縮時，會生產出較佳的產品或服務，但是生產和品質成本會增加。最理想化的情況是，公差的決定應該科學化的，在成本與所想要達成的精確度之間取得平衡。因為有太多的品質特性，需要用科學化的方式決定，所以很多公差是使用標準尺寸以及公差系統設定。設計好的實驗，可以決定哪些製程、產品以及服務特性對公差是很有效的技術；而關鍵公差應該建立在與製程能力的結合上。

設計者決定使用在產品或服務上的材料。材料的品質是根據書面化的規格，包含了：實體特性、可靠度、允收標準以及包裝。

除了功能性方面，好品質的產品可以安全地使用，也比較容易修理與維護。

設計檢查是在產品或服務發展的適當階段當中執行。這些檢查應該辨認現有或預期問題點與不適當之處，並採取修正行動，以確保最終設計與佐證資料符合顧客的需求在設計檢查團隊核可產品或服務可以生產之後，最終的品質需求就會發送出去。品質是在產品或服務開始生產之前就已經被設計好的。

沒有任何設計是完美的；因此，要有控制設計改變的規定。同時也要定期重新評估產品或服務，以確保設計仍然有效。

➡ 採　購

依照設計工程所建立的品質需求，採購有責任取得品質好的材料和組件，並且維持長期關係。採購可分成四類：(1) 標準材料，如線圈、角鐵；(2) 標準硬體，如固定裝置與配合裝置；(3) 小組件，如齒輪和二極體；(4) 主要組件，執行產品的一項主要功能。品質需求，隨著採購的種類而有所不同。

一個特定的原料或組件，可能有單一供應商或多個供應商。單一供應商，可以提供較好的品質、較低的價格與較好的服務。單一供應商的觀念，成功的應用在釀酒廠：製作鋁罐、或瓶子的工廠，緊鄰設置在釀酒廠旁邊。多部門的公司，運用單一供應商的方法，可以控制品質的方式，就好像是同一個工廠內，部門之間的管制。然而，單一供應商的缺點是可能因為天然的因素造成原料短缺，而天然因素包括了：火災、地震、水災或由於非自然原因，如：設備故障、勞工問題或財務困難。

要決定供應商是否有能力提供具有品質的材料或組件，供應商的品質調查，可以藉由造訪供應商的工廠而獲得。對供應商工廠設施作觀察、研究其品質管制程序、蒐集相關資料。從這些資訊，可以決定供應商是否有能力提供有品質的材料與組件。一旦供應商通過認證，其他的評估技術一樣可以運用；例如，藉由通過 ISO 9000 的認證，已成為供應商獲得認證的最好方法。

有許多不同的方法，可以用來獲得符合品質標準的證明。對於較少的數量，採購通常仰賴供應商；檢驗進貨的原料以及零件，是證明品質符合最普遍方法之一。除了檢驗的場所是在供應商的工廠進行以外，來源檢驗與進貨檢驗是完全相同的。製程管制圖以及製程能力的品質統計證據，是非常有效的方法。符合品質的證據，也可以在貨物運送抵達之前，採購所收到的相同

重複樣品，加以檢驗獲得。供應商的監督是一種控制品質的方法，它在供應商的工廠進行；採用可以接受的計畫並加以證明，例如：抽樣檢驗記錄，同時後續妥善執行。以上這些方法的任何組合，都可以有效的、而且持續地評估產品。

一套供應商的品質評等系統，可以用來評估績效。評等的因素有：拒絕批數、廢料和重工成本或顧客抱怨。除此之外，傳遞績效以及價格也包含在內。

為改善所購買的材料與組件品質，供應商與採購之間的雙向溝通是必要的。正面與負面的回饋都必須給予供應商，而供應商代表可以納入設計或製程改善的團隊內。

採購應該關心的是總成本，而不僅僅是最低價格。例如：供應商 A 比供應商 B 的價格低；然而，要運用供應商 A 的材料，成本遠遠大於要運用供應商 B 的材料，所以供應商 A 的總成本也較高。

▶ 製程設計

製程設計，有責任發展製程或程序，以便能生產有品質的產品或服務。這個責任的達成，可以透過特定的活動，包含了：製程選擇與發展、生產規劃以及支援活動。

執行製程設計檢查是為品質問題預作準備，而品質問題通常與規格有關。當製程能力的資訊顯示，公差太嚴格，導致無法達到滿意的生產時，這個時候有五種選擇：購買新設備、修改公差、改進製程、修改設計、生產時將不良品剔除。

製程選擇和發展與成本、品質、執行時間以及效率有關。一項簡單的技術是製程能力研究，它可以決定製程是否有能力符合所要求的規格。製程能力的資訊，提供自行製造或購買的資料、設備的採購及製程路徑的選擇。

作業順序的發展，要將品質困難度降到最低。例如，處理易碎的產品或作業順序中需精確操作的位置。方法研究是用於決定最佳化方法，以便執行生產作業或檢驗作業。

其他的責任包括設備設計、檢驗裝置的設計、生產設備的維護等。

▶ 生　產

生產，有責任製造有品質的產品或服務；品質並不是來自於產品或服務

檢驗，而是從產品或服務所製造。

第一線的管理者是生產有品質的產品或服務的關鍵。因為操作人員認為第一線管理者是管理階級的代表，第一線管理者傳遞品質期望的能力，對於維繫良好的員工關係具有其關鍵性。第一線的管理者，對品質承諾的熱誠與投入，可以激勵員工在每一個零件，甚至最終的部分，建立良好的品質。管理者的責任，是要提供工作上：適當的工具給員工、執行方法的指示以及績效與回饋。

為了讓操作人員能夠瞭解他們所被期望的是什麼，有關品質的定期訓練課程，要讓操作人員參加。這些訓練課程，可以強化管理者對品質的承諾。在訓練課程當中，時間可以分配成：作業現場員工報告、討論品質變異的來源、改善品質的方法等。此類訓練課程的主要目標是建立「品質意向」的態度，能進行雙向、非懲罰性溝通環境。作業人員，事實上是所有員工，不但要做好的工作，也要尋求改善工作的方法。

根據戴明的說法，只有 15% 的品質問題，可以歸因於作業人員，其餘的則與系統其他部分有關。統計製程管制能有效地監督品質，而且對品質改善而言是個無價的工具；也因此，在每個單位作業人員皆應該接受訓練，執行自己的統計製程管制。

▶ 檢驗和測試

檢驗和測試，有責任評鑑購買項目以及製造項目的品質，並且呈報結果。這份報告會被其他部門所採用，必要時則採取矯正的行動。檢驗和測試可能自己形成一個區域、或是生產的一部分、或是品質保證的一部分，也有可能同時設在生產與品質保證內。

雖然檢驗是由檢驗和測試部門的代表人員執行，但是生產者生產有品質的產品或服務的自行檢驗責任仍然不能免除。事實上，在自動化生產下，工人在作業前與作業後，通常有時間做全數 100% 的檢驗。檢驗活動的一項主要問題，是傾向認定檢驗人員為具有品質責任的「警察人員」；這樣通常會導致沒有效率的檢驗，並且惡化品質。

為了執行檢驗活動，必須要有精準的量測設備。通常量測設備是從外部購買的；但是有時可能有必要將它與製程設計一起合作設計製造。在任何一種情狀況下，都必須固定地維護與調整校正，以保持設備完好。

持續監督檢驗者的績效是必要的；因為事實顯示，某些不合格點較難以

發現；檢驗員的能力因人而異，而且品質水準會影響回報的不合格數目。已知的樣本，應該作為評估以及改善檢驗員的績效之用。

評鑑活動的效率是檢驗方法和程序的函數，包含檢驗數目、抽樣型態、檢驗地點。從製程設計、檢驗和測試、生產以及品質保證彼此之間的合作是必要的，可以使檢驗員績效最佳化。

檢驗和測驗應該將大部分的工作著重在引導品質改善的統計品質管制上。讓合格品通過，而摒除不合格品，這樣的工作並不是品質管制。品質不能從檢驗產品或服務而來；依靠大量檢驗從事品質管制，在大部分的狀況下，皆會浪費人力、時間和金錢。

▶ 包裝和儲存

包裝和儲存，有責任保存與保護產品或服務的品質。產品的品質管制，必須延伸到產品的配銷、安置以及使用。不滿意的顧客，不會在乎不良的情況是在哪裡發生的。

需要品質規格的原因是：保護產品在各種常用運送方式，運送期間的品質；運送方式有卡車、鐵路、船運及空運。這些規格對震動、衝擊和環境條件，例如：溫度、濕度及粉塵都是必須的。而對於處理裝載、卸貨和倉儲，則是需要另外的規格。偶爾也需要改變設計，修正運送期間因為品質產生的難題。在某些公司，包裝設計的責任是屬於設計工程，而不是包裝和儲存的責任。

在等待進一步的處理、銷售或使用時，產品儲存常呈現其他的品質問題。也因此，規格與程序是必須的，以確保產品適當保存，並且迅速使用；使變質與惡化能夠最小。

▶ 服　務

服務有責任提供顧客在產品或服務的預期壽命使用期間之內，達到它應有功能。責任包括銷售與配送、安置、技術支援、維修以及使用後的處置。在保固期間產品或服務如果沒有被安裝好，或是無法使用而有問題時，應該要立刻處理好。立即的服務可以使不滿意的顧客變得很滿意。

服務和行銷，兩者緊密地結合在一起，以決定顧客所要的、需要的和想要獲得的品質。

▶ 品質保證

　　品質保證或品質管制（名稱並不重要）對於品質沒有直接的責任，因此並未出現在圖 1-1 當中。它是輔助或支援其他實行品質管制的責任範圍而已；然而，品質保證，在連續性的評估品質系統效率上，卻有直接的責任。它決定系統的有效性、評估目前的品質、決定品質問題的範圍或潛在範圍以及輔助修正或降低品質問題的範圍；而整體的目標是結合有關的責任部門改善品質。

■ 執行長

　　公司或工廠的執行長（chief executive officer, CEO）對於圖 1-1 封閉迴路上的每一個區域都有責任，並且要對品質保證負責。因此，執行長對品質負有最終的責任。執行長必須直接參與品質活動。這項活動需要品質的相關知識以及直接參與品質改善計畫，單單陳述品質十分重要的是不夠的。

　　直接參與需要建立品質委員會，並且參與會議；另外還包括：成為品質改善團隊的一員、參與表揚儀式、研擬組織使命的聲明、舉辦每季的員工會議，以及在每個月定期發出的通訊新聞稿中撰寫專欄；走動管理（Management by Walking Around, MBWA）是一種辨識品質問題非常好的技術。

　　或許執行長參與的最好方法是，找出衡量品質績效的方法。財務資訊可以提供長期的品質績效衡量；然而，就短期而言，當產品或服務品質惡化時，要美化財務資料並不困難。品質改進，卻需要一份對人們、計畫和設備長期的財務承諾，這樣才能獲取市場占有率。

　　執行長對於不論是工廠或是公司的品質績效，都可以藉由一份責任範圍內（不合格百分比）比例管制圖來有效地衡量。如果不合格百分比是遞增或是不變的，則可以簡單地說執行長的績效不好；如果不合格百分比是遞減的，則執行長的績效是良好的。這個衡量品質績效的觀念，可以適用於所有的經理、部門主管和操作人員；再結合品質的改善，則不合格百分比管制圖就成為非常有效的技術。

　　另一個技術是使用馬康包立茲國家品質獎的準則，作為績效衡量指標。

　　執行長應該每個月回顧記事簿，以決定要花在品質上的時間百分比；執行長大約 35% 的時間應該花在品質上。

■ 電腦與品質管制

　　電腦在品質功能上扮演一個重要的角色；它們以異常高度的正確率，在飛快速度下完成非常簡單的操作。為完成既定的工作，電腦必須程式化，以便在正確的順序下執行簡單的操作。電腦可以程式化，以執行複雜的運算、管制製程或測試、分析資料、撰寫報告，以及以指令回覆資訊。

　　品質功能需要電腦服務的項目包括：(1) 資料蒐集；(2) 資料分析和報告；(3) 統計分析；(4) 製程管制；(5) 測試和檢驗；(6) 系統設計。除此之外，電腦也作為企業內部網路和網際網路使用的平台。

➠ 資料蒐集

　　品質資訊的蒐集、使用以及傳播，最好能在品質資訊合併到資訊科技（information technology）系統時完成。資訊科技和其他生產活動有關，例如：存貨控制、採購、設計、行銷、會計以及生產管制。這些對於本章提到的所有品質需求，都是必需的。各種不同活動資料紀錄關聯性的發展，是為了以最少的程式獲得附加資訊，並且改進儲存裝置的使用。

　　電腦非常適合蒐集資料，主要的優勢在於：快速的資料傳輸、錯誤較少、較低的蒐集成本。資料傳輸到電腦，是靠紙帶或磁帶、光學字元辨識、按鍵式電話、無線傳輸、鍵盤、聲音、游標器、條碼掃描以及製程的直接介面。

　　資料的型態、數量是資料蒐集主要的問題。資料來源有：製程檢驗站、廢品和廢棄物的報告、產品稽核、測試實驗室、顧客抱怨、服務資訊、製程管制和進料檢驗等。從這些來源可以蒐集到很多的資料。要決定蒐集及分析多少資料，是根據要發行的報告量、管制的製程量、保留的紀錄量以及品質改善計畫的本質而定。

　　圖 1-2 是典型的內部失敗或缺陷的資料蒐集表格。除了內部失敗或缺陷的基本資料，也可以使用一些其他的識別原因。典型的識別原因有：零件編號、作業員、第一線領班、供應商、產品線、工作中心以及部門。識別原因對於資料分析、報告準備以及紀錄追蹤是必要的。一旦不合格材料的處理確定後，這份特別的報告會送到會計部門，分配失敗成本，並將這些資訊傳送到電腦。注意，在無紙工廠內，這樣的表格是顯示在電腦螢幕上，而資訊是直接輸入電腦。

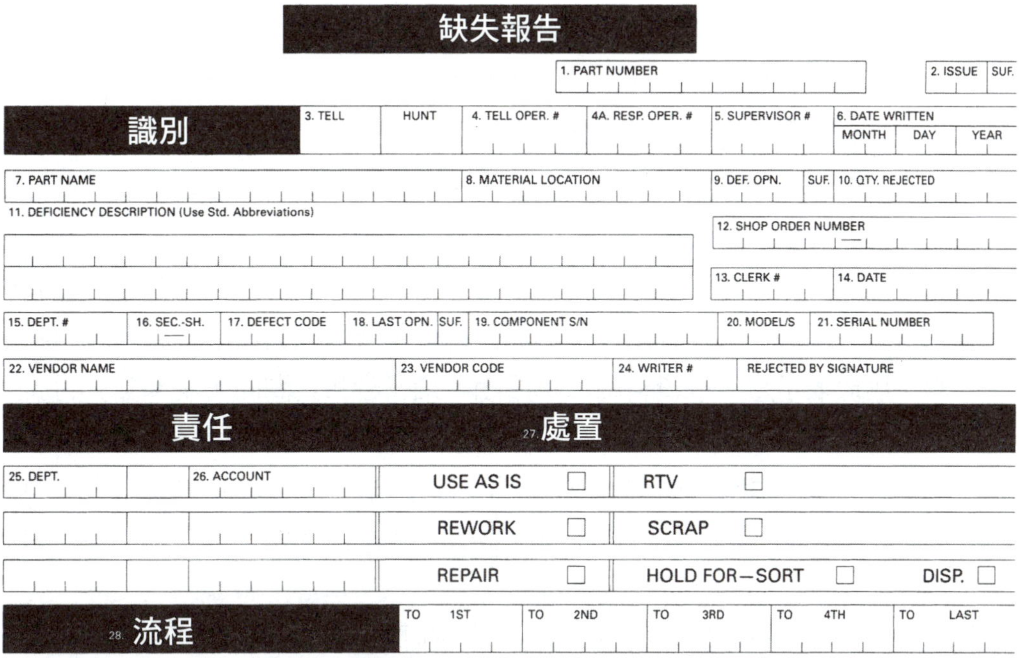

缺失報告

1. PART NUMBER | 2. ISSUE | SUF.

識別

3. TELL | HUNT | 4. TELL OPER. # | 4A. RESP. OPER. # | 5. SUPERVISOR # | 6. DATE WRITTEN (MONTH | DAY | YEAR)

7. PART NAME | 8. MATERIAL LOCATION | 9. DEF. OPN. | SUF. | 10. QTY. REJECTED

11. DEFICIENCY DESCRIPTION (Use Std. Abbreviations)

12. SHOP ORDER NUMBER

13. CLERK # | 14. DATE

15. DEPT. # | 16. SEC.-SH. | 17. DEFECT CODE | 18. LAST OPN. | SUF. | 19. COMPONENT S/N | 20. MODEL/S | 21. SERIAL NUMBER

22. VENDOR NAME | 23. VENDOR CODE | 24. WRITER # | REJECTED BY SIGNATURE

責任 | 27. 處置

25. DEPT. | 26. ACCOUNT

USE AS IS | RTV

REWORK | SCRAP

REPAIR | HOLD FOR–SORT | DISP.

28. 流程

TO 1ST | TO 2ND | TO 3RD | TO 4TH | TO LAST

圖 1-2　缺陷表（授權節錄自 Fiat-Allis Construction Machinery, Inc.）

有時候資訊儲存在電腦裡，是為了更有效率地傳送資訊到遠端的終端機。例如，某特定工作的作業說明、規格、繪圖、工具、檢驗量規以及檢驗需求都儲存在電腦裡；當工作分配確定後，這些資訊同時會提供給員工。這類系統的一項主要優點是：有能力快速更新或改變資訊；另一項優點是：減少錯誤發生的可能性。因為作業員使用的是目前的資訊，而不是使用老舊難讀的說明書。

資料必須定期分析，以決定哪些資料需要保存在電腦裡、哪些資料要以另一種方法儲存、哪些資料要刪除。資料可以儲存在磁帶、CD 或磁碟片；如果需要的話，可以用電腦重新讀取。產品責任的需求，決定資料的數量和形式以及保留期間。

太平洋貝爾公司（Pacific Bell）使用可單手操作的手持式電腦系統及條碼系統，幾乎無缺點地庫存了 27,000 個不同的小型金屬電路板。這個系統是由多功能團隊發展出來，結果每 100 個使用中的零件，其備用零件從 7.5 個降為 2.5 個，節省將近 1 億美元 [2]。

[2] 1997 RIT/USA Today Quality Cup for service.

➠ 資料分析、簡化和報告

雖然有些儲存在電腦裡的品質資訊，在未來存取時會用到；大部分的資訊會分析過，而且簡化成合理的數量，並且以報告的形式傳遞。在資料蒐集或電腦操作員給予指令時，這些分析、簡化以及報告的活動，會因為程式設定而自動產生。

圖 1-3 是由電腦所產生的廢品和重工之典型報告。圖 1-3(a) 的每週廢品和重工成本報告，是藉由資料的零件編號，將內部失敗缺陷報告傳輸到電腦裡。用於表示每一筆資料的識別原因，是報告和空間的可用函數，對於這份報告來說，識別原因有：零件編號、作業編號和缺陷傳票編號。

這些基本資料可以彙整成幾種不同的方法；圖 1-3(b) 是使用失效編號做彙整。彙整也可以使用作業員、部門、工作中心、缺點、產品線、零件編號、次裝配、供應商以及材料等來編輯。

圖 1-3(c) 是部門 4 每月不良品的柏拉圖分析。這個柏拉圖分析是以表格的形式呈現；然而電腦可以設計成將這些資訊以圖表的形式呈現，如第 2 章與第 3 章中的柏拉圖分析。柏拉圖分析也可以作業員、工作中心、部門、零件編號等來計算。

前面段落已描述有關廢品與重工的報告，而檢驗結果、產品稽核、服務

至11/26為止的一週廢品及重工成本報告

PART#	CODE	TICKET	CITY	MATERIAL	LABOR	OVERHEAD	TOTAL
1194	E	2387	40000	800.00	.00	24.80	824.80
1275	E	1980	15	31.50	2.28	5.59	39.37
1276	D	2021	7	11.76	.94	2.30	15.00
1276	E	2442	10	16.80	1.34	3.28	21.42
9020	D	608	1	30.79	6.01	14.72	51.52
9600	D	2411	3	48.03	19.00	46.55	113.38
9862	D	2424	1	23.73	4.92	12.05	40.70
TOTAL				$13,627.35	2,103.65	5,153.98	21,307.41

(a) 廢品與重工報告

RECAP OF FAILURE CODES

CODE	EXPLANATION	AMOUNT	%
A	#OPERATION MISSED	5.36	
B	#BROKEN PARTS	.00	
C	#MISSING PARTS	.00	
D	#IMPROPER MACHINING	11,862.72	56
E	#DOUNDRY OR PURCHASING	8,841.79	41
F	#MECHANICAL FAILURE	.00	
G	#IMPROPER HANDLING	533.10	3
H	#OTHER	44.14	
		$21,307.41	100

(b) 以失效編碼的彙整

DEPARTMENT 4　　MONTH OF OCTOBER

RANK	CODE	CODE DESCR.	$ SCRAP	$ RWK	TOTAL	%
01	D-T2	TURN	7,500	4,105	11,605	28.5
02	D-H1	HOB	5,810	681	6,491	16.0
03	D-G6	GRIND	4,152	1,363	5,515	13.8
04	D-D4	DRILL	793	3,178	3,971	9.8
05	D-L1	LAP	314	2,831	3,145	7.8

(c) 柏拉圖分析

圖 1-3 典型的廢品與重工報告：每週成本報告、失效編碼的每週彙整，以及採用不合格點號碼、部門的柏拉圖分析

資訊、顧客抱怨、供應商評估以及實驗測試的報告，其實都是類似的。圖形資訊，例如管制圖（參閱第 5、6 和 8 章），是可以程式化、顯示在終端機上，而且可以重複產生。本書所附的 CD 是使用 EXCEL 撰寫的圖形軟體程式。

在資料累積的同時，可以將資料加以分析，採用即時的，而不是每個星期或每個月，作為分析的時間基礎。實際運用這個方法的時候，決策規則可以應用在程式中，以便自動警示可能的品質問題。

在此情況下，有關潛在問題的資訊可以即時提供，並且即時採取矯正行動。例如，作業員在自己的工作站，可以有一台監控器，自動將資料轉換成 $\bar{X}$ 和 R 管制圖；資料將是由設備自動蒐集，或是藉由電子規傳送資料到監控器上。

紐約電話公司的多功能團隊，發展了最先進的詐騙偵測系統，每年替公司節省 500 到 800 萬美元。此團隊降低偵測詐騙的時間，由二至四星期縮短為三天。每個月會固定列印出超過一定數量的國際電話，並且透過辦公室間的郵件，寄給調查詐騙的主管，然後請求一名服務代表採取行動。與其等待每月的列印資料，團隊更改了程式：每當一個電話號碼在任何三天期間之內，其國際電話的電話費累積到 200 美元時，電腦便會提醒服務代表該行動了[3]。

▶ 統計分析

在品質管制中，最早開始而且仍然一直使用電腦的，就是在統計分析。本書所討論的大部分統計方法，可以很容易地設計成程式。一旦程式完成，可以節省大量的計算時間，而且免於計算錯誤。在本書最後所附 CD 的軟體，有很多統計分析程式是使用 EXCEL 試算表軟體寫出來的。

很多統計電腦程式也已經發表在《品質技術期刊》（*Journal of Quality Technology*）上，可以很容易適用於任何電腦或程式語言。另外，統計分析方法的資訊，也都刊載在《應用統計期刊》（*Applied Statistics*）上；大部分這些程式都被合併成套裝軟體，從網際網路中可獲得其他相關資訊。一些主要的軟體程式（如 EXCEL）已具有非常複雜的分析技術，例如：ANOVA 分析、傅立葉分析和 t 檢定等。

這些統計套裝軟體好處在於：

---

[3] 1993 RIT/USA Today Quality Cup for service.

1. 排除了費時的人工運算。
2. 及時且精準的分析,可以達到偵測出首次發生的問題,或是維持製程管制。
3. 很多對於高階統計知識有限的操作人員,一樣可以自己進行統計分析。

一旦統計套裝軟體的電腦程式完成發展或是採購完畢,對於某些已知的狀況,品質工程師即可訂出統計運算的特定順序。這些計算的結果可以提供結論性的證據,或建議電腦執行其他的統計計算。許多這類的測試,若不使用電腦來執行,會讓人感到冗長乏味。

美國密西根州 Royal Oak 的美國郵政服務公司,使用統計製程管制,發現了可以將更多信件送到自動分類機器的分類路線;這項改善提供更多便利性,每年也節省 70 萬美元[4]。

▶ 製程管制

數值控制機器,是電腦首次應用在製程管制上。數值控制(N/C)機器利用打孔紙來傳送電腦指令,因此可以控制操作的順序;然而,打孔紙目前已不再使用於提供指令給機器。電腦數值控制(CNC)機器、機器人、自動儲存與存取系統是自動化工廠的基本設備。這些精密的設備,藉由關鍵變數的衡量與控制,使它們能維持在目標以內,而且是最小的差異,同時亦在可接受的控制程度之內。

某自動製程管制系統(ASRS)以流程圖表示,如圖 1-4。雖然電腦是自動製程管制的一個關鍵部分,它並不代表全部。在電腦與製程之間,它有兩個主要的介面次系統。

次系統之一,具有一個偵測器,可以衡量某製程的變數,如:溫度、壓力、電壓、長度、重量或濕氣含量等,並且傳送一個類比訊號給數位電腦。而數位電腦只能接收數位形式的資訊,所以類比訊號就得藉由類比/數位轉換介面進行轉換。數位形式的變數值,便藉由電腦來評估,並判定是否在預定的界限範圍之內。如果變數值在界限範圍內,就不需要進一步的行動;相反地,如果數位值是在管制界限之外,則修正行動就是必要的。修正的數位值,會傳送到數位/類比轉換介面,再將數位訊號轉成致動器機制(如開關閥)可以接受的類比訊號。然後致動器機制就會增加或是降低變數值。有些

---

[4] 1999 RIT/USA Today Quality Cup for government.

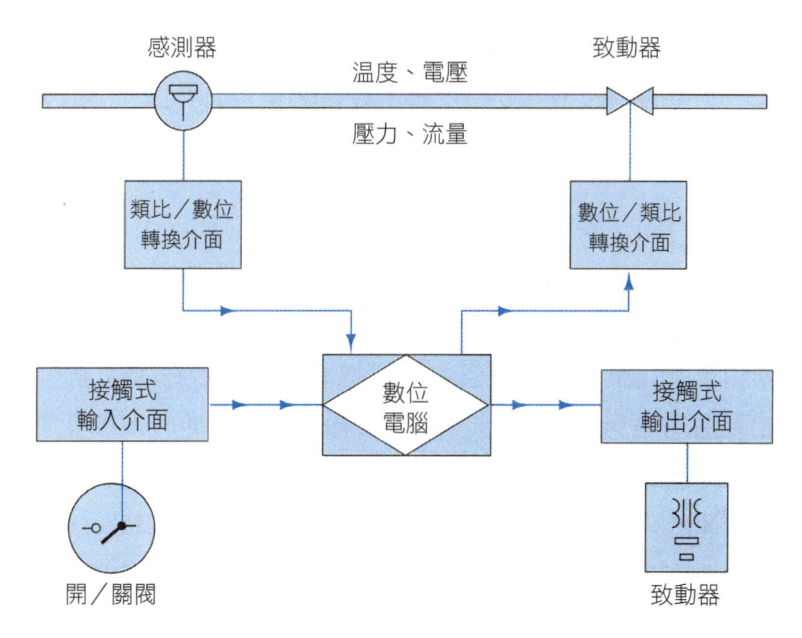

図 1-4　自動製程管制系統

系統的設計只能使用數位資訊。

另一個次系統，主要是計數值型態，用於決定開／關接觸，或控制開／關的功能。透過接觸式輸入介面，電腦持續掃描開關、馬達、幫浦等的開／關狀態，並與期望的接觸狀態相比較。在製程週期期間，電腦程式會控制事件的執行順序。作業指令是由特定的製程情況或以時間的函數來啟動，並傳送到接觸式輸出介面。這個介面可以驅動電導線圈、警報響起、啟動幫浦以及停止輸送帶等。

圖 1-4 的四個介面，能夠同時處理多個訊號。同時，兩個次系統，也可以獨立運作或聯合運作。由於電腦的處理速度是以微秒來計算，而次系統的運作是以毫秒來計算，因此時間控制的問題一定會發生；除非回饋迴圈盡可能緊密，使修正行動可以立刻執行[5]。從自動製程管制可以獲得的好處包含了：

1. 穩定的產品品質；因為製程變異減少。
2. 更多一致性的開啟與關閉；因為製程在這些關鍵的期間，可以監視和控制。

---

[5] 摘錄自 N. A. Poisson, "Interfaces for Process Control," *Textile Industries*, 134, No. 3（1970 年 3 月），61-65。

3. 生產力的增加；因為監控需要的人力減少。
4. 人員以及設備操作更為安全；當不安全的情況發生時，不是將製程停止，就是無法啟動製程。

最早期的自動化製程管制設備之一，是 1960 年安裝在北卡羅萊納州的西部電子工廠。產品的變數由電腦使用 $\bar{X}$ 和 R 管制圖技術來控制。例如：出自火爐的積碳電阻器的阻抗值，是由火爐中甲烷量和經過火爐的速度所控制的。因為檢驗和包裝作業也是電腦管制，所以整個生產設備都完全自動化[6]。

核能產生站是另一個完全自動化系統的例子，唯一人機互動之處，僅發生在電腦控制台上。

企業營運的自動化製程控制，可以用美國馬里蘭州 Patuxent 河海軍航空倉庫運作中心作為例子。一個多功能的團隊，將旅行過程的申請、訂房以及核銷費用自動化。電腦程式有個別旅行者的相關資料，因此旅行表格當中，三分之二的資訊已存在電腦裡。旅行者只需要輸入旅遊行程計畫，電腦將進行所有預付現金以及核銷費用的計算。每個星期，負責的指揮官會接到需要確認以及簽名的所有旅行規劃行程，是一頁的彙總表。旅行部門可以確定任何旅行人員到目前為止一年的旅行紀錄，以及是否有任何未付款的交易。自動化的系統的結果是：(1) 每個月的旅行計畫變更，從 100 降低到 5；(2) 旅行計畫 100% 是真實的行程；過去只有 56% 是真實的；(3) 核銷費用有 95% 是無誤的；過去沒有錯誤的比率是 67%；(4) 部門節省了 4 萬 2 千美元的打字員薪水；行政人員數目從 50 位減少為 22 位；(5) 對旅行人員的調查報告顯示，若滿分 4.00，得到的滿意分數是 3.87[7]。

▶ 自動測試和驗驗

如果把測試和檢驗，當成是製程本身或是生產製程的一部分，則自動測試和檢驗便與上一節自動製程管制很類似。電腦控制測試和檢驗系統，提供了下列的優點：測試品質的改善、較低的作業成本、準備比較好的報告、精確度提升、自動調校和故障診斷，而主要的缺點是設備成本太高。

電腦控制的自動檢驗，可以使用在通過／不通過（go/no-go）的檢驗決策

---

[6] 摘錄自 J. H. Boatwright, "Using a Computer for Quality Control of Automated Production," *Computers and Automation*, 13, No. 2（1964 年 2 月）, 10-17。

[7] 1992 RIT/USA Today Quality Cup for government.

上，或是用於選擇和分類裝配的零件等。人工的視覺，有時會運用在這些製程上，自動檢驗系統具有能力及速度，可以使用在高產量的生產線上。

自動測試系統，可以設計執行完整的產品或服務品質稽核。測試可依序執行在各種產品組件以及次裝配上。溫度、電壓和受力等參數都會改變，用以模擬環境磨損情況；報告會自動產生，以反應產品或服務的績效。

當自動測試和檢驗，應用在自動或半自動作業時，電腦會在產品或服務設計的同時產生檢驗指令。

▶ 系統設計

當應用軟體修改成具有品質功能時，就會變得更為複雜，而且更為廣泛。有很多的套裝軟體結合了先前所描述的許多品質功能。這些套裝軟體都有便利使用者的設計，也有預備支援及提供訓練教材。套裝軟體比客製化非現成的定裝軟體便宜很多，而且通常具有實際適用以及技術支援的優點。每年三月，《品質改進雜誌》（*Quality Progress*）都會出版一份有關品質功能的更新版、應用軟體目錄。

各種不同品質功能，與其他活動的整合，需要非常複雜的系統設計。一個完整的系統，具有所需要的各項組件：

- CADD：電腦輔助繪圖和設計（Computer-Aided Drafting and Design）
- CAM：電腦輔助製造（Computer-Aided Manufacturing）
- CAE：電腦輔助工程（Computer-Aided Engineering）
- MRP：物料需求規劃（Material Requirements Planning）
- MRP II：製造資源規劃（Manufacturing Resource Planning）
- CAPP：電腦輔助製程規劃（Computer-Aided Process Planning）
- CIM：電腦整合製造（Computer-Integrated Manufacturing）
- MIS：管理資訊系統（Management Information System）
- MES：製造執行系統（Manufacturing Execution Systems）
- ERP：企業資源規劃（Enterprise Resource Planning）
- HRIS：人力資源資訊系統（Human Resource Information Systems）
- TQM：全面品質管理（Total Quality Management）

將這些組件，整合成一個完整的系統，在未來將會成為變得很普遍；這將需要使用專家系統、關聯資料庫以及適應系統。

專家系統，是電腦程式用於擷取專家知識，成為一套規則，並且將規則關係用於問題診斷、或是系統績效評價的應用。這一項技術，可將專家的思考模式與學習經驗加以整合及使用。它奠定了許多智慧系統學習的基礎，此種學習是水晶球系統的一部分。

關聯資料庫，是邏輯指示器，建立不同資料單元連結，以描述其間的關聯性。這些關聯性，將資訊保存於系統中，提供整個組織一致性的應用。

適應系統，由每日發生的形態或是重複的情況中去學習。藉由對資料流動的監控，偵測、描繪特徵並且紀錄事件，以描述在相似情況下，所要採取的行動[8]。

當電腦有效地使用時，會變成一項協助品質改善的有力工具。不過，電腦並不是一個能修正不良系統設計的裝置；換句話說，電腦在品質上的使用，其效率與建立完全系統的人是一樣的。

比爾·蓋茲觀察到：「電腦只是幫助解決已確認問題的一種工具；它並不是像人們所期待的魔術萬能藥。在企業中，使用任何科技的第一條規則是，自動化應用於有效率的作業，將放大它的效率；而第二個規則是，自動化應用於無效率的作業，將擴大它的無效性。」[9]

作　業

1. 拜訪下列的一個或更多個組織，確定他們如何定義品質以及品質是如何控制的。
   (a) 大型的銀行。
   (b) 醫療健保機構。
   (c) 大學的學術部門。
   (d) 大學的非學術部門。
   (e) 大型的百貨公司。
   (f) 小學。
   (g) 製造工廠。
   (h) 大型的生鮮超市。

---

[8] Gegory Watson, "Bringing Quality to the Masses: The Miracle of Loaves and Fishes," *Quality Progress* (June 1998): 29-32.

[9] Bill Gates. *The Road Ahead* (New York: Viking Penguin, 1995).

2. 為作業 1 當中的任一個組織設計一份顧客滿意度問卷。

3. 對於作業 1 當中的任一個組織,決定其執行長的責任範圍。

4. 組成三個人以上的小組團隊,一起確認作業 1 的任四個組織中,其電腦的品質功能需求要項。

CHAPTER 2

全面品質管理：原則與實務

目 標

在完成本章之後，讀者可以預期：

- 知道全面品質管理的六個基本概念、目標以及益處
- 瞭解領導者的 12 項特質
- 描述執行一項全面品質管理計畫所需要的管理活動
- 知道顧客滿意的重要性，以及如何達成
- 描述有效員工參與的必要程序
- 描述過程持續改善，以及問題解決的方法
- 知道與供應商合作夥伴關係的重要性，以及衡量有效性的技巧
- 能夠描述各種績效的衡量

◼ 簡 介 [1]

　　全面品質管理（TQM），是一種提升傳統企業運作的方法。它是一種獲得證實，保證能在世界級的競爭下生存的技術。只有改變管理者的行動，才能讓整個組織的文化、行動轉變。TQM 大部分都是常識。分析 TQM 這三個字，我們可以得知：

- **全部**（total）－全部的。
- **品質**（quality）－產品或服務提供的優良等級。
- **管理**（management）－行動、藝術、或處理方式；控制、引導……等的方法。

因此，TQM 是整體達到卓越目標的一種管理藝術。這個黃金定律雖然簡單，但卻是解釋 TQM 的有效方法：你想要別人怎樣對待你，你就那樣去對待別人。

　　如第 1 章所說明的，TQM 的定義是一種哲學，也是持續改善組織基礎的指導原則。它應用了數量方法以及人力資源，改善組織內所有的製程，以超越目前以及未來顧客的需求。TQM 在有條不紊的方法之下，整合基礎管理技術、現有改善的努力成果以及技術工具。

◼ 基礎方法

　　TQM 需要六個基礎的概念：

1. 管理者投入而且專注，提供長期由上而下的組織支持。
2. 對內部和外部的顧客一種不變的關注。
3. 整體工作力的有效參與，並且善加利用。
4. 業務和生產過程的持續改善。
5. 像對待夥伴一樣地對待供應商。
6. 對製程建立績效衡量。

---

[1] 本章部分內容獲得 Prentice Hall 授權，摘錄自 *Total Quality Management*, 2003, by D. Besterfield, C. Besterfield-Michna, G. Besterfield, and M. Besterfield-Sacre。

這些概念勾勒出企業運作一個良好的方法。

TQM 的目的是提供有品質的產品給顧客，而且可以增加生產力以及降低成本。提供一個高品質、低價格的產品，將會提升市場的競爭力。這一連串的項目，讓組織更容易達到獲利以及成長的企業目標。除此之外，全體工作人員會感到工作安全，也會創造出一個令人滿意的工作場所。企業成長的途徑，如圖 2-1 所示。

有如先前所述，TQM 需要文化上的改變。表 2-1 根據代表性的品質要素比較實施 TQM 前後的情況。從表中可以看出，會有很多的改變，同時在短時間內完成；比起大組織，小組織進行轉換的時間快很多。

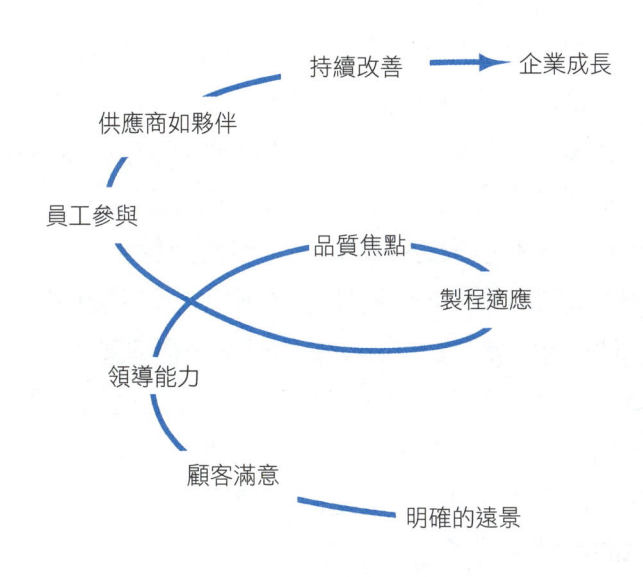

圖 2-1　企業成長的途徑

表 2-1　新的文化和舊的文化

品質要素	先前的情況	TQM
定義	產品導向	顧客導向
優先項目	成本第一、服務第二	成本與服務都是第一
決策	短期	長期
重要性（強調）	檢測	預防
誤差	作業	系統
責任	品質管制	每一個人
問題解決者	管理者	團隊合作
採購	價格	生命週期成本
管理者角色	計畫、分派、控制、執行	授權、訓練、協助、指導

一個組織不會一開始就轉換為全面品質管理（TQM），而是直到組織意識到產品或服務的品質必須改善，才會轉換為 TQM。當組織失去市場占有率，以及瞭解到品質與生產力的重要關聯性時，才會意識到 TQM。也有可能是顧客要求實施 TQM，或是管理者瞭解到，企業運作採用 TQM 是比較好的方法，而且能在國內與世界上的市場，更有競爭力。

　　如果組織的產品或服務品質不好，自動化和其他提升生產力將無法幫助組織銷售產品或服務。日本從實際經驗中學到這項事實；二次世界大戰前，他們以很荒謬的低價出售產品，在那時候，日本人甚至很難獲得再次銷售的機會。直到最近，還有很多組織仍未認清品質的重要性：成本和服務同樣重要，不過品質比這兩者更重要。

　　品質和生產力並不是互斥的。品質改善，能直接導致生產力增加以及其他益處。表 2-2 舉例說明了這個概念。從表中可以看出，品質改善使得生產力、產能以及利潤等方面增加 5.6%。許多品質改善方案，能夠在相同的全體工作人員、相同的製造費用以及沒有新設備投資的情況下完成。

　　最近的跡象顯示，有愈來愈多的組織，體認到想要在國內與全球化競爭之下，品質改進的重要性以及必要性。美國現在有超過 60% 的組織採用 TQM；有超過 80% 的組織，對於 TQM 的概念是很熟悉的。TQM 是贏得包立茲獎（Baldrige Award）最好的方法，這個獎訂立了全國性品質傑出的標準[2]。

　　品質改善不僅侷限於產品與規格一致，它也包含產品以及製程的設計品質。產品以及製程問題的預防，比產品或服務在使用時需要採取修正行動，是會更讓人滿意的目標。

表 2-2　品質改善使生產力增加

項　目	改善前；10%不合格率	改善後；5%不合格率
20 單位的相關總成本	1.00	1.00
合格品	18	19
不合格品的相關成本	0.10	0.05
生產力增加		(1/18)(100) = 5.6%
產能增加		(1/18)(100) = 5.6%
利潤增加		(1/18)(100) = 5.6%

---

[2] H. James Harrington and Praveen Gupta, "Six Sigma vs. TQM," *Quality Digest* (November 2006): 42-46.

TQM 不是一夕之間就會發生的；它沒有快速補救的辦法。它需要長時間，建立適當的重點以及技術，以融入企業文化。短期效果和利潤應該要先擱置一旁，才能讓長期規劃與一致的目標更優先。

TQM 的所有活動領域皆示於圖 2-2。這裡有兩個主要的主題——原則和實務（這些在本章當中有簡短的敘述）以及工具和技術。工具和技術可以分為：量化以及非量化。在第 4 章到第 11 章中，將會詳細敘述量化的種類，包含：統計製程管制（SPC）、允收抽樣和可靠度。而其他的主題，在第 3 章中會簡略敘述。至於非量化這一類別，第 12 章會討論管理與規劃的工具。除此之外，第 3 章會討論 ISO 9000 的某些細節以及其他的主題。

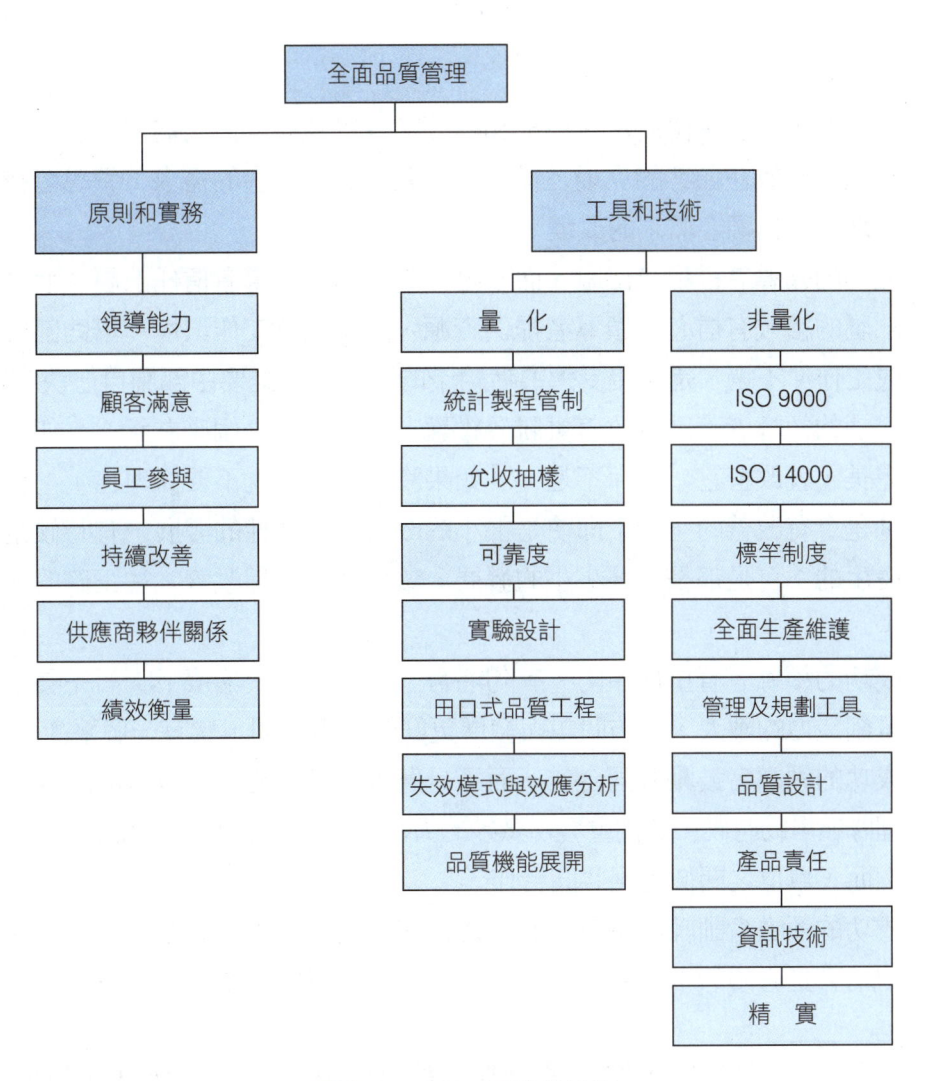

```
                        全面品質管理
                             │
              ┌──────────────┴──────────────┐
         原則和實務                      工具和技術
              │                             │
              │                    ┌────────┴────────┐
              │                   量化              非量化
              │                    │                 │
          領導能力              統計製程管制        ISO 9000
              │                    │                 │
          顧客滿意               允收抽樣          ISO 14000
              │                    │                 │
          員工參與                可靠度           標竿制度
              │                    │                 │
          持續改善                實驗設計        全面生產維護
              │                    │                 │
        供應商夥伴關係          田口式品質工程    管理及規劃工具
              │                    │                 │
          績效衡量           失效模式與效應分析      品質設計
                                   │                 │
                               品質機能展開         產品責任
                                                     │
                                                  資訊技術
                                                     │
                                                   精 實
```

圖 2-2　TQM 活動的範圍

◼ 領導能力

高階管理者要認清，品質功能是對產品或服務的品質有責任，就像財務功能對利潤以及損失負有責任。品質，就像成本與服務一樣，是組織裡每一個人的責任，尤其是執行長（CEO）。對品質有承諾的時候，它就變成組織企業策略的一部分，會引導利潤的增加，在改善之後，具有競爭優勢的情況。為了達成永不停止的品質改善，執行長必須直接參與以及執行組織的品質改善活動。除此之外，整個管理團隊必須成為領導者。

有 12 項行為或特徵，是成功領導者所表現出來的；下列是每一項的簡略描述[3]。

1. 成功的領導者，優先注意外部和內部顧客以及顧客們的需求。領導者將他們自己放在顧客的立場，從顧客的觀點服務顧客的需求；領導者持續不斷地評估顧客需求的改變。
2. 成功的領導者授權給部屬，而不是控制部屬。領導者信任部屬，而且對部屬的績效有信心；領導者提供資源、訓練以及工作環境，幫助部屬完成工作。不過，是否接受領導者給予的責任，還是要由部屬自己決定。
3. 成功的領導者著重於改善更勝於維護。領導者有一個座右銘：「如果不完美，就改善它」，而不是：「如果沒有損壞，就不要修理它」。事情總是會有改善的空間；即使是很小的改善。突破性的發展，有時候是會發生的；可是都是一些小小的發展，讓持續的製程改善，往正確的方向走。
4. 成功的領導者著重於預防。有句名言：「預防勝於治療」；而完美可能是創造力的敵人。預防問題與發展更好的製程之間，會有一個平衡點。
5. 成功的領導者鼓勵共同合作，而不是競爭。當功能性領域、部門或工作團隊競爭的時候，他們會發現微妙的方法，反對或阻止彼此訊息的交流。然而，單位之間彼此應共同合作。
6. 成功的領導者訓練和指導，而不是指揮和監督。領導者瞭解到人力資源的培育是必須的；領導者身為教練，他們會幫助部屬學習，將工作做得

---

[3] 摘錄自 Warren H. Schmidt and Jerome P. Finnigan, *The Race Without a Finish Line* (San Francisco: Jossey-Bass, 1992)。

更好。

7. 成功的領導者從問題中學習。當一個問題存在的時候，應該視為一個機會，而不是把它簡化或隱藏起來。領導者應該要問：「什麼原因引起的？」、「未來我們該如何預防它？」等問題。
8. 成功的領導者試著持續改善溝通。領導者持續宣傳 TQM 的成效，說明 TQM 不僅僅只是口號而已。溝通是雙向的，當領導者鼓勵部屬時，部屬會產生想法，也會採取行動；溝通是讓一個 TQM 組織合在一起的黏著劑。
9. 成功的領導者持續證明他們對品質的承諾。領導者以行動來證明他們所說的話──他們用行動，而不是談話，傳遞他們承諾的程度；他們用品質聲明做為作決定的指南。
10. 成功的領導者根據品質選擇供應商，而不是根據價格。鼓勵供應商參與專案小組，而且變得專注在其中。領導者知道，品質是從有品質的原物料開始的；而且真正的衡量，則是生命週期的成本。
11. 成功的領導者建立組織化的系統，以支持品質努力的結果。高階管理階層，會有一個品質會議；而在第一線管理人員的階層，工作團隊以及專案小組負責製程改善。
12. 成功的領導者鼓勵並且認同團隊的努力。他們鼓勵、給予表揚以及獎賞個人和團隊。領導者知道，人們喜歡知道他們的貢獻是很重要的。這項行動，也是領導者最強而有力的方法之一。

➡ 執　行

　　TQM 的執行過程，是從高階主管的承諾開始，而且更重要的是，有執行長的承諾。高階管理者的重要性，不能被過份誇大。在執行的每個階段，領導都是很重要的，尤是在剛開始的時候。事實上，造成品質改善失敗的主要原因，通常是因為高階管理者不重視也不參與。授權與空談是不夠的──應該實際的參與。

　　如果高階管理者還沒有接受 TQM 概念的培養，這就是下一步要完成的學習。除了正式的教育，管理者應該參觀實行 TQM 成功的公司，研讀精選的文章、書籍，並參加研究小組以及討論會議。

　　執行程序的時間點是很重要的。組織是否已經準備好，著手進行全面品質改善？或許有一些可預見的問題，例如：改組、改變高階主管的人事、人

際之間的衝突、現行的危機或耗時的活動等。這些問題可能會使推行時間延期，直到更好的時間點再進行。

下一個步驟是成立品質會議，接著是全體會員與責任的確定。責任的開始實行，是整個 TQM 執行中很重要的一部分。來自全體成員的投入，發展核心價值、願景聲明、任務聲明以及品質政策聲明，是最先應該要完成的。

▶ 品質會議

為了推行將品質建立至文化當中，應該建立品質會議，以提供全面性的指導；品質會議，也是 TQM 動力的驅動者。

在典型的組織中，這個會議的組成成員包括：執行長；各個功能性領域的高階主管，例如設計、行銷、財務、生產以及品質；一位協調人員或是一位顧問。如果有工會的存在，也應該要考慮將工會的代表納入會議裡。協調人員必須承擔品質改善活動的額外附加責任。被挑選作為協調人員的職務，應該是一位有機會成為主管的開朗年輕人，而且這位協調人員將會向執行長報告。

協調人員的職責是要建立雙向的信賴，向品質會議提出團隊的需求，和團隊分享品質會議的期望，並且向品質會議簡略報告團隊的進展。除此之外，協調人員要確定團隊獲得授權，而且知道自己的責任。協調人員要做的事包括：協助團隊的領導者、分享團隊中學到的經驗，以及與團隊領導者定期舉領導者會議。

在較小的組織中，當管理者要負責較多的功能性領域時，團隊的成員數目會變得比較小。因此，較有可能雇用顧問，而不是採用協調人員。

一般會議的職責有下列幾點：

1. 獲得來自人事部門的信息，發展核心價值、願景聲明、任務聲明以及品質政策聲明。
2. 發展長期的策略性計畫，包括：目的以及年度品質改善計畫的目標。
3. 建立全面的教育以及訓練計畫。
4. 確定並且持續監視不良品質的成本。
5. 決定組織的績效衡量，核准功能性領域的範圍，並且加以監督。
6. 持續確定可以有效改善程序的計畫，特別是那些會對內部以及外部顧客滿意程度產生影響的計畫。

7. 建立多功能的計畫以及部門或工作團隊，並且監督發展情況。
8. 建立或修正認知與獎勵系統，做為企業營運的新方法。

在大型組織當中，品質會議建立在較低的組織層級，他們的責任相似，但是與組織特定的層級有關。剛開始的時候，品質會議的成員會有一些額外的工作；然而，長期來說，他們的工作會變得比較容易。這些品質會議已經成為永恆的品質改善工具。

一旦 TQM 的方案建立完畢，一個典型的會議議程可能包含下列幾個項目：

- 團隊的進展報告。
- 顧客滿意度的報告。
- 會議目標的進展。
- 新的專案小組。
- 表揚晚宴。
- 標竿制度報告。

最後，經過三到五年，品質會議活動將變成組織文化的一部分，也就成了高階主管會議例行性的一部分。當達到這種程度之後，就不再需要一個單獨的品質會議。在高階主管會議中，品質成為首要討論項目；或高階主管會議變成品質會議的一部分。

▶ 核心價值

核心價值與概念培育 TQM 的行為，也定義了文化。每個組織，都需要發展自我的價值。以下列出馬康包立茲國家品質獎所定義的核心價值。任何的組織可以運用它做為發展核心價值的起點。

1. 有遠見的領導能力。
2. 以顧客為導向的優點。
3. 組織以及個人的學習。
4. 重視員工以及合作夥伴。
5. 靈活。
6. 著眼未來。
7. 創新的管理。

8. 實事求是的管理。
9. 社會責任。
10. 著重結果以及創造價值。
11. 系統的洞察力。

核心價值是品質聲明的一部分，在下一節會討論。它們應該簡化，以利於公佈在組織內部或外部。

品質聲明

除了核心價值之外，品質聲明還包括：願景聲明、任務聲明以及品質政策聲明。一旦完成這些，只需要偶爾檢視以及更新。它們是策略規劃過程的一部分，包含了目的以及目標。

這四個聲明的使用，因組織的不同而有所不同。事實上，小型的組織可能只會用到品質策略聲明，而各個聲明也可能有重複的部分。

品質聲明或一部分的品質聲明，應該要包含在員工識別證上；而且要靠全體員工共同發展品質聲明。

一個聲明的例子，包括了願景、任務、品質政策以及核心價值，如下所示：

Geon 有一個明確的企業願景：憑藉著優良的績效，成為聚合物產業的標竿企業；藉由以下幾點來證明：

- 完全符合具有良好環保、衛生、安全的已確立原則。
- 完全滿足顧客的期望。
- 發展以及將創新的聚合體技術商業化。
- 運用全部的資源，達成更有效率的生產。
- 持續改善製程和產品。
- 對顧客、員工、供應商以及投資者，提供鼓勵性的價值。
- 創造一個信任、尊重、公開、完整的環境。

Geon 公司

策略規劃的七個步驟 [4]

品質策略規劃有七個基本步驟，規劃的程序是從品質、顧客滿意是組織

---

[4] 摘錄自 John R. Dew, "Seven Steps to Strategic Planning," *Quality Digest* （1994 年 6 月）：34-37。

的未來為中心,做為出發點;它把全部有關的人員都納入。

1. **顧客的需求**。第一個步驟就是,發現顧客未來的需求。誰會是顧客?你的顧客基礎會改變嗎?他們會想要什麼?組織如何符合以及超越顧客的期望?
2. **顧客的定位**。下一步,規劃人員要決定,對應到顧客,組織的定位在哪裡。規劃人員是否想要維持、減少或擴大顧客的基礎?品質不良的產品或服務應該要做為改進或淘汰的目標;組織應該將努力專注在較好的一面。
3. **預測未來**。規劃人員必須仔細看清水晶球,以預測未來會影響產品或服務的情況。人口統計學、經濟預測以及技術性的評估或推測,都是可以幫助預估未來的工具。有超過一個以上的組織的產品或服務,已經遭到淘汰,因為它沒有事先預見技術的改變;注意,改變的速度是持續加快。
4. **差距分析**。這個步驟,需要規劃人員確認組織現在與未來狀況之間的差距。本章先前提到的核心價值分析,對於指出精確的差距,是一個很好方法。
5. **消除差距**。藉由建立目標與責任,可以發展消除差距的計畫;全部有關的人都要納入計畫的發展。
6. **調整**。當計畫發展之後,一定要與組織的任務、願景以及核心價值一致。如果沒有調整,計畫成功的機會非常渺茫。
7. **執行**。這個最後的步驟通常是最困難的。要將資源分配到蒐集資料、設計改變,以及克服反對改變。同時,這個步驟有一部分也要監督活動,以確保有改善。計畫小組每年至少開一次會,以執行任何改善的行動。

任何組織,都可以執行策略規劃;它讓組織每次都有很高的效率,在適當的時間做對的事。

▶ 年度品質改善計畫

年度計畫與長期的策略規劃是一起發展的。一些策略項目最終會變成年度計畫的一部分,其中包括一些新的短期項目。

除此之外,品質改善計畫應該要由全部的管理者、專家以及作業人員共同建立:

- 對於促成改善積極參與,而且有責任感。
- 需要促成改善的技術。
- 有年度改善的習慣,使得組織的品質一年比一年好。

　　品質改善計畫,是由部門層級發展而來,同時有作業人員的參與,透過功能性領域,推展到整個組織。

　　品質目標,必須用可以衡量的方式做為說明,而且具有時間性,如下列所示:

1. 在未來的四個月之內,所有作帳作業人員將接受避免錯誤的訓練。
2. 在六月份的時候,要對製造部門發展並執行一套預防維修程序。
3. 在兩年之內,一個專案小組要將失敗率降低 25%。
4. 在今年會計年度結束之前,線路安全帶組裝部門要將不合格的情形減少 30%。

應該鼓勵作業人員設定他們自己的目標或品質目標;管理者應該藉由提供訓練、計畫以及資源等支持這些目標。

　　可以完成的品質目標,有可能會比所擁有的資源多,因而無法完成全部的品質目標。也因此,最有可能促成改善的,就會被採用。很多目標都需要專案小組。有些組織的年度品質改善計畫,有著完善的架構。在缺乏年度品質改善計畫完善架構的組織裡,任何的改善將會來自於中階管理者以及專家的主動行動。這需要中階管理者以及專家給予確定,才能有結果;因為沒有品質會議設計的正式、完善架構的品質改善計畫,就顯得少了合法性與支持。

▶ 執行長的支持

　　在管理者支持方面,最重要的是來自執行長的投入。投入可以藉由下列幾項來達成:

- 主持或參與品質會議。
- 主持或參與 ISO 9000 小組。
- 訓練專案小組。
- 走動管理(Management by Walking Around, MBWA)。
- 主持表揚大會。
- 在定期通訊中,撰寫專欄。

- 花 1/3 的時間在品質上。
- 定期與全體員工開會。

除非執行長支持，否則不會獲得 TQM 的效益。

◾ 顧客滿意度

⇒ 簡 介

有句話說：顧客永遠是對的；這句話一直到今天跟當時都是一樣正確的，而且也不曾改變過。雖然顧客至上，但是有時候，教育和策略是必須的。在第 1 章當中，我們定義品質是滿足顧客度的函數。最近，製造業的品質研究（Quality in Manufacturing）中顯示，有 83.6% 的受訪者表示，顧客滿意度是他們對品質的主要衡量方法。對於認定期望持續的改變，也是很重要的；十年前可被接受的，今天會被拒絕。

滿意度是組織的整個經驗函數——不僅僅是採購銷售單位而已。公司整體經驗的作用——不僅僅是購買的物品。例如，一個組織訂購 75 單位物品，而且要求供應商在 10 月 10 日送到，但卻在 10 月 15 日才收到，數量為 72 單位，但帳單紀錄 74 單位。雖然每一單位物品都很完美，不過顧客卻不會滿意。

組織為了求生存，應該努力保有顧客。平均而言，要贏得一位新顧客所花費的金錢，是留住現有顧客的五倍。

TQM 意味著，組織圍繞在符合或超越顧客的期望，要做到讓顧客高興。瞭解顧客的需要與期望，對於贏得新的商機及留住現有的生意是不可或缺的。一個組織，必須提供符合顧客需求、有品質的產品或服務，包括：合理的價格、準時送達以及優良的服務。為了達到這樣的程度，組織必須持續檢查品質系統，檢視是否能對於顧客需求與期望的改變有所回應。

⇒ 誰是顧客？

這個問題似乎比較困難。例如，對於自助加油站的加油管製造商而言，會有下列的外部顧客：油品公司、加油站擁有者、你自己以及使用者。汽車保險公司的外部顧客有經紀人、顧客服務代表以及受保人。內部顧客就在下一個作業順序當中。某些例子如：銷售員對訂購員、砂石研磨操作員對鑄模

機器操作員以及送貨管理人員對出納員。每一個人品質的績效，就是他們的內部供應者的一個函數。

下列可以做為改進內部與外部顧客滿意度的項目清單：

1. 誰是我的顧客？
2. 他們的需求是什麼？
3. 他們的考量和期望是什麼？
4. 我的產品或服務是什麼？
5. 我的產品或服務是否超過期望？
6. 我如何滿足他們的需求？
7. 什麼改善措施是必須的？
8. 顧客是否皆包含在內？

每一個個人或團隊都必須確認而且滿足他的顧客；同時培育團隊的力量，如此能讓全部的人幫助組織，而不是只有照顧到個人的目標。要協助這個目標，每個營運單位或次單位的績效衡量以及目標皆必須建立。

▶ 顧客回饋

為了集中焦點於顧客，一個有效率的回饋計畫是必要的。此計畫的目標有：

1. 發現顧客不滿意之處。
2. 發現品質的相對優先順序，如：價格以及交貨情形。
3. 與競爭者比較績效。
4. 確認顧客的需求。
5. 決定改善的機會。

資料的蒐集會因為產品或服務以及顧客是否為最終使用者而有不同；可以由個人、團隊或部門來完成。接下來簡短敘述在資訊中蒐集資料的方法。

對於最終使用者而言，隨著產品提供保證卡以及問卷調查表，是一種花費不高的方法；然而，必須要提供某種獎勵，才能讓顧客填好資料寄回。電話調查可以蒐集到必要的資訊，但是這種方法比較浪費時間、成本較高，而且與顧客較為疏遠。對於最終使用者，郵寄調查通常不會完成。

對於商業顧客而言，郵寄調查工作是一項很好的方法。一個好的問卷設

計,會要求顧客針對供應商的品質、交貨情形、服務等項目進行評分(A、B、C、D 等)。另一個非常好的方法,就是拜訪顧客,瞭解產品的使用狀況,以及幫助解決問題;如果要增強公共關係,可以帶幾個作業部門的人員一同前往。

對於最終使用者來說,現有與潛在顧客的專注討論小組,可以做得很成功。專注討論小組的會議,是由一位專業人士所主導,以探索現有以及未來產品的適合與不適合的觀點。回饋的取得,是比較評估競爭者的產品、包裝以及後續的資訊。

許多公司依賴他們的服務中心提供顧客滿意度的回饋訊息;這些服務中心可能是公司所擁有的或以契約外包方式運作。在這方面,修理部分的柏拉圖分析,可以指出品質問題的位置和發生次數。

顧客抱怨提供最好的資訊;然而,這個資訊是在最壞的情形下發生的。抱怨將在下一節討論。

▶ 顧客抱怨

美國品質學會(American Society for Quality)最近調查零售業的顧客,結果顯示,不滿意的顧客很少有抱怨。調查的產品有:汽車、郵購產品、收音機、電視、食品雜貨、家具、衣服、居家修理、家用電器設備以及汽車修理。研究發現,平均有 1% 會向管理人員抱怨;18% 向第一線工作人員抱怨;81% 不會抱怨。大約有 25% 不滿意的顧客,不會再購買相同商標的產品;而生產者失去商機時,也沒有得到顧客的任何解釋。雖然這個研究,是以零售的顧客為主,也有一些跡象顯示,這些原則可以應用在商業顧客方面。因此,當接收到抱怨時,這不僅反映了冰山的一角,更是品質改善的機會。

每一家公司,都應該有一套顧客抱怨處理的程序。以下是一個建議程序:

1. 接受抱怨——不要反抗它們——因為它們是對你的品質的一種衡量。
2. 把抱怨的訊息傳給所有人員。
3. 藉由探測工作分析抱怨。
4. 應盡可能消除根本之原因,過多的檢驗並非改善之方法。
5. 將全部調查結果以及解決方法讓每一個人知道。

▶ 售後服務

　　顧客滿意的特點之一,是發生在銷售之後。一個組織,可以因為成為最好(這是在績效、運送以及價格等因素之外),而創造市場的優勢。服務品質也是一種產品;因此,它可以加以改善和控制。服務品質的基本要素為:

組　織

1. 認清每一個市場。
2. 建立需求,並且傳遞需求。

顧　客

3. 獲得顧客的觀點。
4. 依約定交付,滿足顧客的期望。
5. 讓顧客感覺有價值。
6. 回應所有的抱怨。
7. 處理抱怨再反應給顧客。

溝　通

8. 將所需花費處理時間與應該投入處理的心力之間,取得最佳平衡。
9. 將聯繫對象的數目減到最小。
10. 以顧客較能瞭解的字句,寫下文件。

第一線工作人員

11. 確定員工有充份的訓練,而且對人友善。
12. 像對待內部顧客一般地對待第一線工作人員。
13. 給予第一線工作人員解決問題的權力。
14. 激發第一線工作人員發展新的方法。
15. 建立績效衡量、表彰並且獎勵績效。

領導能力

16. 以範例做為領導說明。
17. 傾聽第一線工作人員的心聲。

18. 致力於品質持續改善。

因為產品以及服務不同，對於不同的組織，上述這些基本要素所強調的也不同。

▶ 最後註解

　　好的經驗只會傳給 6 個人，而不好的經驗卻會傳給 15 個人；因此，應該瞭解你的顧客，傾聽他們的心聲。在必要的時候教導他們，讓他們決定他們的需求；而且最後讓他們評斷，你的能力是否滿足他們的需求。

　　每一個組織都應該跟顧客建立合作夥伴的關係。二次世界大戰期間，美國產品的品質皆非常優良，就是因為與顧客建立終極的合作夥伴關係；這些顧客就是：兒子、女兒、配偶、親屬、朋友以及鄰居。

■ 員工參與

▶ 簡　介

　　對於一個組織來說，沒有其他資源比人員更有價值。雖然這種說法是陳腔濫調，但卻是真理，並且可應用在品質上。很多組織看待品質的問題，是由作業人員的觀點出發；通常得到的回應是有目標與口號的激勵計畫。這些計畫的結果是一個很直接的宣傳，管理者行動（品質會議）以及行為（專案小組的成就）勝於口頭的服務，而且會比短期計畫更能激勵員工。

　　考慮一種情況：一位作業員生產品質有些瑕疵的零件，如果管理者決定要整理或丟棄其中的零件，具體的證據表示，管理者在乎品質。然而，如果管理者決定，試試看把零件送交給顧客，那所有的口號以及激勵計畫就沒有意義了，甚至會與生產相抗衡。

　　實際上，如果管理者認為品質問題歸究於作業員的漠不關心，那就犯了一個嚴重的錯誤。戴明認為，一個組織的品質，只有 15% 可以歸因於局部過失（作業員以及第一線管理人員），其餘的 85% 應歸因於系統過失（管理）。

　　戴明 14 點聲明中的第 8 點為：

> 藉由鼓勵開放、雙向、非懲罰性的溝通，減少組織中的憂慮。因為憂慮而不提出問題或回報困難所造成的經濟損失，會讓人感到震驚。

戴明進一步指出，品質改善想要快速獲得結果，可以藉由達到這項目標來完成，而在工作氣氛改變後的兩年到三年之內，就會得到有效的經濟成果。

把人員納入品質改善計畫，是改善品質一種有效的方法。管理者的承諾、年度品質改善教育與訓練、專案小組等，都能有效利用組織的人力資源。人們前來工作時，不是只有把工作做好，也要想想如何改善工作。人們也要獲得授權，運用最少的資源，以最好的方法來完成工作。

▶ 專案小組

日本推行品管圈非常地成功；品管圈可以在組織中各個階級使用。然而，品管圈的方法也不是萬靈丹。根據估計，日本品質的奇蹟，只有 10% 可以歸因於實行品管圈的方法。這個數值這麼低的原因是，重要的（85%）品質問題，主要還是來自於系統（管理者）。

在日本之外的大部分品管圈並不成功；因為缺少管理者支持、第一線管理人員極少投入參與、訓練不足以及不完備的計畫。

儘管品管圈有這些問題，小組的概念出現後，成為主要改善品質與生產力的方法，而且排除障礙以及提高士氣。由品質會議授權的計畫與專案小組，成員是 7 到 10 個人，會有一位品質會議的成員，擔任指導員或領導者；小組可能是部門形式或多功能形式，可能是長期性或是臨時性的編組。部門形式小組的主管，通常是小組的領導者；而多功能形式小組，可能是由最有影響力功能的資深管理者擔任主管。如果可行，專案小組應該包括一位內部或外部顧客以及一位內部或外部的供應商。

多功能形式專案小組可以運用在發展新的程序以及改善現有的程序上；多功能形式專案小組，可以是長期性或是臨時性的編組。

新的製程是從研究與發展而來，或是從功能性領域所決定的未實現需求而來。不管它的來源為何，很重要的一點是：適當的人員要盡早納入，並且參與專案小組。代表性的成員會來自：行銷、品質、物料管理、服務、財務、生產以及設計等領域。專案小組的領導者，最有可能是來自設計領域，而且在眾多人中是第一的。

一個基本的概念是，在開始設計的時候，就要建立品質，而不是事後的補救；小組的每一位成員，都有要扮演的角色。例如：行銷要持續評估顧客對於設計的需求；或者，製造要能提供關於製程能力的消息，是否符合特定規格。這個方法是預防問題發生，而不是在之後才偵測問題，要改正問題的

成本過高，無法進行。其他團隊可能由很多功能性領域的代表所組成。有時候，來自執行長或高階管理者的承諾與投入專案小組，會讓人更滿意。這種作法是以實際例子做為具體領導的例證。

部門或作業領域會有長期性或是臨時性的小組。長期性的小組可能每週開會，討論管制圖型態、抱怨、停工期、準時送貨等。臨時性小組的成員，可以說是想要改進功能的函數；有些小組可能只是由單純的作業員、管理人員、內部顧客以及一位品管部門的成員共同組成。

每一個小組應該用基本的工具做適當的教育訓練。一些最初的改善計畫是從訂單／發票、顧客滿意度、供應商管理、生產問題、設計問題以及表揚和獎賞開始。

⇒ 教育和訓練

全體人員的教育和訓練是一筆很大的費用，而且要完成所需的時間也很冗長。日本訓練組織內部擁有數十萬的管理者、管理人員以及數以百萬的非管理人員。就有關品質方面來說，這樣龐大的訓練計畫，使得他們的管理者、專家以及工作人員成為全世界獲得最佳訓練的人員；這些訓練，花了超過十年以上的時間才完成。

然而大部分來說，教育僅侷限於品質部門；應該要教育員工，整個組織的薪酬制度是新的作法：依照每個人的職務，要合乎品質科學。高階管理者與作業人員接受的教育會有所不同。有些教育和訓練會同時發生，優先順序則為：高階管理者最先；接著是中階管理者和專家；最後是第一線管理人員及作業人員。

有些教育，例如：一個態度的改變、一個基本統計方法的知識、事件的品質改善順序以及預防觀念，對大家來說是普遍的常識。然而，不同功能性領域、部門以及工作的教育需求，會因此而不同。例如，採購人員需要瞭解：廠商調查報告、資格證書以及評比，還有價格與成本的概念、統計製程管制的知識以及允收樣本的知識。

除了有關品質的教育外，對於人員的新技能，在物料、方法、產品設計以及機器的改變中，能跟得上改變的嚴密訓練也是必要的。大體而言，這種再訓練是提供給組織內的專家。例如，一家設備製造廠的產品工程師，必須知道複合材料技術對公司產品的影響。

教育和訓練的工作因為比較難以處理，因此品質會議會希望建立一個專

案小組，以計畫整個組織教育訓練的規劃工作。這個專案小組的任務是：

1. 確認每一項工作的主要問題。
2. 確認可能的訓練教材以及領導人員。
3. 預估投資所需要的金額、設備以及人員。
4. 推薦一個包括受訓人員、領導人員以及時間表的計畫。

高階管理者在計畫中應該要成為受訓人員；他們的訓練方式，一部分以書籍為主，一部分以所從事的品管功能為主。

對於新成立的小公司，建議初步計畫為：

- 所有的經理以及管理人員接受 7 小時的 TQM 訓練。
- 所有的經理以及管理人員接受 7 小時的 SPC 訓練。
- 所有的作業人員接受 7 小時的 TQM 以及 SPC 訓練。

雖然概念很重要，但是最主要的目標是要有實際的用處。

▶ 建議制度

一旦建立適當的環境之後，可以發展建議制度，以做為品質改善的不同方法。為了有效率，對於每項建議，管理者都要有所行動。這些行動，可能會使管理者的工作量增加一定的程度；然而，這卻是建議制度可以提供最大效益的唯一方法。少數的執行長會以書面方式回答這些建議好或不好，並且是否會實施。金錢和表揚的獎勵是建議制度的必要部分，尤其是表揚的獎勵，可能是最重要的部分。

大部分的建議制度，都需要問題以及解答的確認。另一個方式是提供一個表格，人們只需要說明問題。適當的功能性領域或部門，將會提供解答。

典型的問題包括：

1. 對於所有零件而言，這個工具的長度不夠長。
2. 銷售部門在他們訂單紀錄表格中，造成太多錯誤。
3. 對於打電話來的反應，我們做了很多改變；但是很多改變必須重做。

一旦人們知道他們的問題已經被聽到並且回答之後，溝通管道就已經開啟，而且品質改善的潛力也就增加了。

➡ 最後註解

在決策過程中有員工的參與,會改善品質,並且提高生產力。因為工作人員對於製程有較多的瞭解,所以會有較好的決定。若工作人員在決策過程中有參與,他們將更有可能執行並且支持決定的結果。除此之外,他們更能夠發現並且指出品質要改善的地方,而且在製程失去控制時,採取矯正行動。員工參與可以降低員工與管理的爭論,並且提高士氣。

■ 持續的製程改善

要達到完美的目標,必須持續改善營業以及生產的程序。當然,完美是令人難以捉摸的目標;無論如何,我們必須持續努力以達到完美。

我們可以藉由下列幾點持續改善:

- 把全部的工作當作是一個程序,不管它是否與生產或是營業活動有關。
- 讓所有的製程是有效、效率高而且適合環境的。
- 預期顧客需求的改變。
- 控制製程中的績效,運用衡量方法,例如:廢料的降低、週期性時間以及管制圖等。
- 保持具有目前績效水準的建設性不滿意意見。
- 當有浪費以及重新再做的情形發生時,要排除這些情況。
- 調查不能增加產品或服務價值的活動,擬定消除這些活動的目標。
- 消除每一個人在全部工作階段裡的不一致性;即使改善的效益很小。
- 使用標竿制度以改善競爭優勢。
- 創新以達到突破性的進展。
- 保有收穫,不會因此而退步。
- 將學習到的教訓融入未來的活動當中。
- 運用技術性的工具,例如:統計製程管制(SPC)、實驗設計、標竿制度、品質機能展開(QFD)等。

➡ 製 程

製程是指組織的營業和生產活動。營業的程序,例如:採購、工程、會計以及行銷等,若有不符合的情形,就表示有大量改善的機會。圖 2-3 顯示

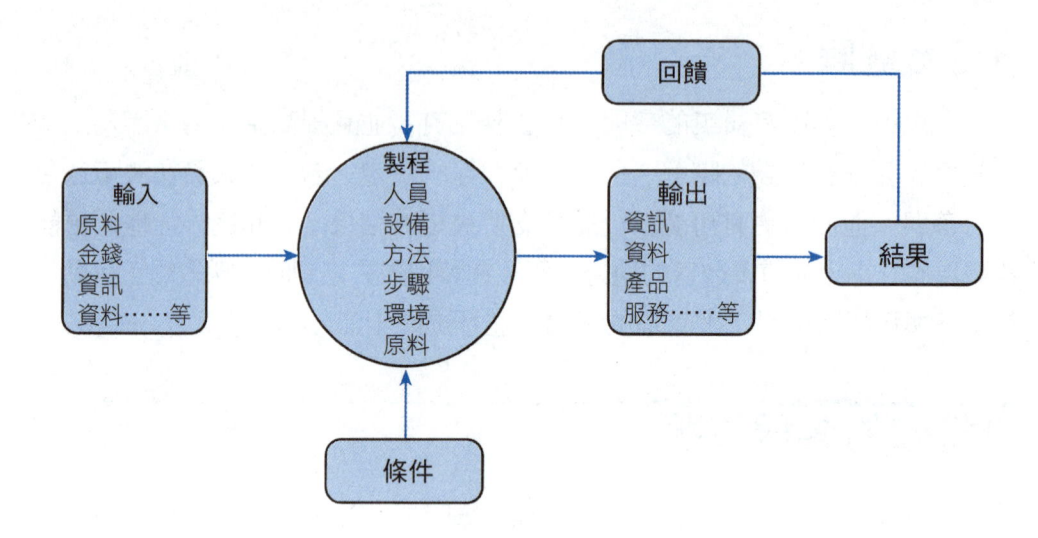

圖 2-3　製程模型的輸入／輸出

　　一個製程的輸入與輸出。輸入可能是：原料、金錢、資訊、資料等；輸出可能是：資訊、資料、產品、服務等。實際上，一個製程的輸出，可能就是另一個製程的輸入。輸出通常需要績效的衡量；它們的設計，是要達到某些特定的結果，例如：讓顧客滿意；而回饋對於製程改善來說是必需的。

　　製程的定義，是從確定內部和外部顧客開始。顧客確定了組織的目標，以及組織的每一個製程。因為組織存在的目的是服務顧客，所以製程改善，一定要以增加顧客滿意做為明確的界限，以提供顧客更高品質的產品以及服務。

　　製程是結合了人員、材料、設備、方法、測量以及環境的互相影響而產生的結果，例如：產品、服務或是做為另一個製程的輸入。除了有可以衡量的輸入和輸出之外，一個製程還必須有增加價值的活動以及重複性。它必須是有效、效率高、在控制之內且能適合新環境的。除此之外，它必須遵守某些政策以及限制或法律規定的特定情況。

　　所有的製程必須有一位負責人。在一些情況，負責人是很清楚可以知道的，因為只有一個人執行這項活動。製程經常會橫越多重的組織範圍，而支援的接續製程，是由每個組織的個人所負責。因此，負責的權利成了主動製程改善的一部分。

　　根據此點，定義改善是很重要的。有五個基本方法：(1) 減少來源；(2) 降低錯誤；(3) 滿足或超越下游顧客的期望；(4) 讓製程更安全；(5) 讓在從事製

程的人，對製程更滿意。

一個製程使用超過所需要的資源是浪費的。報告如果分配給超出需要的人，會浪費影印和分送時間、材料、使用者閱讀時間以及檔案空間。

大部分而言，錯誤是技巧不熟練的象徵。經常是當電腦要列印資料，要求打開檔案、做修正和列出新的文件時，才會發現錯誤。

製程的改善，要直到讓下游顧客的期望滿意或超越為止。氧乙炔焊接做得愈好，刺耳的聲音也愈少，也會讓完成的塗料表面更令人滿意。

製程可以獲得改善的第四個方法是，做得更安全。一個安全的工作場所，是比較具有生產力的，而且有較少浪費時間的意外事故以及較少的員工補償請求。

第五種改善製程的方法，是增加執行製程中人員的滿意度。雖然很難將它量化，但是證據顯示：一位快樂、滿意的員工，是比較有生產力的。有時候些微的改變，例如：更換一張較好的椅子，會使員工對他們的工作態度產生重大的轉變。

▶ 問題解決方法

專案小組在問題解決方法架構裡運作，將得到最佳結果。在製程改善計畫的初期階段，因為解決的方法很明顯，或某人的高明之見，可以很快得到結果，然而，在長期階段，有系統的方法才能得到最大的效益。

問題解決方法（也稱為科學方法），應用在製程上，有七個階段：

1. 確認機會。
2. 分析目前的製程。
3. 發展最佳解答。
4. 執行改變。
5. 研究結果。
6. 將解答標準化。
7. 對未來做規劃。

這些步驟並不是完全獨立的，它們有時候是互相關連的。事實上，有些技巧，例如：管制圖，可以在多個階段中有效地利用。製程改善是目標，而問題解決的過程，是達成目標的架構。

第一階段：確認機會

這個階段的目標，是確認並且將改善問題的機會排順序。它有三個部分：確認問題、組織小組以及定義範圍。

問題的確認，即回答了問題：問題是什麼？答案會引領出最有改善潛力以及最需要解答的問題。問題可以從多種不同的投入來確認，如下列：

- 柏拉圖分析重複的外部警訊，這些警訊包括：現場故障、抱怨、退回以及其他（參閱第 3 章）。
- 柏拉圖分析重複的內部警訊，例如：廢品、重工、分類與全數檢驗。
- 重要的內部人員（經理、管理人員、專業人士、工會管理人員）的提議。
- 建議計畫的提議。
- 使用者需求的現場研究。
- 產品與競爭者的績效資料（來自使用者、實驗室的試驗）。
- 組織外部重要人物的評論（顧客、供應商、新聞記者的評論）。
- 政府法令管理者以及獨立實驗室的發現與評論。
- 消費者調查。
- 員工調查。
- 工作小組的腦力激盪。

問題並沒有好或壞；問題提供了改善的機會。一個情況要有資格成為一個問題，必須符合下列三項準則：

1. 對於一套建立的標準，有不同的表現。
2. 認知與事實有差異。
3. 原因未知；如果我們知道原因，就不會有問題。

發現問題並不會太難，因為問題的數目，多過於可以進行分析的。品質會議或工作小組，必須依下列選擇的標準，將問題分出重要順序：

1. 這個問題是否很重要，而不是很膚淺的？為什麼？
2. 問題的解決能促成目標達成嗎？
3. 問題可以利用數字清楚地定義嗎？

工作小組要選擇開始的問題，應該要找到耗費最少力量，但能提供最大益處

的問題。

第一階段的第二部分，是要組織一個小組。如果這個小組是具有天賦的工作小組，則這一部分就已經完成。如果問題是多功能的本質，就跟大部分的問題一樣，則品質會議必須撰擇小組成員，接著選出小組負責人，再確定目標以及最後期限。

第一階段的第三部分，是確認範圍。沒有充份地定義問題，通常是導致問題解決方法失敗的原因。問題良好的陳述之後，可以說是已經解決問題的一半。一個好的問題陳述標準，如以下所示：

- 它清楚地描述問題，而且很容易瞭解。
- 它陳述了效果——什麼是錯誤的？什麼時候發生的？在哪裡發生？而不是為什麼是錯誤或誰要負責任？
- 它集中在已知、未知以及應該還要做的事。
- 它使用事實，而且不需要判斷。
- 它強調對使用者的影響。

以下是一個問題陳述很好的例子：

> 根據消費者滿意度的調查，150 張銷貨發票中，有 18 張有錯誤，需要花 1 小時來改正錯誤。

除了問題陳述以外，這個階段需要給小組一個綜合性的權利，權利具體說明：

1. **權力**。誰授權給這個小組？
2. **目標及範圍**。期望的結果，與特別需要改進的地方是什麼？
3. **組成**。小組成員、製程及次要製程的負責人是誰？
4. **方向與控制**。小組內部運作的準則是什麼？
5. **一般性事項**。使用什麼方法、資源以及特定的里程碑？

第二階段：分析目前的製程

這個階段的目標是瞭解製程以及現在是如何執行的。主要活動是決定：分析製程、蒐集資料、定義製程界限、輸出與顧客、輸入與供應商及製程流程的衡量工具；確認根本的原因，決定消費者滿意程度。

第一個步驟是為小組發展一個製程流程圖；流程圖可以將複雜的工作變

成易於瞭解的圖形描述。此活動對小組有「張大眼睛」的體驗，因為很少有小組成員能了解全部的製程。

接著，定義目標績效的衡量方法。對於有意義的製程改善來說，衡量方法是很基本的；如果事情不能加以衡量，就無法獲得改善。有句古話說：可以衡量的，就可以把它做好。小組將決定是否需要加以瞭解衡量方法以及改善目前正在使用的製程，如果需要更換的，則小組將會：

- 針對顧客需求建立績效衡量。
- 決定需要管理製程的資料。
- 建立顧客與供應商固定的回饋系統。
- 建立輸入與輸出的品質、成本與時刻表的衡量。

一旦目標績效衡量建立好，小組就可以蒐集所有可用的資料及資訊。如果這些資料不夠，就再取得額外的新資訊。蒐集資料可以：(1) 幫助證實問題的存在；(2) 讓小組根據事實來工作；(3) 對於底線的衡量標準，變得可行；(4) 讓小組可以衡量，已經執行完畢的解決方法的效能。蒐集只需要的資料，而且對於問題取得正確的資料，是很重要的。小組應該發展一套包含從內部與外部顧客輸入的計畫，而且確定這項計畫能回答下列問題：

1. 我們希望學習什麼樣的問題或操作？
2. 資料做什麼樣的用途？
3. 需要多少的資料？
4. 從蒐集的資料，可以得到什麼結論？
5. 根據結論，應採取什麼行動？

資料蒐集可利用查檢表、有應用軟體的電腦、資料蒐集的裝置，例如：手動的測量儀器以及線上系統。

小組將確認顧客以及他們的期望，也會確認他們的輸入、輸出以及製程的介面；同時，他們會系統性地再檢查目前使用中的程序：

資料與資訊一般的項目包括：

- 設計資訊，例如：規格、圖樣、功能、原料單、成本計畫檢查、實地資料、服務以及維護能力。
- 製程資訊，例如：路線、設備、操作人員、原料、零件部分以及供應商。

- 統計資訊，例如：平均數、中位數、全距、標準差、偏態、峰度以及次數分配。
- 品質資訊，例如：柏拉圖、特性要因圖、查檢表、散佈圖、管制圖、直方圖、製程能力、允收抽樣、操作圖、壽命試驗以及操作員與設備矩陣分析。
- 供應商資訊，例如：製程變異、準時交貨以及技術能力。

特性要因圖的應用在這個階段裡特別有效。要決定所有的原因，需要經驗、腦力激盪以及對製程的完全瞭解。對專案小組而言，特性要因是一個極佳的起點。但是要注意的是：目標是要尋找原因，而不是解決方法；因此，只要是可能的原因，無論是多麼微不足道皆要列出。

確認根本原因，或最有可能的原因是非常重要的[5]。這項活動有時可以用投票的方式決定。確認最有可能的原因是一個很好的想法，因為這裡如果產生錯誤，會導致在時間與金錢上的不必要浪費。一些確認的技巧如下：

1. 對照問題陳述，檢查最有可能的原因。
2. 再檢查所有支持最有可能原因的資料。
3. 對照運用何人、何時、何地、如何、為何以及為什麼的方法，檢查製程的執行得到滿意以及不滿意的情形。
4. 根據資料、資訊以及理由，利用外部權力，扮演「魔鬼的擁護者」。
5. 運用實驗設計、田口品質工程及其他更進一步的技術，決定關鍵因素及它們的程度。

一旦根本原因或是最有可能的原因決定以後，就可以開始下一個階段。

第三階段：發展最佳解答

這個階段的目標，是建立問題解決方法，並建議一個最佳解答以改善製程。一旦獲得所有的資訊後，專案小組就可以開始調查可行的解答；通常需要數個解答，以矯正錯誤情況。有時從粗略的資料分析，就可得到十分明顯的解答。

有三種類型的創造力：(1) 創造新的製程；(2) 結合不同的製程；(3) 修正現有的製程。第一種類型，是創新型態最高級的形式，例如：電晶體的發明。結合不同製程的活動，是指結合兩個或更多的製程，以創造更佳的製程；它

---

[5] Duke Okes, "Improve Your Root Cause Analysis," *Manufacturing Engineering* (March 2005): 171-178.

是將已存在的製程獨一無二地結合起來。這種類型的創造力依賴標竿制度。修正是改變已存在的製程,讓工作可以作得更好;當管理者利用經驗、教育以及授權給有能力的工作團隊或專案小組時,就能修正成功。這三種類型並沒有明確的界線,它們是互相重疊的[6]。

在此階段裡,創造力扮演主要的角色,而腦力激盪則是主要的方法。其他在這個階段可以應用的團體動態方法,包括:德爾菲方法以及名義群體技術。

可能改變的地方有:延遲的數目與長度、步驟數目、檢查的時間點與數目、重工以及物料處理。

一旦決定可能的解答後,接著就開始測試和評估解答。如上所述,對應的情況,可能有超過一個以上的解答。評估和測試,可以決定哪一個解答最可能成功以及這些解答的優缺點。評估可能解答的標準,包括:成本、可行性、效果、改變的阻力、結果以及訓練;解答可分為短期範圍和長期範圍。

管制圖的特徵之一是,評估可能解答的能力。不論構想是好、不好或是沒有結果,都可以從圖當中明顯地看出來。

第四階段:執行改變

一旦選定最佳解答,就可以開始執行。此階段的目標是準備執行計畫、獲得批准、執行製程改善以及研究結果。

雖然專案小組通常獲得一些權力,以著手矯正行動,但大多數還是要有品質會議,或是其他適當層級的授權;如果需要適當層級的授權,就要提供書面和口頭報告。

實施計畫報告的內容必須能完全敘述:

- 為什麼要執行?
- 將如何執行?
- 何時執行?
- 誰來執行?
- 在哪裡執行?

這些問題的答案,將指出必要的行動,指派責任以及建立實施進度表。報告的長短,取決於改變的複雜性;簡單的改變可能只需要口頭報告,然而其他

---

[6] Paul Mallette, "Improving Through Creativity," *Quality Digest* (May 1993): 81-85.

可能需要一份詳細的書面報告。

經過品質會議的贊同後，能得到部門、各功能區域、小組與被改變所影響個體之同意是非常好的。這些群體的表現會從相關的製程得到支持，而提供對製程建議的一個回饋機會。

衡量的工具，例如：趨勢圖、管制圖、柏拉圖、直方圖、查檢表以及問卷，都可以用來監督以及評估製程的改變。

Pylipow 提供了一份協助衡量改善結果的行動計畫組合圖。如表 2-3 所示，計畫組合圖提供：檢查的特性、資料的類型、蒐集資料的時間點、誰來蒐集、資料如何紀錄、根據結果將採取的行動以及誰採取行動。

第五階段：研究結果

為了研究結果，必須進行衡量。必須指派衡量活動的負責人。衡量的工具，例如：趨勢圖、管制圖、柏拉圖、直方圖、查檢表與問卷，都是用來監督以及評估製程的改變。

小組在這個階段當中，應該定期性地會面，以評估結果，確認問題是否解決，或是否應該再做調整。除此之外，小組還希望知道是否有任何因為改變而衍生的意料之外的問題，如果小組不滿意，某些步驟就要再重複。

第六階段：將解答標準化

一旦小組對於改變感到滿意，正確程序的控制、程序檢定以及操作員檢

表 2-3　製程管制的特性組合圖

檢查什麼	資料的類型	何時檢查	誰來檢查	記錄的型式	行　動	誰來行動
製程－變數、連續	變量	生產期間：線上	檢查裝置	電子管制圖	製程改善	自動設備
製程－變數、樣本				書面管制圖		
		生產期間：線外	製程操作員	電子趨勢圖	製程調整	操作員
產品樣本	屬性			書面趨勢圖	分批分類	
		生產批量後：完成	檢查員	電子清單	修復或丟棄的樣本	檢查員或技工
100% 的產品				書面清單		

本表經 Peter E. Pylipow 授權，摘錄自"Understanding the Hierarchy of Process Control: Using a Combination Map to Formulate an Action Plan," *Quality Progress*（2000 年 10 月）: 63-66。

定就要制度化。確實控制可以確定重要的變數都在掌握之中。它具體說明有關製程的對象、時間、地點、如何操作、操作什麼，而且在組合圖中隨時更新。

此外，品質的外圍——系統、環境以及監督——都必須驗證。品質系統的查檢表，應包含以下項目：預防維護、警告訊號、停機職權。環境的查檢表，應包含以下項目：靜電放電、溫度控制、空氣純度。監督的查檢表，應包含以下項目：建議系統、回饋結果、明確指示。這些查檢表提供了方法，在開始的時候，評估周邊事項，而且定期稽核，以確定產品或服務能夠滿足或超出顧客的需求。

最後，操作員必須保證知道，一個特定的製程應該要做些什麼、以及如何操作。另外需要的是製程內其他工作的交叉訓練，以確保對下一位顧客瞭解以及工作輪調；對於全部產品的瞭解，也是要達成的目標。操作員的檢定是一項持續性的程序，必須定期舉行。

第七階段：對未來做規劃

此階段的目標是達成更進一步的製程績效水準。不管最初的製程改善多麼成功，仍然必須持續地改善製程。記得，全面品質管理強調管理的品質重要性，就像品質的管理一樣重要。組織內的每位成員，都必須參與長期的努力，發展以顧客為導向、有彈性、立即反應，而且持續改善品質的製程。

一項主要的活動，是由品質會議和工作小組，實施例行性的進展檢討會。管理者必須建立一套系統，以確認未來可以改善的地方，而且對內部與外部顧客進行績效追蹤。

持續改善的意義，不是做了一項令人滿意的工作或製程，而是努力改善工作或製程。它可藉著混合工作中全部活動的製程測量以及解決團隊問題來達成。全面品質管理的工具和方法，也用來改善品質、送貨時間以及成本。我們必須不斷地減少：複雜性、變異性以及脫離控制的製程，以追求更佳的表現。

從問題解決、溝通、群體原動力以及知道原因的技術所學到的，應該要轉化為組織內適當的活動。

雖然問題解決方法，不能當做成功的保證；但經驗指出，藉由一個有次序的方法，得到成功的機率會比較高。問題解決集中在改善，而不是控管。

與供應商的合夥關係

簡　介

平均有 40% 的成本是用於購買原料或資訊，因此，供應商管理極為重要。有時候，重要部分的品質問題是因為供應商而產生的。為了要讓雙方都能成功以及營業成長，與供應商必須維持合夥的關係；應該要將供應商視為產品或服務程序的延伸。

他們需要一起努力，以完成品質改善。供應商對於設計、生產以及成本降低應該要有確實的貢獻。重點應該著重在總成本，包含價格以及品質成本。要提供長期關係以及採購合約給供應商。事實上，大型合約而且是單一來源，能在較低成本之下，有較好的品質；但是有可能會有些送貨問題。

為了降低存貨，很多公司實行**及時化**（Just-In-Time, JIT）。為了讓及時化有效，供應商的特性必須是出色的，而且供應商要減少裝配時間。

供應商管理活動包括下列幾點：

1. 定義產品和計畫的需求。
2. 評估潛在的供應商，並且選擇最好的。
3. 管理並執行共同的品質計畫。
4. 要求品質的統計證據。
5. 授證給供應商，或要求 ISO 9000 認證。
6. 管理共同的品質改善計畫。
7. 創造和利用供應商的信用評等。

供應商選擇標準

有效地選擇供應商，需要供應商瞭解採購者的品質哲學和要求條件。它也需要可以滿足其他的顧客。供應商必須證明具備技術能力和生產力，以提供有品質的產品或服務。特別重要的是，供應商的信用──採購者的祕密是否足夠安全？主要的標準是供應商的能力可以藉由品質系統和改善計畫證明可以提供有品質的產品或服務。另一項標準是供應商對於自己供應商的掌控。

最後，供應商的親和性也是很重要的。這項標準，不論選擇是調查或第三者訪問完成的，都可以適用。一個良好的設計檢核清單，對於不同項的標準給予權數，有助於評估和選擇。

▶ 供應商的檢定

進料評估可以由第三者在供應商的工廠進行評估、在採購者工廠 100% 全數檢驗、進行允收抽樣或由取得檢定的供應商，進行檢查和統計證據檢驗。取得檢定的供應商，可以長期供應有品質的原料。檢定的程序，接在供應商的選擇之後，供應商過去必須要有良好的紀錄；這個程序的一部分，包括 ISO 9000 的認證。

檢定允許供應商在只有確認檢查和品質統計證明下，裝運原料。採購者不再需要實施接收檢驗，以創造採購者和供應商的合夥關係。採購者實施定期性的稽核，以確保一致性。檢定可以將供應商的數目，降低至可以管理的程度。

▶ 供應商品質評等

等級是建立在確定的衡量和權數上。一個典型的評等制度為：

$$\begin{array}{ll} \text{不合格百分比} & 45\% \\ \text{價格和品質成本} & 35\% \\ \text{交期和服務} & 20\% \end{array}$$

供應商品質評等，提供對供應商績效的一項目標衡量。這種衡量可以導引對供應商的檢查、商業的配置以及確認品質改善的範圍。

為了建立與供應商的合夥關係，必須要是長期支持、信任以及分享看法。

■ 績效衡量

全面品質管理（TQM）的第六個概念，也是最後一個，是績效衡量。馬康包立茲國家品質獎的核心價值之一，是以事實管理勝於憑直覺管理。管理一個組織如果沒有績效衡量，就好像一位遠洋航行的船長，在航行時沒有測試的設備一樣。船長可能一直在繞圈，組織也是一樣。

有效的管理需要從所衡量的活動中獲得訊息。績效衡量是必要的：猶如

一個基準線，要確定潛在的計畫、解釋計畫資源的分配以及評估改善的結果。生產活動所使用的衡量，例如：百萬分之一的缺點、存貨特色以及準時運送。服務活動所使用的衡量，例如：帳單的錯誤、每平方英呎的銷售額、工程改變以及活動時間。方法有很多種，而且每一種在組織都有它的定位。

績效衡量不應該作為「鞭子」，告誡管理人員和員工要有更多的生產，而使組織有所受傷。例如：管理人員可以持續讓設備繼續運作，讓生產符合限額；而不是將它關掉，做預防性的維修。

▶ 不良品質的成本 [7]

在最後的分析中，品質的價值在於它對利潤的貢獻能力；因此，最有效的績效衡量方法就是不良品質的成本。在這個以利益為導向的社會，決策是介於可行方法以及每個可行方法對於企業個體的費用與收入所造成的結果之間。

任何企業的效率，都是用金錢型式來衡量，因此必須知道維修、生產、設計、檢驗、銷售、其他活動的成本與不良品質的成本。不良品質的成本與其他成本沒什麼兩樣，它可以程式化、做好預算規劃、衡量以及分析，在較低的成本下，達到更好的品質和顧客滿意的目標；不良品質成本的減少，會導致利益的增加。

不良品質的成本，跨越了部門界線，包含公司的全部活動：行銷、採購、設計、製造以及服務等。有一些像檢查員的薪資和修正的成本，比較容易確認；其他像行銷、設計以及採購的預防成本，就較難確認和分配。其他像有關失去銷售和顧客的失敗成本，很有可能無法估計；雖然如此，還是得做估算。

不良品質的成本，定義是：組織的產品與服務品質，未能達到與顧客和社團所約定的契約品質所產生的成本。簡單來說，它是不良產品或服務所產生的成本。

管理者利用不良品質的成本，追求品質的改善、顧客的滿意、市場的占有率以及獲利的增加；不良品質的成本，也構成全面品質管理，經濟上常見起源的基本資料。當不良品質的成本很大時，它是管理者效能不佳的象徵；

---

[7] 本節摘錄自 *Guide for Reducing Quality Costs*, 2nd ed., 1987 and *Principles of Quality Costs*, 1986, by the Quality Cost Committee，並經由美國品質管制學會授權。

這種情況會影響公司的競爭地位。成本計畫可以對即將到來、危險的財務狀況提出警告。

不良品質的成本計畫，可以藉由管理者熟知的語言——金錢，將品質問題的強度加以量化。

在製造業，不良品質的成本超過銷貨金額的 20%；在服務業，則可超過銷貨金額的 35%。除此之外，這個計畫也會顯現出仍不知道但是存在有品質問題的領域。

不良品質的成本，可以藉由柏拉圖分析確認品質改善的機會，並且建立資金使用的優先順序。柏拉圖分析可以讓品質改善計畫專注在幾個重要的品質問題發生處。一旦矯正計畫完成，不良品質的成本將可以用金錢的方式，衡量矯正計畫的效能。

不良品質的成本計畫，對於管理者的品質承諾增加了信用；當成本顯示需要改善時，品質改善的理由也會愈強烈。這項計畫，也為矯正行動提供一項符合成本的正當理由。所有有關不良品質和矯正的成本，將會整合成一個系統，以加強品質管理功能。品質改善與不良品質成本的降低，是同義詞。成本項目中，每節省下來的一塊錢，對利潤都會有正面的影響。

成本計畫的一項主要優點，就是能確認所有功能性領域內隱藏的成本。系統會將行銷、採購以及設計成本帶到最前線；當資深管理者發現有隱藏成本的實際情況時，他們將需要一個不良品質的成本計畫。

計畫是廣泛的系統，而不應該當做只是一個「救火」的方法。例如：對顧客問題的反應，應該要增加檢驗工作；雖然這項動作可能消除問題，但不良品質的成本卻會增加。真正的品質改善，是在發現問題的根源後再加以矯正。

不良品質的成本類別和要素

不良品質的成本有四項類別：預防、鑑定、內部失敗以及外部失敗；每一種類別均包含要素以及子要素。

預防，這個類別的定義是從確認和消除特定失敗成本原因的經驗中，預防其他產品或服務，會再次發生相同或類似的失敗。預防的達成，是藉由檢視全部的經驗，並且發展特定的活動，能夠併入基本的管理系統當中，讓相同的錯誤或失敗要再發生變得很困難，或是根本不可能。品質的預防成本之定義是：包含所有為了這個目的，特別設計活動的成本。每一個活動，可能

會包含來自一個或多個部門的人員；因為每個組織的架構都不同，所以不用試著定義最適合的部門。活動會產生的成本與下列有關：行銷／顧客／使用者介面、產品／服務／設計發展、採購、操作以及品質經營。

鑑定成本，這個類別是確保產品或服務送交給顧客時，是令人滿意的。這是在連續階段中，評估產品或服務的責任；從設計到第一次運送，遍及整個生產製程，以決定其連續生產或生命週期的可接受度。進行這些評估的頻率和間隔，是根據早期發現不符合而可以得到的成本益處以及進行評估（檢驗和測試）的成本，兩者之間的取捨。除非可以達到完美的管制，否則某些鑑定成本將永遠存在著。一個組織絕不希望顧客是唯一的檢驗者，因此，不良品質鑑定成本，定義包含實施產品或服務鑑定計畫，以決定遵循需求的全部成本。典型的鑑定成本包括：新進檢驗、來源檢驗、操作檢驗、測量設備以及實地裝配。

無論何時實施品質鑑定，都有發現未能符合需求的可能性。當這種情況發生的時候，就會自然發生超出預期以及不在原先預算之內的費用。例如：有一批金屬零件，因為尺寸太大而被拒絕時，要先加以評估重做的可能性。重做的成本可以和拋棄零件的成本、完全換新的成本做比較。最後，處置和行動都完成。這項評估、處理以及接下來的行動，都是內部失敗成本不可或缺的一部分。為了試圖包含全部失敗的可能性，以符合內部產品或服務生命週期的需求，內部失敗成本的定義是：包含所有需要評估、處理、在運送至顧客前，必須更改或替換的不一致產品或服務，同時要更改或替換不正確或不完全的產品或服務說明書（文件）的全部成本。一般來說，這包含了因為沒有一致性或沒有被接受的產品，影響到最終產品或服務的品質，使得所有原料和勞工，因而損失或沒有充份利用的費用。針對消除問題的矯正行動，在未來可以分類為預防。典型成本包括：不良的設計、採購錯誤和損失、重做、修理、廢棄以及重新鑑定。

外部失敗成本，這個類別包括：所有在交至顧客手中以後，發現不符合或懷疑可能不符合的產品或服務所引起的成本；這些主要包括產品或服務不符合顧客或使用者需求的成本。這些損失的責任，可能來自於行銷或銷售、設計發展或是營運。要確定責任歸屬，並不包含在不良品質系統成本當中；它可以從外部失敗成本輸入的調查以及分析獲得。典型的成本有：抱怨的調查、退回的貨物、對產品翻新改進、保證成本、責任成本、處罰、商譽以及失去的銷售機會。

蒐集與報告

　　實際成本的衡量，本質上是屬於會計功能；而發展蒐集系統，需要品質和會計部門密切的互動。因為會計的成本資料，是由部門成本代碼建立的，因此，大量的資訊將從這個來源取得。事實上，應該要運用公司現有的系統去設計，而且適當地加以修正。一些目前已經存在、做為報告資訊來源的包括：時間表、時程表、會議紀錄、費用報告、借方與貸方備忘錄等。

　　有些成本的資料，跨越部門間的界線，而這些型態的成本是最難以蒐集的。有一些不良品質的成本，可能需要特殊的報告格式。例如：廢棄與重工成本，可能需要品管人員的分析，以決定發生的原因以及應該負責的部門。

　　在某些情況下，將某樣特定品質成本的要素分配到一項活動時，會採用預估的方法。例如：當行銷部門從事研究的時候，部門主管需要估計有關顧客品質需求以及應負責不良品質的成本之活動的比例。工作抽樣方法是一項幫助管理人員估計的有用工具。

　　比較不重要的不良品的成本，例如：祕書重打一封信，可能難以估計，而且很容易被忽略。然而，重要的成本常常隱藏或埋藏起來，因為會計系統原先沒有設計處理這些成本。不良品質的成本，是可以決定品質改善機會的一項工具、證明矯正行動是正當的，以及衡量它的有效性。這也包含了，不重要的活動並不需要很有效的利用工具。至於重要的活動或主要的要素，即使只是估計的，也得好好地加以紀錄。

　　會計主管必須直接參與蒐集系統的設計；只有這個單位才有能力創造一套新的系統，將不良品質的成本與現行的會計系統整合。一套理想的系統是：不良品質的成本，是實際成本和每個人都做到 100% 完美工作之間的差距；或是實際收入和沒有不滿意顧客的收入之間的差距。這種理想的境界並不需要，也可能無法達成；如果會計主管直接參與，不良品質的成本就會常常揭露。同時，會計主管直接參與也會導致對品質的團隊合作，將可以增加公司實現減少成本的能力。

　　成本應該根據產品線、計畫、部門、作業人員、不良品分類以及工作中心來蒐集。這種蒐集方式足夠做接下來的成本分析；研發出來的程序可以確定系統正確地運作。運用像 EXCEL 這類廣為使用的試算表軟體，功能性領域的小份報告、部門的報告以及全面品質管理的整份報告，都可以完成。

不良品質的成本報告是一項基本的控制工具，通常由會計部門發佈。圖 2-4 是這種類型報告，包括全功能領域的一個範例。每項要素在當月都有必須報告的規定，以及現在、去年、截至目前為止，四項成本種類的數值。適用基準的資料和比率，列在報告的下方。基準資料與不良品質成本的一些指標做比較，例如：淨銷售額、直接勞工成本、生產成本以及單位；比率也會用在反應管理者著重的地方。

藉著比較目前的成本與過去的成本，就可開始進行某種程度的控制；同時也可以對每項成本要素建立預算。藉由比較不良品質的實際成本和預算成本，就可以確定適合和不適合的差異原因。

公司_____　　到　　月為止　　填寫人員_____

預防成本 $(000) 行銷／顧客 產品／服務發展 採購 作業 品質管理 　　　　　　　總和	本月	到目前為止		鑑定成本 $(000) 產品／服務發展 採購 作業 外部鑑定成本 　　　　　　　總和	本月	到目前為止	
		現在	前幾年			現在	前幾年

內部失敗成本 $(000) 產品／服務設計 採購 作業（小計） 　原料審查 　重工 　修理 　再鑑定 　額外作業 　棄廢 　　　　　　　總和	本月	到目前為止		外部失敗成本 $(000) 顧客抱怨 退回貨品 翻新改進成本 保證權利 責任成本 處罰 顧客信譽	本月	到目前為止	
		現在	前幾年			現在	前幾年

基準資料 $(000) 淨銷售額 直接勞工 生產 單位	本月	到目前為止		比率 $(000) 外部失敗成本／淨銷售額 操作失敗成本／生產成本 作業鑑定成本／生產成本 不良品質的購買成本／原料成本 不良品質的設計成本／設計成本	本月	到目前為止	
		現在	前幾年			現在	前幾年

圖 2-4　不良的品質成本摘要報告

分　析

不良品質的成本分析方法是相當多變化的；而品質成本報告，提供最普遍方法的資訊：趨勢分析和柏拉圖分析。這些方法的目標是決定品質改善的機會。

趨勢分析意味著，簡單地比較現在的成本水準與過去的成本水準；趨勢分析提供了長期規劃的資訊，也提供品質改善計畫的鼓動和評估的資訊。趨勢分析的資料，是從每月不良品質的成本報告以及詳細交易要素報告獲得的。

趨勢分析可按照下列不同類型達成分析：成本的類型次要的類型、產品、衡量基準、公司內部的工廠、部門、工作中心以及上述的任意組合。部分的這些圖形，如圖 2-5 所示；圖形中的時間刻度可能是月、季或年，根據分析的目的而定。因此，這些圖表也與時間序列有關聯。

圖 2-5(a) 是四種成本類別按季和按產品分類的圖形；它是一種累積形態的圖形：從底部往上算起的第二條線，包含預防和鑑定成本、第三條線包含內部失敗、預防以及鑑定成本，而最上面的那條線，則包含了四種成本類別。

從圖中可以看出，產品 B 不良品質的成本比產品 A 為佳。事實上，產品 B 已顯現出良好的改善，而產品 A 的成本卻一直增加。一般希望能藉由增加預防和鑑定成本，改善產品 A 的外部和內部失敗成本。在比較產品與工廠時，應採取非常謹慎的態度。

圖 2-5(b) 為外部失敗類別的趨勢圖。退回成本和失去營業的成本已經增加，而其他次要類別的成本仍然維持不變。在這個圖當中，指標項目是生產成本，而時間刻度為季。

圖 2-5(c) 是三種不同衡量基礎的趨勢分析。三種基礎趨勢的差異，強調需要一個以上的基礎。在第四季的淨銷售百分比減少，起因於季節變異；而第三季的生產成本變異，則是因為過多的加班成本。

圖 2-5(d) 為裝配領域的短期趨勢分析圖。圖形中，用月份區分重工成本占總組裝成本的百分比，這個比率，與品質衡量的不符合百分比率作比較。兩條曲線都是遞減，印證了一項基本概念：品質改善是成本降低的同義詞。

趨勢分析是一個有效的工具，因為某些期間與期間的變異，可能是偶爾的變動；這些變異與發在 $\bar{X}$ 與 R 管制圖上的變異類似。要觀察的重要因素是成本趨勢，而要注意的是，成本的發生與成本的實際報告時間點上，可能會有時間上的延遲。

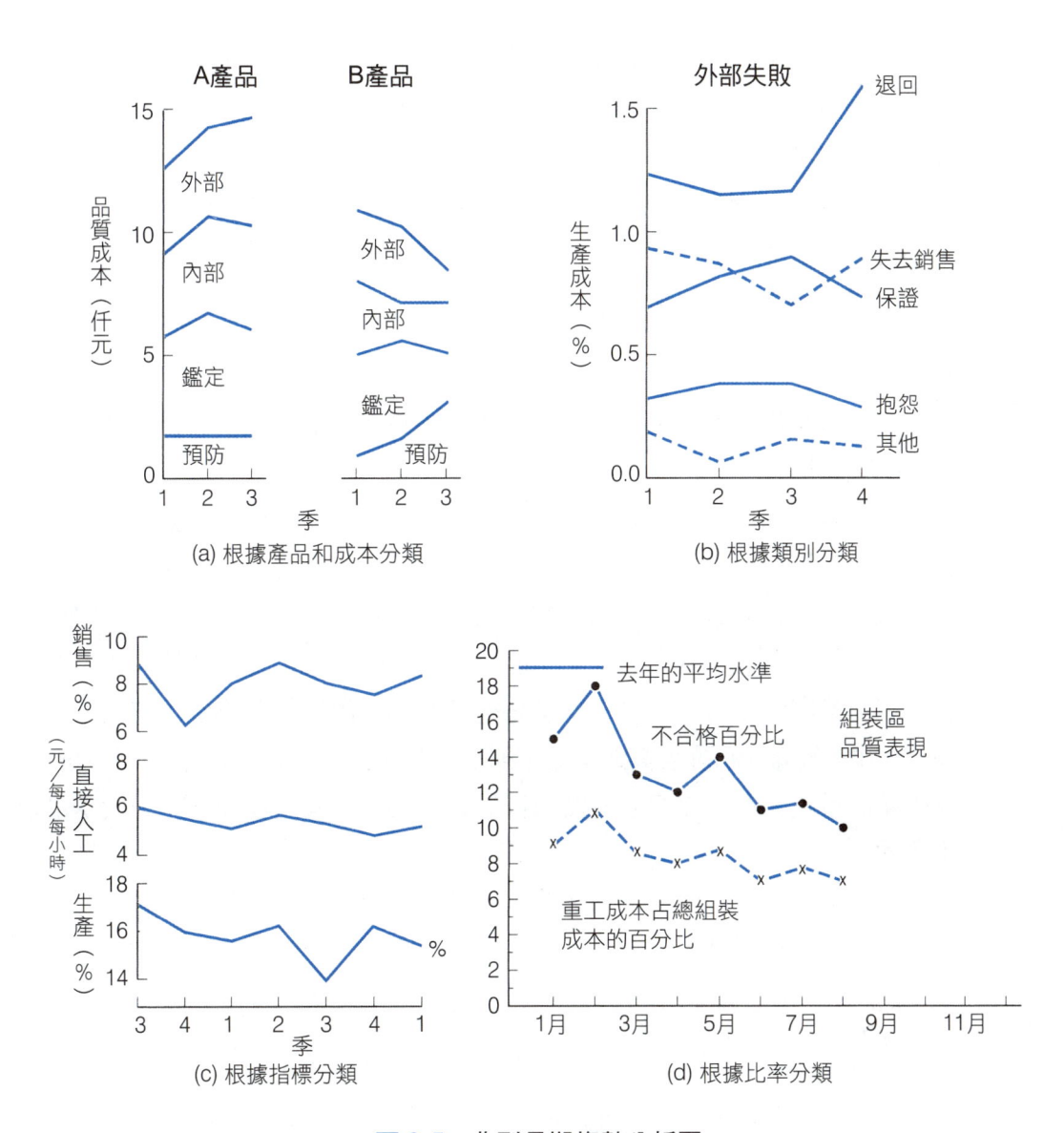

圖 2-5　典型長期趨勢分析圖

　　另一項有效的成本分析工具是第 3 章要討論的柏拉圖分析。圖 2-6(a) 為一典型的內部失敗的柏拉圖分析。從左邊最大項的開始，以遞減的順序排列；柏拉圖裡的項目不多，但代表了很大的整體數量；這些項目位於圖的左邊，稱為關鍵的少數（vital few）。當柏拉圖有很多的項目，代表小量的整體數量；這些項目位於圖的右邊，而被稱為有用的多數（useful many）。柏拉圖可依操作人員、機器、部門、產品線、不合格點、類別、要素等建立不良品質的成本。

一旦知道了關鍵的少數，就可以發展計畫，以減少它們的成本。換句話說，這個時候是把錢花在減少關鍵少數的成本，而可花比較少或根本不用花錢在有用的多數上面。

圖 2-6(b) 為部門的柏拉圖。這個柏拉圖，就是在圖 2-6(a) 內部失敗種類的柏拉圖裡關鍵少數要素之一的分析（作業－廢品）。根據這個圖，可看出部門 D 是品質改善計畫中最需要優先改善的目標。

最佳化

在分析品質成本的時候，管理者往往會想知道最佳成本，但這種資訊卻難以明確獲得。

其中有一個技巧，是和其他的組織做比較。有愈來愈多的公司，使用淨銷售額作為指標，讓比較變得容易一些；然而，因為有很多公司都把它們的成本視為機密，而有實際上的困難，而且會計系統對成本累積方法的處理也不相同。例如：經常費用成本，可能包含也可能不包含在一個特殊成本要素裡。製造業與服務業的組織的型態有很多不同，也使得品質成本有明顯的差異。如果是複雜、可靠度高的產品，則不良品質的成本可能是銷售額的 20%；而生產簡單產品、公差容忍度需求較低的產業，小於銷售額 5% 的成本是很常見的。

另一項方法是把個別類別最佳化。當可以辨認的計畫和有利潤的計畫，

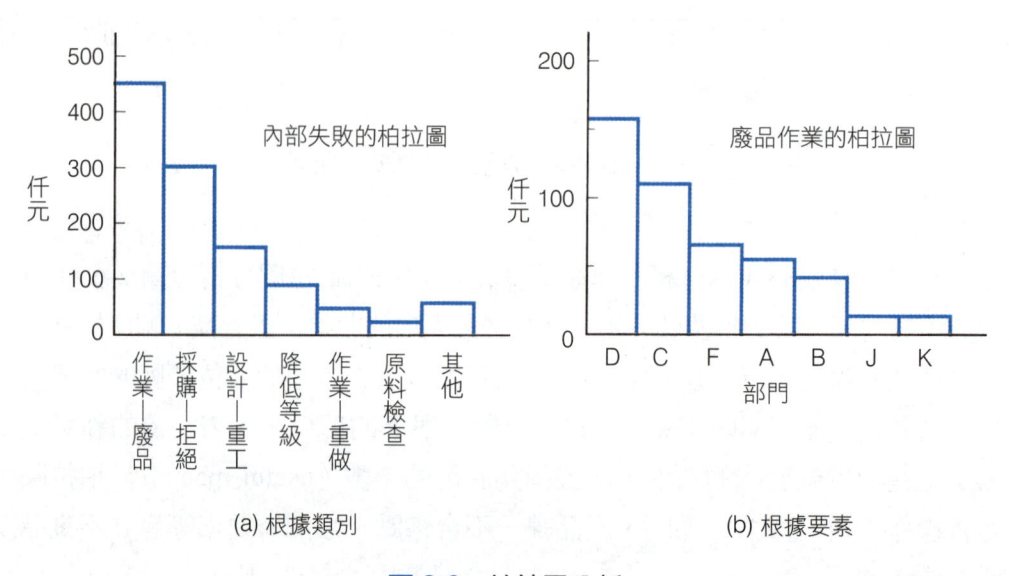

(a) 根據類別　　　　　　　　　　　(b) 根據要素

圖 2-6　柏拉圖分析

沒有可以減少的失敗成本時，失敗成本就是最佳化；而當可以辨認的計畫和有利潤的計畫，沒有可以減少的鑑定成本時，鑑定成本也是最佳化。預防成本則在下列情況時最佳化：當大部分的錢都用在改善計畫時、預防工作本身已經分析好，準備要改善時以及非計畫性預防工作，有完善的預算控制時。

　　第三個決定最佳化的方法是，分析成本類別之間的關係。圖 2-7 為不良品質成本的經濟模型。當符合的品質改善且接近 100% 時，失敗成本會減少，直到接近於零。換句話說，如果產品或服務是完美的，就沒有失敗成本；為了達成減少失敗成本，必須增加鑑定和預防成本。結合兩條曲線，就可以得到總成本曲線。從這個模型可看出：當品質提高的時候，不良品質的成本會減少。當品質達到 100% 符合的時候，失敗成本為零，預防和鑑定成本等於總成本的和。經濟上的完美情況，在檢驗過程自動化，而且顧客願意對理想品質支付價格時才算達到。同時，當品質對於安全有重要的影響（例如：在核電廠區域），或是當失去的銷售額可能會造成破產時，完美也是一個目標。因此，這個理論上的模型，相當能代表品質成本。

　　為了進一步支持完美（100% 符合）是一項可以達成的目標的論點，一些 99.9% 符合的活動，如下列所示：

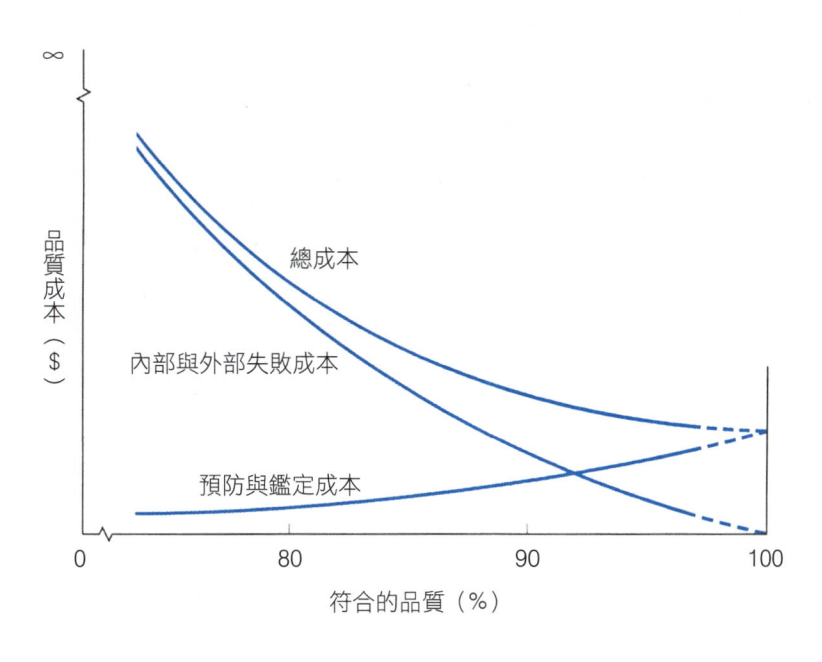

圖 2-7　不良品質成本的最佳化概念

1. 每小時 16,000 封遺失的郵件。
2. 每星期 500 個失敗的外科手術。
3. 兩架不是很安全地降落在芝加哥 O'Hare 機場的飛機。
4. 每個月 22,000 張從錯誤帳目中扣除的支票。
5. 每年 2,000,000 人因食物中毒而死亡或重病。
6. 每個月 45 分鐘喝下有害的水。

注意圖 2-7 的模型是一完全的品質成本系統。當分析個別的品質特性時，可能會讓品質非常好，而會有不經濟的情況發生[8]。

品質改善策略

在使用分析方法確定問題範圍後，就可以建立一個專案小組；而問題有兩種型態：部門僅需要外界很少幫助，或是不需要外界幫助就可以矯正的問題；與需要組織內一些功能性領域協調行動的問題。

第一種問題並不需要複雜的系統；而專案小組可以由作業管理人員、操作人員、品質工程師、維修管理人員以及其他適當的人員（例如：內部顧客或外部供應商等）組成。通常小組會有足夠的權力與資源，在不需上級的批准下，制定矯正行動。此種問題通常占總數的 15%。

很不巧地，大約 85% 的品質問題都會跨越部門與功能性領域的界線。因為這些問題通常成本較高，而且更難以解決，所以會建立一個更複雜而且結構化的專案小組。小組的成員最有可能由作業、品質、設計、行銷、採購以及其他受到影響的領域的員工所組成。小組會收到品質委員會或類似層級的單位所賦予的書面權力書；資源會加以配置，同時有活動時程表，並且提供品質委員會定期報告。要有品質委員會的一位成員，像球隊的教練般輔導小組。

一個基本的概念是每個失敗都有根本原因，而原因是可以預防的，而且預防的成本比較便宜。根據這個概念，可以使用下列策略：

1. 藉由解決問題減少失敗成本。
2. 投資在「正確」的預防活動。
3. 用合理的統計方法，減少適當的鑑定成本。

---

[8] 有一個思想學派認為，達成 100% 的符合是不經濟的。在這個模型當中，兩條在上方的曲線方向是往上的，它們的成本會趨向無限大，而不是像圖中的虛線一樣收斂在一起。

4. 持續評估和再指揮預防工作，以得到更進一步的品質改善。

1. 減少失敗成本。大多數的品質改善計畫都會導向減少失敗成本。事實上，在作業一開始就偵測到失敗，會比在作業最後或藉由顧客偵測到失敗的成本低，而且採取矯正失敗的成本也比較低。因此，外部失敗通常是做為改善的目標，因為它們有最大的投資報酬率，也就是說，顧客滿意度的增加以及生產成本的減少。

專案小組必須專注於找出問題的根本原因。關於這一點，可能需要追蹤採購、設計或行銷的潛在原因；必須謹慎，以確定找到基本原因，而不是一些「假」的原因。一旦確定原因後，專案小組就可專注於發展矯正行動，以控制或是最好能消除問題。

實施後續的追蹤活動，以確定矯正行動可以有效解決問題。小組也應該檢查類似的問題，以決定是否類似的解決方法會比較有效。最後，計算保留的品質成本，而且呈給品質委員會一份最終的報告。

2. 因為不良品質的成本所做的預防。如果問題可以預防，就不像解決問題需要花費金錢；預防的情況會比較好一些。預防活動與員工態度和正式方法有關，在產品週期的成本增加之前，可以消除問題。

員工對品質的態度，決定於高階管理者對品質的承諾以及品質改善計畫的參與。要達成承諾以及參與的建議如下：

1. 專案小組應該要有員工與高階管理者雙方團體的成員。
2. 建立品質委員會，成員包括：執行長、功能性領域的管理者。
3. 讓員工參與每年的品質改善計畫。
4. 提供一套系統，讓員工可以提出品質改善的想法。
5. 將對於品質的期望，向員工溝通。
6. 出版一份公司的時事通訊。
7. 舉辦每季一次的全體員工會議。

運用正式的方法，預防品質問題的發生，比解決問題會更令人滿意。下列為這些方法的一些範例：

1. 在新產品發表、進行量產前，對於新產品的確認計畫，需要廣泛地檢查。
2. 全新或是改變設計的設計－檢查計畫，在設計程序的開始時，需要有適當的功能性領域參與（同步工程）。

3. 選擇供應商的計畫，專注在品質，而不是價格。
4. 可靠度測試，以預防高度現場失敗的成本。
5. 對員工徹底地訓練和測試，讓他們的工作第一次就可以做對。
6. 顧客的聲音，例如：品質機能展開。

預防成本的有效管理，將可以提供最大的品質改善潛力。

3. 減少鑑定成本。 當失敗成本減少的時候，鑑定活動的需求將很有可能也會減少。成本改善的計畫，對於品質的總成本有重大的影響；專案小組應該定期檢查整個鑑定活動，以確定它的有效性。

專案小組可能調查的典型問題有：

1. 是否需要 100% 全數檢驗？
2. 是否可以合併、調動或裁撤檢驗站？
3. 是否為最有效率的檢驗方法？
4. 檢驗和測試活動是否可以自動化？
5. 若使用電腦蒐集、報告以及分析資料，是否會更有效率？
6. 是否要使用統計製程管制？
7. 作業人員是否應該負責檢驗？
8. 鑑定是否被當做是預防的代替品？

馬康包立茲國家品質獎（MBNQA）[9]

第二種績效衡量是馬康包立茲國家品質獎的標準；對於整個組織，這是一種非常良好的績效衡量方法。

馬康包立茲國家品質獎是一項表彰美國組織良好表現的年度獎項。它是根據公共法案第 100～107 條，於 1987 年 8 月 20 日創立。這個獎是為了促進：瞭解優越績效和改善競爭力的需求，成功績效策略的資訊分享以及運用這些策略所獲得的益處。共有五種類別：製造業、服務業、小型企業、醫療健保業以及教育業。每一年都將發給每一類別三個獎項；獎項的競爭是相當激烈的。很多對於獎項沒有興趣的組織，也會運用這些類別做為評估年度性全面品質管理所做努力的衡量方法。

---

[9] 摘錄自 U.S. Department of Commerce, *Malcolm Baldrige National Quality Award 2007: Criteria*。參考 www.asq.org 可以取得最新的訊息。

優越績效的標準是組織自我評估的基礎,並藉此頒發獎項以及對申請者提供回饋。除此之外,優越績效的標準:(1)協助改善績效的實行和能力;(2)促進美國各類型組織溝通、分享最好的實行資訊;(3)做為一項活動工具,可以瞭解和管理績效、規劃、訓練和評估。以結果為導向的目標,是要將持續不斷的改善價值呈現給顧客,並且改善組織整體的績效和能力。這些標準源自於較早之前所列出的核心價值和概念。

這些核心價值和概念包含在七項類別裡,如圖 2-8 所示。圖中的七項類別可再細分為檢查的項目和領域,總共有 19 個檢查項目:項目名稱和分數值稍後再做介紹。每個檢查項目都由一些領域的組合構成,可以用來說明;申請者會提交特定領域需求的資訊做為回答。

表 2-4 顯示這七項類別、19 個項目以及它們的分數值;請注意,總分幾乎有一半是來自於「成果」類別的分數。

領導能力類別:檢查組織的高階領導者如何強調價值和績效的期望,以及對顧客、全體股東、授權給員工、創新、學習以及組織方向的專注,同時也會檢查組織如何對大眾強調它的責任以及支持它所屬的主要社群。

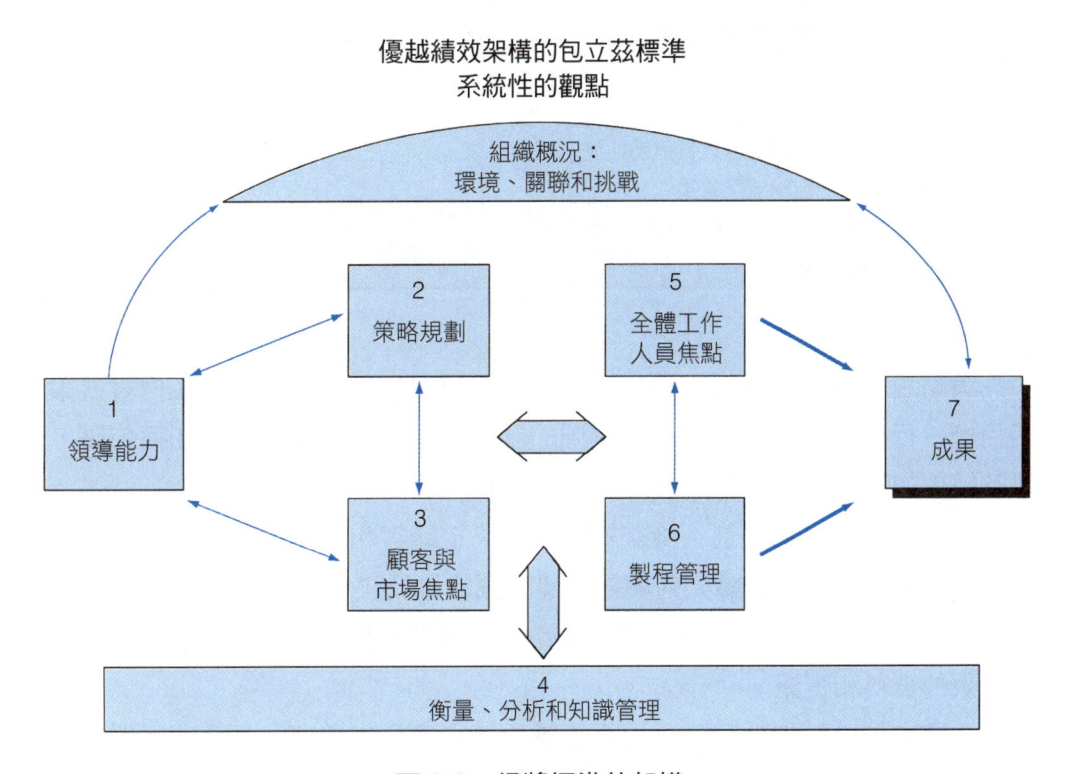

**優越績效架構的包立茲標準
系統性的觀點**

圖 2-8 得獎標準的架構

表 2-4　獎勵類別／項目和分數值

1.	領導能力	120
	1.1　資深的領導能力	70
	1.2　管理與社會責任	50
2.	策略規劃	85
	2.1　策略發展	40
	2.2　策略佈署	45
3.	顧客與市場焦點	85
	3.1　顧客與市場知識	40
	3.2　顧客關係與滿意度	45
4.	衡量、分析和知識管理	90
	4.1　衡量、分析和組織績效的改進	45
	4.2　資訊和知識	45
5.	全體工作人員焦點	85
	5.1　全體工作人員的雇用	45
	5.2　全體工作人員的工作環境	40
6.	製程管理	85
	6.1　工作系統設計	35
	6.2　工作製程管理與改善	50
7.	成　果	450
	7.1　產品和服務結果	70
	7.2　顧客焦點結果	100
	7.3　財務和市場結果	70
	7.4　全體工作人員焦點結果	70
	7.5　製程效能結果	70
	7.6　領導能力結果	70
	總　分	1,000

　　策略規劃類別：檢查組織的策略規劃發展程序，包含：組織如何發展策略目標、行動計畫以及相關人力資源的計畫。同時也會檢查計畫如何佈署，以及績效如何追蹤。

　　顧客與市場焦點類別：檢查組織如何決定顧客和市場的需求、期望以及偏好。同時也會檢查組織如何與顧客建立關係以及決定他們的滿意度。

　　衡量、分析與知識管理類別：檢查組織的績效衡量系統以及組織如何分析績效的資料和資訊。

　　全體工作人員焦點類別：檢查組織如何去讓員工發展，並且利用他們所有的潛能和公司的目標配合。同時也會檢查組織在建立和維護工作環境的努

力、員工支持有益於績效卓越、完全參與以及個人和組織的成長。

製程管理類別：檢查組織的主要製程管理，包括：以顧客為焦點的設計、產品和服務的送貨服務、支援者、供應商以及與製程有關，所有工作單位的合作夥伴程序。

成果類別：檢查組織在主要的營業領域裡，績效與改善的情況，包括：顧客滿意度、產品和服務績效、財務和市場績效、人力資源成果、供應商和合作夥伴成果以及營運績效，同時也會檢查相對於競爭者的績效水準。

馬康包立茲國家品質獎提供一項計畫，讓所有的營運持續不斷地改善，同時也是一套可以正確衡量改善情況的系統。標竿制度，用在將組織的績效和世界上最好公司的表現做比較，並且建立延伸的目標。能提供營運改善回饋的供應商和顧客，與他們有著緊密的合作夥伴關係，是必要的。與顧客是長久維持的關係，因此，他們所想要的可以在送交給他們之前，就能轉換融入產品和服務。管理者從上到下皆致力於改善品質。預防錯誤發生及尋求改善的機會是建立在文化裡。這裡對於人力資源一項主要的投資工具是訓練、激勵以及授權。

根據研究過這些獎項得獎者的朱蘭（J. M. Juran）表示，得到的收穫是令人震驚的。這些收穫可以由美國大型和小型組織以及工人來達成；收穫包括品質、生產力和週期時間。

▶ 其他的績效衡量

不良品質的成本和馬康包立茲國家品質獎，可以用來衡量整個組織的績效。下列列舉的方法，可以用來衡量組織的一小部分。

另一種績效衡量，就是在第 5 章、第 6 章和第 8 章將討論的管制圖。這些統計方法衡量品質改善對現有產品或程序的直接效果。一項整體衡量，例如：對於工廠或整個公司，不合格百分比是必須的；這項衡量也可以有效地評估執行長的績效。每一個功能性領域和部門都應該有一項衡量，可以顯示某種類型的管制圖，讓全體人員都能看到。這些管制圖將創造對品質的認知，而且衡量品質改善的進展。一些公司已改進績效到一定的程度，因為百萬分之一不合格率圖，比不合格點數管制圖更適當。

非統計圖也被使用，例如：趨勢分析（也稱為時間序列分析），或是前面所討論的柏拉圖分析，皆可以使用。這些簡單的圖，可以有效地表現出很多商業和生產程序的關鍵績效指標。

品質可以藉由比較規格和製程能力來衡量。戴明（W. Edwards Deming）曾說過，我們需要使規格超越水平線。這種說法實際上表示圍繞目標值的程序變異很小，而規格距離得很遠，使得規格變成看不到的景觀；這個概念將在第 5 章討論。規格是動態的，而且不斷地變小，需要在製程能力內永不停止地改善。

傳統的實務假設品質特性不在規格裡的時候，會發生損失。田口玄一指出，品質特性偏離目標值時，對顧客和社會的損失就會產生。圖 2-9 說明了這個概念。目標值與規格列於 x 軸，損失的金額列於 $f(x)$ 軸。品質特性偏離目標值愈遠，損失也就愈大。雖然曲線的實際形狀可能很不容易預測，在圖形上的概算二次方程式，通常代表著經濟損失的函數。在曲線和規格交叉處，產品修理或廢棄成本以金額形式列於 D。使用此數值，就能得到曲線的方程式。這個概念（具有不同形狀的曲線）也可用於其他情況，例如：目標值是最大的可能值，或是目標值為零。田口已將規格、目標值、最小變異和金額整合在一起，以便於衡量品質。

對於全面品質管理（TQM）計畫來說，所有的衡量方法都是需要的；每一種都適用於不同的情形。

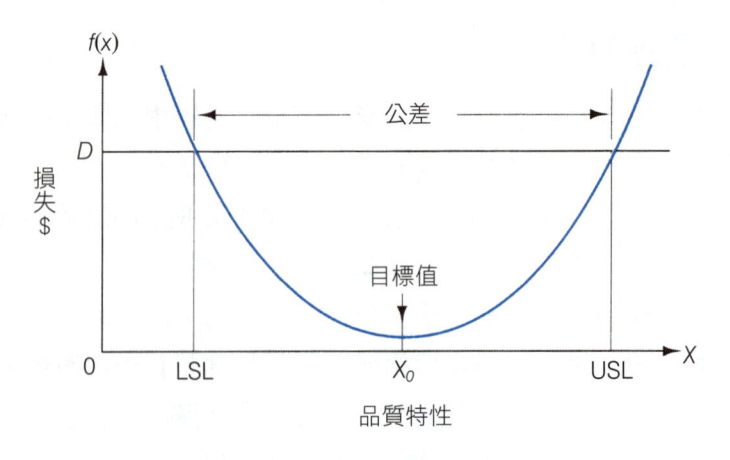

圖 2-9 田口的損失函數

◼ 戴明的 14 點聲明 [10]

在全面品質管理（TQM）這一章當中，如果沒有列出戴明的高階管理者責任的 14 點聲明，就會顯得不夠完整。其 14 點聲明如下：

1. 創造並且公佈組織的目標以及目的。
2. 學習新的哲學。
3. 瞭解檢驗的目的。
4. 停止以價格作為生意唯一的考量。
5. 持續不斷地改善系統。
6. 制定訓練制度。
7. 教導和著手領導才能訓練。
8. 趕走恐懼，建立信任，開創一個創新的氣氛。
9. 使團隊、小組和全體人員的努力最佳化。
10. 消除對全體工作人員的訓誡。
11a. 消除對全體工作人員的數字配額。
11b. 消除目標管理。
12. 移除障礙，以免剝奪員工自豪的手藝。
13. 鼓勵教育和改善。
14. 採取行動，以完成轉變。

戴明的 14 點聲明，大多數都已併入本章內容當中。在另一本書：D. Besterfield, C. Besterfield-Michna, G. Besterfield, and M. Besterfield-Sacre, *Total Quality Management*, 3rd ed.: Prentice Hall, 2003 有詳細的介紹。

◼ 最後註解

管理階層必須要知道，品質較成本和服務更為第一優先。在這方面，並沒有所謂品質的經濟水準，或者如果有品質的經濟水準，很少有組織可以達

---

[10] 摘錄自 W. Edwards Deming, "Out of the Crisis," pp. 23-24, © 2000 W. Edwards Deming Institute，並經由 MIT Press 授權。

到品質的經濟水準；最終的目標是超越顧客的期望。

對於品質，舊有的態度已不再被接受；新的產品要加以開發，而現有的產品和服務要加以修改，以符合顧客的需求。為了達到最小的可能變異，需要決定最佳製程參數。證據顯示，高品質的產品和服務提高了生產力，也提供組織生存的競爭優勢。

有效地執行全面品質管理，將有助於組織達成下列的願景：

- 顧客得到他們想要的，沒有缺點、準時、正確的數量、準時送貨以及帳單寄送時間也是準時的。
- 供應商符合我們的需求。
- 銷售員瞭解顧客的需求。
- 新產品和製程在意見一致下發展，按照原定時程，成本也較低。
- 員工喜歡他們的工作。
- 組織創造利潤，而且有效地服務它的顧客。

作　業

1. 組成 3 個人或 3 個人以上的小組，去參觀下列一個或更多的組織。確定它們是否有品質會議或是類似的組織。如果有的話，請描述它的組成和職責。
   (a) 大型銀行
   (b) 醫療健保場所
   (c) 大學的學術部門
   (d) 大學的非學術部門
   (e) 大型百貨公司
   (f) 小學
   (g) 製造工廠
   (h) 大型生鮮超市

2. 設計一個在作業 1 中所列舉之組織的顧客滿意度調查表。

3. 針對在作業 1 中所列舉的組織，決定兩個外部顧客、兩個內部顧客以及兩個外部供應商。

4. 用一個 3 個人或 3 個人以上的小組，來設計一個針對作業 1 所列舉之組織工作單位的員工意見調查表。進行調查，並且分析結果。

5. 組成 6 個人或 6 個人以上的小組，實施問題解決方法的七大步驟。選出小組的組長，並且確認真實的顧客。

6. 組成 3 個人或 3 個人以上的小組，對作業 1 中所列舉的組織，發展一個供應商選擇計畫。

7. 組成 3 個人或 3 個人以上的小組，參觀兩個列舉於作業 1 中的組織。決定它們所使用的績效衡量方法，以及它們是否適當。

8. 針對作業 1 所列舉的組織，規劃一個執行全面品質管理（TQM）的計畫。

CHAPTER 3 全面品質管理：工具和方法

目 標

在完成本章之後，讀者可以預期：

- 知道如何建構柏拉圖
- 知道如何建構特性要因圖
- 說明如何建構查檢表
- 能夠建構一個流程圖
- 瞭解 ISO 9000 的主要章節，並且簡單描述它的重點
- 瞭解內部稽核的目標、方法、程序和益處
- 列舉出全面品質管理計量和非計量的工具和方法

◼ 簡　介

　　全面品質管理工具和方法，可以區分為計量和非計量類別，如圖 2-2 所示。計量的部分，如：統計製程管制（SPC）、允收抽樣、可靠度、實驗設計、田口品質工程、失效模式與效應分析（FMEA）以及品質機能展開（QFD）。非計量的有：ISO 9000、ISO 14000、標竿制度、全面生產維護（TPM）、管理工具、設計品質、產品責任、資訊科技以及精實化。

　　統計製程管制的一部分和全部的 ISO 9000，在這一章當中，有詳細的討論；而其餘的工具和方法則以概括的方式討論；每個主題都在 D.H. Besterfield、Carol Besterfield-Michna、Glen Besterfield、Mary Besterfield-Sacre 共同著作的全面品質管理（*Total Quality Management*）3rd ed. Prentice Hall, Inc.（2003）一書當中討論。

◼ 統計製程管制

　　統計製程管制（SPC），通常是由下列的工具所組成：柏拉圖、特性要因圖、查檢表、流程圖、散佈圖、直方圖、管制圖以及推移圖。前四種將詳細地討論，後面的四種工具則以概括的方式說明，並參考適當的章節；因為它們都是以統計為基礎（除了推移圖之外），這在第 4 章當中會討論到。

▶ 柏拉圖

　　柏拉圖（Alfredo Pareto, 1848~1923）曾經對歐洲的財富分配做廣泛的研究。他發現了少部分的人擁有大量的財富，而多數的人則擁有較少的金錢。這種不平等的財富分配，已經成為經濟理論不可缺少的一部分。朱蘭（J. M. Juran）認為這個概念是通用的，可以應用在很多不同的領域，他創造了箴言：**關鍵的少數**（vital few）以及**有用的多數**（useful many）[1]。

　　柏拉圖，是一個把資料從左至右分類，按照遞減次序排列的圖形，如圖 3-1 所示。在這個例子當中，資料的分類是現場失效的型態，其他可能的資料

---

[1] 朱蘭博士最近把「微不足道的多數」（trivial many）改成「有用的多數」（useful many），因為並沒有微不足道的品質問題。

分類為：問題、原因、不合格點等。關鍵的少數在左邊，有用的多數在右邊；有時候必須把一些有用的多數，合併成一個種類，稱為其他（other），在圖上以 O 標示，當使用其他類別的時候，它通常在圖的最右端。垂直的刻度，可以是金錢、次數或百分比。柏拉圖與直方圖（後續再討論）的區別：柏拉圖的水平刻度是類別，而直方圖的水平刻度則是數值。

有時柏拉圖會有一條累積線，如圖 3-2 所示。這條線代表了資料數據由左至右的累加和。因此，圖中使用了兩個刻度：左邊是次數或金額，右邊則是百分比。

柏拉圖是用來確認最重要的問題。因為通常 80% 的總結果，是來自 20% 的問題項目。如圖 3-2 所示，F 與 C 現場失效的型態幾乎占了總數的 80%。事實上，可以用遞減次序排列的方式，確認最重要的項目。無論如何，這個圖有個優點是：提供需要注意的關鍵少數特性，讓人看了一目瞭然；資源就會針對據要採取的矯正行動分配。關鍵少數的例子如下：

- 少數顧客，構成大部分的銷售量。
- 少數產品、製程或品質特性，構成大量的廢棄或重工成本。
- 少數不合格點，構成大部分顧客的抱怨。
- 少數供應商，構成大多數拒絕的零件。
- 少數問題，構成大部分製程停擺的原因。
- 少數產品，構成主要的利潤。
- 少數項目，構成大部分存貨的成本。

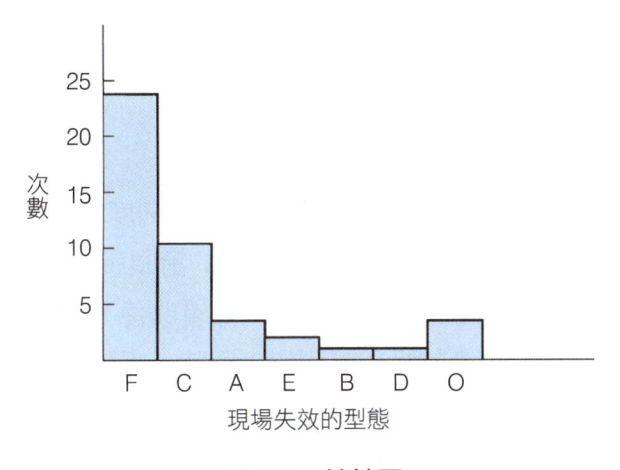

圖 3-1 柏拉圖

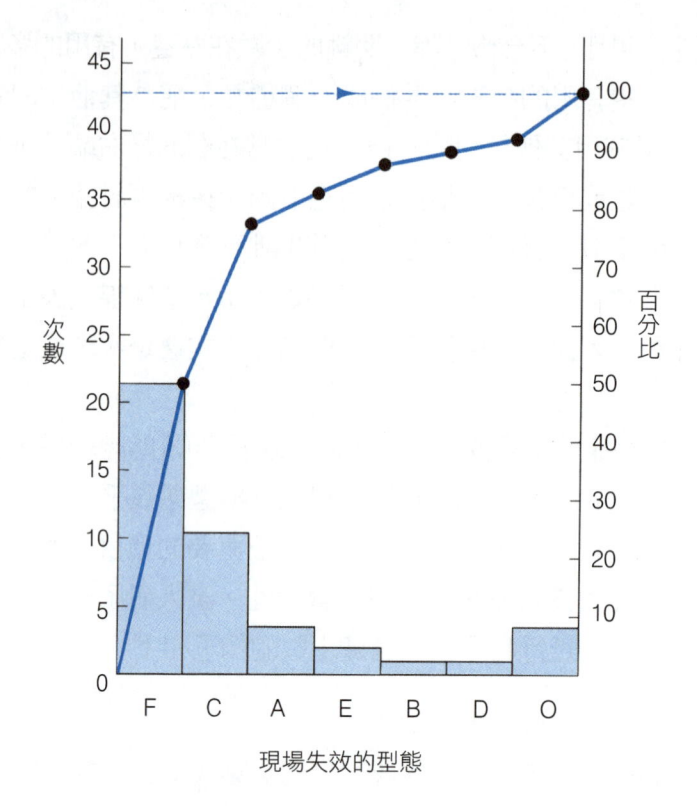

圖 3-2　柏拉圖的累積線

柏拉圖的建構非常簡單，有六個步驟：

1. 決定資料分類的方法：以問題、原因、不合格點的型態等來分類。
2. 決定是否用金額（最佳）、加權頻率或頻率，來排列特性。
3. 按照適當時間的間隔，蒐集資料。
4. 彙整資料，並且按最大到最小，將類別排序。
5. 如果有需要，計算累積百分比。
6. 畫圖，並且找出關鍵的少數。

使用累積百分比的刻度，必須和金額或次數的刻度配合，這樣在 100% 才會與總金額或總次數有相同的高度；如圖 3-2 的箭頭所示。

值得注意的是，「關鍵的少數」50% 的品質改善，比在「有用的多數」50% 的品質改善，會有更高的投資報酬率；同時，經驗也顯示，對關鍵的少數做 50% 的品質改善會比較容易。

柏拉圖的使用是一個永無止盡的過程。例如，我們假設 F 是改善行動中

的矯正目標；成立一個專案小組調查並且進行改善，下一次做柏拉圖分析時，另一個失效的型態（假設為 C）就變成了矯正的目標。而改善的過程，會一直持續到所有的現場失效都變成是非顯著的品質問題。

柏拉圖是一個有力的品質改善工具；它可以應用在問題的確認和改善進展的衡量上。

特性要因圖

特性要因圖（cause-and-effect diagram, C&E）是一個由線和符號所組成的圖形，用來表示效果及其原因之間有意義的關係。由石川馨（Kaoru Ishikawa）博士於 1943 年提出，有時也稱為石川圖。

特性要因圖通常是用來偵測是否為「壞」效果，進而採取行動來矯正原因；或是否為「好」效果，進而得知造成的原因。對每個效果來說，可能有許多發生的原因，圖 3-3 說明了特性要因圖；圖的右邊為效果，左邊為原因。效果是需要改善的品質特性。原因通常被分為：工作方法、原料、量測、人員以及環境等主要原因。管理者和維修有時候也是當做主要原因；每一個主要原因，再進一步細分成很多小原因。例如：在工作方法下，我們可能有訓練、知識、能力、物理特性等次要原因。特性要因圖（通常因為它的形狀而稱為「魚骨圖」），是描述這些主要和次要原因的方法。

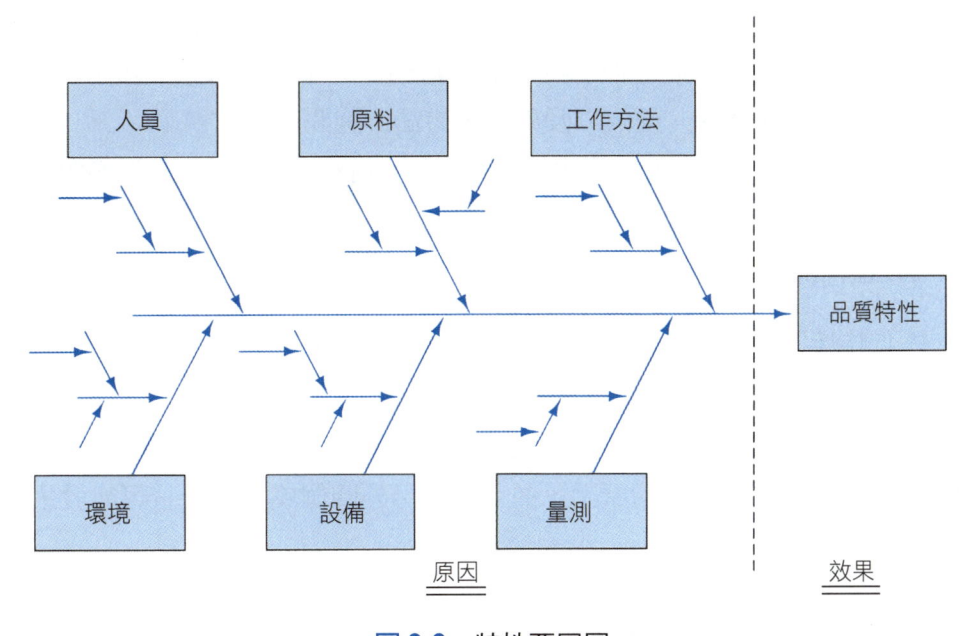

圖 3-3　特性要因圖

建構特性要因圖的第一步,是要專案小組確認效果或品質問題,並且由小組的組長,將它置於一張大型紙張的右邊。接著,確認主要原因,再放入圖中。

專案小組必須藉由腦力激盪,決定所有的次要原因。腦力激盪是一個非常適合特性要因圖的思考技巧;它運用小組的創造思考能力。

注意一些實質的東西,將提供更精確而且有用的結果:

1. 藉由小組成員輪流一次給一個點子的方式,使小組成員的參與更為容易。如果有人想不出次要的原因,就在這一回合先跳過;或許在下一回合,其他的點子就想出來了。按照這樣的程序,就不會是一個或兩個人,控制著腦力激盪的會議。
2. 鼓勵點子的數量多一些,而不是較好品質的點子。一個人的點子將會觸發其他人的點子,而發生連鎖反應。常常一個微不足道或是「愚蠢」的點子,會引導出最佳的解決方案。
3. 點子的批評是不允許的;應該要有能解放想像空間、沒有約束的資訊交換。所有的點子都放在圖上,而點子的評估則留待稍後。
4. 能夠看得到圖,是參與的主要因素。為了有足夠空間,可以容納所有的次要原因,建議使用 2 英呎乘 3 英呎的紙張,並釘在牆上,提供最佳的可見度。
5. 創造一個以解決為導向的環境,而不是一個令人苦惱的會議。將焦點放在如何解決問題,而不是討論問題如何發生。小組的組長應該使用為何、何事、何地、何時、何人以及如何等方法,詢問問題。
6. 讓點子醞釀一段時間後(至少一個晚上),再舉行另一場腦力激盪會議。將第一次會議點子的副本提供小組成員;當沒有其他的點子提出的時候,腦力激盪的會議,就立刻終止。

一旦特性要因圖完成後,就必須評估並且決定最可能的發生原因;這項活動,在不同的會議裡完成。而程序是採取每個人投票的方式,選擇次要原因。小組成員可以投多於一個原因的票,而且他們並不需要對自己所提出的原因投票。選出得票最多的原因,並且決定另外四個或五個最有可能發生的原因。

接著發展解決方法,以矯正原因並且改善製程。判斷可行方法的標準,包括:成本、可行性、改變的阻力、結果、訓練等。一旦小組同意解決方法

後，就可以測試並且執行。

這個圖應該公佈在重要的地方，在類似或新問題發生的時候，可以促進大家持續的參考；在找到解決方法和有所改善後，這個圖就需要再修改。

特性要因圖目前在研究、製造、行銷和辦公室作業等有著無數的應用；其中最有價值的部分在於腦力激盪過程中，每個人的參與和貢獻。特性要因圖在下列很有用：

1. **分析**（analyzing）產品或服務品質改善的實際狀況，可更有效地運用資源，並且減少成本。
2. **消除**（elimination）造成產品或服務不合格的情況以及顧客抱怨。
3. **標準化**（standardization）現有與計畫的作業。
4. **教育和訓練**（education and training）進行決策、矯正活動的人員。

前面所敘述的是最常見的**原因列舉**（cause enumeration）型態的特性要因圖；另外還有其他兩種，與原因列舉型態相似的特性要因圖，就是離勢分析和製程分析型態的特性要因圖，這三種方法的差異在於組織和排列。

離勢分析（dispersion analysis）型態的特性要因圖和原因列舉型態的特性要因圖，兩者在完成時看起來外觀一樣，差別在於建構的方法。對離勢分析的型態來說，每條主要支幹在其他支幹開始工作前，就已經完全填滿；而它的目標，在於分析離勢或變異的原因。

第三種型態的特性要因圖為**製程分析**（process analysis），它在外觀上與其他兩者不同。為了要建構此圖，必須寫下生產製程的每一個步驟；生產製程的步驟，例如：裝填、切割、鑽孔、鏤刻、去角以及下機等即為**主要原因**（major cause），如圖 3-4 所示。次要原因會連結到主要原因；這一個特性要因圖，是表示在某一作業中的所有要素。其他的可能包括：製程內的操作、組合製程以及連續化學製程等。這種型態的特性要因圖優點為建構容易和簡易性，因為它是依照生產順序。

查檢表

查檢表主要目的，是要確定資料是否為操作人員小心而且正確地蒐集，以利於製程管制和問題解決。資料必須是可以快速並且容易使用的形式呈現。查檢表的形式依每個情況而個別化，是由專案小組設計的。圖 3-5 是一張腳踏車油漆的不合格點查檢表。圖 3-6 是一張主要汽車旅館連鎖業的游泳池維

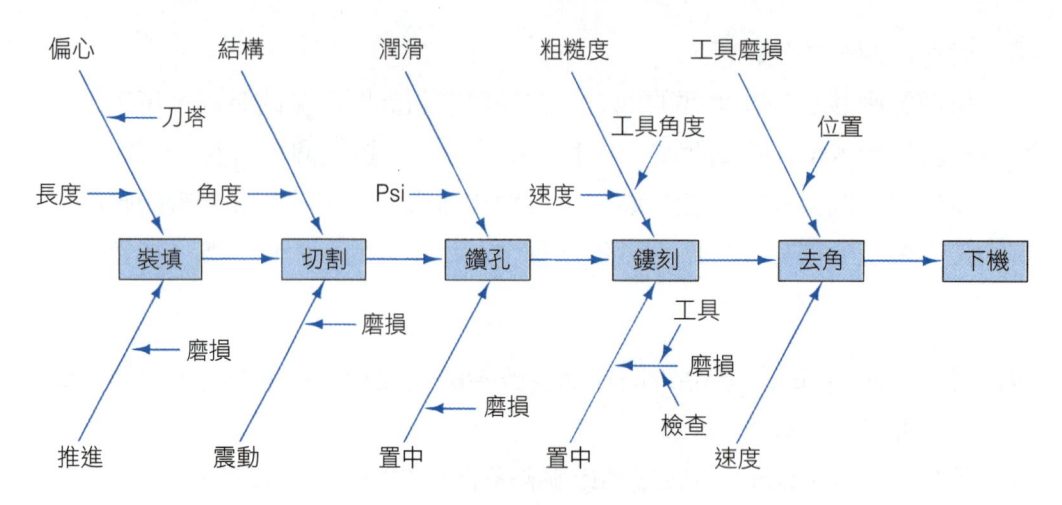

圖 3-4　特性要因圖製程分析

查檢表

產品：腳踏車－32　　　　　　　　日期：1/21
階段：最後檢查　　　　　　　　　項目：油漆
檢查數目：2217　　　　　　　　　檢查人員／操作人員：Jane Doe

不合格點型態	檢查	總計
浮泡	烌 烌 烌 烌 I	21
噴灑太少	烌 烌 烌 烌 烌 烌 III	38
水滴	烌 烌 烌 烌 II	22
過度噴灑	烌 烌 I	11
潑濺	烌 III	8
滲出	烌 烌 烌 烌 烌 烌 烌 烌 烌 II	47
其他	烌 烌 II	12
	總計	159
不合格點數目	烌 III	113

圖 3-5　油漆不合格點的查檢表

護查檢表；檢查的時間為每天或每個星期，有些檢查，例如溫度，已經加以衡量。這種型態的查檢表，可以確定已經做過了檢查或測試。

圖 3-7 是一張溫度的查檢表。左邊的刻度，代表每組溫度範圍的組中點和組界。這種型態查檢表資料的蒐集，經常會在適當的方格內，畫一個「×」；在這種情況之下，加以紀錄時間，以便提供解決問題的額外資訊。

	D＝每天　　A＝當有需要的時候							
熱水池		星期一	星期二	星期三	星期四	星期五	星期六	星期日
化學測試（需要的話就添加）ph/氯	（D）	7.4						
溫度	（D）	81°						
加水（如果有需要）	（D）							
清潔熱水池底部	（D）	√						
冷水池								
化學測試（需要的話就添加）	（D）	7.6						
加水（如果有需要）	（D）	300 gals						
檢查溫度	（D）	78°						
用吸塵器清掃水池（如果有需要）	（A）							
過濾回水（20 磅）	（A）	√						
絨布過濾	（D）	√						
清掃、沖洗水池底部	（D）	√						
一般清潔								
用吸塵器清掃毛毯	（D）	√						
用吸塵器打掃建築物 B	（D）	√						
清潔桌面	（D）	√						
清潔並且拖地板	（D）	√						
清潔外面地板、整理椅子	（D）							
倒垃圾	（D）	√						
整理建築物 B 垃圾筒	（D）	√						
洗窗戶	（D）	√						
浴室								
清洗水槽、廁所、淋浴設備	（D）	√						
清洗並且拖地板	（D）	√						
倒垃圾、並且檢查門鎖	（D）	√						
加蓋於熱水池（每晚結束時）	（D）	√						
檢查池內過濾器──確定是打開的	（D）	√						

於背面列出任何與此工作表有偏差的地方，紀錄日期並且簽名。

圖 3-6　游泳池查檢表

可能的話，查檢表也設計用來顯示位置。例如，腳踏車油漆的不合格點查檢表，可以在腳踏車的略圖上，用小「×」做記號，指出不合格點的位置。

圖 3-8 是一張有九個洞的塑膠模型查檢表；這張表很清楚地指出，在模型上方的角落有品質的問題，你是否有額外資訊的建議呢？

溫度查檢表

385	387.4								
	382.5								
380	382.4								
	377.5								
375	377.4	10.0							
	372.5								
370	372.4								
	367.5								
365	367.4	7.0	7.5	9.0					
	362.5								
360	362.4	8.0	8.5						
	357.5								
355	357.4	9.5							
	352.5								

圖 3-7　溫度查檢表

×××× ××	×	×××× ×
	××	
	×	×

圖 3-8　塑膠模型不合格點的查檢表

　　創造力在查檢表的設計上扮演了主要的角色，它應該是容易使用的；而且可能的話，盡量包含時間與位置的資訊。

➡ 製程流程圖

　　對很多產品和服務來說，繪製流程圖也許是有用的，它也稱做製程圖。它是一個概要的圖形，能顯示產品或服務，流經不同製程工作站或作業時的流程。流程圖能讓我們簡單地看到整個系統，確認潛在問題點，並且設置控制活動。

　　工程業界的工程師，常使用一些標準化的符號；然而，它們並不需要用

於解決問題。圖 3-9 是一家訂做公司的訂單，進入訂做活動的流程圖。如果要加強這個圖，可以加入完成操作每個作業所需要的時間與人員數目。流程圖顯示製程裡的下一位顧客，因此可以增加對製程的了解。

　　流程圖最好的建構方式是，由一個小組共同完成，因為很少有一個人能完全了解整個製程。藉由減少步驟、合併步驟、或讓頻率高的步驟更有效率，將可以達成製程改善。

▶ 散佈圖

　　散佈圖是兩個變數之間是否有關係存在的圖示方法。一個變數，通常是可以控制的，是畫在 x 軸上；而另一個變數是依變數，畫在 y 軸上，如圖 3-10 所示。這些標示的點是由 (x, y) 變數構成的成對組合；這個主題在第 4 章當

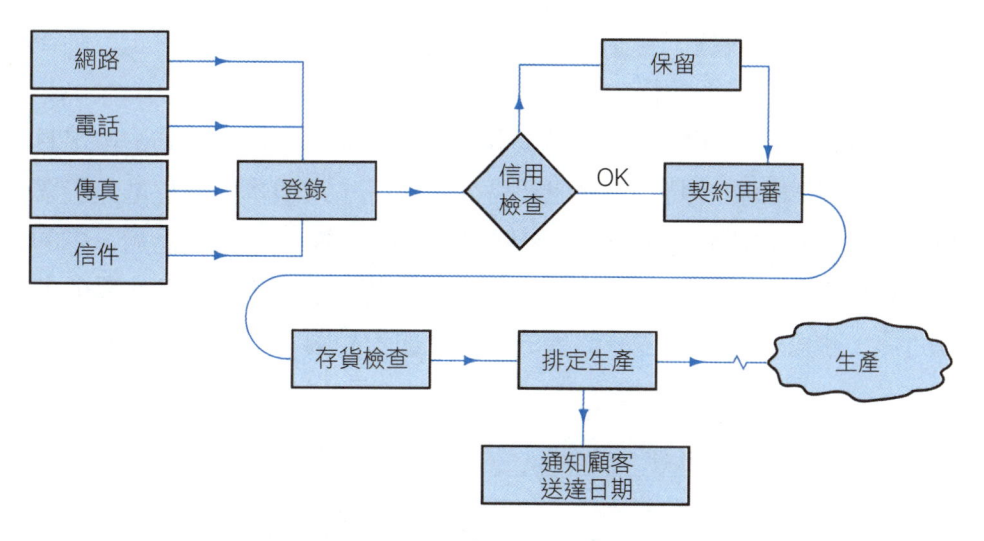

圖 3-9　訂單進入流程圖

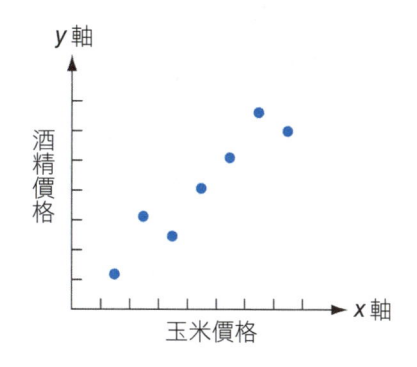

圖 3-10　玉米價格和酒精價格的散佈圖

中有詳細的討論。

➡ 直方圖

直方圖將會在第 4 章討論；直方圖描述了如圖 3-11 的製程變異，從圖中能顯示出製程能力，而且如果需要，也能表示與規格和名義的關係，同時也指出母體分配的形狀，以及是否在資料裡有任何離差。

➡ 管制圖

管制圖在第 5 章、第 6 章以及第 8 章會有討論，如圖 3-12 的管制圖，可以看出品質改善情況。管制圖為一個能夠提供問題解決以及改善品質結果的極佳方法。

品質改善發生在兩種情況，當管制圖第一次採用時，製程通常為不穩定的狀態，當確定導致超出管制界限的非機遇性原因，並且採取校正行動後，則製程將為品質改善後的穩定製程。

第二種情況則是新點子的測試或評估。管制圖是一個良好的決策工具，因為圖形上點的形態，將決定新點子是好或不好，或根本對製程毫無影響。如果新點子是好的，$\bar{X}$ 管制圖上的點將集中於中心線 $\bar{X}_0$。換句話說，點的型態將趨近於完美，也就是中心線。對於 R 管制圖與計數值管制圖，點的型態將趨近零，也就是完美。這些改善的型態皆顯示於圖 3-12。如果新點子是不

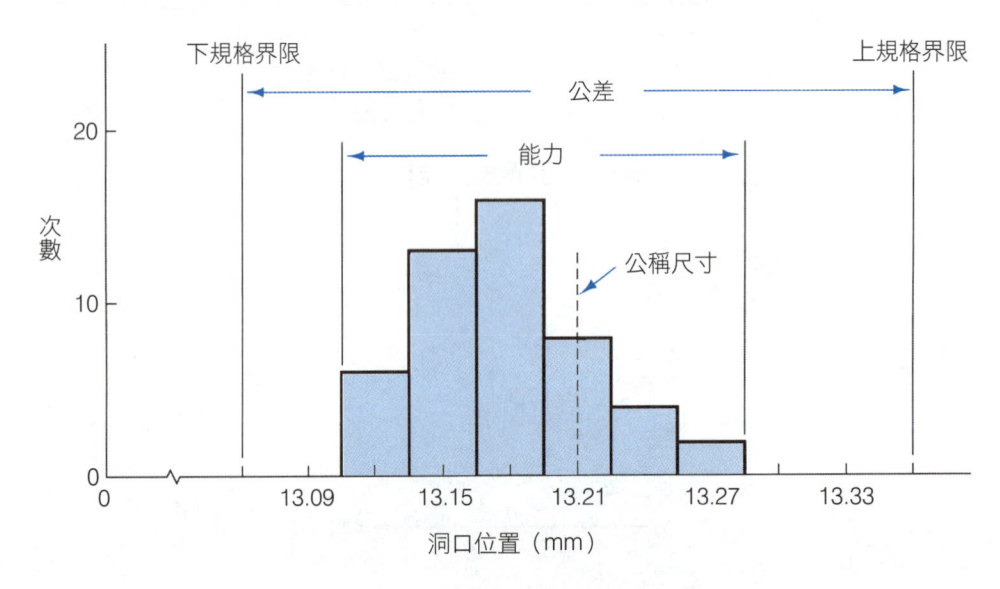

圖 3-11　洞口位置的直方圖

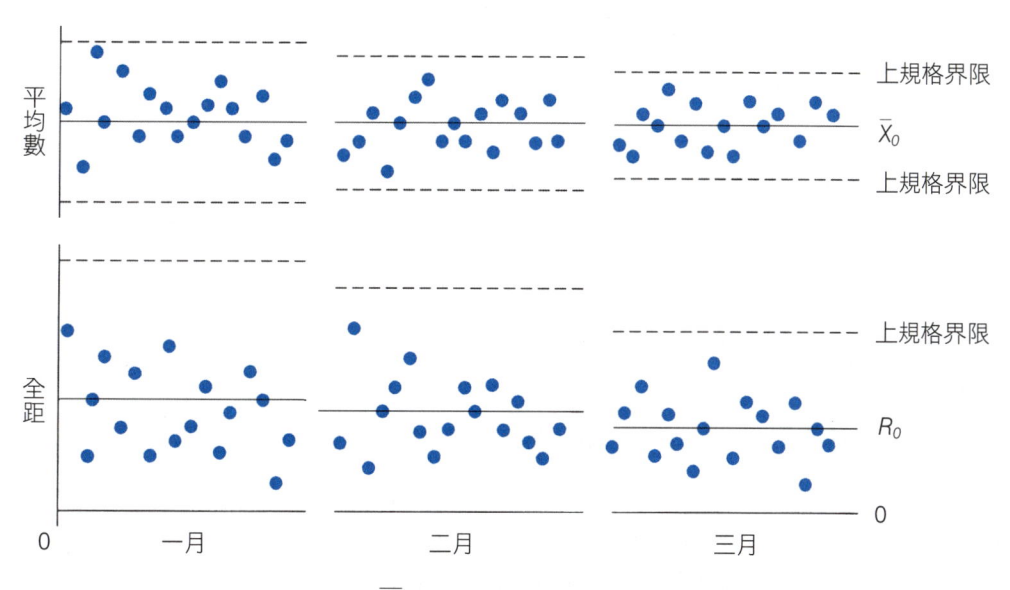

圖 3-12　$\overline{X}$ 與 R 管制圖，顯示品質改善

好的，則會發生相反的型態；若圖上的型態沒有任何改變，表示新點子對製程沒有影響。

雖然管制圖藉由改善品質，可以出色地解決問題，但它在使用做為監督或維持製程時會有一些限制。管制圖這一項預先管制的方法，在監督的功能上較佳。

➡ 推移圖

推移圖是隨著製程時間的進行所蒐集到的資料，以圖形的方式呈現出來。它有點類似管制圖，只是推移圖沒有管制界限──推移圖只有顯示出製程變異。如果圖 3-12 的管制界限移除，則結果就是推移圖。

■ 允收抽樣

在第 8 章、第 9 章會討論允收抽樣。隨著統計製程管制普遍性的應用，大幅提升製程品質的一致性，對於允收抽樣的要求已經減少。然而，允收抽樣在某些情況還是需要的。

可靠度

可靠度是一項產品在一段期間內完成預定功能的能力。一項產品的功能如果長時間行得通，則就是可靠的。可靠度將在第 11 章討論。

實驗設計

實驗設計（design of experiments, DOE）的目標，在於決定製程或產品中的相關重要參數和目標值。藉由運用一些正式實驗設計的方法，可以一次同時進行製程中許多變數影響的研究。對於製程或產品的改變，可以透過隨機改變或是仔細規劃高度結構式的實驗達成。

實驗設計有三種方法：古典方法、田口方法以及夏寧的方法。古典的方法，根據費雪（Sir Ronald Fischer）於 1930 年代以農業相關的事物為基礎。田口玄一（Genichi Taguchi）簡化古典的方法，並且加入工程設計的概念。夏寧（Dorian Shainin）的方法，是在產品進入生產後，使用多種問題解決的方法。聰明的使用者，會先熟知這三種方法，並發展出屬於自己的方法。

因為實驗設計可以確認重要參數和目標值，在很多狀況，它的使用應該在統計製程管制之前。在實驗後，發現統計製程管制正控制錯誤的變數或目標值不正確，是常見的事。

田口品質工程

與品質科學有關的大部分知識，是從英國發展出來的，如實驗設計；以及在美國發展出來的，如統計品質管制。最近，贏得四次戴明獎的機械工程師田口玄一，也已加入這個知識領域。特別的是，他提出損失函數的概念；這個概念結合了成本、標的以及變異為一體，而規格具有次要的重要性。另外，他發展穩健的概念，將「雜音因子」在實驗設計當中列入考慮，以確保系統正確運作。雜音因子是不可控制的變數，會造成製程、產品或服務，顯著的變異。

■失效模式與效應分析

失效模式與效應分析（failure mode and effect analysis, FMEA）是一種分析方法（書面的測試），結合科技和人類的經驗，用於確認一項產品、服務或製程的可以預見的失效模式，並且規劃將它消除。換句話說，失效模式與效應分析，可以解釋為是一群活動用於：

- 識別和評估，一項產品、服務或製程潛在的失效以及它的影響。
- 確認能夠消除或減少，潛在失效發生的機會。
- 程序書面化。

失效模式與效應分析是一個「事件前」的行動，需要一個小組的努力，以減輕大部分在設計和生產當中容易而且花費不多的改變。失效模式與效應分析有兩種類型：設計的失效模式與效應分析以及和製程的失效模式與效應分析。

■品質機能展開

品質機能展開（quality function deployment, QFD）是一種系統，用於確認並安排可以提高顧客滿意度的產品、服務以及製程改善機會的優先順序；它確保「顧客的聲音」，從產品規劃到現場服務，正確地展開到整個組織。品質機能展開，利用多功能團隊的方法，改善為滿足或超越顧客期望所提供的貨品和服務的製程。

品質機能展開的執行過程將回答下列的問題：

1. 顧客想要什麼？
2. 所有顧客想要的，其重要性都相同嗎？
3. 如果提供主觀的要求，是否會有競爭優勢？
4. 我們如何改變產品、服務或製程？
5. 工程上的決策，如何影響顧客的認知？
6. 工程上的改變，如何影響其他技術符號？
7. 零件展開、製程規劃以及生產規劃的關係為何？

品質機能展開（QFD）減少起始成本、降低工程設計變更，而且最重要的是，增加顧客滿意度。

◼ ISO 9000 [2]

ISO 代表國際標準組織（International Organization for Standards）。9000 系列的標準，是一套標準化的品質管理系統（Quality Management System, QMS），有超過 100 個國家承認。它包含三種標準：(1) ISO 9000，包括基本規定和詞彙；(2) ISO 9001，為條文要求；以及 (3) ISO 9004，提供績效改善的指引。最新版本在 2000 年頒佈，因此標示為 ISO 9000：2000；本書只針對 9001 進行討論。

條文要求定義可以接受的品質管理系統（QMS）標準；圖 3-13 顯示這個系統的五個條款，以及它們對顧客要求和顧客滿意度的關係。這個品質管理系統（QMS）的五個條款為：連續改善、管理者的責任、資源管理、產品／服務的實現，以及衡量、分析和改善。它們以標準中的數字系統識別如下。

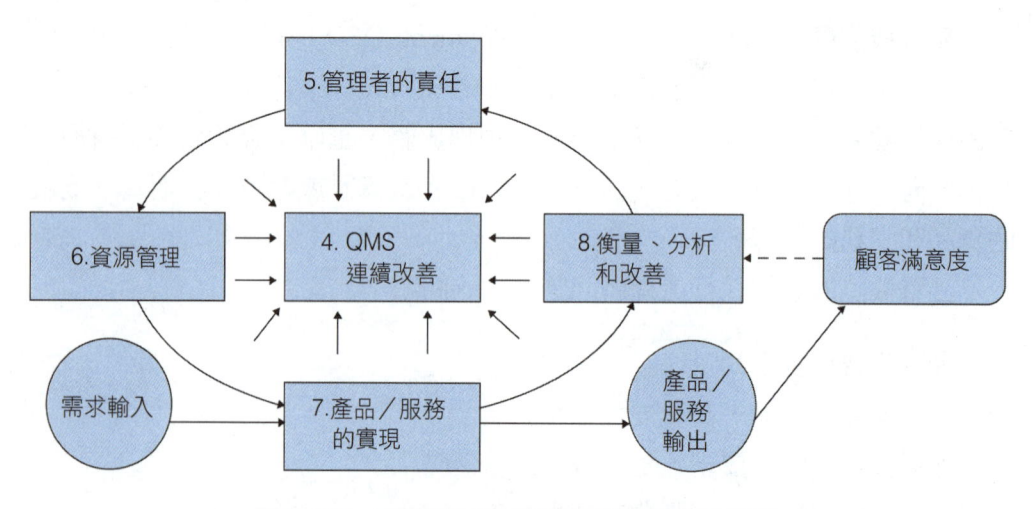

圖 3-13　以製程為基礎的品質管理系統模型

---

[2] 授權節錄自 *Quality Management Systems–Requirements, ANSI/ISO/ASQ QA001:2000* © ASQ Quality Press, (Milwaukee, WI: ASQ, 2000)。

4. 品質管理系統

4.1 一般要求

組織應該建立、文件化、實施和維持一套品質管理系統，並且持續改善它的有效性。組織應該：(a) 確認所需要的製程，例如：管理活動、資源的供應、產品或服務的具體表現和衡量；(b) 決定這些製程的順序和交互作用；(c) 決定所需要的標準和方法，以確保這些製程的運作和控制，兩者均有效；(d) 確保資源與資訊的可取用性，以支援製程的運作與監督；(e) 監督、衡量和分析這些製程；(f) 實施必要措施，以達成這些製程所規劃的結果，並且持續這些製程的改善。會影響產品品質的外包製程，應該要加以確認，而且包含在系統當中。

4.2 文 件

4.2.1 概述 文件應該包括：(a) 品質政策和品質目標的書面敘述；(b) 品質手冊；(c) 必要的書面程序；(d) 組織為確保製程的有效規劃、運作和控制所需要的文件；以及 (e) 所需要的紀錄。如果程序書或工作說明書短缺，對產品品質會有不利的影響，則它們是需要的。品質管理系統文件的範圍，因為組織會因下列因素而有不同：組織的大小和活動的型態、製程和它們交互作用的複雜性，以及員工的能力。例如：小型組織可能會口頭通知某經理，將要舉行的一項會議；然而，大型組織就需要書面通知。這個標準應該達到合約、法令、管理上的要求，以及顧客和其他利益團體的要求和期望。文件可以採用任何形式或種類的媒介。

4.2.2 品質手冊 要建立並維持一套品質手冊，包括下列：(a) 詳細內容的品質管理系統的範圍，以及任何排除在品質管理系統之外的理由；(b) 書面程序或它們的參考查詢；以及 (c) 品質管理系統各項過程，交互作用的描述。

4.2.3 文件管制 品質管理系統所需要的文件，應加以管制。應該要建立書面程序，以規定所需要的管制：(a) 在使用前，批准文件；(b) 檢查、更新以及在必要時，重新批准文件；(c) 確認目前的修訂狀況；(d) 確保在需要用到的場所有現行的版本；(e) 確保文件易於閱讀和容易識別；(f) 外來文件加以識別，並且分發這些文件；以及 (g) 馬上移除過時的文件，而且適當地確認要保留的文件。文件化的程序，表示程序已經建立、文件化、執行以及維持。它們在條文 4.2.3、4.2.4、8.2.2、8.3、8.5.2 以及 8.5.3 當中，都有要求。

4.2.4 紀錄管制 紀錄應該加以建立以及維持,以提供符合品質管理系統以及有效運作的證據。紀錄應該易閱讀、容易識別以及可以存取。為了定義識別、儲存、保護、存取、保留期限以及紀錄清除的控制要求,應該加以建立書面程序。紀錄可用於文件的起源,並且提供驗證、預防行動以及矯正行動的證據。它們在條文 5.5.6、5.6.3、6.2.2、7.2.2、7.3.4、7.3.6、7.3.7、7.4.1、7.5.2、7.6 以及 8.2.4 當中,都有要求。

5. 管理者責任

5.1 管理者承諾

高階管理者藉由下列各項,應該提供他們承諾會發展、執行以及持續改善品質管理系統的證據:(a) 傳達符合顧客、法令以及法規期望的必要;(b) 建立一套品質政策;(c) 確保品質目標已經建立;(d) 執行管理階層檢查;以及 (e) 確保資源的有效。高階管理者定義為:引導和控制組織的個人或一群人。

5.2 以顧客為焦點

高階管理者應確保顧客要求已經確定而且符合,以提高顧客滿意度。

5.3 品質政策

高階管理者應確保品質政策:(a) 與組織的目的或使命是一致的;(b) 包括遵從要求的承諾,以及持續改善品質管理系統的有效性;(c) 提供一個架構,以建立和檢查品質目標;(d) 在組織內已經傳達和獲得了解;以及 (e) 對持續的穩定性,做定期檢查。政策提供組織有關品質整體的意圖和方向。

5.4 規 劃

5.4.1 品質目標 高階管理者應該確保品質目標,已經在組織內相關的功能和階層建立,而且包括產品和服務的要求。品質目標應該可以衡量,而且和品質政策一致。除此之外,高階管理階層要確保符合顧客期望。品質目標是品質所要尋找或針對的相關事務。例如:成品部門廢料將由 5.0% 減少為 4.3%,而第一線管理者,是需要負責達成的人員。

5.4.2 品質管理系統規劃 高階管理者應該確保品質管理系統規劃已經完成,以符合品質管理系統第 4.1 節一般要求,以及 5.4.1 節品質目標所定的要求。除此之外,品質管理系統的完整性,在規劃和執行改變時,得以維持。

5.5 職責、權限以及溝通

5.5.1 職責以及權限 高階管理者應該確保職責以及權限已經在組織內界定以及傳達。職責可以在工作描述、程序書和工作說明書中定義。權限以及彼此關係可以在組織圖中定義。

5.5.2 管理者代表 高階管理者應在管理階層中指派一名擔任管理者代表，不論職責為何，應該賦予他責任和權限，包括：(a) 確保品質管理系統所需的製程，已經建立、執行以及維護；(b) 將品質管理系統績效以及任何需要改進的報告呈給高階管理者；以及 (c) 提倡組織對顧客要求的認知。指派高階管理者當中的一員為管理代表，對品質管理系統的有效性將有幫助。

5.5.3 內部溝通 高階管理者應確保組織內已經建立適當的溝通管道，以及針對品質管理系統有效性進行有關的溝通。典型的溝通方法，包括管理者工作場所簡報、達成目標表揚、公佈欄、電子郵件、內部訊息手冊。

5.6 管理者檢查

5.6.1 概述 高階管理者應該定期檢查品質管理系統，以確保它持續適用、適當以及有效。檢查應該包括改善時機的評估，以及品質管理系統（包括政策和目標）改變的要求。檢查紀錄要加以保持。

5.6.2 輸入檢查 輸入應包括下列資訊：(a) 稽核的結果；(b) 顧客的回饋；(c) 製程、產品和服務的績效；(d) 矯正性和預防性的績效；(e) 先前管理者檢查的後續行動；(f) 可能影響品質管理系統的改變；以及 (g) 改進的建議。

5.6.3 輸出檢查 輸出應包括下列有關的任何決定以及行動：(a) 品質管理系統有效性以及過程的改善；(b) 與顧客要求相關產品和服務的改善；以及 (c) 所需要的資源。高階管理者可以運用輸出做為改善機會的輸入。

➡ 6. 資源管理

6.1 資源提供

組織應該決定以及提供所需要的資源：(a) 以執行、維持和持續改善品質管理，以及 (b) 提高顧客滿意度。資源可能是人員、基礎建設、工作環境、資訊、供應商、天然資源以及財務資源；資源可以和品質目標一致。

6.2 人力資源

6.2.1 概述 執行會影響產品或服務品質工作的人員,應該依照適當的教育、訓練、技能以及經驗為基準,勝任工作。

6.2.2 能力、認知以及訓練 組織應該:(a) 決定執行會影響產品和服務品質工作之人員的必要能力;(b) 提供訓練或採取其他行動,以符合這些能力;(c) 評估有效性;(d) 確保人員認知,從事活動的相關性和重要性,以及他們如何在品質目標的達成,有所貢獻;(e) 維持適當的紀錄。能力的定義為:應用知識和技巧的展現能力,它可以功能、群組或特定職位,包含在工作說明當中。訓練的有效性,可以用前後的測試、績效或者人員更換率來決定[3]。ISO 10015 訓練指導方針將有助於組織遵從這項標準。

6.3 基礎架構

組織應該決定、提供以及維持所需要的基礎架構,以達成符合產品或服務的要求。基礎架構包括:(a) 建築物、工作空間和相關的公共設施;(b) 硬體和軟體製程設備;以及 (c) 支援服務,例如交通或通訊。

6.4 工作環境

組織應該決定並且管理所需要的工作環境,以達成符合產品或服務要求。創造適合的工作環境,對於員工的激勵、滿足和績效會有正面的影響。

7. 產品／服務實現

7.1 產品實現的規劃

組織應該規劃以及發展實現產品或服務所需要的製程。產品或服務實現的規劃,應該與品質管理系統其他製程的要求一致。在規劃產品或服務實現的時候,組織應該於適當時機決定:(a) 產品或服務的品質目標以及要求;(b) 建立製程、文件,以及對產品或服務提供特定的資源;(c) 對於特定產品或服務的查證、確認、監督、檢驗、測試活動以及產品允收標準;(d) 核對這項條款所需要的紀錄。這項規劃的輸出,將會是一種適合組織營運方法的類型。

組織也可以應用 7.3 的要求做為產品或服務實現製程的發展。

---

[3] Jeanne Ketola and Kathy Roberts, "Demystify ISO 9001:2000," *Quality Progress* (September 2001): 65-70.

7.2 顧客相關的製程

7.2.1 產品相關要求的決定　組織應該決定：(a) 顧客所指定的要求，包括交貨與交貨後活動的要求；(b) 不是顧客所說的要求，但為已知特定用途或為預期用途所必須；(c) 與產品或服務有關的法令和法規要求； (d) 組織所決定的任何附加要求。

7.2.2 產品相關要求的檢查　組織應檢查和產品或服務有關的要求。這項檢查應該在組織承諾供應顧客產品或服務之前執行（例如：標單的送出、合約或訂單的接受、合約或訂單變更的接受），而且應確保：(a) 產品或服務的要求，已經加以界定；(b) 與先前表達不同的合約或訂單要求，已經解決；(c) 組織有能力符合所界定的要求。檢查結果以及檢查行動的紀錄應該維持。即使沒有確定的顧客要求存在，要求必須在接受前先經由組織確認。當產品或服務要求改變時，組織應確保相關文件已經加以修訂以及將改變的要求知會相關人員。在很多情況下，每個訂單的正式檢查是不實際的；反而，檢查可以包含相關產品或服務的資訊，例如：型錄、廣告資料等。

7.2.3 顧客溝通　組織應該決定以及執行有效的安排，以便就下列相關項目和顧客溝通：(a) 產品或服務資訊；(b) 查詢和文件；(c) 顧客回饋。

7.3 設計以及開發

7.3.1 設計以及開發規劃　組織應該規劃和控制產品的設計以及開發。在規劃時，組織應該決定：(a) 設計和開發階段；(b) 檢查、證明以及確認，對每一個設計以及開發階段是適合的；(c) 階段的責任和權限。組織應該管理不同小組間的介面，以確保有效的溝通和責任明確的指派。適當的時候，規劃輸出應該加以更新。

7.3.2 設計以及開發輸入　與產品或服務要求相關的輸入，應該加以決定，並且紀錄以維持。這些輸入包括：(a) 功能和績效的要求；(b) 適用的法令和法規的要求；(c) 源自以往類似設計的資訊；(d) 其他必要的需求。這些輸入要檢查足夠性。它們應該完整、清楚，而且不會互相矛盾。

7.3.3 設計以及開發輸出　輸出應該以一種能夠查驗輸入的形式提供，而且在發表前應該加以核准。輸出應該要：(a) 符合輸入的要求；(b) 提供採購、生

產以及維護適當資訊；(c) 包含或引用產品或服務允收標準；(d) 規定產品或服務的安全以及適合使用的必要特性。

7.3.4 設計以及開發檢查　在適當階段，應該依照所規劃的安排，執行系統性檢查，以評估設計以及開發結果是否具有符合要求的能力，並且確認任何問題以及提出必要的行動。參與這項檢查的人員，應包括受檢查各階段相關部門的代表。檢查結果的紀錄以及任何必要的行動，應該加以保持。風險評估，如失效模式與效應分析（FMEA）、可靠度預測和模擬技術，可以著手進行，以決定產品或製程的潛在失效。

7.3.5 設計以及開發查證　查證應該依照所規劃的安排去執行，以確保輸出符合輸入的要求。查證結果以及任何必要措施的紀錄都應該保持。透過客觀的證據查證，可以確認指定的要求已經達成。確認將包括下列活動，例如：完成替代的運算、比較新的規格設計和類似已證明的規格設計、執行測試和展示且在發行前，回顧文件。

7.3.6 設計以及開發確認　確認應該依照所規劃的安排執行，以確保產品或服務的結果，有能力符合已知特定應用或預期用途的要求。當可行的時候，確認應該在產品或服務交貨或實施之前予以完成。確認結果的紀錄以及任何必要的行動應該要保持。經由客觀的證據，確認批准特定用意使用的需求，已經達成。

7.3.7 設計管制和開發變更　改變應該確認紀錄要保持。變更應該檢查、查證以及確認，適當的時候，在執行前應該得到核准設計以及開發的檢查，應該包括對下列的評估：改變對未來產品的影響，以及已經交付的產品或服務。改變檢查的結果紀錄和任何必要的行動都要保持。

7.4　採　購

7.4.1 採購過程　採購的產品應符合指定的採購要求。對供應商以及所採購產品或服務，使用的管制方式與程度應視所採購產品或服務而定。組織應該以供應商依照組織要求而供應產品的能力為基礎，來評估以及選擇供應商。選擇、評估以及再評估的標準，應該建立。評估結果以及評估所產生的任何必要措施的紀錄都應該保持。除了產品或服務，這一標準不適用於辦公室和維修供應品的項目。

7.4.2 採購資訊　　資訊應該描述所採購的產品或服務，包括：(a) 對於產品或服務、程序、製程以及設備要求的核准；(b) 供應商人員資格的要求，(c) 供應商品質管理系統的要求。採購規定要求在傳達給供應商前，組織應該要確保其適當性。

7.4.3 所購產品的查證　　組織應該建立以及執行必要的檢驗或其他活動，以確保所採購產品符合要求。當組織或它的顧客，意圖在供應商場所執行查證的時候，採購資訊應該說明計畫的查證安排以及產品放行的方法。

7.5　生產和服務提供

7.5.1 生產管制和服務提供　　組織應該在管制的情況下，規劃並完成生產以及服務提供。當適用的時候，管制情況應該包括：(a) 描述產品特性的資訊；(b) 工作說明書；(c) 適當設備的使用；(d) 監督以及衡量裝置的使用；(e) 監督執行和衡量；(f) 放行、交貨以及交貨後活動的執行。

7.5.2 生產以及服務提供過程的確認　　組織應該確認，無法經由後續監督或衡量的輸出結果查證的過程。這包括只有在產品或服務使用後，才會顯現缺陷的任何製程。確認應該顯示，這些製程達成規劃結果的能力。組織應該建立這些製程的安排，當適當的時候，包括：(a) 界定製程檢查和核准的標準；(b) 設備的核准和人員的資格；(c) 特定方法和程序的使用；(d) 要求的紀錄；(e) 再確認。

7.5.3 識別以及追溯性　　適當的時候，組織應該藉由認識製程的合適方法，對產品或服務識別。識別的情況，應該有關於監督和衡量的需求。如果追溯性是一項需求，組織應該管制和紀錄產品或服務的獨特識別。在某些產業領域，型態管理是藉由維持識別和追溯性的一種方法。識別通常可以藉由產品路徑或所有加工者來完成。

7.5.4 顧客財產　　當顧客財產在組織的管制下，或正由組織使用的時候，組織應確實加以管理。組織對提供做為使用，或組合成為產品或服務的顧客財產，應該加以識別、查證、保護以及防護。如果任何顧客財產遺失、損壞或發現不適合再使用的時候，應向顧客報告，並且保持紀錄。顧客財產可以包括智慧財產。

7.5.5 產品維護 組織應該在內部製程以及交貨至計畫目的地期間,維護產品或服務的符合性。這項維護應該包括:識別、搬運、包裝、儲存以及保護。維護也應適用於構成一項產品或服務的零組件。

7.6 監督管制和衡量裝置

組織應該決定所需要從事監督和衡量的範圍,以提供產品或服務,符合要求的證據。組織應該建立製程,以確保監督和衡量可以完成,而且與監督和衡量的要求一致。為確保有效的結果是必須的時候,衡量設備應該:(a)在規定期間或使用前,依照衡量標準加以校正或查證;如果這些標準不存在,應該紀錄所使用的校正或查證標準;(b) 當需要的時候,加以調整或再次調整;(c) 加以識別,使校正狀況可以決定;(d) 對於可能使衡量結果失效的調整,加以防護;(e) 加以保護,以免在搬運、維護以及儲存的時候損壞以及變質。除此之外,當設備發現不符合要求時,組織應該檢查紀錄以及先前衡量結果的有效性。組織應該對設備和任何受影響的產品,採取適當的行動。校正以及查證結果的紀錄應該保持。當電腦軟體用來監督和衡量特定需求時,應該確認電腦可以滿足特定的應用。ISO 10012-1:1992 衡量設備的品質保證要求 – Part 1;ISO 10012-2:1997 衡量設備品質保證 – Part 2;以及 ISO 17025-1999 測試與校正能力的一般要求,可以做為指導。

➡ 8. 衡量、分析和改進

8.1 概 述

組織應該規劃和執行需要的監督、衡量、分析以及改進製程:(a) 以顯示產品或服務的符合性;(b) 以確保品質管理系統的符合性;(c) 持續改善品質管理系統的有效性。製程應該包括決定適當的方法,如統計的方法。

8.2 監督以及衡量

8.2.1 顧客滿意度 組織應該對於是否達成顧客需求,監督顧客在這方面認知的資訊。應該要決定取得和使用這項資訊的方法。

8.2.2 內部稽核 內部稽核應該在規劃的時間間隔執行,以決定品質管理系統是否:(a) 符合所規劃的製程(參照第 7.1 節)和組織所建立的要求;(b) 有效的執行和維護。稽核計畫應該規劃,並且考慮稽核的流程和區域的狀況、重要性以及先前稽核結果。稽核準則、範圍、頻率以及方法應該確定。稽核

人員的遴選和稽核的執行，應該確保稽核流程的客觀性和公正性。稽核人員不得稽核本身的工作。規劃和執行稽核、報告結果和維護紀錄的職責與要求，應該以書面程序加以界定。被稽核的領域，經理的責任應該確保採行措施沒有不當延誤，以消除所發現不合格點以及原因。後續行動應該包括所採取行動的查證以及查證結果的報告。ISO 19011 品質和環境管理稽核的指導方針，可以做為指導。

8.2.3 製程的監督和衡量 組織應該使用適當的方法監督，同時在適當的時候，衡量品質管理系統製程。這些方法應該顯示製程的能力，以達到所規劃的結果。當規劃的結果沒有達成的時候，必要時應該採取改正以及矯正行動，以確保產品或服務的符合性。

8.2.4 產品和服務的監督以及衡量 組織應該監督和衡量產品的特性，以查證已經符合要求。這應該在產品或服務製程實現的適當階段予以完成。應該提供符合證據的紀錄，而且可以指出授權產品或服務放行的人員。直到規劃安排滿意地完成，才會放行和送交產品，或是除非有相關的授權，在適當的時候由顧客授權。

8.3 不合格產品的管制

確保不符合要求的產品或服務已經加以識別和管制，以防止被誤用或交貨。管制和處理不合格產品，有關的職責和權限應該以書面程序加以界定。組織應該藉由下列一項或數項方法以採取行動：(a) 採取行動以消除所發現的不合格點；(b) 由相關權責人員以及適當時的顧客核准，授權使用、放行或接受；(c) 採行措施以防止被誤用或應用。當不合格產品或服務改正後，它仍然受制於再次的確認。除此之外，當不合格產品或服務在交貨或開始使用後才發現，組織應該採取適當的措施。不合格的本質紀錄和任何後續採取的行動（包括得到的讓步）應該保存下來。

8.4 資料分析

組織應該決定、蒐集以及分析適當的資料，以顯示品質管理系統的適切性以及有效性。這項活動應該包括從相關來源蒐集到的資料。資料分析應該提供和下列相關的資訊：(a) 顧客滿意度；(b) 產品或服務要求的符合程度；(c) 製程趨勢的特性，包括預防行動的機會；(d) 供應商。

8.5 改　進

8.5.1 持續改進　組織應該藉由使用品質政策、品質目標、稽核結果、資料分析、矯正和預防行動、管理階層檢查，持續改進品質管理系統的有效性。

8.5.2 矯正措施　為了防止再發生，組織應該採取適當的行動，以消除不合格點的原因。書面程序應該加以建立，以界定各項要求：(a) 檢查不合格點（包含顧客抱怨）；(b) 判定不合格點的原因；(c) 評估是否需要採取行動，以確保不合格點不再發生；(d) 決定和執行需要的行動；(e) 紀錄所採取行動的結果的；(f) 檢查所採取的矯正行動。

8.5.3 預防行動　組織應該決定行動，以消除潛在不合格點數的原因，以預防它們發生。對於潛在問題的結果，這些行動應該是合適的。書面程序應該建立，以界定下列要求：(a) 決定潛在不合格點和它們的原因；(b) 評估行動的需要，以預防不合格點的發生；(c) 決定以及執行需要的行動；(d) 採取行動結果的紀錄；(e) 檢查所採取的預防行動。從事預防行動是防止發生，而矯正行動是防止再發生。

　　八項全面品質管理的原則構成了品質管理系統（QMS）標準的基礎：顧客焦點、領導、員工參與、製程方法、管理者的系統性方法、連續改善、決策的事實方法、互惠的供應商關係。這些準則是類似馬康包立茲國家品質獎的核心價值。

▶ 內部稽核

　　組織在政策、程序以及工作說明已經開發和執行後，必須進行後續查核，以確保確實遵守系統，也取得預期的成果。這項活動的完成是經由內部稽核，它是 ISO 9000 標準中的一項關鍵要素。所有的要素，至少要一年稽核一次，根據需要的情況，有些要素稽核的次數會更多。

目　標

　　內部稽核有五個目標，分別如下：

- 決定實際的績效，符合書面的品質管理系統要求。
- 針對缺陷的部分，實施矯正行動的活動。
- 根據先前稽核的紀錄，對不符合的事項採取後續行動。

- 透過對管理者的回饋,提供系統持續改善。
- 讓被稽核者思考製程問題,以激勵可能的改善。

稽核人員

　　稽核應該由接受過稽核相關原則和程序訓練的合格人員來執行;相關訓練的課程可以由 ASQ 以及登記鑑定委員會（Registration Accreditation Board, RAB）獲得。訓練應該包含課程資訊、訓練者的實際示範以及受訓人員批判性的稽核練習。為了能夠更有效率地稽核,進行稽核的人應該要擁有良好的書寫和口語溝通能力、身為一位好的傾聽者、擅長做筆記。其他的技能,包含了對目前工作的專注能力,而且不會被同時進行中的其他事情吸引而分心,具備敏銳的觀察力、對事情保持質疑的態度,同時具備能將資訊抽絲剝繭的能力。

　　稽核人員應該是客觀、誠實、不偏袒;當然,稽核人員應該對相關標準具備豐富的知識。

方　法

　　在實際稽核過程中,稽核人員應該使用幾種方法,目標是要蒐集證據,而其中有三種方法:文件檢視、活動觀察以及面談。

　　最簡單的方法就是文件檢視,稽核人員應該從品質手冊開始,決定涵蓋品質管理系統的政策,是在管控之下而且是可以評量的。其次,使用有系統的方式檢視文件。例如,稽核人員會檢視採購單,以決定是否正確,並且遵循程序;所有相關附件是否完整呈現;所有採購是否編號、簽名、標明日期;僅向合格供應商採購等。文件管制,確保:(1) 文件確認有標題、修改日期以及所屬負責人員;(2) 使用者是否可以輕易地取得文件;(3) 部門或功能別用的程序書、工作說明書和紀錄的主要清單,放置於適當位置;(4) 工作站沒有過期的文件;(5) 變更應該遵循既定的程序[4]。

　　活動觀察也是一項簡單的方法,需要具備注意細節的習性;例如,評估產品保存狀況,稽核人員應該觀察產品的身份標識、運送處理、包裝、儲存以及保護等。

　　蒐集證據最困難的方法,是和員工或被稽核者的訪談;然而,也有讓訪談變得簡單的方法。首先,透過簡單的自我介紹以及本次稽核的目的說明,

---

[4] William A. Stimson, "Internal Quality Auditing," *Quality Progress* (November 2001): 39-43.

建立一個沒有壓迫感的情境。在這些開場白的方法當中，可以先從幾個簡單問題著手，例如「你在這個公司待了多久？」幽默感也是可以讓人感到放鬆的有效方法。另外，可以運用人類基本行為的技巧，例如：給予讚賞、稱呼人時只稱名而不冠姓氏、鼓勵建議等。

第二，盡可能使用多一點時間傾聽，而盡可能少一點向被稽核者講話。鼓勵員工多談論製程；然後將他們所說的改成你的話語，而沒有不必要的誤解。

第三，當你發現製程或系統上有缺失的時候，區分顯著性和瑣碎的缺失。在你的紀錄上保留主要的缺失，而將次要缺失留給被稽核者。也就是，重點放在系統上，而非被稽核者上。

第四，先非正式地與被稽核者談論主要缺失。稽核人員的工作在於指出問題，讓組織決定解決方法。要確定被稽核者了解問題、同意那的確是個問題，而且同意矯正行動是必須的。如果被稽核者不同意，將會是極少或完全不合作的情況。有時候，稽核人員會根據他的經驗想出可以解決問題的構想；使用這種討論的方式，被稽核者才會認為這是他自己的構想[5]。

第五，使用適當的問題類型，包括開放式問題、封閉式問題、釐清式問題、引導式問題以及侵犯性問題等。每一種型態問題都會在接下來的內容進行討論。

開放式問題的範例：

- 「供應商檢查是什麼時候執行的？」
- 「如何驗證這個產品目前的檢驗狀況？」
- 「這一個文件來自何處？」

這類問題是設計為了獲得廣泛的答案，而不是簡單的「是」、「否」。這些問題通常是為了獲得某方面的意見、某個製程的解釋、人員的態度或是行動者背後的原因。開放式問題的缺點在於稽核人員會獲得比預期更多的訊息。

封閉式問題的範例：

- 「你是否有此項作業的工作說明書？」
- 「這項儀器是否需要校正？」

---

[5] Peter Hawkins, ed., "Five Steps to 'Win-Win' Audits," *Quality Management* (Issue 1915, August 10, 1996): 1-4.

- 「這個模具是由客戶提供的嗎？」

這類問題是可以用「是」、「否」回答，同時可以快速地得到證據或事實。封閉式問題是用來蒐集特定證據，並且減少誤會的產生。封閉式問題的缺點是訪談過程就像審問一般。

釐清式問題的範例：

- 「告訴我多一點，有關於這項操作的事。」
- 「請為我舉一些例子說明。」
- 「你說：分隔線配置錯誤，指的是什麼？」

這類問題主要要獲得進一步的訊息，有助於預防誤會，並且鼓勵被稽核者放輕鬆，同時更公開；但缺點是，這些問題給人的印象是稽核人員沒有在聽、或者是笨蛋。此外，如果常常使用這類問題，是十分耗費時間的。

引導式問題的範例：

「難道你不同意，不合格點的產生，是因為對採購單的不瞭解？」

這類問題應該避免；因為這會鼓勵被稽核者提供特定的答案，並且使稽核人員所發現的事實有偏差。

侵犯性問題的範例：

「你是不想告訴我，這項測試是你唯一完成的事情嗎？」

這類問題應該避免；因為它具有侵犯性以及爭議性。

稽核人員應該以開放式問題為主，在面談需要時，偶爾使用封閉式與釐清式的問題。而為了要有效溝通，稽核人員和被稽核者之間必須相互信任。

程　序

在稽核開始之前，稽核主管應該事先準備好稽核計畫書以及稽核項目查檢表。稽核規劃所花費的時間和稽核執行時間差不多；而稽核計畫的內容，應該確認稽核的活動或部門；列出需要的程序、文件以及法規需求；列出稽核團隊成員名字；列出被稽核單位的聯絡人以及稽核報告接收者。計畫書也應該有一份時程表，包括：稽核通知、稽核執行，如果有，所需要的矯正行動以及如果有，後續行動。

查檢表能確保稽核是有效率的，而且讓稽核人員掌控稽核流程。查檢表

的形式可以是：提問題、要問的問題順序以及預留空間紀錄結果。查檢表當中的問題，應該根據被稽核的程序書、紀錄和工作說明書擬定；對於提出的稽核問題，要能提到相關的根據來源。

稽核本身有三個部分：稽核前會議、稽核以及結束會議。在稽核前會議，應該討論稽核的程序、時程表，而先前的稽核紀錄應該再檢查；會議紀錄要記載好，並且放入稽核文件當中，與會的人員也要記載在會議紀錄當中。

稽核的目的是要決定品質系統執行以及維持的情況。在大型的組織當中，在被稽核區域會提供安全維護人員；如果某項稽核的事實稍後被質疑，安全維護人員將做為證人，成為備援。安全維護人員是受稽核區域的主管或關鍵人員。稽核包含面談區域內的工作者，以及查核做為面談內容的各種備援。通常某區域浮現的紀錄將引導成為其他區域，需要進一步回答的問題。並且應該註記，有足夠的後續行動。稽核不僅僅是品質系統符合性的衡量工具，也是系統本身檢測自己的一個衡量工具。透過稽核，應該決定稽核程序是否足夠，或是需要改變的時候。稽核程序的目標，是提供持續改善以及增加顧客滿意度。稽核發現應該根據稽核人員的筆記寫出詳細的內容，而且包含合格和不合格項目。對於每一個不合格項目，應該另外準備個別報告，內容應包括：

1. 項目的標題以及唯一的識別碼，例如NC7.2.3，其中NC表示不合格的意思，其他的數字表示項目的代碼。
2. 在哪裡發現不合格項目。
3. 客觀的證據，以做為不合格項目的判斷基礎。
4. 不合格項目的用語，要盡可能接近系統要求的話語。

在最後結束會議，稽核主管提出具有佐證證據的稽核結果一覽表，並預估最後報告何時可以發佈。而報告送出前，要有一致的同意。而且，會議紀錄會完成記載，並且有參與人員的紀錄。稽核報告將：

1. 有封面，上面有稽核日期、稽核團隊成員名字、稽核的範圍、接受稽核報告的名單、一份稽核僅是做為樣本的聲明以及唯一的參考號碼，並且由稽核主管簽名。
2. 列出不合格事項的清單以及所有不合格報告的副本。
3. 概述矯正行動的程序以及接下來的後續行動。

▶ 效　益

實施符合 ISO 標準的品質系統有很多原因，主要的原因是顧客或市場的建議、或要求符合品質系統。另外，其他原因為：製程或系統改善的需求、以及可以全球性的擴展產品和服務慾望[6]。隨著愈多的組織登錄，這些組織也不斷要求他們的承包商或供應商需要登錄，造成雪球般的效應。因此，為了維持或增加市場占有率，許多組織發現他們必須符合 ISO 的標準。

從發展與執行完整文件化的品質系統，所獲得的內部效益遠大於為了應付外部壓力。這些效益包括：改善品質、生產可靠度、時間效益以及不良品質的成本。

◼ ISO 14000

ISO 14000 為環境管理系統（environmental management system, EMS）的國際標準，它提供組織可以藉由環境管理系統的要素，整合進入其他管理系統，以達成有助於環境和經濟的目標。這項標準，描述了登錄的需求和組織自我宣稱的環境管理系統。此系統的成功執行，可以展示給其他團體確認一適當的環境管理系統已經就緒。這個系統標準的撰寫，適用於所有類型以及大小的組織，並且適應不同的地理、文化和社會的情況。這些需求是以程序為基礎，而不是根據產品或服務。然而，它確實需要組織的環境管理系統政策、適用法規以及持續改善的承諾。

環境管理系統的基本方法，開始於環境政策；接著是規劃、執行與操作、檢查與矯正行動以及管理者檢查。為了達成持續改善，事件存在著邏輯順序。很多需求可以同步發展或任何時間可以再次回顧。而整體的目標，是取得社會經濟的平衡下，支持環境保護和防止污染。

◼ 標竿制度

尋找產業最佳的作法，導引了最優越的成果；標竿制度是一種企業運作相當新式的方法，1979 年由全錄公司（Xerox）所發展。它的觀念是找出另一家優於你所屬公司之公司，執行某一特定製程，然後利用這一項資訊來改

---

[6] F. C. Weston, Jr., "What Do Managers Really Think of the ISO 9000 Registration Process?" *Quality Progress* (October 1995): 67-73.

善你的製程。例如，有一家小公司花了 15 個小時完成 75 位員工的薪資給付，而一家當地的銀行，只花了 10 個小時就完成 80 位員工的薪資給付。因為兩個過程相類似，這個小公司應該積極地找出，為何銀行的薪資給付過程比較有效率。

標竿制度，迫使公司內部製程，與業界最佳案例進行定期測試。它可以提升團隊合作，經由運作方法、生產情況以保持競爭力。這項方法不需爭辯──如果其他公司可以將特定製程或作法做得更好，為什麼我們的公司不能呢？標竿制度可以讓公司建立實際而且可信的目標。

全面生產維護

全面生產維護（Total Productive Maintenance, TPM）是利用公司整體人力，以達到設備最佳使用的一項方法。維護活動一直都持續在尋求改善的機會，而強調的重點在於操作人員與維護活動最大的正常運作時間要有互動。在全面生產維護中用到的技術性技能有：每天設備檢查、機器檢驗、設備微調、潤滑、解決問題以及修理。

管理和規劃工具

這些工具大部分都有它們的根源，主要來自第二次世界大戰後的作業研究工作，和 1970 年代日本全面品質管制運動領導者的傑作。這些工具分別為：親和圖、關聯圖、樹狀圖、優先矩陣圖、矩陣圖、製程決策計畫圖以及活動網路圖。

這些工具的描述，將會在第 12 章中說明。

設計品質

設計品質，是使用一項多種領域專長的團隊，同時執行產品或服務構想、設計和生產規劃。它也稱為同時工程或平行工程。這個工作團隊，由一群來自設計工程、行銷、採購、品質、製造工程、財務等部門以及顧客的專家所組成。製程設備、零件採購以及服務的供應商，在適當的時機也會包括在團隊當中。

在過去，公司的主要功能部門在完成它們的工作後，可能以「將產品丟到那面牆」（throw it over the wall），將產品依順序傳到下一個部門，而不管任何內部顧客可能發生的問題。設計品質要求主要的功能部門，同時進行工作。這個系統提供即時回饋，並且避免品質和生產力問題的發生。

主要優點是較快速的產品發展、較短的上市時間、較好的品質、較少的在製品、較少的工程改變訂單以及生產力的增加。製造與組裝設計（DFMA）是這個過程的一部分。

產品責任

對於消費者，因為產品或服務在設計、製造上的錯誤，所造成的受傷、死亡、財產損失的訴訟案，數量創空前的紀錄；而與產品責任相關的法律案件，從 1965 年以來，更以火箭般的速度增加。近幾年來，這些訟訴案件陪審團判決的結果，有利於損害當事人的數量在持續增加當中。判決或財產賠償的規模，也顯著地增加，因此，造成產品責任保險成本顯著地增加。儘管對大型組織來說，這些判決或財產賠償的費用，有辦法先自行吸收，再轉嫁到消費者身上；然而，對小型組織來說，是被迫宣佈破產。雖然受到傷害的顧客必須得到補償，但維持可以存活的製造產品項目也是必須的。

造成損傷的原因一般歸類為三方面：使用者的行為或知識、產品使用的環境、製造工廠是否使用安全性分析和品質控管，謹慎地設計或製造產品。然而，產品的安全和品質已經穩定持續改善。組織還是欣然的接受這樣的挑戰，例如：於先前玻璃破裂造成很多嚴重損傷的地方使用安全玻璃；於鋤草機刀片周邊安置安全防護罩，以避免割傷和截肢的危險；重新設計熱水蒸氣機器，以防止小孩燒燙傷的意外；以及移除汽車儀表板尖銳的部分，以降低乘客的二次碰撞傷害。

資源是有限的，在很多情況下，完美的產品或服務似乎是達不到的目標。就長遠來說，消費者支付了法令和打官司的成本。還是那句老話：「一盎司的預防，勝過一磅的事後補救。」適當的防護計畫，可以大大地減少傷害訴訟的風險。

▪ 資訊科技

資訊科技（information technology, IT）就像是這本書中提到的其他工具一樣，目的都是要幫助全面品質管理組織達成目標。在過去的數十年，電腦和品質管理實務上是相互結合和支援的，這一項關係在未來將會持續下去。

資訊科技可以定義為電腦科技和通訊科技，電腦科技（包含軟體或硬體）用來處理和儲存資訊；通訊科技應用在傳遞資訊[7]。資訊科技分成三個層次[8]：

1. 資料（data）由字母與數字符號構成，可以到處移動，而無關它的意義。
2. 資訊（information）是有意義的資料排列，在人類的心中產生特定樣式和活動的意義；它存在於人類的看法裡。
3. 知識（knowledge）是人類思想加值的內涵，來自於認知以及聰明地運用資訊；因此，知識是智慧型行動的基礎。

組織需要轉換資訊成為知識的能手，根據前聯邦準備委員會主席亞倫・葛林斯潘（Alan Greenspan）所說：「我們的經濟，正從生產力結構性的增益而獲利，而此生產力是由科技創新這項不可思議的潮流所驅動。在我們的歷史中，這個時期與其他時期最大的差別在於，資訊與通訊科技扮演著非常不尋常的角色。」[9]

▪ 精　實

精實，日文稱作「改善」（Kaizen），是一種主動的行動，集中在去除全部製程中，所有沒有生產力結果的連續改善；它強調很少或沒有損失，而且不用複雜方法的小量增加。管理者鼓勵作業人員改善他們工作製程的構想[10]。

---

[7] E. Wainright Martin, Carol V. Brown, Daniel W. DeHayes, and Jeffrey A. Hoffer, *Managing Information Technology*, 4th ed. (Upper Saddle River, NJ: Prentice-Hall, 2001).

[8] Kurt Albrecht, "Information: The Next Quality Revolution," *Quality Digest* (June 1999): 30-32.

[9] The Associated Press, "Information Technology Raises Productivity, Greenspan Says," *St. Louis Post-Dispatch, June* 14, 2000: p. C2.

[10] Anthony Manos "The Benefits of *Kaizen* and *Kaizen* Events," *Quality Progress* (February 2007): 47-50.

電腦程式

本書所附 CD 中的 EXCEL 軟體，可以用來解決柏拉圖的問題，檔名是 Pareto。

作　業

1. 畫一個電烤爐置換元件的柏拉圖。以下是六個月的資料：烤箱門，193；定時器，53；前火口，460；後火口，290；火口控制，135；滾軸，46；其他，84；烤爐調節器，265。

2. 專案小組正在研究飲料裝瓶線的停工成本。以下是三個月期間的資料（以千元為單位）：倒轉壓力調節器，30；調整供給螺旋桿，15；銅板頭卡住，6；冷卻故障，52；活門替換，8；其他，5。畫一個柏拉圖。

3. 大約有三分之二的汽車意外，起因於不正確的駕駛。對下列資料畫一個沒有累積線的柏拉圖：不正確轉彎，3.6%；超速，28.1%；與前車距離太近，8.1%；道路先行權違規，30.1%；行駛中線左邊，3.3%；不正確超車，3.2%；其他，23.6%。

4. 一家 DVD 俱樂部，在一季送貨被退回理由的資料，包括：產品選擇錯誤，50,000；被拒絕，195,000；地址錯誤，68,000；訂單被取消，5,000；其他，15,000。畫一個柏拉圖。

5. 某一草坪割草機製造商在一個月內，油漆不符合資料，包括：起浮泡，212；噴漆不足，582；油漆珠，227；過度噴漆，109；潑濺，141；不良塗料，126；結成塊狀，434；其他，50。畫一個柏拉圖。

6. 繪製一個內部失敗分析的柏拉圖，資料如下表：

成本型態	金額（單位：千元）
採購－拒收	205
設計－廢品	120
操作－重工	355
採購－重工	25
其他	65

7. 使用以下某無限電話製造商的資料,繪製一個外部失敗成本分析的柏拉圖:

成本型態	金額(單位:千元)
顧客抱怨	20
退貨產品	30
更新改進成本	50
保固請求	90
產品責任成本	10
罰款	5
顧客商譽	25

8. 一家建築公司想要利用柏拉圖來做設計部門品質不完善的成本分析,其資料如下表:

項 目	金額(單位:千元)
進展檢查	5
支援活動	3
資格測試	2
矯正行為	15
重工	50
廢品	25
聯絡	2

9. 對下列四種品質成本的種類和總花費做一個趨勢分析圖。此獨輪推車製造商之品質不良成本以淨銷售額百分比表示如下:

年度	預防成本	鑑定成本	內部失敗	外部失敗	總計
1	0.2	2.6	3.7	4.7	11.2
2	0.6	2.5	3.3	3.6	10.0
3	1.2	2.8	4.0	1.8	9.8
4	1.2	1.7	3.4	1.2	7.5
5	1.0	1.3	1.8	0.9	5.0

10. 對醫院醫療求償的每單位不合格點數,畫一個趨勢(時間序列)圖,並且分析結果,資料如下:1986－0.20、1987－0.15、1988－0.16、1989－0.12。

11. 成立一個 6 或 7 個人的專案小組,並且選出組長,然後對辦公室使用 22 人份咖啡爐,所做出來的不良咖啡,畫一個特性要因圖。

12. 成立一個 6 或 7 個人的專案小組，並且選出組長，然後對下列活動做一個特性要因圖：
    (a) 品質特性的離勢分析型態。
    (b) 保險表單上的辦公作業順序製程分析型態。
    (c) 車床的生產作業順序製程分析型態：上機直徑 25 mm －長 80 mm 之桿件，粗車直徑 12 mm －長 40 mm，車 UNF 螺紋－直徑 12 mm，車斷螺紋，精車直徑 25 mm －長 20 mm，切斷，下機。

13. 對某一設備（例如煤氣火爐、實驗室的度量器、電腦），設計維護的查檢表。

14. 對一項產品的製造商或一項服務的提供，繪製一個流程圖。

15. 利用本書 CD 的 EXCEL 軟體，解答作業 1、2、3、4、5、6、7、8。

16. 組成一個 3 人或多人的工作團隊，參觀一個組織，並對它們的品質管理系統做評估。

CHAPTER 4 統計學基本原理

目 標

在完成本章之後,讀者可以預期:

- 瞭解計量值和計數值的異同
- 對於重要數值,執行正確數量的數學計算
- 對於簡單和複雜的資料,建構直方圖;而且瞭解直方圖的各部分
- 有效地運用、計算不同的衡量方法:中央極限定理、離散以及關聯
- 瞭解群體和樣本的概念
- 瞭解常態曲線的概念,以及它和平均數、標準差的關係
- 計算常態分配下,低於某個數值、高於某個數值或介於兩個數值的項目百分比;計算在特定數值之下,一定百分比的某個項目的製程中心點
- 在常態化的情形下,進行各種試驗
- 建構散佈圖,以及進行必要的計算

▣ 簡　介

⮕ 統計學的定義

統計學（statistics）這個字通常有兩種獲得認可的意義：

1. 統計學是關於任何主題或一群事物的數量資料蒐集，特別是當資料經過有系統地蒐集和核對。例如：血壓值的統計、足球比賽的統計、雇用的統計以及意外事件的統計等。
2. 統計學是處理數量資料蒐集、製表、分析、解釋以及陳述的一種科學。

要注意的是，第二種定義比第一種定義廣泛，因為它也與資料的蒐集有關。在品質管制中，統計學的應用是第二種意義，而且應用的範圍更廣，它包括蒐集、製表、分析、解說以及陳述數量資料的各個部分。每一個部分都需要依賴前一個部分的正確性和完整性。資料的蒐集，可以由檢驗人員量測塑膠零件的張力，或由市場調查人員確定顧客對顏色的喜好而獲得。它可以用簡單的紙筆方法製表或使用電腦獲得。分析可能包含粗略的目視檢查或徹底的計算。最後的結果會加以解釋和陳述，以協助有關品質問題決策的決定。

統計學包括兩方面：

1. 敘述或推論統計學（descriptive or deductive statistics），試圖用來敘述和分析一個主題或一群事物。
2. 歸納統計學（inductive statistics），試圖從有限的資料（樣本）中，求得有關較大量資料（母體）的重要結論。由於這些結論或推論無法完全確定地陳述，通常使用機率（probability）來表示。

本章包括一些統計基本原理，以便於瞭解之後所談到的品質管制方法；機率的基本原理將在第 7 章中討論。瞭解統計學，對於學習品質管制和其他學科是很重要的。

⮕ 資料的蒐集

資料可以藉由直接觀察，或是間接地透過書面或口頭詢問的方法來蒐集，市場調查人員和民眾意見調查的民意測驗專家廣泛地應用後者。品質管制所

用的資料是由直接觀察所獲得的，可以分為計量和計數值兩類。**計量值**（variables）是可以量測的品質特性，例如重量用公克來秤量；另一方面，**計數值**（attributes）是只能符合規格或不符合規格的品質特性，例如「通過／不通過量規」。

計量值可以細分至任何程度，稱為**連續**（continuous）資料。灰鐵鑄造體的重量，應視量測儀器的準確性而定，可以稱為 11 公斤、11.33 公斤或 11.3398 公斤（25 磅），是連續資料的一個例子；其他的量測值，如公尺（英尺）、公升（加侖）以及 pascals（磅／每平方吋），都是連續資料的例子。計數值是有間斷的變數，稱為**離散**（discrete）資料。一台旅行拖車上的不良鉚釘的數目，可以是任何整數，例如：0、3、5、10、96、……；然而，不可以說在某台拖車上有 4.65 個不良鉚釘。一般來說，連續資料是可以量測的，而離散資料是可數的。

有時候為求方便，將口頭或非數字資料假設為變數的性質。例如，一件家具的表面品質可以分為粗劣、普通或良好的。粗劣、普通或良好的，可以分別以 1、2 或 3 的數值來代替。同樣地，教育機構評定成績用 A、B、C、D、F 來評定，也分別用 4、3、2、1 和 0 來代替；而做為計算的用途，可以把這些離散數值當做離散變數。

雖然有很多品質特性是用計量值表示，但是有些特性必須用計數值來說明。通常可用目視觀察判斷的那些特性是計數值。例如，馬達上的電線與末端連接是良好或沒有連接好，這一頁的英文字是拼對的或是拼錯的，開關是開的或是關的，答案是對的或是錯的。這些例子是表示符合某一特定的規格，或是不符合哪項特定規格。

有時，需要把計量值分類成計數值。工廠裡的人員，通常很有興趣知道他們所製造的產品是否符合規格；例如，一包糖重量的數值，並不像這包糖的重量是否在規定範圍內的資訊那麼重要。因此，蒐集這包糖的重量資料時，是以符合或不符合規格做為報告。

在蒐集資料時，數字的數目是要使用資料的函數。例如，蒐集電燈泡的壽命資料時，可以紀錄為 995.6 小時；然而，如果紀錄為 995.632 小時，就太過準確而不必要了。同樣地，一個汽缸閘栓孔的規格下限為 9.52 mm（0.375 in.），而上限為 9.58 mm（0.377 in.），蒐集的資料到 0.001 mm 即可，然後將資料四捨五入至 0.01 mm。一般而言，若小數點右邊的數字愈多，所使用的量測儀器也愈複雜。

量測儀器可能無法給予一個準確的讀數，因為問題在於準確度和精密度。圖 4-1(a) 顯示重複量測的序列值是準確的，因為它們的平均值接近中心點的正確值；在圖 4-1(b)，重複量測的序列值是精密的（非常接近），但卻沒有靠近正確值；圖 4-1(c) 顯示一連串重複量測的序列值，在正確值的周圍緊緊地靠在一起，這些量測的值是準確且精密的。

因為沒有適當的量測系統，使得小組試圖解決一項問題的時候，會發生多次的失敗；因此，第一步就是要改善變異性[1]。

資料的四捨五入需要遵循某些常規。若將數字 0.9530、0.9531、0.9532、0.9533 以及 0.9534 四捨五入至千分位，則答案為 0.953，因為所有的數字比較接近 0.953，而距離 0.954 比較遠。將數字 0.9535、0.9536、0.9537、0.9538 以及 0.9539 四捨五入時，答案為 0.954，因為所有數字都離 0.953 比較遠，而比較接近 0.954。換句話說，如果最後一位數是 5 或大於 5，則將數字四捨五入[2]。

根據上述四捨五入的規則，一個四捨五入的數字是精確值的近似值。因此，四捨五入的數字 6.23 介於 6.225 和 6.235 之間，而且表示為：

$$6.225 \leq 6.23 < 6.235$$

(a) 準確的　　　(b) 精密的　　　(c) 準確且精密的

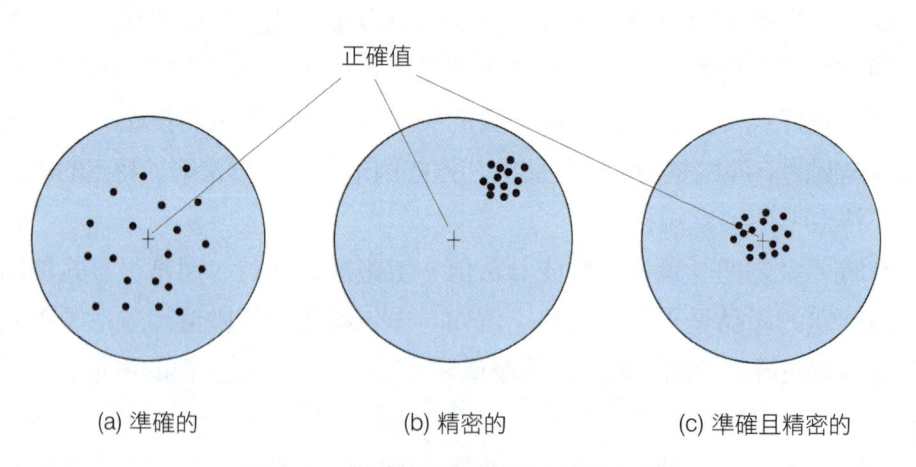

圖 4-1 準確度和精密度之間的差異

---

[1] Stefan Steiner and Jock MacKay, "Statistical Engineering: A Case Study," *Quality Progress* (June 2006): 33-39.

[2] 這個四捨五入的規則在使用上最簡單。另一個就是根據前面的數字，決定是否要進位或是捨棄。因此，一個以 $x5$ 結束的數字，如果 x 是奇數的，它將會進位；如果 x 是偶數的，它會捨棄。例如，四捨五入到小數點第二位，數字 6.415 會相等或接近於 6.42，而數字 3.285 會等於 3.28。

這個精密度 0.010 是 6.225 和 6.235 之間的差。一個相關的專有名詞是：最大可能誤差 g.p.e.（greatest possible error），為精密度的一半，或 0.010 ÷ 2 = 0.005。

有時精密度和 g.p.e. 都無法充分地描述誤差。例如，數字 8765.4 和 3.2 各自有相同的精密度 0.10 和 g.p.e. 0.05；然而，相對誤差 r.e.（relative error）卻有很大的不同。相對誤差是數字的 g.p.e. 除以數字。因此：

$$8765.4 \text{ 的相對誤差 r.e.} = 0.05 \div 8765.4 = 0.000006$$
$$3.2 \text{ 的相對誤差 r.e.} = 0.05 \div 3.2 = 0.02$$

以下範例將幫助釐清這些概念：

四捨五入數字的範圍	精密度	最大可能誤差	相對誤差
$5.645 \leq 5.65 < 5.655$	0.01	0.005	0.0009
$431.5 \leq 432 < 432.5$	1.0	0.5	0.001

在運算數字的資料時，**有效數字**（significant figure）是非常重要的。數字的有效數字，並不包括用以決定小數點位置的前面的零。例如，3.69 有 3 位有效數字；36.900 有 5 位有效數字；2700 有 4 位有效數字；22.0365 有 6 位有效數字；而 0.00270 只有 3 位有效數字。末尾的 0 要算做有效數字，而數字前的 0 則不算有效數字。當用整數做運算時，使用這個規則變得有些困難；例如 300 這個數字可以是 1 位、2 位或 3 位有效數字。藉由使用科學計數法，就能避免這種困難。因此，3×10^2 的有效數字是 1 位，3.0×10^2 的有效數字是 2 位，而 3.00×10^2 的有效數字是 3 位。前面有零的數字，可以將 0.00270 寫做 2.70×10^{-3}。凡是計數數字，其可以有無限位數的有效數字，所以計數數字 65 可以寫做 65 或 65.000……。

以下範例分別用 3 個、2 個和 1 個有效數字來說明數字 600：

四捨五入數字的範圍	精密度	最大可能誤差	相對誤差
$599.5 \leq 6.00 \times 10^2 < 600.5$	1	0.5	0.0008
$595 \leq 6.0 \times 10^2 < 605$	10	5	0.008
$550 \leq 6 \times 10^2 < 650$	100	50	0.08

在做乘、除和指數的數學運算時，答案的有效數字位數要和其中位數最少的有效數字相同。下列的例子將說明這個規則：

$$\sqrt{81.9} = 9.05$$
$$6.59 \times 2.3 = 15$$
$$32.65 \div 24 = 1.4 \quad \text{（24 不是計數數字）}$$
$$32.65 \div 24 = 1.360 \quad \text{（24 是計數數字，數值為 24.00 ……）}$$

當做加、減數學運算的時候，最後的答案在小數點以後的有效數字位數，不能比其小數點以後位數最少的有效數字還多。如果沒有小數點的時候，最後答案有效數字的位數，不能比其中位數最少的有效數字來得多。下列的例子將說明這項規則：

$$38.26 - 6 = 32 \quad \text{（6 不是計數數字）}$$
$$38.26 - 6 = 32.26 \quad \text{（6 是計數數字）}$$
$$38.26 - 6.1 = 32.2 \quad \text{（答案是從 32.16 四捨五入而來）}$$
$$8.1 \times 10^3 - 1232 = 6.9 \times 10^3 \quad \text{（最少的有效數字位數是 2 位）}$$
$$8.100 \times 10^3 - 1232 = 6868 \quad \text{（最少的有效數字位數是 4 位）}$$

使用上述的規則，將可以避免品管人員之間答案的差異；然而，有時必須做一些判斷。當一系列的計算完成後，可以在計算結束時，評估有效數字以及四捨五入。無論如何，最後的答案不會比原來的資料準確。例如，輸入的資料有兩位小數（×.××），最後的答案也應該有兩位小數（×.××）。

▶ 資料的描述

在產業界、企業界、醫療保健機構、教育單位界以及政府單位，資料量是很龐大的；甚至只有一個項目，例如大型組織每天帳單錯誤的數目，也可能是一堆令人困惑而無助的資料。參考如表 4-1 所顯示的資料。很明顯，這些資料在這樣的形式下，不僅使用上有困難，而且無法有效地描述資料的特性。所以需要一些概述資料的方法，用以表示那些數值是如何聚集在一起以及散佈的情形。有兩種方法可以完成概述資料：圖示法和分析法。

圖示法，是**次數分配**（frequency distribution）的繪製或描繪，它是資料點（觀測值）散佈在每個觀測到的次分類值，或觀測到的分類值的彙整。分析法，是計算**集中趨勢**（measure of central tendency）和**離散趨勢**（measure of dispersion）量測值的資料彙整；有時候圖示法和分析法兩種方法都會使用。這些方法將在本章的各節加以敘述。

表 4-1　每天帳單錯誤的數目

0	1	3	0	1	0	1	0
1	5	4	1	2	1	2	0
1	0	2	0	0	2	0	1
2	1	1	1	2	1	1	
0	4	1	3	1	1	1	
1	3	4	0	0	0	0	
1	3	0	1	2	2	3	

次數分配

未分組資料

　　未分組資料是由一串觀測值組成，而分組資料則表示歸類在一起的觀測值。資料可以是間斷的，如在本節中所述；或是連續的，將在下一節當中說明。

　　因為沒有整理過的資料，實際上沒有什麼意義，所以需要有處理資料的方法。表 4-1 將用來說明這個概念。一位分析人員檢閱此表上的資料，發現很難瞭解這些資料的意義。一個比較讓人容易懂的方法是紀錄每一個數值的次數，如表 4-2 所示。

　　第一步，是將原始的數字資料依照大小，向上或向下排列成**陣列**（array）。從 0 到 5 上升的序列，如表 4-2 第一行所示。下一步，是將每一個數值出現的頻率，予以劃記在適當列的欄位裡。從表 4-1 的 0、1、1、2、……開始，直到全部資料都劃記完為止。表 4-2 的最後一欄是劃記的數目，稱為**次數**（frequency）。

表 4-2　每天帳單錯誤的劃記表

不合格數	劃記	次數
0	巛 巛 巛	15
1	巛 巛 巛 巛	20
2	巛 Ⅲ	8
3	巛	5
4	Ⅲ	3
5	Ⅰ	1

分析表 4-2，可以看出資料分配的情形。如果將「劃記」這一欄刪除，則這張表就成為**次數分配**（frequency distribution）表；從表上資料的排列，可以表示出每一個種類值的次數。

次數分配是讓資料容易清楚看懂的一個有效方法，而且是基本的統計概念。將一組資料認定為具有某種分配形式，對於解決品質問題來說是十分重要的。次數分配有各種不同的形式，而分配的形式可以指出解決問題的方法。

以次數分配圖形來表示，看起來比較清楚，而且次數分配可以用許多不同的方法來表示。

直方圖（histogram）是由許多個直立的長方形所組成，每一個長方形代表每一個種類的次數。直方圖是藉由圖表方式表示觀測值的次數。圖 4-2(a) 是表 4-2 資料的直方圖。因為這是間斷資料，所以用一條直線來代替長方形，理論上也是正確的（見圖 4-5）；然而，較常使用的仍是長方形。

另一種形式的圖示法，是相對次數分配圖。「相對」一詞的意義，是占總數的比例或分數。相對次數是由每一個資料值的次數（在本例當中為不合格數），除以資料值次數的總和，計算而得。這些計算方法如表 4-3 第三欄所示，圖形則如圖 4-2(b) 所示。相對次數具有參考性的優點。例如，15 個不合格品的比例是 0.29。某些實務人員，喜歡在垂直刻度上使用百分比，而不使用分數。

累積次數是把每一個資料值的次數加起來，一直加到前一個資料值總和計算而得到的。如表 4-3 第四欄所示，0 個不合格品的累積次數是 15；1 個不合格品，15 + 20 = 35；2 個不合格品，35 + 8；……等等。累積次數是資料的數目小於或等於資料值。例如，有 2 個或 2 個以下的不合格品個數是 43，如圖 4-2(c) 所示。

相對累積次數是把每一個資料值的累積次數，除以總次數而計算得到的。這些計算方法，如表 4-3 第五欄所示，圖形如圖 4.2(d) 所示。從圖形中顯示，2 個或小於 2 個錯誤帳單的比例是 0.83 或 83%。

前述的例子是只有六個數值的間斷變數，雖然這個例子足以介紹次數分配的基本概念，但還是沒有提供這個主題全部的知識。大部分的資料是連續的，而不是間斷的，而且還需要分組。

圖 4-2　表 4-2、表 4-3 資料的圖形表示法

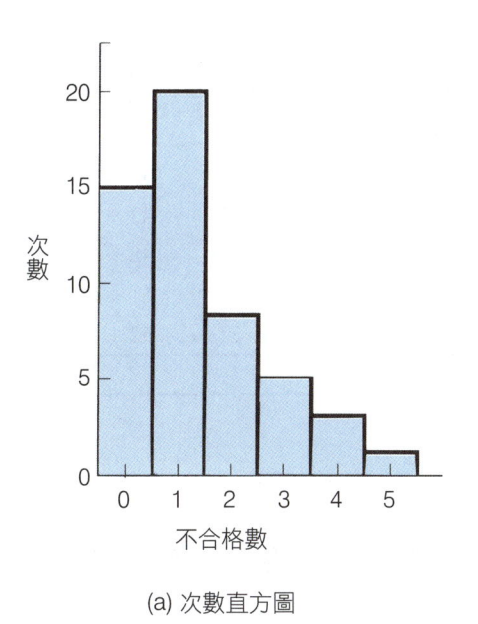

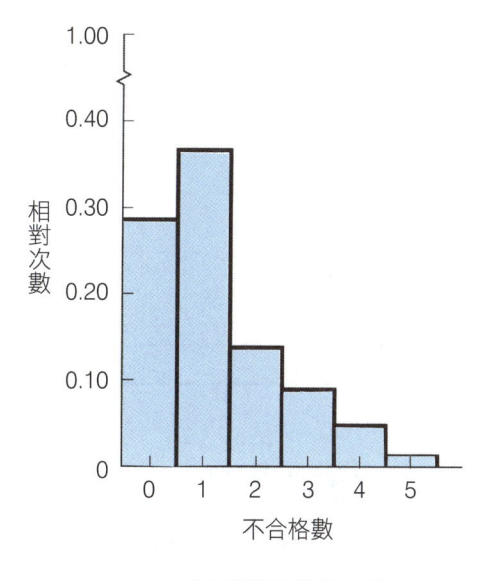

(a) 次數直方圖
(b) 相對次數直方圖
(c) 累積次數直方圖
(d) 累積相對次數直方圖

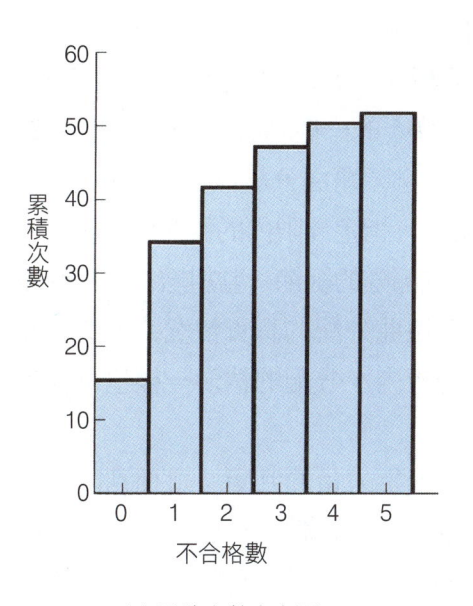

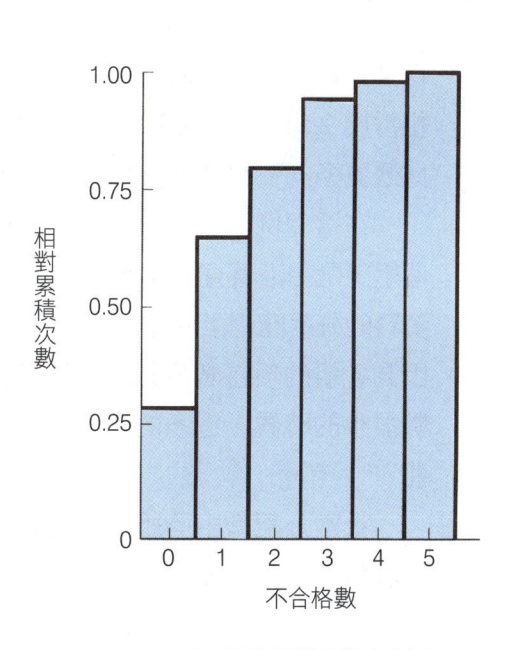

表 4-3　表 4-1 資料的不同次數分配

不合格數	次數	相對次數	累積次數	相對累積次數
0	15	15 ÷ 52 = 0.29	15	15 ÷ 52 = 0.29
1	20	20 ÷ 52 = 0.38	15 + 20 = 35	35 ÷ 52 = 0.67
2	8	8 ÷ 52 = 0.15	35 + 8 = 43	43 ÷ 52 = 0.83
3	5	5 ÷ 52 = 0.10	43 + 5 = 48	48 ÷ 52 = 0.92
4	3	3 ÷ 52 = 0.06	48 + 3 = 51	51 ÷ 52 = 0.98
5	1	1 ÷ 52 = 0.02	52 + 1 = 52	52 ÷ 52 = 1.00
總計	52	1.00		

▶ 分組資料

分組資料的次數分配繪製是比較複雜的，因為通常有大量的資料值。以下運用一個連續變數的例子，說明這個概念。

1. 蒐集資料，並且製作劃記圖表。表 4-4 是蒐集 110 支鋼軸重量的資料。第一步，是將這些數值做成劃記表，如表 4-5 所示。為了更有效率，重量是從 2.500 公斤開始編排；這是簡化資料的一種方法。因此，重量數值為 31，相當於 2.531 公斤（2.500 ＋ 0.031）。分析表 4-5，可以看出這個表比表 4-4 傳遞更多的資料傳給分析人員；然而，表 4-5 的一般情況，仍然有些模糊。

在這個例題中，分為 45 類顯得太多，必須藉由分組減少類別數目[3]。一個組，是由沿著直方圖的橫座標（水平軸），指定界限內的觀測值而組成的。資料的分組簡化了分配的圖象，不過會錯過部分的細節。當組數很大的時候，因為各組的項目數不夠，甚至於沒有，會扭曲分配的真實情況；或者，當組數很小的時候，過多的項目集中在少數的組內，分配的情形一樣也會受到扭曲。

次數分配當中的組數和分類，主要靠分析人員的判斷；這種判斷是根據觀測值的總數，而且可以使用試誤法決定適當的組數。一般而言，組數應該介於 5 到 20 之間。大致的準則如下：當觀測值少於 100 的時候，用 5 至 9 組；當觀測值在 100 和 500 之間的時候，用 8 至 17 組；當觀測值在 500 以上的時候，用 15 至 20 組。為了保持彈性，上述準則當中的組數，有部分是重疊的。這表示上述的準則，並不是很嚴格的，可以視需要調整，以呈現一個適當的次數分配。

---

[3] 文中有時是以組別（class）取代組（cell）。

表 4-4　鋼軸重量（公斤）

2.559	2.556	2.566	2.546	2.561
2.570	2.546	2.565	2.543	2.538
2.560	2.560	2.545	2.551	2.568
2.546	2.555	2.551	2.554	2.574
2.568	2.572	2.550	2.556	2.551
2.561	2.560	2.564	2.567	2.560
2.551	2.562	2.542	2.549	2.561
2.556	2.550	2.561	2.558	2.556
2.559	2.557	2.532	2.575	2.551
2.550	2.559	2.565	2.552	2.560
2.534	2.547	2.569	2.559	2.549
2.544	2.550	2.552	2.536	2.570
2.564	2.553	2.558	2.538	2.564
2.552	2.543	2.562	2.571	2.553
2.539	2.569	2.552	2.536	2.537
2.532	2.552	2.575 (h)	2.545	2.551
2.547	2.537	2.547	2.533	2.538
2.571	2.545	2.545	2.556	2.543
2.551	2.569	2.559	2.534	2.561
2.567	2.572	2.558	2.542	2.574
2.570	2.542	2.552	2.551	2.553
2.546	2.531 (l)	2.563	2.554	2.544

表 4-5　鋼軸重量的劃記表（從 2.500 公斤開始編排）

重量	劃記	重量	劃記	重量	劃記
31	|	46	||||	61	𝍶
32	||	47	|||	62	||
33	|	48		63	|
34	||	49	||	64	|||
35		50	||||	65	||
36	||	51	𝍶 |||	66	|
37	||	52	𝍶 |	67	||
38	|||	53	|||	68	
39	|	54	||	69	|||
40		55	|	70	||
41		56	𝍶	71	||
42	|||	57	|	72	||
43	|||	58	|||	73	
44	||	59	𝍶	74	||
45	||||	60	𝍶	75	||

2. 決定全距。全距是觀測值中最大數值和最小數值的差，它的公式為：

$$R = X_h - X_l$$

其中，R = 全距
X_h = 最大數值
X_l = 最小數值

從表 4-4 或表 4-5 當中，最大數值為 2.575，最小數值為 2.531；因此，

$$\begin{aligned} R &= X_h - X_l \\ &= 2.575 - 2.531 \\ &= 0.044 \end{aligned}$$

3. 決定組距。組距（cell interval）是相鄰兩個組中點的距離，如圖 4-3 所示。當可能的時候，建議採用奇數的組距，例如 0.001、0.07、0.5 或 3，以便於組中點的值和資料值具有相同的小數點位數。決定組距最簡易的方法，是使用 Sturgis 的規則，公式如下：

$$i = \frac{R}{1 + 3.322 \log n}$$

而在本例題當中，答案為：

$$i = \frac{R}{1 + 3.322 \log n} = \frac{0.044}{1 + 3.322(2.041)} = 0.0057$$

而這些資料最接近的奇數組距是 0.005。

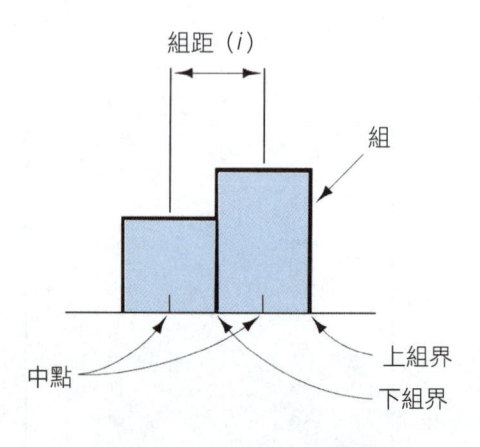

圖 4-3　組的專有名詞

另一種方法是使用試誤法。組距（i）和組數（h）是相互關聯，可以用公式 $h = \dfrac{R}{i}$ 表示。因為 h 和 i 都是未知數，所以要用試誤法，找出符合準則的組距。

$$\text{假設 } i = 0.003\text{，則 } h = \frac{R}{i} = \frac{0.044}{0.003} = 15$$

$$\text{假設 } i = 0.005\text{，則 } h = \frac{R}{i} = \frac{0.044}{0.005} = 9$$

$$\text{假設 } i = 0.007\text{，則 } h = \frac{R}{i} = \frac{0.044}{0.007} = 6$$

根據前述步驟 1 的分組準則，採用組距為 0.005，而且分為 9 組，是最能表達資料的情況。

兩種方法的答案，是相似的。

4. 決定組中點。最小一組的組中點，必須將最小資料值包括在這一組內。最簡單的方法是選擇最小資料點（2.531）做為第一組的組中點值。一個比較好的方法，是使用下列的公式：

$$MP_l = X_l + \frac{i}{2} \quad (\text{不要將答案四捨五入})$$

其中，MP_l = 最小一組的組中點。

在這個例題當中，答案為：

$$MP_l = X_l + \frac{i}{2} = 2.531 + \frac{0.005}{2} = 2.533$$

使用這個公式的時候，不要將答案四捨五入。因為組距是 0.005 的時候，每一組內有 5 個資料值；因此，組中點值 2.533 可以用在第一組。這個值可以把最小資料值（2.531）包括在第一組內，第一組當中的資料值為 2.531、2.532、2.533、2.534 以及 2.535。

組中點的選擇是判斷的問題；在這個例題當中，選定 2.533 為組中點，而且組數是 9 組。選擇任何其他的組中點，雖然沒有不正確，在次數分配當中將會有 10 組。選擇不同的組中點值，將會產生不同的次數分配。在這個範例當中，有五種可能。其他 8 組的組中點可以把組距加在前面一組的組中點，而求得：2.533 + 0.005 = 2.538、2.538 + 0.005 = 2.543、2.543 + 0.005 = 2.548、……、2.568 + 0.005 = 2.573。這些組中點如表 4-6 所示。

表 4-6　鋼軸重量（公斤）的次數分配

組界	組中點	次數
2.531 – 2.535	2.533	6
2.536 – 2.540	2.538	8
2.541 – 2.545	2.543	12
2.546 – 2.550	2.548	13
2.551 – 2.555	2.553	20
2.556 – 2.560	2.558	19
2.561 – 2.565	2.563	13
2.566 – 2.570	2.568	11
2.571 – 2.575	2.573	8
總計		110

　　如果一個組裡的觀測值很多，組界相差不是很大，則組中點值是這組最具代表性的數值。即使不是這種情形，一組內在中點以上和中點以下的觀測值數目經常會相等；即使中點以上和以下的觀測值數目不相等，傾向一方，可能會受到另一組相反方向的不平衡情況所抵銷。組中點的準確度應該和原來觀測值的準確度一樣。

　　5. 決定組界。組界（cell boundary）是一組的極限值或界限值，有上組界和下組界。所有的觀測值若是落在上組界和下組界之間，則歸類在一個特定的組裡。組界設定以後，觀測值的位置就不會有問題。因此，組界的數值在準確度方面要比觀測值多一位小數，或多一個有效數字。因為組距為奇數，所以在中點的兩方將有相同數目的資料值。第一組的組中點是 2.533，組距是 0.005，每邊各有兩個數值。因此，這一組包括了 2.531、2.532、2.533、2.534以及 2.535。為了避免有任何空隙，將真正的組界延伸到下一個數字的一半，於是得到 2.5305 和 2.5355 兩個數值。下圖中的數線說明這個原則：

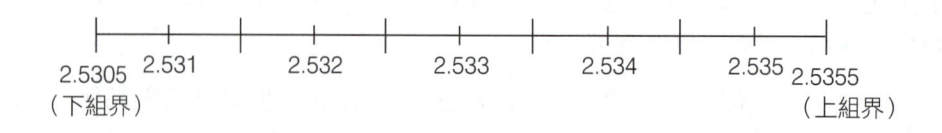

```
├──────┼──────┼──────┼──────┼──────┤
2.5305  2.531  2.532  2.533  2.534  2.535  2.5355
（下組界）                              （上組界）
```

　　有些分析人員喜歡將組界小數點的位置取的和資料一樣。這一個方法，只要組距是奇數，並且瞭解到真正的組界是延伸到下一個數字的一半處，就不會遭遇到任何困難。這個練習，將本書以及 EXCEL 中延續，如表 4-6 所示。因此，第一組的下組界是 2.531。

一旦一組的組界設定之後，其他各組的組界可以連續加上組距而求得。因此，下組界是 2.531 + 0.005 = 2.536、2.536 + 0.005 = 2.541、……、2.566 + 0.005 = 2.571。上組界可以用同樣的方法求得，如表 4-6 當中第一欄所示。

6. 寫出每組的次數。每一組數字的數目，列在表 4-6 當中的「次數」欄裡。由表 4-5 的分析得知，最小一組共有：一個 2.531、兩個 2.532、一個 2.533、兩個 2.534 和零個 2.535。一共有六個數值在這個最小的組當中，而且這組的中點為 2.533，它的次數為 6。其他各組的次數可以用相同方法求得。

完成後的次數分配如表 4-6 所示。這個次數分配表，對於中心值和資料的散佈情形，較原始未組織的資料或劃記表提供更清楚的概念。直方圖如圖 4-4 所示。

繪製分組資料的相對次數、累積次數和相對累積次數直方圖的資訊，和未分組資料是一樣的；但是有一項例外。具有兩個累積次數的直方圖，真正的上組界是標在座標上，這些直方圖的範例留給讀者做為繪製的練習。

直方圖可以描述製程的變異，可以用來：

1. 解決問題。
2. 決定製程能力。
3. 比較規格。

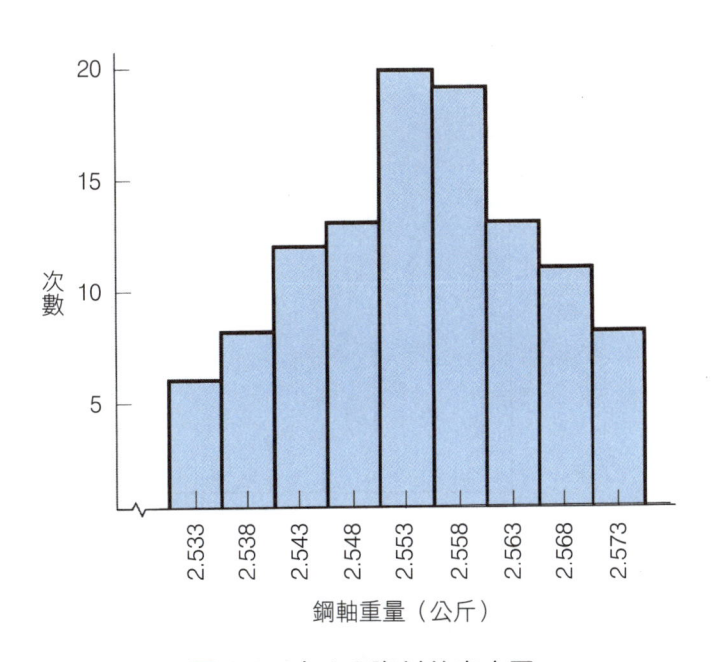

圖 4-4 表 4-6 資料的直方圖

4. 指出母體的形狀。
5. 指出資料間的差異,例如間隙。

▶ 其他形狀的次數分配圖

條形圖,也可以用來表示次數分配;使用表 4-2 的資料,繪製如圖 4-5(a)。如前面所提到的,條形圖用於間斷資料,就理論來說是正確的,但並不常使用。

多邊形(polygon)或**次數多邊形**(frequency polygon),是另一種表示次數分配的圖示法;使用表 4-6 的資料,繪製如圖 4-5(b)。它是將圓點放在每一個組中點,而組中點的高度代表該組的次數。為了將圖形封閉起來,把這個曲線兩端分別延伸。因為直方圖表示每組的面積,所以比多邊形更能顯示較好的圖形,而且是最常用到的一種。

用來表示所有數值的次數,小於某組上組界的圖形,稱為**累積次數圖**(cumulative frequency)或**肩形圖**(ogive)。圖 4-5(c) 是使用表 4-6 的資料所繪製的累積次數分配折線;將每一組的累積數值點在圖上,並且用直線連接起來。除了第一組之外,真正的上組界是標示在橫座標上,真正的下組界也是如此。

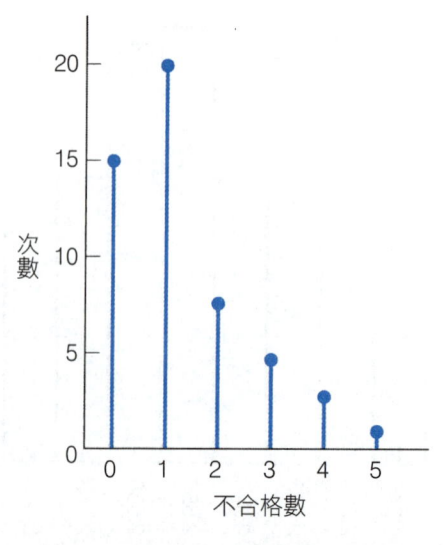

(a) 表 4-2 資料的條形圖

圖 4-5 其他形態的次數分配圖

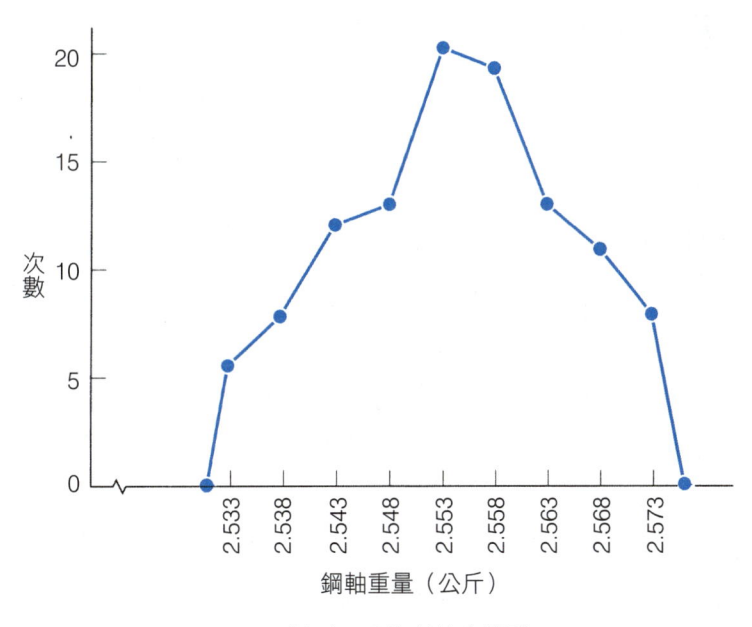

(b) 表 4-6 資料的多邊形

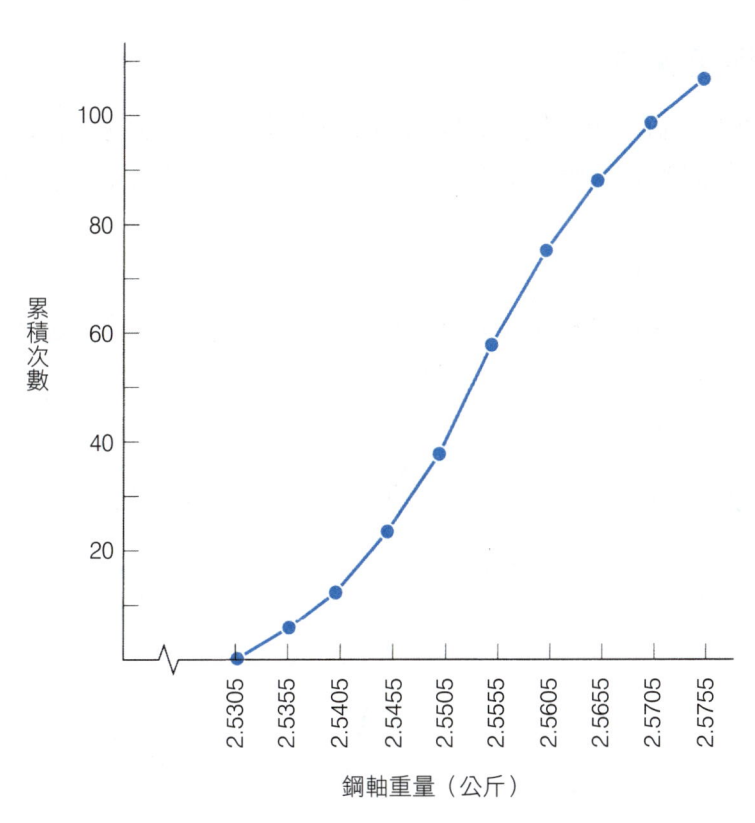

(c) 表 4-6 資料的累積次數分配圖

圖 4-5 其他形態的次數分配圖（續）

⇒ 次數分配圖的特性

　　圖 4-6 的圖形是平滑的曲線，而不是如直方圖那樣的長方形。平滑的曲線代表了母體的次數分配，而直方圖則代表了樣本的次數分配。母體和樣本之間的差異，將在本章稍後另一節當中討論。

　　次數分配曲線，具有一些可以識別的特性；分配的一個特性與資料的對稱或不對稱有關。資料是否相等的分配在中心值的兩邊，或者資料是否向右或向左偏斜？另一個特性是關於資料的眾數或尖鋒的個數。可以有一個眾數、兩個眾數，或是多個眾數。最後一個特性是資料的峰度。當曲線是相當尖立的，稱為**高狹峰**（leptokurtic）；當曲線是平坦的，稱為**低闊峰**（platykurtic）。

　　關於品質管制問題，次數分配可以給予充分的資訊，以做為決策的依據，而不需要再做進一步的分析。分配也可以用來在位置、分散程度和形狀上做比較，如圖 4-7 所示。

⇒ 直方圖的分析

　　直方圖的分析，可以提供有關於規格、母體次數分配的形狀以及特定的品質管制問題的資訊。圖 4-8 是表示在油漆以前，清潔鋼管作業中所使用的清洗液濃度的直方圖。理想的濃度是在 1.45 和 1.74 之間，如圖上畫斜線的長方形。濃度低於 1.45%，會造成不良的品質；濃度高於 1.75%，雖然會製造比較好的品質，卻會增加成本，降低生產力。不需要使用複雜的統計學，就可

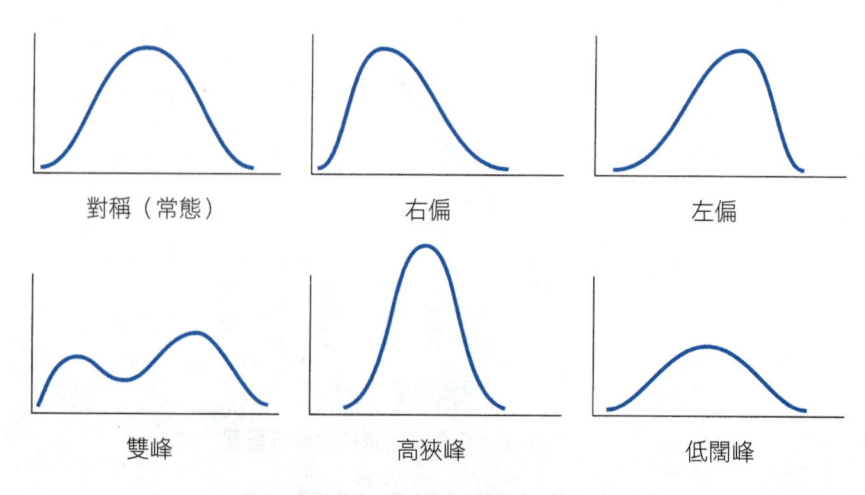

對稱（常態）　　　右偏　　　左偏

雙峰　　　高狹峰　　　低闊峰

圖 4-6 次數分配的特性

位置　　　　　　　　分散程度　　　　　　　　形狀

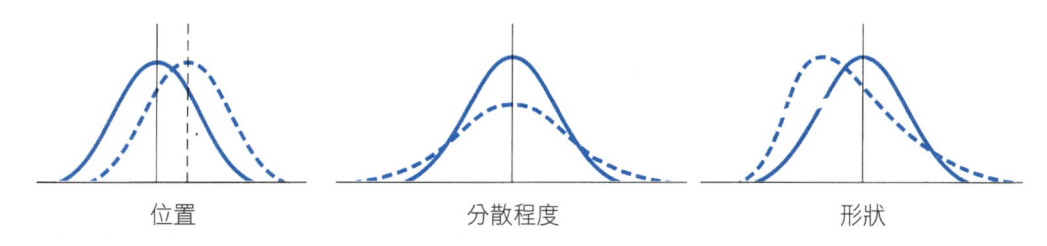

圖 **4-7**　位置、分散程度和形狀造成的異同

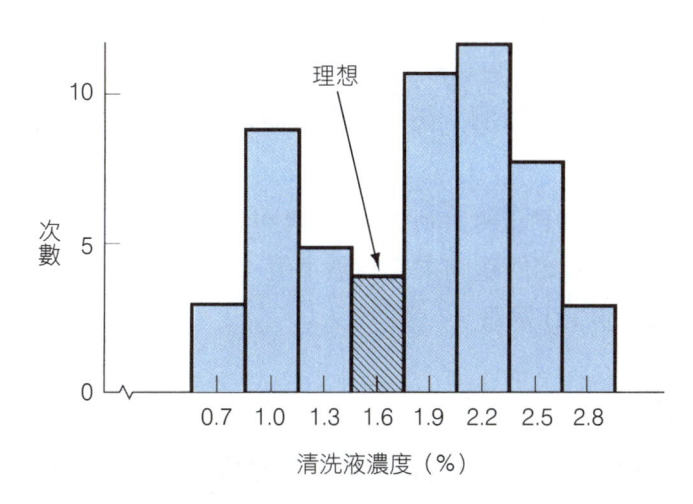

圖 **4-8**　清洗液濃度直方圖

以知道正確的策略，需要使分配的散佈接近理想值 1.6%。

在圖形上加上規格線，可以提供額外的問題解決資訊；因為分配的離散程度，是製程能力的一個良好指標，圖形將可以表示製程能力的等級。

➡ 最後註解

另一種類似直方圖的分配形式是柏拉圖；讀者可以參考第 3 章對這種分配形態的討論。柏拉圖分析對於決定主要品質問題所在，是一種非常有效的方法。柏拉圖和次數分配圖之間的差異點有兩個部分。柏拉圖上是以種類為橫座標，而不是資料值；而且類別是按照下降的次序，從最多的次數排到最少的次數，而不是數字的次序。

次數分配的一個限制是其未顯示出資料產生的次序。換句話說，最初的資料可能全部放在一邊，稍後的資料則放在另一邊。當這種情形發生後，次數分配的解釋就不同了。在第 5 章所討論的時間序列圖或推移圖，將會顯示出資料產生的次序，並且有助於分析工作。另一項有幫助的是，對資料來進

行分析[4]。

集中趨勢的量測

次數分配對於許多品質管制問題已經足夠；然而，對於更廣泛的問題，圖示法是不適用的，或是需要藉由分析方法取得額外的資訊。用分析法來描述資料的蒐集，比圖示法所占的空間少，同時也有比較各群資料的優點，並且也可以做進一步的計算和推論。描述一群資料蒐集，有兩個主要的分析法：集中趨勢量測和離勢量測。後面一種量測會在下一節當中討論，而本節討論集中趨勢量測。

一個分配的**集中趨勢量測**（measure of central tendency），是描述資料的中心位置，或資料如何趨向中心的數字值；有三種常用的量測方法：(1) 平均數；(2) 中位數；(3) 眾數。

▶ 平均數

平均數是觀測值的總和除以觀測值的數目，是最常使用的集中趨勢量測。計算平均數有三種不同的方法：(1) 未分組資料；(2) 分組資料；(3) 加權平均數。

1. 未分組資料法。這個方法用於沒有組織的資料。平均數用符號 $\bar{X}$ 代表，讀做「X bar」，公式為：

$$\bar{X} = \frac{\sum_{i=1}^{n} X_i}{n} = \frac{X_1 + X_2 + \cdots\cdots + X_n}{n}$$

其中，　　　　　$\bar{X}$ = 平均數

n = 觀測值數目

X_1、X_2、……、X_n = 個別觀測值，分別用下標 1、2、……、n 或 i 表示

Σ =「總和」的符號

第一個式子是公式的簡化寫法，式中 $\sum_{i=1}^{n} X_i$ 讀做「X 的下標 i 從 1 到 n 的 X 總和」，意思是將所有觀測值加起來。

---

[4] Matthew Barrows, "Use Distribution Analysis to Understand Your Data Source," *Quality Progress* (December 2005): 50-56.

例題 4-1

有位檢驗員檢查 5 個線圈的電阻值，並且用歐姆（ohms, Ω）值紀錄：
$X_1 = 3.35$、$X_2 = 3.37$、$X_3 = 3.28$、$X_4 = 3.34$、$X_5 = 3.30$；求平均數。

$$\bar{X} = \frac{\sum_{i=1}^{n} X_i}{n}$$

$$= \frac{3.35 + 3.37 + 3.28 + 3.34 + 3.30}{5}$$

$$= 3.33 \, \Omega$$

大部分掌上型電子計算機，都具有自動計算輸入之資料的平均數的功能。

2. 分組資料法。當資料已分組成為次數分配後，就能應用下列的方法。分組資料平均數方法的公式為：

$$\bar{X} = \frac{\sum_{i=1}^{h} f_i X_i}{n} = \frac{f_1 X_1 + f_2 X_2 + \cdots\cdots + f_h X_h}{f_1 + f_2 + \cdots\cdots + f_h}$$

其中，n = 次數的總和

f_i = 一組的次數或觀測值的次數

X_i = 組中點或一個觀測值

h = 組數或觀測的數目

當分組後，而且每一組有一個以上的觀測值，就能應用這個公式，如鋼軸重量的問題（表 4-6）。當每一個觀測值 X_i，分別有它自己的次數 f_i，也可以應用這個公式，如帳單錯誤的問題（表 4-1）。在這種情形，h 是觀測值的數目。

換句話說，如果次數分佈已經分組，則 X_i 是組中點，而 f_i 是資料中觀測值的次數。如果次數分佈是根據個別觀測值來分組，則 X_i 是觀測值，而 f_i 是資料中觀測值的次數。這個方法，對於間斷和連續資料都可以適用。

每一個組中點是用來做為該組的代表值；將每一組中點乘以該組次數，再將乘積加起來，然後除以觀測值的總數。在下面例題當中，前面三欄是典型的次數分配。第四欄是第二欄（中點）和第三欄（次數）的乘積，並且用「$f_i X_i$」標示。

例題 4-2

320 條汽車輪胎的壽命，以 1,000 km（621.37 mi）為單位，其次數分配表如表 4-7 所示，求其平均數。

$$\bar{X} = \frac{\sum_{i=1}^{h} f_i X_i}{n}$$

$$= \frac{11,549}{320}$$

$$= 36.1（單位為 1,000 km）$$

所以，$\bar{X} = 36.1 \times 10^3$ km。

當比較從分組資料和未分組資料的方法求得平均數的時候，其中會有少許的差異；差異的原因，是由於每一組內的觀測值並不是均勻地分佈在組內。在實際應用的時候，這種差異並不足以影響問題的準確度。

3. 加權平均數法。當把許多不同次數的平均數結合起來的時候，要使用**加權平均數**（weighted average）來計算。加權平均數的公式為：

$$\bar{X}_w = \frac{\sum_{i=1}^{n} w_i \bar{X}_i}{\sum_{i=1}^{n} w_i}$$

表 4-7 以 1,000 km 單位，320 條輪胎壽命的次數分佈

組界	中點	次數	計算
23.6 – 26.5	25.0	4	100
26.6 – 29.5	28.0	36	1,008
29.6 – 32.5	31.0	51	1,581
32.6 – 35.5	34.0	63	2,142
35.6 – 38.5	37.0	58	2,146
38.6 – 41.5	40.0	52	2,080
41.6 – 44.5	43.0	34	1,462
44.6 – 47.5	46.0	16	736
47.6 – 50.5	49.0	6	294
總計		$n = 320$	$\sum f_i X_i = 11,549$

其中，$\bar{X}_w$ = 加權平均數

w_i = 第 i 個平均數的權數

例題 4-3

在三個不同的時間，對鋁合金屬桿做拉力測試，得到三個不同的平均數，以 megapascals（MPa）為單位。在第一次測試中，5 個試驗的平均數為 207 MPa（30,000 psi）；在第二次測試中，6 個試驗的平均數為 203 MPa；在最後一次的測試中，三個試驗的平均數為 206 MPa。求其加權平均數。

$$\bar{X}_w = \frac{\sum_{i=1}^{n} w_i \bar{X}_i}{\sum_{i=1}^{n} w_i}$$

$$= \frac{(5)(207)+(6)(203)+(3)(206)}{5+6+3}$$

$$= 205 \text{ MPa}$$

加權平均數是分組資料在資料沒有組成次數分配時的一個特殊例子。在例題 4-3 當中，權數是整數。另一種解決同樣問題的方法是比例法。因此：

$$w_1 = \frac{5}{5+6+3} = 0.36$$

$$w_2 = \frac{6}{5+6+3} = 0.43$$

$$w_3 = \frac{3}{5+6+3} = 0.21$$

而且權數的總和等於 1.00。當權數是用百分比或小數時，就需要用後面的方法。

除非有另外的說明，否則 $\bar{X}$ 代表觀測值的平均數 $\bar{X}_x$。相同的公式也可以用來求得：

$\bar{X}_{\bar{x}}$ 或 $\bar{\bar{X}}$ —— 平均數的平均數

$\bar{R}$ —— 全距的平均數

$\bar{c}$ —— 不合格點數的平均數

$\bar{s}$ —— 樣本標準差的平均數

在任何變數上的短橫線，代表平均數的意思。

▶ 中位數

另一種集中趨勢的量測是**中位數**（median），是將一連串照大小排列的觀測值分開的數值，使得在這個數值以上的個數，和以下的個數是相等的。

1. 未分組法。要決定一序列未分組資料的中位數，有兩種可能的情況：當一序列的個數為奇數以及當一序列的個數為偶數。當一序列的個數為奇數時，中位數就是這些數值的中間值。因此，一組按照大小排序的數字 3、4、5、6、8、8 和 10，中位數為 6；另一組數字 22、24、24、24 和 30，中位數為 24。當一序列的個數為偶數時，中位數就是中間兩個數字的平均數。因此，一組按照大小排列的數字 3、4、5、6、8 和 8，中位數為 5 和 6 的平均數，也就是 $\frac{(5+6)}{2}$ = 5.5。如果中間兩個數字一樣，例如一組按照大小排列的數字 22、24、24、24、30 和 30，仍然要計算中間兩個數字的平均數，也就是 $\frac{(24+24)}{2}$。讀者在計算中位數以前，一定要切記將數字確實按照大小次序排列。

2. 分組法。當資料已分組成次數分配後，先找出包括中位數的那一組，然後用內插法，求得中位數。計算中位數的內插法公式為：

$$Md = L_m + \left(\frac{\frac{n}{2} - cf_m}{f_m}\right)i$$

其中，Md = 中位數

L_m = 包括中位數那一組的下組界

n = 觀測值的總數

cf_m = 在 L_m 以下所有各組的累積次數

f_m = 中位數組的次數

i = 組距

為了說明公式的用法，以表 4-7 的資料為例說明。從最小的一組（中點

為 25.0）開始算起，則一半的資料（$\frac{320}{2}=160$）的地方，就是中點值為 37.0 的那一組，並且這一組的下組界為 35.6。累積次數（cf_m）為 154，組距為 3，中位數組的次數為 58。

$$Md = L_m + \left(\frac{\frac{n}{2}-cf_m}{f_m}\right)i$$

$$= 35.6 + \left(\frac{\frac{320}{2}-154}{58}\right)3$$

$$= 35.9 \text{（單位為 1,000 km）}$$

如果從分配的上端開始算起，累積次數算到上組界為止，並將內插法所得的數值，從上組界減去。然而，通常都是從分配的下端開始算起。

分組資料的中位數較不常使用。

▶ 眾　數

一組數字的眾數（mode, Mo），是其中出現次數最多的數值。一序列的數字可能沒有眾數存在，也可能不只一個眾數。舉例來說，如一序列數字 3、3、4、5、5、5 和 7，眾數為 5；一序列數字為 22、23、25、30、32 和 36，則沒有眾數；一序列數字 105、105、105、107、108、109、109、109、110 和 112，則有 105 和 109 兩個眾數。若一序列數字當中有一個眾數，稱為單峰（unimodal）；若有兩個眾數，稱為雙峰（bimodal）；若有兩個以上的眾數，稱為多峰（multimodal）。

當資料已分組成為次數分配後，最多次數的一組的中點就是眾數；因為這點代表直方圖上最高的一點（次數最多）。也可能如中位數那樣，用內插法來估計眾數。然而，這是不必要的，因為眾數主要是用在決定集中趨勢的檢驗法，並不需要具有比組中點還高的準確度。

▶ 集中趨勢量測間的關係

三種集中趨勢量測間的差異如圖 4-9 的平滑多邊形所示。當分配對稱時，平均數、中位數和眾數這三者完全相同；當分配為偏斜時，這三者就不一樣了。

平均數是集中趨勢中最常使用的量測，當分配為對稱或少許的偏右或偏

对称　　　　　　　正偏斜　　　　　　　负偏斜

平均數
中位數
眾數

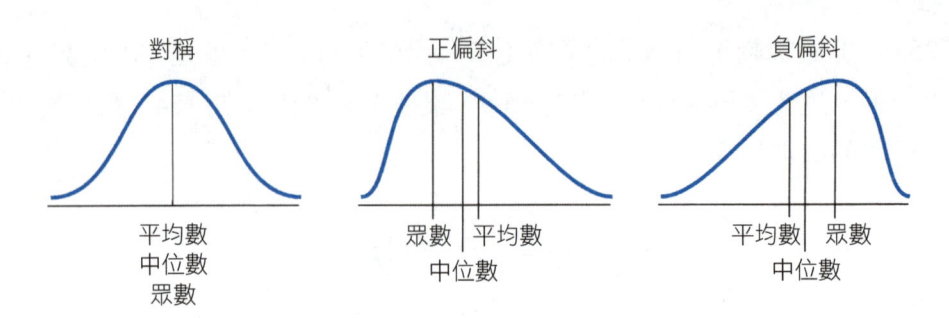

眾數　平均數
　中位數

平均數　眾數
　中位數

圖 4-9　平均數、中位數和眾數間的關係

左的時候使用；當其他的統計量，如離散量測、管制圖等，都是根據平均數來計算的；以及當運用歸納統計學的時候，需要有一個穩定的數值。

當分配為正偏（向右偏）或負偏（向左偏）的時候，中位數變成是集中趨勢的有效量測，是用在求得分配的精確中點。當分配有極端值的時候，平均數將會受到較大的影響，而中位數依然不變。因此，一項序列數字如 12、13、14、15、16，其中位數和平均數是一樣的，都等於 14。然而，若第一個數值改為 2，則中位數仍然是 14，但平均數變成 12。中位數管制圖很容易使用，而且也很容易監控品質。

當希望快速知道集中趨勢近似量測的時候，則使用眾數。因此，直方圖上的眾數，很容易用眼睛看出來。此外，眾數可以用來描述分配當中最具代表性的數值，例如某一特定人群的眾數年齡。

集中趨勢的其他量測為幾何平均數、調和平均數和二次平均數；這些量測並不用在品質管制上。

離散量測

簡　介

在前一節當中，曾經討論敘述資料的集中趨勢方法。統計學的第二個工具是**離散量測**（measures of dispersion），它是描述資料在中心值的兩邊如何散佈。離散量測和集中趨勢量測兩者，都是描述一群資料所必須的。舉例說明，某工廠電鍍部門和裝配部門員工的平均週薪同樣都是 $625.36；然而電鍍部門最高為 $630.72、最低為 $619.43；裝配部門最高為 $680.79、最低為 $573.54。裝配部門的資料較電鍍部門的資料，從平均數向兩邊散佈得更開、

更遠。

本節所討論的離散量測為全距、標準差和變異數；其他的量測，如平均差和四分位差，在品質管制上是不使用的。

▶ 全　距

一個序列數字的全距（range）為最大值和最小值、或觀測值之間的差；公式表示為：

$$R = X_h - X_l$$

其中，R = 全距
　　　X_h = 序列中最高的觀測值
　　　X_l = 序列中最低的觀測值

例題 4-4

若裝配部門的最高薪是 $680.79，最低薪為 $573.54，求其全距。

$$\begin{aligned}R &= X_h - X_l \\ &= \$680.79 - \$573.54 \\ &= \$107.25\end{aligned}$$

全距是離散量測中，最簡單也最容易計算的量測值。偶爾也會使用另一種相關的量測值，是中全距（midrange），它是將全距除以 2，即 $\frac{R}{2}$。

▶ 標準差

標準差（standard deviation）是觀測值的數字用來測量單位資料的散佈趨勢。與小的標準差相比，大的標準差顯示出資料有較大的差異性；公式為：

$$s = \sqrt{\frac{\sum_{i=1}^{n}(X_i - \overline{X})^2}{n-1}}$$

其中，s = 樣本標準差

X_i = 觀測值

$\bar{X}$ = 平均數

n = 觀測值的數目

用表 4-8 來說明標準差的概念。第一欄 (X_i) 有 6 個觀測值（公斤），並且從這些觀測值求得平均數為 $\bar{X}$ = 3.0。第二欄 ($X_i - \bar{X}$) 是個別觀測值和平均數的離差。若我們將這些離差加起來，則答案會是 0，但就不能作為一個離散量測值。然而，若將離差平方，則它們全部都為正值，而且它們的和會大於 0。計算方法如第三欄 $(X_i - \bar{X})^2$ 所示，其總和為 0.08，它將會隨觀測值而變。離差平方後的平均數可以除以 n 而求得；然而，就理論上來說，我們除以 $n-1$[5]。所以：

$$\frac{\Sigma(X_i - \bar{X})^2}{n-1} = \frac{0.08}{6-1} = 0.016 \text{ kg}^2$$

由公式中所得到的答案是單位的平方。這種結果不能當作離散的量測值，但是對於高等統計學而言，作變異性的量測值是有價值的。它稱為**變異數**（variance），符號為 s^2。如果我們將其開平方，則答案將和原來觀測值的單位一樣；計算方法為：

$$s = \sqrt{\frac{\Sigma(X_i - \bar{X})^2}{n-1}} = \sqrt{\frac{0.08}{6-1}} = 0.13 \text{ kg}$$

這個公式是做為說明之用，而不是以計算為目的。因為資料的形式有分組的或未分組的，所以有不同的計算方法。

表 4-8　標準差分析

X_i	$X_i - \bar{X}$	$(X_i - \bar{X})^2$
3.2	+0.2	0.04
2.9	−0.1	0.01
3.0	0.0	0.00
2.9	−0.1	0.01
3.1	+0.1	0.01
2.9	−0.1	0.01
$\bar{X}$ = 3.0	Σ = 0	Σ = 0.08

---

[5] 除以 $n-1$ 是因為少了 1 個自由度，原因是樣本統計量 $\bar{X}$，而不是母體參數 μ。

1. 未分組法。用於標準差定義的公式，可以用在未分組資料。然而，為了計算上較為方便，可以使用另一個公式：

$$s = \sqrt{\frac{n\sum_{i=1}^{n} X_i^2 - \left(\sum_{i=1}^{n} X_i\right)^2}{n(n-1)}}$$

例題 4-5

求牛皮紙含水量的標準差。測試紙上六處的水份讀數為 6.7、6.0、6.4、6.4、5.9 以及 5.8%。

$$s = \sqrt{\frac{n\sum_{i=1}^{n} X_i^2 - \left(\sum_{i=1}^{n} X_i\right)^2}{n(n-1)}} = \sqrt{\frac{6(231.26) - (37.2)^2}{6(6-1)}} = 0.35\%$$

當資料輸入後，許多的掌上型計算機皆可以算出標準差。

2. 分組法。當資料已分組成次數分配的時候，則使用下列的方法計算。分組資料的標準差公式為：

$$s = \sqrt{\frac{n\sum_{i=1}^{h}(f_i X_i^2) - \left(\sum_{i=1}^{h} f_i X_i\right)^2}{n(n-1)}}$$

其中符號 f_i、X_i、n 和 h，與求分組資料平均數公式中的符號意義相同。

為了使用這一個方法，必須在次數分配表上另外增加兩欄。一欄用「$f_i X_i$」來標示，另一欄用「$f_i X_i^2$」來標示，如表 4-9 所示。還記得在計算平均數的時候，是需要用「$f_i X_i$」這一欄；因此，計算標準差的時候，只需

表 4-9 在 I-57 公路上，位置 236，客車每 15 分鐘為間隔的行駛速度（km/h）

組　界	中　點 X_i	次　數 f_i	計　算 $f_i X_i$	$f_i X_i^2$
72.6 − 81.5	77.0	5	385	29,645
81.6 − 90.5	86.0	19	1,634	140,524
90.6 − 99.5	95.0	31	2,945	279,775
99.6 − 108.5	104.0	27	2,808	292,032
108.6 − 117.5	113.0	14	1,582	178,766
總計		$n = 96$	$\Sigma fX = 9{,}354$	$\Sigma fX^2 = 920{,}742$

要再增加一個欄位。用例題 4-6 來說明這個方法。

不要將 ΣfX 或 ΣfX^2 四捨五入，否則會影響它的準確度。大部分的掌上型計算機將分組資料輸入後，都有計算標準差 s 的能力。

除非另外說明，否則 s 是代表觀測值的樣本標準差 s_x。同樣的公式，可以用在

$s_{\bar{x}}$ —— 平均數的樣本標準差
s_p —— 比例的樣本標準差
s_R —— 全距的樣本標準差
s_s —— 標準差的樣本標準差

例題 4-6

在 I-57 公路上，客車每 15 分鐘為間隔的行駛速度，如表 4-9 所示，求其平均數以及標準差。

$$\bar{x} = \frac{\sum_{i=1}^{h} f_i X_i}{n} \qquad s = \sqrt{\frac{n\sum_{i=1}^{h}(f_i X_i^2) - \left(\sum_{i=1}^{h} f_i X_i\right)^2}{n(n-1)}}$$

$$= \frac{9,354}{96} \qquad = \sqrt{\frac{96(920,742) - (9,354)^2}{96(96-1)}}$$

$$= 97.4 \text{ km/h} \qquad = 9.9 \text{ km/h}$$

標準差是量測資料當中離散的參考值，最好將它視為由公式所定義的一項指標；標準差的值愈小，表示品質愈好，因為分配更靠近在中心值附近。另外，標準差也可以幫助定義母體。

這個方法只有在製程是穩定的時候，才是有效的；最好的方法是運用 $s = \frac{\bar{s}}{c_4}$ 或 $s = \frac{\bar{R}}{d_2}$，這將在第 5 章中討論[6]。

▶ 離散量測值間的關係

全距是離散量測非常普遍的方法；它用在一種主要的管制圖上。全距主要的優點是，提供資料的全部散佈情形，而且簡單易懂。而且當資料太少或

---

[6] Thomas Pyzdek, "How Do I Compute σ? Let Me Count the Ways," *Quality Progress* (May 1998): 24-25.

太分散，以致於無法計算更精密的離散量測時，全距也有它的價值。全距不是集中趨勢的量測函數；當觀測值數目增加的時候，全距的準確度就會降低，因為很容易會有過高或過低的極端值出現。因此，全距的使用，建議限制在不超過 10 個觀測值時。

當需要更精確的量測值的時候，則使用標準差。圖 4-10 表示有兩個分配，有相同的平均數 $\bar{X}$ 和全距 R；然而，在下面的分配卻比較好。因為在下面的分配當中，樣本標準差比較小，表示資料比較靠近在中心值 $\bar{X}$ 附近。當樣本標準差愈小，品質就會愈好。它也是在品質管制工作中，最常使用的離散量測值，而且在以後計算統計量時也會使用。當資料中有較高或較低的極端值，使用標準差比全距更適合。

■其他量測

另外有三種量測，經常用來分析一群資料：偏態、峰度以及變異係數。

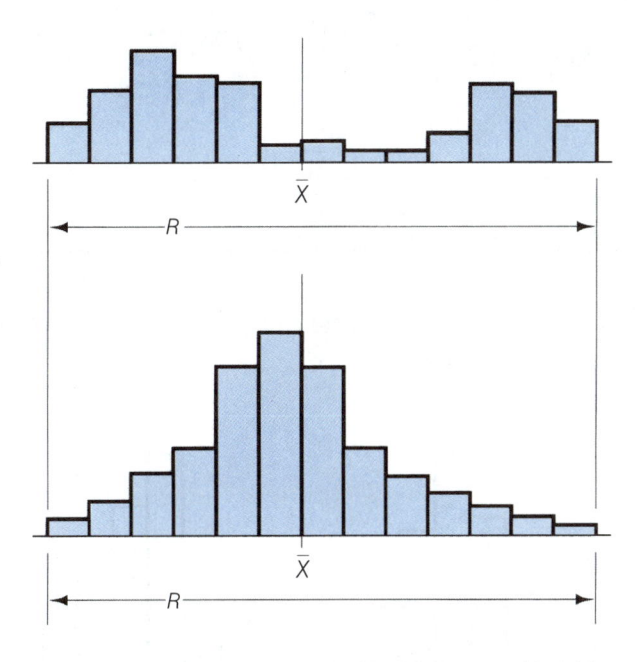

圖 4-10 兩個有相同平均數和全距分配的比較

➡️ 偏　態

如前面所敘述，**偏態**（skewness），是資料沒有對稱性，其公式為[7]：

$$a_3 = \frac{\sum_{i=1}^{h} f_i (X_i - \bar{X})^3 / n}{s^3}$$

其中，a_3 代表偏態。

偏態是一個數字，它的大小可以告訴我們和對稱相差的程度。若 a_3 的值為 0，資料是對稱的；若 a_3 的值大於 0（正值），資料向右偏，也就是長尾在右邊；若 a_3 的值小於 0（負值），則資料向左偏，也就是長尾在左邊。圖 4-11 表示了偏態的圖形。數值為 +1 或 −1 時，意味著非常不對稱的分配。

例題 4-7

求表 4-10 當中，次數分配的偏態。它的平均數和標準差已經計算出，分別為 7.0 和 2.30。

$$\begin{aligned} a_3 &= \frac{\sum_{i=1}^{h} f_i (X_i - \bar{X})^3 / n}{s^3} \\ &= \frac{-648/124}{2.30^3} \\ &= -0.43 \end{aligned}$$

偏態的值為 −0.43，它告訴我們資料向左偏斜。目視檢驗 X 欄和 f 欄，或是直方圖，將會得到相同的資訊。

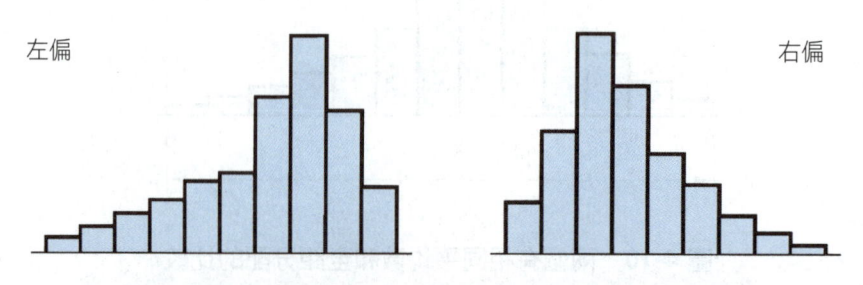

左偏　　　　　　　　　　　　　　　　　　右偏

圖 4-11　左偏（負值）和右偏（正值）的偏態分配

---

[7] 在大部分情況，這個公式是比較好的近似值。

表 4-10　例題中，偏態和峰度的資料

X_i	f_i	$X_i-\bar{X}$	$f_i(X_i-\bar{X})^3$	$f_i(X_i-\bar{X})^4$
1	4	$(1-7)=-6$	$4(-6)^3=-864$	$4(-6)^4=5,184$
4	24	$(4-7)=-3$	$24(-3)^3=-648$	$24(-3)^4=1,944$
7	64	$(7-7)=0$	$64(0)^3=0$	$64(0)^4=0$
10	32	$(10-7)=+3$	$32(+3)^3=+864$	$32(+3)^4=2,592$
	$\Sigma=124$		$\Sigma=-648$	$\Sigma=9,720$

為了要求得偏態的值，n 值必須要很大，也就是說至少為 100，而且分配必須是單峰。偏態值也可以提供有關母體分配形狀的資訊。例如，常態分配的偏態值為 0，即 $a_3=0$。

▶ 峰　度

如前面所述，**峰度**（kurtosis）為資料的尖峰。公式為 [8]：

$$a_4=\frac{\sum_{i=1}^{h} f_i(X_i-\bar{X})^4/n}{s^4}$$

其中，a_4 代表峰度。

峰度是一種沒有度量的值，它是用來當成在分配中尖峰高度的量測值；圖 4-12 表示**高狹峰**（leptokurtic，較尖狹的）和**低闊峰**（platykurtic，較平坦的）的分配，介於兩種分配之間的是**常態峰**（mesokurtic），為常態分配。

例題 4-8

求表 4-10 當中，次數分配的峰度，它的 $\bar{X}=7.0$，$s=2.30$。

$$\begin{aligned}a_4 &= \frac{\sum_{i=1}^{h} f_i(X_i-\bar{X})^4/n}{s^4} \\ &= \frac{9,720/124}{2.30^4} \\ &= 2.80\end{aligned}$$

---

[8] 在大部分情況，這個公式是比較好的近似值。

高狹峰　　　　　　　　　　　　　　　　　　　　低闊峰

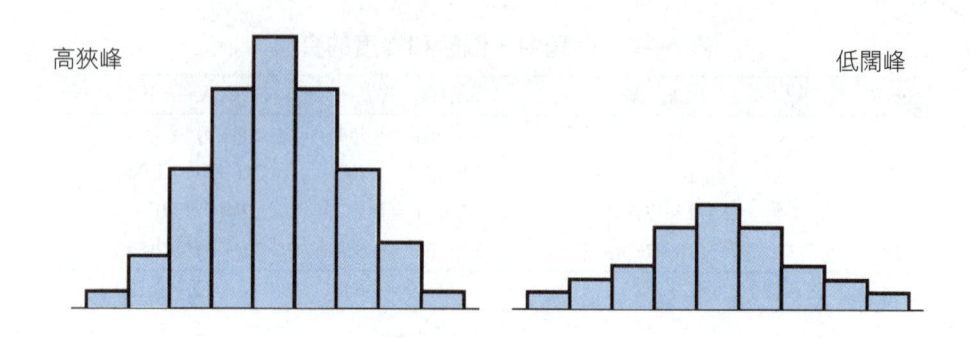

圖 4-12　高狹峰和低闊峰的分配

峰度值為 2.80，它本身並不提供任何資訊──它必須和其他的分配比較才有意義。峰度值的使用和偏態是一樣的──要有大的樣本 n，並且是單峰分配。它也可以提供有關於母體分配形狀的資訊。例如，常態分配的峰度值為 3，即 $a_4 = 3$。如果 $a_4 > 3$，則分配的高度比常態更為尖狹，為高狹峰；如果 $a_4 < 3$，則分配的高度沒有常態那麼尖狹，為低闊峰。有些軟體如 EXCEL 能夠以減去 3 的方式，將資料標準化到 0。

偏態和峰度的概念，在提供關於分配形狀的一些資訊的時候，是有用的；最好由電腦計算它們的值。

▶ 變異係數 [9]

變異係數（coefficient of variation），是關於平均數有多少變異存在的一種量測。如果沒有完整的資訊，單獨的標準差並不是特別有用。例如，標準差 15 kg 的一組資料，如果平均數為 2,600 kg，那是很好的；如果平均數為 105 kg，那就不理想。變異係數提供了參考的依據。公式如下：

$$\text{CV} = \frac{s\,(100\%)}{\bar{X}}$$

注意，s 和 X 的單位互相抵消，所以答案是百分比。

例題 4-9

比較標準差同為 15 kg，而平均數分別為 2,600 kg 和 105 kg 的變異係數。

---

[9] Michael J. Cleary, "Beyond Deviation," *Quality Progress* (August 2004): 30, 70.

$$CV = \frac{s\,(100\%)}{\bar{X}} = \frac{15\,(100\%)}{2{,}600} = 0.58\%$$

$$CV = \frac{s\,(100\%)}{\bar{X}} = \frac{15\,(100\%)}{105} = 14.3\%$$

得到的值愈小，與平均數相對的變異也就愈小。

母體和樣本的概念

討論到這裡，有必要探討母體和樣本的概念。為了繪製鋼軸重量的次數分配，選出一小部分為樣本（sample），以代表所有的鋼軸。同樣地，有關於客車行駛速度所蒐集的資料，只能代表所有客車的一小部分。母體（population）是全部的測定值，在上述例子當中，母體是所有的鋼軸和所有的客車。當平均數、標準差和其他量測值是從樣本計算而得，稱為統計量（statistic）。因為樣本的組合會有變動，所有計算出來的統計量將會大於或小於真正的母體值，稱為參數（parameter）。參數被認為是固定的參考（標準）值，或者是在特定時間內，這些數值有效的最佳估計值。

母體可以是有限數目的項目，例如每天鋼軸的產量。它也可以是無限或幾乎無限的項目，例如每年用於噴射機上鉚釘的產量數目。依照不同的情況，母體可以有不同的定義。所以，一種產品的研究可以將一小時的產量、一週的產量、5,000 件等做為母體。

因為很少有可能去量測整個母體，所以選出樣本來量測。當不可能去量測整個母體，則必須採用抽樣：如果觀測全部資料的費用是很昂貴的、當需要破壞產品來檢驗的時候、或是當全部母體的測試可能太危險，例如新藥物的試驗。事實上，對母體整個做分析，不見得會比抽樣正確。當不合格點很小的時候，100% 的人工檢驗不會比抽樣準確，這可能是因為檢驗人員對工作感到厭倦和疲憊，以致有誤判為合格的情況。

當標示母體的時候，使用相對應的希臘字母；因此，樣本平均數的符號為 $\bar{X}$，母體的平均數符號為 μ（讀做 mu）。

要注意的是，當用在母體的時候，要將「average」改為「mean」。符號 $\bar{X}_0$ 為標準或參考值。數學上概念的基礎是 μ：$\bar{X}_0$ 則代表了實際的值，並且得

以運用這個概念。樣本標準差的符號為 s，而母體標準差符號為 σ（讀做 sigma）。符號 s_0 是標準或參考值，並且其和 σ 的關係，就像 $\bar{X}_0$ 和 μ 的關係一樣。真正的母體值可能無法得知；所以，有時候用符號 $\hat{\mu}$ 和 $\hat{\sigma}$ 來表示估計值。樣本和母體的比較如表 4-11 所示。樣本的次數分配是用直方圖來表示，而母體的次數分配則是用平滑曲線來表示。其他的比較，在遇到的時候，將會再說明。

選取樣本的主要目標，是要知道一些有關於母體的事，將有助於做某種形式的決策。因此樣本的選擇，必須要傾向於類似或能代表母體的原始狀態，以致於能從抽樣中得到一些有關母體的推論。樣本如何能成功地代表母體？是依樣本大小、機會、抽樣方法和情形是否改變而定。

表 4-12 是表示一個實驗的結果，用來說明樣本和母體之間的關係。在一個容器內有直徑為 5 mm（約 3/16 吋）的藍球 800 顆和綠球 200 顆。將這

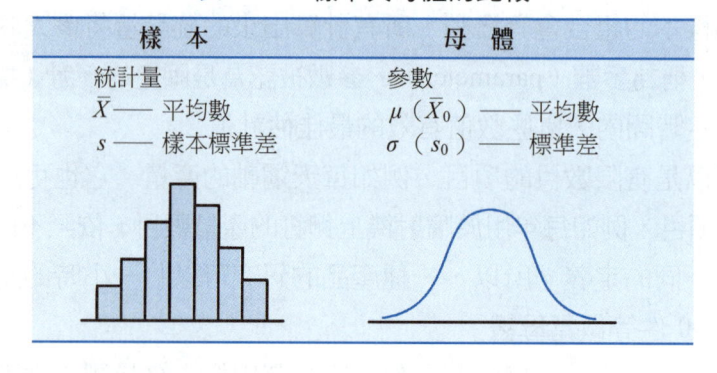

表 4-11　樣本與母體的比較

樣　本	母　體
統計量	參數
$\bar{X}$ —— 平均數	μ（$\bar{X}_0$）—— 平均數
s —— 樣本標準差	σ（s_0）—— 標準差

表 4-12　從已知母體中，抽取 8 個樣本的結果

樣本數	樣本大小	藍球數目	綠球數目	綠球的百分比
1	10	9	1	10
2	10	8	2	20
3	10	5	5	50
4	10	9	1	10
5	10	7	3	30
6	10	10	0	0
7	10	8	2	20
8	10	9	1	10
總計	80	65	15	18.8

1,000 顆球當做母體，其中有 20% 是綠的。每次選取 10 顆為樣本，並且將結果紀錄於表中，然後再將球放回容器內。這張表說明了，從已知的母體當中，可以預期的樣本結果差異。只有第 2 個和第 7 個樣本的統計量，等於母體參數。因此，存在著機會的因素，使樣本的成份不一樣。當這八個個別的樣本結合成一個大樣本，綠球的百分比為 18.8，非常接近母體的 20%。

當從樣本推論母體的時候，對母體知識的瞭解，同樣可以提供分析樣本的資訊。因此，這就可以決定樣本是否從某特定母體而來。這個概念，對於瞭解管制圖的理論是必須的，在第 5 章將做更詳細的討論。

常態曲線

說　明

雖然依照不同的情形，而有許多不同的母體，但是可以分為少數幾個形式來敘述。一個非常普通的母體形式是**常態曲線**（normal curve），或稱為**高斯分配**（Guassian distribution）。常態曲線是一個對稱、單峰、鐘形的分配，而它的平均數、中位數以及眾數，都是相同的數值。

一個母體曲線或分配，是從次數直方圖發展出來的。當直方圖的樣本大小愈來愈大時，組距就會愈來愈小。當樣本大小非常大，而且組距非常小的時候，直方圖就成為平滑的多邊形或曲線的形狀，以代表母體。常態母體的曲線如圖 4-13 所示，是 1,000 個某電氣設備的電阻觀測值，其母體平均數 μ 為 90Ω，母體標準差 σ 為 2Ω；圖中曲線的間隔等於一個標準差 σ。

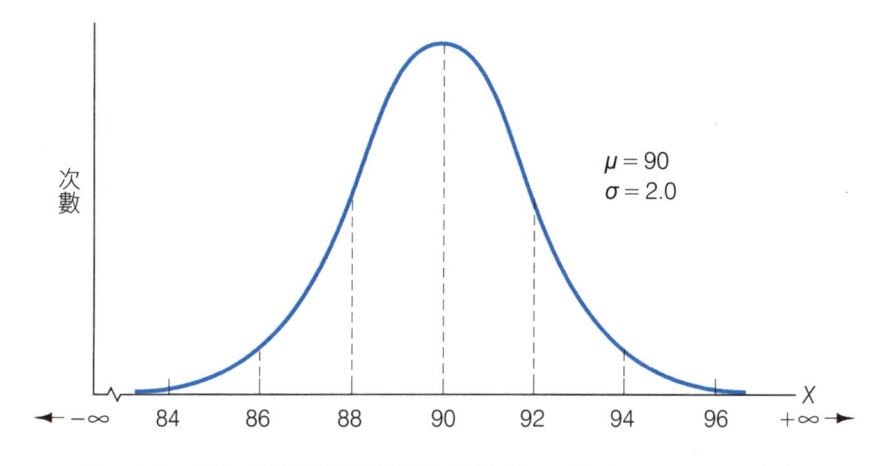

圖 4-13　電氣設備電阻的常態分配（μ = 90Ω，σ = 2.0Ω）

許多在自然界和工業上的變異，都是依照常態曲線的次數分配。因此，如大象的體重、羚羊的速度、人類的身高等，將會依照常態曲線。同樣地，工業當中所發生的變異，如灰鐵鑄件的重量、60 瓦電燈泡的壽命、活塞鋼環的尺寸等，也會依照常態曲線。當考慮到人類身高的時候，只有少部分的人特別高和特別矮，而大部分的人都集中在平均數附近。常態曲線是在工業上大多數品質特性變異的良好說明，並且是許多品質管制技術的基礎。

所有連續變數的常態分配都可以用**標準常態值**（standardized normal value），Z，轉換成標準常態分配（參閱圖 4-14）。例如，圖 4-14 的 92Ω 值，其值比平均數的一個標準差 $[\mu + 1\sigma = 90 + 1(2) = 92]$。轉換成 Z 值為：

$$Z = \frac{X_i - \mu}{\sigma} = \frac{92 - 90}{2} = +1$$

它也就是圖 4-14 當中，比 μ 高 1σ 的 Z 標度。

標準常態曲線的公式是：

$$f(Z) = \frac{1}{\sqrt{2\pi}} e^{-\frac{Z^2}{2}} = 0.3989\, e^{-\frac{Z^2}{2}}$$

其中，$\pi = 3.14159$
　　　$e = 2.71828$
　　　$Z = \frac{X_i - \mu}{\sigma}$

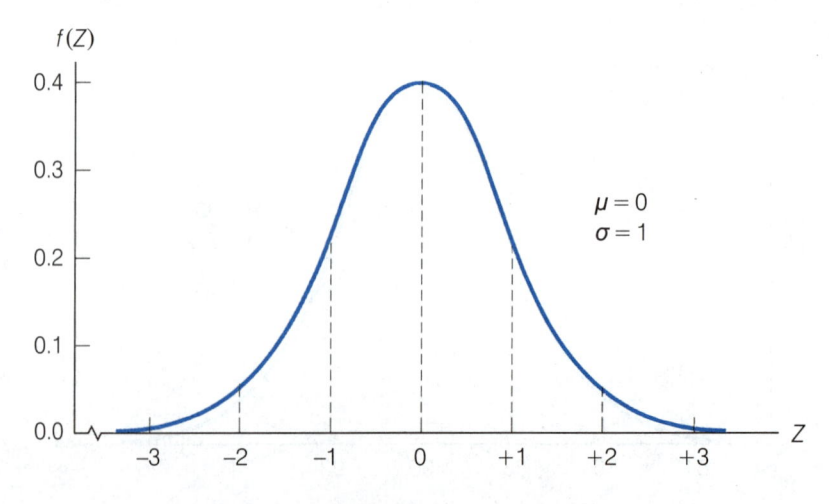

圖 4-14　標準常態分配（$\mu = 0$，$\sigma = 1$）

附錄提供表格查詢（表 A）；因此，並不需要使用這個公式。圖 4-14 是標準曲線，其平均數為 0，而且標準差為 1。要注意的是，這個曲線在 $Z = -3$ 和 $Z = +3$ 的地方，漸漸接近水平線。

在曲線下的面積等於 1.0000 或 100%；因此，可以容易地用來做為計算機率。因為在曲線下各個不同點之間的面積是非常有用的統計量，在附錄中的表 A，是常態曲線下的面積。

常態分配可以稱為常態機率分配，它是最重要的母體分配，還有許多連續變數的其他分配，也有許多間斷變數的機率分配；這些分配將在第 7 章當中討論。

▶ 平均數和標準差的關係

從標準常態曲線的公式可以得知，在平均數、標準差和常態曲線之間有一定的關係存在。圖 4-15 是三個不同平均數的常態曲線；需要注意的是，只有位置的改變。圖 4-16 是三個有相同的平均數，但是不同標準差的常態曲線。這個圖形說明了：標準差愈大，曲線愈平坦（資料分散得愈寬）；標準

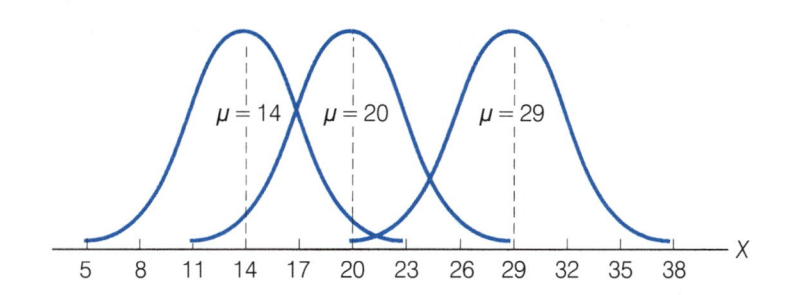

圖 4-15 三個不同平均數、相同標準差的常態曲線

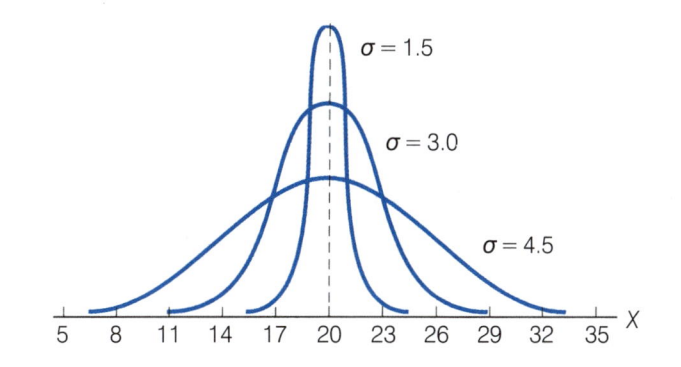

圖 4-16 三個相同平均數、不同標準差的常態曲線

差愈小，曲線愈尖（資料分散得很窄）的原理。如果標準差為 0，則所有數值會和平均數完全相同，而且就沒有曲線了。

常態分配是完全由母體平均數和母體標準差來定義的。就如圖 4-15 和圖 4-16 所示，這兩個參數是相互獨立的；換句話說，其中一個的改變並不會影響另一個。

在標準差和常態曲線下的面積之間，有一定的關係存在，如圖 4-17 所示。圖中顯示，在常態分配下，在 $\mu + 1\sigma$ 和 $\mu - 1\sigma$ 界限之間，包括了 68.26% 的項目；在 $\mu + 2\sigma$ 和 $\mu - 2\sigma$ 界限之間，包括了 95.46% 的項目；在 $\mu + 3\sigma$ 和 $\mu - 3\sigma$ 界限之間，包括了 99.73% 的項目。在 $+\infty$ 和 $-\infty$ 的界限之間，則包括了全部的項目。不管常態曲線的形狀如何，這些百分比總是正確的。在 $\pm 3\sigma$ 之間，包括了 99.73% 項目的這一項事實，是管制圖的基礎，將在第 5 章當中討論。

➡ 應　用

在任何兩個數值之間所包含項目的百分比，可以用微積分計算而得。然而，並不需要這樣做，因為曲線下各個不同 Z 值的面積，已經列在附錄當中的表 A，表 A 是「常態曲線下的面積」，要從左邊讀起[10]，意思是從 $-\infty$ 到某一特定值 X_i 之部分曲線下的面積。

第一步是應用公式求 Z 值

$$Z = \frac{X_i - \mu}{\sigma}$$

其中，Z = 標準常態值

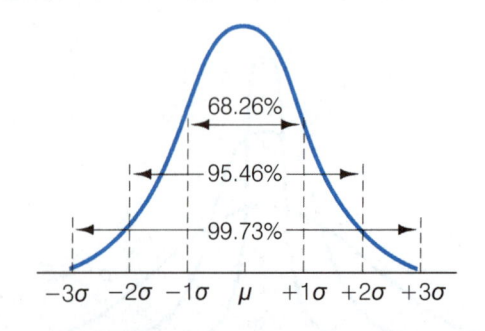

圖 4-17　各標準差值之間所包括的項目百分率

---

[10] 在某些教科書上，常態曲線下的面積是用不同的方式編排。

X_i = 個別值

μ = 母體平均數

σ = 母體標準差

下一步是使用計算出的 Z 值，從表 A 當中查出在 X_i 以左曲線下的面積。因此，若計算出的 Z 值為 -1.76，則面積為 0.0392。因為在曲線下的全部積為 1.0000，所以面積的值 0.0392 可以將小數點向右移兩位，變換成為曲線下項目的百分比。因此，有 3.92% 的項目小於特定的 X_i 值。

假設資料為常態分配，就可以求得資料當中，小於某一值、大於某一值、或是在兩數值之間的項目百分比。當數字為規格上限或規格下限的時候，就是可以利用的有效統計工具。在下面的例子將說明這一個技巧。

例題 4-10

在去年，某廠牌的麥片重量平均數為 0.297 kg（10.5 oz），標準差為 0.024 kg。假設分配為常態分配，求在規格下限 0.274 kg 以下的資料百分比。（註：因為平均和標準差，是從去年一年期間檢驗大量資料而求得的，可以認為是母體值的有效估計值。）

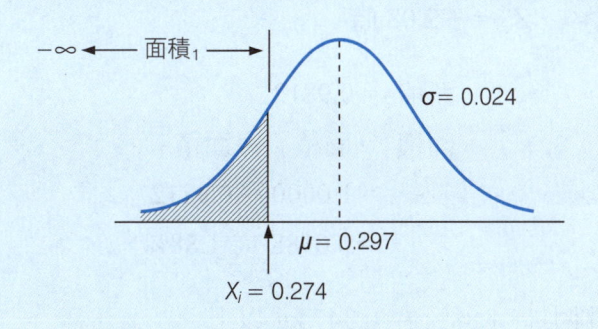

$$Z = \frac{X_i - \mu}{\sigma}$$
$$= \frac{0.274 - 0.297}{0.024}$$
$$= -0.96$$

從表 A 當中，求 $Z = -0.96$ 時
$\qquad$ 面積$_1$ = 0.1685 或 16.85%
所以，資料中有 16.85% 小於 0.274 kg。

例題 4-11

應用例題 4-10 的資料，求 0.347 kg 以上的資料百分比。

因為表 A 當中的資料是從左邊讀取，所以此題的解法需要使用這一個關係：面積$_1$ + 面積$_2$ = 面積$_T$ = 1.0000。因此，先求出面積$_2$，然後從 1.0000 減去面積$_2$，而得到面積$_1$。

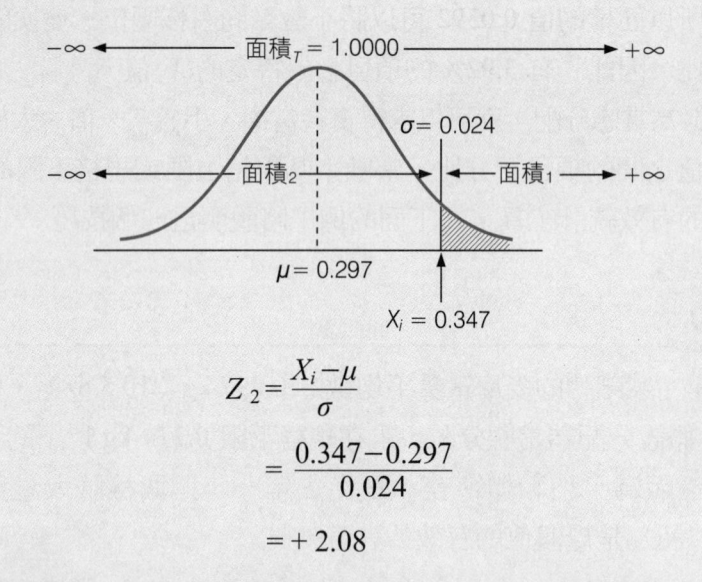

$$Z_2 = \frac{X_i - \mu}{\sigma}$$

$$= \frac{0.347 - 0.297}{0.024}$$

$$= +2.08$$

從表 A 當中，$Z_2 = +2.08$ 時

面積$_2$ = 0.9812
面積$_1$ = 面積$_T$ − 面積$_2$
　　　 = 1.0000 − 0.9812
　　　 = 0.0188 或 1.88%

所以，資料中有 1.88% 在 0.347 kg 以上。

例題 4-12

測試多戶住宅內線路上的電壓，其平均數為 118.5V，標準差為 1.20 V。求在 116 和 120 V 之間的資料百分比。

因為表 A 當中的資料是從左邊讀取，這一例題的解法，必須先算出在 120 V 左邊的面積，再減去在 116 V 左邊的面積而求得。用圖形和計算方法說明如下：

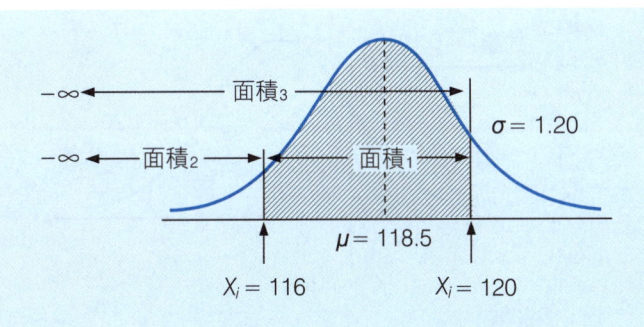

$$Z_2 = \frac{X_i - \mu}{\sigma} \qquad Z_3 = \frac{X_i - \mu}{\sigma}$$

$$= \frac{116 - 118.5}{1.20} \qquad = \frac{120 - 118.5}{1.20}$$

$$= -2.08 \qquad = +1.25$$

從表 A 當中求得 $Z_2 = -2.08$，面積$_2 = 0.0188$；$Z_3 = +1.25$，面積$_3 = 0.8944$。

$$面積_1 = 面積_3 - 面積_2$$
$$= 0.8944 - 0.0188$$
$$= 0.8756 \text{ 或 } 87.56\%$$

所以在 116 和 120 V 之間的資料有 87.56%。

例題 4-13

如果想得到線路上的電壓有 12.1% 低於 115 V，應該如何調整電壓平均數？其離散 $\sigma = 1.20$ V。

這類問題的解法，和前面的例題剛好相反。首先要在表 A 當中找出 12.1% 或 0.1210 的值；這樣就可以得 Z 值，再從 Z 值的公式當中，找出電壓的平均數。從表A當中，面積$_1 = 0.1210$ 的時候，得到Z值為 -1.17。

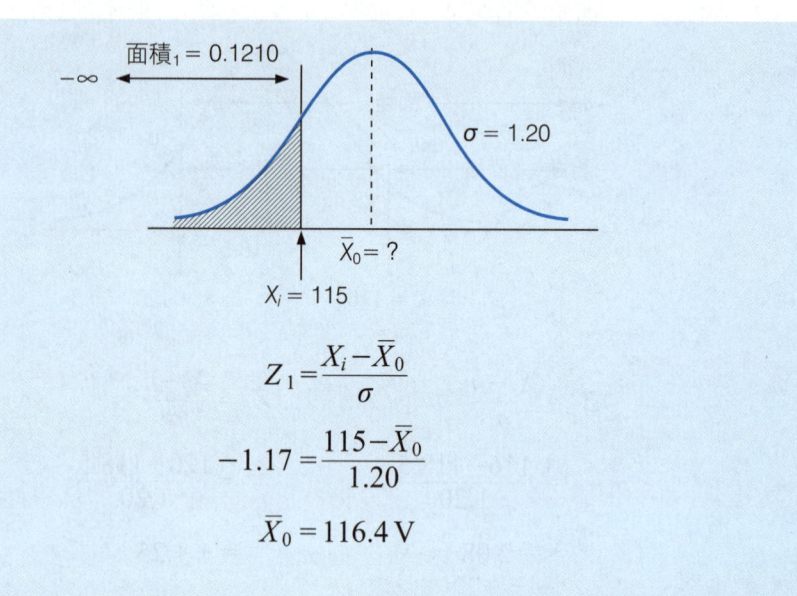

$$Z_1 = \frac{X_i - \bar{X}_0}{\sigma}$$

$$-1.17 = \frac{115 - \bar{X}_0}{1.20}$$

$$\bar{X}_0 = 116.4 \text{ V}$$

所以,電壓平均數應該置於 116.4 V,樣就會有 12.1% 的資料低於 115 V。

要注意的是,在此方程式當中,以 $\bar{X}_0$ 取代 μ_0。常態曲線的概念是以 μ 和 σ 的值為根據;然而,如果有一些證據顯示分配為常態,則可以用 $\bar{X}_0$ 和 s_0 來代替。例題 4-13,說明了 μ 和 σ 的相互獨立;在過程中的中心,有些微的變化並不會影響離散情形。

■ 常態性的檢定

由於常態分配的重要性,經常需要決定資料是否為常態,在使用這些方法的時候,讀者要瞭解,沒有一個方法百分之百可靠。直方圖、偏態和峰度、機率點圖和卡方檢定等方法,稍加修正,也可以應用在其他的母體分配。

▶ 直方圖

直方圖是由大量資料所組成的,用目視檢驗就可以指出這一母體分配的情形。若直方面是單峰、對稱的,而且兩邊尾端逐漸尖細,這就可能是常態性,而且在許多實用的情況下,這些資訊就已經足夠了。圖 4-4 鋼軸重量的直方圖是單峰,尾端逐漸尖細,除了上端的尾巴外,有幾分對稱。如果用挑選作業,將重量在 2.575 kg 以上的鋼軸丟棄,則可以用來解說上尾切斷的原因。

樣本的大小愈大，常態性的判斷愈好；樣本大小的最低限度，建議最少為 50。

▶ 偏態和峰度

偏態和峰度的量測值，是常態性檢定的另一種方法。從表 4-6 當中鋼軸的資料，我們求得 $a_3 = -0.11$ 和 $a_4 = 2.19$。這些數值指出資料有一些向左偏，但很接近常態值 0；而且資料沒有像常態分配的尖狹，因為常態分配的 a_4 值為 3.0。

這些量測提供和直方圖相同的資訊；就如直方圖一樣，樣本的大小愈大，愈容易判斷常態性。樣本的大小，建議最少為 100。

▶ 機率點圖

另一種常態性檢定的方法是將資料點在常態機率紙上。這種紙的形式如圖 4-18 所示；不同的分配，使用不同的機率紙。為了說明點圖的程序，我們將再次使用鋼軸重量的簡化資料；每個步驟的程序，如下說明：

1. **將資料排序**。用表 4-4 當中第一欄資料來說明這一個概念。每一個觀測值依照次序，從最小的記錄到最大的，如表 4-13 所示。重複的觀測值記錄方法，如同 46 這個值的記法。
2. **將觀測值排序**。從最小的觀測值為 1 開始，次小的觀測值為 2，……等等；然後依次排序觀測值。排序的結果如表 4-13 當中第二欄所示。
3. **計算點圖的位置**。這個步驟是應用下列公式完成的：

$$PP = \frac{100(i-0.5)}{n}$$

其中， i = 等級
PP = 用百分位數表示的點圖位置
n = 樣本大小

第一個的點圖位置為 100(1 − 0.5) / 22，也就是 2.3%；其他的點圖位置都是類似的算法，而且標示在表 4-13 上。

4. **標出資料標度**。簡化值的範圍從 32 到 71，所以垂直標度可以照這個標度標出，如圖 4-18 所示。水平刻度表示常態曲線，它是預先印在機率紙

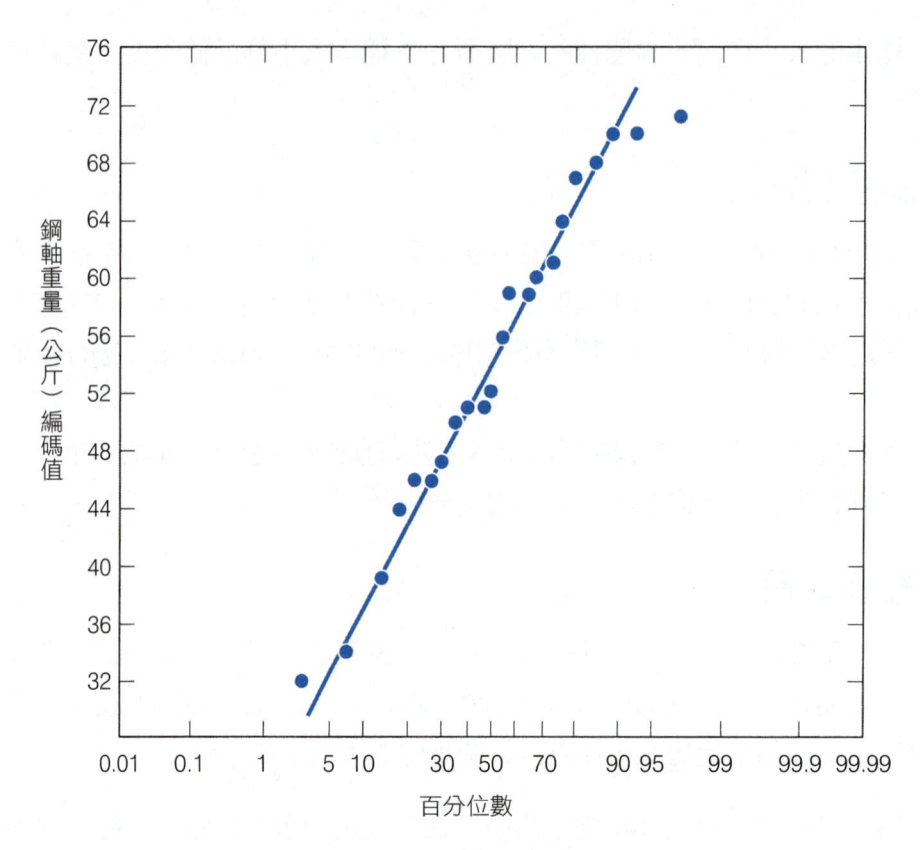

圖 4-18　從表 4-13 的資料所繪製的機率點圖

表 4-13　機率點圖的鋼軸重量資料

觀測值 x_i	等級 i	點圖位置	觀測值 x_i	等級 i	點圖位置
32	1	2.3	56	12	52.3
34	2	6.8	59	13	56.8
39	3	11.4	59	14	61.4
44	4	15.9	60	15	65.9
46	5	20.5	61	16	70.5
46	6	25.0	64	17	75.0
47	7	29.5	67	18	79.5
50	8	34.1	68	19	84.1
51	9	38.6	70	20	88.6
51	10	43.2	70	21	93.2
52	11	47.7	71	22	97.7

上的。
5. **將點標繪上去**。將點圖位置和觀測值，標繪在常態機率紙上。
6. **用目視試畫出一條「最佳」的直線**。用透明的塑膠直尺來做判斷是很有幫助的。當畫出這條線後，中心值應該要比極端值更加注意。
7. **決定常態性**。這項決定是要判斷點靠近直線的程度為何。如果我們不考慮直線兩端的極端點，則我們可以合理地假設資料是常態分配的。

如果常態性是合理的，就可以從圖上得到更多的資訊。平均數是位於第 50 個百分位數的地方，得到的數值大約是 55；標準差是位於第 90 百分位數和第 10 百分位數，兩者之間相減後所得的差，乘以五分之二的地方，大約是 14 [(2/5)(72−38)]。我們也可以利用這個圖，來決定資料低於、高於或介於數值之間的百分比。例如，小於 48 的百分比約為 31%。儘管上述例題使用 22 個資料點有好的結果，但建議最小的樣本大小為 30。

「目視法」是一個結論的判定，不同的人對於同樣資料的直線，會有不同的斜率；有一個分析方法是使用**韋伯分配**（Weibull distribution），可以有效地克服這個限制。這類似於常態分配圖，而且可以使用試算表軟體，例如 EXCEL[11]。韋伯分配會在第 11 章中討論；可以藉由檢驗斜率參數 β，如果 β 值接近 3.4 的時候，這個分配將會近似於常態分配。

▶ 卡方最適合度檢定

卡方（χ^2）檢定是另一種決定樣本資料是否符合常態分配，或其他分配的方法。

這個檢定使用的公式如下：

$$\chi^2 = \sum_{i=1}^{k} \frac{(O_i - E_i)^2}{E_i}$$

其中，χ^2 = 卡方
O_i = 第 i 組的觀測值
E_i = 第 i 組的期望值

---

[11] 在 EXCEL 的迴歸分析中，可以繪製常態機率圖；然而，X 軸是線性的，得到的直線所提供的解釋並不正確。

期望值是由常態分配或任何分配所決定的。在決定 χ^2 後，可以將它和卡方分配做比較，以決定觀察資料是否是由期望分配而來。本書後面所附的 CD 當中，有一個這樣的範例。雖然 χ^2 檢定是決定常態性最好的方法，但它要求樣本數目最少為 125。

對於分析人員來說，重要的一點是要瞭解，沒有一個方法能證明資料是常態分佈的；我們只能下結論說，沒有證據顯示，不能把資料像常態分佈那樣處理。

■散佈圖

決定兩個變數之間是否存在著因果關係的最簡單方法是使用散佈圖。圖 4-19 顯示汽車速度與汽油哩程數之間的關係。從圖中可以看出，當速度增加的時候，汽油哩程數是下降的。汽車的速度標示在 x 軸上，它是獨立變數；獨立變數通常是可以控制的。汽油哩程數標示在 y 軸上，它是依變數，或是回應變數。其他關係的例子如：

切割速度和工具的壽命
水份含量和線的延展性

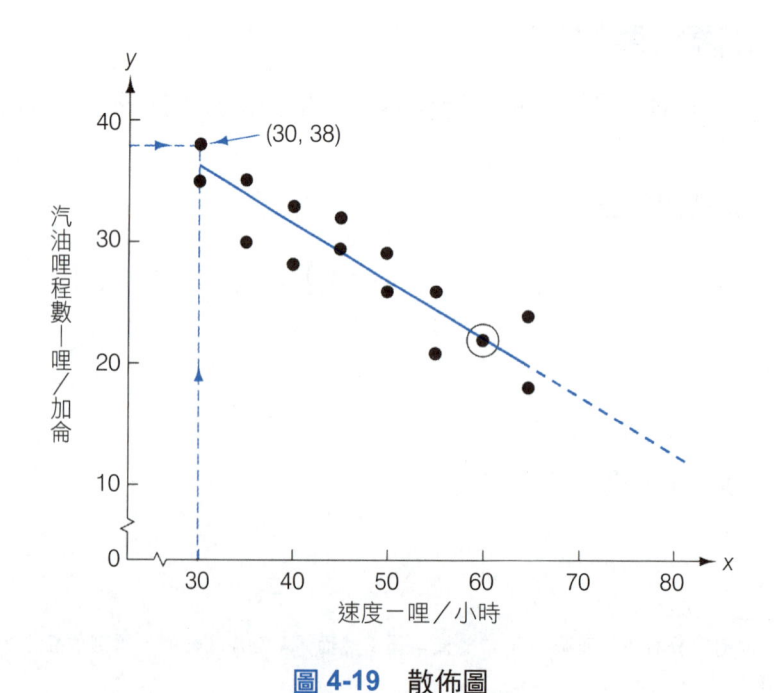

圖 4-19 散佈圖

溫度和口紅色的硬度

敲擊壓力和電力的電流

建構散佈圖有幾個簡單的步驟。資料蒐集為有次序的數字對 (x, y)，控制汽車速度（原因），量測汽油哩程數（結果）；表 4-14，顯示數字對 x、y 的資料。

在 x 軸的右邊和 y 軸的上方，水平標度和垂直標度有較大的值。在將標度標示好之後，再將資料劃記上去。運用虛線，標示樣本號碼 1 的 (30, 38) 方法，如圖 4-19 所示。x 的值為 30，y 的值為 38。再繼續將樣本號碼 2 到 16 標示在座標圖當中，如此散佈圖就完成了。如果有兩個點完全相同，可以用同心圓標示，如 60 哩／小時所示。

一旦散佈圖完成，兩個變數之間的關係或相關性就可以評估。在 (a)，我們得到兩個變數的關係是正相關，因為當 x 增加的時候，y 也增加；在 (b)，兩個變數的關係是負相關，因為當 x 增加的時候，y 是減少的；在 (c)，沒有關係存在，而這種型式有時稱作霰彈槍（shotgun）型式。

在 (a)、(b)、(c) 所說的散佈型式是很容易理解的；然而，在 (d)、(e)、(f) 的散佈型式就比較困難。在 (d)，兩個變數之間，可能存在、也可能不存在關係。x 和 y 之間似乎存在著負相關的關係，但是關係並不是很強烈，必須要有更進一步的統計分析，評估這個散佈型式；在 (e)，資料已經分成不同的階層，顯示出不同的原因有相同結果。一些例子如：順風時和逆風時汽油哩程數的比較、相同的原料、兩個不同供應商的比較、兩個不同機器的比較。一個原因用比較小的實心圓標示，另一個原因用實心的三角形標示。當資料分

表 4-14　汽車速度和汽油哩程數的資料

樣本號碼	速度 （哩／小時）	哩程數 （哩／加侖）	樣本號碼	速度 （哩／小時）	哩程數 （哩／加侖）
1	30	38	9	50	26
2	30	35	10	50	29
3	35	35	11	55	32
4	35	30	12	55	21
5	40	33	13	60	22
6	40	28	14	60	22
7	45	32	15	65	18
8	45	29	16	65	24

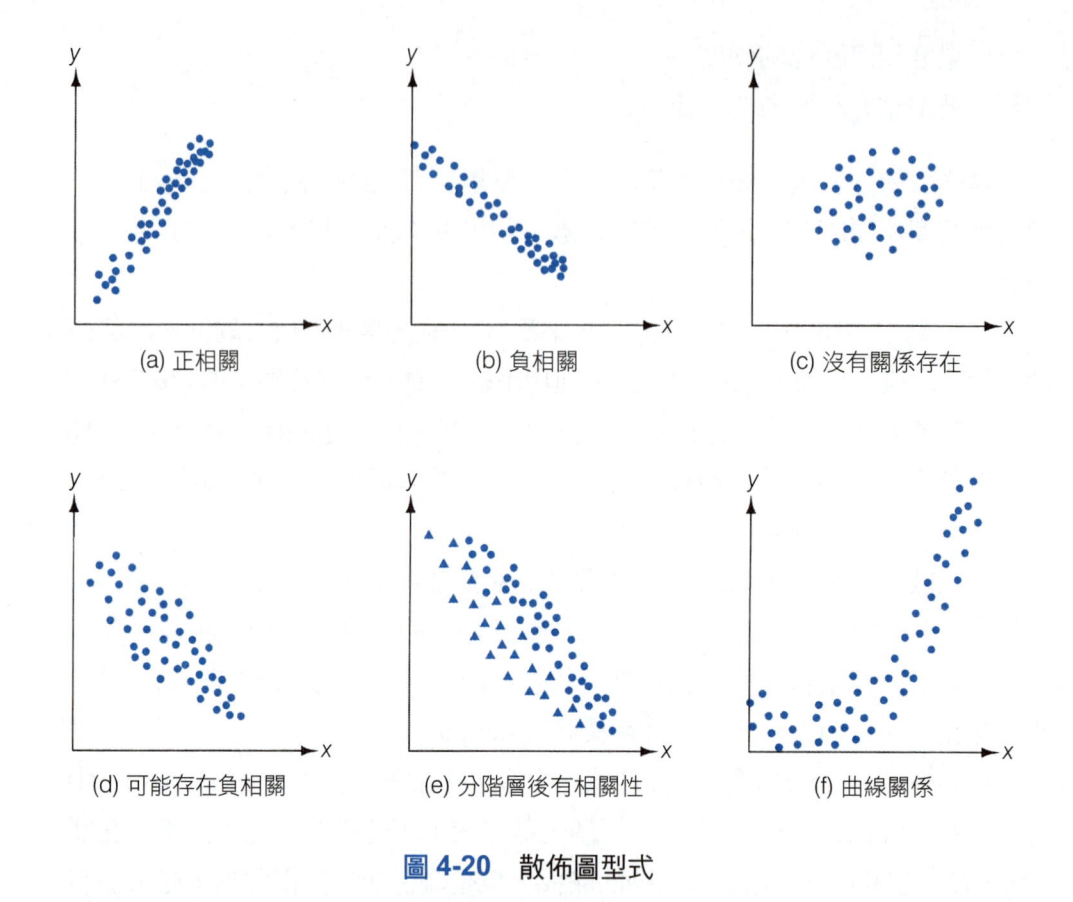

(a) 正相關　　(b) 負相關　　(c) 沒有關係存在

(d) 可能存在負相關　　(e) 分階層後有相關性　　(f) 曲線關係

圖 4-20　散佈圖型式

開的時候，我們可以看出有著強烈的相關性；在 (f)，有曲線的關係，而不是直線的關係。

　　當全部的標示的點都在同一條線上的時候，就是完全相關（perfect correlation）；然而，由於存在試驗的變異和量測誤差，這種完全相關的情況是非常少見的。

　　有時候，會將資料標示出一條最適合的線，因而會有一個可以預估的方程式。例如，我們希望預估時速在 43 哩／小時的時候，汽油哩程數為何。在散佈圖上，可以用目視法或是數學上的最小平方法標示出這條線。不管是哪一種方法，都是希望線上兩邊的點，偏差的距離大約相等；當線延伸超出資料以外時，在沒有資料的地方就用虛線。

　　在數學上，為了要找出最適合資料的直線，我們必須要決定它的斜率（slope）m 以及它和 y 軸的截距（intercept）a，公式如下：

$$m = \frac{\Sigma xy - [(\Sigma x)(\Sigma y)/n]}{\Sigma x^2 - [(\Sigma x)^2/n]}$$

$$a = \Sigma \frac{y}{n} - m(\Sigma \frac{x}{n})$$

$$y = a + mx$$

另一項有用的統計工具是**相關係數**（coefficient of correlation），它說明了線性模型當中的最適合度情形；它是一個**沒有維度**（dimensionless）的數值 r，介於 +1 和 −1 之間。+ 和 − 的符號，可以得知是否為負相關。圖 4-20(a) 為正相關，圖 4-20(b) 為負相關。這個值愈接近 1.00，適合度也就愈好；如果它的值為 1，表示全部的點都落在線上。它的公式為：

$$r = \frac{\Sigma xy - [(\Sigma x)(\Sigma y)/n]}{(\Sigma x^2 - [(\Sigma x)^2/n])(\Sigma y^2 - [(\Sigma y)^2/n])}$$

例題 4-14

利用汽油哩程數和速度關係的資料，決定一條直線，以及它的相關係數。表 4-15 是表 4-14 的延伸，計算出 Σx^2、Σy^2 和 Σxy。同時，計算在時速 57 哩／小時的哩程數。

$$m = \frac{\Sigma xy - [(\Sigma x)(\Sigma y)/n]}{\Sigma x^2 - [(\Sigma x)^2/n]} = \frac{20.685 - [(760)(454)/16]}{38.200 - [(760)^2/16]} = -0.42$$

$$a = \Sigma \frac{y}{n} - m(\Sigma \frac{x}{n}) = \frac{454}{16} - (-0.42)(\frac{760}{16}) = 48.4$$

因此，$y = 48.4 + (-0.42)x$。

當速度為 57 哩／小時，汽油的哩程數將會是 $y = 48.4 + (-0.42)(57) = 24.5$。

$$r = \frac{\Sigma xy - [(\Sigma x)(\Sigma y)/n]}{(\Sigma x^2 - [(\Sigma x)^2/n])(\Sigma y^2 - [(\Sigma y)^2/n])}$$

$$= \frac{20,685 - (760)(454)/16}{(38,200 - 760^2/16)(13,382 - 454^2/16)} = -0.86$$

這個相關係數 −0.86 是令人滿意的，但還不是最好的。

表 4-15　表 4-14 資料的延伸

樣本號碼	速度 (哩／小時) x	哩程數 (哩／加侖) y	X^2	Y^2	XY
1	30	38	900	1,444	1,140
2	30	35	900	1,225	1,050
3	35	35	1,225	1,225	1,225
4	35	30	1,225	900	1,050
5	40	33	1,600	1,089	1,320
6	40	28	1,600	784	1,120
7	45	32	2,025	1,024	1,440
8	45	29	2,025	841	1,305
9	50	26	2,500	676	1,300
10	50	29	2,500	841	1,450
11	55	32	3,025	1,024	1,760
12	55	21	3,025	441	1,155
13	60	22	3,600	484	1,320
14	60	22	3,600	484	1,320
15	65	18	4,225	324	1,170
16	65	24	4,225	576	1,560
總計	760	454	38,200	13,382	20,685

■ 電腦程式

在本書所附的光碟內有一個 EXCEL 軟體，將解答敘述統計的直方圖、卡方檢定以及散佈圖；它們的檔名為 histogram、chi-squared 以及 scatter diagram。值得注意的是，直方圖是在工具選單中，資料分析的附加項目；CORREL 提供了兩個變數的相關係數，LINEST 提供了斜率和截距。

作　業

1. 將下列數字小數點後兩位四捨五入。
   (a) 0.862
   (b) 0.625
   (c) 0.149
   (d) 0.475

2. 找出以下數字的最大可能誤差。
   (a) 8.24
   (b) 522
   (c) 6.3×10^2
   (d) 0.02

3. 找出在作業 2 當中，數字的相對誤差。

4. 計算下列各項數學運算，並且將答案修正為正確的有效數字。
   (a) (34.6)(8.20)
   (b) (0.035)(635)
   (c) 3.8735/6.1
   (d) 5.362/6（6 是計數數字）
   (e) 5.362/6（6 不是計數數字）

5. 計算下列各項數學運算，並將答案修正為正確的有效數字。
   (a) 64.3 + 2.05
   (b) 381.0 − 1.95
   (c) 8.652 − 4（4 不是計數數字）
   (d) 8.652 − 4（4 是計數數字）
   (e) $6.4 \times 10^2 + 24.32$

6. 一位職業籃球員最近 70 次比賽的得分如下：

10	17	9	17	18	20	16
7	17	19	13	15	14	13
12	13	15	14	13	10	14
11	15	14	11	15	15	16
9	18	15	12	14	13	14
13	14	16	15	16	15	15
14	15	15	16	13	12	16
10	16	14	13	16	14	15
6	15	13	16	15	16	16
12	14	16	15	16	13	15

   (a) 按照增加的順序，做一張劃記表。
   (b) 用上面的資料，建構直方圖。

7. 某家洗髮精公司希望裝瓶的時候，能保持規定的重量（kg）。如下表所示，隨機抽取 110 瓶的重量。將這些重量做一張劃記表，並且繪製一張次數直方圖（重量單位是公斤）。

6.00	5.98	6.01	6.01	5.97	5.99	5.98	6.01	5.99	5.98
5.96	5.98	5.99	5.99	6.03	5.99	6.01	5.98	5.99	5.97
6.01	5.98	5.97	6.01	6.00	5.96	6.00	5.97	5.95	5.99
5.99	6.01	6.00	6.01	6.03	6.01	5.99	5.99	6.02	6.00
5.98	6.01	5.98	5.99	6.00	5.98	6.05	6.00	6.00	5.98
5.99	6.00	5.97	6.00	6.00	6.00	5.98	6.00	5.94	5.99
6.02	6.00	5.98	6.02	6.01	6.00	5.97	6.01	6.04	6.02
6.01	5.97	5.99	6.02	5.99	6.02	5.99	6.02	5.99	6.01
5.98	5.99	6.00	6.02	5.99	6.02	5.95	6.02	5.96	5.99
6.00	6.00	6.01	5.99	5.96	6.01	6.00	6.01	5.98	6.00
5.99	5.98	5.99	6.03	5.99	6.02	5.98	6.02	6.02	5.97

8. 下表為研究工時的分析人員，在醫院所測得的 125 個讀數，他每天測 5 次，一共測 25 天。試做一張劃記表，並且做一張包括組中點、組界和觀察次數的表，然後畫一張直方圖。

日 期			作業時間（分鐘）		
1	1.90	1.93	1.95	2.05	2.20
2	1.76	1.81	1.81	1.83	2.01
3	1.80	1.87	1.95	1.97	2.07
4	1.77	1.83	1.87	1.90	1.93
5	1.93	1.95	2.03	2.05	2.14
6	1.76	1.88	1.95	1.97	2.00
7	1.87	2.00	2.00	2.03	2.10
8	1.91	1.92	1.94	1.97	2.05
9	1.90	1.91	1.95	2.01	2.05
10	1.79	1.91	1.93	1.94	2.10
11	1.90	1.97	2.00	2.06	2.28
12	1.80	1.82	1.89	1.91	1.99
13	1.75	1.83	1.92	1.95	2.04
14	1.87	1.90	1.98	2.00	2.08
15	1.90	1.95	1.95	1.97	2.03
16	1.82	1.99	2.01	2.06	2.06
17	1.90	1.95	1.95	2.00	2.10
18	1.81	1.90	1.94	1.97	1.99

日　期	作業時間（分鐘）				
19	1.87	1.89	1.98	2.01	2.15
20	1.72	1.78	1.96	2.00	2.05
21	1.87	1.89	1.91	1.91	2.00
22	1.76	1.80	1.91	2.06	2.12
23	1.95	1.96	1.97	2.00	2.00
24	1.92	1.94	1.97	1.99	2.00
25	1.85	1.90	1.90	1.92	1.92

9. 測試 150 個銀焊接點的相對強度，結果如下表所示。劃記這些數字，並且排列成次數分配。求組距以及組數，並做一張包括組中點、組界和觀測次數的表。畫一張次數直方圖。

1.5	1.2	3.1	1.3	0.7	1.3
0.1	2.9	1.0	1.3	2.6	1.7
0.3	0.7	2.4	1.5	0.7	2.1
3.5	1.1	0.7	0.5	1.6	1.4
1.7	3.2	3.0	1.7	2.8	2.2
1.8	2.3	3.3	3.1	3.3	2.9
2.2	1.2	1.3	1.4	2.3	2.5
3.1	2.1	3.5	1.4	2.8	2.8
1.5	1.9	2.0	3.0	0.9	3.1
1.9	1.7	1.5	3.0	2.6	1.0
2.9	1.8	1.4	1.4	3.3	2.4
1.8	2.1	1.6	0.9	2.1	1.5
0.9	2.9	2.5	1.6	1.2	2.4
3.4	1.3	1.7	2.6	1.1	0.8
1.0	1.5	2.2	3.0	2.0	1.8
2.9	2.5	2.0	3.0	1.5	1.3
2.2	1.0	1.7	3.1	2.7	2.3
0.6	2.0	1.4	3.3	2.2	2.9
1.6	2.3	3.3	2.0	1.6	2.7
1.9	2.1	3.4	1.5	0.8	2.2
1.8	2.4	1.2	3.7	1.3	2.1
2.9	3.0	2.1	1.8	1.1	1.4
2.8	1.8	1.8	2.4	2.3	2.2
2.1	1.2	1.4	1.6	2.4	2.1
2.0	1.1	3.8	1.3	1.3	1.0

10. 應用作業 6 的資料，繪製：
    (a) 相對次數直方圖
    (b) 累積次數直方圖
    (c) 相對累積次數直方圖

11. 應用作業 7 的資料，繪製：
    (a) 相對次數直方圖
    (b) 累積次數直方圖
    (c) 相對累積次數直方圖

12. 應用作業 8 的資料，繪製：
    (a) 相對次數直方圖
    (b) 累積次數直方圖
    (c) 相對累積次數直方圖

13. 應用作業 9 的資料，繪製：
    (a) 相對次數直方圖
    (b) 累積次數直方圖
    (c) 相對累積次數直方圖

14. 把下列作業中的資料，繪製條形圖：
    (a) 作業 6
    (b) 作業 7

15. 應用作業 8 的資料，繪製：
    (a) 多邊形圖
    (b) 肩形圖

16. 應用作業 9 的資料，繪製：
    (a) 多邊形圖
    (b) 肩形圖

17. 一位電工測試輸入住宅線路上的電壓，得到五個讀數為 115、113、121、115、116，則平均數為何？

18. 一位貨運工在載貨的時候，一共跑了八趟。如果每次的距離分別為 25.6、24.8、22.6、21.3、19.6、18.5、16.2、15.5 公尺，則平均數為何？

19. 在壓碎機工廠某一地點測定噪音的等級,並做成如下的次數分配。噪音的單位為分貝,求其平均數。

組中點	次數
148	2
139	3
130	8
121	11
112	27
103	35
94	43
85	33
76	20
67	12
58	6
49	4
40	2

20. 65 個鑄件重量(公斤)的分配如下:

組中點	次數
3.5	6
3.8	9
4.1	18
4.4	14
4.7	13
5.0	5

求其平均數。

21. 有兩個不同的場合,用破壞性檢驗來測試某電子組件的壽命。第一次測試 3 個,其平均數為 3,320 h;第二次測試 2 個,其平均數為 3,180 h。加權平均數為何?

22. 在品質管制課程中,第一組 24 位學生的平均身高為 1.75 m,第二組 18 位學生的平均身高為 1.79 m,第三組 29 位學生的平均身高為 1.68 m。試問這三組學生的平均身高為何?

23. 求下列數字的中位數:
    (a) 22、11、15、8、18
    (b) 35、28、33、38、43、36

24. 求下列各題的中位數：
    (a) 作業 8 的次數分配
    (b) 作業 9 的次數分配
    (c) 作業 19 的次數分配
    (d) 作業 20 的次數分配
    (e) 作業 30 的次數分配
    (f) 作業 32 的次數分配

25. 求下列數列的眾數：
    (a) 50、45、55、55、45、50、55、45、55
    (b) 89、87、88、83、86、82、84
    (c) 11、17、14、12、12、14、14、15、17、17

26. 求下列各題當中的眾數組：
    (a) 作業 6
    (b) 作業 7
    (c) 作業 8
    (d) 作業 9
    (e) 作業 19
    (f) 作業 20

27. 求下列各組資料的全距：
    (a) 16、25、18、17、16、21、14
    (b) 45、39、42、42、43
    (c) 作業 6 當中的資料
    (d) 作業 7 當中的資料

28. 對長 145 cm 的黃銅桿做頻率試驗，得到結果分別為每秒鐘 1,200、1,190、1,205、1,185 和 1,200 次震動，則樣本標準差為何？

29. 測量本書紙張厚度，得到 0.076 mm、0.082 mm、0.073 mm 和 0.077 mm 四個讀數，求其樣本標準差。

30. 在伊利諾州所產的 5 號煤炭中，有機硫含量（%）的次數分配如下，求其樣本標準差。

組中點（%）	次數（樣本數）
0.5	1
0.8	16
1.1	12
1.4	10
1.7	12
2.0	18
2.3	16
2.6	3

31. 求下列各題的樣本標準差。
    (a) 作業 9 當中的資料
    (b) 作業 19 當中的資料

32. 下表為每天檢驗數目的次數分配，求其平均數以及樣本標準差。

組中點（%）	次數（樣本數）
1,000	6
1,300	13
1,600	22
1,900	17
2,200	11
2,500	8

33. 應用作業 19 的資料，繪製：
    (a) 多邊形圖
    (b) 肩形圖

34. 應用作業 20 的資料，繪製：
    (a) 多邊形圖
    (b) 肩形圖

35. 應用作業 30 的資料，繪製：
    (a) 多邊形圖
    (b) 肩形圖

36. 應用作業 32 的資料，繪製：
    (a) 多邊形圖
    (b) 肩形圖

37. 應用作業 19 的資料，繪製：
    (a) 直方圖
    (b) 相對次數直方圖
    (c) 累積次數直方圖
    (d) 相對累積次數直方圖

38. 應用作業 20 的資料，繪製：
    (a) 直方圖
    (b) 相對次數直方圖
    (c) 累積次數直方圖
    (d) 相對累積次數直方圖

39. 應用作業 30 的資料，繪製：
    (a) 直方圖
    (b) 相對次數直方圖
    (c) 累積次數直方圖
    (d) 相對累積次數直方圖

40. 應用作業 32 的資料，繪製：
    (a) 直方圖
    (b) 相對次數直方圖
    (c) 累積次數直方圖
    (d) 相對累積次數直方圖

41. 求下列各題當中的偏態、峰度和相關係數：
    (a) 作業 6
    (b) 作業 7
    (c) 作業 8
    (d) 作業 9
    (e) 作業 20
    (f) 作業 32

42. 若在作業 19 當中，可容許的噪音最大限度為 134.5 分貝（db）；試問在此數值以上資料的百分比？

43. 求在作業 20 的直方圖，其中規格是 4.25 ± 0.60 kg。

44. 某電力公司所使用的煤炭中，硫含量將不會超過 2.25%；根據作業 30 的直方圖，試問這公司的煤炭在這個類別所占的百分比為何？

45. 某公司所製自行車重量的母體平均數為 9.07 kg（20.0 lb），母體標準差為 0.40 kg。如果分配近似常態，求自行車重量：(a) 低於 8.30 kg 的百分比；(b) 高於 10.00 kg 的百分比；以及 (c) 在 8.00 和 10.10 kg 之間的百分比。

46. 如果清理旅館房間的平均時間為 16.0 分鐘，標準差為 1.5 分鐘；試問在 13.0 分鐘以內所能完成的房間百分比為何？在 20.0 分鐘以上所能完成的房間百分比為何？在 13.0 至 20.5 分鐘之間所能完成的房間百分比為何？假設資料呈常態分配。

47. 一家麥片工廠希望它的產品重量，有 1.5% 在規格 0.567 kg（1.25 lb）以下。若資料為常態分配，麥片包裝機的標準差為 0.018 kg，試問平均重量應為何？

48. 精確地研磨某一複雜零件、把零件重新加工，較廢棄使之成為碎片更為經濟。因此，把重新加工的百分比定為 12.5%。假設資料為常態分配，標準差為 0.01 mm，規格上限為 25.38 mm（0.99 in.），求其製程的中心值。

49. 利用作業 41 的資訊，你對下列各題中有關分配的常態性，有何判斷？
    (a) 作業 6
    (b) 作業 7
    (c) 作業 8
    (d) 作業 9
    (e) 作業 20
    (f) 作業 32

50. 使用常態機率紙，判斷下列分配的常態性：
    (a) 表 4-4 的第二欄
    (b) 作業 7 的前三欄
    (c) 作業 8 的第二欄

51. 藉由散佈圖，決定一項碳酸飲料產品的溫度和泡沫之間是否存在關係，資料如下表所示。

天	產品溫度 (°F)	泡沫 (%)	天	產品溫度 (°F)	泡沫 (%)
1	36	15	11	44	32
2	38	19	12	42	33
3	37	21	13	38	20
4	44	30	14	41	27
5	46	36	15	45	35
6	39	20	16	49	38
7	41	25	17	50	40
8	47	36	18	48	42
9	39	22	19	46	40
10	40	23	20	41	30

52. 藉由散佈圖，決定機器使用的時數（小時）和目標的距離（公釐）之間是否存在關係。20 組 (x, y) 的資料如下，x 代表機器使用的時數：
(30, 1.10)、(31, 1.21)、(32, 1.00)、(33, 1.21)、(34, 1.25)、(35, 1.23)、
(36, 1.24)、(37, 1.28)、(38, 1.30)、(39, 1.30)、(40, 1.38)、(41, 1.35)、
(42, 1.38)、(43, 1.38)、(44, 1.40)、(45, 1.42)、(46, 1.45)、(47, 1.45)、
(48, 1.50)、(49, 1.58)。
用目視法畫一條直線，並且預估在第 55 個小時，和目標的距離（公釐）為何。

53. 瓦斯的壓力（kg/cm^2）以及體積（公升）資料如下：
(0.5, 1.62)、(1.5, 0.75)、(2.0, 0.62)、(3.0, 0.46)、(2.5, 0.52)、(1.0, 1.00)、
(0.8, 1.35)、(1.2, 0.89)、(2.8, 0.48)、(3.2, 0.43)、(1.8, 0.71)、(0.3, 1.80)。
畫一個散佈圖，決定相關係數直線的方程式以及瓦斯壓力為 2.7 kg/cm^2 時的體積。

54. 下列是鋼模澆鑄的鋁金屬拉力強度（100 psi）、硬度（Rockwell E）的資料：
(293, 53)、(349, 70)、(368, 40)、(301, 55)、(340, 78)、(308, 64)、(354, 71)、
(313, 53)、(322, 82)、(334, 67)、(377, 70)、(247, 56)、(348, 86)、(298, 60)、
(287, 72)、(292, 51)、(345, 88)、(380, 95)、(257, 51)、(258, 75)。
畫一張散佈圖，並且決定它們的關係為何。

55. 對紫花苜蓿所噴灑水量的長度（英吋）和收成量（噸）的資料如下表所示：

水量長度	12	18	24	30	36	42	48	60
收成量	5.3	5.7	6.3	7.2	8.2	8.7	8.4	8.2

畫一張散佈圖，並且分析結果；請問相關係數為何？

56. 使用 EXCEL 軟體決定述統計和直方圖，資料如下：
    (a) 作業 6
    (b) 作業 7
    (c) 作業 8
    (d) 作業 9
    (e) 作業 19
    (f) 作業 20
    (g) 作業 30
    (h) 作業 32

57. 使用檔名為 Weibull 的軟體來決定作業 50(a)、50(b) 和 50(c) 是否符合常態。

58. 使用卡方軟體，決定下列是否符合常態分配：
    (a) 作業 19
    (b) 作業 20
    (c) 作業 30
    (d) 作業 32

59. 由生產部門或實驗室取得資料，而且決定敘述統計和直方圖。

CHAPTER 5 計量值管制圖[1]

目 標

在完成本章之後,讀者可以預期:

- 知道三個種類的變異和它們的來源
- 瞭解管制圖方法的概念
- 知道計量管制圖的目的
- 知道如何選擇品質特性、合理的樣組以及抽樣的方法
- 計算中心值、試驗性的管制界限以及 $\bar{X}$ 管制圖和 R 管制圖修正的管制界限
- 比較 R 管制圖和 s 管制圖
- 解釋控制的製程和所獲得的好處
- 解釋無法控制的製程的含義,以及各種無法控制的型式
- 知道個別量測和平均值的差異以及管制界限和規格的差異
- 知道製程展開和規格的不同情況,以及對不良情況可以採取的作法
- 可以計算製程能力
- 知道六個標準差的統計意義
- 能夠確認不同型式變數的管制圖,以及使用它們的原因

---

[1] 本章的內容是依據 ANSI/ASQC B1-B3–1996。

▍簡　介

▶ 變　異

　　製造業的一句名言是：沒有兩種製造出來的東西是完全相同的。事實上，變異的觀念是一種自然法則，在自然界，不管是任何種類，沒有任何兩個物體是相同的。變異可能非常大而且引人注目，例如：人的身高；然而，這個變異也可能是非常小的，例如：纖維筆尖的重量或雪花的形狀。當變異非常小的時候，物品就有可能看起來是相同的。不過，利用精確的儀器，就可以測量出它們的差異。如果兩個物品有兩個相同的測量值出現，這是受到儀器精密度限制所導致。當測量儀變得更精準的時候，兩者之間的變異仍然存在──只是變異的增加量改變而已；當變異可以控制之前，必須有測量變異的能力。

　　論件生產的變異，有三種類別：

1. **件內變異**（within-piece variation）。這種變異，就像是零件的表面粗糙度，指某一部分的表面比另一部分還要粗糙；或是在某一頁末端的印刷效果，比該頁其他地方的印刷效果還要好。
2. **件間變異**（piece-to-piece variation）。這種變異，發生在同一時間內所生產出來的零件之間。因此，由同一台機器所連續生產出來的四個燈泡，其亮度的強弱就有所不同。
3. **時間變異**（time-to-time variation）。這種變異，來自於產品或服務是在一天內不同時間生產所發生的。因此，一個服務在早上所做的，與稍晚所做的，是有所不同的；或者如刀具的磨耗，造成切削性質的改變。

　　其他製程的變異種類，例如，連續化學製程或是所得稅稽核的類別就不太一樣，但是觀念上是很類似的。

　　因為設備、材料、環境、操作人員的組合，使得變異存在於每項製程當中。變異的第一個來源是**設備**（equipment），包括工具耗損、機器震動、夾持裝置定位、液壓和電力變動等。當所有變異湊在一起的時候，機器就在這個特定的效能和精準度下運作。即使一樣的機器也有不同的效能，這一項事實成為排定重要的零件製程時非常重要的考慮因素。

變異的第二個來源是材料（material）。因為變異是發生在完成品，所以也會發生在材料（而它是來自於別人的某項完成品）。例如，抗拉強度、延展性、厚度、多孔性和濕度等的品質特性，都是造成完成品變異的因素。

變異的第三個來源是環境（environment）。溫度、照明、輻射、靜電放電、粉塵大小、壓力、濕度，都是產品的變異因素。為了控制這些變異的來源，產品的製造有時需要在「無塵室」進行。在外太空的實驗，可以學到更多關於環境影響產品變異的知識。

變異的第四個來源是操作人員（operator）。這個變異包括操作人員執行作業的方法，操作人員的生理和情緒健康狀況都會造成變異。手指割傷、腳踝扭傷、私人問題或頭痛，都會使得操作人員的品質績效產生變化。因為缺乏訓練使操作人員不了解設備和材料的變異，也會導致機器經常性調整；也因此，會使得變異更加複雜。當我們的設備自動化程度更高的時候，操作人員在變異上的影響就會減小。

上述的四種來源說明了實際的變異原因；另外還有報告上的變異，這種變異是因為檢驗（inspection）活動而造成的。不良的檢驗設備、品質標準不正確的應用，或是量測時，在測量對微尺過度施壓，都是不正確變異報告的原因。一般而言，檢驗所產生的變異是其他四種變異來源的十分之一。必須注意的是，這些變異來源，有三項出現在檢驗活動當中：檢驗人員、檢驗設備和環境等三方面，必須加以注意。

只要這些變異的變化是自然或是可以預期的，便會發展成穩定的機遇原因（chance causes）或隨機原因（random causes）。變異的機遇原因是無法避免的，因為它們的數量非常多，而且個別之間相對重要性很小，所以很難去偵測或是識別。那些變異非常大且容易辨識的，則歸類為非機遇原因（assignable causes）[2]。當製程內只有機遇原因存在的時候，則這個製程是在統計管制之內，這個時候，製程是穩定而且可以預測；然而，當非機遇原因也在製程之內的時候，變異就會過大，則製程就歸類為超出管制狀態或是超出預期的自然變異。

▶ 管制圖的方法

為了指出觀察到的品質變異大於機遇原因的時候，就必須使用管制圖的

---

[2] 戴明（W. Edwards Deming）使用 common 和 special 兩個字，而不是 chance 和 assignable。

方法來分析和表達所得到的資料。計量值管制圖，是將資料集中趨勢和離散程度變異加以顯現；以圖形來紀錄某一特性的品質，並且顯示製程是否穩定。

圖 5-1 是管制圖的一個例子。這個圖是 $\bar{X}$ 管制圖（平均數），用於紀錄樣本平均數的變異。另一張管制圖，如 R 管制圖（全距），也能提供解釋的效果。這個圖橫軸是「樣組編號」，每一組都包含特定樣本固定的觀測值。樣組按照順序排列，第一個檢驗編號為 1，最後一個檢驗編號為 14。縱軸是計量值，在這個例子當中，是某產品所衡量出來的重量，以公斤表示。

每個實心的小點，代表樣組的平均數。第五號樣組包含四個觀測值 3.46、3.49、3.45、3.44，平均數是 3.46 公斤，並且紀錄為管制圖的第五個樣組。在管制圖上通常使用平均數，而不是個別的觀測值，因為平均數較能快速反應變異變化[3]；同時，在樣本當中有兩個或更多的觀測值，特定樣組的離散量測也可以獲得。

在管制圖中間的實線，依照有效的數據資料，可以有三種不同的解釋。第一種最普遍的解釋，它是這些點的平均數，也就是 $\bar{X}$。管制圖上這些平均數的平均數，或「X double bar」，以符號 $\bar{\bar{X}}$ 代表；第二種解釋，它是基於以往資料的標準值，或參考值，或是一個基於生產成本和服務需要的經濟值或規格的目標值，以 $\bar{X}_0$ 符號代表；第三種解釋，是在母體已知的情況下，代表

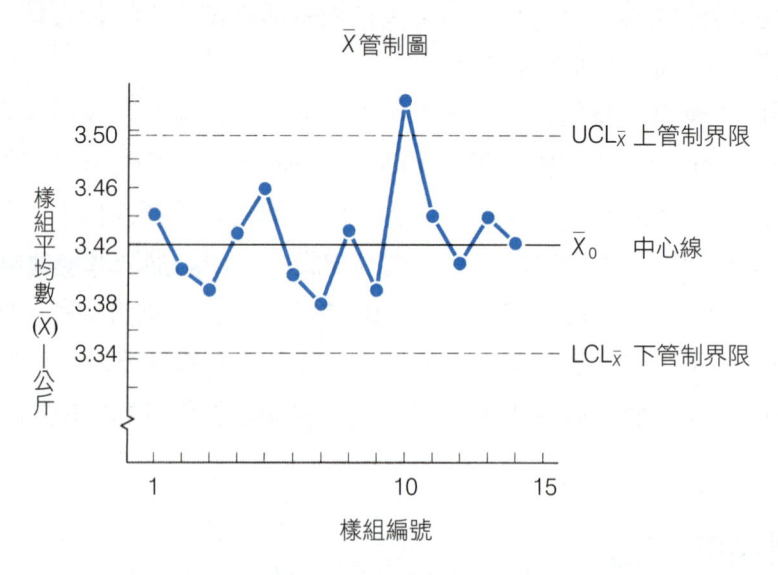

圖 5-1　管制圖的範例

---

[3] 為了證明這一點，請參閱 J. M. Juran, ed., *Quality Control Handbook*, 4th ed. (New York：McGraw-Hill, 1988), sec 24, p.10。

母體平均數，以符號 μ 代表。

　　兩條虛線代表上管制界限和下管制界限。管制界限是為了輔助判斷產品或服務品質變異的顯著性。**管制界限**（control limits）常常和**規格界限**（specification limits）混淆；規格界限，是指個別產品的品質特性允許的界限。然而，管制界限是從樣組之間評估品質變異的。因此，在管制圖當中，管制界限的目的是用來評估樣組和樣組之間的變異。以 $\bar{X}$ 管制圖來說，管制界限為樣組平均數的函數。樣組平均數的次數分配，取決於這些平均數的平均數和標準差。而管制界限是取中心線 ±3 倍的標準差。回想一下討論過的常態曲線，介於 +3σ 和 −3σ 之間的項目數是 99.73%。因此，在 10,000 的樣組當中，有 9,973 次是落在管制上限和管制下限之間；如果是這樣，這個製程是在管制狀態內。當樣組值在界限之外，則製程不在管制狀態內，而且有非機遇原因的變異出現。本章稍後的內容會討論不在管制狀態內的情況。圖 5-1 當中，第 10 個樣組超過管制上限，因此在自然穩定的製程當中，曾經出現變化，造成失控點。不在管制狀態內也有可能是因為機遇原因，這個事實發生的機率是每 10,000 次中有 27 次的機會。機遇原因發生之前的**平均連串長度**（average run length）為 3.70 單位（10,000 ÷ 27）。

　　在實務上，管制圖公告在工作中心以控制特定的品質特性；通常 $\bar{X}$ 管制圖是管制集中趨勢，R 管制圖則是管制離散趨勢，兩種圖會合併使用。圖 5-2 是兩圖合併使用的例子，是橡膠硬度測試檢驗的報告結果和繪製管制圖的方法。在早上 8：30，365-2 工作中心的操作人員選取四個項目做測試，得到四個觀測值 55、52、51、53，分別紀錄在標示為 X_1、X_2、X_3、X_4 的橫列上。這些樣組的平均數是 52.8，也就是加總以後除以 4；全距是 4，也就是最大值 55 減最小值 51。操作人員在 $\bar{X}$ 管制圖上將 52.8 記上實心點，並在 R 管制圖上將 4 記上實心點，然後再繼續做其他的工作。

　　操作人員在特定工作中心檢驗產品的次數是由產品的品質決定。當製程在管制狀態內，而且沒有困難出現的時候，檢驗就可以少一點。相反地，當製程不在管制狀態內，或機器開機不久的時候，就需要多一點的檢驗。工作中心的檢驗頻率也可以由花在非檢驗活動的時間量來決定；在這個例子，檢驗的頻率是每隔 60 到 65 分鐘一次。

　　在早上 9：30，操作人員執行樣組 2 的計算和繪點，與樣組 1 的繪製工作程序相同。結果全距是 7，剛好落在管制上限，這個點要判定為在管制狀態內或不在管制狀態內，端視組織的政策而定。此處建議可以先將這個點歸

類在管制狀態內,再由操作人員做一些粗略的檢視,是否有非機遇原因出現;而繪圖點恰巧落在管制界限上,是非常少見的情況。

樣組 2 中的第三個觀測值 X_3 的檢驗結果值是 57,超出了管制上限。讀者可能有印象,前面曾經對管制界限和規格之間的差異做過討論;換句話說,

$\bar{X}$ 和 R 管制圖

工作中心編號　365-2
品質特性　　　硬度測試　　　　　　日期　3/6

時間	8 $\frac{30}{AM}$	9 $\frac{30}{AM}$	10 $\frac{40}{AM}$	11 $\frac{50}{AM}$	1 $\frac{30}{PM}$								
樣組	1	2	3	4	5	6	7	8	9	10	11	12	13	14
X_1	55	51	48	45	53									
X_2	52	52	49	43	50									
X_3	51	57	50	45	48									
X_4	53	50	49	43	50									
總和	211	210	196	176	201									
$\bar{X}$	52.8	52.5	49	44	50.2									
R	4	7	2	2	5									

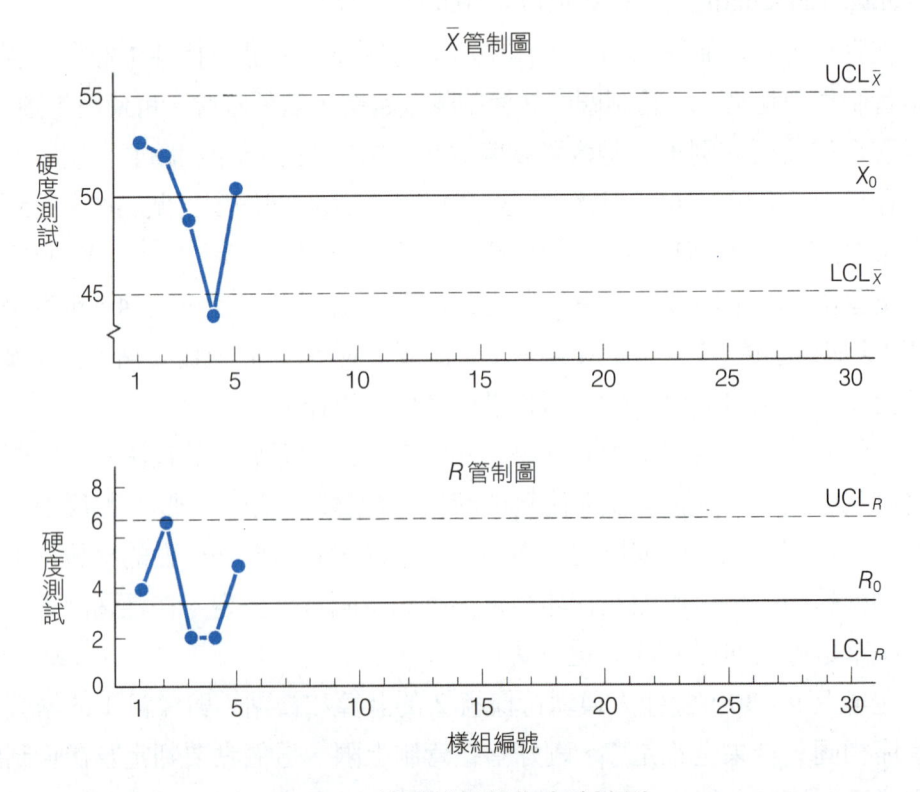

圖 5-2　檢驗結果報告方法範例

57 這個值，只是個別觀測值，和管制界限沒有關係；因此，事實上個別觀測值大於或小於管制界限是沒有意義的。

樣組 4 的平均數是 44，低於管制下限 45。因此，樣組 4 不在管制狀態內，操作人員必須將事實向部門管理者報告。操作人員和管理者要尋找出非機遇原因，並且如果可能的話，要採取矯正行動。不論採取哪種矯正行動，操作人員都要在 $\bar{X}$ 管制圖和 R 管制圖或另外的表格上，加以記載。管制圖會指出問題發生的時間和地點；而難題的確認和排除則屬於生產上的問題。最理想的是由操作人員繪製管制圖，而且有足夠時間和適當的訓練。當操作人員無法繪製管制圖的時候，就要由品質管制人員繪製管制圖。

管制圖是一種統計工具，可以區分出自然和非自然變異，如圖 5-3 所示。非自然變異是由非機遇原因所造成的。它通常需要（但並不是完全需要）由了解製程的人，如：作業人員、技術人員、職員、維修人員以及第一線管理者，採取矯正行動。

自然變異是機遇原因造成的結果，它需要管理者的介入以達成品質改善。關於這一點，大約有 80% 到 85% 的品質問題是因為管理者或是系統本身造成，而 15% 到 20% 是操作造成的。

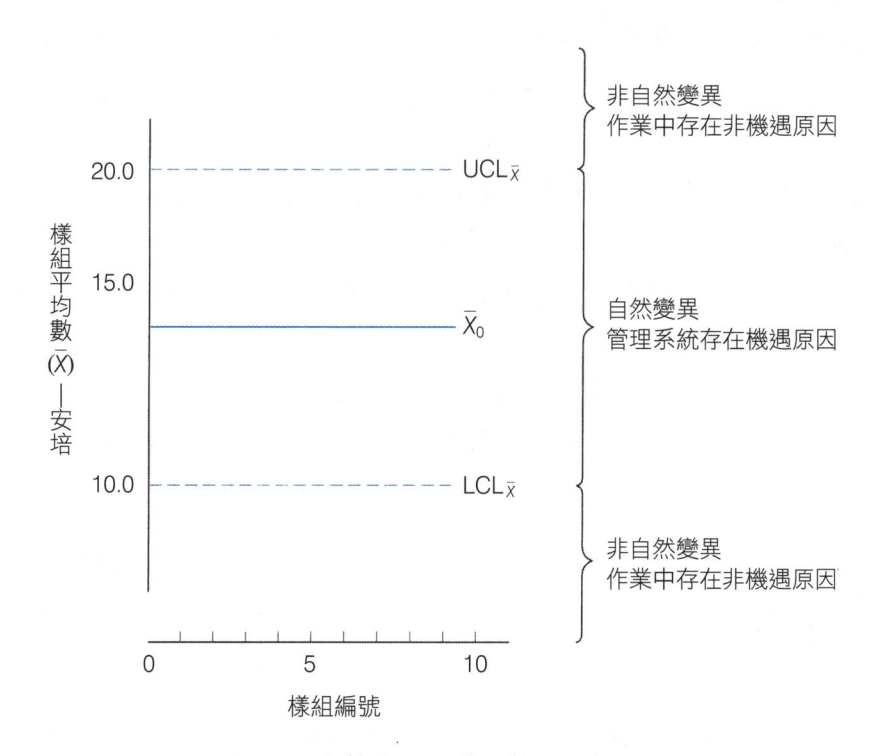

圖 5-3　自然變異和非自然變異的原因

管制圖習慣上會保留特定品質特性的連續紀錄，當做是製程的時間推移圖像。當管制圖完成的時候，要換另一張新的管制圖，並將完成後的管制圖存檔。這些管制圖可以用來改善製程品質、決定製程能力、幫助決定有效的規格、決定何時讓製程獨立運作、何時調整製程，並調查被拒收或臨界品質的原因[4]。

➠ 計量值管制圖的目的

計量管制圖可以提供下列的資訊：

1. **品質改善方面**。使用計量管制圖，不只是因為品質管制計畫不足而已，同時也是品質改進很好的方法。
2. **決定製程能力方面**。在獲得實質的品質改善之後，才能獲得真正的製程能力。在品質改善的循環當中，管制圖會指出，沒有花費大筆金錢，就不可能進一步改善品質；而在那個時間點，才會獲得真正的製程能力。
3. **關於產品規格的決定方面**。當獲得真正的製程能力的時候，有效的規格才能決定。如果製程能力是 ±0.003，而規格是 ±0.004，則作業人員才可能實際地達成。
4. **關於生產製程的現有決策方面**。首先要決定製程是否在管制狀態內。如果不在管制之內，則使用管制圖達成管制。一旦獲得管制的時候，管制圖是使用來維持管制狀態。因此，管制圖是用來判定自然變異何時發生，以及何種程序不需要採取任何行動；而當非自然變異發生的時候，則需要採取行動來找出消除非機遇原因。

   在這方面，只要點在管制界限內，作業人員就達成品質績效；如果績效不能令人滿意，系統應該負解決的責任，而不是作業人員的責任。
5. **關於最近生產項目的決策方面**。管制圖可以當作一項來源資訊，幫助決定生產項目是否可以交至下一個階段的生產程序，或一些替代方案的選擇，例如分類和維修。

這些目的通常是相互依賴的。舉例來說，在決定實際的製程能力之前，需要品質改善；而決定有效規格之前，需要決定製程能力。計量值管制圖應

---

[4] Wallace Davis III, "Using Corrective Action to Make Matters Worse," *Quality Progress* (October 2000): 56-61.

該建立以達成特定的目的。當特定的目的達到之後，管制圖就應該停止使用；或是繼續使用，但檢驗工作卻可以大幅減少。

管制圖的方法

簡 介

要建立一組平均數 $\bar{X}$ 管制圖和全距 R 管制圖，必須依循下列的程序，程序的步驟如下：

1. 選擇品質特性。
2. 選擇合理的樣組。
3. 蒐集資料。
4. 決定試驗的中心線和管制界限。
5. 建立修正後的中心線和管制界限。
6. 達成目標。

本節將描述 $\bar{X}$ 和 R 管制圖的程序，也將描述 s 管制圖的製作程序。

選擇品質特性

被選為 $\bar{X}$ 和 R 管制圖的變數，必須是可以衡量、可以用數字表達的品質特性。品質特性可以由七種基本單位來表示：長度、質量、時間、電流、溫度、物質、發光強度，以及其他延伸出來的單位，例如：電力、速率、力量、能量、密度和壓力。

那些會影響產品或服務績效的品質特性，通常會首先受到注意。這些特性可能是原料、零組件、次配件或是完成品的函數。換句話說，在生產的時候，會造成困難或是產生成本問題的品質特性，應該優先選擇。通常最佳的節省成本機會，可以從廢品和重工成本高的地方著手；柏拉圖分析也是一個決定優先順序的好方法，而另一個可能的地方，是需要做破壞性檢驗的時候。

在任何的製造工廠裡，產品是由很多變數所決定。因此，不可能在所有變數管制上使用 $\bar{X}$ 和 R 管制圖；明智而審慎地選擇品質特性是必須的。由於所有的變數都可以視為是計數的，而計數管制圖也可以運用在品質改善方面（參閱第 8 章）。

▶ 選擇合理的樣組

先前有提到管制圖上的資料是由許多項目群組所形成的，稱為合理的樣組。我們必須了解，隨機蒐集的資料並不符合做為合理的條件。一個合理的樣組，是造成組內的變異，只有機遇原因而已。組內變異是用來決定管制界限，而組間變異是用來評估製程長期的穩定性。下面是選擇樣組樣本的兩項方法：

1. 第一個選擇樣組樣本的方法，就是從產品或服務生產的瞬間或盡可能的接近瞬間選取樣本。例如同一台機器，連續選取四個零件，或是從最近生產出來的零件箱當中選取四個樣本，是這種合理的取樣方法的一個例子。而下一個樣組樣本的選取也很類似，但是必須經過一段時間（例如一個小時以後）；這種方法稱為瞬時法。

2. 第二種方法，是經過一段生產時間之後，才來選取產品或服務的樣本；如此選取的樣本可以代表全部產品或服務。舉例來說，檢驗員每一小時訪視電流斷路器裝配過程，採取樣組樣本的時候，是從前一個小時所生產出來的電流斷路器當中，隨機選取四個樣本。而下一次訪視裝配線的時候，則選取前一次訪視和這次訪視之間所生產出來的電流斷路器，其餘類推；這種方法稱為定時法。

比較這兩種方法，瞬時法擁有最小的組內變異和最大的組間變異的特性；而定時法則有最大的組內變異和最小的組間變異的特性。一些數值的例子可以用來說明它們的不同。瞬時法的組平均（$\bar{X}$）可以從 26 到 34，而組距（R）則從 0 到 4；然而定時法的組平均（$\bar{X}$）的變動可以從 28 到 32，組距（R）則從 0 到 8。

瞬時法是比較常用的，因為它提供某一特定時點是否有非機遇原因的參考，而且對製程平均改變提供更加敏感的衡量。因為樣組內所有的值都非常接近，它的變異最有可能是機遇原因產生的，因而符合合理的樣組標準。

定時法的優點是提供較佳的整體結果，因此品質報告會提供更準確的品質結果。而且因為製程的限制，定時法可能是樣組樣本選取的唯一實際方法。非機遇原因可能會出現在這樣的樣組當中，使得很難確保樣組的合理性存在。

在少數的情況之下，可能同時使用這兩種方法；當這種情形發生的時候，這兩個管制圖必須使用不同的管制界限。

不管使用何種方法獲得樣組，樣組選出來的批量必須是**同質的**（homogeneous）。同質是代表在同一組內的物件，必須是盡量相似的——也就是由同一部機器、同一個操作人員、同一個模子等所製造。同樣地，固定材料的數量，使用同一個刀具，直到它磨耗後更換或是磨利後再使用，都可以視為同質的同一批產品。相同的時間間隔內所生產出來的產品，都可以視為同質的同一批；因為這種方法是相當容易組織和管理的。不論指定哪一批產品，樣組內的產品應該都是在條件狀況相同的情況下生產的。

樣本或樣組的大小，應該以一定程度的經驗來判斷；然而，有一些原則可以參考：

1. 當樣組數目增加，管制界限會愈接近中心線，會使管制圖對於製程平均的小變異更加敏感。
2. 當樣組數目增加，每個樣組檢驗的成本也增加。較大樣組的成本增加，會證明管制圖更加敏感嗎？
3. 當項目昂貴，又使用破壞性試驗的時候，樣組大小必須在 2 或 3，因為它會使昂貴產品或服務的破壞最小。
4. 樣本大小為 5 在產業中最常使用，因為容易計算；然而，當使用便宜的電子掌上型計算機，這個原因也就不復存在。
5. 當樣組大小是 4 或以上，雖然母體並非常態，然而根據基本的統計得知，樣組平均數（$\bar{X}$）的分配近似於常態。本章稍後的章節將證明這個論述。
6. 當樣組大小超過 10 的時候，必須使用 s 管制圖代替 R 管制圖，來控制品質離散情況。

對樣組採樣的次數並沒有一定的規則，但是所採樣的次數必須能夠偵測製程的改變。工廠或辦公室佈置的不便以及樣組採樣的成本，必須和所得到數值的價值間取得平衡。一般來說，最好是在剛開始生產的時候要經常抽樣，直到所得的資料顯示可以減少抽樣的次數為止。

表 5-1 的資料來自 ANSI/ASQ Z1.9—1993，可以幫助決定抽樣所需要的數量。如果製程要求每天生產 4,000 件，則建議總檢驗次數為 75 次。因此，樣組大小是 4，抽 19 個樣組就是一個好的選擇起點。

預先管制原則（參閱第 6 章）可以使用在決定抽樣的次數上，這是根據製程調整的次數。如果製程每小時調整一次，則抽樣就必須每 10 分鐘一次；如果製程每 2 小時調整一次，則抽樣就必須每 20 分鐘一次；如果製程每 3 小

表 5-1　樣本大小

批量大小	樣本大小
91–150	10
151–280	15
281–400	20
401–500	25
501–1,200	35
1,201–3,200	50
3,201–10,000	75
10,001–35,000	100
35,001–150,000	150

資料來源：ANSI/ASQ Z1.9–1993，正常檢驗，水準 II。

時調整一次，則抽樣就必須每 30 分鐘一次，依此類推。

樣組採樣的頻率可以用生產項目的百分比或時間區間來表示。總之，選擇合理的樣組，只允許組內出現機遇原因。

➡ 蒐集資料

下一個步驟是蒐集資料。這個步驟可以使用如圖 5-2 的表格來完成，這個表的資料由上往下垂直紀錄。紀錄量測值一個接在前一個的下面，每一個樣組的加總變得比較容易。另一種紀錄資料的方法，如表 5-2，是由左往右水平的方式做紀錄。如果有掌上型的電子計算機，特定的計算方法就沒有什麼太大的差別。本書為了說明方便，使用後者的方法。

假設品質特性和合理的樣組計畫都已經選定，則可以指派技術人員蒐集資料，當成一般工作的一部分。第一線管理者和作業人員都應該知道技術人員會蒐集資料；不過，在這個時候，還沒有任何的圖表或資料會公佈在工作中心。

因為使用鍵及鍵槽來裝配齒輪到傳動桿上有困難度，專案小組建議使用 $\bar{X}$ 和 R 管制圖來進行品質管制工作。品質特性是桿上的鍵槽深度：6.35 mm（0.250 in.）。使用合理的樣組大小 4，某技術人員五天內每天會獲得 5 個樣組。而樣本量測後，同時計算組平均（$\bar{X}$）和全距 R，並紀錄在表格上。此外，額外的紀錄資訊包括日期、時間和製程相關的敘述。為了簡化，個別量測值從 6.00 mm 開始編碼紀錄，也就是說 6.35 記成 35。

表 5-2　鍵槽深度資料（公釐）[a]

樣組編號	日期	時間	X_1	X_2	X_3	X_4	平均數 $\bar{X}$	全距 R	附註
1	12/26	8:50	35	40	32	37	6.36	0.08	
2		11:30	46	37	36	41	6.40	0.10	
3		1:45	34	40	34	36	6.36	0.06	
4		3:45	69	64	68	59	6.65	0.10	新臨時工人
5		4:20	38	34	44	40	6.39	0.10	
6	12/27	8:35	42	41	43	34	6.40	0.09	
7		9:00	44	41	41	46	6.43	0.05	
8		9:40	33	41	38	36	6.37	0.08	
9		1:30	48	44	47	45	6.46	0.04	
10		2:50	47	43	36	42	6.42	0.11	
11	12/28	8:30	38	41	39	38	6.39	0.03	
12		1:35	37	37	41	37	6.38	0.04	
13		2:25	40	38	47	35	6.40	0.12	
14		2:35	38	39	45	42	6.41	0.07	
15		3:55	50	42	43	45	6.45	0.08	
16	12/29	8:25	33	35	29	39	6.34	0.10	
17		9:25	41	40	29	34	6.36	0.12	
18		11:00	38	44	28	58	6.42	0.30	油管損壞
19		2:35	35	41	37	38	6.38	0.06	
20		3:15	56	55	45	48	6.51	0.11	材料損壞
21	12/30	9:35	38	40	45	37	6.40	0.08	
22		10:20	39	42	35	40	6.39	0.07	
23		11:35	42	39	39	36	6.39	0.06	
24		2:00	43	36	35	38	6.38	0.08	
25		4:25	39	38	43	44	6.41	0.06	
總和							160.25	2.19	

[a] 為了簡化，個別衡量值從 6.00 mm 開始編碼紀錄。

　　最少要蒐集 25 組的資料，組數太少無法提供有效的資料計算中心線和管制界限，太多的組數則會拖延管制圖的建立。如果樣組的取得比較慢，可以先用較少的樣組，得到初步的結論。

　　資料畫在圖 5-4，稱為**推移圖**（run chart），它並沒有管制界限，但是可以用來分析資料，特別是在產品的發展階段或是在統計管制狀態之前使用。這些資料依生產順序畫在圖上，如圖所示。將這些點畫在圖上，是找出製程狀況非常有效的方法，而這是資料分析第一步所必須做的。

如果製程穩定，就必須決定統計界限。

➠ 決定試驗的中心線和管制界限

$\bar{X}$ 和 R 管制圖中心線的公式如下：

$$\bar{\bar{X}} = \frac{\sum_{i=1}^{g} \bar{X}_i}{g} \quad \text{和} \quad \bar{R} = \frac{\sum_{i=1}^{g} R_i}{g}$$

其中，$\bar{\bar{X}}$ = 樣組平均數的平均數（讀做「X double bar」）

　　　$\bar{X}$ = 第 i 樣組的平均數

　　　g = 樣組的數目

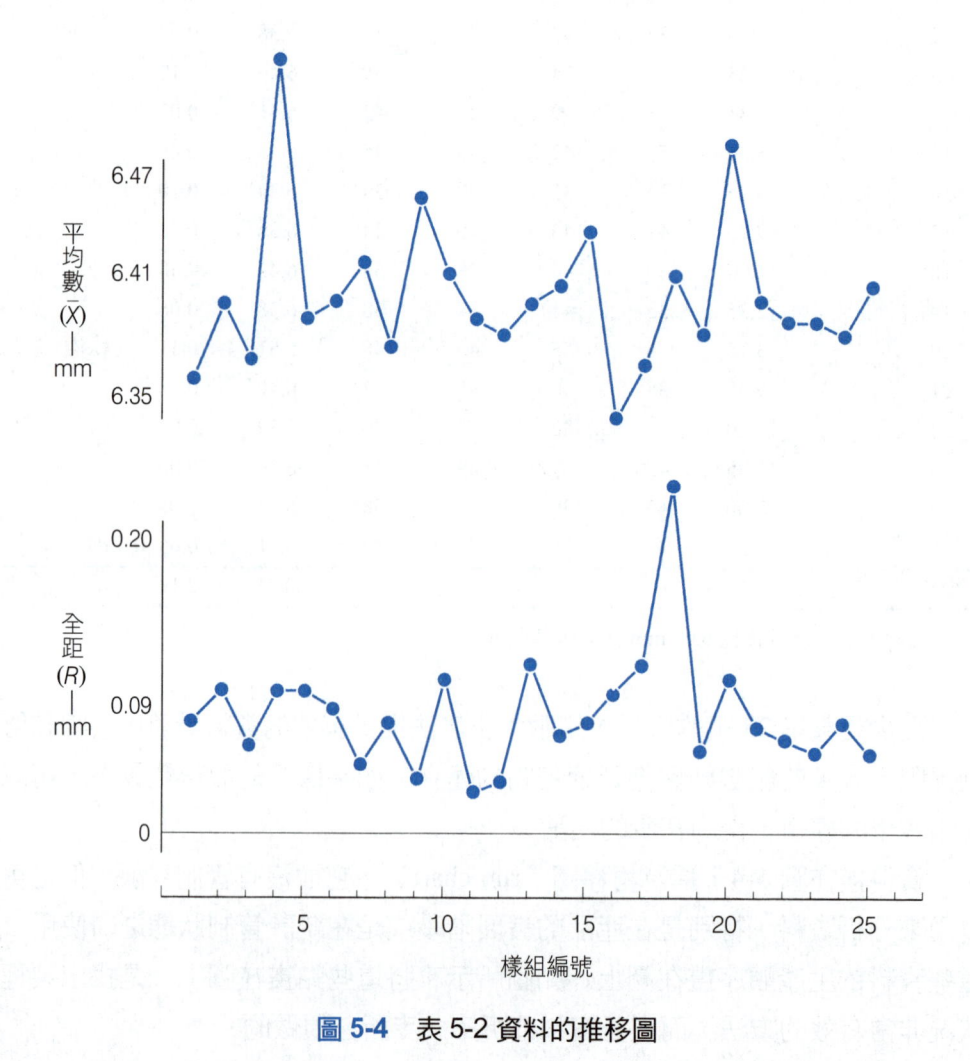

圖 5-4　表 5-2 資料的推移圖

$\bar{R}$ = 樣組全距的平均數

R_i = 第 i 樣組的全距

圖形的試驗性管制界限，是建立在中心值 ±3 個標準差範圍，公式如下：

$$\text{UCL}_{\bar{X}} = \bar{\bar{X}} + 3\sigma_{\bar{X}} \qquad \text{UCL}_R = \bar{R} + 3\sigma_R$$
$$\text{LCL}_{\bar{X}} = \bar{\bar{X}} - 3\sigma_{\bar{X}} \qquad \text{LCL}_R = \bar{R} - 3\sigma_R$$

其中，UCL = 上管制界限

　　　LCL = 下管制界限

　　　　$\sigma_{\bar{X}}$ = 樣組平均數（$\bar{X}$）的母體標準差

　　　　σ_R = 全距的母體標準差

實務上，為了簡化計算 $\bar{X}$ 管制圖，通常以全距（$\bar{R}$）和係數（A_2）的乘積來代替三個標準差（$A_2\bar{R} = 3\sigma_{\bar{X}}$）[5]。而 R 管制圖，則利用全距平均數 $\bar{R}$ 來估計全距的標準差（σ_R）[6]。因此，公式演變為：

$$\text{UCL}_{\bar{X}} = \bar{\bar{X}} + A_2\bar{R} \qquad \text{UCL}_R = D_4\bar{R}$$
$$\text{LCL}_{\bar{X}} = \bar{\bar{X}} - A_2\bar{R} \qquad \text{LCL}_R = D_3\bar{R}$$

其中 A_2、D_3 和 D_4 等係數，會因為樣組大小的不同而有變化，這些係數都可以在附錄表 B 當中找到。$\bar{X}$ 管制圖的上下管制界限是對稱於中心線的。理論上，R 管制圖的管制界限也是對稱於中心線的。但是當樣組樣本小於、等於 6 的時候，管制下限必須是負值；然而，因為負的全距是不存在的，管制下限會落於 0，因為 D_3 的值為 0。

當樣組樣本是 7 或大於 7 的時候，管制下限則大於 0，而且對稱於中心線。然而，當 R 管制圖公佈在工作中心的時候，更實際的作法是把管制下限

---

[5] 變異量 $3\sigma_{\bar{X}} = A_2\bar{R}$ 當中，以 $\sigma_{\bar{X}} = \sigma/\sqrt{n}$ 代入，而 σ 的估計值為 R/d_2，其中 d_2 是樣組大小的係數，即

$$3\sigma_{\bar{X}} = \frac{3\sigma}{\sqrt{n}} = \frac{3}{d_2\sqrt{n}}\bar{R} \text{；因此，} A_2 = \frac{3}{d_2\sqrt{n}}$$

[6] 標準差的簡化公式是以 $d_3\sigma = \sigma_R$ 和 $\sigma = \bar{R}/d_2$ 代替，所以管制界限公式為

$$\left(1 + \frac{3d_3}{d_2}\right)\bar{R} \text{ 和 } \left(1 - \frac{3d_3}{d_2}\right)\bar{R}$$

因此，D_4 和 D_3 定義為 $\bar{R}$ 的係數。

維持在 0；這樣的作法可以減少向操作人員解釋，R 管制圖的點落在管制下限，是很好的績效，而不是不良績效的麻煩。然而，品管人員應該在適當地方，留存管制下限的圖表，並且追查任何超出管制下限的點的原因，進而了解造成異常優良績效的形成原因。因為樣組大小為 7 或大於 7，並不普遍，這種情況不常發生。

例題 5-1

為了示範如何計算得到試驗的管制界限和中心線，使用表 5-2 關於鍵槽深度的資料。從表 5-2 得到 $\Sigma \bar{X}=160.25$、$\Sigma R=2.19$、$g=25$；因此中心線為：

$$\bar{\bar{X}} = \frac{\sum_{i=1}^{g} \bar{X}_i}{g} \qquad \bar{R} = \frac{\sum_{i=1}^{g} R_i}{g}$$

$$= \frac{160.25}{25} \qquad\qquad = \frac{2.19}{25}$$

$$= 6.41 \text{ mm} \qquad\qquad = 0.0876 \text{ mm}$$

從附錄的表 B，當樣本大小為 4，可以查出 $A_2=0.729$、$D_3=0$、$D_4=2.282$。$\bar{X}$ 管制圖的試驗管制界限為：

$$\text{UCL}_{\bar{X}} = \bar{\bar{X}} + A_2 \bar{R} \qquad \text{LCL}_{\bar{X}} = \bar{\bar{X}} - A_2 \bar{R}$$

$$= 6.41 + (0.729)(0.0876) \qquad = 6.41 - (0.729)(0.0876)$$

$$= 6.47 \text{ mm} \qquad\qquad = 6.35 \text{ mm}$$

R 管制圖的試驗管制界限為

$$\text{UCL}_R = D_4 \bar{R} \qquad\qquad \text{LCL}_R = D_3 \bar{R}$$

$$= (2.282)(0.0876) \qquad = (0)(0.0876)$$

$$= 0.20 \text{ mm} \qquad\qquad = 0 \text{ mm}$$

圖 5-5 顯示 $\bar{X}$ 和 R 管制圖初步資料的中心線和試驗管制界限。

管制圖－鍵槽的深度

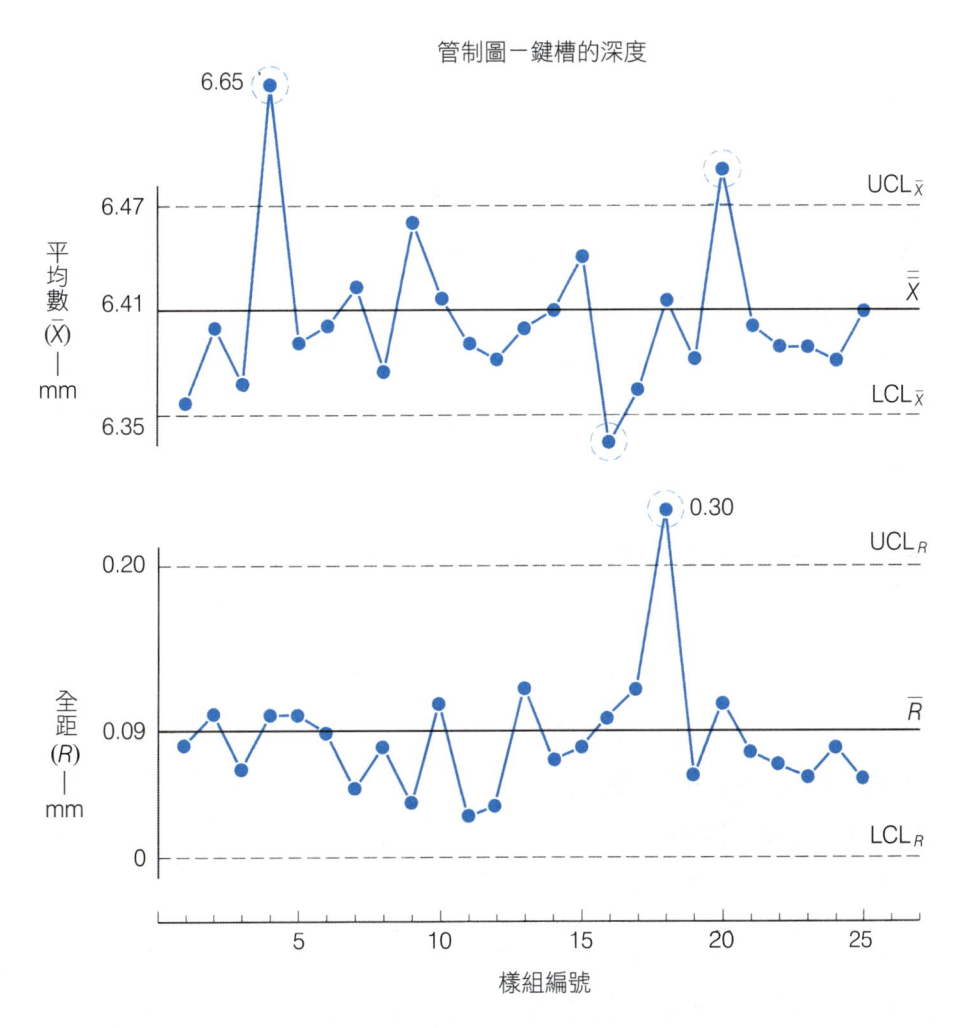

圖 5-5　$\bar{X}$ 和 R 管制圖初步資料的試驗管制界限

⏵ 建立修正後的中心線和管制界限

　　第一步是將初步的資料沿著管制界限和中心線點在圖上，就像圖 5-5 所完成的一樣。

　　下一步則是調整中心線的標準值，或說得更貼切一點，就是現有資料最佳標準值的估計值。如果分析初步的資料顯示好的管制狀態，則 $\bar{\bar{X}}$ 和 $\bar{R}$ 就可以代表這個製程的標準值 $\bar{X}_0$ 和 R_0。好的管制，簡單地說，就是沒有點超出管制界限外，或是在中心線的一邊沒有一長串或是沒有異常的變異出現。稍後將會再提到更多在管制內或是不在管制內的資訊。

　　大部分的製程在第一次分析的時候，通常是不在管制內。圖 5-5 顯示 $\bar{X}$

管制圖不在管制內的點有第 4、16 和 20 樣組；R 管制圖不在管制內的，則有第 18 樣組；圖中也顯示有很多點落在中心線的下方，毫無疑問地，這是因為出現較高點的影響。

首先分析 R 管制圖，以決定製程是否穩定。因為 R 管制圖的第 18 樣組不在管制內，有非機遇原因的出現（油管損壞），可以捨棄這筆資料；而剩下的點，則形成一個穩定的製程狀況。

現在分析 $\bar{X}$ 管制圖，可以發現第 4 和第 20 樣組有非機遇原因出現，但是超出管制限的第 16 樣組並不是因為非機遇原因；可以假設第 16 樣組不在管制內的原因，是因為機遇原因和部分的自然變異。

$\bar{X}$ 管制圖中的第 4、20 樣組和 R 管制圖中的第 18 樣組不是因為自然變異，所以從資料中捨棄；剩下的資料，則計算出新的 $\bar{\bar{X}}$ 和 $\bar{R}$ 的值。計算簡化成下列的公式：

$$\bar{\bar{X}}_{\text{new}} = \frac{\Sigma \bar{X} - \bar{X}_d}{g - g_d} \qquad \bar{R}_{\text{new}} = \frac{\Sigma R - R_d}{g - g_d}$$

其中，$\bar{X}_d$ = 捨棄的樣組平均數
g_d = 捨棄的樣組數
R_d = 捨棄的樣組全距

有兩種方法可以用於捨棄資料。如果 $\bar{X}$ 或 R 的樣組值不在管制內的點是因為非機遇原因，則兩個圖上的點均捨棄，或只捨棄不在管制內的樣組值；本書將採用後者的方法。因此，當捨棄 $\bar{X}$ 值，相對地 R 的值就不需要捨棄，反之亦然。瞭解製程的相關知識，可以在任何時候知道哪種方法是最適合的。

例題 5-2

將 $\bar{X}$ 值 6.65 和 6.51，也就是第 4 樣組和第 20 樣組的資料捨棄，計算新的 $\bar{\bar{X}}$ 值；將 R 值 0.30，也就是第 18 樣組的資料捨棄，並計算新的 $\bar{R}$ 值。

$$\bar{\bar{X}}_{\text{new}} = \frac{\Sigma \bar{X} - \bar{X}_d}{g - g_d} \qquad \bar{R}_{\text{new}} = \frac{\Sigma R - R_d}{g - g_d}$$

$$= \frac{160.25 - 6.65 - 6.51}{25 - 2} \qquad = \frac{2.19 - 0.30}{25 - 1}$$

$$= 6.40 \text{ mm} \qquad = 0.079 \text{ mm}$$

新的 $\bar{X}$ 值和 $\bar{R}$ 值是用來建立標準值 $\bar{X}_0$、R_0 和 σ_0。因此：

$$\bar{X}_0 = \bar{\bar{X}}_{\text{new}} \;;\; R_0 = \bar{R}_{\text{new}} \;;\; \sigma_0 = \frac{R_0}{d_2}$$

這裡的 d_2 是一個係數，由附錄的表 B 可得知，用於從 R_0 來估計 σ_0。這個標準值或參考值，是以這些可以取得資料所得到的最佳估計值。當可以取得資料愈多的時候，較好的估計或是所估計出來的標準值就愈有可信度。我們的目標是要求得這些母體標準值的最佳估計值。

實際作業使用的標準值、中心線和 3σ 管制界限，可以用下列的公式獲得：

$$\text{UCL}_{\bar{X}} = \bar{X}_0 + A\sigma_0 \qquad \text{LCL}_{\bar{X}} = \bar{X}_0 - A\sigma_0$$
$$\text{UCL}_R = D_2\sigma_0 \qquad \text{LCL}_R = D_1\sigma_0$$

由表 B 可以找出 A、D_1 和 D_2 等係數，而由 $\bar{X}_0$ 和 σ_0 求出 3σ 管制界限。

例題 5-3

從附錄的表 B，樣本大小 4，查出係數 $A = 1.500$、$d_2 = 2.059$、$D_1 = 0$、$D_2 = 4.698$。使用前面的資料來計算 $\bar{X}_0$、R_0 和 σ_0。

$$\bar{X}_0 = \bar{\bar{X}}_{\text{new}} = 6.40 \text{ mm}$$

$$R_0 = \bar{R}_{\text{new}} = 0.079 \text{（這個管制圖採 0.08）}$$

$$\sigma_0 = \frac{R_0}{d_2}$$
$$= \frac{0.079}{2.059}$$
$$= 0.038 \text{ mm}$$

因此，管制界限為：

$$\text{UCL}_{\bar{X}} = \bar{X}_0 + A\sigma_0 \qquad\qquad \text{LCL}_{\bar{X}} = \bar{X}_0 - A\sigma_0$$
$$\quad = 6.40 + (1.500)(0.038) \qquad\qquad = 6.40 - (1.500)(0.038)$$
$$\quad = 6.46 \text{ mm} \qquad\qquad\qquad\qquad = 6.34 \text{ mm}$$
$$\text{UCL}_R = D_2\sigma_0 \qquad\qquad\qquad \text{LCL}_R = D_1\sigma_0$$
$$\quad = (4.698)(0.038) \qquad\qquad\qquad = (0)(0.038)$$
$$\quad = 0.18 \text{ mm} \qquad\qquad\qquad\quad = 0 \text{ mm}$$

下一個時段的 $\bar{X}$ 和 R 管制圖的中心線,以及管制界限畫在圖 5-6。為圖示目的,試驗的管制界限和修正後的管制界限畫在同一張圖上,可以發現,正如我們期望的,$\bar{X}$ 和 R 管制圖的管制界限變窄了。但 LCL_R 並沒有改變,這是因為樣組大小是小於等於 6。圖 5-6 也說明了在點之間沒有畫線的簡單畫圖方法。

25 個樣組的初步資料並沒有畫在修正後的管制界線上,因為修正後的管制界限,是用在紀錄未來樣組的結果。為了在生產過程當中更有效地使用管制圖,必須將管制圖放在操作人員和管理人員都能清楚看到的地方。

在進行行動步驟之前,下列的最後建議是很有用的。第一,很多分析人員認為這個步驟是多餘的,會將它刪除。然而,將非機遇原因所產生不在管制內的點捨棄,可以使中心線和管制界限更能代表這個製程;這個步驟對於作業人員來說可能有點複雜,而取消這個步驟,並不會影響下一個步驟。

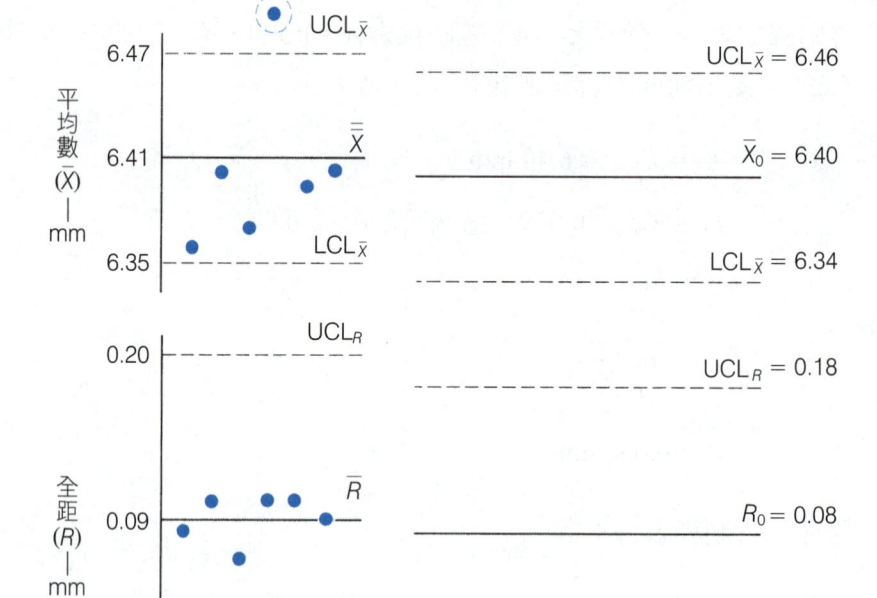

圖 5-6 $\bar{X}$ 和 R 管制圖的試驗管制界限和修正後的管制界限

第二，管制界限公式在數學上是相等的。因此，上管制界限 $\bar{X}_0 + A\sigma_0 = \bar{\bar{X}}_{new} + A_2 \bar{R}_{new}$。同理，管制下限、$R$ 管制圖的管制界限在公式上也是相等的。

第三，參數 σ_0 是可以利用來獲得初始的製程能力估計，就是 $6\sigma_0$，而在下一步驟將會得到實際的製程能力（達成目標）。同時，如第 4 章所提到的，從 $\sigma_0 = R_0 / d_2$ 可以得到更好的標準差估計值，而最好的估計值是從 $\sigma_0 = s_0 / c_4$、$\bar{X}$ 管制圖、s 管制圖當中的標本標準差部分得到。

第四，$\bar{X}$ 管制圖的中心線 $\bar{X}_0$ 通常是根據規格得到的。在這個狀況下，這個程序是只有用來取得 R_0 和 σ_0。在我們的例題當中，如果公稱尺寸特徵值是 6.38 mm，則設為 6.38 mm，而上、下管制界限是：

$$\begin{aligned} \text{UCL}_{\bar{X}} &= \bar{X}_0 + A\sigma_0 & \text{LCL}_{\bar{X}} &= \bar{X}_0 - A\sigma_0 \\ &= 6.38 + (1.500)(0.038) & &= 6.38 - (1.500)(0.038) \\ &= 6.44 & &= 6.32 \end{aligned}$$

R 管制圖的中心線和管制界限沒有改變。如果這個製程可以調整，才可以進行這些修改；而如果製程無法調整，就必須使用原來的計算結果。

第五，當在採樣資料的時候，製程必須調整。蒐集資料的時候，使用不良的材料是不必要的，因為我們主要是為了獲得不會被製程調整所影響的 R_0。μ 和 σ 的獨立性，剛好可以解釋這一個觀念。

第六，由製程決定中心線和管制界限，而不是由設計、製造、行銷或其他部門建立；而當製程可以調整的時候，$\bar{X}_0$ 是例外。

最後，當母體已知的時候（μ 和 σ），可以立刻算出中心線和管制界限以節省時間和工作。因此，$\bar{X}_0 = \mu$，$\sigma_0 = \sigma$，$R_0 = d_2 \sigma$，而管制界限可以由適當的公式獲得，但是這種情形非常少見。

▶ 達成目標

當管制圖第一次引入工作中心的時候，通常會使製程績效改善；尤其是要依賴操作人員技能的製程，改善會特別明顯。張貼品質管制圖，對操作人員是種心理上的信號，讓他們改善績效，而大部分的工作人員都希望生產有品質的產品。所以當管理階層對品質感到興趣的時候，作業人員也會有相同的反應。

圖 5-7 顯示一月份引進 $\bar{X}$ 和 R 管制圖所產生的初步改善。由於空間的限制，只有每個月具有代表性的樣組才在圖上。一月份樣組平均數的變異已經

管制圖－鍵槽的深度

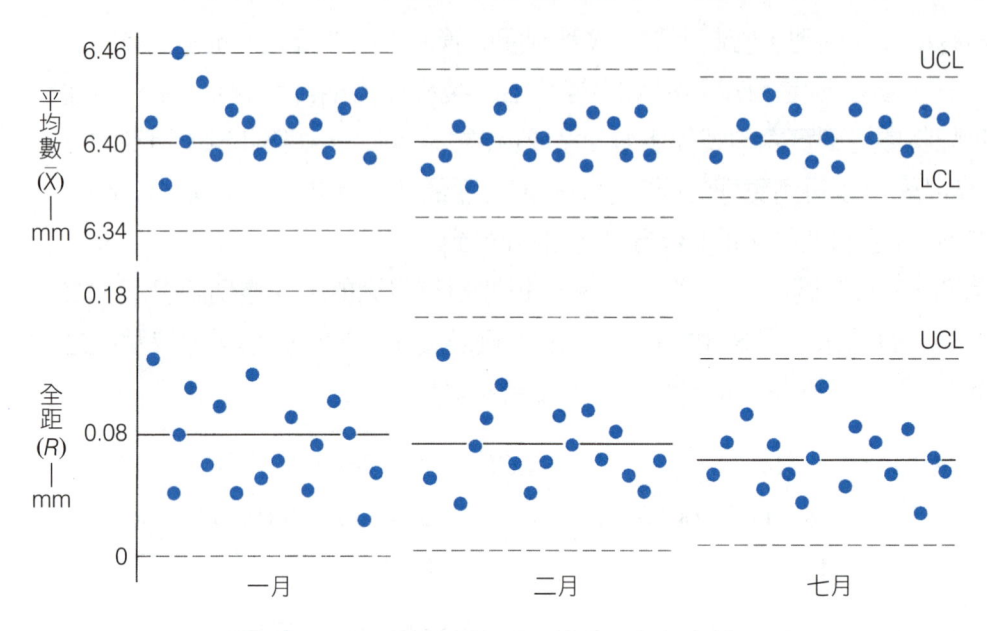

圖 5-7　持續使用管制圖，顯示品質改善

減少，同時也傾向集中在較高點的中心位置，而全距的變異也減少。

一月份的改善績效並非完全是作業人員努力的結果，第一線管理者實施工具磨損控制計畫，也是改善原因之一。

在一月底，使用這個月的樣組資料計算出新的中心線和管制界限。在管制圖開始引進的時候，定期性地計算標準值以察看標準值是否有任何改變是一個很好的方法。這種重新評估，是以每 25 個樣組或以上的資料，重新計算標準值，並與先前的標準值做比較[7]。

二月份新的 $\bar{X}$ 和 R 管制圖的管制界限、R 管制圖的中心線都建立起來，但是 $\bar{X}$ 管制圖的中心線因為是名義值，所以不變。在接下來的幾個月期間，維修部門更換了一對磨損的齒輪，採購部門更換了材料供應商，工具部門修改夾持裝置。全部的改進皆是由調查降低不在管制內的原因所得到的結果，或是由專案小組提出的改善方案。由許多不同的人提出改善方案，是持續改進的重要元素。經由作業人員、第一線管理者、品質保證人員、維護人員、製造工程人員和工業工程人員所提出的點子，都要加以評估。而每一個點子

---

[7] 通常如此比較這些值即可，不需很正式的測試。精確的評估是利用數學方式比較中心線檢視是否來自同一個母體。

必須由 25 組以上的樣組資料來評估或測試。管制圖將會指出這些想法，對製程是好、不好或是沒有效果。當 $\bar{X}$ 管制圖所畫的點向中心線收斂，或當 R 管制圖的點趨向下方，或兩者都發生，則顯示品質有改善的現象。如果測試不好點子的時候，情況會相反；當然，如果點子是中立的，則畫出的點不會有任何型態的影響。

只要所蒐集的樣本能代表這個小時或是每天的製程波動，為了加速這些意見的測試，可以使用時間壓縮方式採取樣組樣本。一次必須僅測試一個點子，否則所得到的結果會混淆。

在六月底，過去績效的定期評量顯示，必須修正中心線和管制界限。七月份和往後月份的績效，都顯示有自然變異產生，品質也沒有改善的情形。在這種情況，如果沒有新設備的重大投資、或是設備修改，就不可能進一步改善品質。

戴明曾指出「如果戴明他自己是一個銀行家，他不會貸款給任何公司；除非它們應用統計方法，證明錢是需要的。」這明白地指出，管制圖可以達到什麼結果；所有人員使用管制圖是基於品質改善，而不只是一項維修的功能。

當管制圖達成最初的目標，就應該停止使用管制圖，或操作人員檢查的頻率大幅減少，改成監督的作法；這時候就可以努力改善其他的品質特性。如果是由專案小組所執行的，應該為他們的績效恭賀，同時解散團隊。

▶ 樣本標準差管制圖

雖然 $\bar{X}$ 和 R 制圖是最常見的計量值管制圖，但有些組織更喜歡樣組標準差 s，做為衡量樣組的離散程度。比較 R 管制圖和 s 管制圖，R 制圖比較容易計算、也比較容易解釋。另一方面，s 管制圖的樣本標準差，是利用所有的資料計算而得到的；不像 R 管制圖，只有用到最大值和最小值而已。因此，s 管制圖比 R 管制圖更為精確。當樣組大小小於 10 的時候，這兩個圖上的變異是相同的 [8]；然而，如果樣組大小增加到 10 或以上，極值則會不正常的影響 R 管制圖。因此，當樣組樣本大的時候，必須使用 s 管制圖。

$\bar{X}$ 和 s 管制圖的試驗管制界限和修正界限的計算步驟，與 $\bar{X}$ 和 R 管制圖的步驟相同；只有計算公式不同而已。為了說明這個方法，我們使用相同的資

---

[8] 這一點的證明，可以比較圖 5-5 的 R 管制圖和圖 5-8 的 s 管制圖而獲得。

料，重新製作表 5-3，但是增加 s 欄位，並且刪除 R 欄位。試驗管制界限的公式計算如下：

$$\bar{s} = \frac{\sum_{i=1}^{g} \bar{s}_i}{g} \qquad \bar{\bar{X}} = \frac{\sum_{i=1}^{g} \bar{X}_i}{g}$$

$$\text{UCL}_{\bar{X}} = \bar{\bar{X}} + A_3 \bar{s} \qquad \text{UCL}_s = B_4 \bar{s}$$

$$\text{LCL}_{\bar{X}} = \bar{\bar{X}} - A_3 \bar{s} \qquad \text{LCL}_s = B_3 \bar{s}$$

表 5-3　鍵槽深度資料（公釐）[a]

樣組編號	日期	時間	X_1	X_2	X_3	X_4	平均數 $\bar{X}$	全距 s	附註
1	12/26	8:50	35	40	32	37	6.36	0.034	
2		11:30	46	37	36	41	6.40	0.045	
3		1:45	34	40	34	36	6.36	0.028	
4		3:45	69	64	68	59	6.65	0.045	新臨時工人
5		4:20	38	34	44	40	6.39	0.042	
6	12/27	8:35	42	41	43	34	6.40	0.041	
7		9:00	44	41	41	46	6.43	0.024	
8		9:40	33	41	38	36	6.37	0.034	
9		1:30	48	44	47	45	6.46	0.018	
10		2:50	47	43	36	42	6.42	0.045	
11	12/28	8:30	38	41	39	38	6.39	0.014	
12		1:35	37	37	41	37	6.38	0.020	
13		2:25	40	38	47	35	6.40	0.051	
14		2:35	38	39	45	42	6.41	0.032	
15		3:55	50	42	43	45	6.45	0.036	
16	12/29	8:25	33	35	29	39	6.34	0.042	
17		9:25	41	40	29	34	6.36	0.056	
18		11:00	38	44	28	58	6.42	0.125	油管損壞
19		2:35	35	41	37	38	6.38	0.025	
20		3:15	56	55	45	48	6.51	0.054	材料損壞
21	12/30	9:35	38	40	45	37	6.40	0.036	
22		10:20	39	42	35	40	6.39	0.029	
23		11:35	42	39	39	36	6.39	0.024	
24		2:00	43	36	35	38	6.38	0.036	
25		4:25	39	38	43	44	6.41	0.029	
總和							160.25	0.965	

[a] 為了簡化紀錄，個別衡量值從 6.00 mm 開始編碼紀錄。

其中，s_i = 樣組的樣本標準差

$\bar{s}$ = 樣組樣本標準差的平均數

A_3、B_3、B_4

= 附錄表 B 找出的係數，是為了從 $\bar{s}$ 獲得 $\bar{X}$ 和 s 管制圖的 3σ 管制界限。

利用 $\bar{X}_0$ 和 σ_0 標準值，計算修正後管制界限的公式是：

$$\bar{X}_0 = \bar{\bar{X}}_{\text{new}} = \frac{\sum \bar{X} - \bar{X}_d}{g - g_d}$$

$$s_0 = \bar{s}_{\text{new}} = \frac{\sum s - s_d}{g - g_d} \qquad \sigma_0 = \frac{s_0}{c_4}$$

$$\text{UCL}_{\bar{X}} = \bar{X}_0 + A\sigma_0 \qquad \text{UCL}_s = B_6 \sigma_0$$

$$\text{LCL}_{\bar{X}} = \bar{X}_0 - A\sigma_0 \qquad \text{LCL}_s = B_5 \sigma_0$$

其中，s_d = 捨棄樣組的樣本標準差

c_4 = 從附錄表 B 找出的係數，是為了從 $\bar{s}$ 計算 σ_0

A、B_5、B_6

= 附錄表 B 找出的係數，是為了計算 $\bar{X}$ 和 s 管制圖的 3σ 製程管制界限

第一個步驟是從初始的資料，計算每一個樣組的標準差。第一個樣組的值是 6.35、6.40、6.32、6.37，樣本標準差是

$$s = \sqrt{\frac{n \sum_{i=1}^{n} X_i^2 - \left(\sum_{i=1}^{n} X_i\right)^2}{n(n-1)}}$$

$$= \sqrt{\frac{4(6.35^2 + 6.40^2 + 6.32^2 + 6.37^2) - (6.35 + 6.40 + 6.32 + 6.37)^2}{4(4-1)}}$$

$$= 0.034 \text{ mm}$$

將第一個樣組的標準差紀錄在表 5-3 的 s 欄，其餘的 24 組重複進行這個程序。計算 X 和 s 管制圖的其他步驟，就依照 $\bar{X}$ 和 R 管制圖來進行。

例題 5-4

使用表 5-3 的資料，為 $\bar{X}$ 和 s 管制圖決定修正後的中心線和管制界限。第一步，是從表 5-3 中 Σs 和 $\Sigma \bar{X}$ 計算的值，得到 $\bar{s}$ 和 $\bar{\bar{X}}$ 。

$$\bar{s} = \frac{\sum_{i=1}^{g} s_i}{g} \qquad \bar{\bar{X}} = \frac{\sum_{i=1}^{g} \bar{X}_i}{g}$$

$$= \frac{0.965}{25} \qquad = \frac{160.25}{25}$$

$$= 0.039 \text{ mm} \qquad = 6.41 \text{ mm}$$

從附錄表 B 查出 $A_3 = 1.628$、$B_3 = 0$、$B_4 = 2.266$ 的係數值，而試驗管制界限為

$$\text{UCL}_{\bar{X}} = \bar{\bar{X}} + A_3 \bar{s} \qquad \text{LCL}_{\bar{X}} = \bar{\bar{X}} - A_3 \bar{s}$$

$$= 6.41 + (1.628)(0.039) \qquad = 6.41 - (1.628)(0.039)$$

$$= 6.47 \text{ mm} \qquad = 6.35 \text{ mm}$$

$$\text{UCL}_s = B_4 \bar{s} \qquad \text{LCL}_s = B_3 \bar{s}$$

$$= (2.266)(0.039) \qquad = (0)(0.039)$$

$$= 0.088 \text{ mm} \qquad = 0 \text{ mm}$$

下一個步驟是將 $\bar{X}$ 和 s 樣組值以及中心線和管制界限畫在圖紙上，這一個步驟如圖 5-8 所示。在 $\bar{X}$ 管制圖上的第 4 樣組和第 20 樣組都不在管制內，而且因為這兩個點具有非機遇原因，所以排除不用。s 管制圖的第 18 樣組不在管制內，也是因為具有非機遇原因，所以也排除不用。標準值 $\bar{X}_0$、s_0、σ_0 的計算如下：

$$\bar{X}_0 = \bar{\bar{X}}_{\text{new}} = \frac{\Sigma \bar{X} - \bar{X}_d}{g - g_d} \qquad s_0 = \bar{s}_{\text{new}} = \frac{\Sigma s - s_d}{g - g_d}$$

$$= \frac{160.25 - 6.65 - 6.51}{25 - 2} \qquad = \frac{0.965 - 0.125}{25 - 1}$$

$$= 6.40 \text{ mm} \qquad = 0.035 \text{ mm}$$

$$\sigma_0 = \frac{s_0}{c_4} \quad \text{從附錄表 B,} \ c_4 = 0.9213$$

$$= \frac{0.035}{0.9213}$$

$$= 0.038 \text{ mm}$$

讀者會注意到標準差 σ_0 和前一節從全距 R_0 算得的是一樣的。使用標準值 $\bar{X}_0 = 6.40$ 和 $\sigma_0 = 0.038$,可以計算修正的管制界限。

$$\text{UCL}_{\bar{X}} = \bar{X}_0 + A\sigma_0 \qquad\qquad \text{LCL}_{\bar{X}} = \bar{X}_0 - A\sigma_0$$
$$\quad = 6.40 + (1.500)(0.038) \qquad = 6.40 - (1.500)(0.038)$$
$$\quad = 6.46 \text{ mm} \qquad\qquad\qquad = 6.34 \text{ mm}$$

$$\text{UCL}_s = B_6 \sigma_0 \qquad\qquad\qquad \text{LCL}_s = B_5 \sigma_0$$
$$\quad = (2.088)(0.038) \qquad\qquad = (0)(0.038)$$
$$\quad = 0.079 \text{ mm} \qquad\qquad\quad = 0 \text{ mm}$$

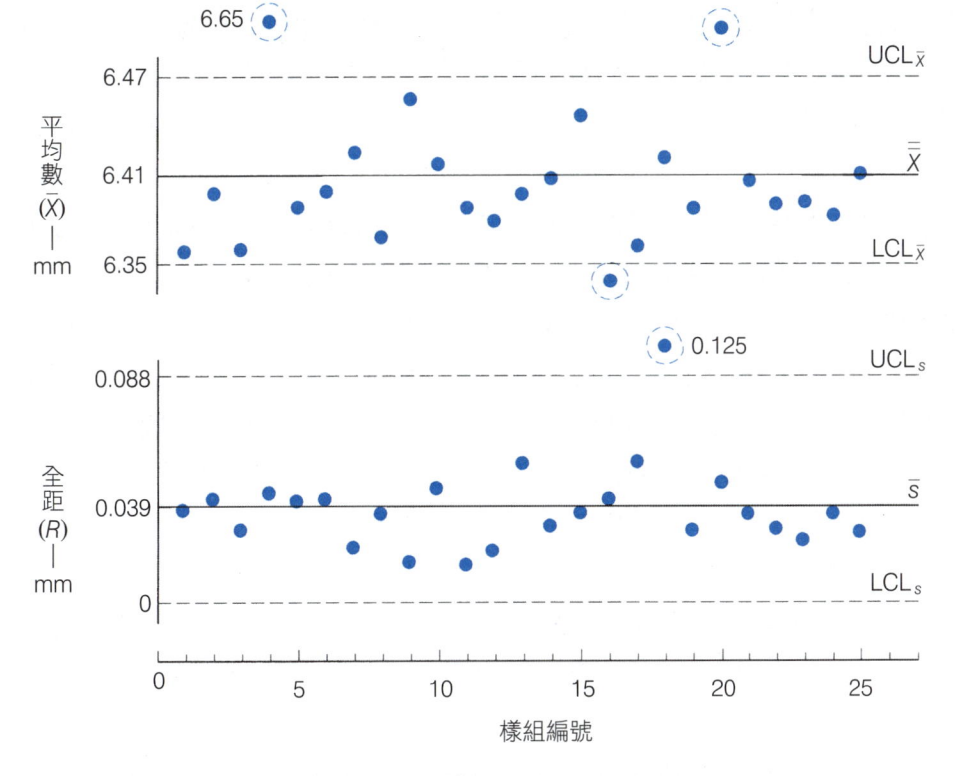

管制圖－鍵槽的深度

圖 5-8 初步資料的 $\bar{X}$ 和 s 管制圖與試驗管制界限

管制狀態

製程在管制內

當非機遇原因在製程內消除後,管制圖上的點都落在管制界限內,這個製程就是在管制狀態內;這個製程不會再得到更高的一致性。然而,要獲得更高的一致性,就必須透過品質改善的點子,使基本製程改變。

當製程在管制內的時候,會有自然型態的變異,如圖 5-9 的管制圖所示。這個自然的變異有三項特色:(1) 有 34% 的點,落在中心線兩邊一倍標準差的想像區間帶裡;(2) 約有 13.5% 的點,落在中心線兩邊的一倍和兩倍標準差之間的想像區間帶裡;(3) 約有 2.5% 的點,落在中心線兩邊兩倍和三倍標準差之間的想像區間帶裡。這些點是隨機分佈在中心線兩旁,而且沒有點落在管制界限外。這些點的自然型態或樣組的平均值,形成它們自己的次數分配;如果將這些點堆積到一端,將成為常態曲線(參閱圖 5-11)。

管制界限通常建立在中心線三倍標準差的地方,用來做為判斷是否有失控的證據。選擇 3σ 管制界限,是因為關於兩種可能發生的誤差型式是有利的。第一種誤差,是統計上所稱的型 I 誤差,也就是當實際的變異原因是機遇原因的時候,卻認為是由非機遇原因的變異所引起的。當管制界限設在三倍標準差地方的時候,型 I 誤差發生的機率是 0.27%(千分之三的機率)。換句話說,如果一個點在管制界限之外,即使它有機遇原因 0.27% 的發生機率,它還是會認定為非機遇原因。我們可以把這種狀況看成「判為有罪,直到證明為無辜。」另一種誤差叫型 II 誤差,也就是即使可能是因為非機遇原因引起,但仍然假設變異是因為機遇原因所引起的。換句話說,當一個點在管制界限之內,即使它是非機遇原因造成的,但仍然認為它是機遇原因所造成。我們可以把這種情況看成「判為無辜,直到證明為有罪。」表 5-4 說明型 I 誤差和型 II 誤差的差異;如果假設管制界限設定在 ±2.5 倍標準差之間,型 I 誤差機率會增加,型 II 誤差機率會減小。自從 1930 年以來,所有類型產業的豐富經驗顯示,在 3σ 管制界限上,這兩種誤差所導致的成本,可獲得經濟效益的平衡。除非有其他實務上的理由,否則應該採取 ±3 倍標準差[9]。

---

[9] Elisabeth J. Umble and M. Michael Umble, "Developing Control Charts and Illustrating Type I and Type II Errors," *Quality Management Journal*, Vol. 7, No. 4 (2000): 23-30.

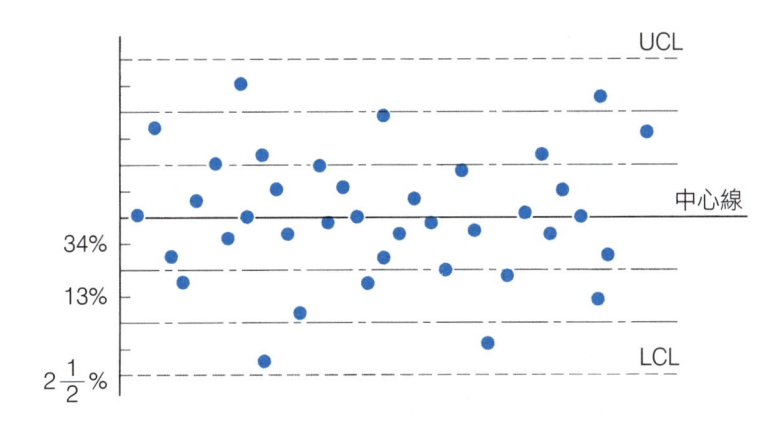

圖 5-9　管制圖自然變異的形狀

表 5-4　型 I 誤差和型 II 誤差的差異

	畫上的點	
	管制界限外	管制界限內
出現非機遇性原因	正常	型 II 誤差
出現機遇性原因	型 I 誤差	正常

當製程在管制內的時候，只有機遇原因的變異會存在。來自機器效能、作業人員績效、材料特性的小變異是在預料之中的，而且可以認為是穩定製程中的一部分。

當製程在管制內，生產者和消費者自然會獲得一些實質的益處。

1. 個別的產品或服務會更趨於一致；亦即變異會減少、拒絕數也會減少。
2. 因為產品或服務更趨於一致，判斷品質需要的樣本也就愈少；因此，檢驗成本會降到最低。當產品全數檢驗符合規格並非需要的時候，這項優點就非常重要。
3. 製程能力或製程離散很容易可以達到 6σ。因為了解製程能力，可以做一些關於規格的值得信賴的決定。例如：
   (a) 決定產品或服務的規格或需求。
   (b) 當公差不足的時候，決定重工或廢品的數量。
   (c) 決定是否生產規格較嚴謹的產品，而且允許零件可以互換；或是生產較規格較寬鬆的產品，並且使用選擇性的配對零件。
4. 可以預期問題的產生，避免拒收和中斷，達到加速生產。
5. 對於生產落在某數值範圍內的產品數量百分比，可以高度準確地預測。

例如，當調整機器以生產某一特定值之上、之下或之間的產品比例的時候，這項優點就非常重要。
6. 允許消費者使用生產者的資料；因此，僅需要測試少數的樣組，檢視生產者的紀錄即可。$\bar{X}$ 和 R 管制圖是做為製程管制的統計證據。
7. 從品質的觀點來看，作業人員的工作令人滿意；要獲得進一步的改善只有從改變輸入因素著手，例如：材料、設備、環境和作業人員。而這些改變都需要管理者的行動。

只有當機遇原因存在的時候，製程才是穩定、可以預測的，如圖 5-10(a) 所示。我們知道未來的變異，就像圖所示的點狀曲線將會保持一樣；除非製程是因為非機遇原因改變，才會有所不同。

▶ 製程不在管制內

不在管制內（out of control），這個名詞通常是我們不樂於見到的；但是有些情況，又是我們希望的；最好是把「不在管制內」這個名詞，想成是因為非機遇原因的製程改變。

當一個點（樣組值）落在管制界限外，製程就不在管制內；這代表製程存在非機遇原因。另一種看待不在管制內的方法，是樣組值來自不同的母體，與獲得管制界限的母體並不相同。

圖 5-11 是為了說明，將圖上點堆積到一端的次數分配，形成了一個平均數的常態分配曲線。這些資料是由很多的樣組樣本發展出來的，所代表的母體平均數 $\mu = 450$ g，平均數的母體標準差 $\sigma_{\bar{X}} = 8$ g。在圖中，樣組平均數的次數分配以虛線表示。未來在書中的解釋，將以虛線表示平均數的次數分配，而利用實線表示個別值的次數分配。483 g 這個點不在管制內，並遠離 3σ 管制界限（99.73%），所以會認定為來自另一個母體。換句話說，生產出樣組平均 483 g 的製程，和求出 3σ 管制界限的穩定製程並不相同；因此，製程發生變化，有非機遇原因的變異存在。

圖 5-10(b) 顯示非機遇原因的變異隨時間的影響。非自然、不穩定的變異，使得未來的變異無法預測；在自然、穩定的製程可以繼續進行之前，必須先找到並且矯正非機遇的原因。

即使點落在 3σ 界限裡，一個製程也可以視為不在管制內；這種情況發生在製程當中，非自然的連串變異。首先將管制圖分成六個相等的標準差區間

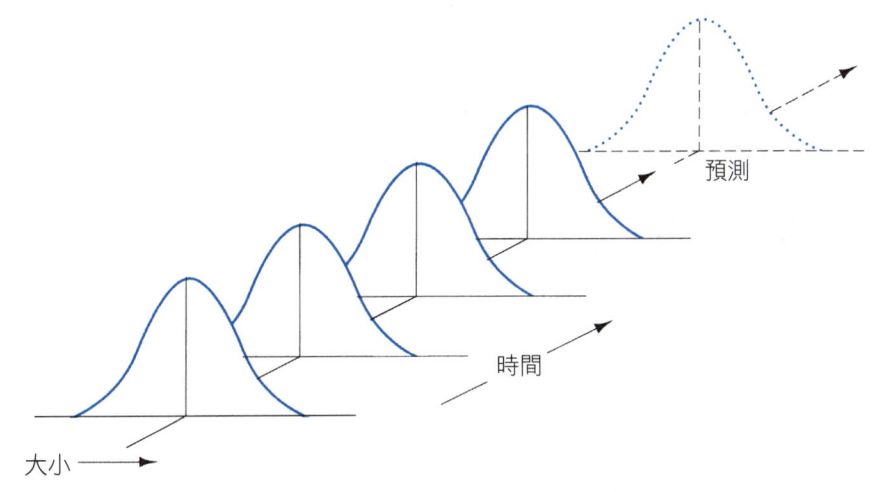

(a) 只有機遇原因的變異存在

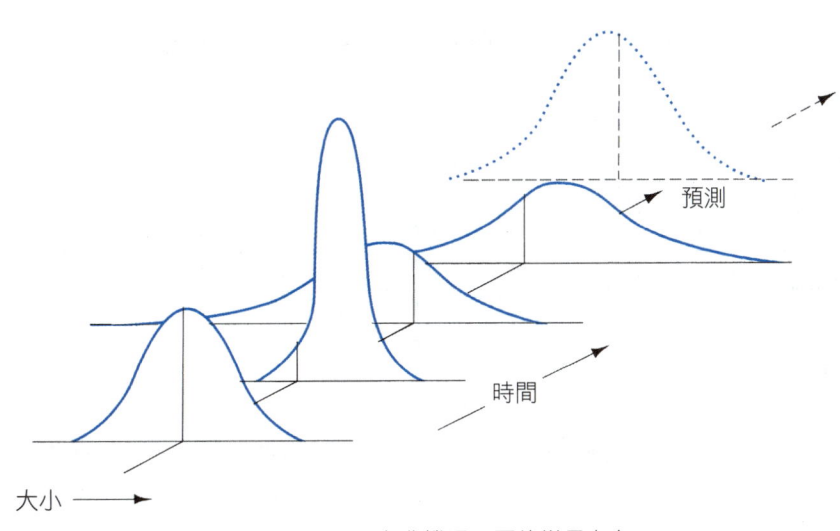

(b) 有非機遇原因的變異存在

圖 5-10 穩定和不穩定變異

帶，如圖 5-9 的作法。為了方便辨識，將這些區間帶標示成 A、B、C 三區，如圖 5-12 所示。

　　7 個或連續更多以上的點，在中心線的上面或下面都是不正常的，如圖 5-12(a)。同樣地，11 個點當中有 10 個點，或 14 個點當中有 12 個點，都落在中心線的某一邊，也是不正常的。另一個不正常的連串發生在圖 5-12(b)，有連續 6 個點，持續穩定地上升或下降；在圖 5-12(c)，3 個點當中有 2 個點在 A 區；在圖 5-12(d)，5 個點當中有 4 個點在 B 區或是更遠的地方。在這些圖當中的四種狀況是普遍的，而且都有統計上的可能性。事實上，任何與

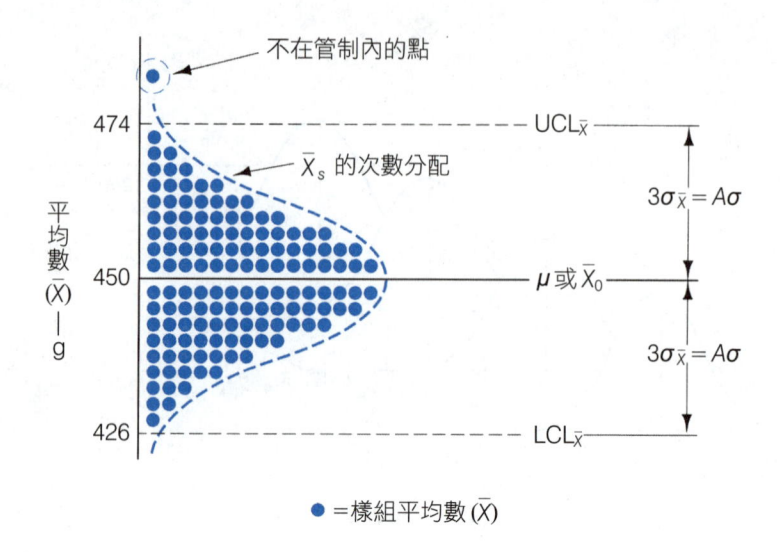

圖 5-11 在管制界限內的樣組平均數次數分配

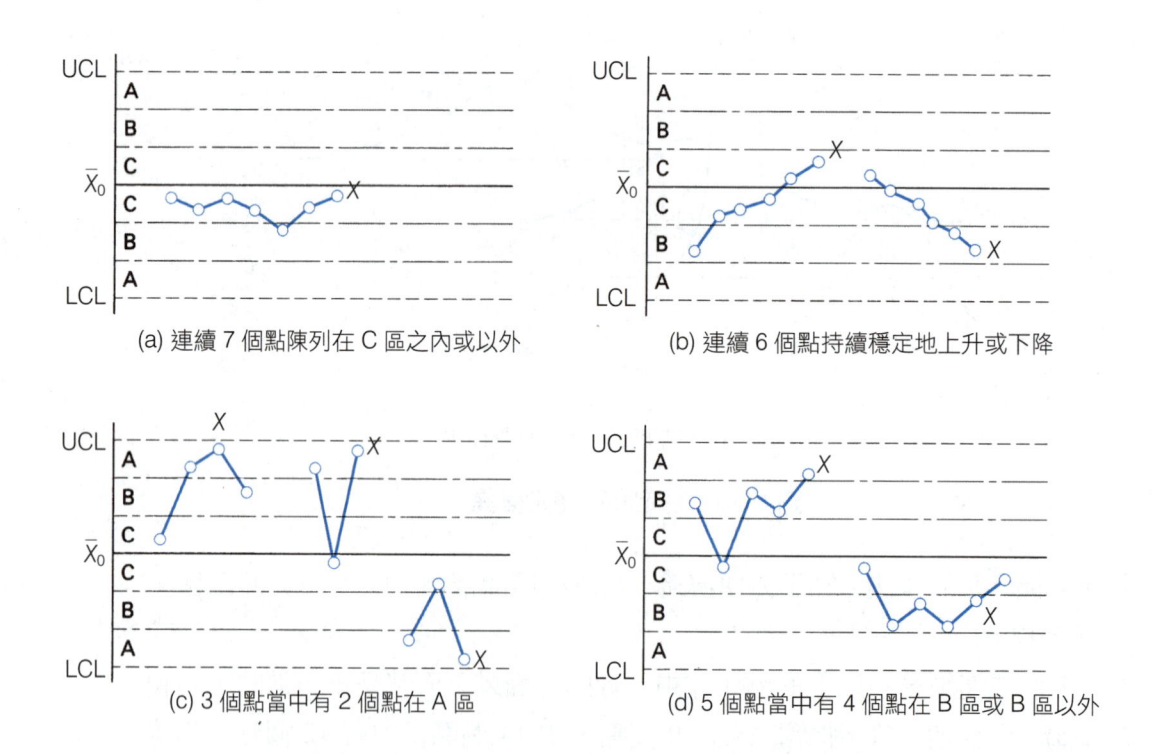

圖 5-12 一些非自然的連串──製程不在管制內

(a) 連續 7 個點陳列在 C 區之內或以外

(b) 連續 6 個點持續穩定地上升或下降

(c) 3 個點當中有 2 個點在 A 區

(d) 5 個點當中有 4 個點在 B 區或 B 區以外

圖 5-9 的自然變異有著顯著的分歧，可能都是非自然的，而且歸類為不在管制內的情況。

與其將空間以 1 個標準差分成三個相同的區域，一個簡單的方法是，不如將空間以 1.5 個標準差分成兩個相同的區域。當有連續兩個點在 1.5 標準差上或以外的時候，製程就不在管制之內。這個簡單的方法，可以使作業人員更容易執行，而且不失其功效[10]；這顯示在圖 5-13 當中，並且代替圖 5-12(c) 和 (d) 的資料。

➡ 製程不在管制內的分析

當製程不在管制內的時候，因為非機遇原因而造成的，必須把它找出。這項找出不在管制內情況原因的工作，可以藉由知道不在管制內型態的類型以及它們非機遇的原因而減化到最少。$\bar{X}$ 和 R 管制圖不在管制內的類型包括：(1) 製程水準的改變或跳動；(2) 製程水準的趨勢或穩定改變；(3) 循環性週期；(4) 兩個母體；(5) 失誤。

1. **製程水準的改變或跳動**。這種類型是關於 $\bar{X}$ 或 R 管制圖、或兩個管制圖的製程水準突然改變所形成的。圖 5-14 說明製程水準的突然改變。$\bar{X}$ 管制圖製程水準突然改變的原因有：

   (a) 故意或不是故意的製程設定改變。

   (b) 新進或經驗不足的操作人員。

   (c) 不同的原料。

   (d) 機器零件的輕微故障。

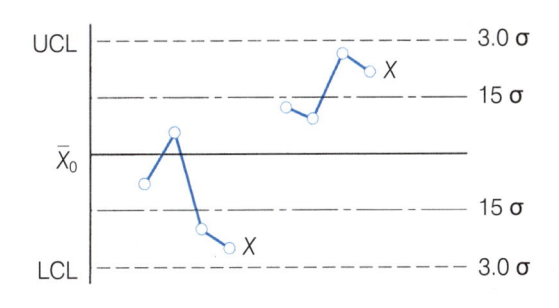

圖 5-13 製程不在管制內的簡單規則

---

[10] 進一步的資料可以參考 A. M. Hurwitz and M. Mathur, "A Very Simple Set of Process Control Rules," *Quality Engineering*, Vol. 5, No. 1, (1992-93): 21-29。

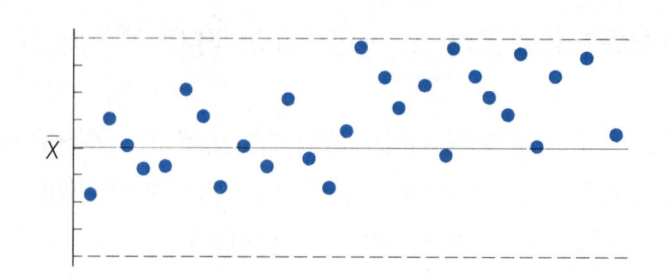

图 5-14　不在管制內的型態：製程水準的改變或跳動

顯示在 R 管制圖，製程離散或變異突然改變的原因有：
(a) 經驗不足的作業人員。
(b) 齒輪晃動突然增加。
(c) 進料的變異增加。

這些製程水準的突然改變，會發生在 $\bar{X}$ 和 R 管制圖上；這些情況在管制圖活動開始的時候，在獲得管制狀態之前，都很普遍。可能有不只一個非機遇原因，或是有影響兩個管制圖的原因，例如，經驗不足的操作人員。

2. **製程水準的趨勢或穩定改變**。管制圖水準穩定的改變，是工業上常見的現象。圖 5-15 說明一個方向往上的趨勢或穩定改變正在發生當中，這個趨勢也有可能是往下的趨勢。$\bar{X}$ 管制圖發生穩定漸進改變的原因有：
(a) 工具或模具的磨損。
(b) 設備逐漸惡化。
(c) 溫度和濕度逐漸改變。
(d) 化學製程上黏性的衰退。
(e) 夾具上的碎屑堆積。

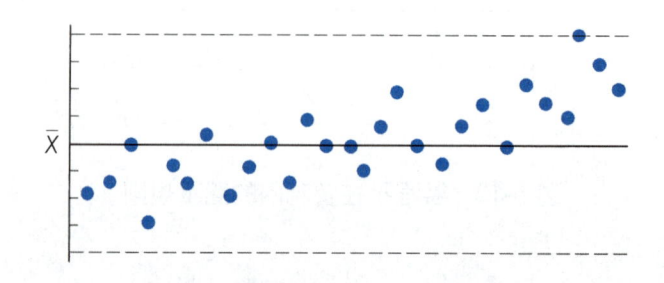

图 5-15　不在管制內的型態：製程水準的趨勢或穩定改變

在 R 管制圖上發生穩定或趨勢改變的情形，不像在 $\bar{X}$ 管制圖那般常見；雖然如此，它還是會發生，可能的原因有：

(a) 操作人員技能的改善（向下趨勢）。
(b) 操作人員的技能降低，因為疲勞、厭煩、不注意等（向上趨勢）。
(c) 進料的一致性逐漸改善。

3. **循環性週期**。當 $\bar{X}$ 或 R 管制圖上的點，顯示出一個波狀或是週期性的高、低點，稱為**週期**（cycle）。一個典型的循環失控型態顯示如圖 5-16 所示。

在 $\bar{X}$ 管制圖上，發生循環週期的原因有：
(a) 進料所受到的季節性影響。
(b) 溫度和濕度的循環性影響（在冷天的早晨啟動）。
(c) 任何每天或每週的化學、機械或心理事件。
(d) 操作人員的週期性輪調。

R 管制圖的週期性循環，不像 $\bar{X}$ 管制圖那樣普遍地發生，但是影響 R 管制圖的原因有：
(a) 操作人員的疲勞和早上、中午、晚上的休息時間體力的恢復。
(b) 機器潤滑週期。

不在管制內的循環週期，有時候因為是檢驗週期的關係而未被報告出來。因此，大約每兩小時的循環週期的變異，可能和檢驗頻率同時發生。所以，只會報告週期的低點，而且也沒有證據顯示存在循環週期的事件。

4. **兩個母體（或稱為混和）**。當有很多點靠近或是在管制界限外，就有可能呈現兩個母體的情況。這種不在管制內的型態如圖 5-17 所示。

$\bar{X}$ 管制圖內，這種型態發生的原因有：
(a) 材料的品質有很大差異。

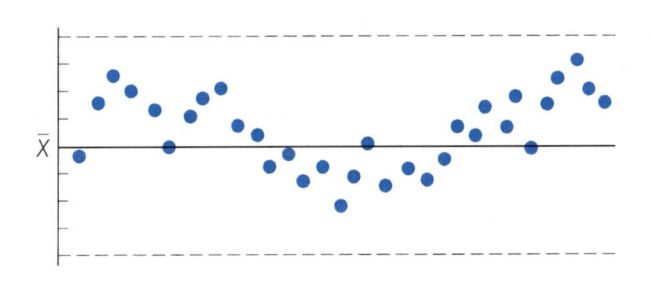

圖 5-16 不在管制內的型態：循環性週期

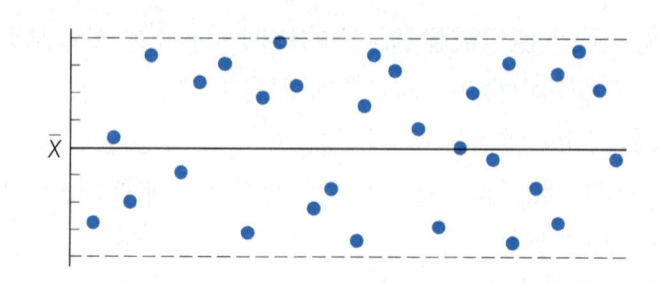

圖 5-17　不在管制內的型態：兩個母體

(b) 同一個管制圖有兩台或以上的機器。
(c) 測試方法或設備有很大的差異。
而在 R 管制圖，這種型態發生的原因有：
(a) 不同操作人員使用同一張管制圖。
(b) 原料來自不同的供應商。

5. **失誤**。失誤對品質保證的妨礙非常大。因為失誤而造成不在管制內的原因有：
(a) 衡量設備的刻度不準。
(b) 計算錯誤。
(c) 使用的測試設備錯誤。
(d) 所蒐集的樣本來自不同母體。
很多上述不在管制內的型態，也可能是因為檢驗的誤差或錯誤。

這些不在管制內型態不同類型的原因，只是建議的可能性，並非已全部包含在內。這些原因提供生產和品質人員解決問題，而且可以幫助發展非機遇原因的查檢表應用在特定的組織上。

當不在管制內的型態，發生在 R 管制圖的下管制線時，它的結果是非常好的績效。必須找出這個原因，以維持這個良好的績效。

先前討論是以 R 管制圖來衡量離散程度，而這些型態以及原因的資訊，也適用於 s 管制圖。

管制圖方法的第六步驟裡，測試一個概念必須有 25 個樣組資料。上述不在管制內的資訊，可以做為較少樣組數的決策。例如，R 管制圖當中，連續 6 個點往下降，則代表這個構想是好的。

規　格

個別值和平均數的比較

在討論規格和它們與管制圖之間的關係前，在這個時候，有必要進一步瞭解個別值和平均數。圖 5-18 顯示了表 5-2 鍵槽深度的個別值（X）和樣組平均數（$\bar{X}$）的劃記資料。4 個不在管制內的點，並未用在這兩個劃記紀錄上，因此有 84 個個別值和 21 個平均數。觀察圖中可以得知，平均數比個別值更接近中心線。當 4 個個別值平均之後，極端值的影響變小，因為 4 個值都非常大或 4 個值都非常小的機會是很小的。

計算個別值的平均數和樣組平均數的平均數，一樣都是 $\bar{X}=38.9$。然而，個別值的樣本標準差 $s=4.16$，樣組平均數的樣本標準差 $s_{\bar{X}}=2.77$。

如果有很多的個別值和樣組平均數，而且分配是常態，則圖 5-18 的平滑曲線就可以代表它們的次數分配。圖中平均數的次數分配曲線是虛線，而個別值次數分配曲線是實線；本書將一致使用這個慣例。比較兩個分配可以發

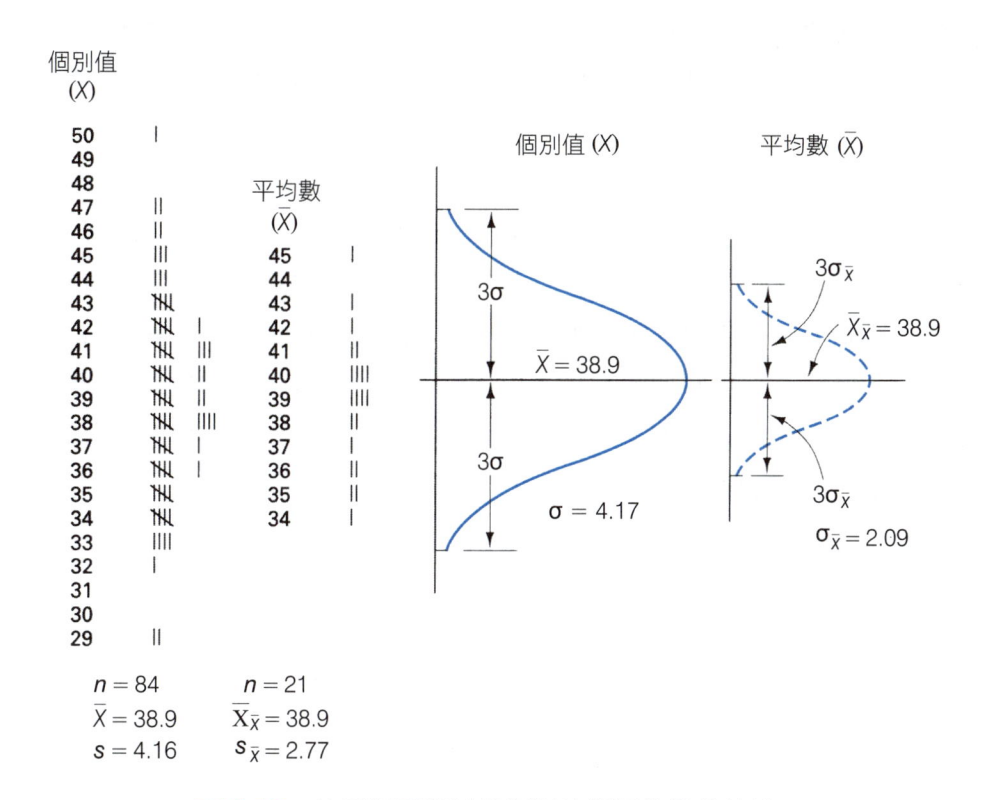

圖 5-18 使用相同資料做個別值與平均數的比較

現，兩個分配的外型都是常態。事實上，即使個別值的曲線不是那麼常態，但是平均數的曲線也會接近常態的形狀。個別值曲線基座大小，大約是平均數曲線基座大小的兩倍。當母體當中的個別值標準差 $\hat{\sigma}$ 是有效的，而且平均數的標準差 $\sigma_{\bar{X}}$ 也是有效的，則兩者之間存在著明確的關係，公式如下：

$$\sigma_{\bar{X}} = \frac{\sigma}{\sqrt{n}}$$

其中，$\sigma_{\bar{X}}$ = 樣組平均數（$\bar{X}$）的母體標準差
　　　σ = 個別值（X）的母體標準差
　　　n = 樣組大小

因此，樣組大小是 5，$\sigma_{\bar{X}} = 0.45\,\sigma$；樣組大小是 4，$\sigma_{\bar{X}} = 0.50\,\sigma$。

如果我們假設母體為常態（可能是事實也可能不是事實），則母體標準差的估計為：

$$\hat{\sigma} = \frac{s}{c_4}$$

其中 $\hat{\sigma}$ 是母體標準差的「估計值」，當 $n = 84$ 的時候，c_4 的值接近 0.996997 [11]。因此 $\sigma = s/c_4 = 4.16/0.996997 = 4.17$，而 $\sigma_{\bar{X}} = \sigma/\sqrt{n} = 4.17/\sqrt{4} = 2.09$。注意，$s_{\bar{X}}$ 是從樣本資料計算得到，而 $\sigma_{\bar{X}}$ 是由上面所計算得到，兩者並不相同。這個差異是因為樣本的變異或是樣本數過小（只有 21 個），或是這些原因的組合。這些差異並不是因為 X 的非常態母體所引起的。

由於曲線高度是次數的函數，所以個別值的曲線較高。這很容易由圖 5-18 驗證。然而，如果曲線是相對的或百比次數分配（relative or percentage frequency distributions），則曲線下的面積是 100%。因此，平均數的百分比次數分配曲線，具有較小的基座，需要比個別值的百分比次數分配曲線更高的曲線，包住相同的面積。

➡ 中央極限定理

現在你們應該瞭解個別值（X）的次數分配和平均數（$\bar{X}$）的次數分配之間的不同，這樣可以討論中央極限定理；簡單地說：

---

[11] c_4 值是由附錄表 B 當中查到的，最大至 $n = 20$。當 n 大於 20 的時候，$c_4 = \dfrac{4(n-1)}{4n-3}$。

如果取樣的母體不是常態，並且假設樣本大小 n 至少是 4 時，樣本平均數的分配將趨近常態。當樣本大小愈大，這個趨勢就愈好。更進一步來說，只要做一點修正，標準化常態可以使用於表示平均數分配：

$$Z = \frac{\bar{X}-\mu}{\sigma_{\bar{X}}} = \frac{\bar{X}-\mu}{\sigma/\sqrt{n}}$$

這個定理由蕭華特（Shewhart）[12]個別值的均勻分配和三角分配來說明，如圖 5-19。很明顯地，X 分配不同於常態分配；然而，$\bar{X}$ 分配卻接近常態分配。

中央極限定理是 $\bar{X}$ 管制圖可以運作的原因之一，我們不需要關心 X 分配是不是常態分配，只要樣本大小大於等於 4 即可。圖 5-20 顯示骰子實驗的結果。第一個是擲六面骰子的個別值分配；第二個是擲兩個骰子的平均數分配。平均數（$\bar{X}$）分配是單峰的、對稱、尾巴逐漸變細。這個實驗為中央極限定理的有效性，提供有實用價值的證據。

▶ 管制界限和規格

管制界限是平均數的函數；換句話說，管制界限是對平均數而言。規格，

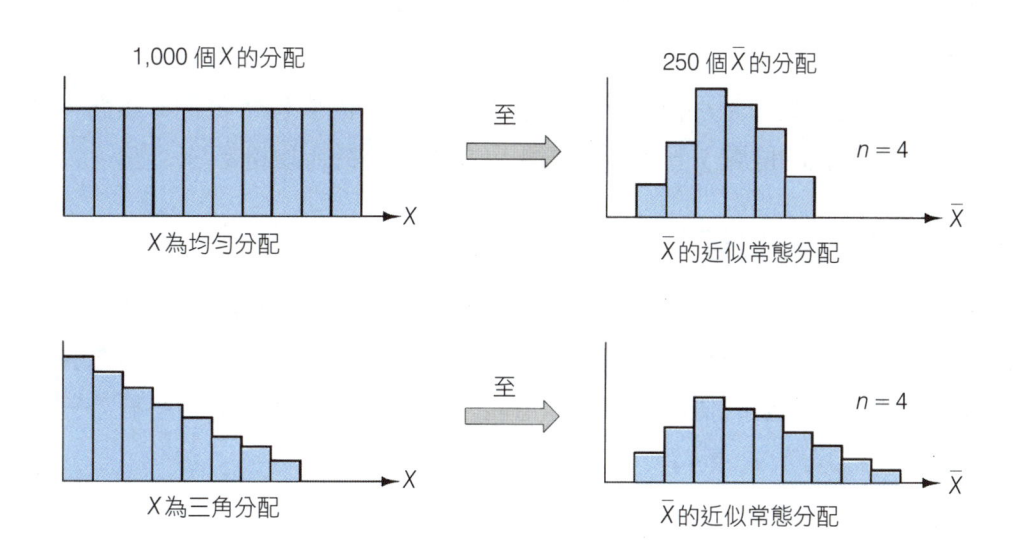

圖 5-19 中央極限定理的說明

---

[12] W. A. Shewhart, *Economic Control of Quality of Manufactured Product* (Princeton, N.J.: Van Nostrand Reinhold, 1931), pp.180-186.

骰子實驗

X的結果

1	2	3	4	5	6
正正正	正正正	正正正	正正正	正正正	正正正

$\bar{X}$的結果，n = 2

1.0	1.5	2.0	2.5	3.0	3.5	4.0	4.5	5.0	5.5	6.0

圖 5-20　中央極限定理的骰子實驗

從另一個方面來說，是允許零件尺寸變動的大小。因此是對個別值而言，規格界限或公差界限，是設計工程師為了符合特定的功能所建立的。圖 5-21 顯示規格的位置可以選擇，而且和圖中其他特性沒有關係。而管制界限、製程散佈、平均數分配和個別值分配是相關的，它們是由製程所決定。然而，規格是一個選擇性的位置；管制圖無法決定製程是否符合規格。

製程能力和公差

製程散佈是指**製程能力**（process capability），而且等於 6σ；而規格之間的差量就稱為**公差**（tolerance）。當公差是由設計工程師建立，沒有考慮製程散佈，會產生不想要的情況。有三種可能的情況：(1) 當製程能力小於公差；(2) 當製程能力等於公差；(3) 當製程能力大於公差。

情況 I：6σ < USL−LSL

這種情況是製程能力（6σ）小於公差（USL−LSL），這是最好的情況。圖 5-22 藉由個別值（X）的分配，$\bar{X}$管制圖管制界限、平均數（$\bar{X}$）分配來說明它們的理想的相互關係。在圖 (a)，製程在管制內，因為公差很明顯大於製

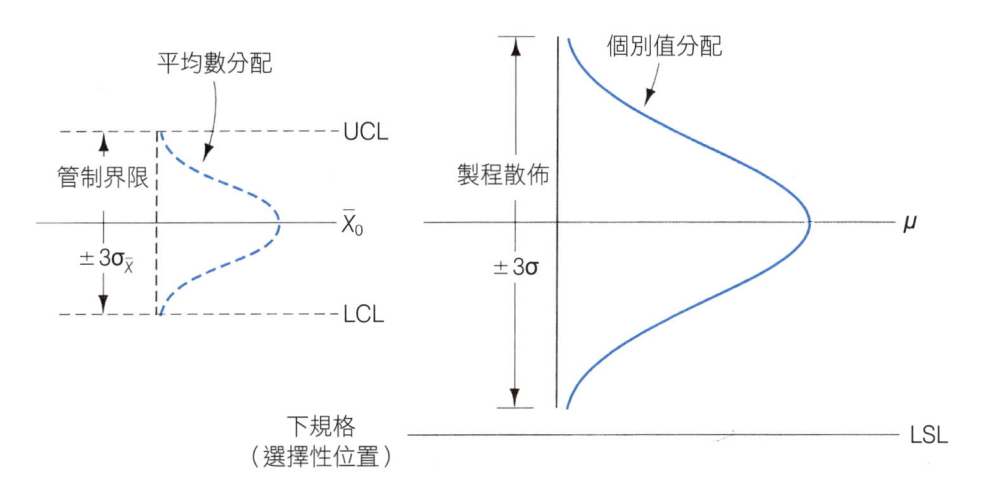

圖 5-21 管制界限、規格和分配的相互關係

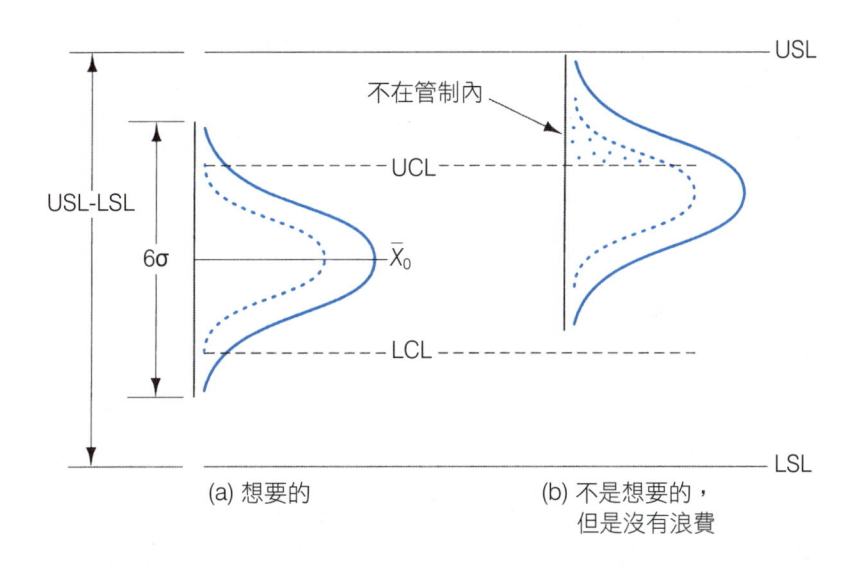

(a) 想要的

(b) 不是想要的，但是沒有浪費

圖 5-22 情況 I：$6\sigma <$ USL−LSL

程能力，所以即使當製程平均有相當大的移動，也不會有問題，如圖 (b) 所示。這個製程移動已經造成製程不在管制內，如圖上的點所示；然而，生產並沒有浪費，因為個別值（X）的分配並沒有超出上規格，不過還是需要採行矯正行動，將製程修正至管制內。

(a) 滿意的　　　　　　　(b) 不在管制內
　　　　　　　　　　　　　而且浪費

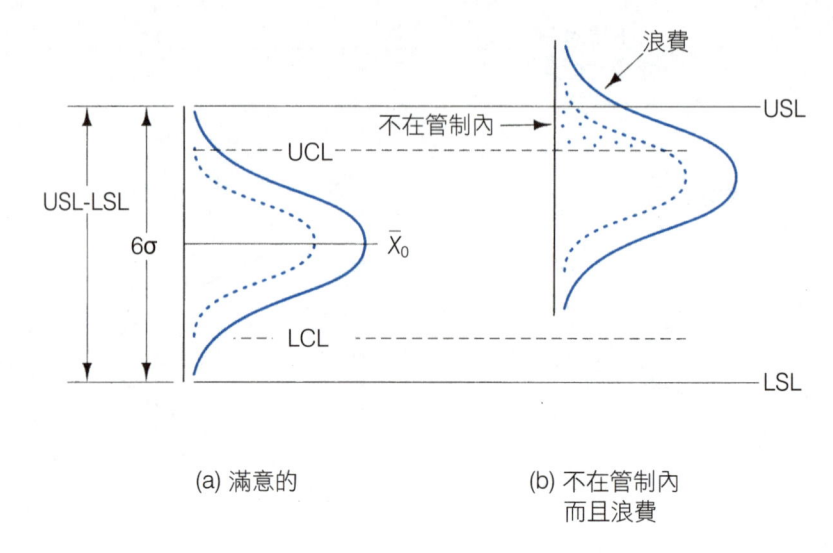

圖 5-23　情況 II：6σ = USL−LSL

情況 II：6σ = USL−LSL

圖 5-23 說明製程能力和公差相等的情況。在圖 (a) 當中，X 的次數分配呈現出自然型態的變異。然而，當製程平均移動的時候，如圖 (b) 所示，個別值（X）就超出規格。只要製程在管制內，就不會生產出不合格品；然而，當製程不在管制內，如圖 (b) 的時候，就會生產出不合格品。因此，非機遇原因的變異發生的時候，必須立刻矯正。

情況 III：6σ > USL−LSL

當製程能力大於公差的時候，是我們所不想要的，圖 5-24 說明這個情況。即使產生的是自然型態的變異，如圖 (a) 的個別值（X）次數分配，某些個別值（X）會大於上規格或小於下規格。這個狀況呈現出一個特有的現象：當製程在管制內的時候，如 $\bar{X}$ 的管制界限和次數分配所示，仍然會生產出不合格品；換句話說，製程沒有能力製造符合規格的產品。當製程改變如圖 (b) 的時候，問題會更糟糕。

當這種情況發生的時候，必須 100% 全數檢驗，這樣才可以剔除生產出的不合格產品。

一個解決的方法，是和設計工程師討論增加公差的可能性。這個方法可能需要和配對零件，進行可靠度研究，以決定產品增加公差後是否仍具有功能。設計工程師也可以考慮選擇性的裝配。

(a) 管制內而且有浪費　　　(b) 不在管制內而且浪費

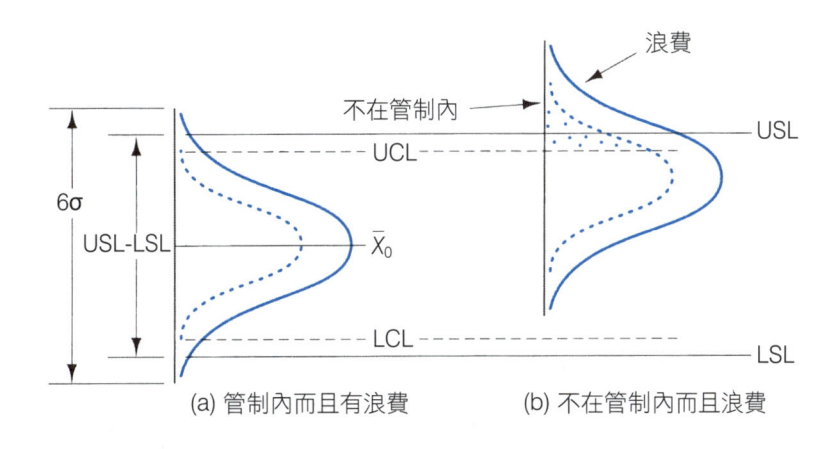

圖 5-24　情況 III：6σ > USL−LSL

　　第二種可能的解決方法是改變製程的離散程度，因此會產生一個較為尖聳的分配型態。要獲得標準差顯著的減少，可能需要有新的材料、更有經驗的操作人員、再訓練、新的機器或檢修過的機器、製程管制的自動化。

　　另一個解決方法是移動製程平均，使得所有的不合格品發生在次數分配的一邊，如圖 5-24(b) 所示。為了說明這個方法，假設一項鋼軸正磨修至緊密的規格。如果移除太多的金屬材料，這個零件就成了廢品；如果移除的材料過少，則這個零件就需要再加工，也就是重工。經過移動製程平均之後，廢品就消除了，不過需要的重工也會增加。產品內部的組成也有類似的情況，例如孔或是鍵槽，不過它的廢品是發生在規格上限的上方，而重工的部分是規格下限的下方。當零件的成本證明重工作業是經濟的，這是可行的解決方法。

例題 5-5

　　夾具上的是定位梢，研磨成直徑 12.50 mm（約 1/2 in.），公差是 ±0.05 mm。如果製程的中心是 12.50 mm（μ），離散程度是 0.02 mm（σ）；多少百分比的產品是廢品？多少百分比的產品需要重工？製程中心要如何改變才能消除廢品？重工的百分比是多少？

　　解決這個問題的方法，在第 3 章已經介紹過了，如下所示。

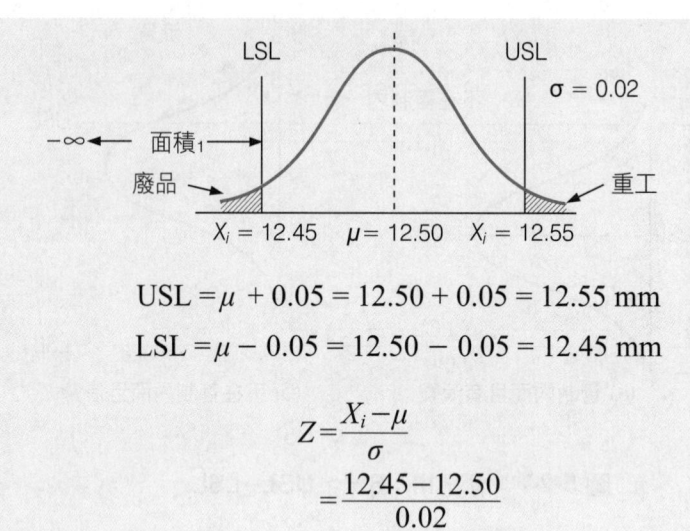

$$\text{USL} = \mu + 0.05 = 12.50 + 0.05 = 12.55 \text{ mm}$$
$$\text{LSL} = \mu - 0.05 = 12.50 - 0.05 = 12.45 \text{ mm}$$

$$Z = \frac{X_i - \mu}{\sigma}$$
$$= \frac{12.45 - 12.50}{0.02}$$
$$= -2.50$$

從附錄表 A 查 Z 值是 −2.50：

$$\text{面積}_1 = 0.0062 \text{ 或 } 0.62\% \text{ 廢品}$$

由於假設製程是介於規格和對稱分配的中心，重工的百分比會等於廢品的百分比 0.62%。這個問題的第二部分由下圖解決：

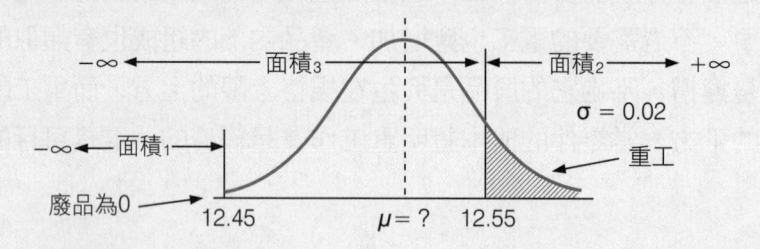

如果廢品數量 = 0，則面積$_1$ = 0，從表 A 得知，最接近面積$_1$值為 0 是 0.00017，而 Z 值 = −3.59。因此

$$Z = \frac{X_i - \mu}{\sigma}$$
$$-3.59 = \frac{12.45 - \mu}{0.02}$$
$$\mu = 12.52 \text{ mm}$$

要求得重工的百分比，先決定面積$_3$。

$$Z = \frac{X_i - \mu}{\sigma}$$
$$= \frac{12.55 - 12.52}{0.02}$$
$$= +1.50$$

根據表 A，面積$_3$ = 0.9332，而且

$$面積_2 = 面積_T - 面積_3$$
$$= 1.0000 - 0.9332$$
$$= 0.0668 \text{ 或 } 6.68\%$$

重工的數量是 6.68%，順帶一提，比當製程在中心的時候，重工和廢品相加（1.24%）還要多很多。

如上的製程能力和規格分析利用到規格上、下限；而很多時候，只有一個規格，可能是規格上限或規格下限。對單一規格界限的分析可能是相似、而且更為簡單的。

製程能力

真正的製程能力，必須是不用新設備或設備改變的大量投資，直到 $\bar{X}$ 和 R 管制圖可以達成最佳的品質改善，才可以決定。當製程在統計管制內的時候，製程能力等於 $6\sigma_0$。

在例題 5-1 的 $\bar{X}$ 和 R 管制圖中，品質改善製程是在一月份開始的，σ_0 = 0.038。製程能力是 6σ = (6)(0.038) = 0.228 mm。到七月份，σ_0 = 0.030，製程能力是 0.180 mm。製程能力改善了 20%，而在大部分的情況下，這樣是有足夠能力解決品質上的問題。

通常要獲得製程能力，需要一個快速的方法，而不是使用 $\bar{X}$ 和 R 管制圖。這個方法假設製程是穩定、或在統計管制之內（有可能是也有可能不是實際情況），其步驟如下：

1. 取 25 組的樣組，樣本大小是 4，總共 100 筆量測值。
2. 計算每個樣組全距 R。

3. 計算全距平均值，$\bar{R} = \Sigma R/g = \Sigma R/25$。
4. 計算母體標準差的估計值：

$$\hat{\sigma}_0 = \frac{\bar{R}}{d_2}$$

其中，d_2 是由附錄表 B 查到的；當 $n = 4$，結果為 2.059。

5. 製程能力等於 $6\sigma_0$。

記得這個方法所獲得的，並非真正的製程能力，而且只有需要的情況下才使用。同樣地，樣組超過 25 組，可以改善準確度。

例題 5-6

現有的製程不符合洛威-C 硬度規定（Rockwell-C specification）。由樣本大小是 4 的 25 個樣組全距，決定製程能力。資料為 7、5、5、3、2、4、5、9、4、5、4、7、5、7、3、4、4、5、6、4、7、7、5、5、7。

$$\bar{R} = \frac{\Sigma R}{g} = \frac{129}{25} = 5.16$$

$$\sigma_0 = \frac{\bar{R}}{d_2} = \frac{5.16}{2.059} = 2.51$$

$$6\sigma_0 = (6)(2.51) = 15.1$$

假設製程在統計管制之內，製程能力也可以由標準差獲得。它的程序是：

1. 取 25 組的樣組，樣本大小是 4，總共 100 筆量測值。
2. 計算每個樣組的樣本標準差 s。
3. 計算樣本標準差的平均值，$\bar{s} = \Sigma s/g = \Sigma s/25$。
4. 計算估計的母體標準差：

$$\hat{\sigma} = \frac{\bar{s}}{c_4}$$

其中，c_4 是由表 B 查到的；當 $n = 4$，其值為 0.9213。

5. 製程能力等於 $6\sigma_0$。

樣組超過 25 組，可以改善準確度。

例題 5-7

一個新的製程開始,樣本大小是 4 的 25 個樣組,其樣本標準差的和是 105,決定製程能力。

$$\bar{s} = \frac{\Sigma s}{g} = \frac{105}{25} = 4.2$$

$$\sigma_0 = \frac{\bar{s}}{c_4} = \frac{4.2}{0.9213} = 4.56$$

$$6\sigma_0 = (6)(4.56) = 27.4$$

雖然如前所述,標準差的方法比較正確,但可以選擇全距或標準差的方法中的一個使用。若要以圖呈現製程能力,必須建立直方圖。事實上,直方圖至少需要 50 個量測值才夠;因此,使用計算製程能力相同資料做的直方圖,在同一時間也可以充份做為製程的代表。

製程能力和公差組合成**製程能力指標**(capability index),定義如下:

$$C_p = \frac{\text{USL} - \text{LSL}}{6\sigma_0}$$

其中, C_p = 製程能力指標

USL − LSL = 上規格 − 下規格,或稱公差

$6\sigma_0$ = 製程能力

如果製程能力指標為 1.00,就是前一節我們所討論的情況 II;如果製程能力指標大於 1.00,就是情況 I,也就是我們所想要的;如果製程能力指標小於 1.00,就是情況 III,也就是我們所不想要的。圖 5-25 顯示了這三種情況。

例題 5-8

假設鍵槽深度的規格是 6.50 和 6.30,決定改善前($\sigma_0 = 0.038$)和改善後($\sigma_0 = 0.030$)的製程能力指標。

$$C_p = \frac{\text{USL} - \text{LSL}}{6\sigma_0} = \frac{6.50 - 6.30}{6(0.038)} = 0.88$$

$$C_p = \frac{\text{USL} - \text{LSL}}{6\sigma_0} = \frac{6.50 - 6.30}{6(0.030)} = 1.11$$

情況 I：$C_p > 1.00$

$$C_p = \frac{\text{USL}-\text{LSL}}{6\sigma} = \frac{8\sigma}{6\sigma} = 1.33$$

情況 II：$C_p = 1.00$

$$C_p = \frac{\text{USL}-\text{LSL}}{6\sigma} = \frac{6\sigma}{6\sigma} = 1.00$$

情況 III：$C_p < 1.00$

$$C_p = \frac{\text{USL}-\text{LSL}}{6\sigma} = \frac{4\sigma}{6\sigma} = 0.67$$

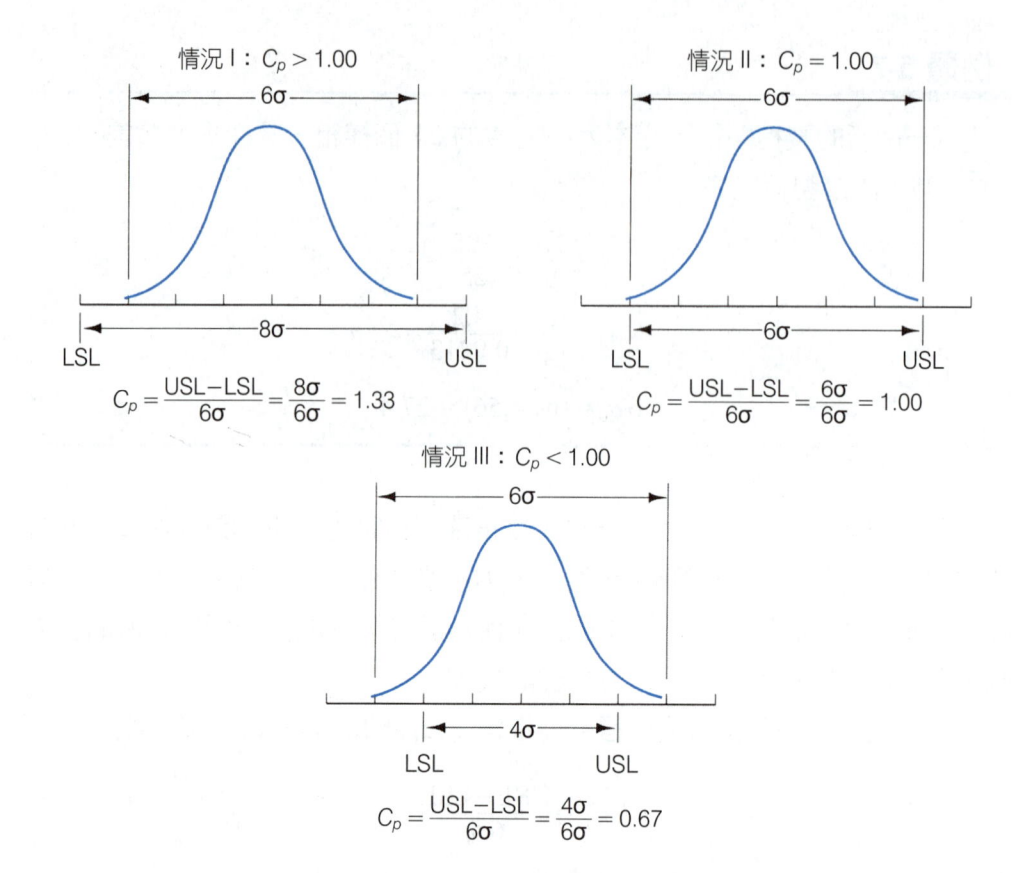

圖 5-25 製程能力指標和三種情況

在例題 5-8，品質改善的結果是我們想要的製程能力指標（情況 I）。最低限度的製程能力指標，通常是建立 1.33。在這個值之下，設計工程師在產品可以放行生產的時候，需要尋求製造部門的許可。大部分的組織，將製程能力指標值 1.33 視為現存標準，並且追求 2.00 的更高值；而這需要將規格設定在 ± 6σ。

使用製程能力指標[13] 的觀念，是假設製程在規格中心，則我們可以衡量製程品質。製程品質指標值愈大，品質愈好；我們應該努力使製程能力指標

---

[13] 另一個衡量製程能力的方法叫做製程能力比率（capability ratio），定義為：

$$C_r = \frac{6\sigma_0}{\text{USL}-\text{LSL}}$$

這兩個衡量方法唯一的不同，是分子和分母的調換。這兩個方法都有一個相同的目的；然而，解釋卻是不同的。製程能力比率的現存標準是 0.75，愈小愈好。這兩種方法，現存標準的公差都建立在 8σ₀。為了避免兩者交互解釋錯誤，應該確認使用哪一種製程能力衡量方法；本書使用的是製程能力指標。

值，盡可能比較大；而這必須藉由實際規格和持續努力改善製程能力，完成目標。

然而，製程能力指標並未將公稱值或目標值列入考慮來衡量製程績效。因此，這項衡量可以由 C_{pk} 達成，定義如下

$$C_{pk} = \frac{\text{Min}\{(\text{USL}-\bar{X}) \text{ 或 } (\bar{X}-\text{LSL})\}}{3\sigma}$$

例題 5-9

當平均數是 6.45，請為上一個例題（USL = 6.50、LSL = 6.30，σ = 0.030）決定 C_{pk} 的值。

$$C_{pk} = \frac{\text{Min}\{(\text{USL}-\bar{X}) \text{ 或 } (\bar{X}-\text{LSL})\}}{3\sigma}$$

$$= \frac{\text{Min}\{(6.50-6.45) \text{ 或 } (6.45-6.30)\}}{3(0.030)}$$

$$= \frac{0.05}{0.090} = 0.56$$

當平均數是 6.38，決定 C_{pk} 的值。

$$C_{pk} = \frac{\text{Min}\{(\text{USL}-\bar{X}) \text{ 或 } (\bar{X}-\text{LSL})\}}{3\sigma}$$

$$= \frac{\text{Min}\{(6.50-6.38) \text{ 或 } (6.38-6.30)\}}{3(0.030)}$$

$$= \frac{0.08}{0.090} = 0.89$$

圖 5-26 說明製程在中心和偏離中心 1σ 的時候，三種情況的 C_p 值和 C_{pk} 值。有關 C_p 和 C_{pk} 的註解如下：

1. 當製程中心改變的時候，C_p 值並沒有改變。
2. 當製程在中心的時候，$C_p = C_{pk}$。
3. C_{pk} 總是等於或小於 C_p。
4. C_{pk} 值等於 1.00 是現存標準，表示製程正在生產剛好符合規格的產品。
5. C_p 值小於 1.00 的時候，表示製程正在生產不能符合規格的產品。

製程在中心　　　　　　　　　　　　　　製程偏離中心 1σ

情況 I：$C_p = (USL-LSL)/6σ = 8σ/6σ = 1.33$

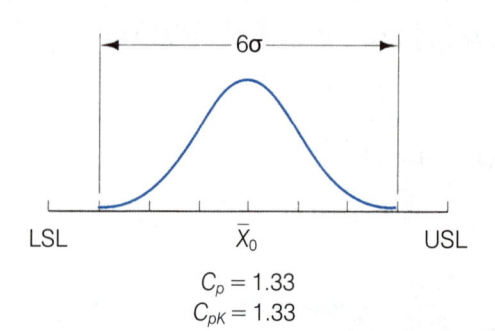

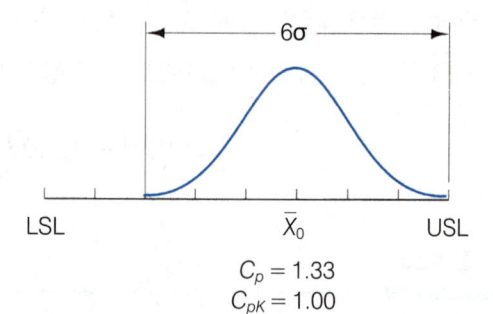

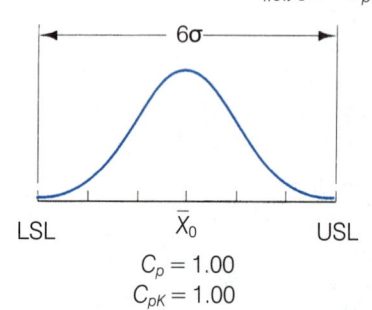

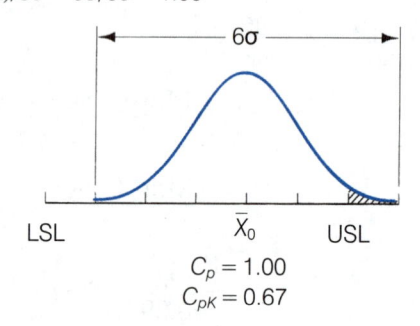

$C_p = 1.33$
$C_{pK} = 1.33$

$C_p = 1.33$
$C_{pK} = 1.00$

情況 II：$C_p = (USL-LSL)/6σ = 6σ/6σ = 1.00$

$C_p = 1.00$
$C_{pK} = 1.00$

$C_p = 1.00$
$C_{pK} = 0.67$

情況 III：$C_p = (USL-LSL)/6σ = 4σ/6σ = 0.67$

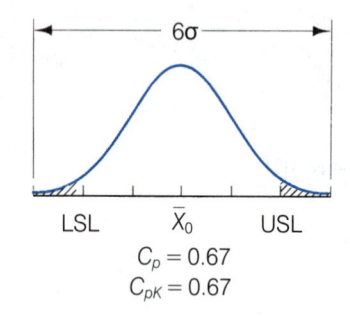

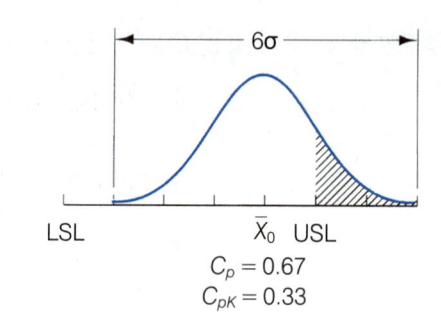

$C_p = 0.67$
$C_{pK} = 0.67$

$C_p = 0.67$
$C_{pK} = 0.33$

圖 5-26　三種情況的 C_p 和 C_{pk} 值

6. C_p 值小於 1.00 的時候，表示製程能力不夠。
7. C_{pk} 值等於 0 的時候，表示平均數等於規格界限其中的一邊。
8. 負的 C_{pk} 值表示平均數在規格之外。

六個標準差

如前所述，標準差是最好的量測製程變異方法，因為標準差愈小，製程的變異愈少。如果我們可以減小標準差（σ），使其規格範圍介於 ±6σ，這時產品或服務的 99.9999998%，將會落於規格之間，C_p 值為 2.0，而不合格率為 0.002 個／百萬（ppm）。圖 5-27 說明這個情況；而表 5-5 提供何時可以在其他值建立規格的資訊。

根據六個標準差（Six Sigma）的原理，製程很少能維持在規格中心位置──中心點傾向目標點的上、下方「移動」。圖 5-28 顯示出一個常態分配的製程；但卻在目標點 1.5σ 以上以及 1.5σ 以下的範圍移動。從圖中的狀況看來，產品或服務的 99.9996600% 將會落在規格之間，而且不合格率將是 3.4 ppm。這一偏離中心的情形是表示製程中心的能力指標（C_{pk}）為 1.5 的製程。表 5-6 顯示不同規格界限的位置，規格之間的百分比、不合格率以及製程中心能力指標的資訊。移動的幅度和型態是有待探索的事項，不應該事先假設

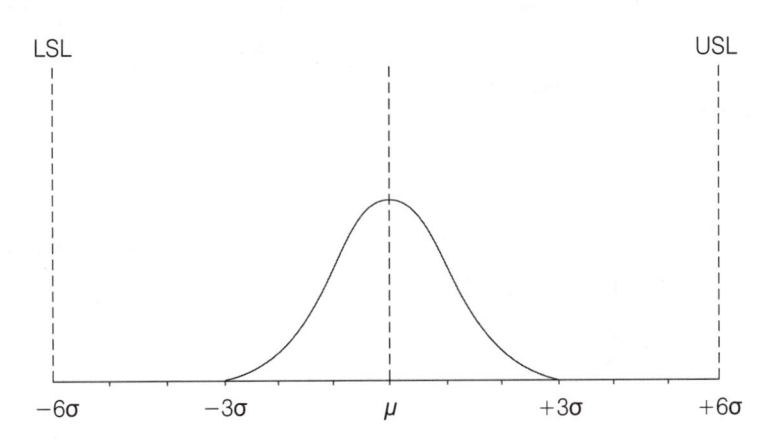

圖 5-27 當製程位於規格中心時的不合格率

表 5-5 當製程位於規格中心時的不合格率以及製程能力指標

規格界限	合格的百分比	不合格率（PPM）	製程能力指標（C_p）
±1σ	68.7	317,300	0.33
±2σ	95.45	485,500	0.67
±3σ	99.73	2,700	1.00
±4σ	99.9937	63	1.33
±5σ	99.999943	0.57	1.67
±6σ	99.9999998	0.002	2.00

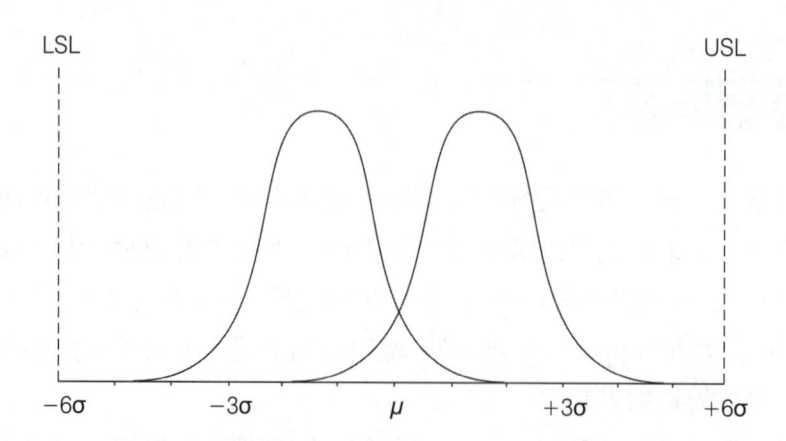

圖 5-28　當製程位於規格中心 ±1.5σ 時的不合格率

表 5-6　當製程位於規格中心 ±1.5σ 時的不合格率以及製程能力指標

規格界限	合格的百分比	不合格率（PPM）	製程能力指標（C_p）
±1σ	30.23	697,700	−0.167
±2σ	69.13	308,700	0.167
±3σ	93.32	66,810	0.500
±4σ	99.3790	6,210	0.834
±5σ	99.97670	2,330	1.167
±6σ	99.9996600	3.4	1.500

已知。

　　製程移動到位於規格中心 1.5 倍標準差的時候，不合格率 3.4 ppm 是一個統計值；真正的不合格率會更接近 0.002 ppm，或每 10 個億當中，有兩個的機率。這段敘述原理如下：

- 製程移動的假設為 1.5 倍標準差，而有可能是少更多的。
- 製程移動的假設總是在 1.5 倍標準差，而那是不可能發生的。
- 在 $n=4$ 的時候，$\bar{X}$ 和 R 管制圖監督製程，一般說來，最有可能在兩個小時內捕捉和矯正不在管制內的情況。因此，每週 40 個小時，製程的運作將只有 5% 是 3.4 ppm 不合格率。
- 事實上，如果製程真的有所移動，一位附屬的管制人員大部分的時候還是可以讓製程維持在中心。[14]

---

[14] Joseph G. Voelkel, "What Is 3.4 Million," *Quality Progress* (May 2004): 63-65.

要達成六標準差規格並不容易，應該在情況是有經濟效益時，只對關鍵的品質特性進行嘗試。

其他管制圖

基本的計量管制圖在前面的章節都已經討論。大部分的計量值品質管制活動是有關於 $\bar{X}$ 和 R 管制圖或 $\bar{X}$ 和 s 管制圖，但是另外還有其他的管制圖應用在其餘不同的情況。這些管制圖將在本節做簡單的討論。

▶ 操作人員較容易瞭解的管制圖

因為生產人員對於平均數、個別值、管制界限和規格的關係較難理解，所以發展不同的管制圖來克服這個難題。

1. **將個別值畫在圖上**。這個方法，是將個別值和樣組平均數皆畫在管制圖上，如圖 5-29 所示。小點代表個別值，大的圓圈代表樣組平均數。在某些情況下，個別值和樣組平均數是相同的，所以點會畫在圓圈裡。當兩個個別值相等的時候，將點邊對邊靠在一起。可以藉由增加規格上、下限，以進一步改良管制圖。然而，實務上並不建議這樣的作法。事實上，將個別值畫在管制圖上是不需要的，它可以藉由適當的操作人員訓練來克服這個問題。

2. **樣組和管制圖**。這個方法是將樣組和 ΣX 畫在管制圖上，而不是樣組平均數 $\bar{X}$。因為這個值在管制圖上和規格有非常大的不同，所以不太容易混淆。圖 5-30 顯示樣組和管制圖，就是將 $\bar{X}$ 管制圖以樣組大小 n 為比例放大。中心線是 $n\bar{X}_0$，管制界限由下面的公式獲得：

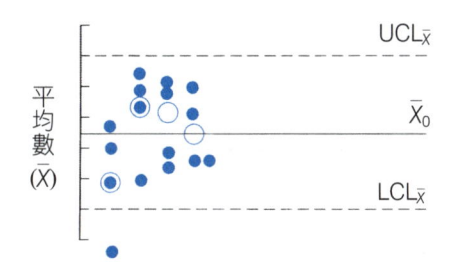

圖 5-29 將個別值和樣組平均數畫在管制圖上的方法

図 5-30　樣組和管制圖

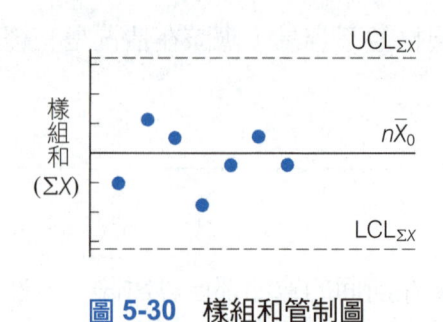

$$\text{UCL}_{\Sigma X} = n\,(\text{UCL}_{\bar{X}})$$
$$\text{LCL}_{\Sigma X} = n\,(\text{LCL}_{\bar{X}})$$

這個管制圖在數學上和 $\bar{X}$ 管制圖是一樣的，而且有計算方便的附加優點，只需要加、減而已。

▶ 變動樣組大小的管制圖

一定要盡力讓樣組大小保持一定。然而，偶爾會因為材料的遺失、實驗室測試、生產問題或檢驗錯誤，造成樣組大小的變化。當這種情形發生時，管制界限會隨著樣組大小而變化。當樣組大小 n 變大時，管制界限會變窄；當樣組大小 n 變小的時候，管制界限會變寬（圖 5-31）。這項事實是由分析管制界限的因素 A_2、D_1、D_2 得到證實，這些都是樣組大小的函數，也是管制界限公式的一部分；R 管制圖的管制界限也會有所變化。

變動樣組管制圖的困難之一，就是要計算一些管制界限。而更困難的工作，就是要向生產人員解釋使用不同管制界限的原因；因此，這種管制圖應該避免使用。

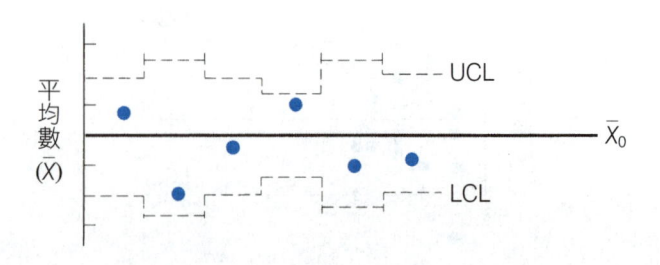

圖 5-31　變動樣組大小管制圖

➡ 趨勢管制圖

當管制圖的點,有朝上或朝下的趨勢,就可能有歸因於非自然型態的變異,或是自然型態的變異,如刀具磨損。換句話說,當工具磨損的時候,預期平均數會逐漸變化是正常的現象。圖 5-32 是趨勢管制圖,反映出模具的磨損。當模具磨損的時候,量測值會逐漸變大,直到它達到拒絕上限,模具才進行更換或維修。

因為中心線是一個斜線,所以必須決定它的方程式。最好使用最小平方法,從一組樣本點找出一條合適的直線。使用斜率、截距形式的趨勢線的方程式為

$$\bar{X} = a + bG$$

其中,$\bar{X}$ = 樣組平均數,代表垂直軸

G = 樣組數目,代表水平軸

a = 垂直軸的截距,即此斜線和垂直軸交叉的點

$$a = \frac{(\Sigma \bar{X})(\Sigma G^2) - (\Sigma G)(\Sigma G \bar{X})}{g \Sigma G^2 - (\Sigma G)^2}$$

b = 線的斜率

$$b = \frac{g \Sigma G \bar{X} - (\Sigma G)(\Sigma \bar{X})}{g \Sigma G^2 - (\Sigma G)^2}$$

g = 樣組數目

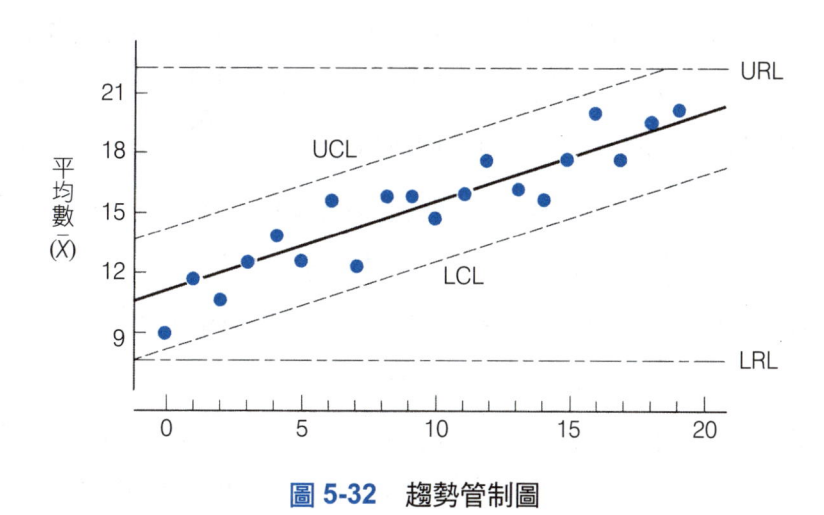

圖 5-32 趨勢管制圖

表 5-7　以最小平方法計算的趨勢線

樣組編號 G	樣組平均數 $\bar{X}$	G 和 $G\bar{X}$ 的乘積 $G\bar{X}$	G^2
1	9	9	1
2	11	22	4
3	10	30	9
.	.	.	.
.	.	.	.
.	.	.	.
g	.	.	.
ΣG	$\Sigma \bar{X}$	$\Sigma G\bar{X}$	ΣG^2

　　a、b 係數是由建立 G、$\bar{X}$、$G\bar{X}$ 和 G^2 欄位獲得，如表 5-7 說明。計算它們的和，並將這些和代入方程式。

　　當趨勢方程式已知，就可以假設 G 值，計算 $\bar{X}$，並將它們畫在管制圖上。當兩點畫上之後，趨勢線就可以畫在它們之間。而管制界限是畫在趨勢線兩旁一定的距離上（垂直方向），等於 $A_2\bar{R}$ 或 $A\sigma_0$。

　　一般來說，R 管制圖有如圖 5-7 一樣的典型外觀，但是離散程度可能會變大。

▶ 移動平均數和移動全距管制圖

　　在一些情況下，管制圖是用來結合一群個別值，並將它們畫在管制圖上。這一型的管制圖是指移動平均數和移動全距管制圖，在化學產業經常使用，因為一個時間只有一個讀數的值產生。表 5-8 說明這個方法。在製作表 5-8 的時候，直到第三期的值出現後才需要計算，將三個值加總（35＋26＋28＝89）填入「三期移動和」的欄位。計算平均數和全距（$\bar{X}=\dfrac{89}{3}=29.6$ 和 $R=35-26=9$），將結果填入 $\bar{X}$ 欄和 R 欄。後續的計算，是增加新的值，和捨棄最早的一個值；因此，增加 32，而捨棄 35。加總這些和（26＋28＋32＝86）。平均數和全距是 $\bar{X}=\dfrac{86}{3}=28.6$ 和 $R=32-26=6$。當 $\bar{X}$ 欄和 R 欄完成之後，管制圖就發展完成，並且像 $\bar{X}$ 和 R 管制圖一般的使用。

　　上面所討論的時間週期是 3 個小時，也可以是 2 個小時、5 天、3 班等。比較移動平均數和移動全距管制圖以及傳統管制圖，可以發現極端值對

表 5-8　計算移動平均數和移動全距

值	三期移動和	$\bar{X}$	R
35	—	—	—
26	—	—	—
28	89	29.6	9
32	86	28.6	6
36	96	32.0	8
.	.	.	.
.	.	.	.
.	.	.	.
.	.	.	.
		$\Sigma\bar{X}=$	$\Sigma R=$

前者管制圖有較大的影響；因為極端值在計算當中使用很多次，因此偵測的小改變會快很多。

⇒ 中位數和全距管制圖

中位數和全距管制圖，是計量管制圖當中計算量最少的一個。資料以傳統的方式蒐集，計算每一組的中位數 Md 和全距 R。當使用手算法的時候，先將這些值依照遞增或遞減的順序排列。求算樣組中位數的中位數（或稱為大中位數，Md_{Md}）和樣組全距的中位數（R_{Md}）的時候，可以由計算中點值得到。中位數的管制界限公式為：

$$\text{UCL}_{\text{Md}} = \text{Md}_{\text{Md}} + A_5 R_{\text{Md}}$$
$$\text{LCL}_{\text{Md}} = \text{Md}_{\text{Md}} - A_5 R_{\text{Md}}$$

其中，Md_{Md} = 大中位數（中位數的中位數），可以由 Md_0 代替
　　　　A_5 = 決定 3σ 管制界限的係數（參考表 5-9）
　　　　R_{Md} = 樣組全距的中位數

全距管制界限的公式為：

$$\text{UCL}_R = D_6 R_{\text{Md}}$$
$$\text{LCL}_R = D_5 R_{\text{Md}}$$

表 5-9　中位數和全距管制圖當中，計算 3σ 管制界限的係數

樣組大小	A_5	D_5	D_6	D_3
2	2.224	0	3.865	0.954
3	1.265	0	2.745	1.588
4	0.829	0	2.375	1.978
5	0.712	0	2.179	2.257
6	0.562	0	2.055	2.472
7	0.520	0.078	1.967	2.645
8	0.441	0.139	1.901	2.791
9	0.419	0.187	1.850	2.916
10	0.369	0.227	1.809	3.024

資料來源：授權摘錄自 P. C. Clifford, "Control Without Calculations," *Industrial Quality Control*, Vol. 15, No. 6 (May 1959): 44。

D_6 和 D_5 是利用 R_{Md} 來決定 3σ 管制界限的係數，可以由表 5-9 查出。母體標準差的估計值，可以由 $\sigma = R_{\text{Md}} / D_3$ 求得。

中位數管制圖的主要好處：(1) 較少的數學；(2) 容易瞭解；(3) 可以由操作人員輕鬆地維護；然而，中位數管制圖的樣組，對極端值不能給予任何的權數。

當這些圖是由操作人員維護的時候，建議樣組大小最好是 3。例如，36、39、35，這三個值的 Md 是 36，R 是 4，三個值全部都用到。圖 5-33 是中位數管制圖的一個例子。不過樣組大小是 5 會得到比較好的管制圖；然而，操作人員以手算法在計算中位數之前，要先將資料排序。雖然這兩種圖對變異的敏感性不如 $\bar{X}$ 和 R 管制圖，但是特別在品質改善之後或製程在監督的階段，它們非常有效。一份未發表的碩士論文指出，與 $\bar{X}$ 和 R 管制圖相較，Md 和 R 管制圖在效能上沒有什麼太大不同。

⇒ 個別值管制圖

有很多的情形下，品質特性所得到的量測值只有一個。這可能是因為過於昂貴、浪費時間、檢驗的項目太少或是不可能。在這種情況之下，X 管制圖可以從有限的資料提供一些資訊；然而，使用 $\bar{X}$ 管制圖就無法提供任何資訊或是要等相當久，在獲得足夠的資料之後，才會有資訊。圖 5-34 說明 X 管制圖。

試驗中心線和管制界限的公式如下：

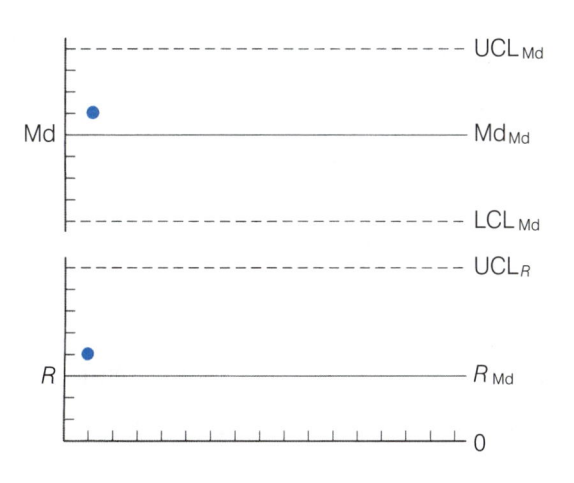

圖 5-33 中位數和全距管制圖

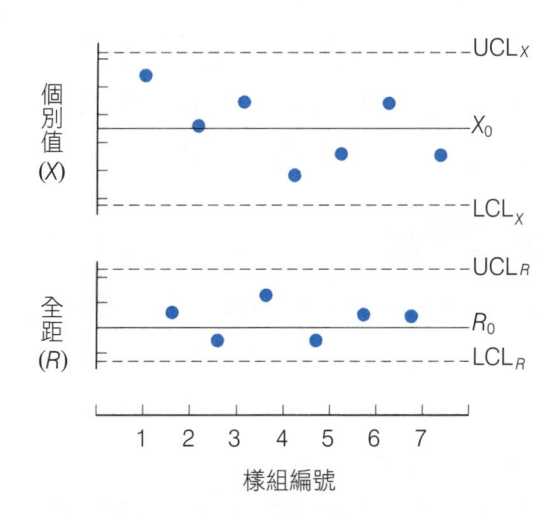

圖 5-34 個別值和移動全距管制圖

$$\bar{X} = \frac{\Sigma X}{g} \qquad \bar{R} = \frac{\Sigma R}{g}$$

$$\text{UCL}_X = \bar{X} + 2.660\,\bar{R} \qquad \text{UCL}_R = 3.267\,\bar{R}$$

$$\text{LCL}_X = \bar{X} - 2.660\,\bar{R} \qquad \text{UCL}_R = (0)\,\bar{R}$$

這些公式需要利用樣組大小 2，移動全距的方法[15]。要獲得第一個全距的點，必須求 $X_2 - X_1$；要獲得第二個點，必須求 $X_3 - X_2$；依此類推。除了第一個點和最後一個點，每個個別值都使用兩個不同的點，因此，稱為「移動」

---

[15] J. M. Juran, *Juran's Quality Control Handbook*, 4th ed. (New York: McGraw-Hill, 1988).

全距。全距的點應該畫在 R 管制圖樣組編號之間,因為它們是由這兩個值計算得到的,或置放在第二個點上。

將這些全距的點求平均可以得到 $\bar{R}$。注意,獲得 $\bar{R}$ 的 g 將比獲得 $\bar{X}$ 的 g 要小 1。

修正的中心線和管制界限的公式如下:

$$X_0 = \bar{X}_{new} \qquad R_0 = \bar{R}_{new}$$
$$UCL_X = X_0 + 3\sigma_0 \qquad UCL_R = (3.686)\sigma_0$$
$$LCL_X = X_0 - 3\sigma_0 \qquad LCL_R = (0)\sigma_0$$

其中,$\sigma_0 = 0.8865 R_0$。

X 管制圖的優點是生產人員容易瞭解、可以直接和規格比較;缺點包括:(1) 需要很多的樣組才能指出不在管制內的情況;(2) 沒有將資料總結、也沒有平均數 $\bar{X}$;(3) 當不是常態分配的時候,會扭曲管制界限。要修正最後一項缺點,要測試是否為常態。除非資料不夠,最好還是使用 $\bar{X}$ 管制圖。

▶ 管制圖的不允收界限

不允收界限(nonacceptance limits)和平均數的關係,就像規格和個別值的關係。圖 5-35,以規格該節談到的三種情況,顯示不允收界限、管制界限和規格的關係。規格上限和下限如圖 5-35 所示,用來說明這個方法;而在實際情況中,是不包含的。

在情況 I,不允收界限大於管制界限,這是我們所希望的情況,因為不在管制內的情況不會生產出不合格品。情況 II 顯示,不允收界限等於管制界限;因此,不在管制內的情況會生產出不合格品。情況 III 說明不允收界限在管制界限之內;因此,即使製程在管制內,也會製造出某些不合格品。

這個圖顯示不允收界限是來自規格的規定距離。這個距離等於 $V\sigma$,其中 V 隨樣組大小變化,等於 $3 - 3/\sqrt{n}$。計算 V 的公式,是由情況 II 導出,因為在那個情況下,管制界限等於不允收界限。

管制界限可以說明製程能做出什麼樣的產品,拒絕界限則指出產品何時符合規格。對於品質專業人員或第一線管理者而言,這是很有價值的工具。應該避免張貼不允收界限給操作人員,因為他們容易混淆,而導致不需要的調整;而且,操作人員只負責維護介於管制界限之間的製程而已。

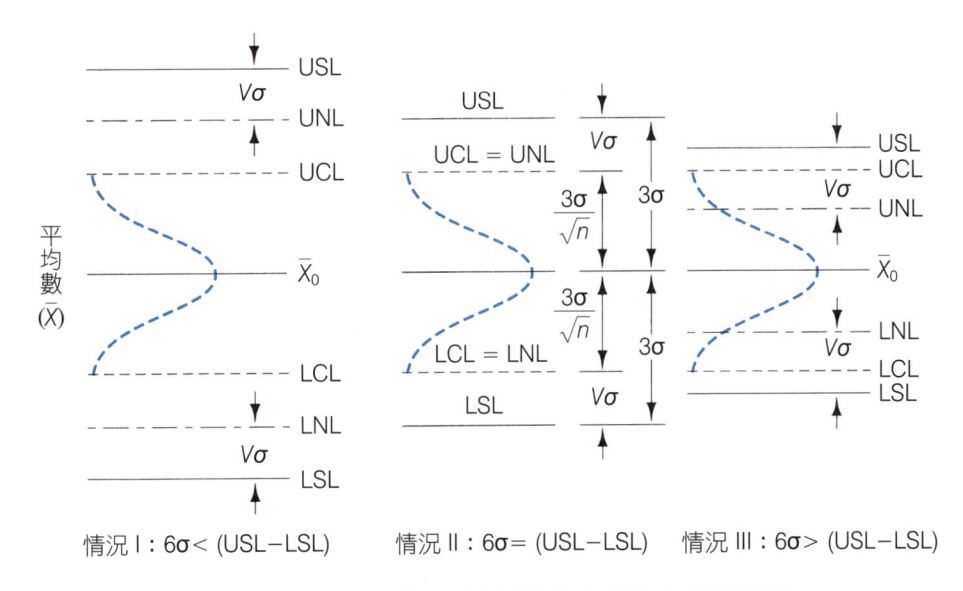

圖 5-35　不允收界限、管制界限和規格之間的關係

⇒ 指數加權移動平均管制圖

　　指數加權移動平均管制圖（exponential weighted moving-average, EWMA），也稱為幾何移動平均管制圖，給予最近的資料最大的權值，而比先前的資料權值小。最主要的優點是可以偵測到製程平均值小量的改變；然而，它不像 $\bar{X}$ 管制圖對於大量的改變反應那麼快。將這兩種方法用不同顏色畫在同一張圖上，即可看出它們的優點。

　　另一種具有偵測製程小量改變能力的管制圖，稱為**累和管制圖**（cusum chart）；它比較難以瞭解、計算，也不像指數加權移動平均管制圖那樣，對於大量的改變反應快速。詳細的說明，可以參閱朱蘭的品質管制手冊（*Jura's Quality Control Handbook*）[16]。

　　指數加權移動平均是由下列方程式所定義

$$V_t = \lambda \bar{X}_t + (1-\lambda) V_{t-1}$$

其中，　V_t = 指數加權移動平均最近標示的點

　　　　V_{t-1} = 指數加權移動平均先前標示的點

---

[16] 出處同上。

λ = 給予樣組平均值或個別值的權數

$\bar{X}_t$ = 樣組平均值或個別值

λ（lambda）值必須介於 0.05 和 0.25 之間，愈低的值，其偵測較小的改變能力愈好；0.08、0.10、0.15 這些值，就是很好的值。為了要開始連續的計算，V_{t-1} 的值為 $\bar{\bar{X}}$ [17]。管制界限由下列的方程式建立：

$$\text{UCL} = \bar{\bar{X}} + A_2 \bar{R} \sqrt{\frac{\lambda}{(2-\lambda)}}$$

$$\text{LCL} = \bar{\bar{X}} - A_2 \bar{R} \sqrt{\frac{\lambda}{(2-\lambda)}}$$

事實上，幾個最先樣本的管制界限使用不同的方程式；然而，根據上述的方程式，管限界限值會快速地增加到它們的極限值 [18]。

例題 5-10

使用表 5-2 移除三個不在管制內樣組的資訊，決定管制界限，並且標示指數加權移動平均管制圖，λ 值是 0.15。表 5-10 提供由 EXCEL 試算表計算出來的結果，而圖 5-36 顯示實際的管制圖。

表 5-10　例題 5-10，指數加權移動平均管制圖 EXCEL 試算表

樣組編號	X 或 X-Bar	全距	指數加權移動平均
1	6.36	0.08	6.394
2	6.4	0.1	6.389
3	6.36	0.06	6.391
4	6.39	0.1	6.386
5	6.4	0.09	6.387
6	6.43	0.05	6.389
7	6.37	0.08	6.395
8	6.46	0.04	6.391
9	6.42	0.11	6.401

---

[17] Douglas C. Montgomery, *Introduction to Statistical Quality Control, 5e*, Wiley Publishing, Inc., Indianapolis, IN, 2004.

[18] 出處同上。

表 5-10　例題 5-10，指數加權移動平均管制圖 EXCEL 試算表（續）

樣組編號	X 或 X-Bar	全距	指數加權移動平均
10	6.39	0.03	6.404
11	6.38	0.04	6.402
12	6.4	0.12	6.399
13	6.41	0.07	6.399
14	6.45	0.08	6.401
15	6.34	0.1	6.408
16	6.36	0.12	6.398
17	6.38	0.06	6.392
18	6.4	0.08	6.390
19	6.39	0.07	6.392
20	6.39	0.06	6.392
21	6.38	0.06	6.391
22	6.41	0.06	6.390
			6.393
總和	140.67	1.68	
$\bar{X}$	6.394		
$\bar{R}$	0.0764		
Lambda 值	0.15		
上管制界限	6.410		
下管制界限	6.378		

計算最先的幾個點和管制界限

$$V_1 = \lambda \bar{X}_1 + (1-\lambda) V_0 \qquad V_0 = \bar{\bar{X}}$$
$$= 0.15\,(6.36) + (1-0.15)(6.394)$$
$$= 6.389$$
$$V_2 = \lambda \bar{X}_2 + (1-\lambda) V_1$$
$$= 01.5\,(6.40) + (1-0.15)(6.389)$$
$$= 6.391$$
$$V_3 = \lambda \bar{X}_3 + (1-\lambda) V_2$$
$$= 0.15\,(6.38) + (1-0.15)(6.391)$$
$$= 6.385$$

$$UCL = \bar{\bar{X}} + A_2 \bar{R} \sqrt{\frac{\lambda}{(2-\lambda)}}$$

$$= 6.394 + (0.729)(0.0764)\sqrt{\frac{0.15}{(2-0.15)}}$$

$$= 6.413$$

$$LCL = \bar{\bar{X}} - A_2 \bar{R} \sqrt{\frac{\lambda}{(2-\lambda)}}$$

$$= 6.394 - (0.729)(0.0764)\sqrt{\frac{0.15}{(2-0.15)}}$$

$$= 6.376$$

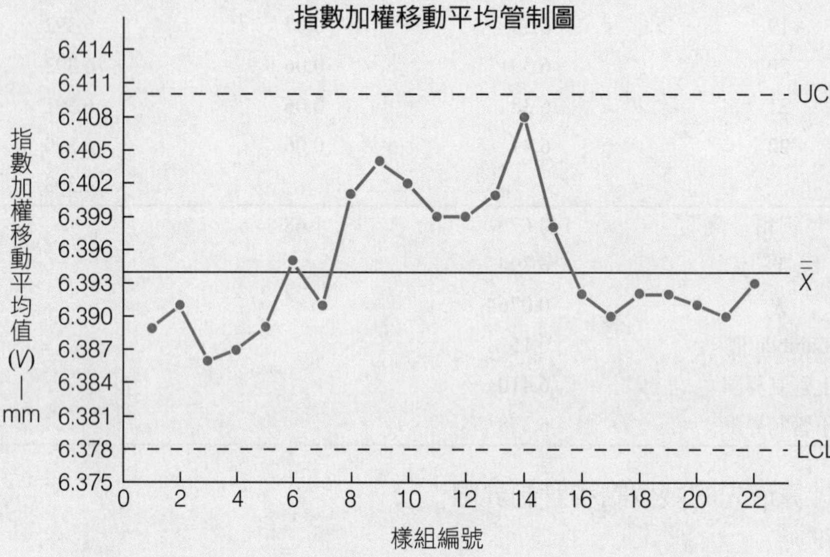

圖 5-36　表 5-10 資料的指數加權移動平均管制圖

由於指數加權移動平均管制圖對常態的假設並不敏感，它可以給個別值使用，也可以用在計數值管圖當中。

電腦程式

使用 EXCEL，利用本書所附 CD 的軟體，可以解決 $\bar{X}$ 和 R 管制圖、Md 和 R 管制圖、X 和 MR 管制圖、EWMA 管制圖以及製程能力。它們的檔名是 *X-bar & R Charts*、*Md & R Charts*、*X & MR Charts*、*EWMA Charts* 以及 *Process Capability*。

作　業

1. 下面是一個典型的 $\bar{X}$ 和 R 管制圖，是有關酸的含量（公釐）。完成第 22、23、24、25 樣組的計算。利用這些點完成推移圖。計算和畫出管制圖的試驗中心線和管制界限。分析這些點決定製程是否在管制內。

計量值管制圖　　　部門／區域：　　　管制圖編號：問題 1
零件編號：　　　作業人員編號：　　　特性：酸的含量
檢查方法：　　　名義值：0.70 ml　　　公差：±0.20

		1	2	3	4	5	6	7	8	9	10	11	12	13	14	15	16	17	18	19	20	21	22	23	24	25
樣本讀數	1	.85	.75	.80	.65	.75	.60	.80	.70	.75	.60	.80	.75	.70	.65	.85	.80	.70	.70	.65	.65	.55	.75	.80	.65	.65
	2	.65	.85	.80	.75	.70	.75	.75	.60	.85	.70	.75	.85	.70	.70	.75	.75	.85	.60	.65	.60	.50	.65	.65	.60	.70
	3	.65	.75	.75	.60	.65	.75	.65	.75	.85	.70	.90	.85	.75	.85	.80	.75	.75	.70	.85	.60	.65	.65	.75	.65	.70
	4	.70	.85	.70	.70	.80	.70	.75	.75	.80	.70	.50	.65	.70	.75	.80	.80	.70	.70	.65	.65	.80	.80	.65	.60	.60
總和		2.85	3.20	3.05	2.70	2.90	2.80	2.95	2.80	3.25	2.70	2.95	3.10	2.85	2.95	3.20	3.10	3.00	2.70	2.80	2.50	2.50				
平均數		.71	.80	.76	.68	.73	.70	.74	.70	.81	.68	.74	.78	.71	.74	.80	.78	.75	.68	.70	.63	.63				
全距		.20	.10	.10	.15	.15	.15	.15	.15	.10	.20	.40	.20	.05	.20	.10	.05	.15	.10	.20	.05	.30				

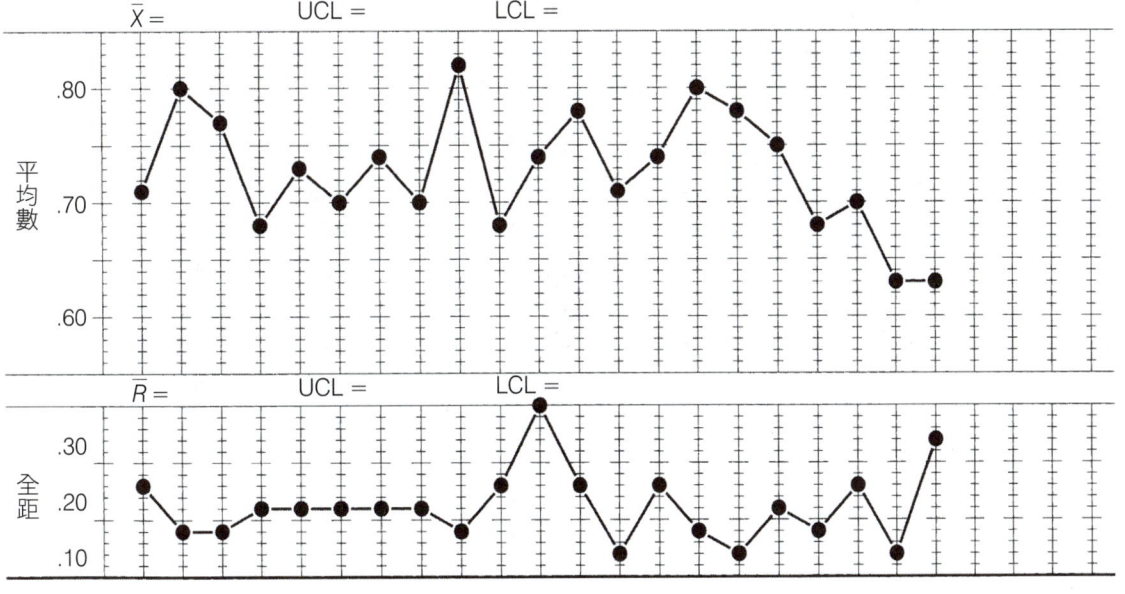

$\bar{\bar{X}}=$　　UCL $=$　　LCL $=$

$\bar{R}=$　　UCL $=$　　LCL $=$

2. $\bar{X}$ 和 R 管制圖建立在一個特定大小的零件上，其衡量單位是公釐。樣組大小是 6，如下所示。試決定試驗中心線和管制界限。假設為非機遇原因和修正的中心線和管制界限，算出試驗的中心線和管制界限。

樣組編號	$\bar{X}$	R	樣組編號	$\bar{X}$	R
1	20.35	0.34	14	20.41	0.36
2	20.40	0.36	15	20.45	0.34
3	20.36	0.32	16	20.34	0.36
4	20.65	0.36	17	20.36	0.37
5	20.20	0.36	18	20.42	0.73
6	20.40	0.35	19	20.50	0.38
7	20.43	0.31	20	20.31	0.35
8	20.37	0.34	21	20.39	0.38
9	20.48	0.30	22	20.39	0.33
10	20.42	0.37	23	20.40	0.32
11	20.39	0.29	24	20.41	0.34
12	20.38	0.30	25	20.40	0.30
13	20.40	0.33			

3. 下表的平均數和全距（單位：公斤）是改良的塑膠繩的張力測試。樣組大小是 4。決定試驗中心線和管制界限；如果有些點不在管制內，假設為非機遇原因所造成，並且計算修正後的中心線和管制界限。

樣組編號	$\bar{X}$	R	樣組編號	$\bar{X}$	R
1	476	32	14	482	22
2	466	24	15	506	23
3	484	32	16	496	23
4	466	26	17	478	25
5	470	24	18	484	24
6	494	24	19	506	23
7	486	28	20	476	25
8	496	23	21	485	29
9	488	24	22	490	25
10	482	26	23	463	22
11	498	25	24	469	27
12	464	24	25	474	22
13	484	24			

4. 重做作業 2，假設樣組大小是 3、4、5，則管制界限的比較結果將為何？

5. $\bar{X}$ 和 R 管制圖用於有關顏料重量（公斤）的批量製程。在樣本大小是 4，取 25 組的測試樣組之後，$\Sigma \bar{X}$ = 52.08 kg（114.8 lb）、ΣR = 11.82 kg（26.1 lb）。假設製程在管制狀態內，試為下一生產週期計算 $\bar{X}$ 和 R 管制圖的中心線、管制界限。

6. $\bar{X}$ 和 s 管制圖建立在硬化工具鋼的 Brinell 硬度試驗（kg/mm^2）。樣組大小為 8，如下所示。試決定 $\bar{X}$ 和 s 管制圖的試驗中心線和管制界限。假設點不在管制內是因為非機遇原因，試計算修正的管制界限和中心線。

樣組編號	$\bar{X}$	s	樣組編號	$\bar{X}$	s
1	540	26	14	551	24
2	534	23	15	522	29
3	545	24	16	579	26
4	561	27	17	549	28
5	576	25	18	508	23
6	523	50	19	569	22
7	571	29	20	574	28
8	547	29	21	563	33
9	584	23	22	561	23
10	552	24	23	548	25
11	541	28	24	556	27
12	545	25	25	553	23
13	546	26			

7. $\bar{X}$ 和 s 管制圖用於維護電子零件的電阻，單位是歐姆。樣組大小是 6，有 25 組的樣組，$\Sigma \bar{X}$ = 2,046.5、Σs = 17.4。如果製程在統計管制內，管制界限和中心線為何？

8. 重做作業 6，假設樣本大小是 3。

9. 將圖 5-8 的 s 管制圖複印在透明紙上，再將這張紙放在圖 5-5 的 R 管制圖上，比較變異的型態。

10. 在填充氮肥的時候，期望超量的平均數盡可能的低。規格下限是 22.00 kg（48.50 lb），袋重的母體平均數是 22.73 kg（50.11 lb），母體標準差是 0.80 kg（1.76 lb）。請問袋重少於 22 kg 有多少百分比？如果允許 5% 的袋重低於 22 kg，它的平均重量是多少？假設是常態分配。

11. 塑膠片使用在一些敏感的電子設備上，其製造的最大規格是 305.70 mm（約 12 in.），最小規格是 304.55 mm。如果塑膠片小於最小規格就是廢品，如果

大於最大規格就必須重工。零件尺寸通常是常態分配，母體平均數 350.20 mm，標準差是 0.25 mm。請問有多少百分比是廢品？有多少百分比需要重工？欲使廢品僅剩 0.1%，請問製程中心值應設定為何？這時的重工百分比是多少？

12. 油封的製造廠，發現油封的母體平均數是 49.15 mm（1.935 in.），母體標準差是 0.51 mm（0.020 in），而且資料呈常態分佈。如果油封的內部直徑低於下規格界限 47.80 mm，這個零件需要重工。然而，如果高於上規格界限 49.80 mm，就成了廢品。請問 (a) 多少百分比的油封需要重工？多少百分比的油封是廢品？(b) 因為各種原因，製程平均數改為 48.50 mm。以此新的平均數或製程中心值，多少百分比的油封需要重工？多少百分比的油封是廢品？如果重工是經濟可行的，請問製程中心的改變是明智的嗎？

13. 作業 37 的歷史資料顯示樣組大小為 3，因為時間不夠無法使用樣組大小為 4 去蒐集資料，進行製程能力研究。請使用前 25 個樣組決定製程能力，取 $n = 3$ 的 D_2 值計算。

14. 重做作業 13，使用最後的 25 組資料，並比較兩者的結果。

15. 使用作業 6 的硬化製程例子，決定它的製程能力。

16. 求出作業 3 的改良塑膠繩張力測試的製程能力。

17. 以下的製程能力為何？
    (a) 作業 2
    (b) 作業 5

18. 對本章例題 5-8，使用規格為 6.40 ± 0.15 mm，決定改善前（$\sigma_0 = 0.038$）和改善後（$\sigma_0 = 0.030$）的製程能力指標。

19. 一個新的製程開始，樣組大小為 4 的 25 組樣本標準差總和為 750。如果規格是 700 ± 80，則製程能力指標是多少？你建議採取哪種行動？

20. 當製程中心值是 6.40，經作業 18 改良後，C_{pk} 值是多少？當製程中心是 6.30，則 C_{pk} 值是多少？請解釋。

21. 當製程平均數是 700、740、780、820，則作業 19 的 C_{pk} 值是多少？請解釋。

22. 決定樣組和管制圖修正後的中心線和管制界限。使用資料為：
    (a) 作業 2
    (b) 作業 3

23. 決定移動平均數和移動全距管制圖的試驗中心線和管制界限，使用時間週期是 3。資料的單位為公升，如下：4.56、4.65、4.66、4.34、4.65、4.40、4.50、4.55、4.69、4.29、4.58、4.71、4.61、4.66、4.46、4.70、4.65、4.61、4.54、4.55、4.54、4.54、4.47、4.64、4.72、4.47、4.66、4.51、4.43、4.34。有任何點不在管制內嗎？

24. 重做作業 23，使用時間週期是 4，中心線和管制界限有何不同？有任何點不在管制內嗎？

25. 蓋維醫院在完成病人就診時間的品質改善計畫時，使用 $\bar{X}$ 和 R 管制圖；現在醫院希望使用中位數和全距管制圖以監督活動。下列為最近得到的資料，單位為分鐘；決定中心線和管制界限。

樣組編號	觀察值			樣組編號	觀察值		
	X_1	X_2	X_3		X_1	X_2	X_3
1	6.0	5.8	6.1	13	6.1	6.9	7.4
2	5.2	6.4	6.9	14	6.2	5.2	6.8
3	5.5	5.8	5.2	15	4.9	6.6	6.6
4	5.0	5.7	6.5	16	7.0	6.4	6.1
5	6.7	6.5	5.5	17	5.4	6.5	6.7
6	5.8	5.2	5.0	18	6.6	7.0	6.8
7	5.6	5.1	5.2	19	4.7	6.2	7.1
8	6.0	5.8	6.0	20	6.7	5.4	6.7
9	5.5	4.9	5.7	21	6.8	6.5	5.2
10	4.3	6.4	6.3	22	5.9	6.4	6.0
11	6.2	6.9	5.0	23	6.7	6.3	4.6
12	6.7	7.1	6.2	24	7.4	6.8	6.3

26. 利用表 5-2 的資料，求出中位數和全距管制圖的試驗中心線和管制界限。假設不在管制內的點都是因為非機遇原因，求出修正後的中心線和管制界限。比較變異型態和圖 5-4 之 $\bar{X}$ 和 R 管制圖的差異。

27. 使用 $\bar{X}$ 和 R 管制圖於維護一個高級汽車旅館游泳池內水的 pH 值。每天一個讀數，持續 30 天。資料為：7.8、7.9、7.7、7.6、7.4、7.2、6.9、7.5、7.8、7.7、7.5、7.8、8.0、8.1、8.0、7.9、8.2、7.3、7.8、7.4、7.2、7.5、6.8、7.3、7.4、8.1、7.6、8.0、7.4、7.0。將資料畫在紙上，決定試驗的中心線和管制界限，並評估其變異。

28. 決定作業 2 的 $\bar{X}$ 管制圖上、下拒絕界限，規格是 20.40±0.25。比較這個界限和修正後的管制界限。

29. 重做作業 28，規格是 20.40±0.30。

30. 一個新的製程開始，而且製程溫度可能會有問題。每天蒐集 8 個讀數，分別在 8：00 A.M.、10：00 A.M.、12：00 P.M.、2：00 P.M.、4：00 P.M.、6：00 P.M.、8：00 P.M.、10：00 P.M.。準備一張推移圖，並且評估結果。

日期	溫度（0°C）							
星期一	78.9	80.0	79.6	79.9	78.6	80.2	78.9	78.5
星期二	80.7	80.5	79.6	80.2	79.2	79.3	79.7	80.3
星期三	79.0	80.6	79.9	79.6	80.0	80.0	78.6	79.3
星期四	79.7	79.9	80.2	79.2	79.5	80.3	79.0	79.4
星期五	79.3	80.2	79.1	79.5	78.8	78.9	80.0	78.8

31. 一天三個班，每半個小時檢查一次液體的黏度。準備一個直方圖，其中有五格，第一格的組中點值是 29，並且評估分配。準備推移圖，並再度評估這個分配。推移圖有什麼暗示？資料如下：39、42、38、37、41、40、38、36、40、36、35、38、34、35、37、36、39、34、38、36、32、37、35、34、33、35、32、32、38、34、37、35、35、34、31、33、35、32、36、31、29、33、32、31、30、32、32、29。

32. 使用 CD 磁片內的軟體，求解：
    (a) 作業 1
    (b) 作業 25
    (c) 作業 27

33. 使用 EXCEL，寫一個移動平均數以及移動全距管制圖的樣板，其時間週期是 3，從下列的作業獲得管制圖的資料：
    (a) 作業 23
    (b) 作業 30
    (c) 作業 31

34. 使用 EXCEL，寫一個 $\bar{X}$ 和 s 管制圖的樣板，並決定作業 1 的管制圖。

35. 使用 CD 磁片內的軟體，決定 X 以及 MR 管制圖，從下列作業獲得資料：
    (a) 作業 30
    (b) 作業 31

36. 使用 CD 內的軟體，利用下列資料，決定柏樹皮袋子的製程能力，單位為公斤。並且以 USL 為 130 kg，LSL 為 75 kg，決定其 C_p 以及 C_{pk} 值。

樣組	X_1	X_2	X_3	X_4
1	95	90	93	120
2	76	81	81	83
3	107	80	87	95
4	83	77	87	90
5	105	93	95	103
6	88	76	95	97
7	100	87	100	103
8	97	91	92	94
9	90	91	95	101
10	93	79	91	94
11	106	97	100	90
12	89	91	80	82
13	92	83	95	75
14	87	90	100	98
15	97	95	95	90
16	82	106	99	101
17	100	95	95	90
18	81	94	97	90
19	98	101	87	89
20	78	96	100	72
21	91	91	87	89
22	76	91	106	80
23	95	97	100	93
24	92	99	97	94
25	92	85	90	90

37. 使用 CD 內的軟體，決定洗髮精資料 $\bar{X}$ 和 R 管制圖，資料如下；洗髮精的重量單位為公斤。

樣組編號	X_1	X_2	X_3	樣組編號	X_1	X_2	X_3
1	6.01	6.01	5.97	16	6.00	5.98	6.02
2	5.99	6.03	5.99	17	5.97	6.01	5.97
3	6.00	5.96	6.00	18	6.02	5.99	6.02
4	6.01	5.99	5.99	19	5.99	5.98	6.01
5	6.05	6.00	6.00	20	6.01	5.98	5.99
6	6.00	5.94	5.99	21	5.97	5.95	5.99
7	6.04	6.02	6.01	22	6.02	6.00	5.98
8	6.01	5.98	5.99	23	5.98	5.99	6.00
9	6.00	6.00	6.01	24	6.02	6.00	5.98
10	5.98	5.99	6.03	25	5.97	5.99	6.02
11	6.00	5.98	5.96	26	6.00	6.02	5.99
12	5.98	5.99	5.99	27	5.99	5.96	6.01
13	5.97	6.01	6.00	28	5.99	6.02	5.98
14	6.01	6.03	5.99	29	5.99	5.98	5.96
15	6.00	5.98	6.01	30	5.97	6.01	5.98

38. 使用 CD 內的軟體，決定下列指數加權移動平均管制圖：
    (a) 作業 2，$\lambda = 0.10$ 和 0.20
    (b) 作業 3，$\lambda = 0.05$ 和 0.25
    徒手計算以驗證你的答案。

39. 利用作業 27 的個別資料，寫一個指數加權移動平均管制圖的 EXCEL 程式。
    提示：參考管制圖個別資料的資訊。

CHAPTER 6 其他的計量值統計製程管制技術

目　標

在完成本章之後,讀者可以預期:

- 解釋不連續、連續與分批製程的差異
- 知道如何建構以及使用群組管制圖
- 能夠建立多變異管制圖
- 計算規格管制圖的中心線與管制界限
- 解釋如何使用預先管制,以建立與管理活動
- 計算 Z 與 W 管制圖、Z 與 W 管制圖的中心線以及中心界限
- 能夠執行 GR&R 量規重複性以及再現性

▪ 簡　介

第 5 章介紹了計量值管制圖的基本知識，是統計製程管制（SPC）的一個基礎。其中大部分的討論，集中在長期不連續生產。本章則增加連續製程、分批製程、短期製程與量規管制的內容。

▪ 連續製程與分批製程

⇒ 連續製程

連續製程最好的一個例子，就是造紙的製程。造紙的機械非常長，有些長度甚至超過一個足球場，寬度則超過 18 呎，而且以每分鐘超過 3,600 呎的速度運轉。機器每天運轉 24 小時，每週運轉 7 天，而且只有在排定的保養維護或發生緊急情況的時候，才停止運轉。簡單地說，製紙的程序是先將木片利用化學或機械的方式轉換成紙漿，這些紙漿再經過洗滌、處理，然後加以精煉，直到包含 99% 水份與 1% 的紙漿為止。然後將其送入製紙機器的頭箱，如圖 6-1 所示。紙漿會再流入移動的線過濾器，並藉由它把多餘的水份排除，而形成潮濕的紙墊。這個潮濕的紙墊，經過加壓滾輪與乾燥機，以去除更多的水份。再經過碾壓後，就會形成較硬而且光滑的表面，而這個網狀物會再由大滾筒纏繞起來。

紙網的統計製程管制如圖 6-2 所示。在滾動完成後，利用感應器或手工計算方式從機器走向（machine direction, md）或橫跨機器走向（cross-machine direction, cd）以取得觀測值。而機器走向與橫跨機器走向的平均數以及全距是不相同的。

紙漿在頭箱的流動是由許多活門控制；因此，從統計製程管制的觀點來看，我們必須要有對應每個活門的計量管制圖。例如，如果頭箱有 48 個活門，則必須要有對應於控制每個活門的 48 個 md 管制圖。這個型態的活動稱為**多重來源輸出**（multiple-stream output）。

在這個特別的製程裡，紙張卡尺的 cd 管制圖可能沒有什麼價值，不過對於整體濕度的控制值，則具有一些價值，因為管制圖會顯示出乾燥滾輪所應增加、減少的溫度。顧客可能會比較重視 cd 管制圖，因為任何不在管制內的

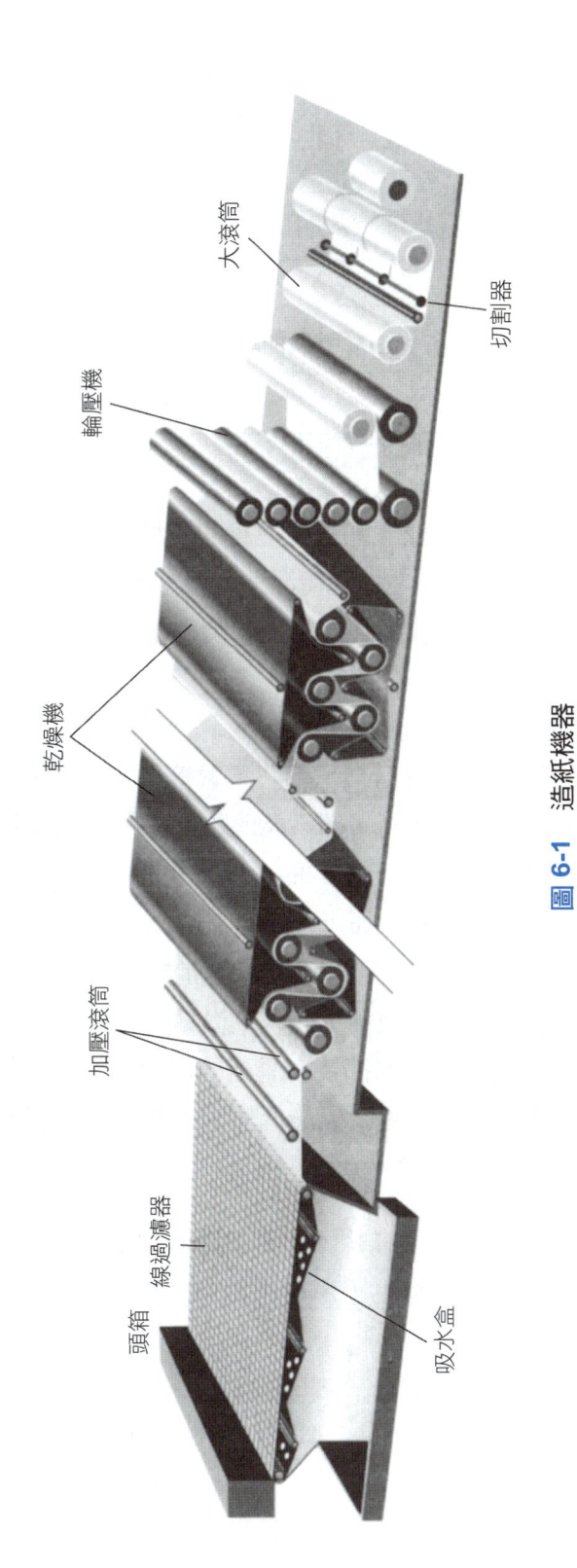

第 6 章　其他的計量值統計製程管制技術　**253**

圖 6-1　造紙機器

（授權摘錄自 *The New Book of Knowledge*, 1969 edition. Copyright 1969 by Grolier Incorporated。）

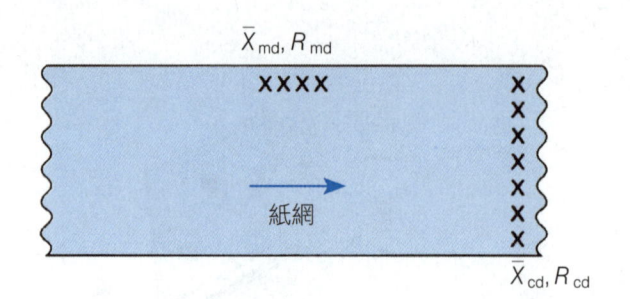

図 6-2　紙網與觀察活門的 md、cd 管制圖

情況，都會影響到設備之中紙張的結果。

對於實際操作的人來說，很重要的一點是，必須對製程有相當的認識，而且對於管制圖有明確的目標。在很多連續的製程裡，從一個能有效控制製程的位置取得樣本非常困難；在這種情況下，感應器可能對蒐集資料有幫助，將資料與管制界限加以比較，而且自動管制製程。

▶ 群組管制圖

群組管制圖，消除了對每個來源都必須做管制圖的需求。一個單一管制圖便可以管制所有的來源；然而，卻不能消除對每個來源量測的需求。

資料蒐集的方式如第 5 章所提到的一樣，也就是對每個來源取 25 個樣組。從這些資料裡，計算中心線與上、下管制界限。在 $\bar{X}$ 管制圖中的點包括了最高與最低的平均數 $\bar{X}_h$ 與 $\bar{X}_l$；在 R 管制圖當中，則有最高的全距 R_h。每一個來源或填充口都給定一個數字，而且以繪點的方式紀錄下來。

當然任何不在管制內的情況都要有矯正的行動；除此之外，當相同來源連續出現 r 次超出管制情況的最高或最低值，也會有不在管制內的情況。表 6-1 提供對應來源數的實用 r 值。

表 6-1　對應來源數的建議 r 值

來源數	r
2	9
3	7
4	6
5–6	5
7–10	4
11–27	3
超過 27	2

例題 6-1

假設一台有 4 個填充口的填充機器如圖 6-3 所示，而且樣組為 3。試決定需要建立中心線與管制界限的樣組。同時決定在超出管制情況發生前，填充口可以繪點的連續次數。

每個填充口有 25 組 × 4 個填充口 = 100 個樣組，每組各有 3 個
由表得知，$r = 6$。

只要符合下列三個準則，這個方法也可以應用在機器、測試設備、作業人員或供應商：每個來源皆有相同的目標、相同的變異，而且變異在傳統的 $\bar{X}$ 與 R 管制圖上接近常態[1]。

➡ 分批製程

很多產品是由分批製程製程出來的，例如油漆、膠布、碳酸飲料、麵包、湯、鐵等。分批製程的統計製程管制有兩種形式：分批內變異與分批間變異。

對許多經過攪動、加熱、加壓以及任何結合動作的液體來說，分批內變異可以非常小。例如，一種產品的成分，例如香水，在每批製程當中，可能相當一致；因此，只能得到一個具有特殊品質特徵的觀測值。在這種情況下，個別值的 X 與 R 管制圖便是一項合適的統計製程管制方法。而在分批製程當

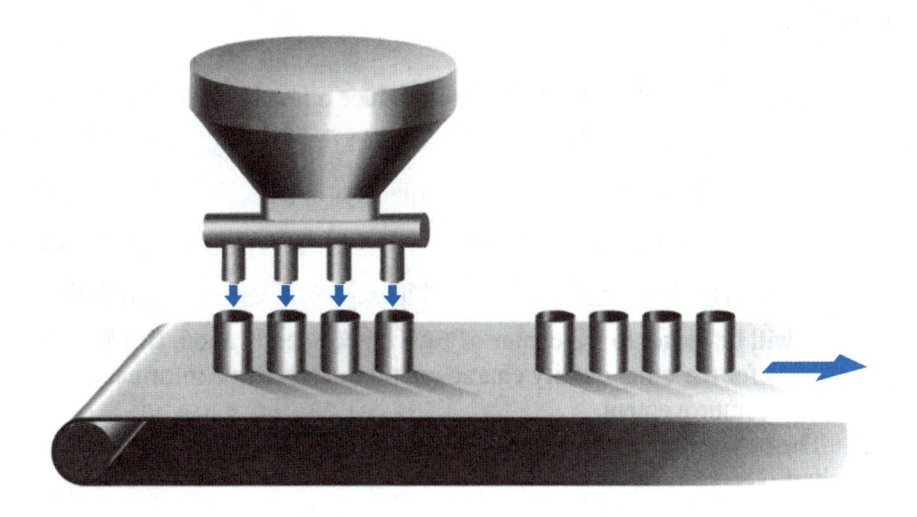

圖 6-3 多重來源的例子：4 個填充口的填充機器

---
[1] 想獲得更多的資訊，可以參閱 L. S. Nelson, "Control Chart for Multiple Stream Processes," *Journal of Quality Technology*, Vol. 18, No. 4 (October 1986): 255-256。

中的每一分批，則可以在相對應的管制圖上繪點。

有一些液態產品，例如湯，會呈現出分批內變異。我們必須在分批內的不同位置取得觀察值（樣本值），這可能相當困難，或是根本不可能達成。如果可以得到樣本值，則 $\bar{X}$ 與 R 管制圖或類似的管制圖，是恰當的。有時候，必須從下一個操作當中得到樣本值，這項操作通常是包裝以及需要一個適當的場所，用來測量體積或重量的特性。當有人在測量分批內變異的時候，必須非常注意、確定，因為體積或重量特性是不連續的製程。

分批間變異並不常發生。由於某些產品的本質關係，就只有一批；換句話說，有些顧客訂購某一特殊規格的產品，就不再重複這個訂單。當有同樣產品重複批次訂購的時候，批次與批次之間的變異，可以用不連續製程相同的方法畫圖。

很多製程並未按照傳統的統計製程管制基本假設；在發展管制圖之前，應該要先決定好製程的本質。例如，單邊的規格可能表示不是標準的資料。分批製程可能已經孕育了變異的來源。選擇正確的製程，有賴於對製程的瞭解。使用變異分析與決定合適的分配，是第一個步驟[2]。

許多產品是結合了連續、分批與不連續的製程而製造出來的。例如，在前面所提到的造紙過程當中，紙漿化的過程是由巨大的壓力鍋，俗稱蒸煮器，分批製造。而實際造紙過程是連續的；造紙的滾筒則是不連續的製程。

▶ 批量管制圖

很多工廠的製程設計會應顧客要求的規格，生產幾項基本產品。雖然原料與製程實質上是相同的，規格會隨著每位顧客所要求的批量而改變。圖 6-4 是分批黏稠度的推移圖，實心點代表黏稠值，垂直線代表規格範圍。對這個圖的批量做一個大略分析之後，可以得知 10 個點當中，有 8 個點偏向上規格界限；這項訊息可以引導一些小部分的修正，使未來的分批黏稠值將可以更接近每個分批規格的中線。其他品質特徵的批量管制圖，就像這個圖，可以提供品質改善有效的訊息。

批量管制圖並不是管制圖，稱做推移圖應該較為合適。

---

[2] William A. Levinson, "Using SPC in Batch Processes," *Quality Digest* (March 1998): 45-48.

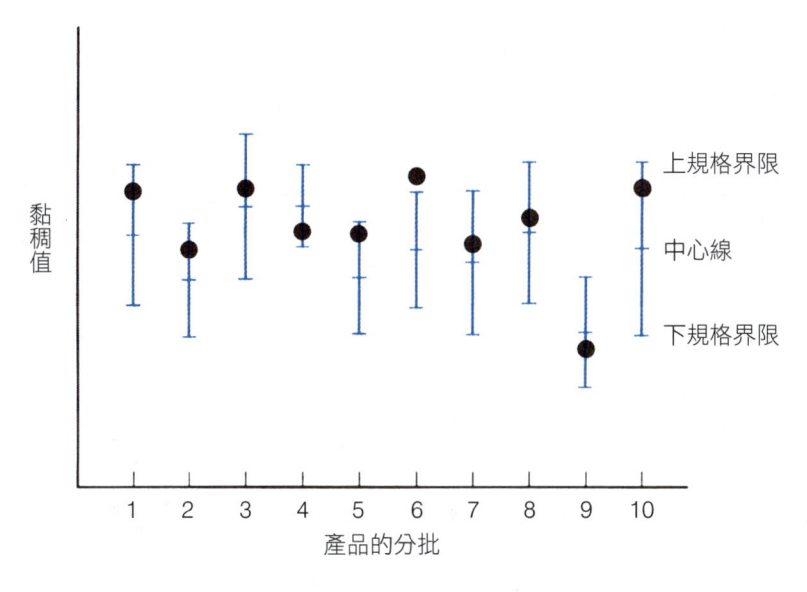

圖 6-4　不同規格的不同分批批量管制圖

◼ 多變異管制圖

　　多變異管制圖，在偵測產品與服務中不同的變異型態，是一項有用的工具。通常，這個管制圖解決問題會比其他方法更快很多。一些會用到這個管制圖的製程，包括：內、外直徑、多重凹陷的模子以及黏著力的強度。

　　多變異管制圖的概念如圖 6-5 所示。它使用一條垂直線，表示單片或單一服務，觀測值的變異範圍。變異的種類有：(a) 組內；(b) 組間；(c) 時間對時間之間。

　　組內變異發生在單一零件，如模鑄的多孔性、表面的粗糙度以及模子的凹陷性。組間變異發生在一個製程的連續個別單位之間、批量對批量變異與多量對多量的變異。時間對時間變異，來自小時對小時、輪班的班別對輪班的班別、日對日以及星期對星期。

　　這個程序是選三到五個連續的單位，畫出每一個觀測值的最高點與最低點，並畫出一條線。在一段時間之後，通常是一個小時或更少，這個製程一直重複，直到獲得製程變異的 80% 為止。

　　另一個分析眾多變數的方法，是使用 Hotelling T^2 統計值。這個統計值，合併多重變異觀察的全部資訊，簡化成單一值。它不但是觀察值距離平均數有多遠的函數，同時也說明變數之間如何相關。除了管制圖有上管制界限以

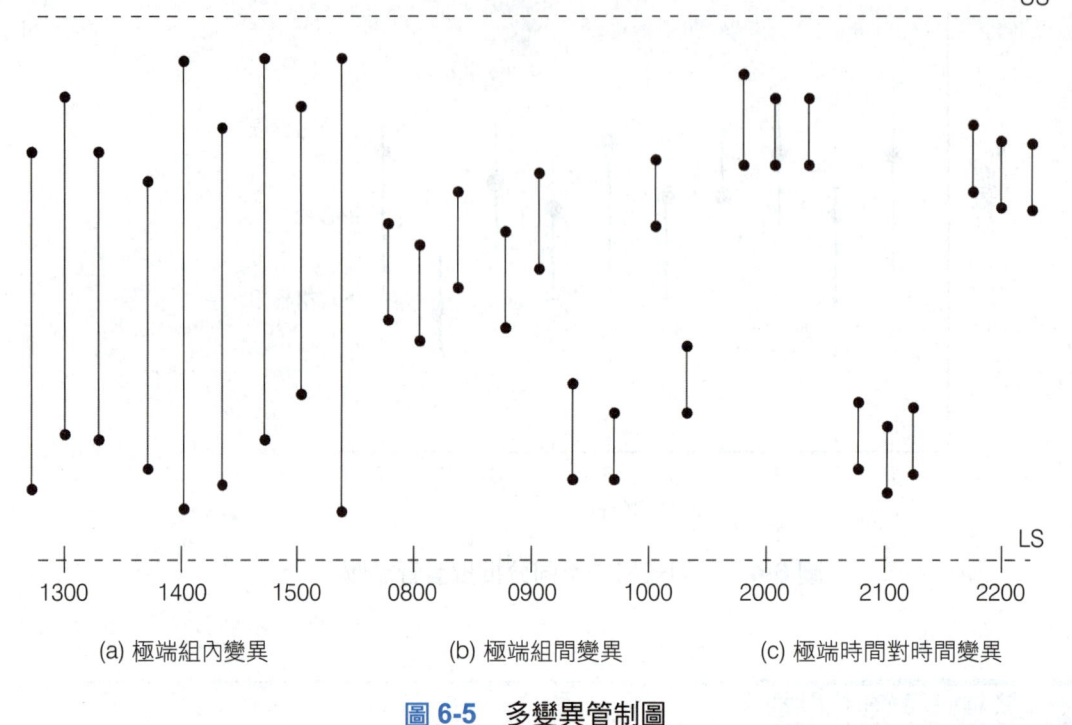

(a) 極端組內變異　　　　(b) 極端組間變異　　　　(c) 極端時間對時間變異

圖 6-5　多變異管制圖

外（下管制界限 = 0），也計算每個變數對 T^2 統計值的影響大小。讀者可以進一步參閱有關於這項有用方法的額外資訊 [3]。

短期生產的統計製程管制圖

簡　介

在很多製程裡，中心線與管制界限還未計算出來之前，產品就已經製造完成了。這種現象，特別反映在小批量生產的工作中心裡。此外，當工廠執行及時化生產，短期生產就變得更加普遍。

對於這個問題的可能解決方法，可以應用規格管制圖、離差管制圖 $\bar{Z}$ 與 W 管制圖、Z 與 MW 管制圖、預先管制與公差百分比預先管制。本節將討論這些繪圖方法。

---

[3] Robert L. Mason and John C. Young, "Another Data Mining Tool," *Quality Progress* (February 2003): 76-79.

➠ 規格管制圖

規格管制界圖，對管制加以衡量，也是品質改善的一種方法；而且其應用規格，建立中心線與管制界限。

假設規格要求是 25.00±0.12 mm，中心線 $\bar{X}_0 = 25.00$，上規格界限與下規格界限的差（USL−LSL）是 0.24 mm，為情況 II 下的製程展開（$C_p = 1.00$）。因此，

$$C_p = \frac{\text{USL}-\text{LSL}}{6\sigma}$$

$$\sigma = \frac{\text{USL}-\text{LSL}}{6C_p}$$

$$= \frac{25.12-24.88}{6(1.00)}$$

$$= 0.04$$

圖 6-6 是第 5 章提過，在情況 II 下的公差（USL−LSL）與製程能力的關係。當 $n = 4$ 的時候，

$$\text{URL}_{\bar{X}} = \bar{X}_0 + A\sigma = 25.00 + 1.500(0.04) = 25.06$$
$$\text{LRL}_{\bar{X}} = \bar{X}_0 - A\sigma = 25.00 - 1.500(0.04) = 24.94$$
$$R_0 = d_2\sigma = (2.059)(0.04) = 0.08$$
$$\text{URL}_R = D_2\sigma = (4.698)(0.04) = 0.19$$
$$\text{LRL}_R = D_1\sigma = (0)(0.04) = 0$$

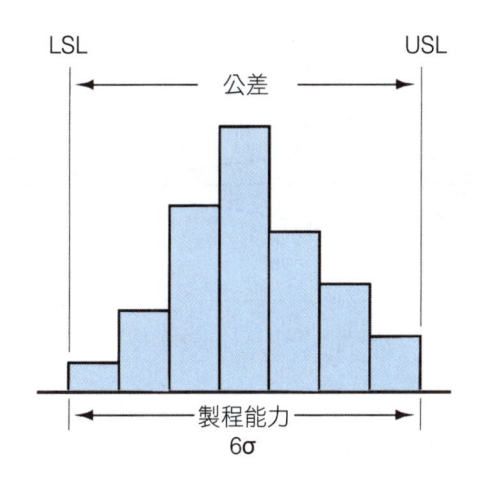

圖 6-6 情況 II 的公差與製程能力關係

這些界限代表我們希望製程能做什麼（在最大的情況下），更甚於它有能力做什麼。事實上，這些界限就是前一章當中所討論的拒絕界限；然而，只是計算的方法有些不同而已。

現在我們已經有一張生產第一項可以使用的圖，而如何解釋圖才是困難所在。圖 6-7 是三種情況的型態：圖 (a) 是之前的情況 II，決定拒絕界限。如果製程的 $C_p = 1.00$，則在界限裡的點會形成一常態曲線。如果製程能力相當大，如圖 (b)，$C_p = 1.33$，則樣本點會緊密地接近中心線。當製程能力不佳的時候，最困難的解釋是圖 (c)，製程沒有能力。例如，如果有一個點落在管制界限外，則可歸因於非機遇原因或起因於製程沒有能力。因為真實的 C_p 值要等到足夠的點畫好才能知道，所以必須訓練員工對於製程變異有良好的認識，同時必須對圖形做密切的觀察，知道何時該對機器做調整，以及何時不該對機器做調整。

▶ 離差管制圖

圖 6-8 是一個別值（X'_s）的離差管制圖。除了描繪的點代表的是與目標值的離差，它與 X 管制圖（見第 5 章）完全相同。例如，在時間 0130 的時候，有一個鐵經熔化後，其碳當量（CE）的實驗值是 4.38，而目標值是 4.35；因此離差為 $4.38 - 4.35 = 0.03$。這個值畫在圖中。至於在 R 管制圖裡，則沒有任何的改變，仍然使用移動全距的方法。

0.24

$\text{URL}_{\bar{X}} = 25.06$

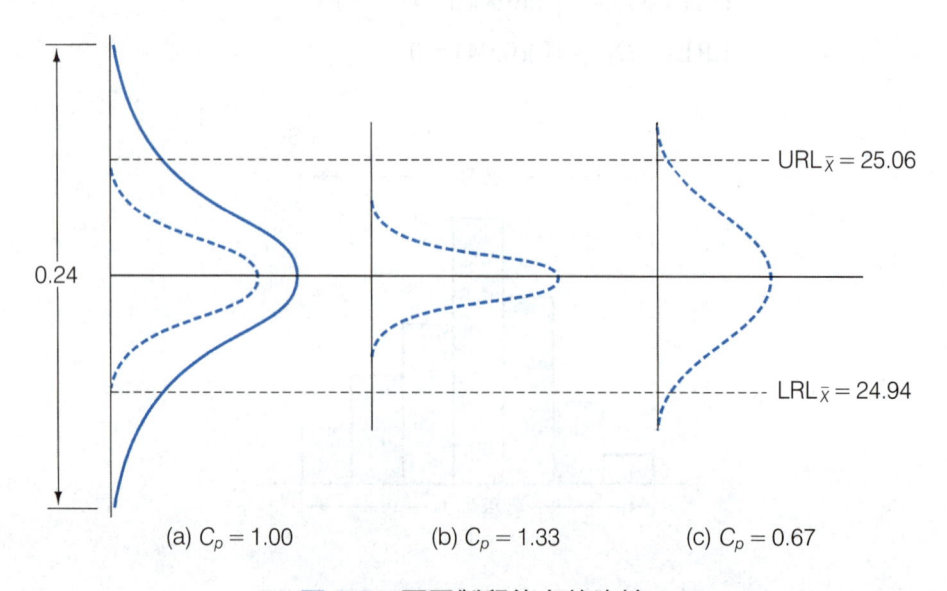

$\text{LRL}_{\bar{X}} = 24.94$

(a) $C_p = 1.00$ (b) $C_p = 1.33$ (c) $C_p = 0.67$

圖 6-7 不同製程能力的比較

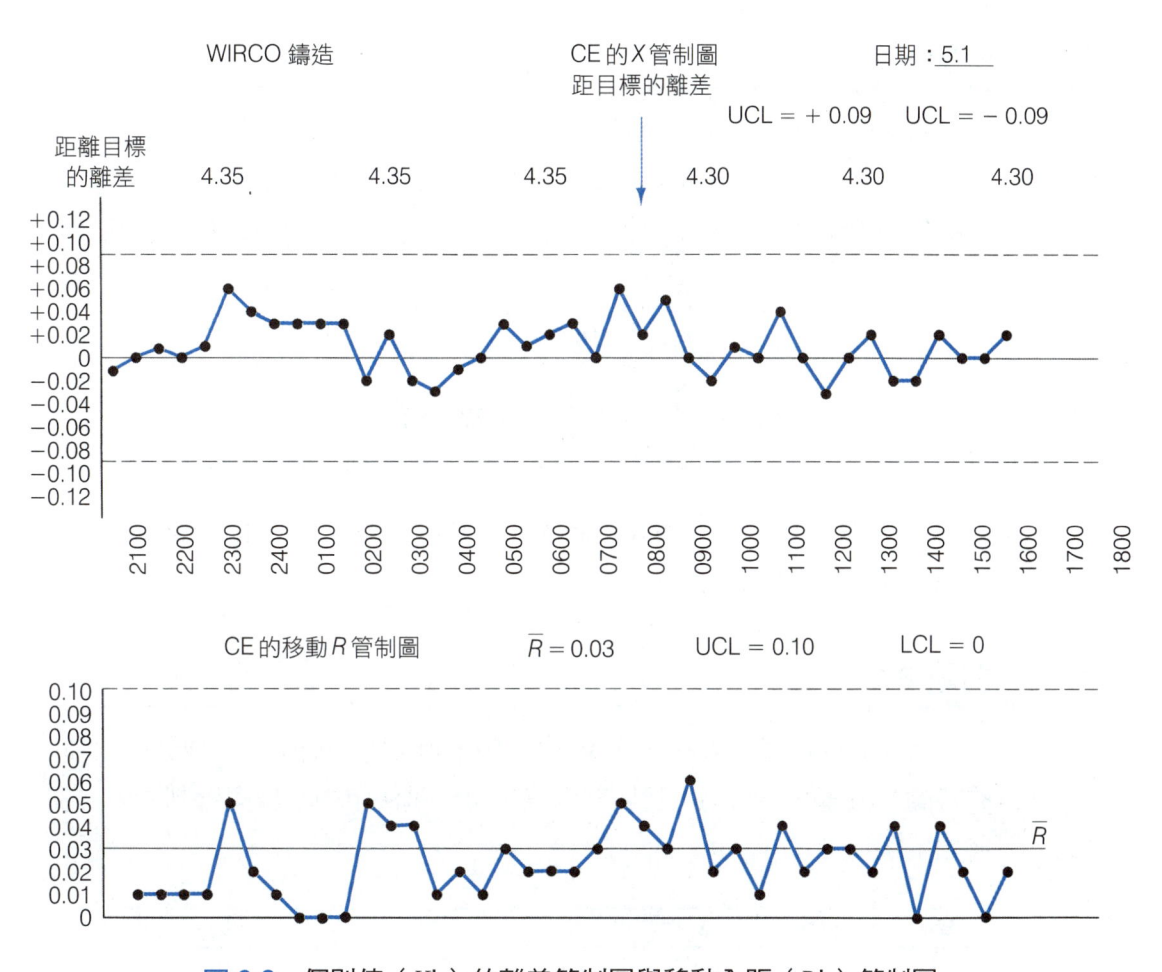

圖 6-8 個別值（X'_s）的離差管制圖與移動全距（R'_s）管制圖

即使目標值改變，X管制圖的中心線總是為零。因此，離差管制圖可以適用於不同目標值的短期生產。這個圖顯示出CE目標值從4.35改變至4.30。使用這個方法，不同目標值或公稱值的變異數（s^2）必須相等。這個需求可以由變異數分析表（ANOVA）或下列的經驗法則加以證實：

$$\frac{\bar{R}_{製程}}{\bar{R}_{總和}} \leq 1.3$$

其中，$\bar{R}_{製程}$ = 製程的平均全距
$\bar{R}_{總和}$ = 所有製程的平均全距

例題 6-2

所有的不同 CE 值的鐵熔化製程平均全距為 0.03，CE 的製程目標值是 4.30，平均全距是 0.026，這個製程可以使用離差方法嗎？如果 CE 的製程目標值是 4.40，平均全距是 0.038 的製程，可以使用離差方法嗎？

$$\frac{\bar{R}_{4.30}}{\bar{R}_{總和}} = \frac{0.026}{0.03} = 0.87 \text{（可以）}$$

$$\frac{\bar{R}_{4.40}}{\bar{R}_{總和}} = \frac{0.038}{0.03} = 1.27 \text{（可以）}$$

離差方法也適用於 $\bar{X}$ 與 R 管制圖。資料的蒐集也是使用目標值的離差，而方法則與第 5 章所討論的一樣。

例題 6-3

有一個旋轉直徑大約在 5 mm 與 50 mm 之間的車床，以低於 2 小時的時間持續運轉，原料以及切割深度不變。試決定中心線與管制界限，資料如下所示：

樣組	目標	X_1	X_2	X_3	X_4	$\bar{X}$	R
1	28.500	0	+.005	−.005	0	0	.010
.	.	.	.	.	.	.	.
.	.	.	.	.	.	.	.
.	.	.	.	.	.	.	.
15	45.000	0	−.005	0	−.005	−.0025	.005
.	.	.	.	.	.	.	.
.	.	.	.	.	.	.	.
.	.	.	.	.	.	.	.
25	17.000	+.005	0	0	+.005	+.0025	.005
					Σ	+.020	.175

$$\bar{\bar{X}} = \frac{\Sigma \bar{X}}{g} = \frac{0.020}{25} = 0.0008$$

（注意：$\bar{X}_0 = 0$，因為中心線必須等於零。）

$$\bar{R} = \frac{\Sigma R}{g} = \frac{0.175}{25} = 0.007$$

$$\text{UCL}_{\bar{X}} = \bar{X}_0 + A_2\bar{R} = 0 + 0.729(0.007) = +0.005$$
$$\text{LCL}_{\bar{X}} = \bar{X}_0 - A_2\bar{R} = 0 - 0.729(0.007) = -0.005$$
$$\text{UCL}_R = D_4\bar{R} = 2.282(0.007) = 0.016$$
$$\text{LCL}_R = D_3\bar{R} = 0(0.007) = 0$$

離差管制圖又稱為差異、公稱值或目標管制圖。這一類型管制圖的缺點是，製程與製程之間的變異必須相對不變。如果變異太大，如同本節之前所討論經驗法則的判斷一樣，可以使用 $\bar{Z}$ 或 Z 管制圖。

波音公司（The Boeing Company）對錐形零件使用修正的離差管制圖，以做為製程控制。錐形零件的厚度在 13 個地方量測，雖然公稱值改變，但在每個地方的公差是相同的。因此，每個零件是由 13 個樣組所構成。從這些資料當中，建立了 $\bar{X}$ 離差管制圖與 s 管制圖；而離差值畫成的常態機率分配，並未拒絕常態性的假設[4]。

▶ Z 與 W 管制圖

Z 與 W 管制圖非常適用於短期，中心線與管制界限可以由傳統公式求得；我們首先觀察 R 管制圖：

R 管制圖不等式 　　$\text{LCL}_R < R < \text{UCL}_R$

將公式替換　　$D_3\bar{R} < R < D_4\bar{R}$

除以 $\bar{R}$ 　　$D_3 < \dfrac{R}{\bar{R}} < D_4$

圖 6-9 顯示 $\text{UCL} = D_4$、$\text{LCL} = D_3$，中心線等於 1.00，因為這時候，$R = \bar{R}$。這個圖稱為 W 管制圖，而圖中的點為：

$$W = \frac{R}{\text{目標 }\bar{R}}$$

管制界限 D_3 以及 D_4 與 $\bar{R}$ 是獨立的；但它們是 n 的函數，而且必須是常數。

再觀察 $\bar{X}$ 管制圖，我們得到：

---

[4] S. K. Vermani, "Modified Nominal/Target Control Charts—A Case Study in Supplier Development," *Quality Management Journal*, Vol. 10, No. 4, © 2003, 美國品質學會。

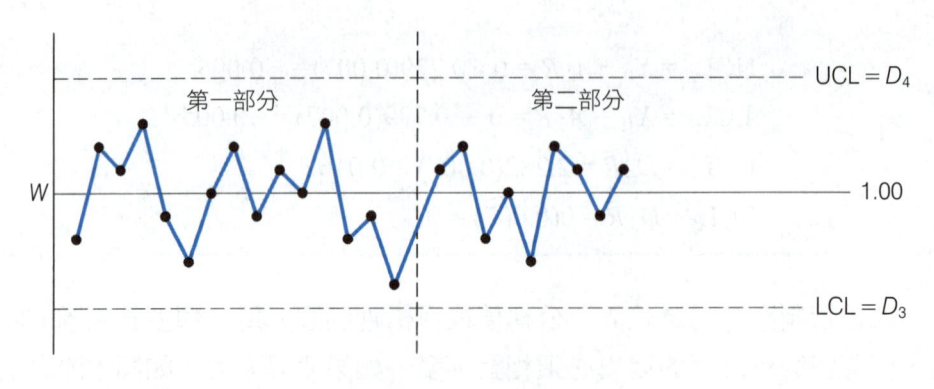

図 6-9　W 管制圖

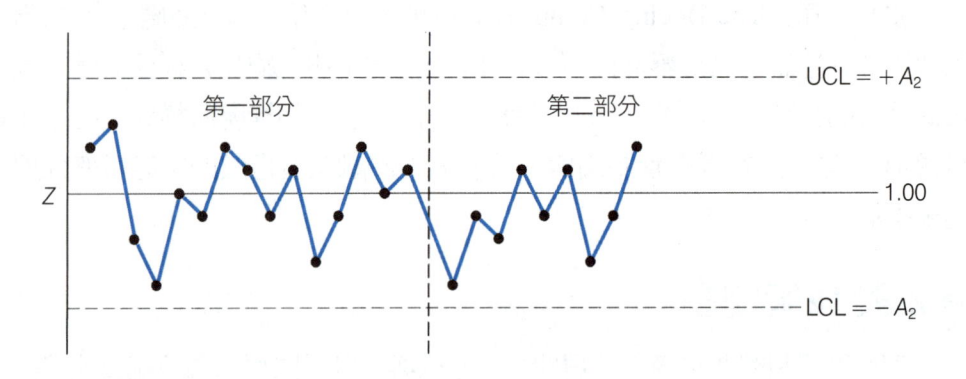

図 6-10　$\bar{Z}$ 管制圖

$$\bar{X} \text{ 管制圖不等式} \quad \text{LCL}_{\bar{X}} < \bar{X} < \text{UCL}_{\bar{X}}$$

$$\text{將公式替換} \quad \bar{\bar{X}} - A_2\bar{R} < \bar{X} < \bar{\bar{X}} + A_2\bar{R}$$

$$\text{減} \bar{\bar{X}} \quad -A_2\bar{R} < \bar{X} - \bar{\bar{X}} < +A_2\bar{R}$$

$$\text{除以} \bar{R} \quad -A_2 < \frac{\bar{X}-\bar{\bar{X}}}{\bar{R}} < +A_2$$

圖 6-10 顯示 UCL = $+A_2$，LCL = $-A_2$。中心線等於 0.0，因為 $\bar{X}-\bar{\bar{X}}=0$，這種時候是完美情況，這個圖稱為 $\bar{Z}$ 管制圖，而圖當中的點為：

$$\bar{Z} = \frac{(\bar{X}-\text{目標}\bar{\bar{X}})}{\text{目標}\bar{R}}$$

管制界限 $+A_2$ 以及 $-A_2$ 與 $\bar{R}$ 是獨立的，但它們是 n 的函數，而且必須是常數。目標 $\bar{\bar{X}}$ 值與 $\bar{R}$ 值可以由以下的方法加以決定：

1. 以前的管制圖
2. 歷史資料：
   (a) 目標 $\bar{\bar{X}} = \Sigma \bar{X}/m$

   其中，m = 量測數
   (b) 目標 $\bar{R} = s(d_2/c_4)$

   其中，$s = m$ 的樣本標準差

   　　　$d_2 = n$ 的中心線（$\bar{R}$）因子

   　　　$c_4 = m$ 的中心線（s）因子
3. 有相似數目零件的先前經驗
4. 規格 [5]

   (a) 目標 $\bar{\bar{X}} =$ 公稱值的印製規格
   (b) 目標 $\bar{R} = \dfrac{d_2(\text{USL} - \text{LSL})}{6C_p}$

例題 6-4

決定 $\bar{Z}$ 與 W 管制圖的中心線與管制界限，其樣組大小為 3。如果目標 $\bar{\bar{X}} = 4.25$，而目標 $\bar{R} = 0.10$，試決定這三個樣組點的圖形。

樣組	X_1	X_2	X_3	$\bar{X}$	R
1	4.33	4.35	4.32	4.33	.03
2	4.28	4.38	4.22	4.29	.16
3	4.26	4.23	4.20	4.23	.06

由附錄表 B 得知 $n = 3$、$D_3 = 0$、$D_4 = 2.574$、$A_2 = 1.023$。

$$\bar{Z}_1 = \dfrac{\bar{X} - \text{目標}\bar{\bar{X}}}{\text{目標}\bar{R}} = \dfrac{4.33 - 4.25}{0.10} = +0.80$$

$$\bar{Z}_2 = \dfrac{4.29 - 4.25}{0.10} = +0.40$$

$$\bar{Z}_3 = \dfrac{4.23 - 4.25}{0.10} = -0.20$$

---

[5] SPC 短生產製程是由 US Army Annament Munitions and Chemical Command by Davis R. Bothe, International Quality Institute, Inc. 於 1988 年所提出。

$$W_1 = \frac{R}{\text{目標 } \bar{R}} = \frac{0.03}{0.10} = 0.3$$

$$W_2 = \frac{0.16}{0.10} = 1.6$$

$$W_3 = \frac{0.06}{0.10} = 0.6$$

Z 管制圖

W 管制圖

除了適用於短生產製程的優點以外，$\bar{Z}$ 與 W 管制圖也提供更進一步的資訊。在這些圖上我們可以畫出：

1. 不同的品質特徵，例如長度、寬度。
2. 作業人員的每日績效。
3. 整體零件的歷史，因此，能向顧客提供品質的統計證據。

必須記得的是，樣組大小要維持固定；基本的缺點是繪點後更難以計算。

▶ Z 與 MW 管制圖

傳統的 $\bar{X}$ 與 R 管制圖有相對應的 $\bar{Z}$ 與 W 管制圖。X（個別值）與 MR 管制圖也有相對應的 Z 與 MW 管制圖，其中 MR 是 X 值的移動全距，MW 是 Z 值的移動全距；其觀念是相同的。

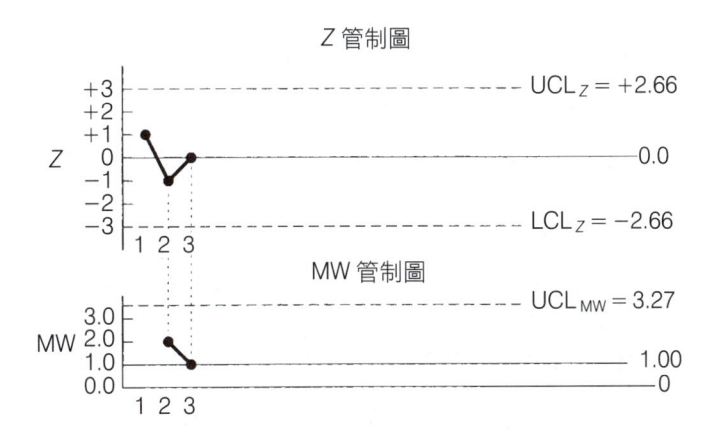

```
                        Z 管制圖
    +3 ┤ ─ ─ ─ ─ ─ ─ ─ ─ ─ ─ ─ ─ ─ ─ ─  UCL_Z = +2.66
    +2 ┤
    +1 ┤●
 Z   0 ┤ ●─── ● ─────────────────────  0.0
    -1 ┤  ●
    -2 ┤
    -3 ┤ ─ ─ ─ ─ ─ ─ ─ ─ ─ ─ ─ ─ ─ ─ ─  LCL_Z = -2.66
         1 2 3
                        MW 管制圖
                                        UCL_MW = 3.27
    3.0 ┤ ─ ─ ─ ─ ─ ─ ─ ─ ─ ─ ─ ─ ─ ─
 MW 2.0 ┤ ●
    1.0 ┤  ●───●──────────────────────  1.00
    0.0 ┤                               0
         1 2 3
```

圖 6-11 Z 與 MW 管制圖的中心線以及管制界限

圖 6-11 是 Z 與 MW 管制圖的管制界限；這些管制界限與中心線就是圖中所顯示的值。這些管制界限是根據第 5 章當中個別值管制圖 Z 的移動全距而來，Z 與 MW 管制圖當中的點為：

$$Z = \frac{(X-目標\bar{X})}{目標\bar{R}}$$

$$MW_{i+1} = Z_i - Z_{i+1}$$

Z 與 MW 管制圖的推導留作作業。目標 $\bar{X}$ 與 $\bar{R}$ 可以用前一節當中所介紹的方法求得，至於管制圖的進一步有關資訊，則與 $\bar{Z}$ 與 W 管制圖一樣，MW 管制圖是使用絕對值。

例題 6-5

畫出 Z 與 MW 管制圖，並且在目標值 $\bar{X}$ 為 39.0，目標值 $\bar{R}$ 為 0.6 的地方繪點，4 個樣本值分別為 39.6、40.5、38.2、39.0。

$$Z_1 = \frac{X-目標\bar{X}}{目標\bar{R}} = \frac{39.6-39.0}{0.6} = +1.00$$

$$Z_2 = \frac{X-目標\bar{X}}{目標\bar{R}} = \frac{40.5-39.0}{0.6} = +2.50$$

$$Z_3 = \frac{X-目標\bar{X}}{目標\bar{R}} = \frac{38.2-39.0}{0.6} = -1.33$$

$$Z_4 = \frac{X-目標\bar{X}}{目標\bar{R}} = \frac{39.0-39.0}{0.6} = 0$$

$$MW_2 = |Z_1 - Z_2| = |1.00 - 2.50| = 1.50$$
$$MW_3 = |Z_2 - Z_3| = |2.50 - (-1.33)| = 3.83$$
$$MW_4 = |Z_3 - Z_4| = |-1.33 - 0| = 1.33$$

Z 管制圖

UCL$_Z$ = +2.66

LCL$_Z$ = −2.66

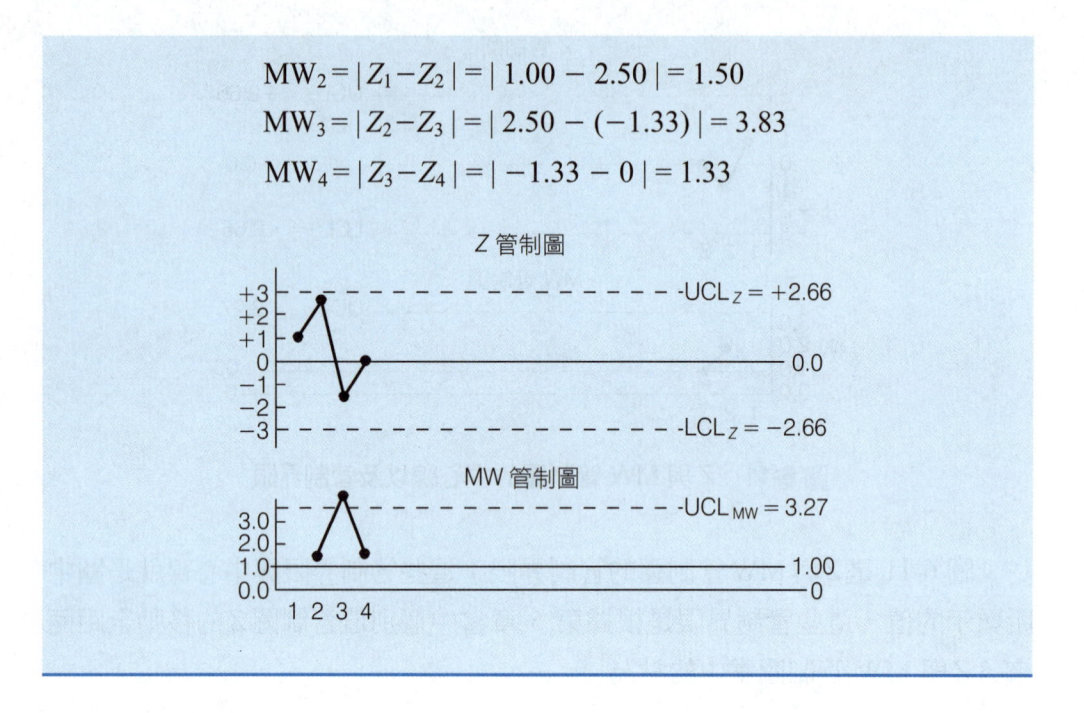

MW 管制圖

UCL$_{MW}$ = 3.27

▶ 預先管制

計量管制圖，特別是 $\bar{X}$ 與 R 管制圖，是解決問題的極佳方法。但是在專案小組改善製程後，作業人員用它們來監督製程時會有一些缺點：

在短期的時候，作業人員還未計算出管制界限的時候，製程就已經完成。

作業人員可能沒有足夠的時間或能力來從事必要的計算。

作業人員常常會對規格與管制界限產生混淆；這種情形特別是在沒有產生廢品，但製程超出管制的時候。

預先管制矯正了這些缺點；除此之外，它也提供了一些特有的優點。

製程的第一步是確定製程能力小於規格；因此，製程能力指標 C_p，也許是 1.00，或是需要更大值。而管理者的責任是要確保製程能符合規格。接著，再畫出預先管制線（precontrol, PC），把公差劃分為如圖 6-12(a) 的五個區域。預先管制線是位在名義，與由 USL 上規格界限與 LSL 下規格界限所形成公差界限的中間。中央區是原來公差的 1/2，稱做綠色區；而鄰接的是黃色區，而且各占了原來公差的 1/4；在規格外的則為紅色區。這些顏色能讓製程更易於瞭解以及應用。

(a) 預先管制線與區域

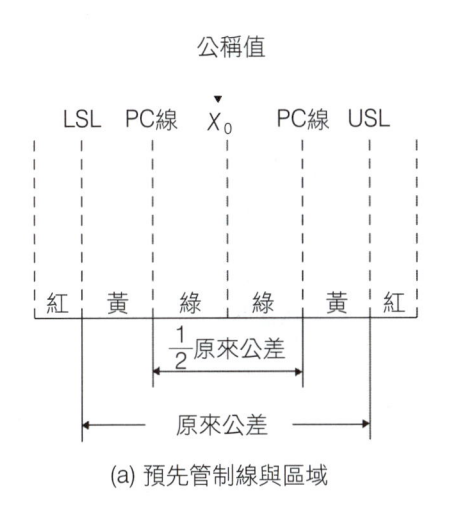

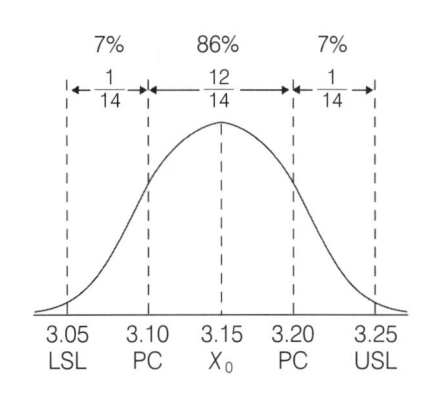

(b) $C_p = 1.00$ 與 $C_{pk} = 1.00$ 時的機率

圖 6-12　預先管制線

如果規格為 3.15 ± 0.10 mm，則計算如下：

1. 將公差除以 4：
$$\frac{0.20}{4} = 0.05$$

2. 加下規格界限的值 3.05：
$$PC = 3.05 + 0.05 = 3.10$$

3. 從上規格界限 3.25 減掉其值：
$$PC = 3.25 - 0.05 = 3.20$$

因此，兩條預先管制線位是於 3.10 mm 與 3.20 mm，這些數值如圖 6-12(b) 所示。

圖 6-12(b) 是預先管制的統計基礎。首先，當 $C_p = 1.00$ 與 $C_{pk} = 1.00$ 的時候，製程能力與規格相等，而且位於中央；對一個常態分配來說，86% 的樣本點（即 14 個當中會有 12 個）會落在預先管制界限之間，也就是綠色區，而有 7%（即 14 個當中有 1 個）會落在預先管制界線與規格界線之間，也就是兩個黃色區。當製程能力指數增加的時候，落在黃色區的機率會減少；當製程能力指數夠大時（$C_p = 1.33$ 是目前公認的標準），很容易就會符合偏離常態的分配。

預先管制的程序有兩個階段：開始與執行。如圖 6-13 所示，第一步是先檢查結果落在三個色區當中的哪一區。如果是在規格外（紅色區），則停止

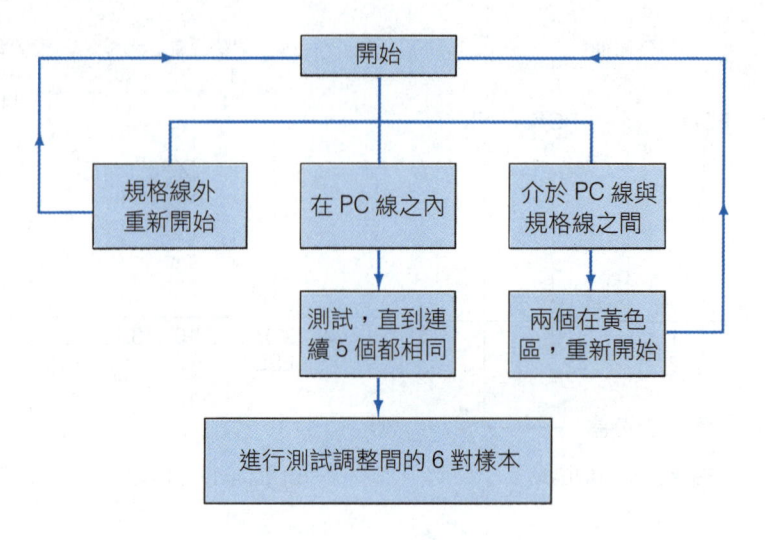

```
                        ┌─────────┐
               ┌────────│  開始   │────────┐
               │        └────┬────┘        │
               │             │             │
        ┌──────┴──────┐ ┌────┴────┐ ┌──────┴──────┐
        │  規格線外   │ │ 在PC線  │ │ 介於PC線與  │
        │  重新開始   │ │  之內   │ │  規格線之間 │
        └─────────────┘ └────┬────┘ └──────┬──────┘
                             │             │
                       ┌─────┴─────┐ ┌─────┴─────┐
                       │測試，直到連│ │兩個在黃色 │
                       │續5個都相同│ │區，重新開始│
                       └─────┬─────┘ └───────────┘
                             │
                       ┌─────┴──────────┐
                       │進行測試調整間的│
                       │   6 對樣本     │
                       └────────────────┘
```

圖 6-13　預先管制程序

製程並重新開始。如果是在預先管制線與規格線之間（黃色區），則第二部分再進行測試。如果第二部分仍然是在黃色區，則停止製程並重新開始。如果是在預先管制線之間（綠色區），則繼續測試，直到有 5 個連續的測試皆在綠色區為止。當需要重新開始測試的時候，作業人員會比第一次具有更加熟練的操作經驗。

一旦有 5 個連續零件的測試都在綠色區之後，就可以開始進行頻率測試的階段。頻率測試是對成對的零件進行評估，頻率的規則是在調整之間抽取六對樣本。表 6-2 是不同調整頻率量測之間的間隔；從表當中，可以看出在兩個變數之間有直線的關係。因此，平均而言，如果每 6 個小時做一次調整，則樣本對量測之間的間隔是 60 分鐘。調整的間隔，是由作業人員與管理人員根據歷史資訊決定的。

表 6-2　量測的頻率

調整的間隔（小時）	量測間的間隔（分鐘）
1	10
2	20
3	30
4	40
.	.
.	.
.	.

決　策	紅	黃	顏色區 綠	黃	紅	機　率
停止， 回到開始	A				A	零 零
停止， 尋求幫助		A B		B A		$1/14 \times 1/14 = 1/196$ $1/14 \times 1/14 = 1/196$
調整， 回到開始		A, B		A, B		$1/14 \times 1/14 = 1/196$ $1/14 \times 1/14 = 1/196$
繼續		A B	A, B B A A B	B A		$12/14 \times 12/14 = 144/196$ $1/14 \times 12/14 = 12/196$ $1/14 \times 12/14 = 12/196$ $12/14 \times 1/14 = 12/196$ $12/14 \times 1/14 = 12/196$

總計 = 196/196

LSL　　PC　　X_0　　PC　　USL

公稱值（目標值）

圖 6-14　執行決策與機率

圖 6-14 是根據不同顏色區域，樣本對（標示為 A, B）機率測試的決策準則：

1. 當位於紅色區域的時候，製程停止並且重新開始，程序重回剛開始的階段。
2. 當一對 A、B 落在相反黃色區域的時候，製程停止並請求協助；因為這時候可能需要更複雜的調整。
3. 當一對 A、B 落在同樣黃色區域的時候，製程會加以調整，而程序回到剛開始的階段。
4. 當一個或 A、B 同時落在綠色區域的時候，則繼續執行製程。

圖的右邊為特定一對 A、B 會發生的機率。

預先管制藉著在適當的地方畫上綠色、黃色、紅色等顏色，可以更容易使用。這樣一來，作業人員就可以知道何時應繼續執行、注意或停止製程。

預先管制也可以應用在單一規格，如圖 6-15 所示。在這情況下，綠色區域占原來公差的 3/4。這時候圖形是一個偏斜的分配，很有可能是一個目標值為零的非循環特性。

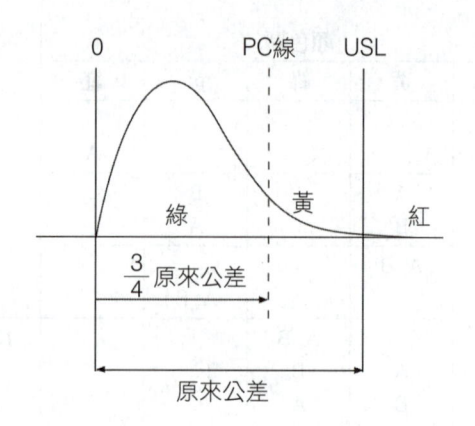

圖 6-15　單一規格的預先管制

預先管制也可以用在計數值上。作業人員根據上、下規格線、「通過／不通過」的有色量規，設計預先管制界限。也可以藉由預先管制界限的視覺標準，將預先管制用在視覺特徵上。

預先管制的優點如下：

1. 無論應用在短期或長期生產的情況都合適。
2. 不需要紀錄、計算或繪點。如果顧客想要製程控制的統計證據，可以使用預先管制圖（參閱圖 6-16）。
3. 它適合開始的階段，因此製程會在目標的中間。
4. 直接由公差著手，而不是從容易誤解的管制界限著手。

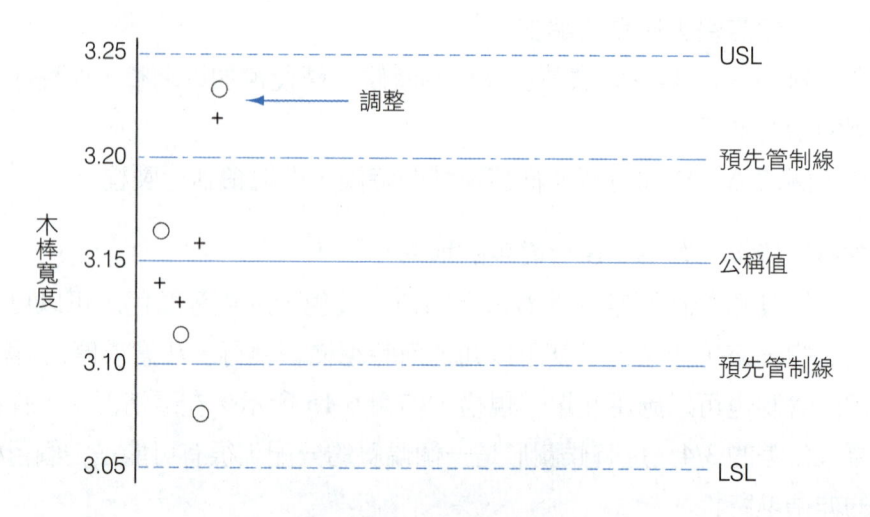

圖 6-16　預先管制圖

5. 適合於計數值。
6. 容易瞭解，所以訓練員工很容易。

雖然預先管制技術有很多優點，但是我們必須記得，它只是一種監督的方法。使用管制圖才是解決問題的方法，因為它們可以藉著矯正非機遇原因與測試改善想法來改善製程，管制圖也比較適合找出製程能力與偵測製程移動。

總之，預先管制表示有較佳的管理、作業人員比較容易瞭解、明確瞭解作業人員的品質責任、減少不良產品、減少調整、減少作業人員的挫敗感，也能增加士氣；這些優點已經在各種不同製程裡實現。

▶ 公差百分比預先管制圖 [6]

Z 管制圖的概念考慮超過一個品質特性，而預先管制因為其簡單性，可以將兩者結合一起，成為公差百分比預先管制圖（percent tolerance precontrol chart, PTPCC）的方法。回到 267 頁繪製 Z 管制圖的繪圖點是：

$$Z = \frac{(X - 目標值\overline{X})}{目標值\overline{R}}$$

使用類似的邏輯，任何個別量測值 X 可以轉換成距離目標值或公稱值的百分比偏差，表示為

$$X^* = \frac{X - 公稱值}{(USL - LSL)/2}$$

其中，X^* = 與公稱值的差除以公差一半的百分比（小數）

(USL−LSL)/2 = 1/2 的原來公差，而且是預先管制概念的目標值 $\overline{R}$

以下這些例子，將顯示公式的運用：

1. 零件編號 1234 的規格是 2.350±0.005，檢驗量測值是 2.3485。

$$X^* = \frac{X - 公稱值}{(USL - LSL)/2}$$

$$= \frac{2.3485 - 2.350}{(2.345 - 2.355)/2}$$

---

[6] S. K. Vermani, "SPC Modified with Percent Tolerance Precontrol Charts," *Quality Progress* (October 2000): 43-48.

$$= -0.3 \text{ 或} -30\%$$

2. 零件編號 5678 的規格是 0.5000 ± 0.0010，檢驗量測值是 0.4997。

$$X^* = \frac{X - 公稱值}{(USL - LSL)/2}$$

$$= \frac{0.4997 - 0.5000}{(0.5010 - 0.4990)/2}$$

$$= -0.3 \text{ 或} -30\%$$

3. 零件編號 1234 的規格是 2.350 ± 0.005，檢驗量測值是 2.351。

$$X^* = \frac{X - 公稱值}{(USL - LSL)/2}$$

$$= \frac{2.351 - 2.350}{(2.345 - 2.355)/2}$$

$$= 0.2 \text{ 或} 20\%$$

　　注意，儘管公差有很大的差異，例題 1 與例題 2 都有相同的距離公稱值百分比偏差（-30%），這個負值表示觀測值是在公稱值的下方。比較例題 1 與例題 3，可以看出它們有相同的公稱值與公差，例題 1 有 30% 在公稱值下面，而例題 3 有 20% 在公稱值上面。

　　一個 EXCEL 試算表，可以計算此值與繪點於 PTPCC 上面。圖 6-17 顯示出計算值，而圖 6-18 顯示出繪製圖，兩個零件顯示在 PTPCC 上面。無論

公差百分比預先管制圖資料

機器號碼：Mill 21　　　　　　　　　　　　　　　　　　　　　　　　　　　日期：01/24

零件編號	時間	USL	LSL	公稱值	零件 1	零件 2	繪點 1 (%)	繪點 2 (%)	狀態
1234	0800 h	2.355	2.345	2.350	2.3485	2.3510	−30.0	20.0	ok
	0830 h	2.355	2.345	2.350	2.3480	2.3490	−40.0	−20.0	ok
	0900 h	2.355	2.345	2.350	2.3500	2.3530	0.0	60.0	ok (1Y)
5678	1000 h	0.5010	0.4990	0.5000	0.4997	0.5002	−30.0	20.0	ok
	1030 h	0.5010	0.4990	0.5000	0.5006	0.4997	60.0	−30.0	ok (1Y)
	1100 h	0.5010	0.4990	0.5000	0.5000	0.5003	0.0	30.0	ok
	1130 h	0.5010	0.4990	0.5000	0.4994	0.4992	−60.0	−80.0	2Y

圖 6-17　公差百分比預先管制圖的計算

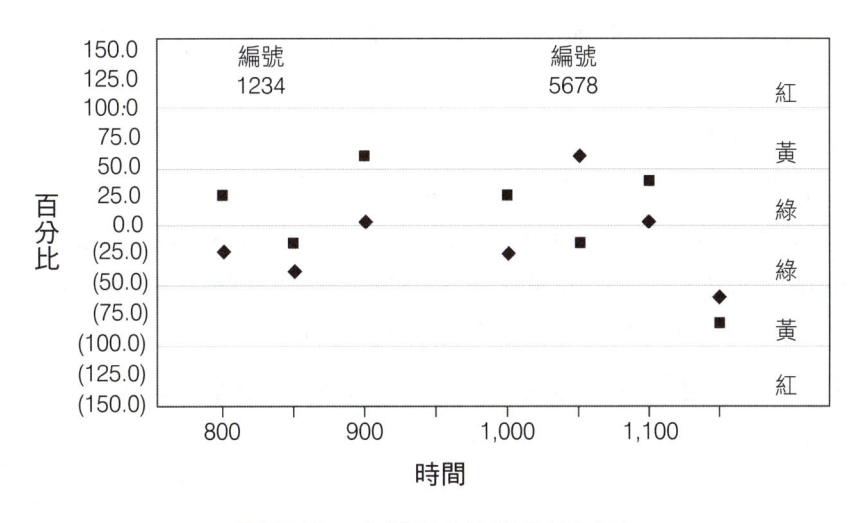

圖 6-18　公差百分比預先管制圖

如何，只要空間允許，可以有許多零件或零件的特性。每一個零件或零件特性，可以有不同的公稱值與公差，不同的零件可以繪製在這個相同的管制圖上。事實上，零件在不同作業的全部歷史，可以繪製在一張管制圖上。

在前一節定義的管制準則，在本節也適用。檢查這個特別的 PTPCC 公差百分比預先管制圖顯示，製程在 1130 h 的時候不在管制內，有兩個值落在黃色區域內。

量規管制[7]

統計製程管制需要精確與正確的資料（參閱第 3 章：資料蒐集）；然而，所有的資料皆有量測誤差。因此，一個觀察值包含兩個部分：

$$觀察值 = 真實值 + 量測誤差$$

在前一章裡曾經討論因為製程與量測而發生的變異，因此：

$$總變異 = 產品變異 + 量測變異$$

量測變異再進一步分為重複性（起因於設備變異）與再現性〔起因於鑑

---

[7] 本節經授權摘錄自 Bruce W. Price, Task Force Coordinator, *Fundamental Statistical Process Control*（基礎統計製程管制）(Troy, MI: Automotive Industry Action Group), pp. 119-129。

定人員（檢查人員）的變異〕。這稱為 GR&R，也就是量規重複性以及再現性。

在我們對 GR&R 做評估計算之前，必須先對量規作校正；而校正，必須是工廠自己或由獨立實驗室執行。必須完成校正的執行，才可以在已知的正確性和穩定性當中，追溯相關的標準，如美國國家標準與技術機構（National Institute for Standards and Technology, NIST）所定的標準。對於尚未出現標準的產業或產品，則校正必須追溯已經發展之準則。

GR&R 量規重複性以及再現性有不同的方法，我們將以汽車產業行動團體建議的平均數與全距方法來加以討論。

➠ 資料蒐集

零件數、鑑定人員或試驗的數目可以有所變化，但一般認定 10 個零件、2 個或 3 個鑑定人員與 2 個或 3 個試驗為最佳值。藉由對每個試驗的零件次序隨機排序，我們可以讀取資料。例如，在第一次試驗，每個鑑定人員用下列的次序來量測零件特性：4、7、5、9、1、6、2、10、8、3。在第二次試驗的時候，次序可能變為 2、8、6、4、3、7、9、10、1、5。可以使用附錄表 D 的亂數表，決定每個試驗的次序。

➠ 計　算

雖然量測的次序是隨機的，但是零件的計算是由鑑定人員實行。計算方法如下：

1. 鑑定人員計算每個零件的平均數與全距。
2. 把第一個步驟得到的數值，計算其平均以求得：

$$\bar{R}_a 、 \bar{R}_b 、 \bar{R}_c 、 \bar{\bar{X}}_a 、 \bar{\bar{X}}_b 、 \bar{\bar{X}}_c$$

3. 使用第二步驟的數值得到：

$$\bar{\bar{R}} \text{ 與 } \bar{\bar{X}}_{\text{Diff}}，其中 \bar{\bar{X}}_{\text{Diff}} = \bar{\bar{X}}_{\text{Max}} - \bar{\bar{X}}_{\text{Min}}$$

4. 使用與第 5 章相同的方法，決定全距的 UCL 與 LCL：

$$\text{UCL}_R = D_4 \bar{\bar{R}}，\text{LCL}_R = D_3 \bar{\bar{R}}$$

D_3 以及 D_4 可以查閱附錄表 B，而其樣組大小為 2 或 3。

任何超出管制的全距（R_a、R_b、R_c）都應該捨棄，然後繼續重複以上的計算，直到鑑定人員、零件與以上的計算皆合適為止，再讀取所需要的資料。

5. 決定每個零件的 $\bar{\bar{X}}$，並由這個數值再計算全距：

$$R_p = \bar{\bar{X}}_{\text{Max}} - \bar{\bar{X}}_{\text{Min}}$$

➡ 分析結果

分析將估計出變異與總量測系統與其構成要素重複性、再現性以及零件與零件變異的各種製程變異百分比；而方程式與分析的順序如下：

1. 重複性：

$$\text{EV} = r\bar{\bar{R}}$$

其中，EV = 設備變異（重複性）
   r = 如為兩次試驗，則為 4.56；如為三次試驗，則為 3.05

2. 再現性：

$$\text{AV} = \sqrt{(k\bar{\bar{X}}_{\text{Diff}})^2 - (\text{EV}^2/nr)}$$

其中，AV = 鑑定人員變異（再現性）
   k = 如為兩名作業人員，則為 3.65；如為三名作業人員，則為 2.70
   n = 零件數目
   r = 試驗次數

如果在根號內出現負值，則 AV 值設為零。

3. 重複性與再現性：

$$\text{R\&R} = \sqrt{\text{EV}^2 + \text{AV}^2}$$

其中，R&R = 重複性與再現性。

4. 零件變異：

$$\text{PV} = jR_p$$

其中，PV = 零件變異

R_p = 零件平均數的全距

j = 視零件數而定

零件	2	3	4	5	6	7	8	9	10
j	3.65	2.70	2.30	2.08	1.93	1.82	1.74	1.67	1.62

5. 總變異：

$$TV = \sqrt{R\&R^2 + PV^2}$$

其中，TV = 總變異

6. 要計算各部分占總變異的百分比，必須使用下列的方程式。要注意的是，以下各係數所占的百分比加總，不一定是 100%。

$$\% \text{ EV} = 100(\text{EV}/\text{TV})$$
$$\% \text{ AV} = 100(\text{AV}/\text{TV})$$
$$\% \text{ R\&R} = 100(\text{R\&R}/\text{TV})$$
$$\% \text{ PV} = 100(\text{PV}/\text{TV})$$

▶ 評 估

如果重複性比再現性大很多，可能是因為：

1. 量規需要維修。
2. 量規應該重新設計，以便更加精確。
3. 需要改善量規管制的緊密度或位置。
4. 有過多的零件內變異。

如果再現性比重複性大很多，則可能是因為：

1. 作業人員在如何使用與讀取量規上，必須要有更好的訓練。
2. 量規的校正不容易讀取。
3. 需要有幫助作業人員持續使用量規的設備。

GR&R（%R&R）接受與否的準則為

誤差小於 10%　　　量規系統令人滿意。
誤差介於 10% 至 30%　根據應用的重要性、量規成本與修理成本等，也許可以接受。
誤差超過 30%　　　量規系統不符合要求，找出原因並採取矯正行動。

例題 6-6

下列為 2 個鑑定人員在 5 個零件進行 3 次試驗所讀取的資料。決定是否接受這個量測系統。資料為隨機讀取，粗體字為計算所得到的數值。

	零件號碼				
	1	2	3	4	5
鑑定人員 A					
試驗 1	0.34	0.50	0.42	0.44	0.26
試驗 2	0.42	0.56	0.46	0.48	0.30
試驗 3	0.38	0.48	0.40	0.38	0.28
$\bar{X}$	**0.38**	**0.51**	**0.43**	**0.43**	**0.28**
R	**0.08**	**0.08**	**0.06**	**0.10**	**0.04**
鑑定人員 B					
試驗 1	0.28	0.54	0.38	0.46	0.30
試驗 2	0.32	0.48	0.42	0.44	0.28
試驗 3	0.24	0.44	0.34	0.40	0.36
$\bar{X}$	**0.28**	**0.49**	**0.38**	**0.43**	**0.31**
R	**0.08**	**0.10**	**0.08**	**0.06**	**0.08**

$$\bar{R}_a = (0.08+0.08+0.06+0.10+0.04)/5 = 0.07$$
$$\bar{R}_b = (0.08+0.10+0.08+0.06+0.08)/5 = 0.08$$
$$\bar{\bar{X}}_a = (0.38+0.51+0.43+0.43+0.28)/5 = 0.41$$
$$\bar{\bar{X}}_b = (0.28+0.49+0.38+0.43+0.31)/5 = 0.38$$
$$\bar{\bar{R}} = (0.07+0.08)/2 = 0.08$$
$$\bar{\bar{X}}_{\text{Diff}} = 0.41 - 0.38 = 0.03$$
$$\text{UCL}_R = 2.574 \times 0.08 = 0.21$$
$$\text{LCL}_R = 0$$

沒有任何全距值超出管制。

$$\bar{\bar{X}}_1 = (0.38 + 0.28)/2 = 0.33$$
$$\bar{\bar{X}}_2 = (0.51 + 0.49)/2 = 0.50$$
$$\bar{\bar{X}}_3 = (0.43 + 0.38)/2 = 0.41$$
$$\bar{\bar{X}}_4 = (0.43 + 0.43)/2 = 0.43$$
$$\bar{\bar{X}}_5 = (0.28 + 0.31)/2 = 0.30$$
$$R_p = 0.50 - 0.30 = 0.20$$
$$EV = 3.050 \times 0.08 = 0.24$$
$$AV = \sqrt{(3.65 \times 0.03)^2 - (0.24^2/5 \times 3)} = 0.09$$
$$R\&R = \sqrt{0.24^2 + 0.09^2} = 0.26$$
$$PV = 2.08 \times 0.20 = 0.42$$
$$TV = \sqrt{0.26^2 + 0.42^2} = 0.49$$

%EV = 49%　　　%AV = 18%
%R&R = 53%　　%PV = 86%

量規系統不符合要求，而且設備變異（重複性）相對於鑑定人員變異（再現性）太大。

⇒ 註 解

如果製程變異已知，而且其值是根據上述的六個步驟所求出，則可以利用下列方程式計算 TV 與 PV：

$$TV = 5.15\,(製程變異/6)$$
$$PV = \sqrt{TV^2 - R\&R^2}$$

如果有比較傾向於根據公差百分比的分析，則公差值可以替換在 %EV、%AV、%R&R 以及 %PV 方程式當中的分母 TV。

上述所給的資訊是傳統的方法，提供基本的概念。在文獻資料裡，對於小樣本有主要的修正[8]。另一種情況，是比較兩個地方的試驗，而且運用額外

---

[8] Donald S. Ermer, "Appraiser Variation in Gage R&R Measurement," *Quality Progress* (May 2006): 75-78.

的變異分析方法[9]。

環境的情況，例如溫度、濕度、空氣清潔度與靜電，皆會影響 GR&R 的結果，必須要加以控制，讓變異達到最小。

◼ 電腦程式

使用本書所附光碟的 EXCEL 軟體，可以得到 $\bar{Z}$ 與 W 管制圖、PTPCC、以及 GR&R。它們的檔名分別為 *Z-bar & W Charts*、*PTPCC* 以及 *GR&R*。

作　業

1. 試決定一台具有 8 個填充口的填充機器，樣本大小為 2 的 $\bar{X}$ 與 R 管制圖的中心線與管制界限所需要的樣組數；一個填充口可以連續繪點幾次？

2. 試決定一台由 24 個活門控制的紙手巾製程，X 與移動全距 R 管制圖的中心線與管制界限所需要的樣組數；一個活門可以連續繪點幾次？

3. 以下是一個操作研磨表面粗糙度資料，單位為微英吋（microinches），請繪出一個多變異管制圖，並分析結果。

時間	0700 h			1400 h			2100 h		
零件編號	20	21	22	82	83	84	145	146	147
表面粗糙度量測值	38	26	31	32	19	29	10	28	14
	28	08	30	25	29	09	05	11	15
	30	31	38	16	20	18	26	38	04
	37	20	22	22	21	16	32	30	38
	39	44	35	30	28	24	29	38	10

4. 以下是一個車床旋轉操作的資料，這個零件長 15 公分，直徑的目標值為 60.000 mm ±0.012，每 30 分鐘量測一次，取最後連續三個值，請繪出一個多變異管制圖，並分析這個製程。這些資料距離目標值 60.000 有離差，因此，60.003 編為 3，59.986 編為 −14。

---

[9] Neal D. Morchower, "Two-Location Gauge Evaluation," *Quality Progress* (April 1999): 79-86.

時間	零件 1	零件 2	零件 3
0800 h	−7/10	−2/13	9/18
0830 h	2/15	5/14	2/14
0900 h	0/14	3/15	−7/15
0930 h	−23/−5	−20/−6	−14/1
1000 h	−20/−8	−22/−7	−11/10
1030 h	−15/9	−18/6	−14/5
1100 h	−9/8	−13/4	−12/8
1130 h	−19/1	−14/9	−13/12

5. 試決定一個在 3 小時內就會完成的短生產製程的中心線與管制界限，規格為 25.0 ±0.3 Ω，$n = 4$。

6. 試決定一個在 1 小時內就會完成的短生產製程的中心線與管制界限，規格為 3.40 ±0.05 mm，$n = 3$。

7. 有一個 5 階段的累進鋼模，其有 4 個臨界範圍。$\bar{X}$ 為 25.30、14.82、105.65、58.26 mm，$\bar{R}$ 為 0.06、0.05、0.07、0.06。試問可以使用離差管制圖嗎？令 $\bar{R}_{總和}$ 為此 4 個全距的平均數。

8. 試決定一個樣組大小為 2 的 Z 與 W 管制圖的中心線與管制界限，並畫出其圖形。如果目標 $\bar{X}$ 是 1.50，而且目標 $\bar{R}$ 為 0.08，試決定下列三個樣組的描點。

樣組	X_1	X_2
1	1.55	1.59
2	1.43	1.53
3	1.30	1.38

9. 試決定一個樣組大小為 3 的 Z 與 W 管制圖的中心線與管制界限，並畫出其圖形。如果目標 $\bar{X}$ 是 25.00，而且目標 $\bar{R}$ 為 0.05，試決定下列三個樣組的描點，有任何超出管制的點嗎？

樣組	X_1	X_2	X_3
1	24.97	25.01	25.00
2	25.08	25.06	25.09
3	25.03	25.04	24.98

10. 利用第 5 章的個別管制圖資訊，導出 Z 與 MW 管制圖的管制界限與描點。

11. 畫出 Z 與 MW 管制圖的中心線與管制界限。目標 $\bar{X}$ 為 1.15，目標 $\bar{R}$ 為 0.03。畫出在 $X_1 = 1.20$、$X_2 = 1.06$、$X_3 = 1.14$ 的點，有任何超出管制的點嗎？

12. 畫出 Z 與 MW 管制圖的中心線與管制界限。目標 $\bar{X}$ 為 3.00，目標 $\bar{R}$ 為 0.05。畫出在 X_1 = 3.06、X_2 = 2.91、X_3 = 3.10 的點，有任何超出管制的點嗎？

13. 有一名義為 32.0℃，而且公差為 ±1.0℃ 的製程，試求出預先管制線。

14. 試決定當總指示器讀取（TIR）公差為 0.06 mm，而且目標為零的軸心的預先管制線。提示：此題為單邊公差，而綠色區域仍然是公差的一半，試著畫出結果。

15. 一對 A 以及 B 變成綠色的機率有多少？若其中一個在黃色區，而且另一個在綠色區的機率又是多少？

16. 如果製程每三個小時調整一次，則這些零件對應多久量測一次？

17. 根據下列資料繪製出 PTPCC

	USL	LSL	名義	零件 1	零件 2
(a)	0.460	0.440	0.450	0.449	0.458
(b)	1.505	1.495	1.500	1.496	1.500
(c)	1.2750	1.2650	1.2700	1.2695	1.2732
(d)	0.7720	0.7520	0.7620	0.7600	0.7590

18. 根據作業 4 的資料，繪製 PTPCC，使用零件 1 與零件 2 平均數。例如，零件 1 在 0800 h 的資料是 (59.993 + 60.010)/2 = 60.0015 以及零件 2 (59.998 + 60.013)/2 = 60.0055。零件 3 不使用。

19. 下表為 3 名鑑定人員在 6 個零件上進行 2 次試驗的資料，試著決定是否可以接受這個量測系統；資料為隨機的。

	零件號碼					
	1	2	3	4	5	6
鑑定人員 A						
試驗 1	0.65	1.00	0.85	0.85	0.55	1.00
試驗 2	0.60	1.00	0.80	0.95	0.45	1.00
鑑定人員 B						
試驗 1	0.55	1.05	0.80	0.80	0.40	1.00
試驗 2	0.55	0.95	0.75	0.75	0.40	1.05
鑑定人員 C						
試驗 1	0.50	1.05	0.80	0.80	0.45	1.00
試驗 2	0.55	1.00	0.80	0.80	0.50	1.05

20. 以下為 2 名鑑定人員在 4 個零件上進行 3 次試驗的資料，試著決定是否可以接受這個量測系統；資料為隨機的。

	零件號碼			
	1	2	3	4
鑑定人員 A				
試驗 1	0.55	0.45	0.60	0.20
試驗 2	0.55	0.40	0.60	0.30
試驗 3	0.50	0.35	0.55	0.25
鑑定人員 B				
試驗 1	0.55	0.35	0.60	0.15
試驗 2	0.50	0.30	0.55	0.20
試驗 3	0.45	0.25	0.50	0.15

21. 使用 $\bar{Z}$ 與 W 管制圖的軟體解答：
    (a) 作業 8
    (b) 作業 9

22. 試著發展 Z 與 MW 管制圖的樣板。（提示：類似 X 與 MR 管制圖。）

23. 使用 GR&R 軟體證明你的答案：
    (a) 作業 19
    (b) 作業 20

24. 在實驗室當中，利用一種量測儀器與零件，完成 GR&R 的研究。

CHAPTER 7 機率的基本原理

目 標

在完成本章之後,讀者可以預期:

- 運用次數分配的定義來定義機率
- 知道機率的七個基本定理
- 確認不同的離散和連續機率分配
- 使用超幾何、二項和卜瓦松分配計算不合格品發生的機率
- 知道何時使用超幾何、二項和卜瓦松分配

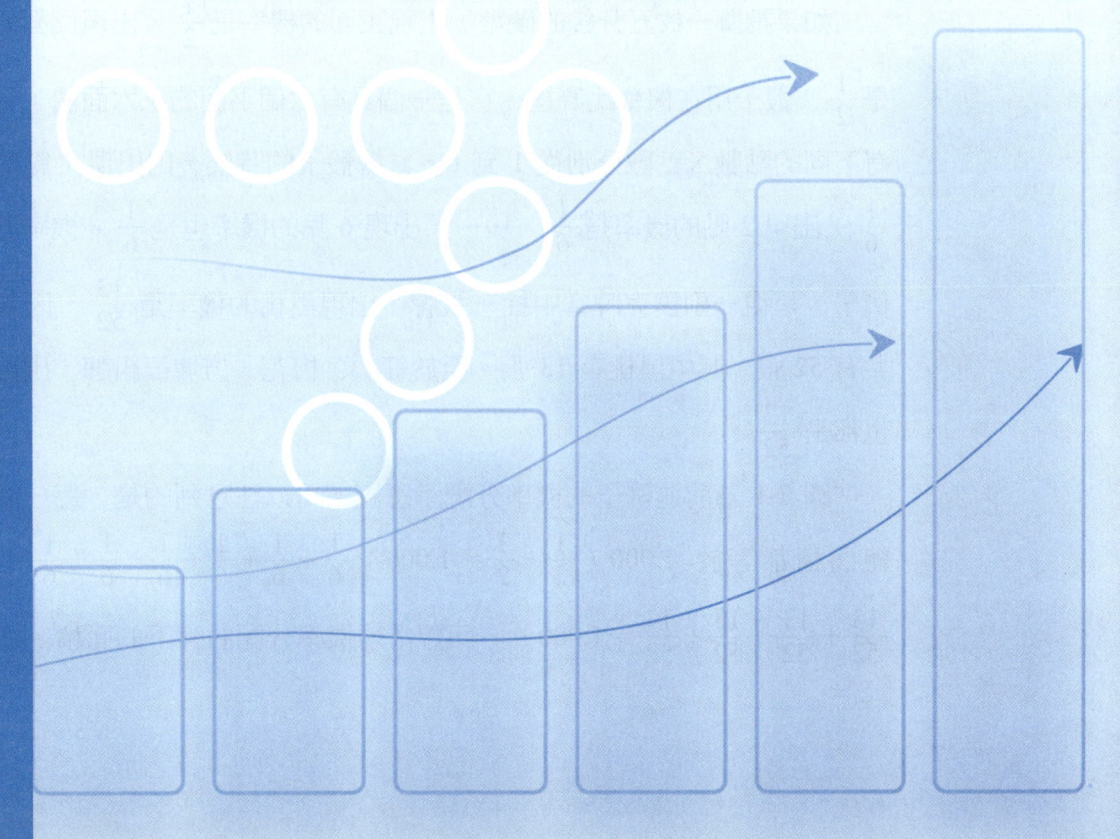

■ 簡　介

本章涵蓋與統計製程管制有關的機率基本原理，包括定義、定理、離散分配、連續分配以及分配的相互關係，尤其是內容涵蓋瞭解下一章計數值管制圖所需的資訊。

■ 基本概念

▶ 機率的定義

機率（probability），這一個名詞有許多的同義詞，例如可能性、機會、傾向和趨勢。對外行人來說，機率是一個大家所熟知的名詞，它是指某些事情將會發生的機會。「我明天可能會去打高爾夫球」或「這門課，我的成績可能是 A」都是典型的例子。當電視台的播報人員在晚間新聞上說「明天下雨的機率是 25%」的時候，就是將這句話數量化了。機率可以用非常嚴格的數學來界定；但是，在本書當中，我們將從應用在品質管制時的實際觀點來定義機率。

如果投擲一枚五分錢的硬幣，出現正面的機率是 $\frac{1}{2}$，出現反面的機率也是 $\frac{1}{2}$。骰子用在機會比賽裡，它是一個具有六個平面的正六面體，每一面都有不同的點數，點數分別從 1 到 6。當擲骰子的時候，則出現 1 點的機率是 $\frac{1}{6}$，出現 2 點的機率是 $\frac{1}{6}$，……，出現 6 點的機率也是 $\frac{1}{6}$。機率的另一個例子，是從一副撲克牌當中抽一張牌，出現黑桃的機率是 $\frac{13}{52}$，因為一副牌共有 52 張，其中黑桃有 13 張。至於紅心、梅花、方塊三組牌，出現的機率也都是 $\frac{13}{52}$。

圖 7-1 為前述例子的機率分配示意圖。可以注意到的是，每一個分配的總面積都等於 1.000（$\frac{1}{2}+\frac{1}{2}=1.000$；$\frac{1}{6}+\frac{1}{6}+\frac{1}{6}+\frac{1}{6}+\frac{1}{6}+\frac{1}{6}=1.000$；$\frac{13}{52}+\frac{13}{52}+\frac{13}{52}+\frac{13}{52}=1.000$）。回想常態機率分配曲線下的面積，它也是一

圖 7-1　機率分配

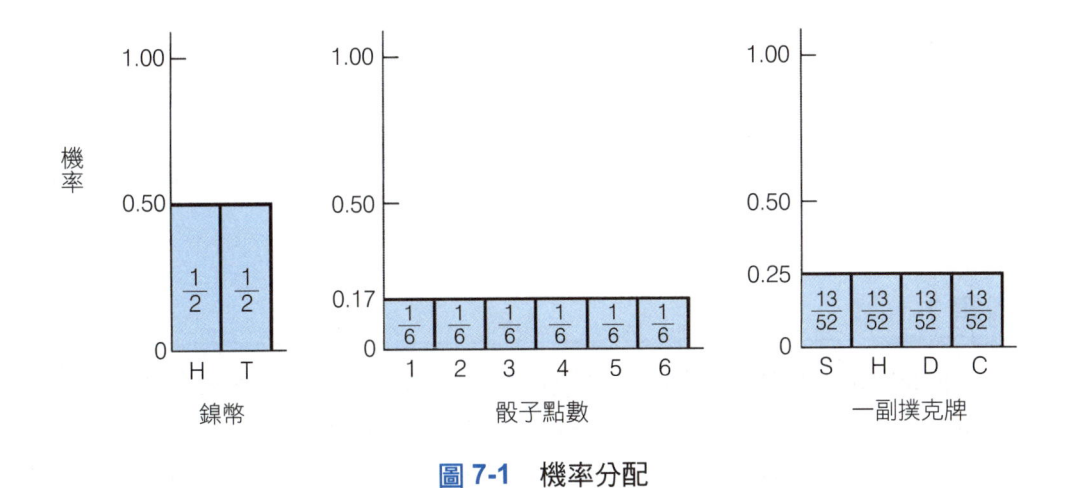

種機率分配，而它的總面積也是等於 1.000；因此，任何情況下，總機率將會等於 1.000。機率通常是用小數表示，例如：(1) 出現正面的機率是 0.500，用符號表示為 [$P(h) = 0.500$]；(2) 骰子出現 3 點的機率是 0.167[$P(3) = 0.167$]；(3) 出現黑桃的機率是 0.250[$P(s) = 0.250$]。

前述例子當中的機率，必須經過足夠多次的試驗，而且各種事件出現的可能性相同，才會發生。換句話說，若出現正面或反面的機會相等（同等相似），則出現正面（事件）的機率將為 0.500。大部分的硬幣都有同等相似的情況；然而，如果在硬幣的某一邊多加一些重量，會造成硬幣的偏差，就不符合同等相似的情況。同樣地，一個不擇手段的人，可以將骰子做成經常出現 3 點，而不是一般在 6 次當中，3 點只出現 1 次的情況；或者也可以將一副撲克牌洗成四張 A 都在最頂層。

再回到六面骰子的例子，有六個可能的結果（1、2、3、4、5 和 6）。**事件**（event），是結果的聚集。所以，擲一個骰子，出現 2 或 4 的事件有兩個結果，而結果的總數為 6，其機率顯然為 $\frac{2}{6}$ 或 0.333。

經由上面的討論，依據次數分配的解說，可以得到一個定義：如果結果總數為 N 個可能，事件 A 發生 N_A 次，而且為同等相似的結果，則事件 A 發生的機率為：

$$P(A) = \frac{N_A}{N}$$

其中，$P(A)$ = 事件 A 發生的機率，取到小數點第三位

N_A = 事件 A 成功結果的次數

N = 可能結果的總數

當結果的數目為已知,或是結果的數目是由實驗求出來的,就可以使用這個定義。

例題 7-1

從 50 個零件的箱子當中,隨機抽取一個零件,而且已知箱子當中有 10 個不合格品。抽取零件後,必須再把零件放回箱子當中,並且紀錄試驗的次數和不合格品的數目。經過 90 次試驗之後,共紀錄了 16 個不合格品。請問根據已知的結果和實驗的結果,機率各為何?

已知的結果:

$$P(A) = \frac{N_A}{N} = \frac{10}{50} = 0.200$$

實驗的結果:

$$P(A) = \frac{N_A}{N} = \frac{16}{90} = 0.178$$

用已知的結果所算出的機率是真正的機率;然而實驗的結果所計算出來的機率,因為有機遇因素的原因,所以是不一樣的。如果做了 900 次的實驗,因為機遇因素減小,實驗結果所計算出的機率會更接近真正的機率。

在大多數的情形當中,在箱子裡的不合格品數目是未知的;因此,已知結果的機率無法計算。如果機率是以實驗的結果代表樣本,而且以已知的結果代表母體,則和我們在第 4 章所討論的樣本和母體之間的關係一致。

上述的定義,可以用於有限數目的情形,即 N_A 為成功結果的數目,N 為可能結果的總數,而且均為已知或必須由實驗求得。至於無限數目的情況,當 $N = \infty$,這個定義將使機率變為零。因此,在無限的情形當中,事件發生的機率會和母體機率分配成比例。這種情形,將在連續和離散機率分配當中討論。

➡ 機率定理

定理 1　機率是以介於 0 到 1.000 之間的數字表示；機率為 1.000 是確定事件會發生，而機率為 0 是確定事件不會發生。

定理 2　如果 $P(A)$ 是事件 A 發生的機率，則事件 A 不會發生的機率為 $P(A')$，也就是 $1.000 - P(A)$。

例題 7-2

若已知在所得稅報稅資料上，發現錯誤的機率為 0.04，則發現沒有錯誤或完全一致的報稅資料機率為何？

$$P(A') = 1.000 - P(A)$$
$$= 1.000 - 0.040$$
$$= 0.960$$

因此，發現完全一致的所得稅資料的機率為 0.960。

在繼續進行其他定理之前，先要知道這些定理要應用在哪些地方。由圖 7-2 當中，我們可以看出，如果只需求得一個事件的機率，則依據是否為互斥，使用定理 3 或 4。如果要求得兩個或更多事件的機率，則依據是否為獨立，使用定理 6 或 7。定理 5 不在圖當中，因為它屬於不同的概念。表 7-1 提供定理 3、4、6、7 有關例題的一些資料。

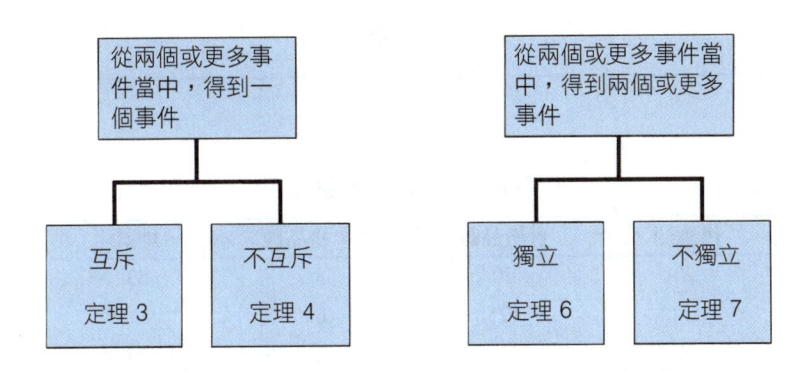

圖 7-2　使用定理 3、4、6 和 7 的時機

定理 3 如果 A 和 B 兩者為互斥事件，則事件 A 或事件 B 會發生的機率，為各別發生機率的和：

$$P(A \text{ 或 } B) = P(A) + P(B)$$

「互斥」的意思，是指一個事件發生以後，另一個事件就不可能再發生。所以，如果擲一個骰子，出現 3 點之後（事件 A），則事件 B（例如 5 點）就不可能出現。

每當公式中用「或」來表示時，其數學運算通常是相加，或者是如定理 4 所述，也可以是相減。定理 3 是用兩個事件來說明它同樣也可以應用在兩個以上的事件 [$P(A \text{ 或 } B \text{ 或}……\text{或 } F) = P(A) + P(B) + …… + P(F)$]。

例題 7-3

如果箱子內有 261 個零件，如表 7-1 所示，試問隨機抽取一個零件，是由供應商 X 或供應商 Z 所生產的機率為何？

$$P(X \text{ 或 } Z) = P(X) + P(Z)$$
$$= \frac{53}{261} + \frac{77}{261}$$
$$= 0.498$$

試問抽取一個不合格品，是由供應商 X 所生產，或抽取一個合格品，是由供應商 Z 所生產的機率為何？

$$P(\text{不合格品 } X \text{ 或合格品 } Z) = P(\text{不合格品 } X) + P(\text{合格品 } Z)$$
$$= \frac{3}{261} + \frac{75}{261}$$
$$= 0.299$$

表 7-1　供應商的檢驗結果

供應商	合格品數	不合格品數	總計
X	50	3	53
Y	125	6	131
Z	75	2	77
總計	250	11	261

例題 7-4

如果箱子內有 261 個零件，如表 7-1 所示；試問隨機抽取一個零件是由供應商 Z 所生產，或抽取一件不合格品，是由供應商 X 所生產，或抽取一件合格品，是由供應商 Y 所生產的機率為何？

$$P(Z\text{ 或不合格品 }X\text{ 或合格品 }Y) = P(Z) + P(\text{不合格品 }X) + P(\text{合格品 }Y)$$
$$= \frac{77}{261} + \frac{3}{261} + \frac{125}{261}$$
$$= 0.785$$

定理 3 通常稱為**機率的加法定律**（additive law of probability）。

定理 4 如果事件 A 和事件 B 不為互斥事件，則發生事件 A 或事件 B，或兩者都發生的機率為

$$P(A\text{ 或 }B\text{ 或兩者}) = P(A) + P(B) - P(\text{兩者})$$

不是互斥的事件，通常其中會有一些共同的結果。

例題 7-5

如果箱子內有 261 個零件，如表 7-1 所示，試問隨機抽取一個零件是從供應商 X 所生產的，或是不合格品的機率為何？

$$P(X\text{ 或不合格品或兩者都是}) = P(X) + P(\text{不合格品}) - P(X\text{ 且不合格品})$$
$$= \frac{53}{261} + \frac{11}{261} - \frac{3}{261}$$
$$= 0.234$$

在例題 7-5 當中，有三個結果共同皆為兩事件。供應商 X 的 3 個不合格品在 $P(X)$ 和 $P(\text{不合格品})$ 的結果當中，重複計算了兩次；因此，要扣掉其中的一次。這個定理也可以應用在兩個以上的事件。**范氏圖**（Venn diagram）有時候用來解釋非互斥事件的概念，如圖 7-3 所示。左邊的圓圈等於從供應商 X 所生產的 53 個零件，而右邊的圓圈等於 11 個不合格品。兩個圓圈的交集為供應商 X 的 3 個不合格品。

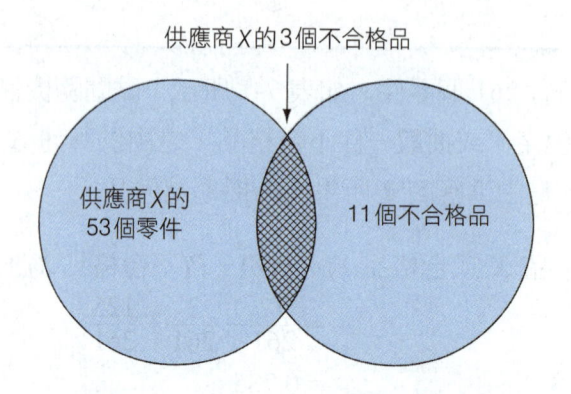

圖 7-3　定理 4 之例題的樣本空間圖

定理 5　任何事件的機率和，等於 1.000：

$$P(A)+P(B)\cdots\cdots+P(N)=1.000$$

這個定理已經在圖 7-1 當中，利用投硬幣、擲骰子和抽撲克牌的例子加以說明；在這些情形下，各事件的和都等於 1.000。

例題 7-6

　　一位產品完整性的檢查人員，檢查在樣組當中的 3 個產品，決定是否可以接受產品。從過去的經驗可以知道，樣本大小為 3 的時候，發現沒有不合格的機率是 0.990；樣本當中有 1 個不合格品的機率為 0.006；樣本當中有 2 個不合格品的機率是 0.003。試問樣本大小為 3 的時候，有 3 個不合格品的機率為何？

　　在這種情形之下，只會有四種事件：0 個不合格品、1 個不合格品、2 個不合格品以及 3 個不合格品。

$$P(0)+P(1)+P(2)+P(3)=1.000$$
$$0.990+0.006+0.003+P(3)=1.000$$
$$P(3)=0.001$$

所以，樣本大小為 3 的時候，樣本當中有 3 個不合格品的機率為 0.001。

定理 6 如果 A 和 B 為獨立事件，則 A 和 B 同時都發生的機率為個別機率的乘積。

$$P(A \text{ 和 } B) = P(A) \times P(B)$$

一個獨立事件的發生，與其他事件發生與否的機率並不會相互影響。這個定理稱為**機率的乘法定律**（multiplicative law of probability）。每當公式當中以「和」表示的時候，數學運算為相乘。

例題 7-7

如果箱子內有 261 個零件，如表 7-1 所示，試問隨機抽取兩個零件是從供應商 X 和供應商 Y 當中所生產的機率為何？假設第一件抽取後再放回，然後再抽第二件 [稱為**抽後放回**（with replacement）]。

$$P(X \text{ 和 } Y) = P(X) \times P(Y)$$
$$= \left(\frac{53}{261}\right)\left(\frac{131}{261}\right)$$
$$= 0.102$$

乍看之下，例題 7-7 的結果似乎太低，這是因為還有其他的可能性，例如 XX、YY、ZZ、YX、XZ、ZX、YZ 和 ZY。這個定理更適合應用在兩個以上的事件。

定理 7 如果 A 和 B 為**相依事件**（dependent event），則 A 和 B 都會發生的機率，為 A 之機率和在如果 A 發生 B 也會發生之機率的乘積。

$$P(A \text{ 和 } B) = P(A) \times P(B|A)$$

符號 $P(B|A)$ 定義為事件 A 發生的時候，事件 B 發生的機率。一個相依事件，是因為它的發生，會影響到其他事件發生的機率。這個定理稱為**條件定理**（conditional theorem），因為第二個事件發生的機率，是根據第一個事件的結果；這個定理也可以應用在兩個以上的事件。

例題 7-8

假設例題 7-7 中,第一個零件抽出後不再放回箱子裡,接著抽出第二件,試問機率為何?

$$P(X \text{和} Y) = P(X) \times P(Y|X)$$
$$= \left(\frac{53}{261}\right)\left(\frac{131}{260}\right)$$
$$= 0.102$$

因為第一個零件並不再放回箱子裡,所以箱子裡總共只有 260 個零件。

試問兩次零件均從供應商 Z 當中而來的機率為何?

$$P(Z \text{和} Z) = P(Z) \times P(Z|Z)$$
$$= \left(\frac{77}{261}\right)\left(\frac{76}{260}\right)$$
$$= 0.086$$

因為第一個零件是從供應商 Z 當中取出,所以在箱內剩下的 260 件當中,供應商 Z 的零件只剩下 76 件。

很多機率的問題在求解時,必須同時應用數個定理,如例題 7-9 就應用了定理 3 和定理 6。

例題 7-9

如果箱子內有 261 個零件,如表 7-1 所示,試問隨機抽取兩個零件(有放回),一件是供應商 X 生產的合格品,另一件是供應商 Y 生產或供應商 Z 生產的合格品,機率為何?

$$P\,[X\text{合格品和}\,(Y\text{合格品或}Z\text{合格品})]$$
$$= P(X\text{合格品})\,[P(Y\text{合格品}) + P(Z\text{合格品})]$$
$$= \left(\frac{50}{261}\right)\left(\frac{125}{261} + \frac{75}{261}\right)$$
$$= 0.147$$

⇛ 事件的計數

很多機率的問題，例如有些事件是均等機率分配，可以用計數的方法解決；在機率的計算上，有三種常用的計數方法。

1. 簡單的乘法。如果事件 A 的發生有 a 種方式或結果，而在它發生後，事件 B 的發生會有 b 種方式或結果，則這兩個事件都會發生的次數是 $a \times b$。

例題 7-10

一位目擊汽車肇事逃逸車禍的證人，記得汽車牌照 5 個字當中的前 3 個數字，而只知後面 2 個字是數字，試問警察要調查多少位汽車車主？

$$ab = (10)(10)$$
$$= 100$$

如果後面兩個字是英文字母，則應該要調查多少人？

$$ab = (26)(26)$$
$$= 676$$

2. 排列。排列（permutation）是將一組物品依照次序排列。「cup」一字的排列方式有：cup、cpu、upc、ucp、puc 和 pcu。在本例當中，一個集合中有 3 個物件，我們將它們排列成 3 個一組，就可以得到 6 種排列。這個稱為 n 個物品當中，每次選取 r 個的排列；在本例中，n = 3、r = 3。若有 4 個物品，每次選取 2 個，則共有多少種排列？使用「fork」一字代表 4 個物品，則排列為 fo、of、fr、rf、fk、kf、or、ro、ok、ko、rk 和 kr。當物品的數目 n 和每一次選取的數目愈來愈大，要把所有的排列都列出來是一件冗長的工作。利用公式求得排列數目就比較容易：

$$P^n_r = \frac{n!}{(n-r)!}$$

其中，P^n_r = 在 n 個物品當中，每次選取 r 個物品的不同排列數目（符號也可以寫成 $_nP_r$）

n = 物品的總數

r = 從總數當中，每次選取的物品個數

其中 $n!$ 讀做「n 階層」，而且它的意義是 $n(n-1)(n-2)\cdots(1)$。所以 $6! = 6 \cdot 5 \cdot 4 \cdot 3 \cdot 2 \cdot 1 = 720$；根據定義，$0! = 1$。

例題 7-11

在 5 個物品當中，每次選取 3 個，共有多少種排列方式？

$$P^n_r = \frac{n!}{(n-r)!}$$

$$P^5_3 = \frac{5!}{(5-3)!} = \frac{5 \cdot 4 \cdot 3 \cdot 2 \cdot 1}{2 \cdot 1}$$

$$= 60$$

例題 7-12

在汽車牌照的例題當中，假設目擊證人更進一步想起後面兩個數字是不一樣的，其調查數目為何？

$$P^n_r = \frac{n!}{(n-r)!}$$

$$P^{10}_2 = \frac{10!}{(10-2)!}$$

$$= \frac{10 \cdot 9 \cdot 8 \cdot 7 \cdots 1}{8 \cdot 7 \cdots 1}$$

$$= 90$$

例題 7-12 也可以用簡單的乘法來求解，即 $a=10$ 和 $b=9$；換句話說，第一個數字有 10 種方法，因為它不允許有重複的數字，所以第二個數字只有 9 種方法。

符號 P 可以用來表示排列和機率。這兩種用法並不會混淆，因為排列要使用上標 n 和下標 r。

3. 組合。如果物品排列的次序不重要，則我們可以用組合（combination）的方法。「cup」一字有 3 個物件，每次選取 3 個，共有 6 種排列。然而，其只有一種組合，因為在不同的次序當中，皆是同樣的三個字母。「fork」一字有 4 個字母，每次選取 2 個，共有 12 種排列，但是只有 fo、fr、fk、or、ok

和 rk 等 6 種組合。組合數目的公式為：

$$C_r^n = \frac{n!}{r!(n-r)!}$$

其中，C_r^n = 在 n 個物品當中，每次選取 r 個的組合數目（符號也可以寫成 $_nC_r$ 或 $\binom{n}{r}$）

n = 物品的總數

r = 從總數當中，選取的物品個數

例題 7-13

一位室內設計師有 5 張不同顏色的椅子，預計在客廳裡擺設 3 張；試問共有多少種可能的組合？

$$C_r^n = \frac{n!}{r!(n-r)!}$$

$$C_3^5 = \frac{5!}{3!(5-3)!} = \frac{5 \cdot 4 \cdot 3 \cdot 2 \cdot 1}{3 \cdot 2 \cdot 1 \cdot 2 \cdot 1}$$

$$= 10$$

組合有一種和對稱性相關的特質，如：$C_3^5 = C_2^5$、$C_1^4 = C_3^4$、$C_2^{10} = C_8^{10}$ 等。關於對稱性的證明，留做為作業練習。

機率定義、七個定理和三個計數的方法，皆是用來解決機率問題的。許多掌上型計算機都有排列和組合的功能鍵，倘若鍵入正確的值，可以減少計算上的錯誤。

■ 離散機率分配

當使用特定的數值，如整數 0、1、2、3 等，則這種機率分配是離散的。典型的離散機率分配包括超幾何、二項和卜瓦松分配。

▶ 超幾何機率分配

當從有限母體當中，隨機抽取樣本而不放回的時候，要使用**超幾何機率分配**（hypergeometric probability distribution）。超幾何機率分配的公式由三個

組合(全部的組合、不合格品的組合和合格品的組合)所構成,公式為:

$$P(d) = \frac{C_d^D C_{n-d}^{N-D}}{C_n^N}$$

其中, $P(d)$ = 在樣本大小為 n 的時候,有 d 個不合格品的機率

C_n^N = 所有物品的組合數

C_d^D = 不合格品的組合數

C_{n-d}^{N-D} = 合格品的組合數

N = 批次內的數量(母體)

n = 樣本內的數量

D = 在批次內的不合格品數

d = 在樣本內的不合格品數

$N-D$ = 在批次內的合格品數

$n-d$ = 在樣本內的合格品數

這個公式是從機率定義、簡單乘法和組合的應用而得到的。換句話說,分子是得到的不合格品單位數的方法或結果,乘以得到合格品單位數的方法或結果;而分母是全部可能的方法或結果。要注意的是,組合公式當中的符號已經改變,以更適用於品質管制。

藉由例題的說明可以讓這個分配的應用更有意義。

例題 7-14

在圓筒內有 9 個恆溫器,其中有 3 個不合格品。試問在隨機樣本大小為 4 時,抽到 1 個不合格品的機率為何?

為了說明,下面的圖為問題解法的圖示。

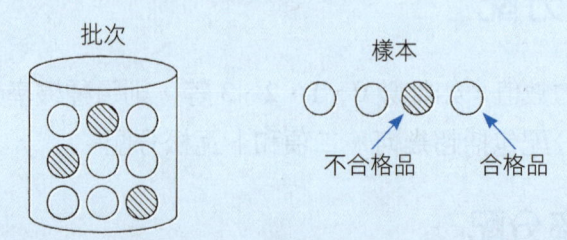

從上圖或由例題說明,得知 $N=9$、$D=3$、$n=4$ 和 $d=1$。

$$P(d) = \frac{C_d^D C_{n-d}^{N-D}}{C_n^N}$$

$$P(1) = \frac{C_1^3 C_{4-1}^{9-3}}{C_4^9}$$

$$= \frac{\frac{3!}{1!(3-1)!} \cdot \frac{6!}{3!(6-3)!}}{\frac{9!}{4!(9-4)!}}$$

$$= 0.476$$

同樣地，$P(0) = 0.119$，$P(2) = 0.357$ 和 $P(3) = 0.048$。因為在這批當中，只有 3 個不合格品，所以 $P(4)$ 不可能成立。而且各個機率和必須等於 1，可以驗證如下：

$$P(T) = P(0) + P(1) + P(2) + P(3)$$
$$= 0.119 + 0.476 + 0.357 + 0.048$$
$$= 1.000$$

　　完整的機率分配圖如圖 7-4 所示。當超幾何分配的參數改變的時候，分配的形狀也會跟著改變，如圖 7-5 所示，$N = 20$、$n = 4$。因此，每一個超幾何分配，依據 N、n 和 D，都有獨特的形狀。若使用掌上型計算機和電腦，則有效率的計算分配便不困難。

　　有時候答案需要「或小於」的機率。在這種情況下的方法，是把個別的機率加總，即：

$$P(2 \text{ 或小於 } 2) = P(2) + P(1) + P(0)$$

同樣地，有些答案需要「或大於」的機率，則用公式：

$$P(2 \text{ 或大於 } 2) = P(T) - P(1 \text{ 或小於 } 1)$$
$$= P(2) + P(3) + \cdots\cdots$$

在後者的數列當中，用來計算的項數須視樣本大小、批次內的不合格數或當機率值小於 0.001 決定。所以，如果樣本大小為 4，這時要把 $P(2)$、$P(3)$ 和 $P(4)$ 相加；如果批次內的不合格品數為 6，這時要把 $P(2)$、$P(3)$、$P(4)$、

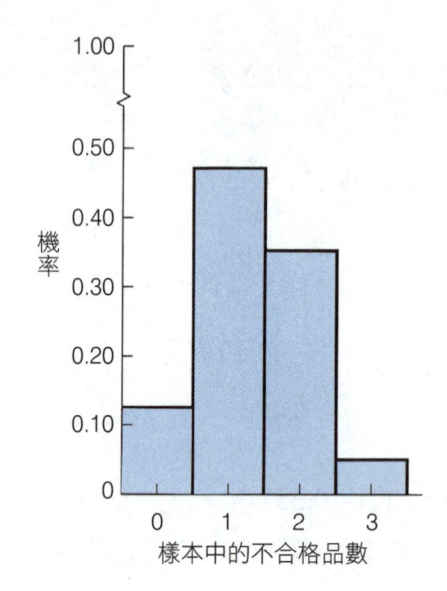

圖 7-4 $N = 9$、$n = 4$ 和 $D = 3$ 的超幾何分配

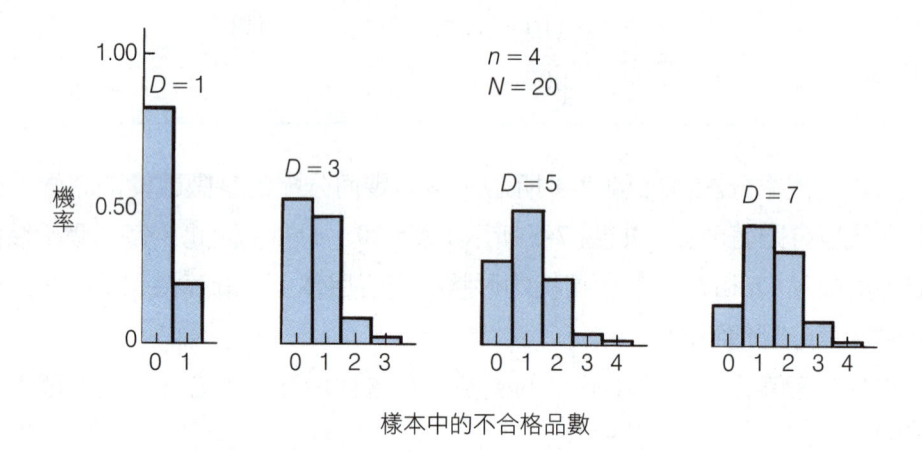

圖 7-5 批次內，各種不合格率的超幾何分配比較

$P(5)$ 和 $P(6)$ 相加；如果 $P(3) = 0.0009$，這時候你要把 $P(2)$ 和 $P(3)$ 相加。

分配的平均數和中位數為：

$$\mu = \frac{nD}{N}$$

$$\sigma = \sqrt{\frac{\frac{nD}{N}\left(1 - \frac{D}{n}\right)(N-n)}{N-1}}$$

⇛ 二項機率分配

二項機率分配（binomial probability distribution）是應用在具有無限個數目的物品，或是來自於工作中心穩定流量物品的離散機率問題。二項機率是用在計數值問題上，例如合格或不合格、成功或失敗、及格或不及格、正面或反面等。二項機率分配適用於兩種結果是固定的，而且試驗是獨立的；它相當於二項展開式的各別連續項，如下：

$$(p+q)^n = p^n + np^{n-1}q + \frac{n(n-1)}{2}p^{n-2}q^2 + \cdots\cdots + q^n$$

其中，$p=$ 一個事件的機率，例如一個不合格品（不合格率）
$q=1-p=$ 一個未發生事件的機率，例如合格品（合格率）
$n=$ 試驗的數目，或樣本大小

應用二項展開式在投擲硬幣的時候 $\left(p=\frac{1}{2}, q=\frac{1}{2}\right)$，一次擲 11 個硬幣，擲了無數次以後，得到硬幣反面的分配，其展開式為：

$$\left(\frac{1}{2}+\frac{1}{2}\right)^{11} = \left(\frac{1}{2}\right)^{11} + 11\left(\frac{1}{2}\right)^{10}\left(\frac{1}{2}\right) + 55\left(\frac{1}{2}\right)^9\left(\frac{1}{2}\right)^2 + \cdots\cdots + \left(\frac{1}{2}\right)^{11}$$
$$= 0.001 + 0.005 + 0.027 + 0.080 + 0.161 + \cdots\cdots + 0.001$$

硬幣出現反面的數目機率分配如圖 7-6 所示。因為 $p=q$，所以不論 n 值為何，分配都是對稱的；然而，當 $p \neq q$ 的時候，分配就不對稱了。在品質管制工作上，p 通常是指不合格率或不合格部分，通常都小於 0.15。

在大部分的品質管制工作當中，我們對整個分配並不是很有興趣，而只注意在二項展開式當中的一項或兩項；對於單獨一項的二項公式為：

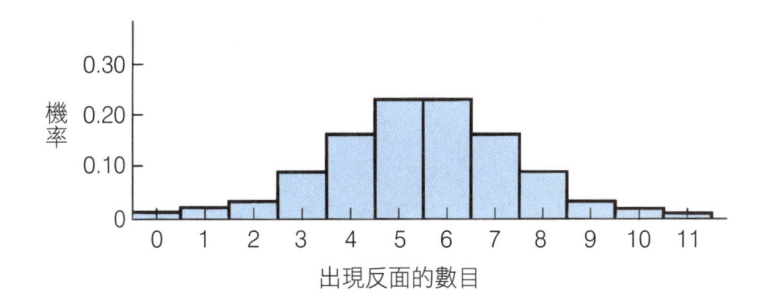

圖 7-6　投擲 11 個硬幣無數次，出現反面的次數分配

$$P(d) = \frac{n!}{d!(n-d)!} p_0^d q_0^{n-d}$$

其中，$P(d) = d$ 個不合格品的機率

　　　　$n =$ 樣本當中的個數

　　　　$d =$ 樣本當中的不合格品數

　　　　$p_0 =$ 母體當中的不合格率（不合格部分）[1]

　　　　$q_0 =$ 母體當中的合格率（合格部分）$(1 - p_0)$

因為二項分配是用於無限的情形，在公式當中沒有批次 N 的大小。

例題 7-15

從不合格率為 0.10 的某一打孔壓床穩定產品線當中，隨機抽取 5 個絞鍊為樣本。試問樣本當中有 1 個不合格品的機率為何？1 個或 1 個以下的機率為何？2 個或 2 個以上的機率為何？

$$q_0 = 1 - p_0 = 1.00 - 0.10 = 0.90$$

$$P(d) = \frac{n!}{d!(n-d)!} p_0^d q_0^{n-d}$$

$$P(1) = \frac{5!}{1!(5-1)!} (0.10^1)(0.90^{5-1})$$

$$= 0.328$$

不合格品 1 個或 1 個以下的機率為何？為了求解這個問題，我們必須使用加法定理，將 $P(1)$ 和 $P(0)$ 加起來。

$$P(d) = \frac{n!}{d!(n-d)!} p_0^d q_0^{n-d}$$

$$P(0) = \frac{5!}{0!(5-0)!} (0.10^0)(0.90^{5-0})$$

$$= 0.590$$

因此，

---

[1] 同時也是標準值或參考值，請參閱第 5 章。

$$P(1 \text{ 或小於 } 1) = P(0) + P(1)$$
$$= 0.590 + 0.328$$
$$= 0.918$$

2 個或 2 個以上不合格品的機率為何？這個問題也可以用加法定理解決，把 2、3、4、5 個不合格品的機率加起來：

$$P(2 \text{ 或大於 } 2) = P(2) + P(3) + P(4) + P(5)$$

或是用各別機率和等於 1 的定理，解答這個問題：

$$P(2 \text{ 或大於 } 2) = P(T) - P(1 \text{ 或小於 } 1)$$
$$= 1.000 - 0.918$$
$$= 0.082$$

使用例題 7-15 的資料，計算兩個和三個不合格品，得到 $P(2) = 0.073$ 和 $P(3) = 0.008$；完整的分配如圖 7-7 的左邊所示。計算 $P(4)$ 和 $P(5)$ 的值，所得的值小於 0.001，所以並沒有把它們畫在圖上。

圖 7-7 說明了當樣本大小增加，在不合格率 $p = 0.10$ 時，分配變動的情形；而圖 7-8 則說明了 $p = 0.05$ 的變動情形。當樣本大小愈大的時候，即使 $p \neq q$，曲線的形狀會逐漸成為左右對稱。比較圖 7-7 當中 $p = 0.10$、$n = 30$ 的分配，和圖 7-8 當中 $p = 0.05$、$n = 30$ 的分配，就可以知道，相同的 n 值，不合格率 p 值愈大，分配愈接近對稱。

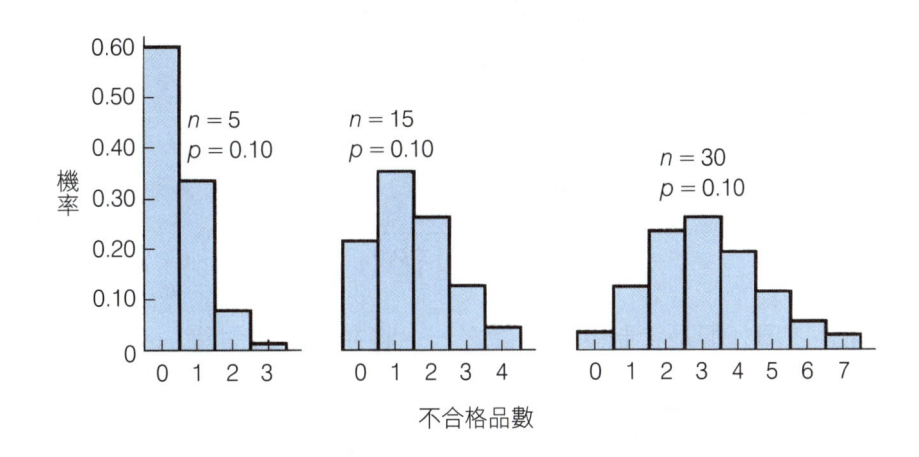

圖 7-7 當 $p = 0.10$ 的時候，各種樣本大小的二項分配

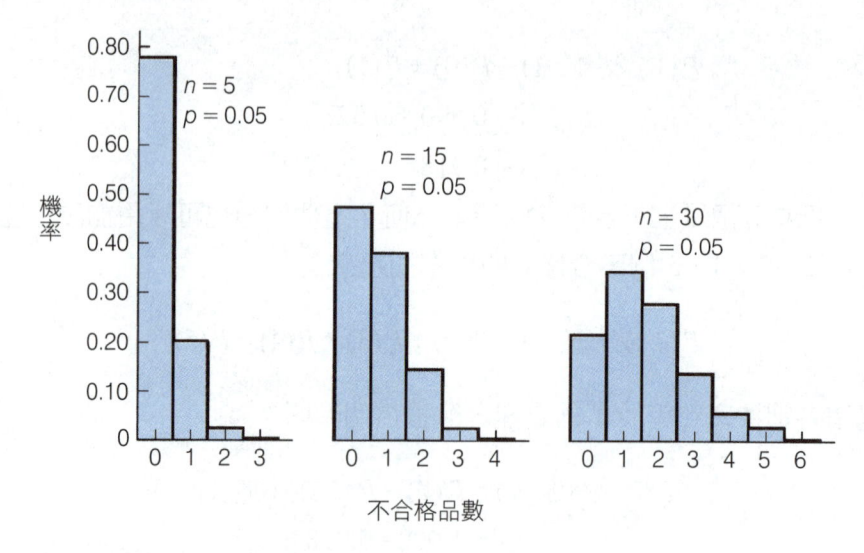

圖 7-8　當 $p = 0.05$ 的時候，各種樣本大小的二項分配

分配的形狀永遠是樣本大小 n 和不合格率 p 的函數；改變這些數值當中的任何一個，就會產生不同的分配。

二項分配可以利用查表求解；然而，因為要使用三個變數（n、p 和 d），所以需要相當大的空間。

計算機和電腦可以讓必要的計算變得很有效率；因此，也就不再需要這些表。

二項機率分配是用在無限的情況裡，但是在某些條件下，其用法近似於超幾何分配，這個情況將在本章稍後再討論；而它必須是只有兩個可能的結果（不合格品或合格品），而且每一個結果的機率不會改變。除此之外，二項機率分配的使用必須是獨立的試驗；也就是說，如果發現一個不合格品之後，下一個不合格品的機會既不會增加，也不會減少。

二項分配的平均數和標準差為

$$\mu = np_0$$

$$\sigma = \sqrt{np_0(1-p_0)}$$

此外，二項分配是管制圖的基礎之一，將在第 8 章討論。

▶ 卜瓦松機率分配

第三種離散機率分配稱為卜瓦松機率分配（Poisson probability distribution），是由 Simeon Poisson 在 1837 年所發表的。這個分配可以應用在很多種情形，包括在單位時間內的觀測數，例如，每 1 分鐘間隔內，到達高速公路收費站的車輛數；在 1 天內，發生故障的機器數目；以及在 5 分鐘間隔內，走進雜貨店的顧客數。這個分配也可以應用在每一單位數量內的觀察數，例如，在每 1,000 平方公尺的布上的編織不合格數、每星期接到顧客服務電話不合格數以及大型休旅車上的鉚釘不合格數。

在上述每一種情形當中，某一事件的發生，有許多相等而且獨立的機會。一輛大型休旅車上的每一個鉚釘都有相同的不合格機會；然而，在幾百個鉚釘當中，卻只有少數幾個是不合格品。卜瓦松分配是應用在 n 非常大，而且 p_0 很小的時候。

卜瓦松分配的公式為：

$$P(c) = \frac{(np_0)^c}{c!} e^{-np_0}$$

其中，　c = 在特定的分類當中，事件發生的計量或數目，如不合格品數、車輛、顧客或是機器故障的數目
　　　np_0 = 在特定的分類當中，事件發生的平均計數量或數目
　　　e = 2.718281

當卜瓦松分配做為二項分配近似式的時候（將在本章稍後討論），符號 c 和在二項及超幾何分配當中的 d，具有相同的意義。因為 c 和 np_0 有相似的定義，所以可能會有一些混淆；這個時候可以把 c 看成是個別值，而 np_0 看成是平均數或母體值。

應用這個公式，可以計算出機率分配。假設在 1 分鐘間隔內到達高速公路收費站的平均車輛數為 2，則計算方法如下：

$$P(c) = \frac{(np_0)^c}{c!} e^{-npo}$$

$$P(0) = \frac{(2)^0}{0!} e^{-2} = 0.135$$

$$P(1) = \frac{(2)^1}{1!} e^{-2} = 0.271$$

$$P(2) = \frac{(2)^2}{2!} e^{-2} = 0.271$$

$$P(3) = \frac{(2)^3}{3!} e^{-2} = 0.180$$

$$P(4) = \frac{(2)^4}{4!}e^{-2} = 0.090$$

$$P(5) = \frac{(2)^5}{5!}e^{-2} = 0.036$$

$$P(6) = \frac{(2)^6}{6!}e^{-2} = 0.012$$

$$P(7) = \frac{(2)^7}{7!}e^{-2} = 0.003$$

這個機率分配的結果，如圖 7-9 最右邊的圖。這個分配指出在任何 1 分鐘間隔內到達車輛數的機率。所以，在任何 1 分鐘間隔內，沒有車輛到達的機率是 0.135；在任何 1 分鐘間隔內，1 輛車到達的機率是 0.271；……；以及在任何 1 分鐘間隔內，7 輛車到達的機率是 0.003。圖 7-9 也說明了當 np_0 愈大的時候，分配愈趨近於對稱的性質。

卜瓦松分配機率表 np_0 從 0.1 到 5.0、np_0 的間隔為 0.1；以及 np_0 從 6.0 到 15.0、np_0 的間隔為 1.0 的機率，如附錄表 C 所示。表中括號裡的數值，可以得到「或小於」累積機率的答案；使用表 C，將可以簡化計算，如例題 7-16 所示。

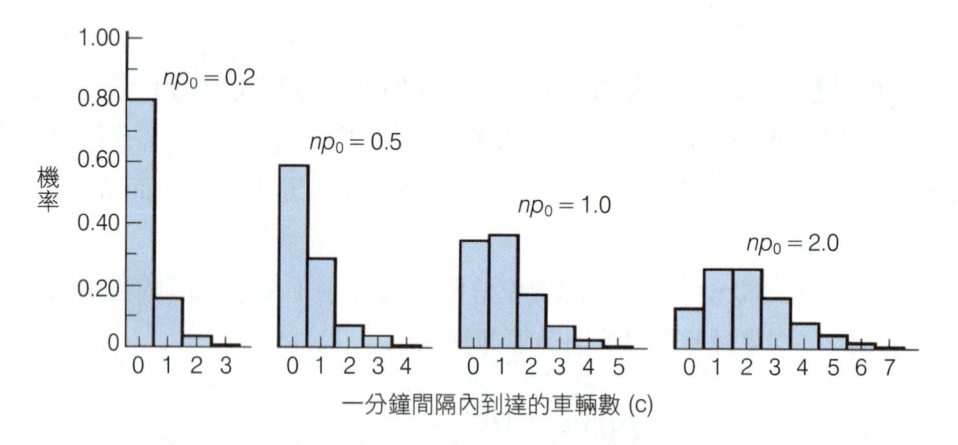

圖 7-9　各種不同 np_0 值的卜瓦松分配

例題 7-16

一家地方性的銀行每 8 小時輪班的帳單平均錯誤數為 1.0。試問 2 個錯誤數的機率為何？1 個或小於 1 個的機率為何？2 個或大於 2 個的機率為何？

查表 C，np_0 值為 1.0 的時候：

$$P(2) = 0.184$$
$$P(1 \text{ 或小於 } 1) = 0.736$$
$$P(2 \text{ 或大於 } 2) = 1.000 - P(1 \text{ 或小於 } 1)$$
$$= 1.000 - 0.736$$
$$= 0.264$$

卜瓦松分配的平均數和標準差為：

$$\mu = np_0$$
$$\sigma = \sqrt{np_0}$$

卜瓦松機率分配是計數管制圖和允收抽樣的基礎，將在隨後的各章討論。除了品質管制的應用外，卜瓦松分配可以用在其他產業的不同情況，例如意外事件的次數、電腦的模擬、作業研究以及工作抽查。

從理論的觀點來說，離散機率分配應該使用條形圖；然而，類似直方圖的長方形是較為普遍的用法（就像本書所用的圖形）。

其他的離散機率分配有均等、幾何和負二項分配。均等分配如圖 7-1 所示；從應用的觀點來看，可以用來得到亂數表。幾何分配和負二項分配是用於離散資料的可靠度研究。

◼ 連續機率分配

當使用可以測量的資料，如公尺、公斤和歐姆（Ω）的時候，其機率分配是連續的；儘管有許多連續機率分配，但是在品質管制當中，只有常態分配具有足夠的重要性，必須在初階的教科書進行詳細的討論。

▸ 常態機率分配

常態曲線（normal curve）是連續機率分配。為了解答連續資料的機率問題，可以用常態機率分配來解決。在第 4 章中，已經學過如何求得高於某一數值、低於某一數值、或在兩個數值之間的資料百分比的方法；這些相同的方法可以應用在機率問題，如下面例題所示。

例題 7-17

如果電子攪拌器的操作壽命是屬於常態分配，其平均壽命是 2200 h，標準差是 120 h，試問一台電子攪拌器的壽命在 1900 h 或以下故障的機率為何？

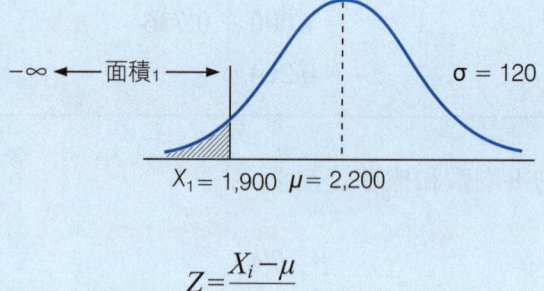

$$-\infty \leftarrow 面積_1 \rightarrow \quad \sigma = 120$$
$$X_1 = 1,900 \quad \mu = 2,200$$

$$Z = \frac{X_i - \mu}{\sigma}$$
$$= \frac{1,900 - 2,200}{120}$$
$$= -2.5$$

查附錄表 A，在 Z 值為 -2.5 的時候，面積$_1 = 0.0062$；所以，電子攪拌器故障的機率為：

$$P(在 1,900 \text{ h 或小於 } 1,900 \text{ h 的時候故障}) = 0.0062$$

這個問題的答案可以這樣說明：「這個產品在 1900 h 以下故障的百分比是 0.62%。」因此，常態曲線下的面積，可以機率值或相對次數值處理。

▶ 其他連續機率分配

在許多其他的連續機率分配當中，例如均等、貝他（beta）、珈瑪（gamma）分配，在實際應用上只有兩種是很重要的。指數機率分配用於故障是固定時候的可靠度研究，而韋伯分配則是用於故障發生時間不固定的時候；這兩種分配將在第 11 章討論。

■ 分配之間的相互關係

在這麼多分配當中，有時候很難知道什麼時候要應用何種分配。當然，

因為卜瓦松分配可以很容易地使用附錄表 C 計算，不管什麼時候，應該盡可能優先使用。圖 7-5、7-8 和 7-9 顯示超幾何、二項和卜瓦松分配相似的地方。

超幾何分配，是用於母體大小為 N 的有限批次量。當 $n/N \leq 0.10$ 的時候，可以用二項分配做為近似；當 $n/N \leq 0.10$、$p_0 \leq 0.10$ 以及 $np_0 \leq 5$ 的時候，可以用卜瓦松分配做為近似；當 $n/N \leq 0.10$ 的時候，可以用常態分配來做為近似，並且可以用常態分配來近似於二項分配。

二項分配是用於無限的情形，或是當產品為穩定的生產，這樣就可以假設為無限的情形。當 $p_0 \leq 0.10$ 和 $np_0 \leq 5$ 的時候，可以用卜瓦松分配做為近似。當 p_0 接近 0.5 和 $n \geq 10$ 的時候，常態曲線是很好的近似；而當 np_0 偏離 0.5，p_0 值介於 0.10 和 0.90 之間，只要 $np_0 \geq 5$，而且 n 增加到 50 或 50 以上，近似的情況仍是好的。因為計算二項的時間，和計算常態的時間沒有太多的不同，所以使用常態來做近似，沒有太多的優點。

上述資料可以當做提供近似的指南，但並不是絕對的法則。資料離界限值愈遠，則用近似值愈好。由於計算機和電腦的效率，已經使得大部分的近似式不再使用。

■ 電腦程式

EXCEL 這套軟體具有利用下列函數精靈執行計算的能力：

PERMUT (n, r)

COMBIN (n, r)

HYPERGEOMDIST (d, n, D, N)

BINOMDIST (d, n, p, TRUE [cumulative] or FALSE [individual])

POISSON (c, np, TRUE [cumulative] or FALSE [individual])

除了 COMBIN 函數置於 *Math & Trig* 標題之外，所有的函數都在 *Statistical* 標題之下。

作　業

1. 如果一事件一定發生，它的機率為何？如果一事件一定不發生，它的機率又為何？

2. 試問你會永遠活著的機率為何？章魚會飛的機率為何？

3. 如果一個 6 面骰子出現 3 點的機率是 0.167，則除了 3 點以外，出現其餘點數的機率為何？

4. 找出機率為 1.000 的一個事件。

5. 從某一個置有不同顏色籌碼的碗內，抽出粉紅色籌碼的機率是 0.35、藍色籌碼的機率是 0.46、綠色籌碼的機率是 0.15、紫色籌碼的機率是 0.04。試問抽出藍色或紫色籌碼的機率為何？抽出粉紅色或藍色籌碼的機率為何？

6. 一間醫院的加護中心每小時出現緊急狀況的機率為 0.247。試問該中心的工作人員可以平靜工作的機率為何？

7. 如果一家旅館內有 20 間房間是特長加大的床，50 間房間是大號的床，100 間房間是雙人床，30 間房間是兩張的單人床。當你登記的時候，你會住到大號的床，或是兩張單人床房間的機率為何？

8. 一個箱子內有 8 個黃色球，將其編為 1 號到 8 號；6 個橘色的球，將其編為 1 號到 6 號；10 個灰色的球，將其編為 1 號到 10 號。從箱內隨機抽取一個球，試問抽到一球是橘色球，或是 5 號球，或是 5 號橘色球的機率為何？抽到灰色球，或是 8 號球，或是 8 號灰色球的機率為何？

9. 從一大批的橡膠墊圈當中，抽取 2 個為樣本，如果樣本當中有 1 個不合格品的機率是 0.18，有 2 個不合格品的機率是 0.25，則沒有不合格品的機率為何？

10. 使用作業 9 的資料，試求第一次樣本數 2 當中，有 2 個不合格品，以及第二次樣本數 2 當中，有 1 個不合格品的機率。又第一次樣本當中，沒有不合格品，以及第二次樣本當中，有 2 個不合格品的機率是多少？假設第一個墊圈抽取後，會放回該批墊圈，然後再抽取第二個墊圈。

11. 在一籃簍內有 34 個萵苣，其中有 5 個已經腐壞了。如果連續抽取 2 個為樣本，而且不再放回去，則樣本當中，2 個都壞掉的機率是多少？

12. 如果要從具有 3 個不同置物架，每個置物架有 6 種不同托盤的自動存取架中取出一個罐頭當做樣本，試問一共有幾種不同的方法？

13. 發動一個小模型飛機引擎，有四個啟動零件：鑰匙、電池、電線和火星塞。如果每個零件可以正常運作的機率分別為：鑰匙 (0.998)、電池 (0.997)、電線 (0.999) 和火星塞 (0.995)，試問整個系統可以正常運作的機率為何？

14. 一位檢驗人員必須從一個部門的 3 部機器、另一個部門的 5 部機器以及第三部門的 2 部機器當中檢驗產品。品管部經理希望改變檢驗員的檢查路線，有多少種不同的方法？

15. 在肇事逃逸的例題 7-10 當中，若牌照最後兩碼一個是數字，一個是字母，需要調查多少位汽車車主？

16. 從在加勒比海郵輪遊航的 10 個人當中，抽取 3 個人做為樣本。試問一共有幾種排列的方法？

17. 從一批有 90 張不同航線的機票當中，抽取 8 張做為樣本。試問一共有幾種可能的排列方法？

18. 從一批 20 個活塞環當中，抽取 4 個做為樣本。試問一共有多少種不同樣本的組合方法？

19. 從一批 100 間的旅館房間當中，抽取 3 間做為樣本進行稽核。試問一共有多少種不同樣本的組合方法？

20. 從一盤 20 個螺栓當中，抽取 2 個作為樣本。試問一共有多少種不同的樣本組合？

21. 在伊利諾州的彩券當中，號碼為 1 到 54。在星期六的晚上，會選出 6 個號碼。試問一共有多少種可能的不同組合？

22. 在伊利諾州的彩券當中，每一個參加者都購買兩組 6 個號碼的彩券。試問買到的彩券包括所有中獎的 6 個號碼的機率為何？

23. 一種叫做 KENO 的遊戲，共有 80 個數字，你可以從當中選擇 15 個數字。試問選到所有中獎的 15 個數字，而且贏得全部獎金的機率為何？

24. 一個自動車庫門的開門器有 12 個可以設定「開」或「關」的開關。遙控器和接收器的設定是相同的，車庫主人可以自行設定這 12 個開關。如果另一個人具有同一型的遙控器，試問可以打開這個門的機率為何？

25. 比較 C_3^5 和 C_2^5、C_1^4 和 C_3^4、C_2^{10} 和 C_8^{10} 的答案。你會得到什麼樣的結論？

26. 計算 C_0^6、C_0^{10}、C_0^{25}。你會得到什麼樣的結論？

27. 計算 C_3^3、C_9^9、C_{35}^{35}。你會得到什麼樣的結論？

28. 計算 C_1^7、C_1^{12}、C_1^{18}。你會得到什麼樣的結論？

29. 一批保險理賠申請案件，共有 12 件，其中 3 件不合格，現在隨機抽取 4 件為樣本。試用超幾何分配，分別計算樣本當中沒有不合格、1 件不合格、2 件不合格、3 件不合格和 4 件不合格的機率各為何？

30. 一有限批次的數位手錶，共有 20 支，有 20% 為不合格品。試用超幾何分配計算樣本大小為 3 的樣本當中，有 2 個不合格品的機率是多少？

31. 在作業 30 當中，樣本當中含有 2 個或大於 2 個不合格品的機率是多少？2 個或小於 2 個不合格品的機率又是多少？

32. 在穩定收到的所得稅申報資料當中，產生不合格品的機率是 0.03。試用二項分配，計算樣本大小為 20 的樣本當中，含有 2 個不合格品的機率是多少？

33. 已知不合格率為 6% 的一批電腦當中，抽出 5 台電腦做為樣本，試用二項分配，計算樣本當中，含有 2 個或大於 2 個不合格品的機率是多少？

34. 從含有 15% 不合格率的餐廳當中，抽取 9 間做為樣本，試用二項分配，計算樣本當中，含有 2 間或小於 2 間不合格的機率是多少？

35. 有 9 題是非題，試用二項分配計算猜中 4 題的機率是多少？

36. 一台射出成型機製造高爾夫球用的球座，其不合格率是 15.0%。試用二項分配，計算 20 個隨機樣本當中，含有 1 個或小於 1 個球座不合格品的機率是多少？

37. 某一穩定製造汽車保險桿的工廠，不合格率是 5%，現在隨機抽取 10 個做為樣本。試用二項分配，計算樣本當中有 2 個不合格的機率是多少？

38. 如果不合格單位的平均數是 1.6，試用卜瓦松分配，計算樣本當中含有 2 個或小於 2 個不合格品的機率？

39. 使用作業 38 的資料，求樣本當中含有 2 個或大於 2 個不合格品的機率是多少？

40. 從製程當中挑選一批 10 台的洗衣機做為樣本。如果不合格率為 0.08，試求樣本當中含有 1 台不合格品的機率是多少？用卜瓦松分配求解。

41. 一批次量的 15 件當中，有 3 件是不合格品。試問樣本大小為 3 的樣本當中，含有 1 件不合格品的機率是多少？

42. 從注射製模機器取樣 30 個藥瓶，抽取 3 瓶做為樣本。如果盤中的不合格率是 10%，試求樣本當中含有 1 個不合格品的機率是多少？

43. 某一穩定生產電燈泡的工廠，其不合格率為 0.09。如果抽取 67 個做為樣本，試求樣本當中含有 3 個不合格的機率是多少？

44. 使用 EXCEL 的函數精靈解決一些作業問題，並且將求出的答案與利用計算機或手算得到的答案進行比較。

45. 使用 EXCEL 來繪製下列所有分配的圖形：
    (a) $n = 4$、$N = 20$ 以及 $D = 5$ 的超幾何分配
    (b) $n = 15$ 和 $p = 0.05$ 的二項分配
    (c) $np = 1.0$ 的卜瓦松分配

CHAPTER 8 計數值管制圖[1]

目 標

在完成本章之後，讀者可以預期：

- 知道變數管制圖的限制，以及不同型式的計數值管制圖
- 知道 p 管制圖的目標，以及適用的分配
- 建構一張
  - 不合格率管制圖——固定樣組大小
  - 不合格率管制圖——變動樣組大小
  - 不合格百分比管制圖
  - 不合格數管制圖
- 知道如何將變動樣組大小的影響減到最小
- 知道 c 管制圖的應用、適用的分配以及兩種情況
- 建構 c 管制圖和 u 管制圖，而且知道它們的差異
- 知道不合格嚴重性的三項分類

---

[1] 本章的內容是依據 ANSI/ASQC B1-B3–1996。

■ 簡　介

⇒ 計數值

第 4 章已經討論計數值的定義，在此再重複討論它的定義，以加深讀者印象。在品質管制當中所討論的計數值（attribute）這個名詞，是指符合規格的品質特性或不符合規格的品質特性。

計數值用於：

1. 不可以量測的時候，例如，利用目視方式檢驗產品的顏色、漏件、刮痕和損傷。
2. 可以量測的時候，也可能因為時間、成本或需求等因素，而不容易量測。換句話說，雖然一個孔的直徑可以用內側分厘卡量測，但是若使用「通過或不通過」的量具決定是否符合規格，也許會更方便。

對於計數值不符合規格，可以使用不同描述性的名詞。不合格點（nonconformity），是指品質特性偏離預期的水準或狀態，狀況嚴重的話，會導致相關的產品或服務無法符合規格的要求。缺點（defect）的定義和不合格點，除了在滿足正常或合理的未來使用需求之外，其他都極為類似。當我們以使用方式評估的時候，使用「缺點」這個名詞較為合適；而對於是否符合規格，則使用「不合格點」這個名詞較為合適。

不合格品（nonconforming unit），是用來敘述一單位的產品或服務，至少有一個不合格點。不良品（defective）和缺點類似，而且適合評定每一單位的產品或服務是否能夠使用，而不是評定是否符合規格。

在本書當中，我們使用不合格點（nonconformity）和不合格品（nonconforming unit）這兩個名詞；這樣的做法，是避免缺點和不良品在產品責任訴訟上所造成的混淆和誤解。

⇒ 計量值管制圖的限制

計量值管制圖是控制品質以及持續改善品質很好的方法；不過，它們有很多的限制。一個很明顯的限制是，這些管制圖不能用於計數值的品質特性。反過來則不正確；因為計量值可以經由狀態是否符合規格，轉變成計數值。

換句話說，如果缺少零件、顏色不正確等不合格，是無法量測的，因此就不能使用計量值管制圖。

另一個限制是，在一個製造單位裡，存在很多的計量值。即使是一家小型製造工廠，可能有多達 1,000 個計量值的品質特性。如果每一個特性都需要 $\bar{X}$ 和 R 管制圖，就需要 1,000 張管制圖。顯然地，這樣太過昂貴而且不切實際。一張計數值管制圖僅需要一小部分的成本，就可以提供整體品質的資訊，而把這項限制最小化。

計數值管制圖的類型

計數值管制圖有兩種不同的類型。一種管制圖是針對不合格品，它是以二項分配為基礎；p 管制圖表示樣本或樣組間不合格率的比例。這個比例是以分數或百分比表示。同樣地，我們也可以有合格率比例的管制圖，而且也可以表示成分數或百分比。另一種管制圖，是用於不合格品數的 np 管制圖[2]；同樣地，它們也可以用合格品數表示。

另一類的管制圖，用於不合格點數，它是以卜瓦松分配為基礎。一個 c 管制圖是表示所檢驗的項目，例如一輛汽車、一匹布料或是一捲紙當中不合格點的數量。另一個有密切關係的圖，是 μ 管制圖，它是用於每單位當中的不合格點數。

計數值管制圖當中的許多資訊，和第 5 章討論的都很相似；讀者可以參考「管制狀態」以及「製程不在管制內的分析」這兩節。

不合格品數管制圖

簡　介

p 管制圖，是用於某一事件發生的次數和全部事件發生的次數比例的資料。在品質管制當中，它用來報告產品的品質特性、或是一群產品的品質特性當中的不合格率。就本身而言，不合格率（fraction nonconforming）是在樣本或是在群組當中的不合格品個數，與樣本或樣組總數的比例。公式的表示為：

$$p = \frac{np}{n}$$

---

[2] ANSI/ASQC B1-3–1996 標準使用符號 pn；然而，目前的實務作法是使用 np。

其中，p = 在樣本或樣組當中的比例或不合格率
n = 在樣本或樣組當中的數目
np = 在樣本或樣組不合格品的個數

例題 8-1

在第一班的工作輪班當中，抽樣抽出當月 450 個裝運的貨運做檢驗，而且發現有 5 個不合格品；該班的產量是 15,000 件，請問不合格率是多少？

$$p = \frac{np}{n} = \frac{5}{450} = 0.011$$

不合格率 p 通常是很小的，可能是 0.10 或更小。除非在不尋常的情況下，否則大於 0.10 的時候，就顯示組織面臨嚴重的困境；因此，必須採取比管制圖更為嚴厲的手段。由於不合格率非常小，因此樣本的大小必須相當大，才可以產生一張有意義的管制圖。

p 管制圖是一種多用途的管制圖，可以用來控制一種品質特性，如同 $\bar{X}$ 和 R 管制圖一樣，也可以用來控制一組相同類型或相同零件的品質特性，或是管制圖全部的產品。p 管制圖能夠用來衡量一個工作中心、一個部門、一班或是整個工廠生產的品質。這個管制圖可以用來記載一位操作人員、一群操作人員或是管理部門，做為評估他們品質績效的一種方法。

p 管制圖當中的樣組大小，可以是變動或固定的，但通常比較偏好固定的樣組大小；然而，可能有許多的情況會改變樣組大小，例如：混合物的改變和 100% 全數檢驗自動化的檢驗。

⇒ 目　的

不合格管制圖的目的為：

1. **決定平均品質水準**。瞭解平均品質，對於標竿制度是十分重要的；這個資訊可以提供有關計數值的製程能力。
2. **讓管理者注意到平均數的任何變化**。一旦平均品質水準（不合格比例）已知後，無論增加或減少的變動，就會變得很顯著。
3. **改善產品品質**。就這一點來說，p 管制圖可以激勵操作人員和管理者，

開始實施品質改善的構想。這個管制圖可以辨別這個構想是否合適，必須要持續不斷地努力，以改善品質。
4. **評估操作人員和管理者的品質績效**。活動監督人員，尤其是執行長，應該用不合格品管制圖加以評估。其他的功能性領域，例如：工程、銷售、財務等，都應該找出一個不合格品管制圖，做為評估目的之用。
5. **建議使用 $\bar{X}$ 和 R 管制圖的地方**。即使計算以及繪製 $\bar{X}$ 和 R 管制圖的成本比不合格品管制圖成本高，但是 $\bar{X}$ 和 R 管制圖對於變動較為敏感，而且在診斷原因上比較有幫助；換句話說，不合格品管制圖可以指出困難的來源，而 $\bar{X}$ 和 R 管制圖可以找出原因。
6. **在產品出貨運送至顧客前，決定允收標準**。對不合格率的瞭解，提供管理者是否將訂單放行的相關資訊。

上述的這些目的指出不合格管制圖的範圍和價值。

➤ 在樣組大小固定時的 p 管制圖繪製

應用在計量管制圖的一般程序，也可以應用在 p 管制圖。

1. 選擇品質特性。這個程序的第一個步驟是決定管制圖的使用。p 管制圖的建立，可以用於下列不合格率：(a) 單一的品質特性；(b) 一群品質特性；(c) 一項零件；(d) 整個產品；(e) 數個產品。這便建立了使用的等級制度，任何適用於單一品質特性的檢驗，也將提供資料給其他的 p 管制圖；這些 p 管制圖，代表較大群的特性、零件或產品。

p 管制圖也可以用來建立績效管制，針對 (a) 操作人員；(b) 工作中心；(c) 部門；(d) 輪班；(e) 工廠；(f) 公司。使用這個管制圖的方式，可以和相同的單位之間相互比較。它也可以評估一個單位的品質績效；使用的等級制度，讓一張管制圖所蒐集到的資料，可以應用在範圍更大的管制圖當中。

使用管制圖，是基於使用最小的成本，獲得最大的收益；應該要有一張能夠衡量執行長品質績效的管制圖。

2. 決定樣組的大小和方法。樣組大小是不合格率的函數。如果一項零件的不合格率 p 為 0.001，樣組大小 n 為 1,000，而 np 是平均不合格數，這表示每一樣組當中有一個不合格。這可能不會是一張好的管制圖，因為許多在管制圖上的點都將會等於零。如果一個零件的不合格率為 0.15，而樣組大小為 50，則平均不合格數為 7.5，這樣才是一張好的管制圖。

因此,樣組大小的選擇需要一些初步的觀察,以獲得不合格率初步的概念,並且對於平均不合格品數做一些判斷,以便繪製出適當的管制圖。最小的樣本大小 50,是建議的起始點。檢驗的時候,可以使用稽核的方法,或是在生產線上進行。稽核通常是在實驗室最理想的情況下進行;生產線檢驗提供立即回饋的資訊,以利進行矯正行動。

決定樣本大小的精確方法,利用下列的公式:

$$n = p(1-p)\left(\frac{Z_{\alpha/2}}{E}\right)^2$$

其中, n = 樣本大小

p = 母體不合格率的估計值;如果沒有估計值,假設為「最壞情況」,也就是 $p = 0.50$。為了安全起見,要以高的估計值為主

$Z_{\alpha/2}$ = 常態分配係數(Z值)兩側之間的面積,這個面積代表相等的信賴極限值

$E = p$ 估計值的最大容許誤差,又稱為期望的精確度

$Z_{\alpha/2}$	信賴極限
1.036	70%
1.282	80%
1.645	90%
1.96	95%
2.575	99%
3.00	99.73%

下列例題將可以說明這個方法的使用。

例題 8-2

一位保險公司的經理,想要找出汽車保險理賠填寫錯誤(不合格)的比例。根據一些原始資料,她估計不合格率為 20% ($p = 0.20$),她期望精確度是 10%,而信賴區間是 95%,試決定樣本大小。

$E = p$ 的 10% = 0.10(0.20) = 0.02
$Z_{\alpha/2}$ = 從表中得知為 1.96

$$n = p(1-p)\left(\frac{Z_{\alpha/2}}{E}\right)^2$$
$$= 0.20(1-0.20)\left(\frac{1.96}{0.02}\right)^2$$
$$= 1,537$$

如果採用樣本大小為 1,537、p = 0.17，則有 95% 的機會，真正的值會介於 0.15 和 0.19 ($p \pm E$) 之間。

這裡建議在研究的期間，定期重複計算 n 值，將可以獲得比較好的 p 估計值；只要 $np \geq 5$ 而且 n 增加超過 50 或 50 以上，常態分配就會是二項分配很好的近似。

3. 蒐集資料。品管技術人員需要蒐集至少 25 個樣組充份的資料，或是從過去的歷史紀錄獲得；最佳的來源或許是由某個專案小組設計的查檢表當中得到的。表 8-1 提供馬達部門製造的吹風機馬達檢驗結果。每一個樣組的不合格率，是由公式 $p = np/n$ 計算得到的。品管技術人員報告指出，第 19 樣組不合格率反常的特別高，歸因於接觸不良。

資料可以繪製成推移圖，如圖 8-1 所示。推移圖可以顯示資料的變異；然而，我們需要統計界限決定製程是否穩定。

當製程非常不穩定的時候，即新產品或製程的開始階段，這種類型的圖是非常有效的。同時，有很多公司喜歡用這類型的圖衡量品質績效，而不是使用管制圖。

因為推移圖沒有界限，它並不是管制圖；不過這個事實，並不會降低它在許多情況的有效性。

4. 計算試驗中心線以及管制界限。試驗管制界限的公式為：

$$\text{UCL} = \bar{p} + 3\sqrt{\frac{\bar{p}(1-\bar{p})}{n}}$$

$$\text{LCL} = \bar{p} - 3\sqrt{\frac{\bar{p}(1-\bar{p})}{n}}$$

其中，$\bar{p}$ = 多個樣組的平均不合格率
n = 一個樣組當中的檢驗數

平均不合格率$\bar{p}$是中心線，從公式 $\bar{p}=\Sigma np/\Sigma n$ 獲得。使用上述吹風機的資料，計算 3σ 試驗管制界限，如下所示：

$$\bar{p}=\frac{\Sigma np}{\Sigma n}=\frac{138}{7,500}=0.018$$

$$\text{UCL}=\bar{p}+3\sqrt{\frac{\bar{p}(1-\bar{p})}{n}}$$

$$=0.018+3\sqrt{\frac{0.018(1-0.018)}{300}}$$

$$=0.041$$

表 8-1　五月份馬達部門的吹風機馬達檢驗結果

樣組編號	檢驗數目 n	不合格品數 np	不合格率 p
1	300	12	0.040
2	300	3	0.010
3	300	9	0.030
4	300	4	0.013
5	300	0	0.0
6	300	6	0.020
7	300	6	0.020
8	300	1	0.003
9	300	8	0.027
10	300	11	0.037
11	300	2	0.007
12	300	10	0.033
13	300	9	0.030
14	300	3	0.010
15	300	0	0.0
16	300	5	0.017
17	300	7	0.023
18	300	8	0.027
19	300	16	0.053
20	300	2	0.007
21	300	5	0.017
22	300	6	0.020
23	300	0	0.0
24	300	3	0.010
25	300	2	0.007
總計	7,500	138	

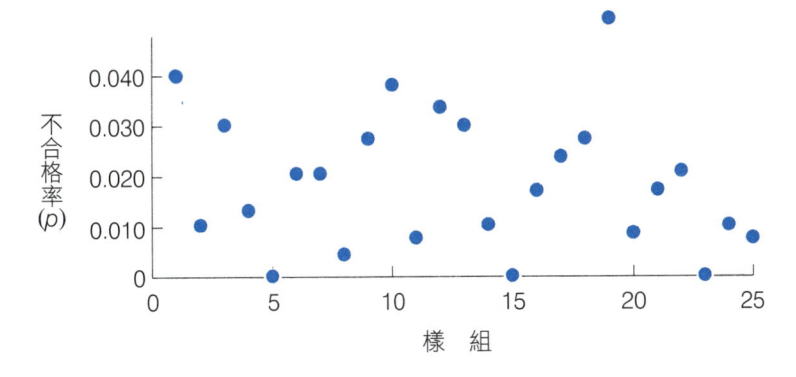

圖 8-1 表 8-1 資料的推移圖

$$LCL = \bar{p} - 3\sqrt{\frac{\bar{p}(1-\bar{p})}{n}}$$

$$= 0.018 - 3\sqrt{\frac{0.018(1-0.018)}{300}}$$

$$= -0.005 \text{ 或 } 0.0$$

　　管制下限計算的結果為負值，這是理論上的結果；實際上，不可能有負的不合格率。因此，−0.005 的管制下限改為 0。

　　當管制下限為正值的時候，在某些情況下也可能會改為 0。如果由作業人員的觀點來看 p 管制圖，很難解釋為何低於管制下限的不合格率，是在管制狀態之外；換句話說，極為優良的品質會被歸類為管制狀態之外。為避免需要向操作人員解釋這種情況，因此將管制下限從正的值改為 0。當 p 管制圖是由品管人員和管理者使用的時候，管制下限的正值就維持不變。在這種情況下，極為優良的績效（低於管制下限）會視為超出管制狀態以外，而且加以調查並找出非機遇原因；並且希望非機遇原因可以說明這種情形將如何反覆出現。

　　圖 8-2 所表示的是中心線 $\bar{p}$ 和管制界限；不合格率 p 是從表 8-1 得到的，也標示在管制圖當中。這張圖是用以決定製程是否穩定，並未公告貼出。很重要且必須注意的是，中心線和管制界限是從數據資料決定的。

　　5. 建立修正中心線以及管制界限。為了要決定修正 3σ 的管制界限，需要先決定不合格率 p_0 的標準值以及參考值。如果第 4 個步驟的分析，顯示管制圖有良好的管制（穩定的製程），則 $\bar{p}$ 可以視為代表這個製程；而這時候

p 管制圖

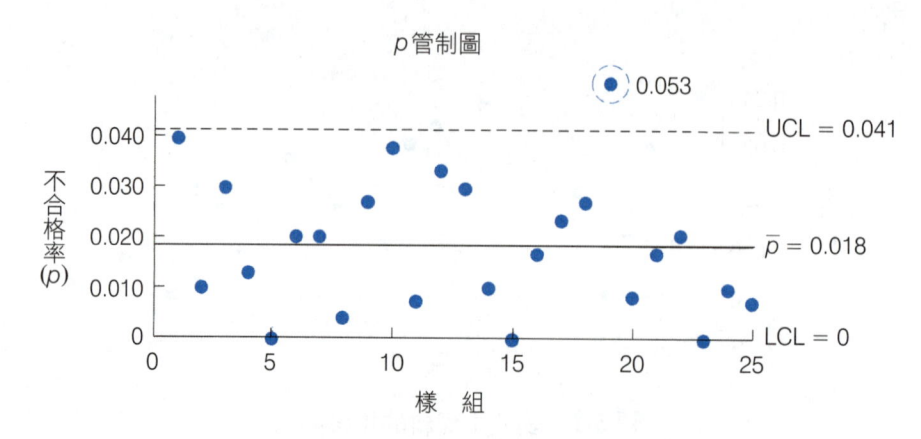

圖 8-2 使用表 8-1 的資料，說明試驗中心線以及管制界限

p_0 的最佳估計值就是 $\bar{p}$，即 $p_0 = \bar{p}$。

在大部分工業製程裡，當初步分析時，都不在管制狀態內；這個事實可以從圖 8-2 的第 19 個樣組來說明，這個值是在管制上限之上，因此超出了管制界限。因為第 19 樣組有非機遇原因，所以可以將它從資料當中剔除，並且用剔除第 19 樣組後的所有樣本重新計算 $\bar{p}$。這個計算可以簡化為下列的公式：

$$\bar{p}_{\text{new}} = \frac{\Sigma np - np_d}{\Sigma n - n_d}$$

其中，np_d = 剔除樣組當中的不合格品數
　　　n_d = 剔除樣組當中的檢驗數

要記住，剔除的資料只剔除非機遇原因的樣組，那些沒有機遇原因的樣組，要留在資料當中；同樣地，在管制下限以下，超出管制的點不必剔除，因為它們代表非常好的品質。如果一個低於一邊超出管制界限的點，是因為檢驗錯誤，就應該要剔除。

當採用標準值或參考值做為不合格率，以 p_0 表示，修正的管制界限如下所示：

$$p_0 = \bar{p}_{\text{new}}$$

$$\text{UCL} = p_0 + 3\sqrt{\frac{p_0(1-p_0)}{n}}$$

$$\text{LCL} = p_0 - 3\sqrt{\frac{p_0(1-p_0)}{n}}$$

上式當中的 p_0 為中心線，代表不合格率的參考值或標準值。這些管制界限的公式，距離中心線 p_0 三個標準差。

因此，根據表 8-1 的原始資料，新的 $\bar{p}$ 值可以由第 19 樣組剔除後得到。

$$\bar{p}_{new} = \frac{\sum np - np_d}{\sum n - n_d}$$

$$= \frac{138 - 16}{7{,}500 - 300}$$

$$= 0.017$$

因為 $\bar{p}_{new}$ 是標準值或參考值的最佳估計，所以 $p_0 = 0.017$；p 管制圖的修訂管制界限如下所示：

$$UCL = p_0 + 3\sqrt{\frac{p_0(1-p_0)}{n}}$$

$$= 0.017 + 3\sqrt{\frac{0.017(1-0.017)}{300}}$$

$$= 0.039$$

$$LCL = p_0 - 3\sqrt{\frac{p_0(1-p_0)}{n}}$$

$$= 0.017 - 3\sqrt{\frac{0.017(1-0.017)}{300}}$$

$$= -0.005 \text{ 或 } 0.0$$

修訂後的管制界限和中心線 p_0，如圖 8-3 所示。這張圖未標上不合格率點之前的空白管制圖，放置在適當的地方，以後當每一樣組的不合格率發生的時候，就標示在圖上。

6. 達成目標。前面的 5 個步驟是規劃，最後一個步驟包含行動，並且引導目的的達成。修訂管制界限，是根據五月份所蒐集的資料。六月份當中檢驗結果的一些代表值，如圖 8-3 所示。分析六月份的結果，顯示品質已經改善；這個改善是預期的事，因為品質管制圖的建立，通常會使品質改善。使用六月份的資料，可以得到不合格率更好的估計值。這個新的值（$p_0 = 0.014$）可以用來取得 UCL 值，其值為 0.036。

在六月份後半段時間以及七月份整個月份，專案小組想出的各種品質改

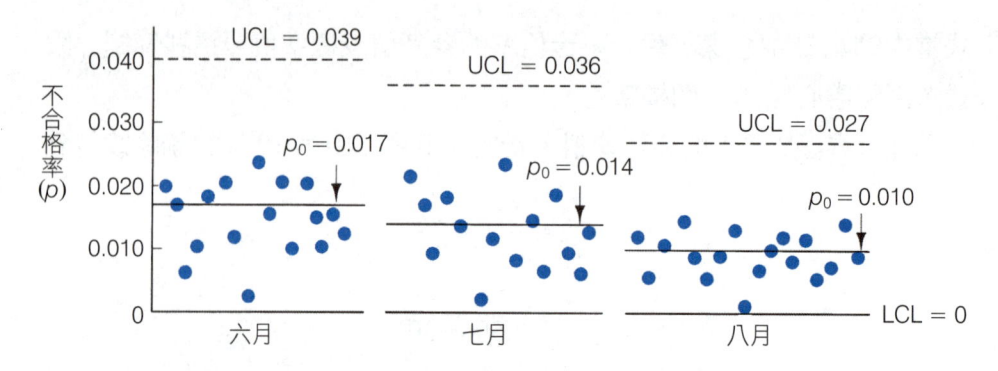

圖 8-3　對於不合格率 p 的代表值，p 管制圖的連續使用

善構想都進行測試。這些意見包括用新的漆、改變電線的大小、更強的彈簧、使用 $\bar{X}$ 與 R 管制圖來管制電動馬達的線圈等。在測試這些構想的時候，有三項標準：至少需要 25 個樣組，只要沒有發生抽樣誤差，這 25 個樣組可以在時間上加以縮短，而且一次只能測試一個意見。管制圖將會指出構想是否可以改善品質、降低品質，或是對品質沒有效果。管制圖應該放在明顯的地方，讓操作人員可以很容易看到。

八月份的中心線以及管制線，是使用七月份的資料決定的。八月份變異的情況顯示，並沒有更進一步的改善結果。然而，從六月份（0.017）到八月份（0.010）則有 41% 的改善。在這時候，我們測試了專案小組的構想，而得到很大的改善。雖然這個改善是很好的，我們必須持續追求品質的改善——在每 100 個當中，還有 1 個仍然是不合格的。也許從詳細的故障分析、或來自產品工程的技術協助，將可以引導出其他可以評估的構想；全新的專案小組應該會很有幫助。

品質改善是永無止境的，相關的努力可以轉向根據需求以及資源的其他領域。

▶ p 管制圖的一些註解

就像 $\bar{X}$ 與 R 管制圖一樣，將 p 管制圖放置在操作人員和品質管制人員能夠看到的地方，是最有效的；同樣地，就像 $\bar{X}$ 與 R 管制圖，其管制界限通常距離中心值三個標準差。所以，大約有 99% 的點 p，會落在管制上限以及下限之間。

對於 p 管制圖管制狀態的處理，和第 5 章所討論的相似；讀者可以再複習該節的內容。樣組的 p 管制圖，將有助於生產過程當中，發現變異的非機

遇原因。去除這些非機遇原因，將可以降低 p_0 的值；因此，對於損壞、生產效率以及每單位成本有正面的效果。p 管制圖也可以顯示品質的長期趨勢，它可以用來幫助評估人員、方法、設備、工具、原料以檢驗方法的改變。

如果母體不合格率 ϕ 已知，就不需要再計算試驗管制界限，如此可以節省相當多的時間，因為 $p_0 = \phi$，就可以建立 p 管制圖。同樣地，p_0 也可以指定為期望值——在這種情形下，試驗管制界限就不需要了。

因為 p 管制圖是以二項分配為基礎，所以選到不合格產品的機率必須是連續不斷的。在一些生產作業中，如果有一個不合格的產品，除非情形獲得矯正，否則後續所有的產品都將是不合格品。這種類型的情形，也會發生在整批都是不合格品，或是當尺寸、顏色等發生錯誤的分批製程當中。在這種情形下，不會發生連續不斷不合格品的機率，因此 p 管制圖並不適用。

▶ 表示方法

在前面例題中的資料，是以不合格率來表示，也可以用不合格百分比、合格率或合格百分比來表示。這四個方法都是用來傳達相同的資訊，如圖 8-4 所示；圖 8-4 的下面兩個圖形，和對應的上面兩個圖形，顯示相反的資訊。

表 8-2 顯示計算四種計算 p_0 函數中心線和管制界限方程式的方法。

許多組織都採用正面的表示方法，而且使用兩種合格率表示方法當中的任何一種；不管使用哪一種管制圖，結果都是一樣的。

▶ 建構變動樣組大小的 p 管制圖

只要有可能，固定的樣組大小都應該建立 p 管制圖。當每天都有不同產量，而且對產品做全數檢驗的時候，這種情況下，就不可能用 p 管制圖。同樣地，p 管制圖從抽樣檢驗而得到的資料，會因為不同的原因而改變。因為管制界限是樣組大小 n 的函數，管制界限會隨著樣組大小而變動。因此，管制界限需要依每一個樣組計算。

雖然變動的樣組大小並不是期望的，但它確實存在而且必須加以處理。資料蒐集、試驗中心線、管制界限以及修正後的中心線和管制界限，與樣組大小固定的 p 管制圖，使用相同的程序。用沒有步驟 1 以及步驟 2 的例題來加以說明。

步驟 3. 蒐集資料。一家電腦數據機製造廠商，在三月底以及四月份從產品最終測試當中蒐集到一些資料。樣組大小為一天的檢驗結果。25 個樣組的

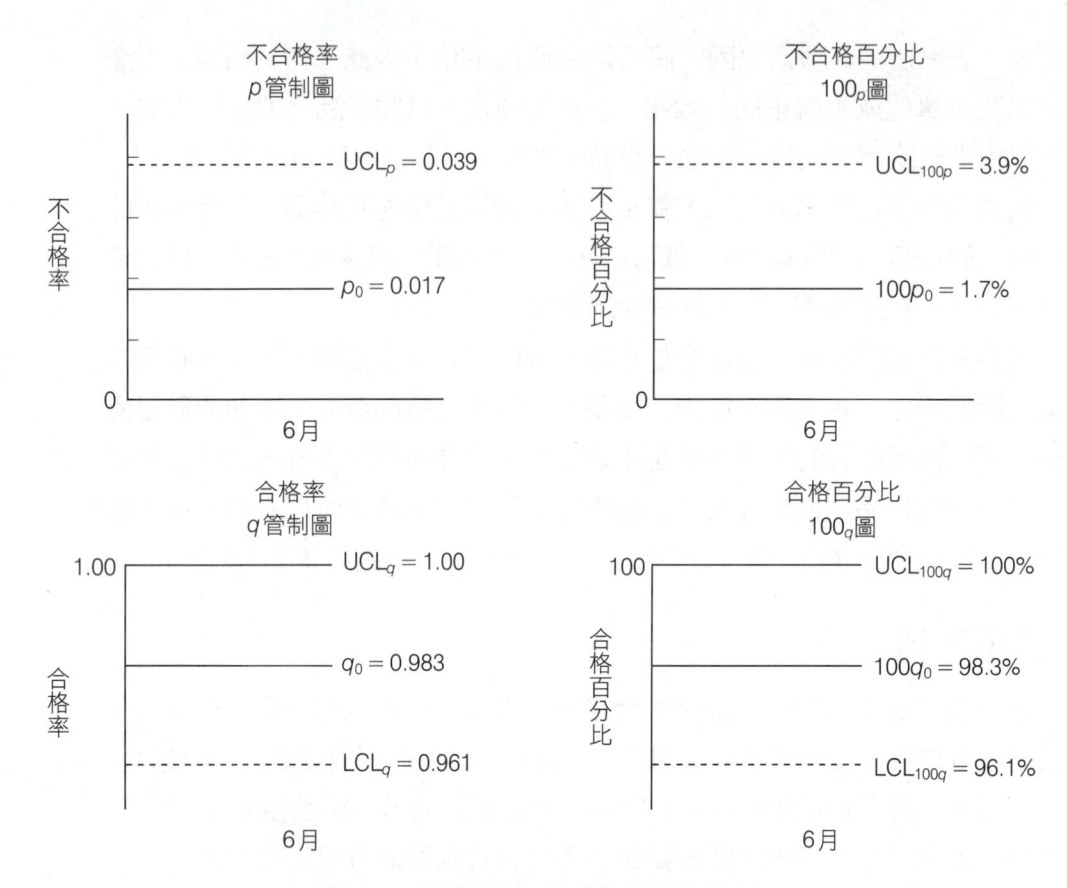

圖 8-4　對於不同 p 管制圖的表示方法

表 8-2　計算中心線和管制界限的不同表示方法

	不合格率	不合格百分比	合格率	合格百分比
中心線	p_0	$100\,p_0$	$q_0 = 1 - p_0$	$100\,q_0 = 100(1 - p_0)$
管制上限	UCL_p	$100(UCL_p)$	$UCL_q = 1 - LCL_p$	$100(UCL_q)$
管制下限	LCL_p	$100(LCL_p)$	$LCL_q = 1 - UCL_p$	$100(LCL_q)$

檢驗結果，如表 8-3 前三欄所示，分別是樣組、檢驗數以及不合格品數。第四欄不合格率是使用公式 $p = np/n$ 計算得到的。最後兩欄是管制上限和下限的計算，將在下一節討論。

每天檢驗數的不同，可能是由於一些原因而造成的。機械有可能損壞，或是沒有按照排程。產品的模型也可能有不同的生產需求，而造成每天的變異。

從表 8-3 的資料可以得知，最低檢驗數是 4 月 9 日的 1238，因為第二班

沒有工作；最高檢驗數是 4 月 22 日的 2678，因為有一個工作中心加班。

步驟 4. **計算試驗中心線以及管制界限**。計算管制界限的程序和公式，與樣組大小固定的時候相同。然而，由於每天樣組大小都不同，管制界限就需要每天計算。首先，必須先決定平均不合格率，它就是中心線，也就是：

$$\bar{p} = \frac{\Sigma np}{\Sigma n} = \frac{1,015}{50,515} = 0.020$$

表 8-3 電腦數據機最終測試的原始資料和每個樣組的管制界限

樣組		檢驗數 n	不合格品數 np	不合格率 p	界限 UCL	LCL
3 月	29 日	2,385	55	0.023	0.029	0.011
	30 日	1,451	18	0.012	0.031	0.009
	31 日	1,935	50	0.026	0.030	0.010
4 月	1 日	2,450	42	0.017	0.028	0.012
	2 日	1,997	39	0.020	0.029	0.011
	5 日	2,168	52	0.024	0.029	0.011
	6 日	1,941	47	0.024	0.030	0.010
	7 日	1,962	34	0.017	0.029	0.011
	8 日	2,244	29	0.013	0.029	0.011
	9 日	1,238	53	0.043	0.032	0.008
	12 日	2,289	45	0.020	0.029	0.011
	13 日	1,464	26	0.018	0.031	0.009
	14 日	2,061	47	0.023	0.029	0.011
	15 日	1,667	34	0.020	0.030	0.010
	16 日	2,350	31	0.013	0.029	0.011
	19 日	2,354	38	0.016	0.029	0.011
	20 日	1,509	28	0.018	0.031	0.009
	21 日	2,190	30	0.014	0.029	0.011
	22 日	2,678	113	0.042	0.028	0.012
	23 日	2,252	58	0.026	0.029	0.011
	26 日	1,641	34	0.021	0.030	0.010
	27 日	1,782	19	0.011	0.030	0.010
	28 日	1,993	30	0.015	0.030	0.010
	29 日	2,382	17	0.007	0.029	0.011
	30 日	2,132	46	0.022	0.029	0.011
		50,515	1,015			

使用 $\bar{p}$ 就可以得到每天的管制界限。例如 3 月 29 日的界限為：

$$UCL_{29} = \bar{p} + 3\sqrt{\frac{\bar{p}(1-\bar{p})}{n_{29}}}$$

$$= 0.020 + 3\sqrt{\frac{0.020(1-0.020)}{2,385}}$$

$$= 0.029$$

$$LCL_{29} = \bar{p} - 3\sqrt{\frac{\bar{p}(1-\bar{p})}{n_{29}}}$$

$$= 0.020 - 3\sqrt{\frac{0.020(1-0.020)}{2,385}}$$

$$= 0.011$$

3 月 30 日的管制界限為：

$$UCL_{30} = \bar{p} + 3\sqrt{\frac{\bar{p}(1-\bar{p})}{n_{30}}}$$

$$= 0.020 + 3\sqrt{\frac{0.020(1-0.020)}{1,451}}$$

$$= 0.031$$

$$LCL_{30} = \bar{p} - 3\sqrt{\frac{\bar{p}(1-\bar{p})}{n_{30}}}$$

$$= 0.020 - 3\sqrt{\frac{0.020(1-0.020)}{1,451}}$$

$$= 0.009$$

上述管制界限的計算方法，可以重複使用在其餘 23 個樣組管制界限的計算。因為 n 是唯一改變的變數，它的計算可以簡化如下所示：

$$CL = \bar{p} \pm \frac{3\sqrt{\bar{p}(1-\bar{p})}}{\sqrt{n}}$$

$$= 0.020 \pm \frac{3\sqrt{0.020(1-0.020)}}{\sqrt{n}}$$

$$= 0.020 \pm \frac{0.42}{\sqrt{n}}$$

使用這種方法，計算就會快很多。所有 25 個樣組的管制界限，就如表 8-3 第 5 欄以及第 6 欄所示；試驗管制界限、中心線以及樣組值的圖示說明，如圖 8-5 所示。

注意，當樣組大小變大的時候，管制界限就比較接近；當樣組大小變小的時候，管制界限就離得比較遠。這個事實可以從公式當中，比較樣組大小 n、UCL 和 LCL，就可以明顯地看出來。

步驟 5. **建立修正的中心線以及管制界限**。從圖 8-5 所顯示出在 4 月 9 日、4 月 22 日、4 月 29 日三天都有超出管制的情形出現。在 4 月 9 日和 4 月 22 日有焊接晃動的問題。同時，4 月 29 日發現測試工具並不準確。因為這些所有超出管制的點都是非機遇原因，所以將它們從資料當中剔除，得到新的 $\bar{p}$ 值如下：

$$\bar{p}_{\text{new}} = \frac{\Sigma np - np_d}{\Sigma n - n_d}$$

$$= \frac{1{,}015 - 53 - 113 - 17}{50{,}515 - 1{,}238 - 2{,}678 - 2{,}382}$$

$$= 0.019$$

因為這個值代表不合格標準或參考值的最佳估計值，所以 $p_0 = 0.019$。

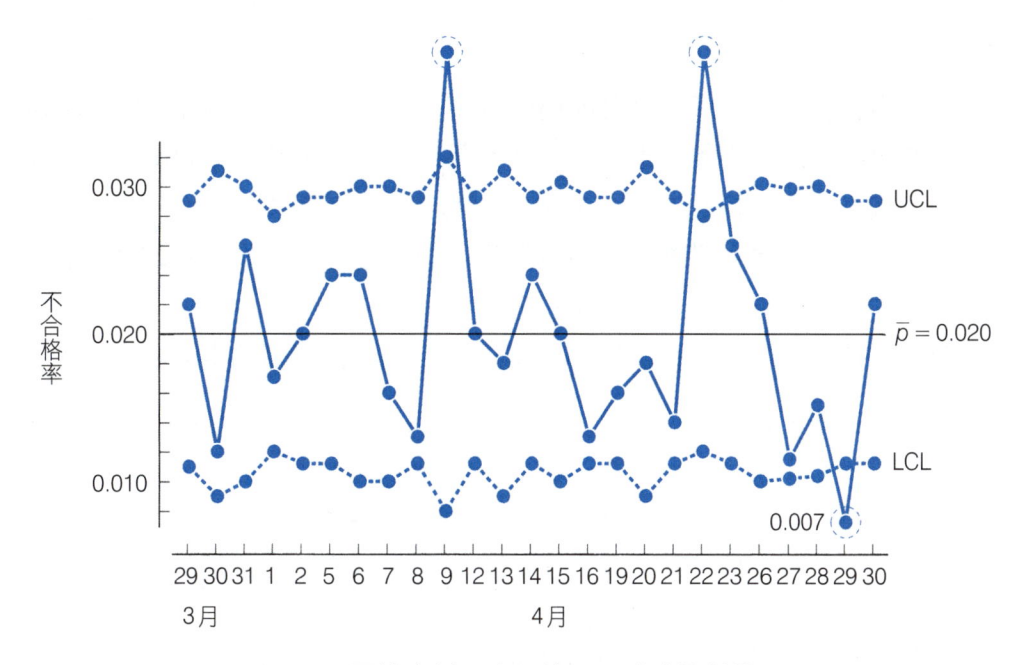

圖 8-5　原始資料、中心線以及試驗管制界限

不合格率 p_0 是用來計算下一期（也就是五月份）的管制上限和管制下限。然而，管制界限要等到每一天結束，樣組大小 n 知道以後，才可以計算。這表示管制界限無法提前得知。表 8-4 是五月份前三個工作天的檢驗結果。5 月 3 日的管制界限和不合格率如下所示：

$$p_{5月3日} = \frac{np}{n} = \frac{31}{1,535} = 0.020$$

$$\text{UCL}_{5月3日} = p_0 + 3\sqrt{\frac{p_0(1-p_0)}{n_{5月3日}}}$$

$$= 0.019 + 3\sqrt{\frac{0.019(1-0.019)}{1,535}}$$

$$= 0.029$$

$$\text{LCL}_{5月3日} = p_0 - 3\sqrt{\frac{p_0(1-p_0)}{n_{5月3日}}}$$

$$= 0.019 - 3\sqrt{\frac{0.019(1-0.019)}{1,535}}$$

$$= 0.009$$

5 月 3 日的管制上限、下限以及不合格率皆繪製在 p 管制圖上，如圖 8-6 所示。使用類似的方法，進行 5 月 4 日、5 日的計算，並且將結果繪製在管制圖上。

這一張管制圖一直持續使用 $p_0 = 0.019$ 到 5 月底為止。因為在提出管制圖後，通常可以讓品質獲得改善，所以在 5 月底後，使用當月份的資料，也許可以得到較佳的 p_0 估計值；而在未來，p_0 的值應該定期加以評估。

如果 p_0 已知，資料蒐集和試驗管制界限的過程就不需要了。如此一來，就可以節省可觀的時間以及所需要的努力。

因為在 p_0、$\bar{p}$ 以及 p 之間經常發生混淆，所以將這三者的定義重述一遍：

1. p 是單一樣組當中的不合格部分（率）；它是直接繪製在管制圖上，但

表 8-4　5 月 3、4、5 日檢驗結果

樣　組	檢驗數	不合格品數
5月3日	1,535	31
4日	2,262	28
5日	1,872	45

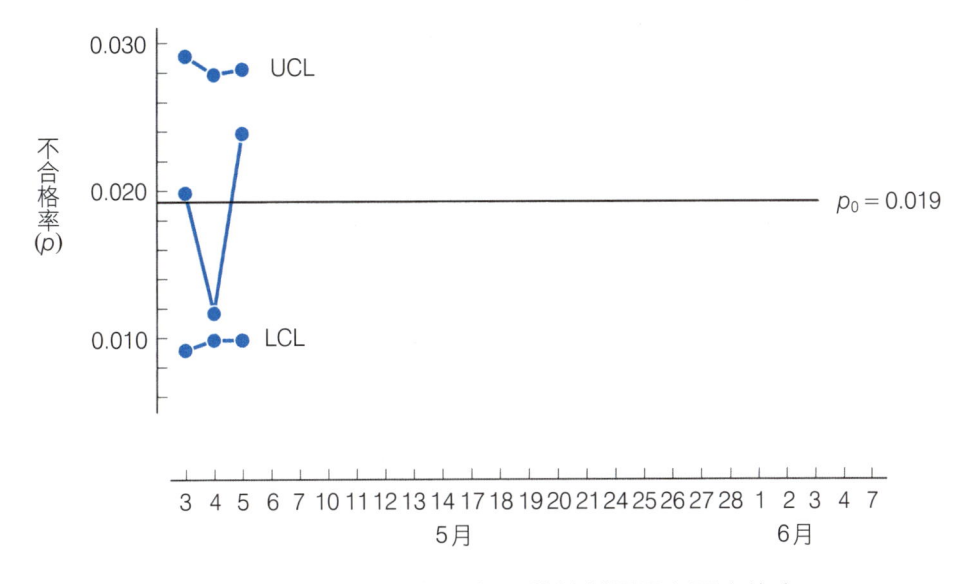

圖 8-6 五月份前三個工作天的管制界限和不合格率

不會用來計算管制界限。

2. $\bar{p}$ 是很多樣組的平均不合格部分（率）；它是不合格品數的總和除以檢驗數總和的結果，用來計算試驗管制界限。
3. p_0 是依據 $\bar{p}$ 的最佳估計值而來；為不合格部分（率）的標準值或參考值，用來計算修正後的管制界限，也可以視為期望值。
4. ϕ 是母體的不合格部分（率）；當母體不合格率已知，則可以用來計算管制界限，因為 $p_0 = \phi$。

將變動樣組大小的影響降到最低

當管制界限隨著樣組大小變動而變動，所繪製出來的管制圖就不是那麼吸引人，也很不容易向操作人員解釋清楚。管制界限的計算，都是在每一天或一段時間的最後，這也很難去解釋；有兩種方法，可以將變動樣組大小的影響降到最低。

1. 平均樣組大小的管制界限。使用平均樣組大小，可以先算出一個管制界限，並且將它畫在管制圖上。平均樣組大小可以根據當月預期產量，或是上個月的檢驗。舉例說明，表 8-3 當中原始資料的平均檢驗數為：

$$n_{平均} = \frac{\Sigma n}{g} = \frac{50,515}{25} = 2,020.6 \text{；約 } 2,000$$

使用 $n = 2,000$ 為樣組大小，$p_0 = 0.019$，則管制上限和下限變為：

$$UCL = p_0 + 3\sqrt{\frac{p_0(1-p_0)}{n_{平均}}}$$

$$= 0.019 + 3\sqrt{\frac{0.019(1-0.019)}{2,000}}$$

$$= 0.028$$

$$LCL = p_0 - 3\sqrt{\frac{p_0(1-p_0)}{n_{平均}}}$$

$$= 0.019 - 3\sqrt{\frac{0.019(1-0.019)}{2,000}}$$

$$= 0.010$$

這些管制界限和五月份每一天的不合格率 p，都在圖 8-7 當中的 p 管制圖標示出來。

當使用平均樣組大小的時候，在管制界限和個別的不合格率之間，有四種不同的情形。

第一種情形。這種情況是當一個點（樣組的不合格率）落在管制界限內，而且樣組大小小於平均樣組大小的時候。如 5 月 6 日的資料，$p = 0.011$、$n = 1,828$，就代表這種情況。因為 5 月 6 日的樣組大小（1,828）小於平均樣組大小（2,000），所以 5 月 6 日的管制界限將比平均樣組大小的管制界限要來得

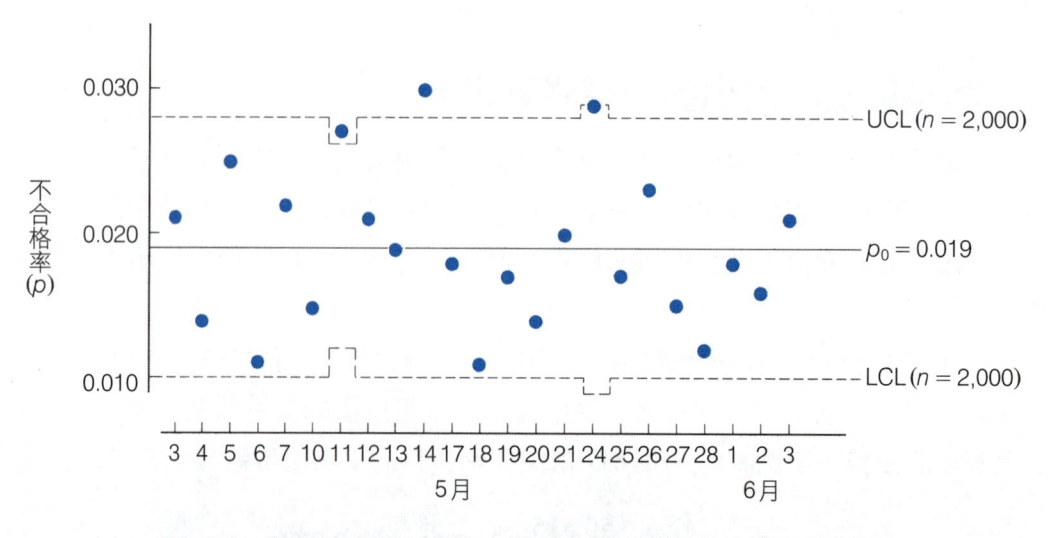

圖 8-7 使用 5 月份的資料，說明使用平均樣組大小的管制圖

寬。因此，在這種情況下就不需要個別的管制界限。如果當 $n = 2,000$ 的時候，p 是在管制狀態內，則當 $n = 1,828$ 的時候，它也一定要在管制狀態內。

第二種情形。這種情況是當一個點（樣組的不合格率）落在平均界限內，而且樣組大小大於平均樣組大小的時候。如 5 月 11 日的資料，$p = 0.027$、$n = 2,900$，就代表這種情形。因為 5 月 11 日的樣組大小，大於平均樣組大小，所以 5 月 11 日的管制界限將比平均樣組大小的管制界限還要小。因此，當樣組大小有很大差異的時候，就要計算個別的管制界限；在 5 月 11 日，它的管制上限和管制下限分別是 0.026 和 0.012。這些個別的管制界限如圖 8-7 所示；可以看出，這時候的點是在個別管制界限外，所以是超出管制狀態的情形。

第三種情形。這種情況發生在當一個點（樣組的不合格率）落在管制界限以外，而且它的樣組大小大於平均樣組大小。例如 5 月 14 日的資料，$p = 0.030$、$n = 2,365$，就代表這種情形。因為在 5 月 14 日的樣組大小（2,365）大於平均樣組大小（2,000），所以 5 月 14 日的管制界限將比平均樣組大小的管制界限還要小。因此，在這個狀態下，就不需要個別管制界限。如果當 $n = 2,000$ 的時候，p 是超出管制狀態，則當 $n = 2,365$ 的時候，也一定會超出管制狀態。

第四種情形。這種情況發生在當一個點（樣組的不合格率）落在管制界限外，而且它的樣組大小是小於平均樣組大小的時候。例如 5 月 24 日的資料，$p = 0.029$、$n = 1,590$，就代表這種情形。因為在 5 月 24 日的樣組大小（1,590）小於平均樣組大小（2,000），所以 5 月 24 日的管制界限將比平均樣組大小的管制界限還要大。因此，當樣組大小有明顯差別的時候，就要計算個別的管制界限。5 月 24 日的管制上限以及管制下限分別是 0.029 和 0.009。這些個別管制界限如圖 8-7 所示。可以看出，這時候的點是在個別管制界限內，而且認定是在管制狀態當中。

在第二種和第四種情形裡，不一定需要計算個別管制界限；只有當 p 值接近管制界限的時候，才需要計算個別的界限。對於本例題來說，p 值在原來的管制界限 ± 0.002 之間，才應該檢驗。因為大約有 5% 的 p 值趨近管制界限，極少數個 p 值才需要重新評估。

除此之外，只要樣組大小和平均樣組大小相差不到 15%，就不需要計算個別管制界限。以本例題來說，樣組大小從 1,700 到 2,300 之間，即能令人滿意，而且不需要計算個別的管制界限。

事實上，當使用平均樣組大小的時候，很少會去計算個別的管制界限，大約每三個月一次。

2. 不同樣組大小的管制界限。另一種有效的方法，就是建立不同樣組大小的管制界限。圖 8-8 可以用來說明這種管制圖。使用不同管制界限和前面的四種情形，就不太需要計算個別管制界限。例如，7 月 16 日檢驗數 1,150 的樣組是在管制狀態下，而 7 月 22 日檢驗數 3,500 的樣組，則超出管制。

分析圖 8-8，顯示出管制界限和樣組大小 n 之間的關係是指數關係，而不是線性關係；換句話說，對於樣組大小 n 均等細分，其對應的管制界限並不是等距離分開。這種型態的管制圖，在樣組大小變異很大的時候，特別有效。

➡ 不合格品數管制圖

不合格品數管制圖（np 管制圖）和 p 管制圖幾乎相同；然而，你不會在相同的目標同時使用這兩個管制圖。

np 管制圖比 p 管制圖更容易讓操作人員瞭解；而且，檢驗結果會直接標示在管制圖上，不需要任何的計算。

如果樣組大小可以改變，中心線和管制界限會跟著改變，如此這張管制圖便幾乎沒有意義。因此，np 管制圖的一個限制是，樣組大小必須固定。樣組大小應該顯示在管制圖上，讓看的人可以有參考的點。

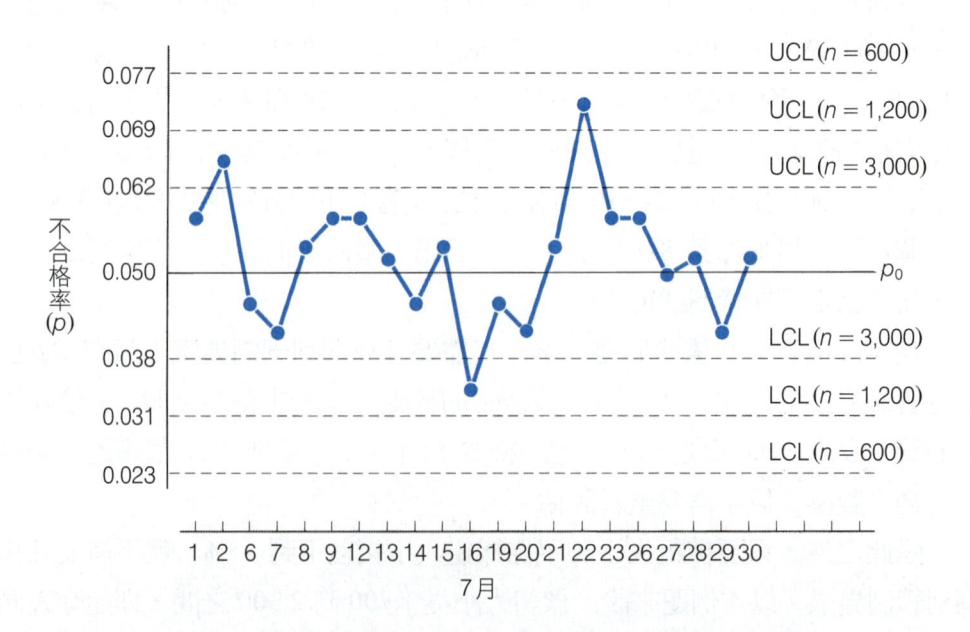

圖 8-8 說明不同樣組大小中心線和管制界限的 p 管制圖

因為不合格品數管制圖,在數學上和不合格率管制圖是一樣的,所以只要把中心線和管制界限乘以因數 n 即可,公式為:

$$中心線 = np_0$$
$$管制界限 = np_0 \pm 3\sqrt{np_0(1-p_0)}$$

如果不合格率 p_0 未知,就必須蒐集資料,計算試驗管制界限,並且求得 p_0 的最佳估計值。試驗管制界限的公式,就是將上述公式當中的 p_0 用 $\bar{p}$ 代替而得到的;以下利用一個例題來說明這個方法。

例題 8-3

在某一政府機關每天 6,000 份的文件當中,抽取 200 份文件做為樣本。從過去的紀錄顯示,不合格率 p_0 的標準值或參考值為 0.075。

中心線和管制界限的計算為:

$$np_0 = 200(0.075) = 15.0$$

$$\text{UCL} = np_0 + 3\sqrt{np_0(1-p_0)} \qquad \text{LCL} = np_0 - 3\sqrt{np_0(1-p_0)}$$
$$= 15 + 3\sqrt{15(1-0.075)} \qquad = 15 - 3\sqrt{15(1-0.075)}$$
$$= 26.2 \qquad\qquad\qquad\qquad = 3.8$$

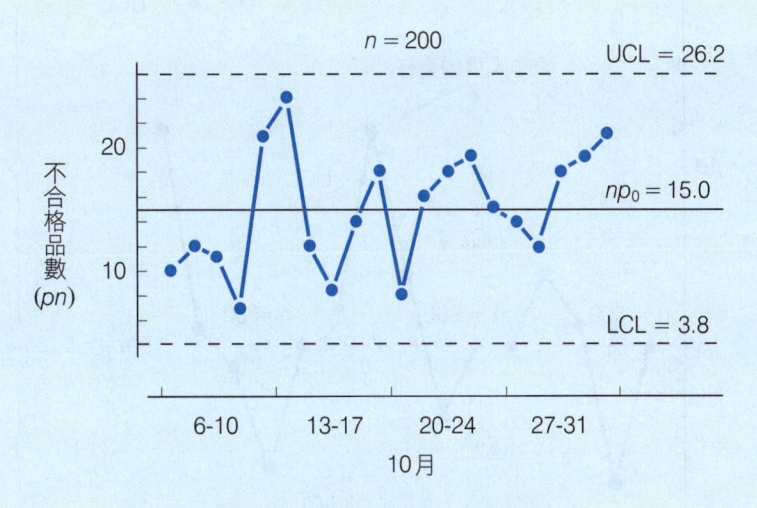

圖 8-9　不合格品數管制圖（np 管制圖）

> 因為不合格品數都是整數,所以管制界限的值也應該是整數;然而,它們可以用小數來表示。這種做法防止標示的點落在管制界限上。中心線當然是小數,圖 8-9 是十月份裡四週的管制圖。

▌製程能力

計量值的製程能力,在第 5 章已經說明。關於計數值的製程,則簡單許多;事實上,製程能力就是管制圖的中心線。

圖 8-10 是自動灑水機的不合格百分比管制圖,它的中心線是 5.0%。這個 5.0% 的值,就是製程能力;在管制界限內標示的點,因為製程的不同而有變異。這項變異依循二項分配隨機發生。

雖然管制界限顯示了製程能力變異的界限,應該要瞭解的是,界限是樣組大小的函數。這個事實如圖 8-10 所示,樣組大小為 500、200 以及 50;當樣組大小增加的時候,管制界限就愈接近中心線。

管理者要對製程能力負責,如果 5% 的值不能滿意,管理者必須實施改善行動的程序,並且提供執行矯正行動時候必須的資源。只要操作人員(操

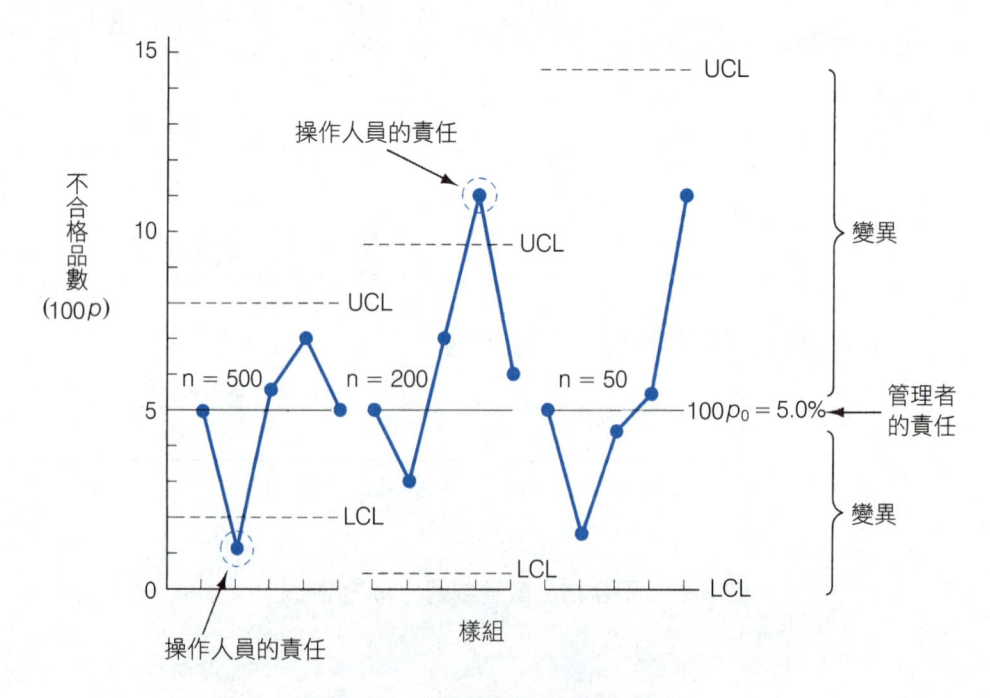

圖 8-10　製程能力的解釋和責任

作人員、第一線管理者以及維修人員）將這些點保持在管制界限內，則他們做到製程可以做到的。當這些點是在管制界限外，操作人員通常就必須負責。一個點在管制下限之下，是因為特別的好品質。如果不是因為檢驗錯誤，就要進行調查，以確認非機遇原因，讓好的品質可以繼續保持。

不合格點數管制圖

簡　介

　　計數值管制圖的另一種類型，是不合格點數管制圖，p 管制圖是用來管制產品或服務的不合格率；不合格點數管制圖，是用來管制產品或服務的不合格點數。記住，一件產品無論有一個或多個不合格點，產品都是分類為不合格品。這種管制圖有兩種形式：不合格點數（c）管制圖，和每單位不合格點數（u）管制圖。

　　由於這些管制圖是以卜瓦松分配為基礎，所以必須符合兩個條件。首先，平均不合格點數必須遠小於所有可能的不合格點總數；也就是說，發生不合格點的機率很大，而在任何一處發生不合格點的機率卻很小。這種情形有一個典型的例子，就是商用飛機上的鉚釘。在飛機上有非常多的鉚釘，但是任何一個鉚釘是不合格點的機率卻非常小。第二個情形，具體說明事件發生是獨立的。換句話說，一個不合格點的發生，並不會增加或減少下次發生不合格點的機率。例如，一位打字人員打了一封有錯誤的信，下一封也會發生錯誤的可能性是相同的。任何一位開始學打字的人都知道，這種情形並非永遠如此；因為如果沒有把手放在正確的按鍵上，那麼第二次發生相同錯誤的機率，幾乎是確定的。

　　其他符合不合格點數管制圖兩個條件的地方：一大捲紙上的瑕疵數、一頁印刷排字上的錯誤數、鋼板上面鐵鏽的斑點數、玻璃容器上的種子或空氣氣泡數、每 1,000 平方呎波浪形紙板上，黏著的不合格點數、玻璃纖維遊艇上的鑄模痕跡、帳單上的錯誤以及表格上的錯誤等。

　　像不合格品管制圖一樣，不合格點數管制圖的管制界限，是從中心線起上、下三個標準差。因此，大約 99% 的樣組值將會落在界限以內。建議讀者複習第 5 章的「管制狀態」一節，因為很多資訊，會適用在不合格點數管制圖當中。

➡ 目　標

　　雖然不合格點數管制圖不像 $\bar{X}$ 與 R 管制圖或是 p 管制圖般廣泛，不過仍然有許多可以應用的地方，前面已經提過一些。

　　不合格點數管制圖的目標有下列幾點：

1. 決定平均品質水準，以做為基準點或是起始點。這個資訊提供了原始的製程能力。
2. 讓管理者對任何平均品質改變都重視。一旦知道平均品質後，任何改變就變得很明顯。
3. 改善產品或服務的品質。在這一方面，不合格點數管制圖可以激發操作人員以及管理人員開始實施品質改善的構想。這個管制圖，可以指出哪些觀念是合適或不合適；要改善品質，必須持續而且不間斷地努力。
4. 評估操作以及管理人員的品質績效。只要不合格點數管制圖是在管制狀態內，操作人員的表現就是令人滿意的。因為不合格點數管制圖通常是適用在有錯誤的地方，所以它們在財務、銷售、顧客服務等功能性領域的品質評估非常有效。
5. 建議使用 $\bar{X}$ 與 R 管制圖的地方。不合格點數管制圖的一些應用，可以導引到 $\bar{X}$ 與 R 管制圖進行更詳細的分析。
6. 提供在裝運貨物之前，有關產品的允收性的資訊。

這些目標幾乎與不合格品質管制圖的目標相同；所以，讀者要小心使用管制圖。

　　因為受到不合格點數管制圖的限制，許多組織沒有機會使用。

➡ 建構 c 管制圖

　　建構 c 管制圖的步驟和 p 管制圖一樣，如果不合格點數 c_0 未知，則必須蒐集資料，計算試驗管制界限，並且求得最佳估計值。

　　1. 選擇品質特性。程序當中的第一個步驟是決定管制圖的使用，就像 p 管制圖一樣，c 管制圖的建立就在於管制：(a) 單一品質特性；(b) 一群品質特性；(c) 一項零件；(d) 整個產品；(e) 數個產品。它也可以使用在績效管制，針對：(a) 操作人員；(b) 工作中心；(c) 一個部門；(d) 一個輪班的班次；(e) 一間工廠；(f) 一家公司；這種管制圖的使用，是要以最小的成本獲得最高的

利益。

2. 決定樣組大小和方法。c 管制圖的大小是一個檢驗單位，一個檢驗單位可以是一架飛機、一箱汽水罐、一筒鉛筆、一疊醫療保險的申請書、一堆標籤等。求得樣本的方法，可以藉由審查或是從線上獲得。

3. 蒐集資料。資料是從玻璃纖維獨木舟外觀瑕疵所蒐集而來的不合格點數。這些資料是在五月的第一週以及第二週，隨機檢驗樣組蒐集到的。25 艘獨木舟的資料如表 8-5 所示，這是計算試驗管制界限所需要的最少樣組數。注意，獨木舟 MY132 和 MY278 在製造上都有困難。

4. 計算試驗中心線以及管制界限。試驗管制界限的公式為：

$$UCL = \bar{c} + 3\sqrt{\bar{c}}$$
$$LCL = \bar{c} - 3\sqrt{\bar{c}}$$

公式當中的 $\bar{c}$ 是許多樣組的平均不合格點數。$\bar{c}$ 值是從公式 $\bar{c} = \Sigma c/g$ 得到的；公式當中的 g 是樣組數，而 c 是不合格點數。表 8-5 的資料，計算的值為：

$$\bar{c} = \frac{\Sigma c}{g} = \frac{141}{25} = 5.64$$

$$UCL = \bar{c} + 3\sqrt{\bar{c}} \qquad LCL = \bar{c} - 3\sqrt{\bar{c}}$$
$$= 5.64 + 3\sqrt{5.64} \qquad = 5.64 - 3\sqrt{5.64}$$
$$= 12.76 \qquad = -1.48 \text{ 或 } 0$$

表 8-5　各編號獨木舟的不合格點數（c）

編　號	不合格點數	附　註	編　號	不合格點數	附　註
MY102	7		MY198	3	
MY113	6		MY208	2	
MY121	6		MY222	7	
MY125	3		MY235	5	
MY132	20	鑄模黏住	MY241	7	
MY143	8		MY258	2	
MY150	6		MY259	8	
MY152	1		MY264	0	
MY164	0		MY267	4	
MY166	5		MY278	14	墊木滑落
MY172	14		MY281	4	
MY184	3		MY288	5	
MY185	1		總計	$\Sigma c = 141$	

因為 -1.48 的管制下限是不可能的，所以改為 0。管制上限 12.76 是以小數的形式留下，這樣整數的點才不會在管制界限上。圖 8-11 顯示原始資料的中心線 $\bar{c}$、管制界限和每艘獨木舟原始資料上的不合格點數 c。

5. 建立修正中心線和管制界限。為了求出修正後 3σ 的管制界限，需要不合格點數的標準值或參考值 c_0。如果原始資料的分析，顯示是在良好的管制內，則 $\bar{c}$ 就可以認定是製程的代表 $c_0 = \bar{c}$。然而，通常原始資料的分析不會顯示良好的管制，如圖 8-11 所示。$\bar{c}$ 的最佳估計值（可以採用以做為 c_0）可以由剔除具有非機遇原因的不受控制值而得到。沒有非機遇原因的低值，代表極為優良的品質；可以使用下列公式簡化計算：

$$\bar{c}_{\text{new}} = \frac{\Sigma c - c_d}{g - g_d}$$

其中，c_d = 剔除樣組的不合格點數

g_d = 剔除的樣組數

一旦得到標準值或參考值以後，修訂的 3σ 管制界限可以由下列公式獲得：

$$UCL = c_0 + 3\sqrt{c_0}$$

$$LCL = c_0 - 3\sqrt{c_0}$$

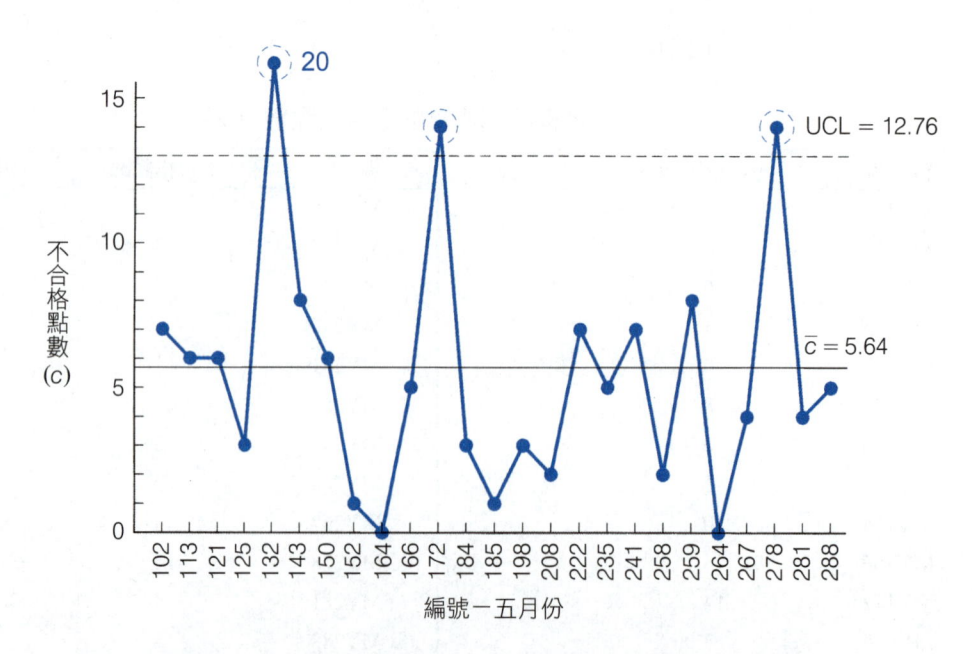

圖 8-11 使用原始資料的不合格點數管制圖（c 管制圖）

其中 c_0 為不合格點數的參考值或標準值

不合格點數 c_0 是管制圖的中心線,並且是使用可獲資料的最佳估計值,它等於 $\bar{c}_{new}$。

使用圖 8-11 和表 8-5 的資料,就可以得到修正的管制界限。分析圖 8-11 顯示,第 132、172 和 278 號的獨木舟超出管制界限。因為第 132 和 278 號獨木舟有非機遇原因(參考表 8-5),因此將它們都剔除。不過,第 172 號獨木舟可能是機遇原因,所以並未剔除。因此,求得 $\bar{c}_{new}$ 如下:

$$\bar{c}_{new} = \frac{\sum c - c_d}{g - g_d}$$

$$= \frac{141 - 20 - 14}{25 - 2}$$

$$= 4.65$$

因為 $\bar{c}_{new}$ 是中心線的最佳估計值,所以 $c_0 = 4.65$。c 管制圖修正後的管制界限為:

$$\text{UCL} = c_0 + 3\sqrt{c_0} \qquad \text{LCL} = c_0 - 3\sqrt{c_0}$$

$$= 4.65 + 3\sqrt{4.65} \qquad = 4.65 - 3\sqrt{4.65}$$

$$= 11.1 \qquad\qquad\qquad = -1.82 \text{ 或 } 0$$

這些管制界限做為五月份第三週生產獨木舟所用管制圖的起始值,如圖 8-12 所示。

如果 c_0 是已知的,就不需要資料蒐集和試驗管制界限的階段。

6. 達成目標。繪製管制圖的原因,是要達成前面提到的一個或多個目標。一旦目標達成後,管制圖就停止,或是檢查活動會減少,而且將資源分配到另一個品質問題。不過,有些目標,像是第一個目標,可以再持續進行。

就像其他類型的管制圖一樣,在採用 c 管制圖後,總是希望品質能有所改善。在開始實施結束的初步階段,就可以得到不合格點數的較佳估計值。圖 8-12 說明了持續使用管制圖,八月份 c_0 中心線以及管制界限的改變。評估專案小組提出的構想,而促成品質改善的情況,例如,在滑動墊木上加一小塊地毯、快乾墨水、員工訓練規劃等;管制圖顯示構想是否改善品質、降低品質或是沒有改善品質。評估每一個構想,至少需要 25 個樣組。只要足以代表製程,樣組的取樣頻率可以根據製程實際情況決定。但是每次應該只能以

用於獨木舟不合格點數的管制圖模型－17S

不合格點形式																						
刮痕	1	2	2	3		1			2				1	2	1		1		1		
油漆不完全			1	2	1			1		3		1			1				3
凹陷	1	2			2			1			1	1	2					1	
磨損	1	1	5	3	4	3	5	2	2		4	1	2		1	2	1	3	1	5	2	1	2	2	3
總計	3	1	9	0	5	5	8	6	4	3	0	6	1	4	3	1	3	0	4	7	2	5	4	1	2	3	1	6
編號	305	310	321	354	373	409	441	469	485	487	129	150	178	185	209	230	260	283	303	321	347	359	407	471	485	493	564	589

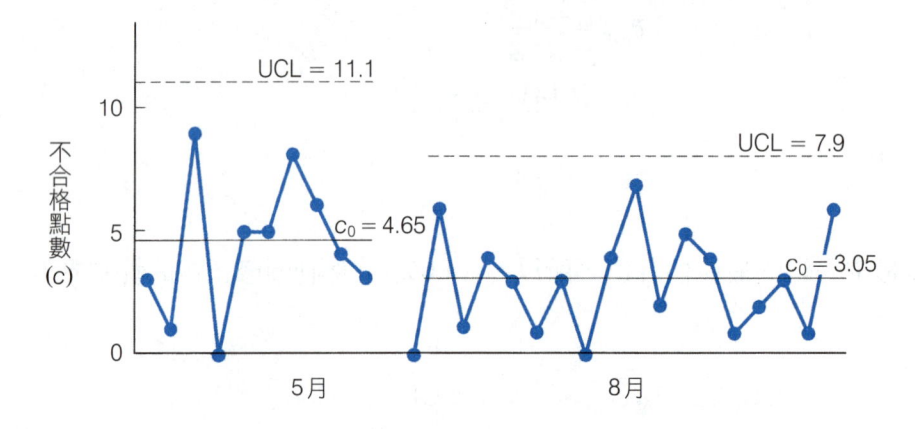

圖 8-12 獨木舟不合格點數的 c 管制圖

評估一個構想。

　　圖 8-12 同時說明個別品質特性的不合格點數呈現的方法，圖中所顯示的是總數。這是表示所有情況的最好方法，而且不需要額外的時間或成本就可以完成。值得注意的是，為檢驗之用所選出的獨木舟編號，是從亂數表得到的。

　　管制圖應該放在操作人員可以明顯看到的地方。

▶ 每單位不合格點數管制圖（u 管制圖）[3]

　　c 管制圖適用於樣組大小是一個單位的產品，例如一艘獨木舟、一架飛機、1,000 平方呎的布、一卷紙、100 份所得稅資料以及一桶釘子。檢驗單位的大小可以隨意，只要符合目標即可；不過必須固定。要記得樣組大小 n 並不在計算式中，因為它的值等於 1。當樣組大小改變的時候，則 u 管制圖（每

---

[3] 這個管制圖並未包含在 ANSI/ASQC B1-B3–1996。

單位不合格點數管制圖）是比較適合的圖；u 管制圖也可以用在樣組大小固定的時候。

數學上而言，u 管制圖和 c 管制圖是一樣的；u 管制圖的建立方式和 c 管制圖是一樣的。蒐集 25 個樣組，計算試驗中心線和管制界限，得到每單位標準或參考不合格點數的估計值，以及修訂管制界限的計算；使用的公式為：

$$u = \frac{c}{n} \qquad \bar{u} = \frac{\Sigma c}{\Sigma n}$$

$$\text{UCL} = \bar{u} + 3\sqrt{\frac{\bar{u}}{n}} \qquad \text{LCL} = \bar{u} - 3\sqrt{\frac{\bar{u}}{n}}$$

其中，c = 樣組不合格點數
n = 樣組檢驗數
u = 樣組當中，每單位的不合格點數
$\bar{u}$ = 許多樣組的平均每單位不合格點數

在試驗管制界限的公式裡使用 u_0，即可得到修正管制界限；以下利用例題來說明 u 管制圖。

一家小型航空貨物運輸公司，每天派一位職員檢驗貨運單的錯誤。因為貨運單的數目每天都會改變，因此 u 管制圖是比較適當的方法。如果貨運單的數目是固定的，可以使用 c 管制圖或 u 管制圖。蒐集的資料如表 8-6 所示。日期、檢驗數以及不合格點數，都紀錄在表格裡，並計算、紀錄每單位不合格點數 u。同時，因為樣組數的改變，因此必須計算每一樣組的管制界限。

每週 6 天，一共 5 個星期，蒐集了 30 個樣組的資料；雖然只要 25 個樣組，這個方法刪除星期六因為活動較少而可能產生的偏差。試驗中心線的計算為：

$$\bar{u} = \frac{\Sigma c}{\Sigma n} = \frac{3,389}{2,823} = 1.20$$

對於每一個樣組，必須計算試驗管制界限以及每單位不合格點數 u 值。在 1 月 30 日的管制界限和 u 值為：

$$\text{UCL}_{1\text{月}30\text{日}} = \bar{u} + 3\sqrt{\frac{\bar{u}}{n}} \qquad \text{LCL}_{1\text{月}30\text{日}} = \bar{u} - 3\sqrt{\frac{\bar{u}}{n}}$$

$$= 1.20 + 3\sqrt{\frac{1.20}{110}} \qquad\qquad = 1.20 - 3\sqrt{\frac{1.20}{110}}$$

$$= 1.51 \qquad\qquad\qquad\qquad = 0.89$$

表 8-6　貨運單的每單位不合格點數

日　期	檢驗數 n	不合格點數 c	每單位不合格點數 u	UCL	LCL
1月 30	110	120	1.09	1.51	0.89
31	82	94	1.15	1.56	0.84
2月 1	96	89	.93	1.53	0.87
2	115	162	1.41	1.50	0.90
3	108	150	1.39	1.51	0.89
4	56	82	1.46	1.64	0.76
6	120	143	1.19	1.50	0.90
7	98	134	1.37	1.53	0.87
8	102	97	.95	1.53	0.87
9	115	145	1.26	1.50	0.90
10	88	128	1.45	1.55	0.85
11	71	83	1.16	1.59	0.81
13	95	120	1.26	1.54	0.86
14	103	116	1.13	1.52	0.88
15	113	127	1.12	1.51	0.89
16	85	92	1.08	1.56	0.84
17	101	140	1.39	1.53	0.87
18	42	60	1.19	1.70	0.70
20	97	121	1.25	1.53	0.87
21	92	108	1.17	1.54	0.86
22	100	131	1.31	1.53	0.87
23	115	119	1.03	1.50	0.90
24	99	93	.94	1.53	0.87
25	57	88	1.54	1.64	0.76
27	89	107	1.20	1.55	0.85
28	101	105	1.04	1.53	0.87
3月 1	122	143	1.17	1.49	0.91
2	105	132	1.26	1.52	0.88
3	98	100	1.02	1.53	0.87
4	48	60	1.25	1.67	0.73
總計	2,823	3,389			

$$u_{1月30日} = \frac{c}{n} = \frac{120}{110} = 1.09$$

其他 29 個樣組必須重複上述的計算方式，並且將計算的數值紀錄在表格裡。

圖 8-13 是比較樣組值（u）和管制上、下界限，可以看出來沒有點超出

管制界限。因此，$\bar{u}$ 可以認定是 u_0 的最佳估計值，$u_0 = 1.20$。用目視檢驗這些點，顯示這是一個穩定的製程；這種情況在管制圖活動的初期有點不尋常。

為了決定次五週的管制界限，我們可以使用類似 p 管制圖中樣組變動大小的相同方法，計算平均樣組的大小。檢查圖 8-13，顯示星期六的管制界限比當週其他日子的管制界限寬了許多；這種情況，是因為樣組大小比較小。所以，將星期六的管制界限分開建立是比較適合的方法。計算如下：

$$n_{星期六的平均} = \frac{\sum n}{g} = \frac{(56+71+42+57+48)}{5} = 55$$

$$UCL = u_0 + 3\sqrt{\frac{u_0}{n}} \qquad LCL = u_0 - 3\sqrt{\frac{u_0}{n}}$$

$$= 1.20 + 3\sqrt{\frac{1.20}{55}} \qquad = 1.20 - 3\sqrt{\frac{1.20}{55}}$$

$$= 1.64 \qquad\qquad\qquad = 0.76$$

$$n_{每天的平均} = \frac{\sum n}{g} = \frac{2,823 - 274}{25} = 102，約 100$$

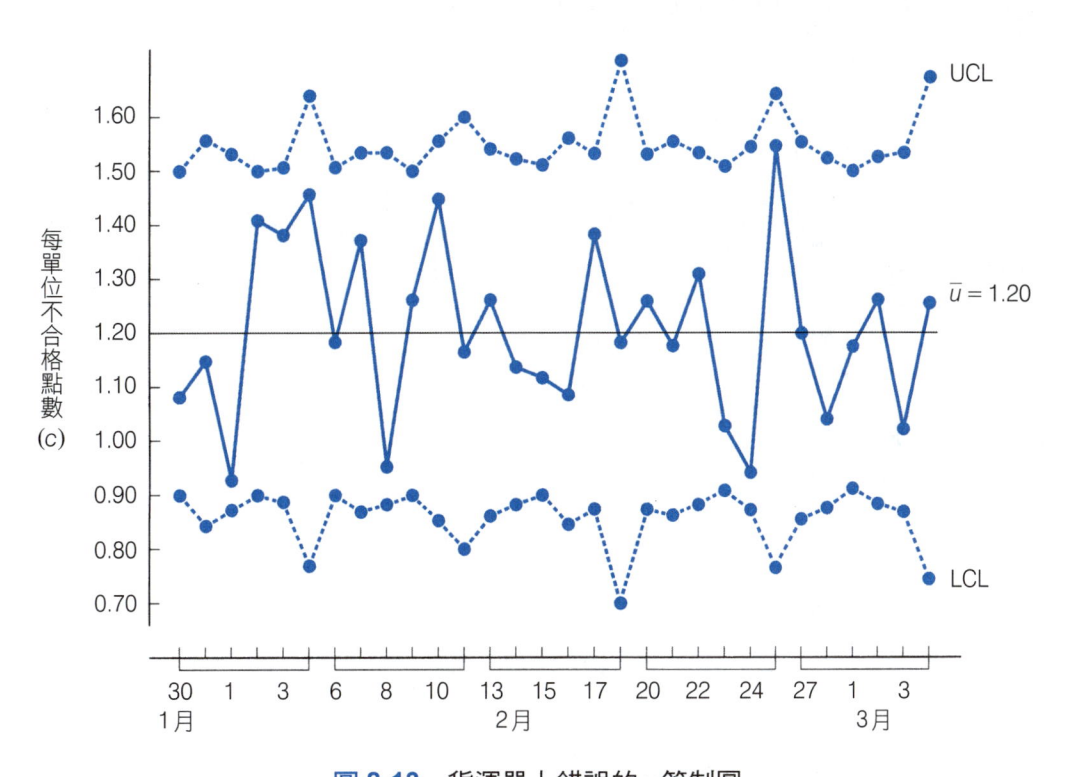

圖 8-13 貨運單上錯誤的 u 管制圖

$$\text{UCL} = u_0 + 3\sqrt{\frac{u_0}{n}} \qquad \text{LCL} = u_0 - 3\sqrt{\frac{u_0}{n}}$$

$$= 1.20 + 3\sqrt{\frac{1.20}{100}} \qquad = 1.20 - 3\sqrt{\frac{1.20}{100}}$$

$$= 1.53 \qquad\qquad\qquad = 0.87$$

下一週期的管制圖就如圖 8-14 所示；當樣組是每天進行檢驗，真實的管制界限，需要每三個月計算一次。

管制圖現在已經可以用來達成目標；如果有專案小組的參與，就可以測試品質改善的構想。

u 管制圖和 c 管制圖除了兩點之外，其他完全相同。第一個差異是刻度，u 管制圖是連續的，而 c 管制圖是間斷的；這樣的差異會讓 u 管制圖比較有彈性，因為樣組大小可以改變。另一個差異是樣組大小，c 管制圖的樣組大小為 1。

u 管制圖受限於我們不知道不合格點的位置。例如，在表 8-6，2 月 4 日的 56 個檢驗單位當中，有 82 個不合格點，而每單位不合格點（值）為 1.46，所有 82 個不合格點都在同一個單位內。

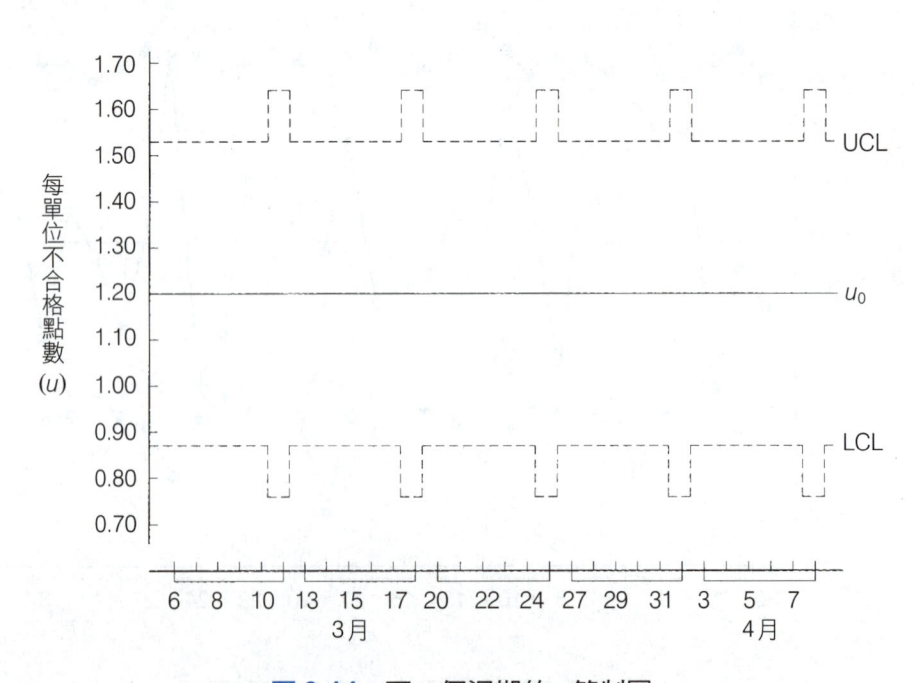

圖 8-14 下一個週期的 u 管制圖

⟫ 最後註解

不合格點數的製程能力,可以用類似不合格品的方法處理,讀者可以參考圖 8-10。

圖 8-15 顯示不同的計數值管制圖使用的時機。首先,必須決定一種管制圖是不合格點管制圖或是不合格品管制圖。接下來則必須決定,樣組大小是固定或是變動的;這兩個決定可以提供適當的管制圖。

■ 品質等級制度

⟫ 簡 介

在前一節的計數值管制圖裡,所有的不合格品以及不合格點數都有相同的權重,不論它們嚴重的程度如何。例如,在檢驗辦公椅的時候,一張椅子可能因為表面沒有完成,而有 5 個不合格點,另一張椅子可能只有 1 個不合格點,就是斷了一支腳。那一張可用的椅子上有 5 個不重要的不合格點,在計數值管制圖上,影響程度是另一張有 1 個嚴重不合格點、不能使用椅子的 5 倍。這種情形就顯現出產品品質評估的不正確;品質等級制度將可以修正這種缺失。

在很多情況下,必須比較操作人員之間、各輪班之間、工廠之間以及供應商之間的績效。為了比較品質績效,就需要有品質分等制度來分類、加權以及評估缺點。

⟫ 不合格點分類

不合格點和不合格品可以依據嚴重性加以分類;一套系統將不合格點分成三大類:

		計數值管制圖	
		不合格品	不合格點
樣本大小	固定	np	$c\ (n=1)$
	固定或變動	p	u

圖 8-15　不同計數值管制圖使用的時機

1. **重大不合格點**（critical nonconformity）。重大不合格點，是依據判斷和經驗對個人使用、維護或依賴產品或服務可能造成的危險、不安全的情況；或判斷和經驗顯示，不合格點可能會阻礙產品或服務功能績效。
2. **主要不合格點**（major nonconformity）。主要不合格點，是指重大不合格點以外，可能造成產品故障或是會大幅降低產品或服務的可用性，導致不能達到原有目的的不合格點。
3. **次要不合格點**（minor nonconformity）。次要不合格點，是對產品或服務原有的目的，不會降低可用性的不合格點；次要不合格點通常和外觀有關。

總括來說，重大不合格點會影響產品的可用性；主要不合格點可能會影響產品的可用性；次要不合格點將不會影響產品的可用性。

其他分類的方法，分成四類或是兩類，是根據產品的複雜程度而定。一種特殊的分類方法，有時候也會用到。

一旦決定不合格點的分類之後，就可以建立每一不合格點類別的權數。雖然可以任意指定各類不合格點的權數，不過通常重大不合格點為 9 點，主要不合格點為 3 點，以及次要不合格點為 1 點，這是一般認為適當的；因為主要不合格點的重要性，是次要不合格點的 3 倍，而重大不合格點的重要性，是主要不合格點的 3 倍。

▶ 缺點數管制圖 [4]

缺點數管制圖是依每單位缺點數（demerits）建立的，並且標示在管制圖上；每單位的缺點數可以由下列的公式獲得：

$$D = w_c u_c + w_{ma} u_{ma} + w_{mi} u_{mi}$$

其中， $D =$ 每單位缺點數

w_c、w_{ma}、w_{mi} = 三種等級的權重：重大、主要和次要

u_c、u_{ma}、u_{mi} = 三種等級的每單位不合格點數：重大、主要和次要

當 w_c、w_{ma}、w_{mi} 分別為 9、3、1 的時候，公式為：

$$D = 9u_c + 3u_{ma} + 1u_{mi}$$

---

[4] 缺點數管制圖（demerit chart）並未包含在 ANSI/ASQC B1-B3–1996。

由公式計算每一個樣組的 D 值,並且繪製在管制圖上。

中心線和 3σ 的管制界限,可以由下列公式獲得:

$$D_0 = 9u_{0c} + 3u_{0ma} + 1u_{0mi}$$

$$\sigma_{0u} = \sqrt{\frac{9^2 u_{0c} + 3^2 u_{0ma} + 1^2 u_{0mi}}{n}}$$

$$\text{UCL} = D_0 + 3\sigma_{0u} \qquad \text{LCL} = D_0 - 3\sigma_{0u}$$

公式裡的 u_{0c}、u_{0ma}、u_{0mi} 分別表示重要、主要和次要三種不合格點類別當中,每單位的標準不合格點數。針對重大、主要和次要三種不合格點類別當中,每單位的不合格點數,可以藉由將不合格點分成三類而獲得,並且將每類當做分開的 u 管制圖處理。

例題 8-4

假設使用 9:3:1 三種不合格點的加權制度,當 $u_{0c} = 0.08$、$u_{0ma} = 0.5$、$u_{0mi} = 3.0$、$n = 40$ 的時候,決定中心線以及管制界限。同時在 5 月 25 日,檢驗 40 件產品,其中重大不合格點有 2 個,主要不合格點有 26 個,次要不合格點有 160 個,試計算每單位缺點數;5 月 25 日當天的樣組是否在管制狀態內?還是超出管制界限?

$$\begin{aligned}
D_0 &= 9u_{0c} + 3u_{0ma} + 1u_{0mi} \\
&= 9(0.08) + 3(0.5) + 1(3.0) \\
&= 5.2
\end{aligned}$$

$$\begin{aligned}
\sigma_{0u} &= \sqrt{\frac{9^2 u_{0c} + 3^2 u_{0ma} + 1^2 u_{0mi}}{n}} \\
&= \sqrt{\frac{81(0.08) + 9(0.5) + 1(3.0)}{40}} \\
&= 0.59
\end{aligned}$$

$$\begin{aligned}
\text{UCL} &= D_0 + 3\sigma_{0u} & \text{LCL} &= D_0 - 3\sigma_{0u} \\
&= 5.2 + 3(0.59) & &= 5.2 - 3(0.59) \\
&= 7.0 & &= 3.4
\end{aligned}$$

中心線和管制界限如圖 8-16 所示。5 月 25 日的樣組計算為：

$$D_{5\text{月}25\text{日}} = 9u_c + 3u_{ma} + 1u_{mi}$$

$$= 9\left(\frac{2}{40}\right) + 3\left(\frac{26}{40}\right) + 1\left(\frac{160}{40}\right)$$

$$= 6.4\text{（在管制狀態內）}$$

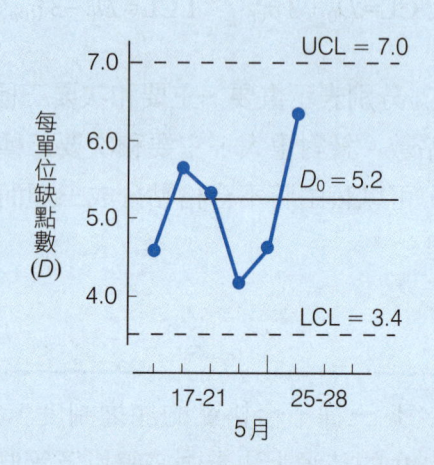

圖 8-16　每單位缺點管制圖（D 管制圖）

以每單位缺點為基礎的品質等級制度，對績效管制是很有用的，而且是全面品質管制系統一個重要的特徵。

◼ 電腦程式

本書所附 CD 的 EXCEL 軟體，可以解答本章的四個管制圖；它們的檔案名稱是：*p-chart*、*np-chart*、*c-chart* 以及 *u-chart*。

作　業

1. 2 公升蘇打水瓶子的典型計數值管制圖如第 353 頁所示。
   (a) 計算樣組 21、22、23、24 和 25 的不合格百分比，並建構推移圖。
   (b) 計算試驗中心線和管制界限，並將這些值繪製在管制圖上。
   (c) 如果假設任何超出管制的點都有非機遇原因，則下一個週期應該使用的中心線和管制界限為何？

計數值管制圖

零件名稱：2公升瓶子　　作業名稱：新包裝線　　部門／領域：包裝部

檢核方法：目視　　特性：外箱包裝的缺點　　管制圖名稱：包裝部

p ☒　　np □　　u □　　c □

日期	1	2	3	4	5	6	7	8	9	10	11	12	13	14	15	16	17	18	19	20	21	22	23	24	25
樣本 (n)	400	400	400	400	400	400	400	400	400	400	400	400	400	400	400	400	400	400	400	400	400	400	400	400	400
數目 (np, c)	43	21	14	20	15	16	8	12	18	4	6	12	5	4	3	8	7	31	8	6	4	7	9	6	10
比率 (p, u)	.108	.053	.035	.050	.038	.040	.020	.030	.045	.010	.015	.030	.013	.010	.008	.020	.018	.078	.020	.015					

AVG =　　UCL =　　LCL =

2. 下列是牙科保險給付的資料，試求出 p 管制圖的試驗中心線以及管制界限。將這些值標示在管制圖上，並且決定這個製程是否穩定。如果有任何超出管制界限的點，則假設是非機遇原因，並且決定其修訂中心線和管制界限。

樣組編號	檢驗數	不合格品數	樣組編號	檢驗數	不合格品數
1	300	3	14	300	6
2	300	6	15	300	7
3	300	4	16	300	4
4	300	6	17	300	5
5	300	20	18	300	7
6	300	2	19	300	5
7	300	6	20	300	0
8	300	7	21	300	2
9	300	3	22	300	3
10	300	0	23	300	6
11	300	6	24	300	1
12	300	9	25	300	8
13	300	5			

3. 管理人員不確定作業 2 所決定品質績效的最好顯示方法。試以其他表示方法，計算中心線以及管制界限。

4. 關於頭髮吹風機馬的例題當中，在達成目標後，決定將樣組大小減為 80；試問中心線和管制界限為何？

5. 從一個穩定的製程當中，每天檢驗 50 台發電機。不合格率的最佳估計值為 0.076；決定中心線和管制界限。在某一個特定的日子，發現 5 台不合格的發電機，這種情形是在管制之內，還是超出管制？

6. 出貨給顧客「當月最佳影片」的電影節目，連續 25 天的檢驗結果如下表所示。如果假設任何超出管制的點有非機遇原因，則應該建立何種中心線和管制界限？每天檢驗數目固定為 1,750。

日期	不合格品數	日期	不合格品數
7月 6日	47	7月23日	37
7日	42	26日	39
8日	48	27日	51
9日	58	28日	44
12日	32	29日	61
13日	38	30日	48
14日	53	7月 2日	56
15日	68	3日	48
16日	45	4日	40
19日	37	5日	47
20日	57	6日	25
21日	38	9日	35
22日	53		

7. 第一個輪班的作業績效反應在電動雕刻刀的檢驗結果。試求每一樣組的試驗中心線和管制界限。假設任何超出管制的點皆有非機遇原因,試求下一個生產週期當中不合格率的標準值。

日期	檢驗數	不合格品數	日期	檢驗數	不合格品數
9月 6日	500	5	9月23日	525	10
7日	550	6	24日	650	3
8日	700	8	27日	675	8
9日	625	9	28日	450	23
10日	700	7	29日	500	2
13日	550	8	30日	375	3
14日	450	16	10月 1日	550	8
15日	600	6	4日	600	7
16日	475	9	5日	700	4
17日	650	6	6日	660	9
20日	650	7	7日	450	8
21日	550	8	8日	500	6
22日	525	7	11日	525	1

8. 每天檢驗 305 型電器裝配線的結果如下表所示。試求每一樣組的試驗管制界限。假設任何超出管制的點都有非機遇原因,試求十二月份不合格率的標準值。

日期與班次	檢驗數	不合格品數	日期與班次	檢驗數	不合格品數
11月8日 I	171	31	11月17日 I	165	16
II	167	6	II	170	35
9日 I	170	8	18日 I	175	12
II	135	13	II	167	6
10日 I	137	26	19日 I	141	50
II	170	30	II	159	26
11日 I	45	3	22日 I	181	16
II	155	11	II	195	38
12日 I	195	30	23日 I	165	33
II	180	36	II	140	21
15日 I	181	38	24日 I	162	18
II	115	33	II	191	22
16日 I	165	26	25日 I	139	16
II	189	15	II	181	27

9. 根據作業 8 的資料，用平均檢驗數建立管制界限。試問這些管制界限和中心線為何？試敘述哪些情形需要計算個別管制界限？

10. 在背包框架的製造廠建立管制圖。修正後的不合格率為 0.08。試求每天檢驗 1,000 個、1,500 個以及 2,000 個的管制界限，並且繪製管制圖。為什麼管制界限距離不相等？

11. 用下列各題的資料，試求不合格百分比管制圖的修正中心線和管制界限：
(a) 作業 2　(b) 作業 6

12. 用作業 2 的資料，試求 np 管制圖的修正中心線和管制界限。

13. 用作業 6 的資料，試求 np 管制圖的修正中心線以及管制界限。哪一種管制圖對操作人員比較具有意義？

14. 在塗漆製程上建立 np 管制圖，這個製程是在統計管制之下。如果每 4 小時檢驗 35 件，不合格率為 0.06，試求中心線以及管制界限。

15. 就下列各題的資料，試求出合格率、合格百分比以及合格品數管制圖的修正中心線和管制界限：
(a) 作業 2　(b) 作業 6

16. 求出下列各題的製程能力：
(a) 作業 6　(b) 作業 7　(c) 作業 10

17. 一位信用卡部門的經理,想要決定顧客來電比例當中,不滿意顧客的比例。根據原始資料,她估計不滿意比例為 10% ($p = 0.10$)。期望的精確度為 15%,信賴水準為 90%,試問樣本大小為何?

18. 肥料包裝線 p 管制圖的樣本大小必須加以決定。原始資料顯示,8% 的包裝袋是在重量規格之外。試問精確度為 10%,信賴水準為 70% 的樣本大小為何?若精確度為 10%,信賴水準為 99%,樣本大小為何?若精確度為 10%,信賴水準為 95%,樣本大小為何?你可以得到關於精確度和信賴水準什麼樣的結論?

19. 面積 1,000 平方公尺、20 公斤牛皮紙的表面積不合格點數如下表所示。決定試驗中心線和管制界限以及修正中心線和管制界限;假設超出管制的點都有非機遇原因。

批 號	不合格點數	批 號	不合格點數
20	10	36	2
21	8	37	12
22	6	38	0
23	6	39	6
24	2	40	14
25	10	41	10
26	8	42	8
27	10	43	6
28	0	44	2
29	2	45	14
30	8	46	16
31	2	47	10
32	20	48	2
33	10	49	6
34	6	50	3
35	30		

20. 某一銀行蒐集下列表當中的資料,顯示在十二月份與一月份期間,每天 100,000 筆會計紀錄的不合格點數。試問二月份的管制圖,建議應該使用何種管制界限和中心線?假設超出管制界限的值都有非機遇原因。

不合格點數	不合格點數
8	17
19	14
14	9
18	7
11	15
16	22
8	19
15	38
21	12
8	13
23	5
10	2
9	16

21. 有一位品質檢驗人員，在 4 公尺長的旅行用施車上蒐集鉚釘不合格點數的資料；在檢驗 30 台拖車後，總不合格點數為 316。試驗管制界限已經求出，而且與資料比較，顯示並沒有超出管制界限的點。試問不合格點數管制圖的中心線、修正管制界限分別為何？

22. 每天檢驗 100 件產品標籤的表面不合格點，過去 25 天的結果為：22、29、25、17、20、16、34、11、31、29、15、10、33、23、27、15、17、17、19、22、23、27、29、33、21。將這些點標示在推移圖上，並且求出製程是否穩定？試求出試驗中心線以及管制界限。

23. 使用下表表示一卷白紙上的表面不合格點數，試求其 u 管制圖的試驗管制界限和修正管制界限；假設任何超出管制的點都有非機遇原因。

批　號	樣組大小	總不合格點數	批　號	樣組大小	總不合格點數
1	10	45	15	10	48
2	10	51	16	11	35
3	10	36	17	10	39
4	9	48	18	10	29
5	10	42	19	10	37
6	10	5	20	10	33
7	10	33	21	10	15
8	8	27	22	10	33
9	8	31	23	11	27
10	8	22	24	10	23
11	12	25	25	10	25
12	12	35	26	10	41
13	12	32	27	9	37
14	10	43	28	10	28

24. 有一個倉庫的配銷活動已經在統計管制之下，並且需要下一期的管制界限。如果樣組大小為 100，總不合格點數為 835，樣組數為 22，試問新的管制界限和中心線為何？

25. 下表為一家碳酸飲料製造商檢驗空瓶子的資料，試依下列資料建構管制圖；假設任何超出管制的點都有非機遇原因。

瓶子檢驗數	缺口、刮痕或其他	兩側的外來原料	瓶底的外來原料	總不合格點數
40	9	9	27	45
40	10	1	29	40
40	8	0	25	33
40	8	2	33	43
40	10	6	46	62
52	12	16	51	79
52	15	2	43	60
52	13	2	35	50
52	12	2	59	73
52	11	1	42	54
52	15	15	25	55
52	12	5	57	74
52	14	2	27	43
52	12	7	42	61
40	11	2	30	43
40	9	4	19	32
40	5	6	34	45
40	8	11	14	33
40	3	9	38	50
40	9	9	10	28
52	13	8	37	58
52	11	5	30	46
52	14	10	47	71
52	12	3	41	56
52	12	2	28	42

26. 假設使用 10：5：1 的缺點加權制度，當 $u_c = 0.11$、$u_{ma} = 0.70$、$u_{mi} = 4.00$ 以及 $n = 50$ 的時候，試求中心線和管制界限。如果某一個特定日子的樣組檢驗結果為 1 個重大不合格點、35 個主要不合格點以及 110 個次要不合格點，試求這個結果是在管制內或是超出管制？

27. 使用本書所附光碟的 EXCEL 軟體，解答下列各題：
    (a) 作業 2
    (b) 作業 13
    (c) 作業 17
    (d) 作業 21

28. 製作可以確保四個管制圖的 LCL 都是 0 的 EXCEL 試算表。

29. 設計一個 D 管制圖的 EXCEL 試算表。

30. 決定一些合格管制圖的 nq 方程式。

CHAPTER 9 計數值逐批允收抽樣 [1]

目　標

在完成本章之後，讀者可以預期：

- 知道抽樣的優點和缺點、抽樣計畫的類型和選擇的因素、形成批量的標準、抽樣選擇的標準以及關於拒絕批量的決定
- 決定單次抽樣計畫的 OC 曲線
- 決定雙次抽樣計畫，畫出 OC 曲線所需要的方程式
- 知道 OC 曲線的特性
- 知道消費者－生產者風險的關係、AQL 以及 LQ
- 決定單次抽樣計畫的 AOQ 曲線與 AOQL
- 設計約定生產者風險和約定消費者風險的單次抽樣計畫

---

[1] 本章根據 ANSI/ASQC S2–1995。

◾ 簡　介

近幾年來，由於統計製程管制在品質功能當中取得相當重要的地位，允收抽樣的重要性已經降低。然而，允收抽樣在構成品質科學的整個學問當中，仍然占有一席之地。除了本章和下一章討論的統計允收抽樣之外，還有其他允收抽樣的方法，例如：固定百分比、非經常性隨機檢查以及 100% 檢驗。

◾ 基本概念

▶ 說　明

計數值逐批允收抽樣是最常見的抽樣型態。這種型態的抽樣，是在每一個批量當中，抽出事先決定的數量單位，檢查計數值的特性。如果不合格品的數目小於事先決定的最小值，則允收這一批；如果不是的話，則拒收這一批。允收抽樣可以用於不合格品數，或每單位不合格點數。為了簡化本章的描述，我們使用不合格品數；當然，這些資訊也適用於每單位不合格點數。至於抽樣計畫，則是依照嚴重性（重大的、主要的、次要的）而建立，或是依照**每單位缺點**（demerit-per-unit）為基礎。

一個單次抽樣計畫是由批量大小 N、樣本大小 n 以及允收數 c 決定；因此，一個計畫為：

$$N = 9{,}000$$
$$n = 300$$
$$c = 2$$

表示一批量大小為 9,000，檢驗 300 個單位。如果 300 件樣本裡，發現只有 2 件或小於 2 件的不合格品，則允收該批；如果發現 3 件或大於 3 件的不合格品，則拒收該批。

很多消費者-生產者關係的不同狀況，可以執行允收抽樣。消費者和生產者，可以來自兩個不同的組織、相同組織裡的兩個工廠或同一個組織的工廠的兩個部門。無論如何，決定是否允收或拒收產品的問題總是存在著。

產品的允收抽樣，最有可能用在下列的五種情況：

1. 當試驗具有破壞性（例如保險絲和張力試驗），抽樣檢驗是必要的；否則，所有產品將因檢驗而全部毀壞。
2. 當 100% 全數檢驗的成本，高於不合格品通過允收之成本的時候。
3. 當有很多相似的檢驗產品，抽樣檢驗即使沒有比較好，通常也會比 100% 全數檢驗有效率；這是因為使用人工全數檢驗所造成的勞累和無聊，比一般使用抽樣計畫，會造成允收更高比率的不合格品。
4. 有關生產者品質的資訊，如：$\bar{X}$ 與 R、p 或 c 管制圖以及 C_{pk} 無法得到的時候。
5. 當自動化檢驗無法進行的時候。

抽樣的優點和缺點

和 100% 全數檢驗相較，抽樣檢驗具有下列優點：

1. 品質的責任歸於適當的責任單位，而不是檢驗單位，從而鼓勵產生快速的改善。
2. 變得更為經濟；這是歸因於較少的檢驗（較少的檢驗者），且在檢驗過程中，較少因為檢驗而導致的損壞。
3. 檢驗工作從單調的逐件決定，提升為逐批決定。
4. 適用於破壞性試驗。
5. 若被拒絕，是整批被拒絕，而不是只有不合格品退回，因此提供更強烈的改善動機。

抽樣檢驗固有的缺點為：

1. 存在著允收不良批和拒收優良批的風險。
2. 必須花更多的時間和努力，投入規劃與文件製作。
3. 雖然資訊通常是足夠的，卻提供比較少的產品資訊。
4. 無法保證整批產品一定符合規格。

抽樣計畫的類型

抽樣計畫有四種類型：單次、雙次、多次以及逐次抽樣計畫。單次抽樣的計畫，是根據從該批抽取一件樣本的檢驗結果，判斷該批為允收或拒收；這種類型的抽樣計畫，在本章前面已介紹過。

雙次抽樣計畫則稍微複雜；就最初的樣本，按照檢驗結果，做成決定是根據：(1) 允收該批；(2) 拒收該批；(3) 做別的樣本抽樣。如果品質很好，就允收該批第一次樣本，而不用做第二次抽樣；如果品質很差，就拒收該批第一次樣本，也不用做第二次抽樣。只有當品質水準不是非常好、或不是非常差的時候，才需要做第二次抽樣。

如果需要做第二次抽樣，則檢驗的結果和第一次檢驗的結果，會用來做成決定。雙次抽樣計畫的定義如下：

N = 批量大小

n_1 = 第一次抽樣的樣本大小

c_1 = 第一次抽樣的允收數（有時表示為 Ac）

r_1 = 第一次抽樣的拒收數（有時表示為 Re）

n_2 = 第二次抽樣的樣本大小

c_2 = 兩次抽樣的允收數

r_2 = 兩次抽樣的拒收數

如果沒有提供 r_1 和 r_2 的值，它們的值等於 c_2+1。

下面的例子有助於闡明雙次抽樣計畫：N = 9,000、n_1 = 60、c_1 = 1、r_1 = 5、n_2 = 150、c_2 = 6、r_2 = 7。從批量（N）大小 9,000 當中，抽取最初的樣本（n_1）60 件檢驗，做成下列其中之一的判斷：

1. 如果有 1 件或小於 1 件的不合格品（c_1），則允收該批。
2. 如果有 5 件或大於 5 件的不合格品（r_1），則拒收該批。
3. 如果有 2 件、3 件或 4 件不合格品，則不做決定，而且抽取第二次的樣本。

從該批量（N）當中抽取第二次樣本（n_2）150 件加以檢驗，而且做成下列其中之一的判斷：

1. 如果這兩次樣本當中，有 6 件或小於 6 件的不合格品（c_2），則允收該批。這個數值（6 件或小於 6 件）是由下列情況獲得：第一樣本有 2 件，而且第二樣本有 4 件或小於 4 件；第一樣本有 3 件，而且第二樣本有 3 件或小於 3 件；第一樣本有 4 件，而且第二樣本有 2 件或小於 2 件。
2. 如果這兩次樣本當中，有 7 件或大於 7 件的不合格品（r_2），則拒收該

批。這個數值（7件或大於7件）是由下列情況獲得：第一樣本有2件，而且第二樣本有5件或大於5件；第一樣本有3件，而且第二樣本有4件或大於4件；第一樣本有4件，而且第二樣本有3件或大於3件。

多次抽樣計畫，可以視為雙次抽樣計畫的延續，因為可以建立所想要的三次、四次、五次或更多的樣本，而樣本大小變得更小，它的方法就跟雙次抽樣一樣；因此，不做更詳細的說明。ANSI/ASQ Z1.4的多次抽樣計畫，使用七次的樣本。在本章後面，將會介紹一個有四次抽樣的多次抽樣計畫。

在逐次抽樣當中，樣本是一個接著一個抽樣與檢驗，而且維持一個累積的紀錄；當有足夠的累積證據後，就可做成允收或拒收該批的決定。在下一章裡，將有逐次抽樣的更多資訊。

這四種類型的抽樣計畫會有相同的結果；因此，單次抽樣計畫允收一批量的機率，與在適當的雙次、多次或逐次抽樣計畫是一樣的。因此，一個特定批量的計畫類型，所根據的是除了有效性之外的因素。這些因素有：簡易程度、管理成本、品質資訊、檢驗數量和心理影響。

簡易程度可能是最重要的因素。針對這一點，單次抽樣是最好的，而逐次抽樣是最差的。

訓練、檢驗、維持紀錄等的管理成本，單次抽樣是最少的，而逐次抽樣是最多的。

單次抽樣比雙次抽樣提供更多關於每一批量品質水準的資訊，也比多次或逐次抽樣有更多的資訊。

一般而言，單次抽樣的檢驗數最多，而逐次抽樣的檢驗數最少；稍後在本章使用的平均抽樣數（average sampling number, ASN）曲線，會說明這個概念。

第五個因素是有關於四種抽樣計畫類型心理性的影響。單次抽樣計畫，沒有第二次抽樣的機會；然而，雙次抽樣計畫，如果第一次抽樣的結果接近允收邊界，會有第二次抽取其他樣本的機會。許多生產者偏好這種雙次抽樣提供之第二次抽樣的心理特點。在多次和逐次抽樣計畫裡，有很多的「第二次機會」，因此心理特點的影響，會比雙次抽樣低。

必須仔細考慮這五個因素，以選擇出最適合特定狀況的抽樣計畫類型。

⇒ 批量的形成

批量的形成，將影響到抽樣計畫的有效性，準則如下：

1. 批量應該具有同質性。意思是，所有在該批量的產品，必須由同一機器、相同操作人員、相同的原料等製造。如果混合不同來源的產品，則抽樣計畫就無法正常運作。同時，也很難採取矯正行動，消除不合格品來源。
2. 批量數應該要盡可能的大一點。因為樣本大小不會像批量大小一樣迅速地增加，一個較大批量的檢驗成本會比較低。例如，從一個 2,000 件的批量抽取 125 件的樣本（6.25%）的效果，但是一個 4,000 件的批量，抽取 200 件的樣本（5.00%），是相同有效的。當一個組織開始實施及時採購原理的時候，批量通常會減少到只有 2 或 3 天的供應量；因此，相關的檢驗數量和檢驗成本將會增加。這種及時採購作法的效益，遠超過檢驗成本的增加，所以小批量是期待中的事。

讀者應該注意，不要把出貨和物料處理的包裝需求，與同質批量的概念混淆。換句話說，一批可能包含很多包裝和很多次出貨，如果是由兩台不同機器出貨，且由兩個不同的操作人員出貨，則它們為不同「批」，而且應該標示出來。讀者也應該瞭解，在一個同質批的部分出貨，應視為是同質批一樣。

⇒ 樣本選擇

被抽取檢驗的樣本，應該能代表整批。所有的抽樣計畫，都是以該批當中每件都有相同被選到的可能性為前提，這稱為**隨機抽樣**（random sampling）。

隨機抽樣的基本方法，是對該批當中每件產品分派一個號碼，然後產生一系列的隨機號碼，並說明將取樣和檢驗哪些樣本。隨機號碼可以由電腦、掌上型電子計算機、有 20 面的隨機號碼骰子、碗中的編號籌碼等產生；它們都可以用來選擇樣本或發展一套亂數表。

附錄表 D 為亂數表；表 9-1 為附錄表 D 的一部分。使用這個表的時候，先任意選擇一個開始位置，接著以同一方向，例如上、下、左、右，有順序的選擇號碼。任何不適合的號碼都排除。為了方便選定位置，這個表每個欄位是由 5 位數建立，也可以用每個欄位 2、3、6 位數或任何數建立。事實上，

表 9-1　亂數

74972	38712	36401	45525	40640	16281	13554	79945
75906	91807	56827	30825	40113	08243	08459	28364
29002	46453	25653	06543	27340	10493	60147	15702
80033	69828	88215	27191	23756	54935	13385	22782
25348	04332	18873	96927	64953	99337	68689	03263

位數可以不留空白的橫跨整頁，但那樣的形式會讓亂數表難以閱讀；任何位數的數字都可以當做亂數使用。

一個例子將有助於瞭解這個方法。假設一批量有 90 件產品，由 1 至 90 編號，而且欲抽取 9 件樣本。隨機選擇一個 2 位數號碼，如所指示的數字 53；數字的選擇是從第 3 欄位右邊的 2 位數字，順序往下選取，前 3 個數字為 53、15、73。再從下一個欄位的頂端選取 45、30、06、27 和 96。號碼 96 因太大而丟棄，接著再選取 52、82，於是號碼為 53、15、73、45、30、06、27、52 和 82 的產品，將構成這個樣本。

很多產品都有序號，可以做為指定號碼；這個做法，避開對每件產品都分派號碼的困難製程。在很多情況下，產品是有系統地包裝在容器內，而指定號碼可以表示位置的標示。如圖 9-1，利用一個 3 位數的號碼，表示容器的寬度、高度和深度；因此，亂數號碼 328 可以明確指出，產品是位在第 3 列、第 2 層、第 8 個單位。至於流體或其他充分混合的產品，可以從任何位置抽取樣本，因為這時產品是假定為同質的。

有時對每件產品指定一個號碼，或利用序號、位置編號，並不實際。從批或包裝的每一層抽取樣本的方法，是代替隨機抽樣的有效方法。這個方法

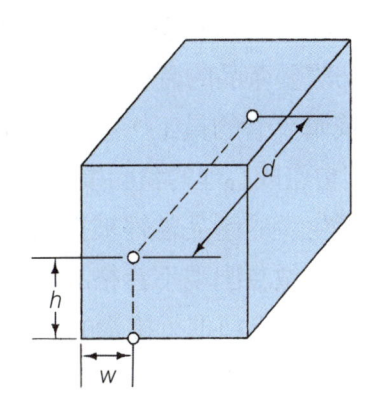

圖 9-1　位置和隨機號碼

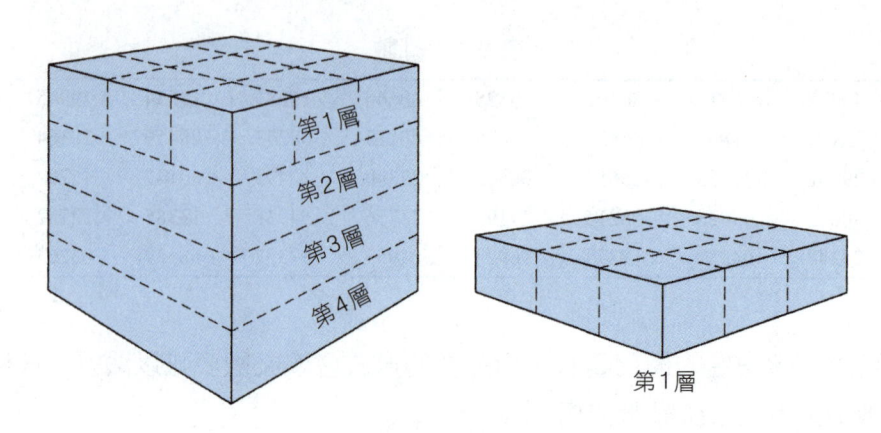

圖 9-2　分層抽樣的劃分批量

把該批或包裝分成若干層，如圖 9-2 所示；每一層再進一步分成若干立方體，如圖第 1 層所示。在每個立方體之內，再從其中抽取樣本。將該批或包裝分層，是檢驗人員想像的製程；藉由這個方法，可以在該批或包裝的全部位置當中，選取樣本。

除非使用適當的抽樣方法，否則會發生多種偏差。偏差樣本的例子，發生在操作人員確定該批最上層的產品有最佳品質，而檢驗人員從同樣的位置抽取樣本；因此必須對操作人員和檢驗人員適當的監督，以確保沒有偏差發生。

➠ 拒收批

一旦拒收某批後，就可以採取一些行動方案。

1. 讓拒收批再回到生產設備單位，而且由生產人員挑選不合格品。這項行動並不是一個滿意的作法，因為它使抽樣檢驗的目的無效，也降低生產速度。然而，如果迫切需要產品的時候，可能沒有其他的選擇。
2. 拒收批可以由生產者或購買者的員工，在購買者的工廠進行矯正；雖然可以節省運送成本，但會造成心理的負面損害。因為購買者的全體員工，都已經知道某 X 生產者生產的產品曾經被拒收。這個事實在未來使用生產者 X 原料時，將可能會做為出現不合格品的藉口。除此之外，購買者的工廠還必須提供空間，讓人員進行挑選的作業。
3. 拒收批可以退回生產者，進行矯正。這是唯一恰當的行動，因為它能導致長期的品質改善。因為運送成本由雙方負擔，成本變成改善品質的刺

激因素。同時，當一批量在生產者工廠挑選的時候，全體員工都知道，購買者 Y 預期會收到有品質的產品；這也是購買者 Y 下次下訂單的時候，改善品質的刺激因素。這項行動可能使生產線暫時停擺，而這提供生產者和操作人員一個非常清楚、明確的警訊：品質是很重要的。

一般認為拒絕批會接受 100% 全數檢驗，而且不合格品會丟棄；而再送來的送驗批，通常不會再檢驗。但是如果有檢驗，檢驗應侷限在原來不符合的地方；因為不合格品會丟棄，所以再送來的送驗批，會比原先的數量少。

統計觀點

單次抽樣計畫的 OC 曲線

操作特性曲線（operating characteristic curve, OC curve）是一項非常好的評估方法。在判斷一個特定抽樣計畫的時候，通常我們想知道某批特定不合格百分比（$100p_0$）允收的機率；OC 曲線會提供這方面的資訊，圖 9-3 是一個典型的 OC 曲線。當不合格百分比很低的時候，該批允收的機率很高；而隨著不合格百分比增加，允收的機率會減少。

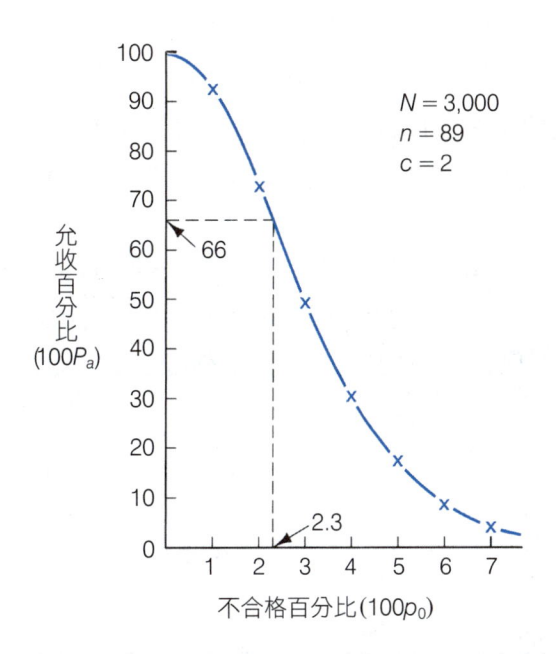

圖 9-3 單次抽樣計畫 OC 曲線；N = 3,000、n = 89 以及 c = 2

藉由一個具體的例子，說明 OC 曲線的建構。一個批量 $N = 3000$，樣本大小 $n = 89$，允收數 $c = 2$ 的單次抽樣計畫；假定該批是來自於一個可視為是無限大母體的穩定製程，因此可以利用二項機率分配計算。很幸運地，幾乎所有的抽樣計畫，卜瓦松分配是二項分配之一極佳近似估計。因此，卜瓦松分配會用來決定批量的允收機率。

在利用 $100P_a$（允收百分比）和 $100p_0$（不合格百分比）兩個變數畫圖的時候，須先假定一個 $100p_0$ 的值，再計算另一個值。為了舉例的用途，我們假設一個 $100p_0$ 的值為 2%，np_0 的值則為：

$$p_0 = 0.02$$
$$np_0 = (89)(0.02) = 1.8$$

該批的允收是根據允收數 $c = 2$，當樣本裡沒有不合格品，或有 1 件、2 件不合格品的時候，即允收。因此：

$$P_a = P_0 + P_1 + P_2$$
$$= P_2 \text{ 或小於 } P_2$$
$$= 0.731 \text{ 或 } 100P_a = 73.1\%$$

P_a 值由附錄的表 C，當 $c = 2$ 與 $np_0 = 1.8$ 的時候得到。

使用如表 9-2 的表格，可以幫助計算。曲線終止於 P_a 值大約在 0.05 的地方。因為 $100p_0 = 7\%$ 的時候，$P_a = 0.055$，所以不需要再做任何超過 7% 的計算。大約需要 7 個點描繪出曲線，而在曲線改變方向的點，則要更多的注意。

表中的資訊，可以用來標示、取得如圖 9-3 所示的 OC 曲線，步驟如下：

表 9-2　單次抽樣計畫：$n = 89$、$c = 2$ 的允收機率

假設的製程品質		樣本大小		允收機率	批量允收百分比
P_0	$100P_0$	n	np_0	P_a	$100P_a$
0.01	1.0	89	0.9	0.938	93.8
0.02	2.0	89	1.8	0.731	73.1
0.03	3.0	89	2.7	0.494	49.4
0.04	4.0	89	3.6	0.302	30.2
0.05	5.0	89	4.5	0.174	17.4
0.06	6.0	89	5.3	0.106*	10.6
0.07	7.0	89	6.2	0.055*	5.5

*利用內插法。

(1) 假設 p_0 值；(2) 計算 np_0 值；(3) 利用適當的 c 和 np_0 值，從卜瓦松分配表獲得 P_a 值；(4) 標示點 $(100p_0, 100P_a)$；(5) 重複步驟 1 到 4，直到獲得一個平滑曲線。

為了使 OC 曲線更容易讀取，最好使用批量允收百分比（預計的方法），而不用允收機率。

一旦曲線建構好，它就顯示一個特定送驗品質批量允收的機率。因此，如果一個送驗製程品質的不合格率 2.3%，期望允收百分比就是 66%。同樣地，如果有 55 批使用這個抽樣計畫，以檢驗不合格率為 2.3% 的製程，則有 36 批 [(55)(0.66) = 36] 允收，19 批 [55 − 36 = 19] 拒收。

這個 OC 曲線，是符合 N = 3,000、n = 89、c = 2 抽樣計畫的唯一 OC 曲線。如果這個抽樣計畫無法達到想要的效能，則要改變抽樣計畫，並且重新建構和評估一個新的 OC 曲線。

▶ 雙次抽樣計畫的 OC 曲線

雙次抽樣計畫 OC 曲線的建構，因為必須決定兩條曲線，所以牽涉的更多；第一條曲線是第一樣本的允收機率，第二條曲線是合併樣本的允收機率。

如圖 9-4，N = 2,400、n_1 = 150、c_1 = 1、r_1 = 4、n_2 = 200、c_2 = 5、r_2 = 6 是典型雙次抽樣計畫的 OC 曲線。建構這個 OC 曲線的第一步是決定它的方

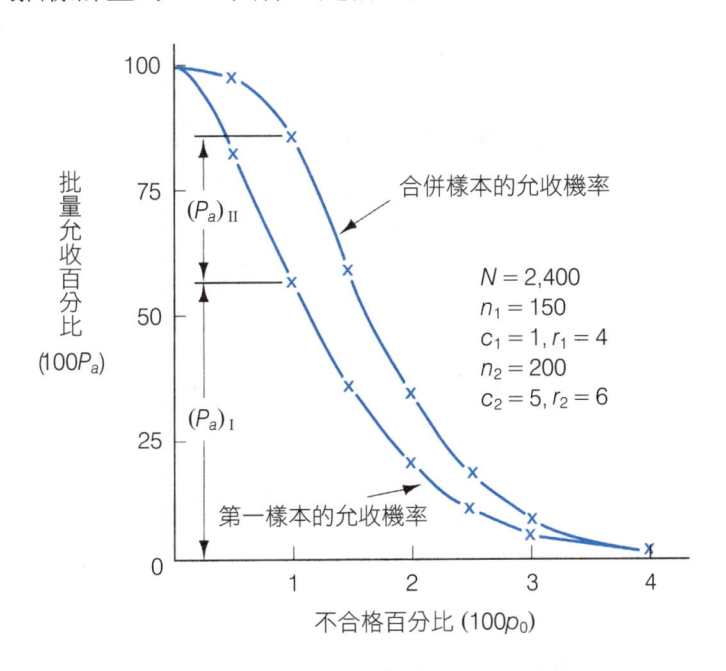

圖 9-4 雙次抽樣計畫的 OC 曲線

程式,如果第一樣本有 1 件或小於 1 件的不合格品,則允收該批;方程式用符號表示為:

$$(P_a)_I = (P_{1\text{ 或小於 }1})_I$$

為獲得第二樣本的方程式,要決定該批可以允收不同方法的數目。只有在第一樣本有 2 或 3 件不合格品,才抽取第二次樣本;如果只有 1 件或小於 1 件,則允收該批;如果有 4 件或大於 4 件,則拒收該批。因此,在下列情況的時候,可以允收該批:

1. 在第一樣本有 2 件不合格品,「並且」在第二樣本有 3 件或小於 3 件的不合格品;「或」
2. 在第一樣本有 3 件不合格品,「並且」在第二樣本有 2 件或小於 2 件的不合格品。

在上面的敘述特別強調「並且」和「或」,以說明第 7 章討論過加法和乘法定理的使用。當出現「並且」的時候,是乘;當出現「或」的時候,是加。這時方程式變為:

$$(P_a)_{II} = (P_2)_I (P_{3\text{ 或小於 }3})_{II} + (P_3)_I (P_{2\text{ 或小於 }2})_{II}$$

上面的式子當中,下標符號樣本的號碼是使用羅馬數字。上述方程式只適用於這個雙次抽樣計畫,其他抽樣計畫則需要不同的方程式;圖 9-5 說明了這個方法。注意,在第二個方程式裡,每項的不合格品數皆等於或小於允收數 c_2。藉著結合這些方程式,我們得到合併樣本的允收機率:

$$(P_a)_{\text{合併}} = (P_a)_I + (P_a)_{II}$$

一旦得到這些方程式後,就可以假設不同的 P_0 值,而且計算相對第一和第二樣本的 P_a 值,以找出 OC 曲線。例如,使用附錄表 C,而且假設 p_0 值為 0.01 ($100\,p_0 = 1.0$):

$$(np_0)_I = (150)(0.01) = 1.5 \qquad (np_0)_{II} = (200)(0.01) = 2.0$$
$$(P_a)_I = (P_{1\text{ 或小於 }1})_I = 0.558$$
$$(P_a)_{II} = (P_2)_I (P_{3\text{ 或小於 }3})_{II} + (P_3)_I (P_{2\text{ 或小於 }2})_{II}$$
$$(P_a)_{II} = (0.251)(0.857) + (0.126)(0.677)$$

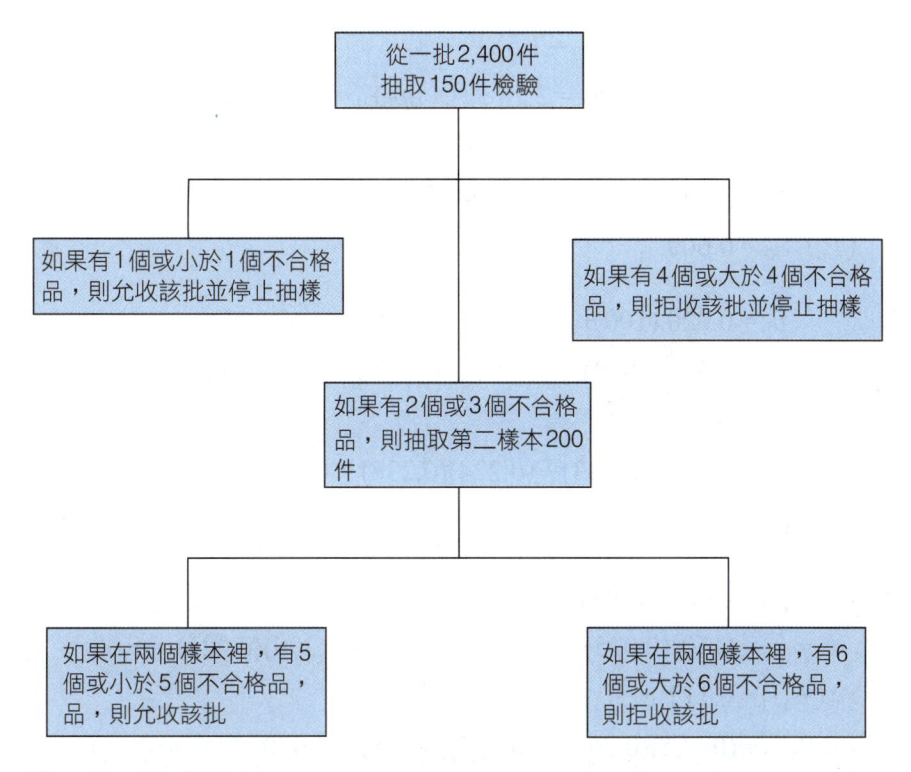

```
                    ┌──────────────┐
                    │ 從一批2,400件 │
                    │ 抽取150件檢驗 │
                    └──────┬───────┘
              ┌────────────┼────────────┐
    ┌─────────┴─────────┐      ┌────────┴──────────┐
    │如果有1個或小於1個不合格│      │如果有4個或大於4個不合格│
    │品，則允收該批並停止抽樣│      │品，則拒收該批並停止抽樣│
    └───────────────────┘      └───────────────────┘
                    ┌──────┴───────┐
                    │如果有2個或3個不合格│
                    │品，則抽取第二樣本200│
                    │件                  │
                    └──────┬───────┘
              ┌────────────┴────────────┐
    ┌─────────┴─────────┐      ┌────────┴──────────┐
    │如果在兩個樣本裡，有5│      │如果在兩個樣本裡，有6│
    │個或小於5個不合格品，│      │個或大於6個不合格品，│
    │品，則允收該批        │      │則拒收該批            │
    └───────────────────┘      └───────────────────┘
```

圖 9-5 雙次抽樣計畫：$N = 2,400$、$n_1 = 150$、$c_1 = 1$、$r_1 = 4$、$n_2 = 200$、$c_2 = 5$、$r_2 = 6$ 圖示說明

$(P_a)_{II} = 0.300$

$(P_a)_{合併} = (P_a)_I + (P_a)_{II}$

$(P_a)_{合併} = 0.558 + 0.300$

$(P_a)_{合併} = 0.858$

這些結果如圖 9-4 的說明；當兩個樣本大小不同的時候，np_0 值也跟著不同，可能會造成計算上的錯誤。其他可能錯誤的來源，則是忽略使用「或小於」的機率。通常計算到小數點以下第 3 位，而曲線上別的點，剩下來的計算為：

當　　$p_0 = 0.005\,(100p_0 = 0.5)$，

$(np_0)_I = (150)(0.005) = 0.75$　　$(np_0)_{II} = (200)(0.005) = 1.00$

$(P_a)_I = 0.826$

$(P_a)_{II} = (0.133)(0.981) + (0.034)(0.920) = 0.162$

$(P_a)_{合併} = 0.988$

當　　$p_0 = 0.015$ ($100p_0 = 1.5$)，
　　$(np_0)_I = (150)(0.015) = 2.25$　　$(np_0)_{II} = (200)(0.015) = 3.00$
　　$(P_a)_I = 0.343$
　　$(P_a)_{II} = (0.266)(0.647) + (0.200)(0.423) = 0.257$
$(P_a)_{合併} = 0.600$

當　　$p_0 = 0.020$ ($100p_0 = 2.0$)，
　　$(np_0)_I = (150)(0.020) = 3.00$　　$(np_0)_{II} = (200)(0.020) = 4.00$
　　$(P_a)_I = 0.199$
　　$(P_a)_{II} = (0.224)(0.433) + (0.224)(0.238) = 0.150$
$(P_a)_{合併} = 0.349$

當　　$p_0 = 0.025$ ($100p_0 = 2.5$)，
　　$(np_0)_I = (150)(0.025) = 3.75$　　$(np_0)_{II} = (200)(0.025) = 5.00$
　　$(P_a)_I = 0.112$
　　$(P_a)_{II} = (0.165)(0.265) + (0.207)(0.125) = 0.070$
$(P_a)_{合併} = 0.182$

當　　$p_0 = 0.030$ ($100p_0 = 3.0$)，
　　$(np_0)_I = (150)(0.030) = 4.5$　　$(np_0)_{II} = (200)(0.030) = 6.00$
　　$(P_a)_I = 0.061$
　　$(P_a)_{II} = (0.113)(0.151) + (0.169)(0.062) = 0.028$
$(P_a)_{合併} = 0.089$

當　　$p_0 = 0.040$ ($100p_0 = 4.0$)，
　　$(np_0)_I = (150)(0.040) = 6.00$　　$(np_0)_{II} = (200)(0.040) = 8.00$
　　$(P_a)_I = 0.017$
　　$(P_a)_{II} = (0.045)(0.043) + (0.089)(0.014) = 0.003$
$(P_a)_{合併} = 0.020$

與單次抽樣的 OC 曲線畫法一樣，計算好的數值就標示出來，最後的幾個計算，是用來描繪曲線的改變方向。如果可能的話，兩個樣本大小最好相等，以簡化計算和檢驗人員的工作。如果沒有給定 r_1 值和 r_2 值，它們是等於 $c_2 + 1$。

步驟為：(1) 假設 p_0 值；(2) 計算 $(np_0)_I$ 和 $(np_0)_{II}$ 的值；(3) 使用 3 個方程式和附表 C，決定 P_a 值；(4) 點標示出來；(5) 重複步驟 1 至 4，直到得到一個平滑曲線。

▶ 多次抽樣計畫的 OC 曲線

建構多次抽樣計畫的 OC 曲線，比雙次或單次抽樣計畫更複雜，但是方法是相同的；圖 9-6 為一個四次多次抽樣計畫，詳細說明如下：

$$N = 3{,}000$$
$$n_1 = 30 \quad c_1 = 0 \quad r_1 = 4$$
$$n_2 = 30 \quad c_2 = 2 \quad r_2 = 5$$
$$n_3 = 30 \quad c_3 = 3 \quad r_1 = 5$$
$$n_4 = 30 \quad c_4 = 4 \quad r_4 = 5$$

這個多次抽樣計畫的方程式如下：

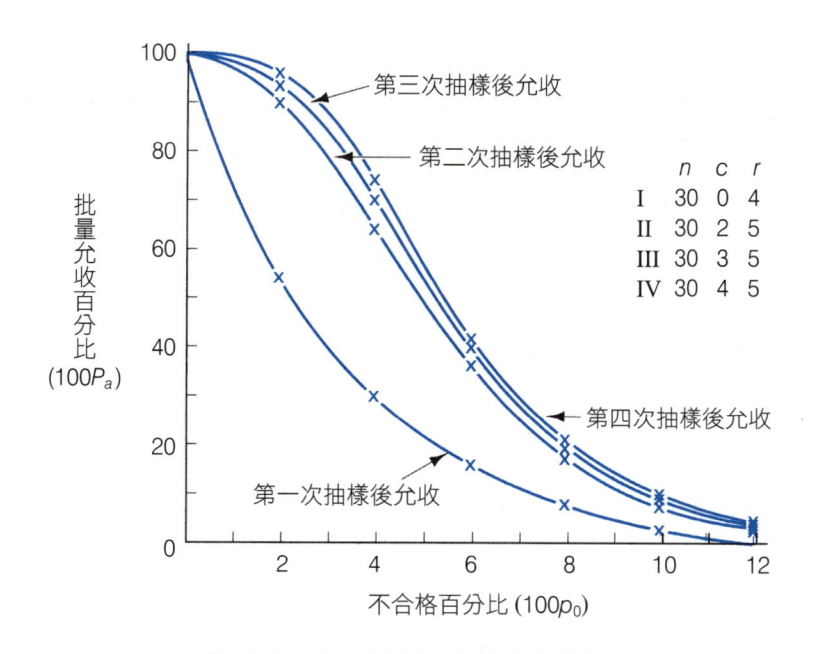

$(P_a)_I = (P_0)_I$

$(P_a)_{II} = (P_1)_I (P_{1\ 或小於\ 1})_{II} + (P_2)_I (P_0)_{II}$

$(P_a)_{III} = (P_1)_I (P_2)_{II} (P_0)_{III} + (P_2)_I (P_1)_{II} (P_0)_{III} + (P_3)_I (P_0)_{II} (P_0)_{III}$

圖 9-6　多次抽樣計畫的 OC 曲線

$$(P_a)_{IV} = (P_1)_I (P_2)_{II} (P_1)_{III} (P_0)_{IV} + (P_1)_I (P_3)_{II} (P_0)_{III} (P_0)_{IV} +$$
$$(P_2)_I (P_1)_{II} (P_1)_{III} (P_0)_{IV} + (P_2)_I (P_2)_{II} (P_0)_{III} (P_0)_{IV} +$$
$$(P_3)_I (P_0)_{II} (P_1)_{III} (P_0)_{IV} + (P_3)_I (P_1)_{II} (P_0)_{III} (P_0)_{IV}$$

使用上述方程式和改變不合格率 p_0，可以建構如圖 9-6 的 OC 曲線。這是一個相當冗長乏味的工作，比較理想的是，由電腦進行。

▶ 註　解

操作特性曲線，評估特定抽樣計畫的有效性。如果由 OC 曲線看出這個抽樣計畫不能令人滿意，應該選擇使用其他抽樣計畫，並且繪製一個新的 OC 曲線。

因為通常不知道製程品質或批的品質，所以 OC 曲線（還有本章的其他曲線），都是「假設的」曲線。換句話說，如果品質有一特定的不合格率，則可以從曲線上得到該批量的允收百分比。

▶ 型 A 和型 B 的 OC 曲線差異

前一節所建構的 OC 曲線是型 B 曲線。它假設某批來自穩定的連續產品來源，因此是根據批量無限大的觀念計算；二項分配是計算允收機率的精確分配。不過使用卜瓦松分配，它卻是一個極佳的近似值；型 B 曲線是連續的。

型 A 曲線，提供一個分離有限批量的允收機率；在有限的情形下，是使用超幾何分配計算允收機率。當型 A 曲線的樣本大小增加的時候，它會接近型 B 曲線，而當批量大小至少為樣本大小 10 倍的時候，兩條線會幾乎相等（$n/N \leq 0.10$）。圖 9-7 所示為一個型 A 曲線，其中小小開放的圓圈，代表離散資料和一個不連續曲線。然而，曲線畫成一條連續的線；因此，不可能有 4% 的不合格率，因為它代表著該批 65 件當中，有 2.6 件不合格品 [(0.04)(65) = 2.6]，可是卻可能有 4.6% 的不合格率；因為它代表該批 65 件當中，有 3 件不合格品 [(0.046)(65) = 3.0]。因此，「曲線」只存在小小開放圓圈所在的地方。

比較圖 9-7 的型 A 和型 B 曲線，發現型 A 曲線總是低於型 B 曲線。當批量大小比樣本大小還小的時候，兩條曲線的差異是顯著的，而能建構型 A 曲線。

除非有其他說明，否則討論的 OC 曲線，都是型 B 曲線。

[圖表：型 A 和型 B 的 OC 曲線]

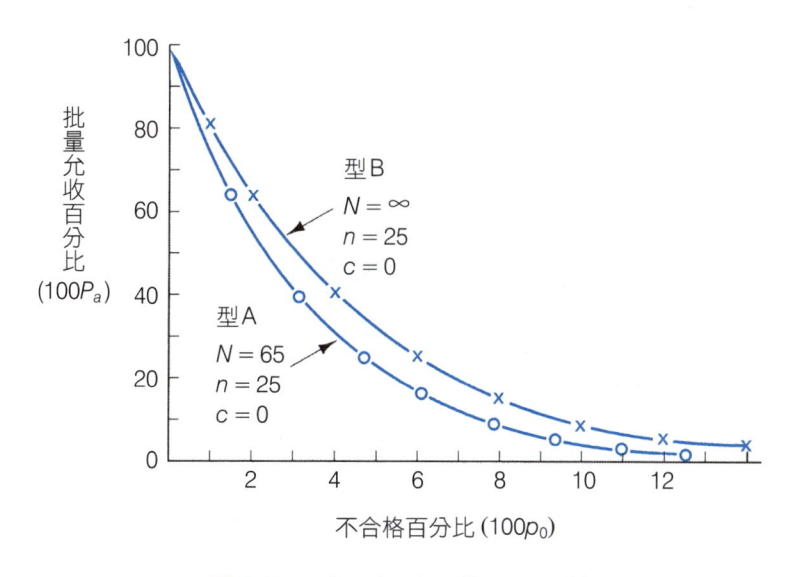

型 B
$N = \infty$
$n = 25$
$c = 0$

型 A
$N = 65$
$n = 25$
$c = 0$

縱軸：批量允收百分比 ($100P_a$)
橫軸：不合格百分比 ($100p_0$)

圖 9-7 型 A 和型 B 的 OC 曲線

OC 曲線的特性

具有相似特性的允收抽樣計畫，會有不同的 OC 曲線；下列是有關 OC 曲線的四個特性和一些資訊：

1. 樣本大小與批量大小成固定比例。 在使用允收抽樣的統計概念之前，檢驗人員通常會接受指示，從批量抽取一定固定比例的樣本。假設這個比例為 10%，則對批量為 900、300 以及 90 的抽樣計畫為：

$N = 900$ $n = 90$ $c = 0$
$N = 300$ $n = 30$ $c = 0$
$N = 90$ $n = 9$ $c = 0$

圖 9-8 顯示這三個計畫的 OC 曲線，很明顯地，它們提供不同的防護。例如，一個 5% 不合格率的製程，批量為 900 的時候，$100P_a = 2\%$；批量為 300 的時候，$100P_a = 22\%$；批量為 90 的時候，$100P_a = 63\%$。

2. 固定樣本大小。 當使用固定或不變樣本大小的時候，OC 曲線會非常近似。圖 9-9 說明當 $n = N$ 的 10% 時，型 A 的情況。很自然地，型 B 曲線或當 $n < N$ 的 10% 時，這些曲線都是相同的。樣本大小和 OC 曲線的形狀以及最終的品質保護比較有關聯性，和批量大小則比較沒有關聯性。

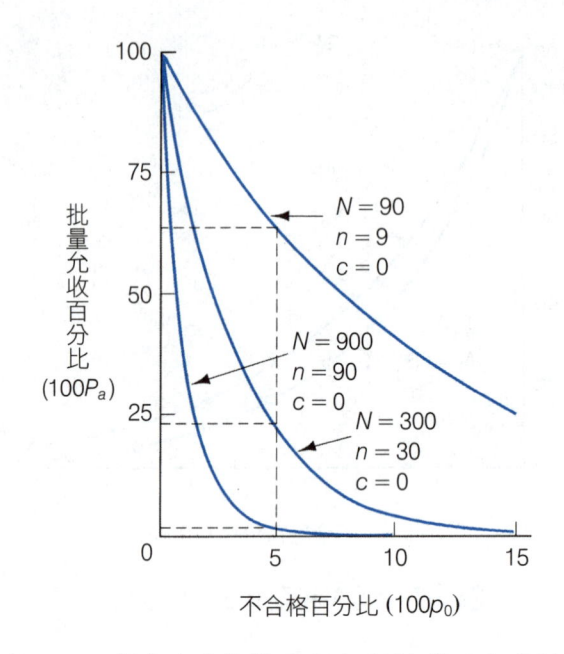

圖 9-8　樣本大小為批量大小 10% 的 OC 曲線

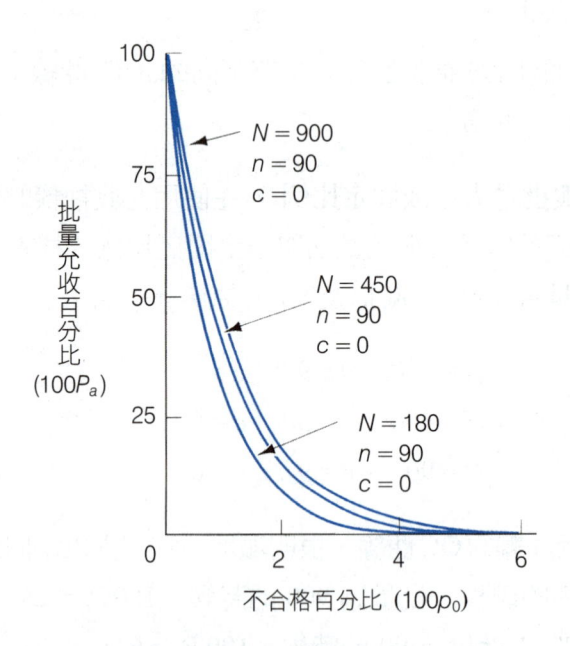

圖 9-9　固定樣本大小的 OC 曲線（型 A）

3. 當樣本大小增加，OC 曲線會變得愈陡。圖 9-10 說明 OC 曲線形狀的改變。當樣本大小增加的時候，曲線的斜率變得愈陡，而且接近垂直線。樣本大小較大的抽樣計畫，比較能夠區分允收和拒收的品質。因此，消費者會

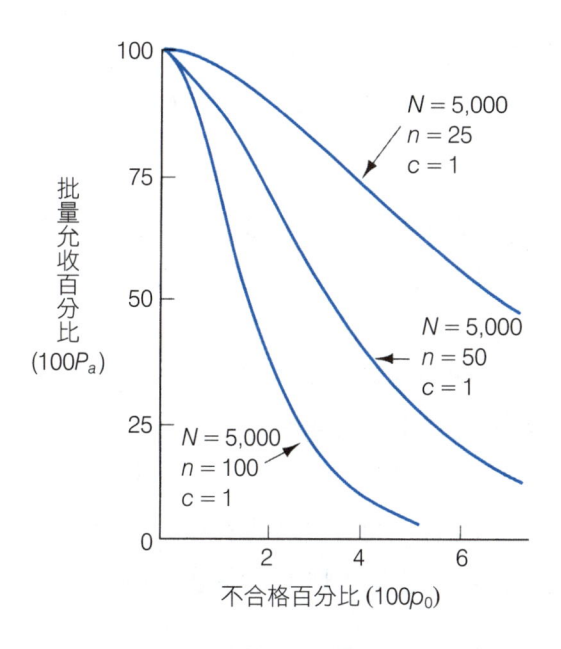

圖 9-10　說明樣本大小改變的 OC 曲線

接受較少不合格批的品質，而生產者也會有較少的合格批被拒絕。

4. 當允收數減少，OC 曲線會變得愈陡。如圖 9-11 所示，當允收數改變的時候，OC 曲線的形狀也跟著改變。當允收數減少的時候，曲線會變得愈

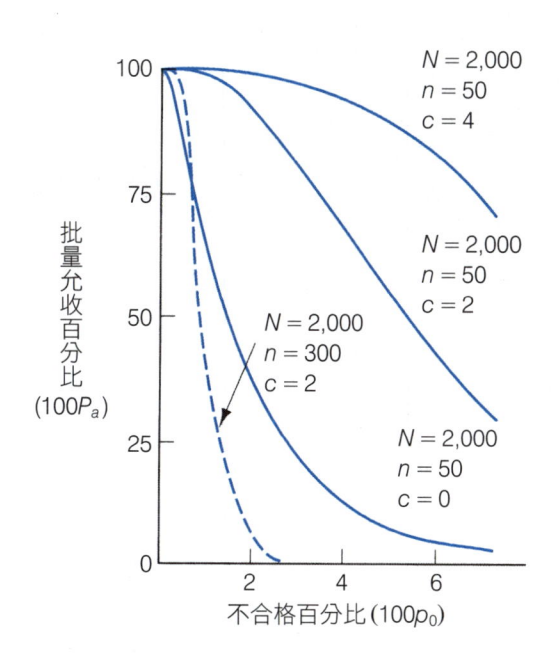

圖 9-11　說明允收數改變的 OC 曲線

陡。這個事實常用來做為證明允收數為 0 的抽樣計畫是正當的。然而，如圖裡虛線所示的 $N = 2,000$、$n = 300$ 以及 $c = 2$ 的 OC 曲線，比在 $c = 0$ 的 OC 曲線還要陡。

抽樣計畫 $c = 0$ 的缺點，是它們的曲線會突然降低，而不是在下降之前有一個水平的穩定水準。因為這是生產者風險（將於下節討論）的區域，而 $c = 0$ 的抽樣計畫，對生產者而言，是更嚴格的。事實上，允收數大於 0 的抽樣計畫比允收數為 0 的抽樣計畫要好；不過需要一個更大的樣本，所以會有更高的成本。除此之外，很多生產者對於在樣本當中，只要找到 1 件不合格品就拒絕整批的計畫，會有心理上的反感。$c = 0$ 抽樣計畫的主要優點，是對不合格品將不會有任何的容忍，而且應該用在重大不合格點上。對於主要和次要的不合格點，應該採用允收數大於 0 的抽樣計畫。

▶ 消費者和生產者的關係

當使用允收抽樣的時候，在消費者和生產者之間有一個互相矛盾的利益。生產者想要所有允收批被允收，而消費者希望沒有拒收批被允收。只有垂直 OC 曲線的理想抽樣計畫，可以同時滿足生產者和消費者，如圖 9-12，這個「理想的」OC 曲線只有 100% 全數檢驗才可以獲得，而這種檢驗型態的缺

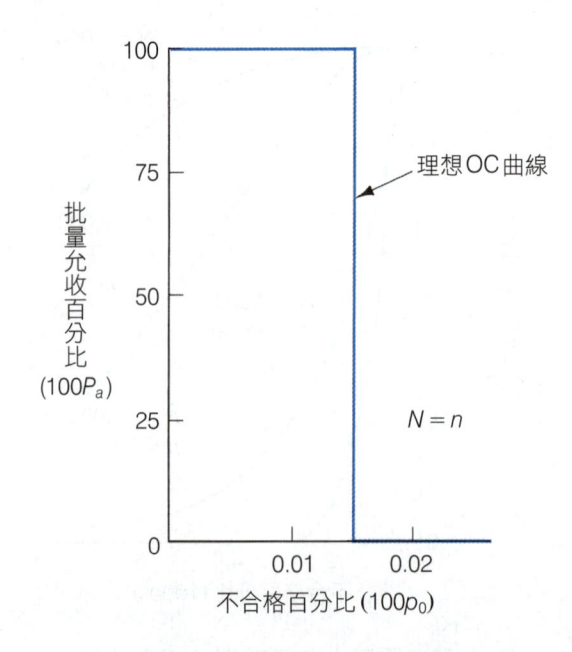

圖 9-12 理想的 OC 曲線

點,在本章前面已經提過。因此,抽樣計畫必須冒著拒收允收批和允收拒收批的風險,因為這些風險的嚴重性,不同的術語和概念都已經標準化。

生產者風險(producer's risk),用符號 α 表示,是指拒收一個允收批的機率。這個風險通常是設定為 0.05,但實際上它的範圍可以從 0.001 到 0.10,或是更大。因為 α 是採用拒收的機率表示,所以它不能標示在 OC 曲線上,除非它用允收機率表示。這個轉換可以用 $1-\alpha$ 獲得。因此,$P_a = 1-\alpha$,而 $\alpha = 0.05$,$P_a = 1 - 0.05 = 0.95$。圖 9-13 以一條標示為「批量拒收百分比」假想軸上的 α 或 0.05 的位置,顯示生產者風險。

與生產者風險相關的是,允收批的數量化定義,稱為**允收品質界限**(acceptable quality limit, AQL)。允收品質界限是指,在一個做為允收抽樣的連續批量當中,可容忍最差製程平均值的品質水準;它在 OC 曲線上只是一個參考點,但並不是傳達給生產者任何的不合格百分比,都可以接受,它是統計的名詞,不是由一般人使用。生產者唯一可以得到允收的保證是,沒有不合格批,或是批內所含不合格品數,必須小於或等於允收數。換句話說,生產者的品質目標,是要符合或超過規格,因此在批內沒有不合格品。

圖 9-13 是當 $100\alpha = 5\%$、AQL = 0.7% 時的抽樣計畫,$N = 4,000$、$n = 300$ 與 $c = 4$。換句話說,不合格率為 0.7% 的產品,被拒收的機率是 0.05 或是

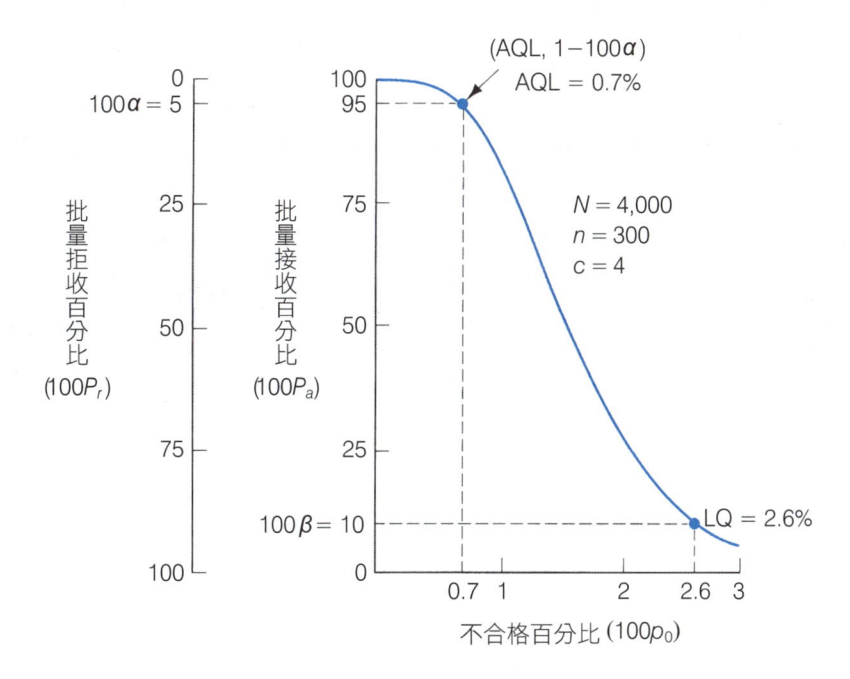

圖 9-13 消費者和生產者的關係

5%。換一種方式來說,就是 0.7% 不合格率的產品,這個抽樣計畫,每 20 批當中有 1 批會被拒收。

消費者風險(consumer's risk),用符號 β 表示,是允收一個拒收批的機率。這個風險通常設定為 0.10。因為 β 是用允收機率表示,所以不需要再做轉換。

與消費者風險相關的是,不合格批的數量化定義,稱做**界限品質**(limiting quality, LQ)。LQ 是以允收抽樣為目的,一批的不合格百分比,消費者希望被接受的機率盡可能的低。如圖 9-13 的抽樣計畫,100 β = 10% 時,LQ = 2.6%。換句話說,一批有 2.6% 不合格率的產品,有 10% 的機率被允收。換一種方式來說,就是這個 2.6% 不合格率的產品,這個抽樣計畫,每 10 批裡有 1 批會被允收。

▶ 平均出廠品質

平均出廠品質(average outgoing quality, AOQ),是抽樣計畫的另一個評估方法。圖 9-14 為 N = 3,000、n = 89 以及 c = 2 抽樣計畫的 AOQ 曲線圖;這個圖與圖 9-3 的 OC 曲線,是相同的抽樣計畫。

建構 AOQ 曲線的資訊,是由加總建構 OC 曲線表當中的 AOQ 欄位得到。表 9-3 顯示 OC 曲線的資訊,以及 AQO 曲線所需的額外欄位。平均出廠品質的不合格百分比是由公式 AOQ = $(100 p_0)(P_a)$ 決定。這個公式並沒有考慮丟棄的不合格品;然而,它已經很接近實用目的,而且很容易使用。

注意,為了呈現更容易閱讀的圖形,所以 AOQ 的比例尺要比送驗製程品

表 9-3 抽樣計畫 N = 3,000、n = 89 以及 c = 2 的平均出廠品質(AOQ)

製程品質 $100 p_0$	樣本大小 n	np_0	允收機率 P_a	AOQ $(100 p_0)(P_a)$
1.0	89	0.9	0.938	0.938
2.0	89	1.8	0.731	1.462
3.0	89	2.7	0.494	1.482
4.0	89	3.6	0.302	1.208
5.0	89	4.5	0.174	0.870
6.0	89	5.3	0.106	0.636
7.0	89	6.2	0.055	0.385
2.5*	89	2.2	0.623	1.558

*曲線改變方向附加的點。

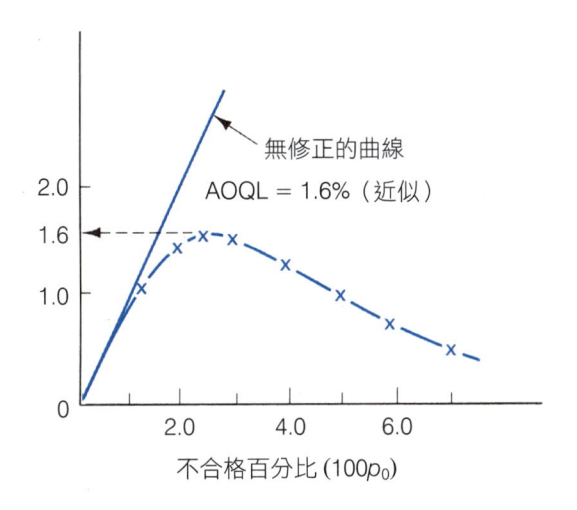

圖 9-14　抽樣計畫 $N = 3{,}000$、$n = 89$ 以及 $c = 2$ 的平均出廠品質曲線

質的比例尺來得大。曲線的建構是用不合格百分比 $100p_0$ 以及與其對應的 AOQ 值獲得。

　　AOQ 是檢驗作業接受的品質水準，它假設任何的拒收批已經修正或挑選過，而送回的時候，是 100% 的好產品。如果沒有加以修正，則 AOQ 與進貨品質相同，如圖 9-14 的直線所示。

　　分析曲線後顯示，當進貨品質不合格率是 2.0% 的時候，AOQ 是 1.46% 的不合格率；當進貨品質不合格率是 6.0% 的時候，AOQ 是 0.64% 的不合格率。因此，因為拒收批已經修正，所以平均出廠品質總是會比進貨品質好。事實上，有一個界限名稱是**平均出廠品質界限**（average outgoing quality limit, AOQL）；因此，對於這個抽樣計畫來說，當進貨品質不合格百分比改變的時候，平均出廠品質絕對不會超過 1.6% 不合格率的界限。

　　從一個例子可以更清楚地了解允收抽樣的概念。假設某個期間內，有 15 個送驗批，每批 3,000 件產品，從生產者運送到消費者。這 15 批有 2% 的不合格率，而且使用 $n = 89$ 和 $c = 2$ 的抽樣計畫決定是否允收。圖 9-15 利用實線說明。這個抽樣計畫的 OC 曲線（圖 9-3）說明了這個 2% 不合格率的送驗批允收百分比為 73.1%，因此，消費者允收 11 批（$15 \times 0.731 = 10.97$），如波浪線所示。而有 4 批被這個抽樣計畫拒收，退回生產者進行修正，如虛線所示。這 4 批經過 100% 全數檢驗後，再以不合格率為 0% 的產品送回消費者，如虛線所示。

　　圖的下方顯示出消費者實際得到的總結摘要。其中生產者丟棄 4 個修正

```
                                            11 批
                                         2% 不合格率
              15 批         ┌─────────┐
           2% 不合格率      │ N = 3,000│
   ┌─────┐ ────────────▶   │ n = 89   │ ～～～～～～▶ ┌─────┐
   │生產者│                  │ c = 2    │                │消費者│
   └─────┘ ◀─ ─ ─ ─ ─ ─    └─────────┘                 └─────┘
         ▲       4 批                                    │
         │   2% 不合格率                                  │
         │                                               │
         └ ─ ─ ─ ─ ─ ─ ─ ─ ─ ─ ─ ─ ─ ─ ─ ─ ─ ─ ─ ─ ─ ─ ─┘
                  4 批
               0% 不合格率
```

總數　　　　　　　　　　　　　　　　　　不合格數

11 批－2% 不合格率　　11(3,000) = 33,000　　　33,000(0.02) = 660
4 批－0% 不合格率　　4(3,000)(0.98) = 11,760　　　　　　　　　 0
　　　　　　　　　　　　　　　　　44,760　　　　　　　　　　 660

不合格百分比(AQQ) = $\frac{660}{44,760} \times 100 = 1.47\%$

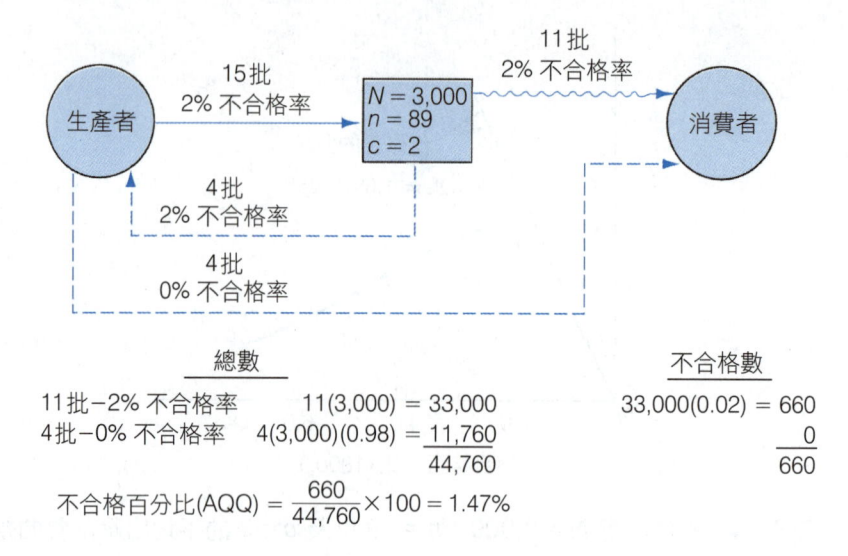

圖 9-15　允收抽樣如何運作

批的 2%（240 件），所以生產者這 4 批只給了 11,760 件，而不是 12,000 件。經由計算顯示，消費者實際得到不合格品的 1.47%；而生產者的品質為 2% 的不合格率。

必須強調的是，只有當拒收批退回給生產者修正再送回，允收抽樣系統才能運作。這個 $\alpha = 0.05$ 的特定抽樣計畫，AQL 為 0.9%，因此，生產者 2% 不合格率，並未達到要求的品質水準。

AOQ 曲線結合 OC 曲線，提供敘述和分析允收抽樣計畫兩項強大的有用工具。

⇒ 平均樣本數

平均樣本數（average sample number, ASN），可以提供消費者對單次、雙次、多次以及逐次抽樣，每批平均總檢驗件數的比較。圖 9-16 顯示這四種不同類型，但有相等效用抽樣計畫的比較。在單次抽樣裡，ASN 固定而且等於樣本大小 n。在雙次抽樣當中的製程，有一些複雜，因為可能會、也有可能不會抽取第二樣本。

雙次抽樣的公式為：

$$ASN = n_1 + n_2(1 - P_I)$$

其中，P_I 是第一樣本決策的機率。以下的例題將解釋這個觀念。

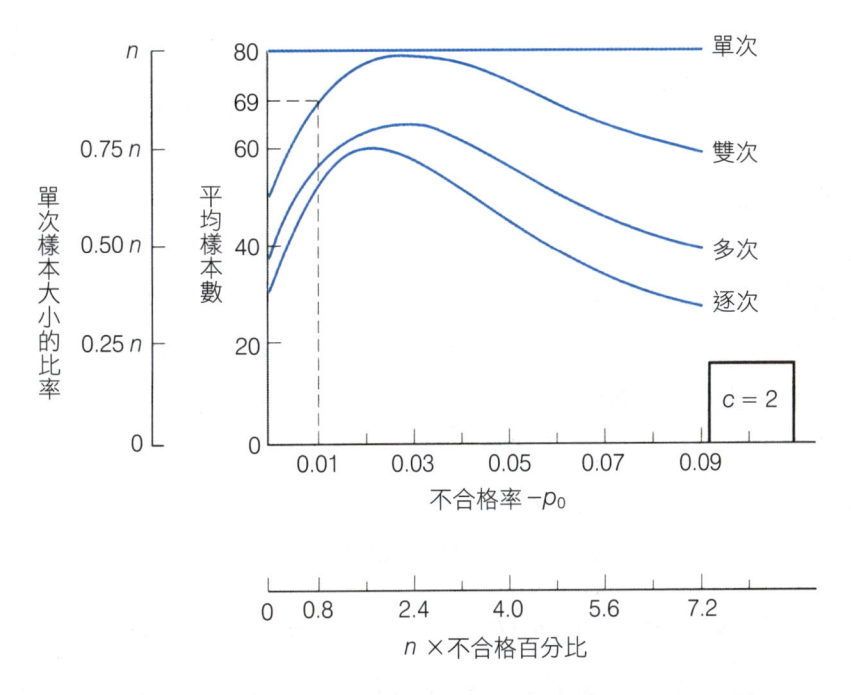

圖 9-16　單次、雙次、多次以及逐次抽樣的 ASN 曲線

例題 9-1

已知單次抽樣計畫 $n = 80$ 和 $c = 2$ 與等效的雙次抽樣計畫 $n_1 = 50$、$c_1 = 0$、$r_1 = 3$、$n_2 = 50$、$c_2 = 3$ 以及 $r_2 = 4$。利用畫圖，比較兩者的 ASN。

對於單次抽樣，當 $n = 80$ 的時候，ASN 為一直線；而對於雙次抽樣，解法為：

$$P_1 = P_0 + P_{3\text{ 或大於 }3}$$

假設 $P_0 = 0.01$，則 $np_0 = 50(0.01) = 0.5$。從附錄表 C 當中得知：

$$P_0 = 0.607$$
$$P_{3\text{ 或大於 }3} = 1 - P_{2\text{ 或小於 }2} = 1 - 0.986 = 0.014$$
$$\text{ASN} = n_1 + n_2(1 - [P_0 + P_{3\text{ 或大於 }3}])$$
$$= 50 + 50(1 - [0.607 + 0.014])$$
$$= 69$$

重複不同 p_0 值的計算，就可以得到如圖 9-16 的雙次抽樣計畫。

即使已經達到拒收數,這個公式仍然假設檢驗會一直持續進行。通常實務上,在達到第一或第二樣本的拒收數後即中止,這個做法稱為**截略檢驗**(curtailed inspection),而公式則更為複雜。所以,雙次抽樣的 ASN 曲線,會稍微比實際的曲線低一些。

分析圖 9-16 的雙次抽樣 ASN 曲線,發現在不合格率為 0.03 的時候,單次和雙次抽樣計畫有大約相同的檢驗數。當不合格率小於 0.03 的時候,因為很有可能在第一樣本就決定允收,所以雙次抽樣有較少的檢驗數。同樣地,當不合格率大於 0.03 的時候,因為很有可能在第一樣本就決定拒收,而不需要抽取第二樣本,所以雙次抽樣會有較少的檢驗數。要注意的是,在大部分的 ASN 曲線裡,雙次樣本曲線不會接近單次樣本曲線。

多次抽樣的 ASN 曲線計算,比雙次抽樣更為困難,公式為:

$$\text{ASN} = n_1 P_1 + (n_1 + n_2) P_{\text{II}} + \cdots\cdots + (n_1 + n_2 + \cdots\cdots + n_k) P_k$$

其中,n_k 是最後一次的樣本大小,而 P_k 是最後一次才決定的機率。

決定每一次的決策機率是相當複雜的,比 OC 曲線更為複雜,因為也必須決定條件機率。

圖 9-16 顯示相等的七次多次抽樣計畫 ASN 曲線;如預期的一樣,平均總檢驗數比單次或雙次抽樣計畫要少很多。

讀者可能會對圖 9-16 中兩個額外的刻度尺感到好奇。因為我們是在比較相等的抽樣計畫,雙次和多次抽樣計畫,可以藉著額外的刻度尺,而與 $c = 2$ 以及樣本大小 n 的單次抽樣計畫相連結。要使用水平刻度尺,將不合格率乘以單次樣本大小 n;垂直刻度尺的單次樣本大小,乘以刻度尺的比例,可以得到 ASN 的值。

圖 9-17 取自 ANSI/ASQ Z1.4(將再討論),顯示出一些允收數 c 當做索引的 ASN 曲線值比較。這些曲線假設沒有截略檢驗,而且近似卜瓦松分配;雙次和多次抽樣的樣本大小假設為 $0.631\,n$ 和 $0.25\,n$。因此這些曲線可以用來找出不同不合格百分比的每批總檢驗數,不需要做任何計算;而箭頭指出 AQL 的位置。

因為檢驗時間、設備成本或設備可取得性,使檢驗成本很高的時候,ASN 曲線是證明雙次或多次抽樣計畫很有價值的工具。

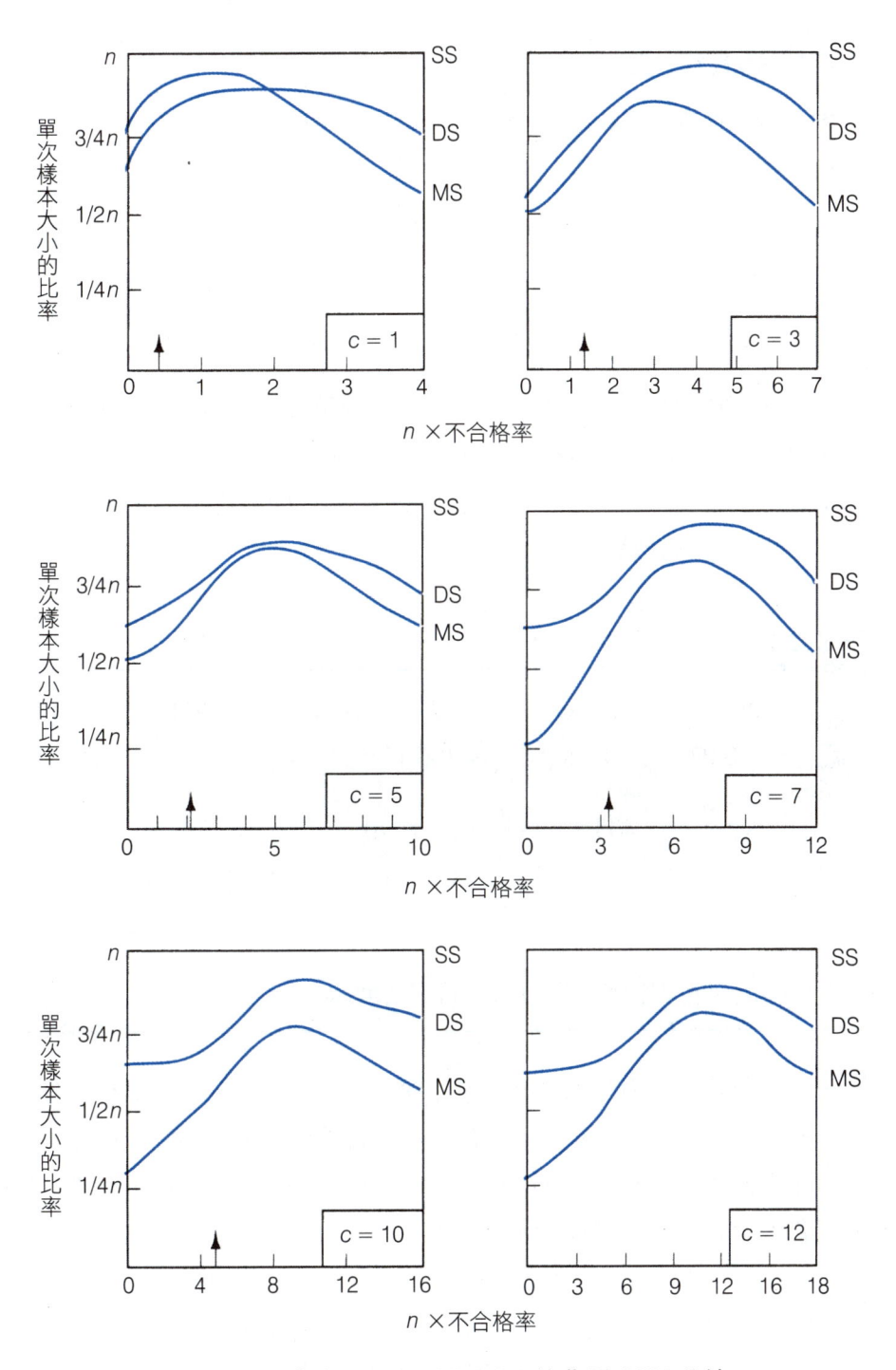

圖 9-17　來自 ANSI/ASQ Z1.4 的典型 ASN 曲線

▶ 平均總檢驗件數

平均總檢驗件數（average total inspection, ATI）是評估抽樣計畫的另一種方法。ATI 是消費者和生產者的總檢驗件數。與 ASN 曲線一樣，它是一條曲線，可以提供檢驗件數的資訊，而不是提供計畫有效性的資訊。對於單次抽樣，它的公式為：

$$ATI = n + (1-P_a)(N-n)$$

這個公式假設修正批會受到 100% 全數檢驗。如果批的不合格率為 0%，總檢驗件數等於 n；如果批的不合格率為 100%，總檢驗件數等於 N。因為這兩種機率都不太可能發生，所以總檢驗件數是拒絕機率（$1-P_a$）的函數；以下的例題將可以說明這項計算。

例題 9-2

試求出 $N=3,000$、$n=89$ 以及 $c=2$ 單次抽樣計畫的 ATI 曲線。
假設 $p_0 = 0.02$，從 OC 曲線（圖 9-3）得知，$P_a = 0.731$。

$$\begin{aligned}ATI &= n + (1-P_a)(N-n) \\ &= 89 + (1-0.731)(3,000-89) \\ &= 872\end{aligned}$$

重複其他 p_0 值，直到得到如圖 9-18 的平滑曲線。

檢查這個曲線後，發現當製程品質接近 0% 不合格率的時候，平均總檢驗件數接近樣本大小 n。當製程品質非常差，假設是 9% 不合格率的時候，大部分的批都會被拒收，而且 ATI 曲線漸近於 3,000。當不合格百分比增加的時候，生產者的總檢驗件數將控制這條曲線。

雙次抽樣和多次抽樣的 ATI 曲線公式更為複雜。這兩種抽樣的 ATI 曲線將稍微低於單次抽樣的 ATI 曲線；而低多少，是依據 ASN 曲線函數決定，也就是消費者的檢驗量，而這個數量相對於 ATI 來說通常很小，而 ATI 是由生產者檢驗數量控制。從實際的觀點來看，並不需要有雙次和多次抽樣的 ATI 曲線，因為相等的單次抽樣曲線，就可以傳達一個很好的估計值。

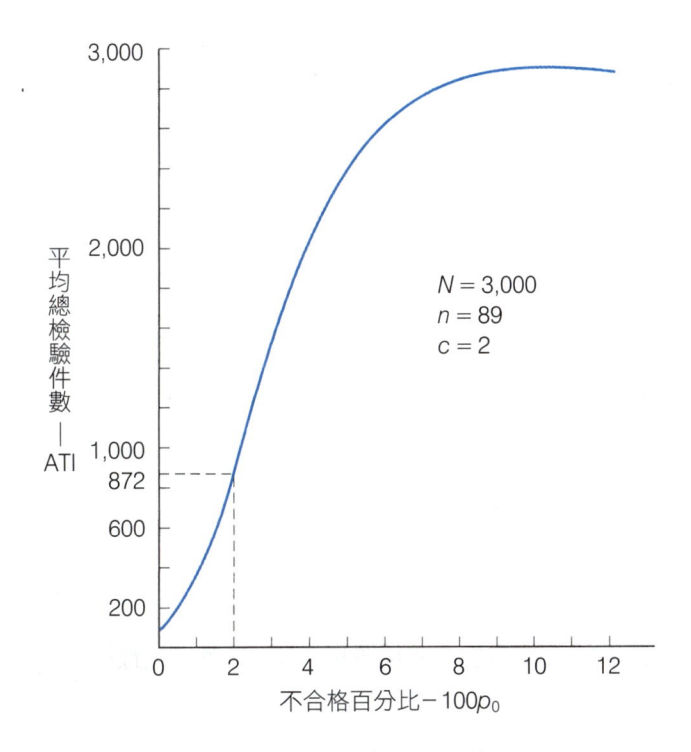

图 9-18　$N = 3{,}000$、$n = 89$ 以及 $c = 2$ 的 ATI 曲線

◼ 抽樣計畫設計

▶ 約定生產者風險的抽樣計畫

當指定了生產者風險 α 與其對應的<u>允收品質界限</u>（acceptance quality limit, AQL）的時候，就可以決定一個抽樣計畫，或更精確地說，決定一個抽樣計畫家族。圖 9-19 是生產者風險 $\alpha = 0.05$、AQL = 1.2% 的抽樣計畫家族的 OC 曲線。每個計畫都通過 $100P_a = 95\%$（$100\alpha = 5\%$）的點，而且 $p_{0.95} = 0.012$。因此，每個計畫都可以確定，1.2% 不合格率的產品，有 5% 的機率被拒收；或反過來說，有 95% 的機率會被允收。

抽樣計畫的取得，是假設一個 c 值與從表 C 找到相對應的 np_0 值。當 np_0 和 p_0 已知的時候，就能得到樣本大小 n。為了使用表 C 找到 np_0 的值，必須要用內插法。為了排除內插法的運算，各種不同的 α 和 β 值，以及對應的 np_0 值，複製在表 9-4 當中。在這個表中，c 為累加值，例如 $c = 2$，表示 2 或小於 2。

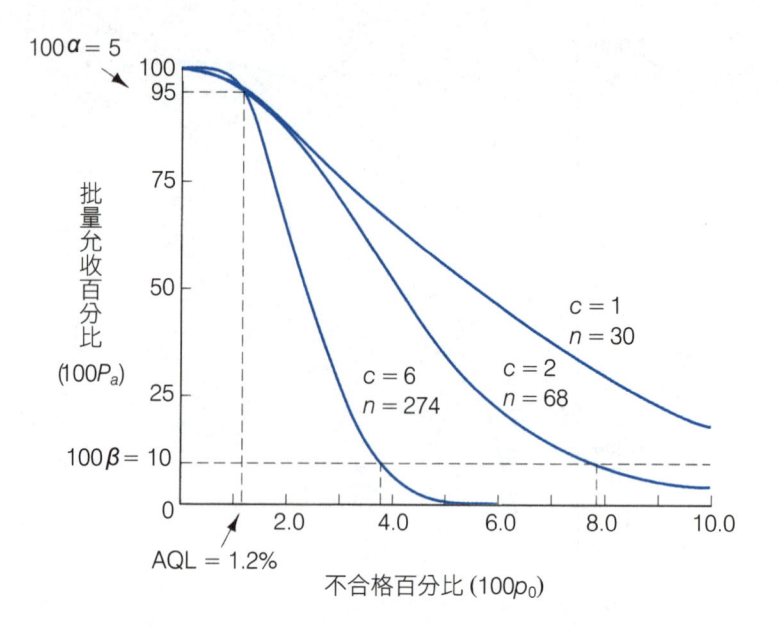

圖 9-19 約定生產者風險與 AQL 的單次抽樣計畫

表 9-4 對應 c 值與典型生產者和消費者風險的 np 值

c	$P_a = 0.99$ ($\alpha = 0.01$)	$P_a = 0.95$ ($\alpha = 0.05$)	$P_a = 0.90$ ($\alpha = 0.10$)	$P_a = 0.10$ ($\beta = 0.10$)	$P_a = 0.05$ ($\beta = 0.05$)	$P_a = 0.01$ ($\beta = 0.01$)	$P_{0.10}/P_{0.95}$ 比率
0	0.010	0.051	0.105	2.303	2.996	4.605	44.890
1	0.149	0.355	0.532	3.890	4.744	6.638	10.946
2	0.436	0.818	1.102	5.322	6.296	8.406	6.509
3	0.823	1.366	1.745	6.681	7.754	10.045	4.890
4	1.279	1.970	2.433	7.994	9.154	11.605	4.057
5	1.785	2.613	3.152	9.275	10.513	13.108	3.549
6	2.330	3.286	3.895	10.532	11.842	14.571	3.206
7	2.906	3.981	4.656	11.771	13.148	16.000	2.957
8	3.507	4.695	5.432	12.995	14.434	17.403	2.768
9	4.130	5.426	6.221	14.206	15.705	18.783	2.618
10	4.771	6.169	7.021	15.407	16.962	20.145	2.497
11	5.428	6.924	7.829	16.598	18.208	21.490	2.397
12	6.099	7.690	8.646	17.782	19.442	22.821	2.312
13	6.782	8.464	9.470	18.958	20.668	24.139	2.240
14	7.477	9.246	10.300	20.128	21.886	25.446	2.177
15	8.181	10.035	11.135	21.292	23.098	26.743	2.122

資料來源：授權摘錄自 J. M. Cameron, "Tables for Constructing and for Computing the Operating Characteristics of Single-Sampling Plans," *Industry Quality Control*, Vol. 9, No.1(July 1952): 39。

圖 9-19 的三個抽樣計畫的計算如下：

$$P_a = 0.95 \qquad p_{0.95} = 0.012$$

當 $c = 1$，$np_{0.95} = 0.355$（查表 9-4）以及：

$$n = \frac{np_{0.95}}{p_{0.95}} = \frac{0.355}{0.012} = 29.6，或 30$$

當 $c = 2$，$np_{0.95} = 0.818$（查表 9-4）以及：

$$n = \frac{np_{0.95}}{p_{0.95}} = \frac{0.818}{0.012} = 68.2，或 68$$

當 $c = 6$，$np_{0.95} = 3.286$（查表 9-4）以及：

$$n = \frac{np_{0.95}}{p_{0.95}} = \frac{3.286}{0.012} = 273.9，或 274$$

$c = 1$、$c = 2$ 以及 $c = 6$ 的抽樣計畫為任意選取，以方便說明這個方法。建構 OC 曲線，是由本章前面提供的方法而完成。

雖然所有計畫提供生產者相同的保護；不過，如果假設消費者風險 $\beta = 0.10$，就會十分不一樣。從圖 9-19，$c = 1$、$n = 30$ 計畫來看，不合格率為 13% 的產品有 10% 的機率被允收（$\beta = 0.10$）；對於 $c = 6$、$n = 274$ 計畫，不合格率為 3.8% 的產品有 10% 的機率被允收（$\beta = 0.10$）。從消費者的觀點來看，後者提供較佳的保護；不過，樣本大小愈大，也會增加檢驗成本。而選擇合適的計畫，是需要判斷的，通常會牽涉到批量的考慮；這個選擇也會包括 $c = 0$、3、4、5、7 等的計畫。

▶ 約定消費者風險的抽樣計畫

當已經指定消費者風險 β 與其對應的界限品質（LQ）的時候，就可以決定一個抽樣計畫家族。圖 9-20 是消費者風險 $\beta = 0.10$、LQ $= 6.0\%$ 的抽樣計畫家族的 OC 曲線。每個計畫都通過 $P_a = 0.10$（$\beta = 0.10$）的點，而且 $p_{0.10} = 0.060$。因此，每個計畫都確定，這個不合格率為 6.0% 的產品有 10% 的機率被允收。

決定抽樣計畫的方法，和約定生產者風險所使用的方法相同，計算如下：

$$P_a = 0.10 \quad p_{0.10} = 0.060$$

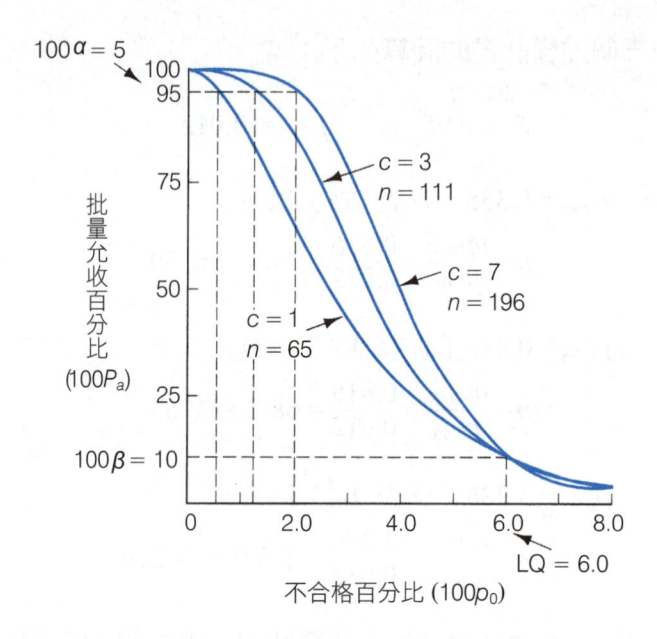

圖 9-20 約定消費者風險與 LQ 的單次抽樣計畫

當 $c=1$，$np_{0.10}=3.890$（查表 9-4）以及：

$$n=\frac{np_{0.10}}{p_{0.10}}=\frac{3.890}{0.060}=64.8，或\ 65$$

當 $c=3$，$np_{0.10}=6.681$（查表 9-4）以及：

$$n=\frac{np_{0.10}}{p_{0.10}}=\frac{6.681}{0.060}=111.4，或\ 111$$

當 $c=7$，$np_{0.10}=11.771$（查表 9-4）以及：

$$n=\frac{np_{0.10}}{p_{0.10}}=\frac{11.771}{0.060}=196.2，或\ 196$$

$c=1$、$c=3$ 及 $c=7$ 的抽樣計畫為任意選取，以方便說明這個方法。建構 OC 曲線，是由本章前面提供的方法而完成。

雖然所有計畫提供消費者相同的保護；不過，如果假設生產者風險 $\alpha=0.05$，就會十分不一樣。從圖 9-20，$c=1$、$n=65$ 計畫來看，不合格率為 0.5% 的產品有 5% 的機率被拒收（$100\alpha=5\%$）；對於 $c=3$、$n=111$ 計畫，不合格率為 1.2% 的產品有 5% 的機率被拒收（$100\alpha=5\%$）。對於 $c=7$、$n=196$ 計畫，不合格率為 2.0% 的產品有 5% 的機率被拒收（$\alpha=0.05$）。從生產者的觀點來看，後者提供較佳的保護；不過，樣本大小愈大，也會增加檢驗成

本。而選擇合適的計畫，是需要判斷的，通常會牽涉到批量的考慮；這個選擇也會包括 $c = 0$、2、4、5、6、8 等的計畫。

▶ 約定生產者與消費者風險的抽樣計畫

抽樣計畫也有同時約定消費者風險與生產者風險的時候。要得到同時滿足兩種情況的 OC 曲線比較困難。比較可能的是四個抽樣計畫，它們很接近符合消費者與生產者的約定。圖 9-21 是接近符合 $\alpha = 0.05$、AQL = 0.9 以及 $\beta = 0.10$、LQ = 7.8 規定的四個計畫。符合消費者約定的兩個計畫 OC 曲線顯示，不合格率（LQ）為 7.8% 的產品有 10%（$\beta = 0.10$）的機率被允收，而且很接近生產者的約定。這兩個是 $c = 1$、$n = 50$ 以及 $c = 2$、$n = 68$ 的計畫；如圖 9-21 的虛線所示。其他兩個計畫則精確地符合生產者約定，表示不合格率（AQL）為 0.9% 的產品，有 5%（$\alpha = 0.05$）的機率被拒收，它們是 $c = 1$、$n = 39$ 以及 $c = 2$、$n = 91$ 的計畫；如圖 9-21 的實線所示。

為了決定這些計畫，第一個步驟就是要求得 $p_{0.10}/p_{0.95}$ 的比率：

$$\frac{p_{0.10}}{p_{0.95}} = \frac{0.078}{0.009} = 8.667$$

從表 9-4 的比率欄位裡發現，8.667 落在 $c = 1$ 與 $c = 2$ 兩列之間；因此，恰好符合消費者約定在 $\beta = 0.10$ 的時候，LQ = 7.8% 的計畫為：

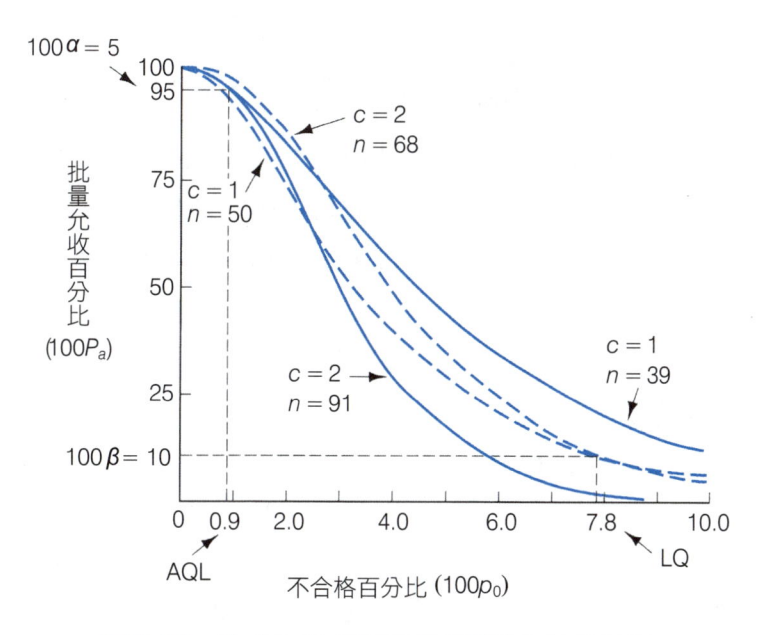

圖 9-21　約定生產者與消費者風險的抽樣計畫

當 $c = 1$，

$$p_{0.10} = 0.078$$

$$np_{0.10} = 3.890（查表 9-4）$$

$$n = \frac{np_{0.10}}{p_{0.10}} = \frac{3.890}{0.078} = 49.9，或 50$$

當 $c = 2$，

$$p_{0.10} = 0.078$$

$$np_{0.10} = 5.322（查表 9-4）$$

$$n = \frac{np_{0.10}}{p_{0.10}} = \frac{5.322}{0.078} = 68.2，或 68$$

恰好符合生產者約定在 $\alpha = 0.05$ 的時候，AQL $= 0.9\%$ 的計畫為：

當 $c = 1$，

$$p_{0.95} = 0.009$$

$$np_{0.95} = 0.355（查表 9-4）$$

$$n = \frac{np_{0.95}}{p_{0.95}} = \frac{0.355}{0.009} = 39.4，或 39$$

當 $c = 2$，

$$p_{0.95} = 0.009$$

$$np_{0.95} = 0.818（查表 9-4）$$

$$n = \frac{np_{0.95}}{p_{0.95}} = \frac{0.818}{0.009} = 90.8，或 91$$

建構 OC 曲線，按照本章開始時，提供的方法。

在四個計畫裡，要選擇哪一個，是根據下列四項額外準則的任何一項決定。第一項額外準則的約定是，選擇具有最小樣本大小的計畫。最小樣本大小的計畫，是指兩個最小允收計畫當中，有最小樣本數的那一個。因此在這個例題，只有求得兩個 $c = 1$ 的計畫，而選擇 $c = 1$、$n = 39$ 的抽樣計畫。第二項額外準則的約定是，選擇具有最大樣本大小的計畫。最大樣本大小的計畫，是指兩個最大允收數計畫當中，具有最大樣本的那一個。因此在這個例題，我們選擇兩個 $c = 2$ 的計畫，而選擇 $c = 2$、$n = 91$ 的抽樣計畫。

第三項額外準則的約定是，計畫精確地符合消費者約定，而且盡可能的接近生產者的約定。精確符合消費者規定的兩個計畫為 $c = 1$、$n = 50$ 與 $c = 2$、

$n = 68$。決定哪一個計畫最接近生產者的約定，當 $\alpha = 0.05$、AQL $= 0.9\%$ 的計算如下：

當 $c = 1$，$n = 50$，
$$p_{0.95} = \frac{np_{0.95}}{n} = \frac{0.355}{50} = 0.007$$

當 $c = 2$，$n = 68$，
$$p_{0.95} = \frac{np_{0.95}}{n} = \frac{0.818}{68} = 0.012$$

因為 $p_{0.95} = 0.007$ 最接近約定值 0.009，所以選擇 $c = 1$、$n = 50$ 的計畫。

　　第四項額外準則的約定是，計畫精確地符合生產者約定，而且盡可能地接近消費者的約定。兩個適用這個情況的計畫為 $c = 1$、$n = 39$ 以及 $c = 2$、$n = 91$。決定哪一個計畫最接近消費者的約定，當 $\beta = 0.10$ 的時候，LQ $= 7.8\%$ 的計算如下：

當 $c = 1$，$n = 39$，
$$p_{0.10} = \frac{np_{0.10}}{n} = \frac{0.3890}{39} = 0.100$$

當 $c = 2$，$n = 91$，
$$p_{0.10} = \frac{np_{0.10}}{n} = \frac{5.322}{91} = 0.058$$

因為 $p_{0.10} = 0.058$ 最接近約定值 0.078，所以選擇 $c = 2$、$n = 91$ 的計畫。

▶ 評　論

　　前面的討論都是針對單次抽樣計畫，雙次與多次抽樣計畫設計雖然比較困難，但還是採用相似的方法。

　　在前面的討論裡，是使用生產者風險等於 0.05 以及消費者風險等於 0.10，說明這個方法。生產者風險通常設定為 0.05，但可以小至 0.01 或大至 0.15。消費者風險通常也設定為 0.10，但可以小至 0.10 或大至 0.20。

　　抽樣計畫也可以由平均出廠品質界限（average outgoing quality limit, AOQL）指定。如果有一進貨品質的 AOQL $= 1.5\%$，而約定的品質為 2.0%，則允收機率為：

$$AOQL = (100p_0)(P_a)$$
$$1.5 = 2.0\,P_a$$
$$P_a = 0.75 \text{ 或 } 100\,P_a = 75\%$$

圖 9-22 是滿足 AOQL 標準的不同抽樣計畫 OC 曲線。

要設計一個抽樣計畫，生產者和消費者，或是雙方在開始的時候，要有一些約定。這些約定是根據以往的資料、實驗或工程判斷所做成的決策。在某些情況下，這些約定會協商為購買合約的一部分。

設計一個抽樣計畫系統，是冗長而且沉悶的工作。很幸運地，抽樣計畫系統是可以取得的。有一個幾乎已為全世界通用，做為判斷是否允收產品的是 ANSI/ASQ Z1.4–1993。這個系統是一個 AQL 或生產者風險系統。其他系統，如道奇－雷敏，是使用 LQ 或消費者風險和 AOQL 方法，以決定抽樣計畫。這些系統和其他事項，將在下一章討論。

◼ 電腦程式

本書所附 CD 裡的軟體，可以利用 EXCEL 求出單次抽樣計畫的 OC 曲線和 AOQ 曲線，檔名為 OC Curve。

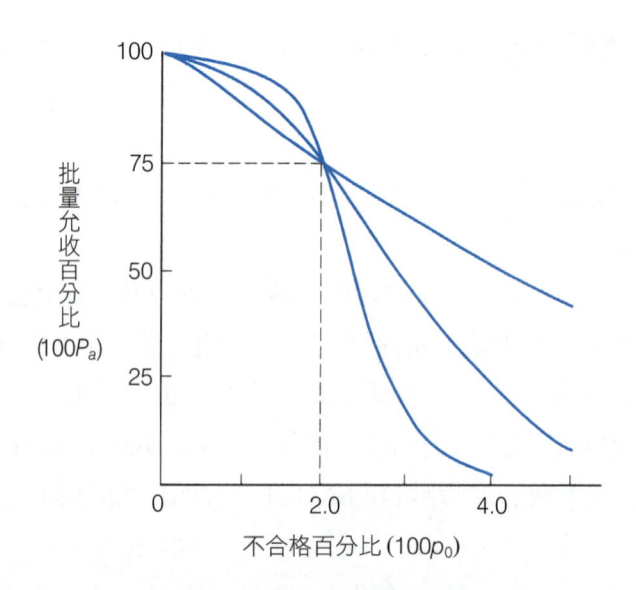

圖 9-22　AOQL 抽樣計畫

作 業

1. 某房地產公司使用 $N=1,500$、$n=110$ 以及 $c=3$ 的單次抽樣計畫，評估新的銷售協定表；使用大約 7 個點建構 OC 曲線。

2. 一家診所欲使用 $N=8,000$、$n=62$ 以及 $c=1$ 的單次抽樣計畫，評估可丟棄式尖端包覆棉花塗敷器的進貨；使用大約 7 個點建構 OC 曲線。

3. 試求出 $N=10,000$、$n_1=200$、$c_1=2$、$r_1=6$、$n_2=350$、$c_2=6$ 以及 $r_2=7$ 抽樣計畫的 OC 曲線方程式，並試著使用大約 5 個點，建構 OC 曲線。

4. 決定下列抽樣計畫的 OC 曲線方程式：
    (a) $N=500$、$n_1=50$、$c_1=0$、$r_1=3$、$n_2=70$、$c_2=2$ 以及 $r_2=3$
    (b) $N=6,000$、$n_1=80$、$c_1=2$、$r_1=4$、$n_2=160$、$c_2=5$ 以及 $r_2=6$
    (c) $N=22,000$、$n_1=260$、$c_1=5$、$r_1=9$、$n_2=310$、$c_2=8$ 以及 $r_2=9$
    (d) $N=10,000$、$n_1=300$、$c_1=4$、$r_1=9$、$n_2=300$ 以及 $c_2=8$
    (e) $N=800$、$n_1=100$、$c_1=0$、$r_1=5$、$n_2=100$ 以及 $c_2=4$

5. 針對作業 1 的抽樣計畫，決定它的 AOQ 曲線以及 AOQL。

6. 針對作業 2 的抽樣計畫，決定它的 AOQ 曲線以及 AOQL。

7. 一家美國主要的汽車製造商對所有批量使用 $n=200$、$c=0$ 的抽樣計畫。請建構 OC 曲線以及 AOQ 曲線，並從圖形上決定 $\alpha=0.05$ 時，AOQL 的值與 AQL 的值。

8. 一家主要的電腦公司對所有批量使用 $n=50$、$c=0$ 的抽樣計畫。請建構 OC 曲線以及 AOQ 曲線，並從圖形上決定 $\alpha=0.05$ 時，AOQL 的值與 AQL 的值。

9. 請建構 $n=200$、$c=5$ 單次抽樣計畫與 $n_1=125$、$c_1=2$、$r_1=5$、$n_2=125$、$c_2=6$ 以及 $r_2=7$ 等效雙次抽樣計畫的 ASN 曲線，並且和圖 9-17 相比較。

10. 請畫出 $n=80$、$c=3$ 單次抽樣計畫與 $n_1=50$、$c_1=1$、$r_1=4$、$n_2=50$、$c_2=4$、$r_2=5$ 等效雙次抽樣計畫的 ASN 曲線，並且和圖 9-17 相比較。

11. 請建構 $N=500$、$n=80$ 以及 $c=0$ 的 ATI 曲線。

12. 請建構 $N=10,000$、$n=315$ 以及 $c=5$ 的 ATI 曲線。

13. 請決定 $N=16,000$、$n=280$ 以及 $c=4$ 單次抽樣計畫的 AOQ 曲線和 AOQL。

14. 利用 $c = 1$、$c = 5$ 以及 $c = 8$，求出 3 個抽樣計畫，能確保 0.8% 不合格率產品，會有 5.0% 的機率被拒收。

15. 已知 $c = 3$、$c = 6$ 以及 $c = 12$，請決定 AQL = 1.5% 和 $\alpha = 0.01$ 的抽樣計畫。

16. 一家床單供應商與某大型汽車旅館連鎖系統，決定使用 AQL = 1.0%，拒收機率為 0.10 的抽樣計畫，評估一批量為 1,000 件的產品。請各別決定 $c = 0$、1、2 以及 4 的抽樣計畫，你將會如何選擇最適合的計畫？

17. 消費者風險等於 0.10 且 LQ 等於 6.5% 的時候，請決定 $c = 2$、6 以及 14 的抽樣計畫。

18. 如果有一個不合格率為 8.3% 的產品，被允收的機率為 5%，利用 $c = 0$、3 以及 7，請決定 3 個符合這個標準的抽樣計畫。

19. 某擴音器製造廠商決定不合格率為 2% 的產品，被允收的機率為 0.01。試決定 $c = 1$、3 以及 5 的單次抽樣計畫。

20. 請建構作業 19 當中，$c = 3$ 計畫的 OC 曲線和 AOQ 曲線。

21. 某單次抽樣計畫，期望能滿足允收不合格率為 3.0% 產品的消費者風險為 0.10，以及拒收不合格率 0.7% 產品的生產者風險為 0.05。請選擇具有最小樣本大小的計畫。

22. 對 1.5% 不合格率的產品，定義它的生產者風險 $\alpha = 0.05$，對 4.6% 不合格率的產品，定義它的消費者風險為 $\beta = 0.10$。請選擇一個抽樣計畫，能確實符合生產者約定，而且盡可能接近消費者約定。

23. 使用作業 21 的資料，請選擇一個計畫，能確實符合生產者約定，而且盡可能接近消費者約定。

24. 使用作業 22 的資料，請選擇一個具有最小樣本大小的計畫。

25. 已知 $p_{0.10} = 0.053$ 而且 $p_{0.95} = 0.014$，請決定一個單次抽樣計畫，能精確地符合消費者約定，而且盡可能接近生產者約定。

26. 使用作業 25 的資料，請選擇一個計畫，能符合生產者約定，而且盡可能接近消費者約定。

27. 如果想要設計一個單次抽樣計畫，進貨品質為 2.6%，AOQL 為 1.8%；對滿足 AOQL 以及 $100p_0$ 約定抽樣計畫家族的 OC 曲線，有什麼共同點？

28. 使用書中所附 CD 中的軟體，求解：
   (a) 作業 1 和 5
   (b) 作業 2 和 6

29. 使用書中所附 CD 中的軟體，複製樣板到新的表格上，並且改變從 0.0025 到 0.002 資料點的進位量；重作作業 28(a) 和 28(b)，並比較結果。

30. 請利用 EXCEL 寫出下列程式：
   (a) 雙次抽樣計畫的 OC 曲線
   (b) 雙次抽樣計畫的 AOQ 曲線
   (c) 單次與雙次抽樣計畫的 ASN 曲線
   (d) 單次與雙次抽樣計畫的 ATI 曲線

CHAPTER 10 允收抽樣系統

目 標

在完成本章之後，讀者可以預期：

- 使用 ANSI/ASQ Z1.4 決定抽樣計畫
- 知道 ANSI/ASQ Z1.4 的轉換規則
- 依據逐批、連續生產、計數值、計量值以及其他變數，將不同的抽樣計畫分類
- 描述不同的抽樣計畫系統，並且知道它們的功能（優點、缺點、目的等）
- 使用道奇－雷敏表，決定抽樣計畫
- 建構連鎖抽樣計畫的 OC 曲線
- 使用 ANSI/ASQ S1 決定抽樣計畫
- 決定連續生產的抽樣計畫
- 使用夏寧批點繪法
- 使用 ANSI/ASQ Z1.9，決定一個批量是否接受或拒絕

簡　介

本章涵蓋三種不同類型的允收抽樣計畫：(1) 計數值逐批允收抽樣計畫；(2) 計數值連續生產允收抽樣計畫；(3) 計量值允收抽樣計畫。在本章當中，分辨以下幾點是有幫助的：

1. 一個個別的抽樣計畫，敘述批量大小、樣本大小和允收標準。
2. 一個抽樣方案，是多個抽樣計畫以及轉換規則和可能中止規定的結合。
3. 一個抽樣系統，是許多抽樣方案的結合。

計數值逐批允收抽樣計畫

ANSI/ASQ Z1.4[1]

簡　介

政府部門使用的計數值逐批檢驗允收抽樣計畫，最早是 1942 年，由一群貝爾電話實驗室（Bell Telephone Laboratories）工程師發明的。它的名稱為 JAN-STD-105，之後又做了五次修正，最後一次修正為 MIL-STD-105E 表。1973 年，國際標準組織（International Organization for Standardization）採用，而且稱做國際標準（International Standard）ISO/DIS-2859。雖然 MIL-STD-105E 發展成為政府採購的依據，它也成為工業界計數值檢驗的標準，同時也是世界上使用最廣泛的允收抽樣計畫。

美國品質管制學會（American Society for Quality, ASQ）後來修正 MIL-STD-105E，並且命名為 ANSI/ASQ Z1.4。所有表格以及程序都沒有改變；不過，有三項基本改變：

1. 以不合格點（nonconformity）和不合格品（nonconforming unit）兩個字，取代原來的缺點（defect）和不良品（defective）。
2. 採用限量值做為減量檢驗標準的轉換規則，是可以自由選擇的。
3. 加入額外的 AOQL、LQ、ASN 表以及 OC 曲線；這些表格反應結合正

---

[1] 本節摘錄自 ANSI/ASQ Z1.4–2003，經美國品質管制學會允許。

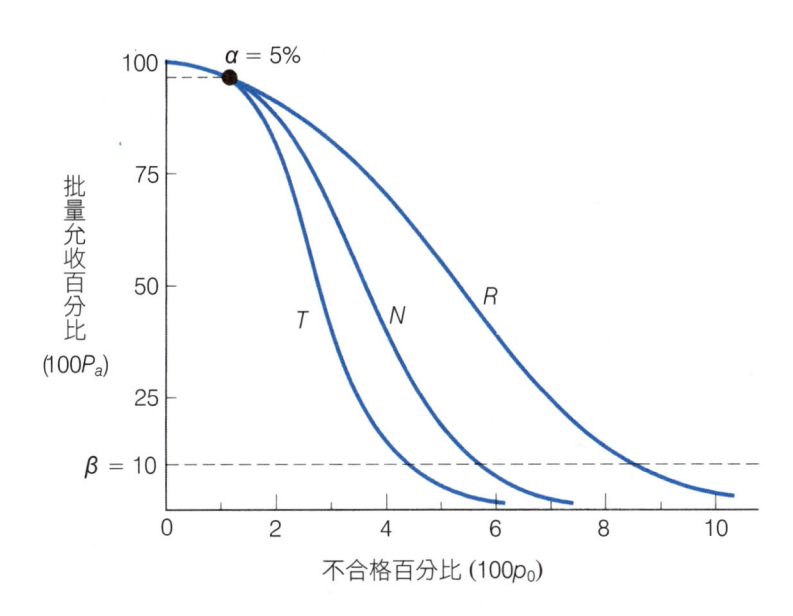

圖 10-1　正常（N）、嚴格（T）以及減量（R）檢驗的比較

常、嚴格和減量抽樣計畫的計畫績效。

前兩項改變將在下述內容討論，但不包括第三項。

這個標準可以應用在計數值檢驗，而且不限定只有下列的範圍：(1) 最終項目；(2) 組件和原料；(3) 操作；(4) 製程中的材料；(5) 庫存供給；(6) 保養操作；(7) 資料或紀錄；(8) 行政程序。這些標準的抽樣計畫是預計要用在連續性的批量系列；但是抽樣計畫也可以設計在非連續性批量上，在想要保護水準之下，藉著查閱 OC 曲線決定抽樣計畫。

這個標準用在三種類型的抽樣：單次、雙次和多次。對於每一種類型的抽樣計畫，又有正常、嚴格或減量檢驗的規定。嚴格檢驗，是當生產者最近的品質歷史惡化的時候使用；嚴格檢驗之下的允收要求比正常檢驗之下更為嚴格；減量檢驗，是當生產者最近的品質歷史特別好的時候使用。圖 10-1 說明正常（N）、嚴格（T）以及減量（R）檢驗三種 OC 曲線的差異。

減量檢驗之下的檢查數目，較正常檢驗為少。至於要採用哪種型態的抽樣計畫（單次、雙次或多次抽樣），則留給負責承擔責任的當局（消費者），但必須根據前一章節所給予的資訊做為基礎。一開始是使用正常檢驗，然後改變為嚴格或減量檢驗，由最近品質績效函數決定。

不合格點和不合格品分類成幾個群組，例如 A、B、C；或是重大的、主要的以及次要的。

負責承擔責任的當局（消費者）指定或核准，運交批量的產品所呈現和識別方法的同質性。樣本是隨機選擇的，並不考慮它們的品質。拒收批在所有不合格品移除或改正後，進行複驗。負責承擔責任的當局，將決定是否要再檢驗所有的類型、各類不合格點或是造成原先拒收不合格點的特定類型或種類。

允收品質界限。允收品質水準（acceptable quality level, AQL）是這個標準當中最重要的部分，因為 AQL 和樣本大小代字，是抽樣計畫的指標。基於抽樣檢驗的目的，AQL 定義是當一個連續系列的批量運交允收抽樣之最大可容忍製程平均數。

當這項標準使用在不合格品百分比計畫的時候，AQL 範圍從 0.010% 到最高 10%。對於每單位不合格點數計畫，AQL 範圍可能從每 100 單位 0.010 個不合格點數，到每 100 單位 1,000 個不合格點數。AQL 呈現幾何級數增加，每一個後續的 AQL 大約是前者的 1.585 倍。

AQL 是依照契約所指定、或是由負責承擔責任的當局訂定。不同的 AQL 水準，可以指定到不合格點群或個別的不合格點。不合格點群或不合格品可

表 10-1　樣本大小代字（ANSI/ASQ Z1.4 表 I）

批量大小	特殊檢驗水準				一般檢驗水準		
	S-1	S-2	S-3	S-4	I	II	III
2-8	A	A	A	A	A	A	B
9-15	A	A	A	A	A	B	C
16-25	A	A	B	B	B	C	D
26-50	A	B	B	C	C	D	E
51-90	B	B	C	C	C	E	F
91-150	B	B	C	D	D	F	G
151-280	B	C	D	E	E	G	H
281-500	B	C	D	E	F	H	J
501-1,200	C	C	E	F	G	J	K
1,201-3,200	C	D	E	G	H	K	L
3,201-10,000	C	D	F	G	J	L	M
10,001-35,000	C	D	F	H	K	M	N
35,001-150,000	D	E	G	J	L	N	P
150,001-500,000	D	E	G	J	M	P	Q
500,000 以上	D	E	H	K	N	Q	R

資料來源：摘錄自 ANSI/ASQ Z1.4–2003，經美國品質管制學會允許。

以有不同的 AQL；重大的不合格點會有較低的 AQL 值，次要的不合格點會有較高的 AQL 值。AQL 的決定是依照：(1) 歷史資料；(2) 經驗判斷；(3) 工程資訊，例如：功能性、安全性、製造上的可互換性、壽命測試等；(4) 對各種不合格百分比批量或每 100 單位不合格點數批量進行的實驗測試；(5) 生產者的能力；(6) 在一些情況下的消費者需求。AQL 的決定，是採取最好判斷的決策。這個標準可以協助決定 AQL 值，因為在標準當中，只有有限的 AQL 值可以選用。一般常用的實務裡，重大不合格點，AQL 值常用 0.10% 或更小的值；主要不合格點，AQL 值常用 1.00%；次要不合格點，AQL 值常用 2.5%。接受重大不合格點的數目必須為 0。

AQL 是 OC 曲線上的一個參考點；它並不是表示任何不合格百分比、或每 100 單位當中的不合格點數是可以容忍的。生產者唯一能獲得保證的方法是，不合格率 0% 的批才可以允收，或不合格品數低於或等於抽樣計畫的允收數。

樣本大小。樣本大小的決定，是根據批量大小和檢驗水準。檢驗水準由負責承擔責任的當局，針對特定的需求預先訂定。三種常用的檢驗水準（I、II、III）如表 10-1 所示。不同的檢驗水準，提供生產者大約相同的保護，但對消費者卻是不同的保護。檢驗水準 II 是正常檢驗，水準 I 提供檢驗量的一半，而水準 III 提供檢驗量的兩倍。因此，水準 III 產生一個比較陡峭的 OC 曲線，也因此提供比較多的辨別，但是會增加檢驗的成本。圖 10-2 舉例說明在 I、II、III 不同的檢驗水準下，OC 曲線的差異。

檢驗水準的決定也是產品類別的函數；昂貴的項目、破壞性測試或有害的測試，應該考慮採用檢驗水準 II。當後續的生產成本比較高，或檢查項目是複雜、昂貴的，可以採用檢驗水準 III。只要情況允許，消費者應該改變檢驗水準。

另外四種特殊的檢驗水準（S-1、S-2、S-3 及 S-4）如表 10-1 所示，可以用在有較小樣本的抽樣需求，以及可以或必須容忍較大樣本風險的情況。

表 10-1 並沒有立即提供在這種批量大小和檢驗水準下的樣本大小，不過卻提供一個樣本大小代字。AQL 和樣本大小代字，是抽樣計畫的指標。

▶ 執　行

使用這個計畫，需要的步驟如下：

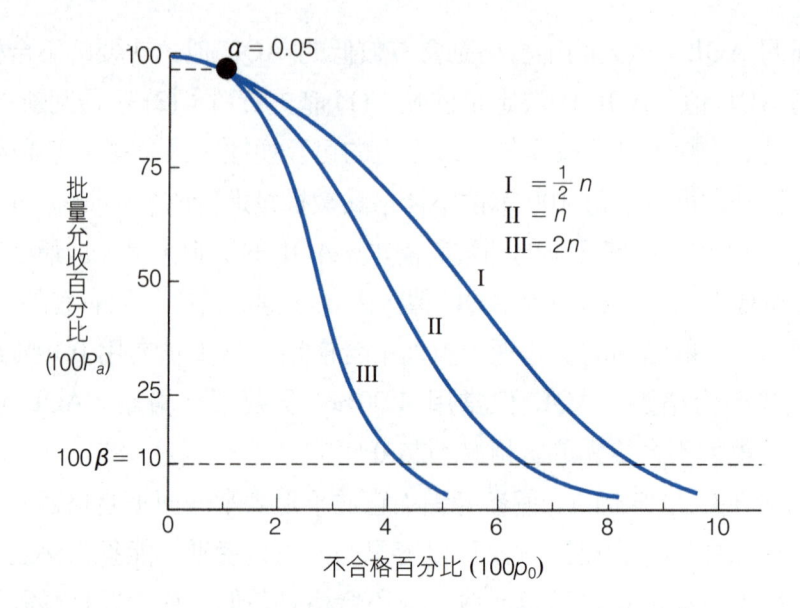

圖 10-2　檢驗水準 I、II 以及 III 的比較

1. 決定批量大小（通常是物料管理人員的責任）。
2. 決定檢驗水準（通常是水準 II，如果情況允許，也可以改變）。
3. 查表尋找樣本大小代字。
4. 決定 AQL。
5. 決定抽樣計畫類型（單次、雙次或多次）。
6. 依據適當的表格，找出抽樣計畫。
7. 以正常檢驗為起點，根據轉換規則，改為嚴格或減量檢驗。

在接下來的內容裡，將舉例說明單次抽樣計畫。

▶ 單次抽樣計畫

　　單次抽樣計畫標準如表 10-2、10-3 及 10-4 所示，分別為正常、嚴格及減量檢驗。為了要使用這些表格，需要有 AQL、批量大小、檢驗水準及抽樣計畫類型。一個例子將可以說明這個方法。

表 10-2　正常檢驗的單次抽樣計畫（ANSI/ASQ Z1.4 的表 II-A）

樣本大小代字	樣本大小	0.010 Ac Re	0.015 Ac Re	0.025 Ac Re	0.040 Ac Re	0.065 Ac Re	0.10 Ac Re	0.15 Ac Re	0.25 Ac Re	0.40 Ac Re	0.65 Ac Re	1.0 Ac Re	1.5 Ac Re	2.5 Ac Re	4.0 Ac Re	6.5 Ac Re	10 Ac Re	15 Ac Re	25 Ac Re	40 Ac Re	65 Ac Re	100 Ac Re	150 Ac Re	250 Ac Re	400 Ac Re	650 Ac Re	1,000 Ac Re
A	2																	↓	0 1	↓	1 2	2 3	3 4	5 6	7 8	10 11	14 15	21 22	30 31	44 45
B	3															↓	0 1	↑	1 2	2 3	3 4	5 6	7 8	10 11	14 15	21 22	30 31	44 45
C	5														↓	0 1	↑	1 2	2 3	3 4	5 6	7 8	10 11	14 15	21 22	30 31	44 45	
D	8													↓	0 1	↑	1 2	2 3	3 4	5 6	7 8	10 11	14 15	21 22				
E	13												↓	0 1	↑	1 2	2 3	3 4	5 6	7 8	10 11	14 15	21 22					
F	20											↓	0 1	↑	1 2	2 3	3 4	5 6	7 8	10 11	14 15	21 22						
G	32										↓	0 1	↑	1 2	2 3	3 4	5 6	7 8	10 11	14 15	21 22							
H	50									↓	0 1	↑	1 2	2 3	3 4	5 6	7 8	10 11	14 15	21 22								
J	80								↓	0 1	↑	1 2	2 3	3 4	5 6	7 8	10 11	14 15	21 22									
K	125							↓	0 1	↑	1 2	2 3	3 4	5 6	7 8	10 11	14 15	21 22										
L	200						↓	0 1	↑	1 2	2 3	3 4	5 6	7 8	10 11	14 15	21 22											
M	315					↓	0 1	↑	1 2	2 3	3 4	5 6	7 8	10 11	14 15	21 22												
N	500				↓	0 1	↑	1 2	2 3	3 4	5 6	7 8	10 11	14 15	21 22													
P	800			↓	0 1	↑	1 2	2 3	3 4	5 6	7 8	10 11	14 15	21 22														
Q	1,250		↓	0 1	↑	1 2	2 3	3 4	5 6	7 8	10 11	14 15	21 22															
R	2,000	↓	0 1	↑	1 2	2 3	3 4	5 6	7 8	10 11	14 15	21 22																

允收品質界限（正常檢驗）

Ac = 允收數目
Re = 拒收數目

↓ = 使用箭頭下方的第一個抽樣計畫；如果樣本大小等於或超過批量大小，則採全數檢驗。
↑ = 使用箭頭上方的第一個抽樣計畫。

資料來源：摘錄自 ANSI/ASQ Z1.4–2003，經美國品質管制學會允許。

表 10-3　嚴格檢驗的單次抽樣計畫（ANSI/ASQ Z1.4 的表 II-B）

允收品質界限（嚴格檢驗）

樣本大小代字	樣本大小	0.010 Ac Re	0.015 Ac Re	0.025 Ac Re	0.040 Ac Re	0.065 Ac Re	0.10 Ac Re	0.15 Ac Re	0.25 Ac Re	0.40 Ac Re	0.65 Ac Re	1.0 Ac Re	1.5 Ac Re	2.5 Ac Re	4.0 Ac Re	6.5 Ac Re	10 Ac Re	15 Ac Re	25 Ac Re	40 Ac Re	65 Ac Re	100 Ac Re	150 Ac Re	250 Ac Re	400 Ac Re	650 Ac Re	1,000 Ac Re
A	2																										
B	3																				1 2	2 3	3 4	5 6	8 9	12 13	18 19	27 28	41 42
C	5																			1 2	2 3	3 4	5 6	8 9	12 13	18 19	27 28	41 42
D	8																		1 2	2 3	3 4	5 6	8 9	12 13	18 19	27 28	41 42	
E	13																	1 2	2 3	3 4	5 6	8 9	12 13	18 19	27 28	41 42		
F	20																1 2	2 3	3 4	5 6	8 9	12 13	18 19	27 28	41 42			
G	32															1 2	2 3	3 4	5 6	8 9	12 13	18 19	27 28					
H	50														1 2	2 3	3 4	5 6	8 9	12 13	18 19							
J	80													1 2	2 3	3 4	5 6	8 9	12 13	18 19								
K	125												0 1		1 2	2 3	3 4	5 6	8 9	12 13	18 19							
L	200											0 1		1 2	2 3	3 4	5 6	8 9	12 13	18 19								
M	315										0 1		1 2	2 3	3 4	5 6	8 9	12 13	18 19									
N	500									0 1		1 2	2 3	3 4	5 6	8 9	12 13	18 19										
P	800								0 1		1 2	2 3	3 4	5 6	8 9	12 13	18 19											
Q	1,250							0 1		1 2	2 3	3 4	5 6	8 9	12 13	18 19												
R	2,000	0 1							1 2																			
S	3,150																											

Ac ＝ 允收數目
Re ＝ 拒收數目

↓ ＝ 使用箭頭下方的第一個抽樣計畫；如果樣本大小等於或超過批量大小，則採全數檢驗。
↑ ＝ 使用箭頭上方的第一個抽樣計畫。

資料來源：摘錄自 ANSI/ASQ Z1.4-2003，經美國品質管制學會允許。

表 10-4　減量檢驗的單次抽樣計畫（ANSI/ASQ Z1.4 的表 II-C）

樣本大小代字	樣本大小	0.010 Ac Re	0.015 Ac Re	0.025 Ac Re	0.040 Ac Re	0.065 Ac Re	0.10 Ac Re	0.15 Ac Re	0.25 Ac Re	0.40 Ac Re	0.65 Ac Re	1.0 Ac Re	1.5 Ac Re	2.5 Ac Re	4.0 Ac Re	6.5 Ac Re	10 Ac Re	15 Ac Re	25 Ac Re	40 Ac Re	65 Ac Re	100 Ac Re	150 Ac Re	250 Ac Re	400 Ac Re	650 Ac Re	1,000 Ac Re
A	2																										
B	2																			1 2	3 4	5 6	7 8	10 11	14 15	21 22	30 31
C	2																	0 2	1 3	2 4	3 5	5 6	7 8	10 11	14 15	21 22	30 31
D	3															0 1		1 3	1 4	2 5	3 6	5 8	7 10	10 13	14 17	21 24	
E	5													0 1			0 2	2 5	3 6	5 8	7 10	10 13	14 17	21 24			
F	8											0 1			0 2	1 3	1 4	3 6	5 8	7 10	10 13						
G	12								0 1			0 2		1 3	1 4	2 5	5 8	7 10	10 13								
H	20					0 1			0 2		1 3	1 4	2 5	3 6	5 8	7 10	10 13										
J	32		0 1			0 2		1 3	1 4	2 5	3 6	5 8	7 10	10 13													
K	50	0 1		0 2	1 3	1 4	2 5	3 6	5 8	7 10	10 13																
L	80	0 2	1 3	1 4	2 5	3 6	5 8	7 10	10 13																		
M	125	1 3	1 4	2 5	3 6	5 8	7 10	10 13																			
N	200	2 5	3 6	5 8	7 10	10 13																					
P	315																										
Q	500																										
R	800																										

↓ = 使用箭頭下方的第一個抽樣計畫；如果樣本大小等於或超過批量大小，則採全數檢驗。

↑ = 使用箭頭上方的第一個抽樣計畫。

† = 如果已經超過允收數目，但未達到拒收數目，則允收該批，但回復正常檢驗。

Ac = 允收數目
Re = 拒收數目

資料來源：摘錄自 ANSI/ASQ Z1.4-2003，經美國品質管制學會允許。

例題 10-1

在批量大小 2,000，AQL＝0.65% 和檢驗水準 III 之下，決定一個關於正常、嚴格及減量檢驗的單次抽樣計畫。

正常檢驗。使用批量大小 N＝2,000 和檢驗水準 III，從表 10-1 查得樣本大小代字為 L。從表 10-2（正常檢驗的單次抽樣計畫），樣本代字 L 以及 AQL＝0.65%，得到想要的抽樣計畫 n＝200、Ac＝3 以及 Re＝4。因此，從一批量大小為 2,000 當中，隨機抽取 200 個檢驗，如果有 3 個或 3 個以下的不合格品檢驗出來，就接受該批；如果有 4 個或 4 個以上的不合格品檢驗出來，則不接受該批。

嚴格檢驗。樣本大小代字和正常檢驗一樣為 L。從表 10-3（嚴格檢驗的單次抽樣計畫），樣本代字 L 和 AQL＝0.65%，得到想要的抽樣計畫 n＝200、Ac＝2 以及 Re＝3。因此，從一批量大小為 2,000 當中，隨機抽取 200 個樣本檢驗，如果有 2 個或 2 個以下的不合格品檢驗出來，就接受該批；如果有 3 個或 3 個以上的不合格品檢驗出來，則不接受該批。

減量檢驗。樣本大小代字 L 和正常檢驗一樣。從表 10-4（減量檢驗的單次抽樣計畫），樣本代字 L 和 AQL＝0.65%，得到想要的抽樣計畫 n＝80、Ac＝1 以及 Re＝4。因此，從一批量大小為 2,000 當中，隨機抽取 80 個樣本檢驗，如果有 1 個或 1 個以下的不合格品檢驗出來，就接受該批；如果有 4 個或 4 個以上的不合格品檢驗出來，則不接受該批。如果是 2 個或 3 個不合格品檢驗出來，則該批仍然可以接受，但是檢驗型態必須從減量檢驗改為正常檢驗。當一批不被接受的時候，也必須改為正常檢驗。

比較三種抽樣計畫，注意在允收的要求上，嚴格檢驗要比正常檢驗更嚴格。事實上，在正常檢驗下，樣本含有 3 個不合格品是會被接受的，但是在嚴格檢驗之下，則不被接受。減量檢驗的樣本大小，大約是正常或嚴格檢驗大小的 40%，而這節省了可觀的抽樣成本。

如果遇到垂直的箭頭，則採用箭頭之上或之下的第一個抽樣計畫。當這種情形的時候，樣本大小代字和樣本大小皆改變。例如，如果一個單次嚴格抽樣計畫（表 10-3）指標是 AQL＝4.0% 以及代字 D，則改變代字為 F，樣本大小由 8 改為 20。如果垂直的箭頭指向下，意思是目前所的樣本太小無法做決策。如果垂直的箭頭指向上，意思是可以用較小的樣本做決策。在某些情

況之下，樣本大小會超過批量大小，而這種情況需要全數檢驗。

▶ 雙次和多次抽樣計畫

這個標準也適用於雙次和多次抽樣（7 個樣本）計畫。表格的使用和單次抽樣方法相似，因此本章不再討論。

▶ 正常、嚴格和減量檢驗

除非負責承擔責任的當局另有指示，否則都是以正常檢驗為開始。對每一類別的不合格點、不合格品正常、嚴格或減量檢驗將持續不變，直到如下需要改變的狀態發生的時候，再做轉換的程序。

正常至嚴格檢驗。當正常檢驗進行當中，如果原來檢驗（也就是不包括再送驗批）連續 5 批當中，有 2 批不被接受，則採用嚴格檢驗。

嚴格至正常檢驗。當嚴格檢驗進行當中，如果原來檢驗連續 5 批被接受，則採用正常檢驗。

正常至減量檢驗。當正常檢驗進行當中，如果以下情況都符合的時候，則採用減量檢驗。

1. 前面 10 批的檢驗採用正常檢驗，而且原來檢驗的時候都為允收。
2. 前面 10 批的樣本不合格品數，總和小於或等於表 10-5 所示的適用值。例如，在過去 10 批當中，全部檢驗數量為 600，而且 AQL = 2.5%，則其限制的不合格品數為 7。因此，想要適用減量檢驗，在 600 個檢驗樣本當中，其不合格品數必須等於或少於 7 個。在某些情況，對於特定的 AQL 需要取得超過 10 批的足夠樣本數量；如表 10-5 附註所示，這個情況是有選擇性的。
3. 生產維持穩定的比率；換句話說，最近沒有麻煩發生，例如機械故障、原料短缺或勞工問題。
4. 負責承擔責任的當局（消費者）認為檢量檢驗是合乎需要的；消費者必須決定是否能從較少的檢驗當中，保證減少額外的資料紀錄保存，和檢驗人員的訓練費用支出。

減量至正常檢驗。當減量檢驗進行當中，以下四種情況任一種發生的時候，則回復為正常檢驗。

表 10-5 減量檢驗的極限數目（ANSI/ASQ Z1.4 的表 VIII）

最近 10 批的樣本數	允收品質水準 0.010	0.015	0.025	0.040	0.065	0.10	0.15	0.25	0.40	0.65	1.0	1.5	2.5	4.0	6.5	10	15	25	40	65	100	150	250	400	650	1,000
20-29	*	*	*	*	*	*	*	*	*	*	*	*	*	*	*	0	0	2	4	8	14	22	40	68	115	181
30-49	*	*	*	*	*	*	*	*	*	*	*	*	*	*	0	0	1	3	7	13	22	36	63	105	178	277
50-79	*	*	*	*	*	*	*	*	*	*	*	*	0	0	0	2	3	7	14	25	40	63	110	181	301	
80-129	*	*	*	*	*	*	*	*	*	*	*	0	0	0	2	4	7	14	24	42	68	105	181	297		
130-199	*	*	*	*	*	*	*	*	*	0	0	0	0	2	4	7	13	25	42	72	115	177	301	490		
200-319	*	*	*	*	*	*	*	0	0	2	0	0	2	4	8	14	22	40	68	115	181	277	471			
320-499	*	*	*	*	*	*	0	0	2	0	0	1	4	8	14	24	39	68	113	189						
500-799	*	*	*	*	*	*	0	2	4	0	2	3	7	14	25	40	63	110	181							
800-1,249	*	*	*	*	0	0	1	4	8	2	4	7	14	24	42	68	105	181								
1,250-1,999	*	*	*	0	0	2	3	7	14	4	7	13	24	40	69	110	169									
2,000-3,149	*	*	0	0	2	4	7	14	24	8	14	22	40	68	115	181										
3,150-4,999	*	*	0	0	4	7	13	24	40	14	24	38	67	111	186											
5,000-7,999	*	*	0	2	4	14	22	40	68	25	40	63	110	181												
8,000-12,490	*	0	0	4	8	14	24	67	111	42	68	105	181													
12,500-19,999	*	0	0	4	14	24	38	40	181	69	110	169														
20,000-31,499	0	0	2	8	14	22	40	68	111	115	181															
31,500-49,999	0	1	4	14	24	38	67	111	181	186																
50,000 以上	2	3	7	14	25	40	63	110	181	301																

* 表示對於 AQL 值，在最近 10 批的樣本數目還無法採行減量檢驗。在這種情況下，可以用 10 批以上來計算，而且所採用的檢驗批為最近連續的批目都是用正常檢驗，而在原來檢驗當中沒有被拒收者。
資料來源：摘錄自 ANSI/ASQ Z1.4–2003，經美國品質管制學會允許。

1. 有一批不被接受。
2. 當抽樣程序中止不是因為符合允收或拒收標準,則目前這一批雖然被接受,但是在下一批檢驗開始的時候,必須回復正常檢驗。
3. 生產是不規律或延遲的。
4. 其他情況,例如消費者要求,授權實行正常檢驗。

如果連續 5 個檢驗批仍然維持嚴格檢驗,則應該中止抽樣檢驗,對該產品進行其他的品質改善行動;而嚴格檢驗,應該用在矯正行動進行之後。

⮕ 補充資訊

這個標準包括正常檢驗單次抽樣計畫的操作特性曲線;它顯示在一個給定的製程品質下,各種抽樣計畫預期可以被接受的批量百分比。雙次和多次抽樣計畫的 OC 曲線並未列在標準當中,不過很符合實際的應用結果。

標準當中的表 V(本書並未摘錄),是有關於正常以及嚴格檢驗,單次抽樣計畫的平均出廠品質界限。

與雙次和多次抽樣平均樣本大小曲線相等的單次樣本大小函數,如表 IX 所示;而這個曲線的一部分,請參見圖 9-17。這些說明在給定的製程品質之下,各種抽樣計畫裡,可以預期的不同平均樣本大小。

ANSI/ASQ Z1.4 的設計,是使用在連續製造的產品批量上。然而,如果一個抽樣計畫是適合本質獨立的一個批量,則它必須根據界限品質(LQ)和消費者風險做選擇。標準包括了 0.05 到 0.10 消費者風險的表格(本書並未摘錄)。因此,獨立批的抽樣計畫能夠比較接近生產者的和消費者的標準。然而,使用以下 ANSI/ASQ 標準 Q3–1988,會是比較容易的。

⮕ ANSI/ASQ 標準 Q3[2]

這個標準是以計數值檢驗各個獨立批量;它是 ANSI/ASQ Z1.4 的補充,適合連續批。這個標準是由界限品質(LQ)的值當指標,而且適合類型 A 或類型 B 的批量;這些概念在前一章已經討論過。LQ 值的決定,與 AQL 值的決定方法相同。

有兩個方案,一個如表 10-6 所示,是用在單獨的或混合的批,或就賣主與買主而言,不知其來源歷史而設計使用;如果要使用這個表,必須知道批

---

[2] 本節摘錄自 ASQC Q3–1988,經美國品質管制學會允許。

表 10-6　公稱界限品質為指標的單次抽樣計畫

樣本大小		0.5	0.8	1.25	2.0	3.15	5.0	8.0	12.5	20	32
16-25	n Ac	→ 	→ 	→ 	→ 	→ 	100% 0	17[a] 0	13 0	9 0	6 0
25-50	n Ac	→ 	→ 	→ 	100% 0	100% 0	28[a] 0	22 0	15 0	10 0	6 0
51-90	n Ac	→ 	→ 	100% 0	50 0	44 0	34 0	24 0	16 0	10 0	8 0
91-150	n Ac	→ 	100% 0	90 0	80 0	55 0	38 0	26 0	18 0	13 0	13 1
151-280	n Ac	100% 0	170 0	130 0	95 0	65 0	42 0	28 0	20 0	20 1	13 1
281-500	n Ac	280 0	220 0	155 0	105 0	80 0	50 0	32 0	32 1	20 1	20 3
501-1,200	n Ac	380 0	255 0	170 0	125 0	125 1	80 1	50 1	32 1	32 3	32 5
1,201-3,200	n Ac	430 0	280 0	200 0	200 1	125 1	125 3	80 3	50 3	50 5	50 10
3,201-10,000	n Ac	450 0	315 0	315 1	200 1	200 3	200 5	125 5	80 5	80 10	80 18
10,001-35,000	n Ac	500 0	500 1	315 1	315 3	315 5	315 10	200 10	125 10	125 18	80 18
35,001-150,000	n Ac	800 1	500 1	500 3	500 5	500 10	500 18	315 18	200 18	125 18	80 18
150,001-500,000	n Ac	800 1	800 3	800 5	800 10	800 18	500 18	315 18	200 18	125 18	80 18
>500,000	n Ac	1,250 3	1,250 5	1,250 10	1,250 18	800 18	500 18	315 18	200 18	125 18	80 18

公稱的界限品質百分比（LQ）

[a] 當 n 超過批量大小，則 100% 全數檢驗，而且允收數目為 0。
→ 公稱界限品質（LQ）意指該批當中小於 1 個不合格品。對於較高的 LQ 值，使用第一個可行計畫。
資料來源：摘錄自 ASQC Q3-1988，經美國品質管制學會允許。

量大小和 LQ 值。

例題 10-2

已知一批量大小為 295，LQ 值為 3.15%，決定一個抽樣計畫。

從表 10-6 得解為：

$$n = 80$$
$$Ac = 0$$

LQ 公稱值的基礎是 $\beta = 0.10$。因為我們是採用整數，實際的 Q 值會和公稱的 LQ 值有些偏離；注意 LQ 給定的形式是百分比。

第二個方案，是供應商生產一系列連續批量的時候使用，運送一批或少許至消費者，而且消費者認定它們是單獨的批；這種情況經常發生在購買少量原料的時候。表中給定的是 0.5、0.8、1.25、2.0、3.15、5.0、8.0、12.5、20.0、以及 32.0% 的 LQ 值；只有 3.15% LQ 值的抽樣計畫表如表 10-7 所示。這些表以 AQL 列舉製程品質（如在 ANSI/ASQ Z1.4 當中所使用的），表當中不同批量大小的 AQL 相等於不同批量大小的 LQ。

例題 10-3

已知一批量大小為 295，檢驗水準 II 和 3.15% 的 LQ 值，這個單獨批是來自供應商一系列連續的產品，試決定一個抽樣計畫。

從表 10-7 得解為：

$$n = 125$$
$$Ac = 1$$

注意，表當中最後 5 個欄位的資料，可以用來繪製 OC 曲線；而且表 10-7 的資訊，是來自 ANSI/ASQ Z1.4，唯一的不同是以 LQ 值做為指標，以便於更容易使用。

表 10-7　公稱界限品質 3.15% 的單一次抽樣計畫

各種檢驗水準的批量大小					單次抽樣計畫(正常檢驗)			代字	指定允收機率下的送驗品質表[a](不合格品品質百分比)				
s-1 至 s-3	s-4	I	II	III	AQL	n	AC		95%	90%	50%	10%	5%
>125[b]	>125[b]	126[b] 至 35,000	126[b] 至 32,000	126[b] 至 1,200	0.40	125	1	K	0.284	0.426	1.34	3.11	3.80
		35,001 至 150,000	3,201 至 10,000	1,201 至 3,200	0.65	200	3	L	0.663	0.873	1.84	3.34	3.88
		>150,000	10,001 至 35,000	3,201 至 10,000	0.65	315	5	M	0.829	1.00	1.80	2.94	3.34
			>35,000	>10,000	1.00	500	10	N	1.231	1.40	2.13	3.08	3.39

[a] 以下卜瓦松近似機率計算。
[b] 對於批量少於 126，則 100% 全數檢驗該批。

資料來源：摘錄自 ASQC Q3-1988，經美國品質管制學會允許。

道奇－雷敏表

在 1920 年代，道奇（H. F. Dodge）和雷敏（H. G. Romig），針對計數值產品逐批允收抽樣，發展出一系列的檢驗表。這些表是根據第 9 章的兩個概念而發展出來的，分別是界限品質（LQ）[3]和平均出廠品質界限（AOQL）。對於每一個概念，都有單次和雙次抽樣計畫表。本書只有單次抽樣，並未提供多次抽樣計畫表。

道奇－雷敏表最主要的優點是對於一個給定的檢驗程序，有最少的檢驗數。這項優點，讓這項檢驗在工廠裡，令使用者感到滿意。

1. 界限品質（LQ）。這些表是以機率為基礎，是指當一個特定批不合格百分比等於 LQ 的時候，會被接受的機率；這個機率是消費者風險 β，等於 0.10。LQ 計畫能保證較低劣品質的個別批不太會被接受。

有兩種 LQ 表，一種為單次抽樣的時候使用，另一種為雙次抽樣的時候使用。每一種表都有 0.5、1.0、2.0、3.0、4.0、5.0、7.0 以及 10.0% 的 LQ 值，總共有 16 張表。為了說明起見，表 10-8 表示 LQ = 1.0% 的單次抽樣；本書並未提供其他 LQ 值的表。

要使用這個表，最開始必須決定單次或雙次抽樣。這個決策，可以根據第 9 章的資訊為基礎。除此之外，也要先決定 LQ，用類似第 9 章所述 AQL 的決定方法去完成。抽樣的類型（單次或雙次）和 LQ 值，會指出要使用的表。

瞭解批量大小和製程平均，允收抽樣計畫就很容易可以獲得。例如，如果批量大小 N 是 1,500，製程平均是 0.25%，則 LQ = 1.0% 的單次抽樣計畫，可以從表 10-8 得到，它的答案為：

$$N = 1,500$$
$$n = 490$$
$$c = 2$$

這也能看出每一個計畫的 AOQL 值；在這個例子中，AOQL 為 0.21%。

分析 LQ 表，得到下列各項：

---

[3] 道奇和雷敏使用批容許不良率（LTPD）項目。在本書中，以界限品質（LQ）替代，因為它適於目前的用語。

表 10-8　以界限品質 a（LQ = 1.0%）為基準的道奇－雷敏單次抽樣檢驗批次檢驗表

製程平均 (%)

批量大小	0-0.010 n	0-0.010 c	0-0.010 AOQL(%)	0.011-0.10 n	0.011-0.10 c	0.011-0.10 AOQL(%)	0.11-0.20 n	0.11-0.20 c	0.11-0.20 AOQL(%)	0.21-0.30 n	0.21-0.30 c	0.21-0.30 AOQL(%)	0.31-0.40 n	0.31-0.40 c	0.31-0.40 AOQL(%)	0.41-0.50 n	0.41-0.50 c	0.41-0.50 AOQL(%)
1-120	全部	0	0	全部	0	0	全部	0	0	全部	0	0	全部	0	0	全部	0	0
121-150	120	0	0.06	120	0	0.06	120	0	0.06	120	0	0.06	120	0	0.06	120	0	0.06
151-200	140	0	0.08	140	0	0.08	140	0	0.08	140	0	0.08	140	0	0.08	140	0	0.08
201-300	165	0	0.10	165	0	0.10	165	0	0.10	165	0	0.10	165	0	0.10	165	0	0.10
301-400	175	0	0.12	175	0	0.12	175	0	0.12	175	0	0.12	175	0	0.12	175	0	0.12
401-500	180	0	0.13	180	0	0.13	180	0	0.13	180	0	0.13	180	0	0.13	180	0	0.13
501-600	190	0	0.13	190	0	0.13	190	0	0.13	190	0	0.13	190	0	0.13	305	1	0.14
601-800	200	0	0.14	200	0	0.14	200	0	0.14	330	1	0.15	330	1	0.15	330	1	0.15
801-1,000	205	0	0.14	205	0	0.14	205	0	0.14	335	1	0.17	335	1	0.17	335	1	0.17
1,001-2,000	220	0	0.15	220	0	0.15	360	1	0.19	490	2	0.21	490	2	0.21	610	3	0.22
2,001-3,000	220	0	0.15	375	1	0.20	505	2	0.23	630	3	0.24	745	4	0.26	870	5	0.26
3,001-4,000	225	0	0.15	380	1	0.20	510	2	0.24	645	3	0.25	880	5	0.28	1,000	6	0.29
4,001-5,000	225	0	0.16	380	1	0.20	520	2	0.24	770	4	0.28	895	5	0.29	1,120	7	0.31
5,001-7,000	230	0	0.16	385	1	0.21	655	3	0.27	780	4	0.29	1,020	6	0.32	1,260	8	0.34
7,001-10,000	230	0	0.16	520	2	0.25	660	3	0.28	910	5	0.32	1,150	7	0.34	1,500	10	0.37
10,001-20,000	390	1	0.21	525	2	0.26	785	4	0.31	1,040	6	0.35	1,400	9	0.39	1,980	14	0.43
20,001-50,000	390	1	0.21	530	2	0.26	920	5	0.34	1,300	8	0.39	1,890	13	0.44	2,570	19	0.48
50,001-100,000	390	1	0.21	670	3	0.29	1,040	6	0.36	1,420	9	0.41	2,120	15	0.47	3,150	23	0.50

a n 為樣本大小（「全部」表示檢驗批當中，每一件均被檢驗）；c 為允收數目；AOQL 為平均出廠品質界限。

資料來源：摘錄自 ASQC Q3-1988，經美國品質管制學會允許。

(a) 當批量大小增加的時候,相關的樣本大小減少。因此,製程平均 0.25%,批量大小為 1,000,其樣本大小為 335;而批量大小為 4,000,其樣本大小為 645。當樣本大小約增加為 2 倍,批量大小增加為 4 倍。因此,大批量的檢驗成本更經濟。

(b) 將這些表擴大至製程平均數是 LQ 值的一半。額外製程平均的規定是不需要的,因為當製程平均超出 LQ 一半的時候,100% 全數檢驗變得比抽樣檢驗更為經濟。

(c) 當製程平均增加的時候,相對應的檢驗數量也會跟著增加;因此,改善製程平均,可以得到較少的檢驗數量以及較低的抽樣檢驗成本。

2. 平均出廠品質界限(AOQL)。AOQL 概念的抽樣計畫是因應特定製造狀況的實際需求所發展出來的。當指定批量大小,如消費者批的情形(均勻的),能適用 LQ 的概念;然而,因物料搬運的考慮(不均勻的),產量容易分割的產品批量可以適用 AOQL 的概念。AOQL 將出廠品質較差的數量限制在一個平均基準,但不能保證個別批的出廠品質。AOQL 表具有兩組分別有關於單次抽樣和雙次抽樣的表,每一組的表都有 0.1、0.25、0.5、0.75、1.0、1.5、2.0、2.5、3.0、4.0、5.0、7.0 以及 10.0% 的 AOQL 值,共有 26 張表。為了說明,表 10-9 所示為一張單次抽樣表,AOQL = 3.0%;本書並未提供其他 AOQL 值的表。

除了決定是要使用單次或雙次抽樣以外,也需要決定 AOQL。這可以使用和求取 AQL 的相同方法去尋找,在第 9 章已描述過。抽樣的類型(單次或雙次)和 AOQL 值會指出要使用的表。

只要知道批量大小和製程平均,就可以得到允收抽樣計畫。例如,如果批量大小 N 是 1,500,製程平均是 1.60%,則可以在表 10-9 中得到所需要的 AOQL = 3.0% 的單次抽樣計畫,為:

$$N = 1,500$$
$$n_1 = 65$$
$$c_1 = 3$$

這個抽樣計畫相對應的 LQ 為 10.2%。

分析 AOQL 表,得到下列各項:

(a) 當批量大小增加,則相對樣本大小減少。

(b) 當製程平均超出 AOQL,則無法得到抽樣計畫;因為當平均進廠品質

表 10-9　以平均出廠品質界限 [a]（AOQL = 3.0%）為基準的道奇－雷敏單次抽樣檢驗批檢驗表

批量大小	0-0.06 n	c	LQ(%)	0.07-0.60 n	c	LQ(%)	0.61-1.20 n	c	LQ(%)	1.21-1.80 n	c	LQ(%)	1.81-2.40 n	c	LQ(%)	2.41-3.00 n	c	LQ(%)
1-10	全部	0	—	全部	0	—	全部	0	—	全部	0	—	全部	0	—	全部	0	—
11-50	10	0	19.0	10	0	19.0	10	0	19.0	10	0	19.0	10	0	19.0	10	0	19.0
51-100	11	0	18.0	11	0	18.0	11	0	18.0	11	0	18.0	11	0	18.0	22	1	16.4
101-200	12	0	17.0	12	0	17.0	12	0	17.0	25	1	15.1	25	1	15.1	25	1	15.1
201-300	12	0	17.0	12	0	17.0	26	1	14.6	26	1	14.6	26	1	14.6	40	2	12.8
301-400	12	0	17.1	12	0	17.1	26	1	14.7	26	1	14.7	41	2	12.7	41	2	12.7
401-500	12	0	17.2	27	1	14.1	27	1	14.1	42	2	12.4	42	2	12.4	42	2	12.4
501-600	12	0	17.3	27	1	14.2	27	1	14.2	42	2	12.4	42	2	12.4	60	3	10.8
601-800	12	0	17.3	27	1	14.2	27	1	14.2	43	2	12.1	60	3	10.9	60	3	10.9
801-1,000	12	0	17.4	27	1	14.2	44	2	11.8	44	2	11.8	60	3	11.0	80	4	9.8
1,001-2,000	12	0	17.5	28	1	13.8	45	2	11.7	65	3	10.2	80	4	9.8	100	5	9.1
2,001-3,000	12	0	17.5	28	1	13.8	45	2	11.7	65	3	10.2	100	5	9.1	140	7	8.2
3,001-4,000	12	0	17.5	28	1	13.8	65	3	10.3	85	4	9.5	125	6	8.4	165	8	7.8
4,001-5,000	28	1	13.8	28	1	13.8	65	3	10.3	85	4	9.5	125	6	8.4	210	10	7.4
5,001-7,000	28	1	13.8	45	2	11.8	65	3	10.3	105	5	8.8	145	7	8.1	235	11	7.1
7,001-10,000	28	1	13.9	46	2	11.6	65	3	10.3	105	5	8.8	170	8	7.6	280	13	6.8
10,001-20,000	28	1	13.9	46	2	11.7	85	4	9.5	125	6	8.4	215	10	7.2	380	17	6.2
20,001-50,000	28	1	13.9	65	3	10.3	105	5	8.8	170	8	7.6	310	14	6.5	560	24	5.7
50,001-100,000	28	1	13.9	65	3	10.3	125	6	8.4	215	10	7.2	385	17	6.2	690	29	5.4

[a] n 為樣本大小（「全部」表示檢驗批當中，每一件均被檢驗）；c 為允收數目；LQ 為對應於消費者風險（β）= 0.10 的界限品質。

資料來源：摘錄自 ASQC Q3-1988，經美國品質管制學會允許。

低於指定的 AOQL，則抽樣計畫是不經濟的。

(c) 製程平均愈低，樣本大小愈小，會使檢驗成本較低。

3. 其他關於道奇－雷敏表的評論。製程平均 $100\bar{p}$ 和 p 管制圖是使用相同方法而得到。在最初的 25 批，得到平均不合格百分比。對於雙次抽樣，只有第一個樣本是用來計算的。任一批的不合格百分比，當超出 $100\bar{p} + 3\sqrt{100\bar{p}(1-100\bar{p})/n}$ 界限，則將其捨棄（如果有非機遇的原因），並且重新計算製程平均。然而，直到可能用這個方法得到製程平均，不然就用最大的製程平均。因此，會使用表的最後一行，將使用直到可以決定 $100\bar{p}$。

雖然可以使用不同的 LQ 或 AOQL 值，道奇－雷敏表並不針對不合格點類型做規定——重大不合格點就使用較低的值，次要不合格點就使用較高的值。雖然可以使用不同的 LQ 或 AOQL 值，嚴格或減量檢驗並沒有規定。製程平均可以用不合格點數／100 件衡量，而不需要用不合格百分比。因此，2.00% 不合格率的製程平均，和 2 個不合格點／100 件是相同的。

▶ 連鎖抽樣檢驗計畫 [4]

一個特殊的計數值逐批允收抽樣計畫，是由道奇（H. F. Dodge）所發展出來的。這個計畫稱為連鎖抽樣計畫（Chain Sampling Plan, ChSP-1），它適用於破壞性和昂貴測試的品質特性。

當進行破壞性或昂貴測試的時候，使用小樣本的抽樣計畫，是經濟性的主要考量。計畫的樣本大小為 5、10、15 等，通常允收數字為 $c = 0$。

$c = 0$ 的單次抽樣計畫有一個不受歡迎的特徵，它是在生產者風險 α 下不完善的 OC 曲線。圖 10-3 顯示 $c = 0$、$c = 1$ 或更高的 c 值之單次抽樣計畫的一般形式；這兩個圖的比較，顯示允收數等於 1 或更多的計畫之有利條件（從生產者觀點來看）。

連鎖抽樣計畫使用多次前次抽樣累積的結果，其程序如圖 10-4 所示，說明如下：

1. 對於每一批，選擇樣本大小 n，並且對每一個樣本測試是否符合規格。
2. 如果樣本當中包含 0 個不合格品，則接受該批；如果樣本有 2 個或大於 2 個不合格品，則不接受該批；如果樣本當中有 1 個不合格品，假如在

---

[4] 欲得到更多的資訊，可以參考道奇的 "Chain Sampling Inspection Plan," *Industrial Quality Control*, Vol. 11, No. 4 (January 1955): 10-13。

圖 10-3　單次抽樣計畫一般形式的 OC 曲線

資料來源：經授權摘錄自 H. F. Dodge, "Chain Sampling Inspection Plan," *Industrial Quality Control*, Vol. 11, No. 4 (January 1955): 10-13。

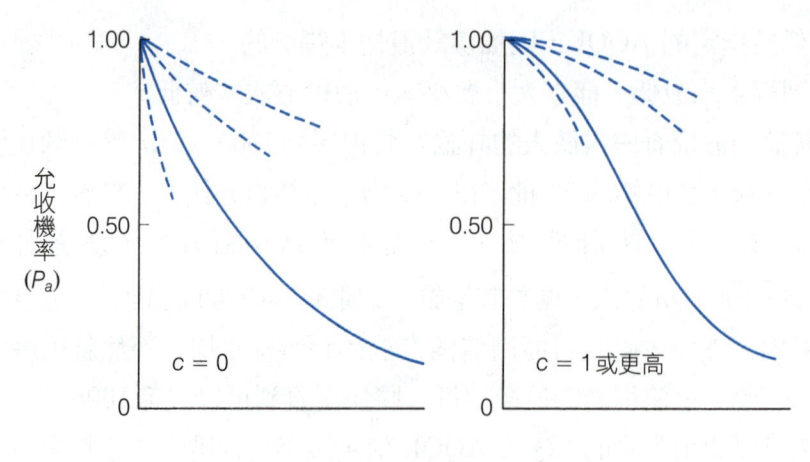

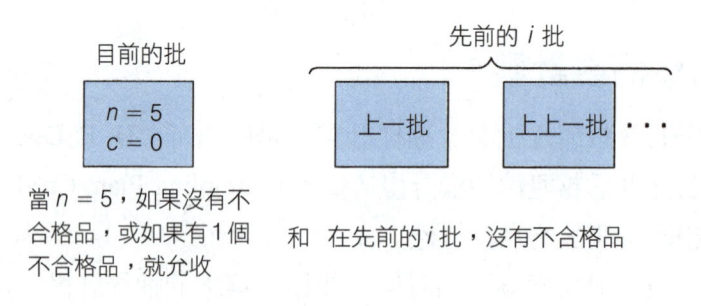

圖 10-4　連鎖抽樣

該批之前樣本大小為 n 的 i 個樣本有 0 個不合格品，那就接受該批。

因此，對於連鎖抽樣計畫，給定 $n=5$、$i=3$，當 (1) 樣本大小為 5 個，包含 0 個不合格品，或 (2) 該批樣本大小為 5，有 1 個不合格品，而且該批樣本大小為 $5(n)$ 之前 $3(i)$ 個樣本都沒有不合格品，則接受該批。

先前樣本數 i 的值，是由分析給定樣本大小的作業特性（OC）曲線決定。圖 10-5 說明單次抽樣計畫 $n=5$、$c=0$ 的 OC 曲線，以及連鎖抽樣計畫 ChSP-1 對於 $i=1$、2、3、5 的 OC 曲線。連鎖抽樣計畫 ChSP-1 的曲線，可以從下列的一般公式獲得：

$$P_a = P_0 + P_1(P_0)^i$$

以下的例子將可以說明這個方法。對於 $n = 5$、$c = 0$、$i = 2$ 的 ChSP-1 計畫，假設 p_0 值為 0.15，計算如下：

$$P_0 = \frac{n!}{d!(n-d)!} p_0^d q_0^{n-d} = q_0^n = (0.85)^5 = 0.444$$

$$P_1 = \frac{n!}{d!(n-d)!} p_0^d q_0^{n-d} = np_0 q_0^{n-d} = 5(0.15)(0.85)^{5-1} = 0.392$$

$$P_a = P_0 + P_1[P_0]^i = 0.444 + (0.392)(0.444)^2 = 0.521$$

點 $P_a = 0.521$ 如圖 10-5 所示，只要 $\frac{n}{N} \leq 0.10$，就使用二項分配作為超幾何分配的近似。

$i = 1$ 的 OC 曲線是以虛線表示，因為它不是一個比較好的選擇。在實際使用上，常用的 i 值是從 3 到 5，因為它們的 OC 曲線，會接近單次抽樣計畫的 OC 曲線。當不合格百分比較小的時候，ChSP-1 對於樣本包含 1 個不合格品，會增加接受的機率；這是為偶爾產生的不合格品做準備。

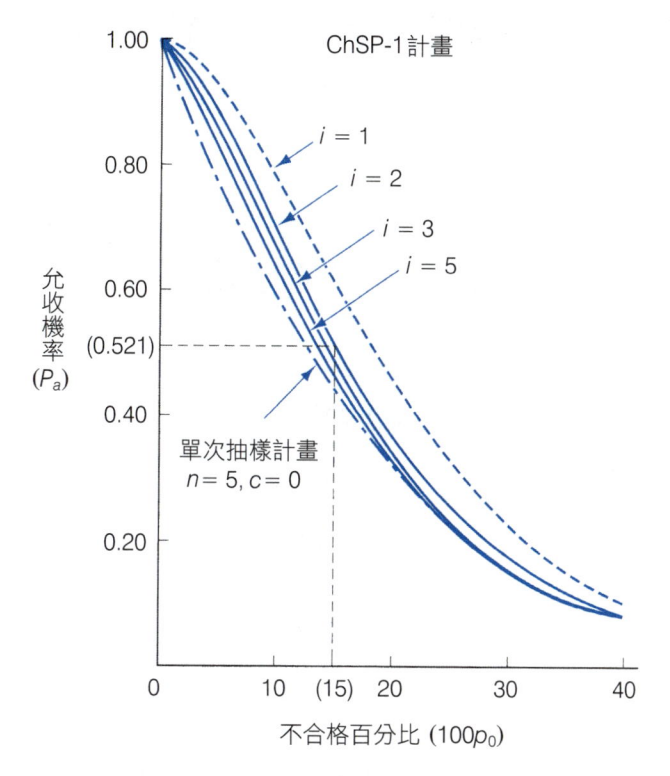

為了適當地使用連鎖抽樣方法，必須符合下列幾點情況：

圖 10-5　$i = 1$、2、3、5 的 ChSP-1 計畫 OC 曲線和單次抽樣計畫 $n = 5$、$c = 0$

1. 所採用的批,是由實際產品訂單當中,一系列連續製造產品中所抽樣的。
2. 消費者通常可以預期這些批實質上是相同的品質。
3. 消費者對生產者不會偶爾送出不合格批而被允收的機會有信心。
4. 品質特性是破壞性以及昂貴的測試,因此必須為小樣本。

對於偶然發生的不合格品,規定只能是主要或次要不合格品,但不能是重大的不合格品。

➡ 逐次抽樣

除了理論上能連續無限地抽樣,逐次抽樣和多次抽樣類似。實務上,在相對應的單次抽樣檢驗次數達到三倍之後,逐次抽樣計畫就會停止。逐次抽樣用於昂貴或破壞性測試,通常樣組的大小為 1,使它成為逐件檢驗。

逐件逐次抽樣是以**逐次機率比檢定**(sequential probability ratio test, SPRT)的概念為基礎,它是華德(Abraham Wald)[5]所發展出來的。圖 10-6 說明這個抽樣計畫方法,其「階梯」的線顯示總檢驗數之下的不合格總數,而且隨著每一件的檢驗結果做更新。如果累計不合格總數等於或大於上方的線,則不接受該批;如果累計結果等於或小於下方的線,則接受該批。如果

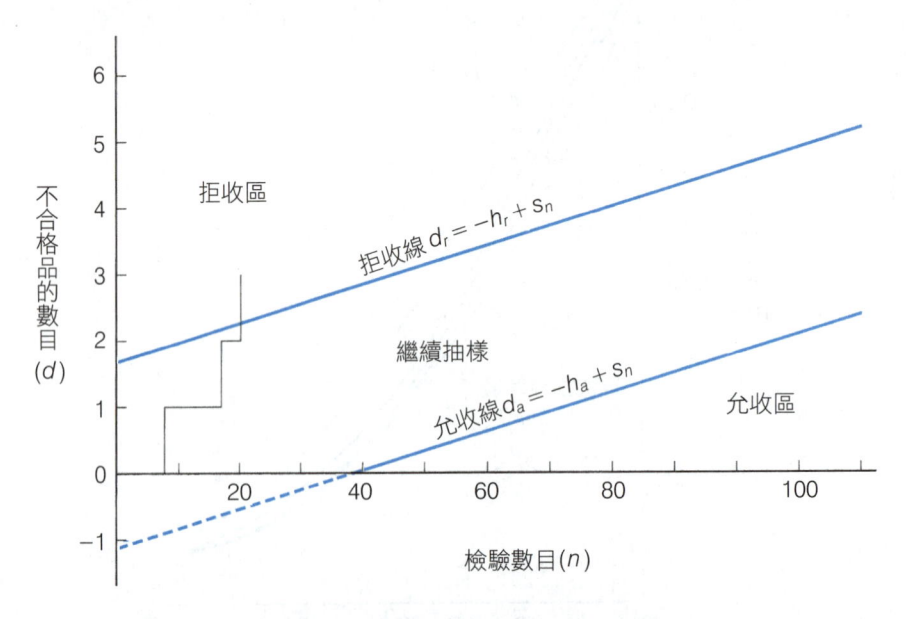

拒收線 $d_r = -h_r + sn$

允收線 $d_a = -h_a + sn$

圖 10-6 逐件逐次抽樣計畫的圖解

---

[5] 欲得到更多的資訊,可以參考 Abraham Wald, *Sequential Analysis* (New York: John Wiley & Sons, 1947)。

不是這兩種情形,則再檢驗下一件。因此,如果第 20 個樣本發現是不合格品,則累計不合格品數目為 3。因為 3 個不合格品對於 20 次檢驗而言,超出非允收線,所以不接受該批。

逐次抽樣計畫是按生產者風險 α、製程品質 p_α、消費者風險 β、製程品質 p_β 定義的。根據這些必要的條件,可以決定允收線和拒收線的直線方程式(斜截式),使用的公式如下:

$$h_a = \log\left(\frac{1-\alpha}{\beta}\right) \Big/ \left[\log\left(\frac{p_\beta}{p_\alpha}\right) + \log\left(\frac{1-p_\alpha}{1-p_\beta}\right)\right]$$

$$h_r = \log\left(\frac{1-\beta}{\alpha}\right) \Big/ \left[\log\left(\frac{p_\beta}{p_\alpha}\right) + \log\left(\frac{1-p_\alpha}{1-p_\beta}\right)\right]$$

$$s = \log\left(\frac{1-p_\alpha}{1-p_\beta}\right) \Big/ \left[\log\left(\frac{p_\beta}{p_\alpha}\right) + \log\left(\frac{1-p_\alpha}{1-p_\beta}\right)\right]$$

$$d_a = -h_a + sn$$

$$d_r = h_r + sn$$

其中, $s =$ 兩條直線的斜率

$h_r =$ 拒收線的截距

$h_a =$ 允收線的截距

$p_\beta =$ 對於消費者風險的不合格品比率

$p_\alpha =$ 對於生產者風險的不合格品比率

$\beta =$ 消費者風險

$\alpha =$ 生產者風險

$d_a =$ 允收的不合格品數

$d_r =$ 拒收的不合格品數

$n =$ 檢驗的樣本個數

因此,當 $\alpha = 0.05$,$p_\alpha = 0.01$,$\beta = 0.10$ 以及 $p_\beta = 0.06$ 的時候,可以由以下的計算獲得逐次抽樣計畫的方程式:

$$h_a = \log\left(\frac{1-\alpha}{\beta}\right) \left[\log\left(\frac{p_\beta}{p_\alpha}\right) + \log\left(\frac{1-p_\alpha}{1-p_\beta}\right)\right]$$

$$= \log\left(\frac{1-0.05}{0.10}\right) \left[\log\left(\frac{0.06}{0.01}\right) + \log\left(\frac{0.99}{0.94}\right)\right]$$

$$= 1.22$$

$$h_r = \log\left(\frac{1-\beta}{\alpha}\right) \Big/ \left[\log\left(\frac{p_\beta}{p_\alpha}\right) + \log\left(\frac{1-p_\alpha}{1-p_\beta}\right)\right]$$

$$= \log\left(\frac{1-0.10}{0.05}\right) \Big/ \left[\log\left(\frac{0.06}{0.01}\right) + \log\left(\frac{0.99}{0.94}\right)\right]$$

$$= 1.57$$

$$s = \log\left(\frac{1-p_\alpha}{1-p_\beta}\right) \Big/ \left[\log\left(\frac{p_\beta}{p_\alpha}\right) + \log\left(\frac{1-p_\alpha}{1-p_\beta}\right)\right]$$

$$= \log\left(\frac{1-0.01}{1-0.06}\right) \Big/ \left[\log\left(\frac{0.06}{0.01}\right) + \log\left(\frac{0.99}{0.94}\right)\right]$$

$$= 0.03$$

將 $h_a = 1.22$、$h_r = 1.57$ 以及 $s = 0.03$ 代入 d_a 和 d_r 公式，可以得到以下的方程式：

$$d_a = -1.22 + 0.03\,n$$
$$d_r = 1.57 + 0.03\,n$$

上述兩個方程式，和圖 10-6 的允收和拒收兩條直線是相同的。

　　圖 10-6 所示的圖，可以作為抽樣計畫，但使用表格的形式會更方便。很容易地將 n 值代入方程式，就可以得到 d_a 和 d_r 的計算結果，而獲得允收線和拒收線；例如 $n = 17$ 的計算為：

$$\begin{aligned} d_a &= -1.22 + 0.03n \\ &= -1.22 + 0.03(17) \\ &= -0.71 \end{aligned} \qquad \begin{aligned} d_r &= 1.57 + 0.03n \\ &= 1.57 + 0.03(17) \\ &= 2.08 \end{aligned}$$

因為不合格品數（d_a 和 d_r）是整數，拒收數是大於 d_r 值的最接近整數，允收數是小於 d_a 值的最接近整數；因此，$n = 17$，$d_a = 0$ 和 $d_r = 3$。表 10-10 說明了最初 113 個樣本的抽樣計畫。

　　有時候會希望每次抽樣數是多個，而不是只有一個，就必須使用所想要樣本大小的倍數而達成。因此，如果樣本大小是 5，允收和拒收數是由 n 等於 5、10、15、⋯⋯所決定。

　　逐次抽樣是用來降低在昂貴或破壞性測試中的檢驗個數，它也適用於任何情況，因為平均檢驗總件數會比單次、雙次和多次抽樣少。

表 10-10　逐次抽樣計畫，$\alpha = 0.05$，$p_\alpha = 0.01$，$\beta = 0.10$，$p_\beta = 0.01$

檢驗數 n	允收數 d_a	拒收數 d_r
1	a	b
2-15	a	2
16-40	a	3
41-47	0	3
48-73	0	4
74-80	1	4
81-106	1	5
107-113	2	5

[a] 不可能允收。
[b] 不可能拒收。

跳批抽樣

跳批抽樣，是道奇（H. F. Dodge）於 1955 年發明的[6]。它是對於來自相同來源連續供應的原料、零組件、半成品以及成品，最少檢驗成本的單次抽樣計畫，特別適用於需要實驗性分析的化學以及物理特性。如果公司強調統計製程管制（SPC）和及時（JIT）採購，這個類型的抽樣計畫將是很適用的。

跳批抽樣計畫標示為 SkSP-1，是以 AOQL 為基礎；然而，如第 9 章所討論的，AOQL 是以件為單位而不是批量。因此，AOQL = 1%，就平均而言，在所考慮的特性當中，可以被接受的不合格批量數目，不超過批量的 1%。

SkSP-1 在一開始的時候，是對每一批做檢驗。當指定批數被接受的時候，開始對批量採用抽樣。圖 10-7 以流程圖方式描述 SkSP-1，在這個抽樣模式中，若有一批被拒收，則回復到每一批都必須檢驗。

SkSP-1 是連續抽樣計畫 CSP-1 的修正；CSP-1 將在本章稍後說明。主要不同之處在於 SkSP-1 與批量有關聯，而 CSP-1 與單件有關聯。表 10-11 提供一組 AOQL 值對應的 i 和 f 值；兩個計畫都可以使用。因此當 AOQL 為 1.22%，下列任何一組 i 和 f 值都可以使用：

---

[6] H. F. Dodge, "Skip-Lot Sampling Plans," *Industrial Quality Control*, Vol. 11, No. 5 (February 1955): 3-5.

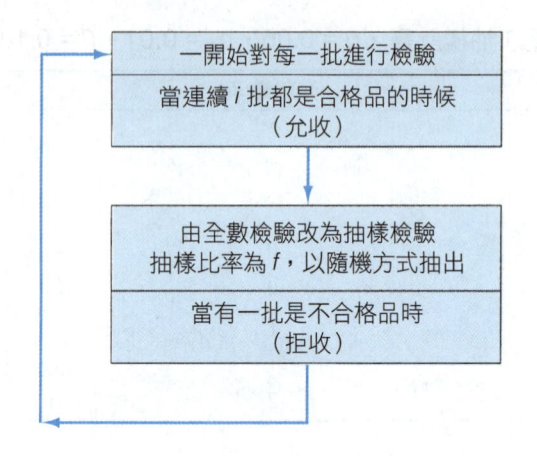

```
┌─────────────────────────┐
│  一開始對每一批進行檢驗  │
│  當連續 i 批都是合格品的時候 │
│         （允收）         │
└─────────────────────────┘
            │
            ▼
┌─────────────────────────┐
│  由全數檢驗改為抽樣檢驗  │
│  抽樣比率為 f，以隨機方式抽出 │
│  當有一批是不合格品時    │
│         （拒收）         │
└─────────────────────────┘
```

圖 10-7　SkSP-1 抽樣計畫的程序

f	i
$\frac{1}{2}$	23
$\frac{1}{3}$	38
$\frac{1}{4}$	49
$\frac{1}{5}$	58
$\vdots$	$\vdots$
$\frac{1}{200}$	255

一般而言，常用的 f 值是表中 $\frac{1}{2}$ 到 $\frac{1}{5}$ 的頂端部分。

在這個模式中，選擇一個檢驗批最好的方法，就是使用已知機率抽樣方法。因此，如果 $f=\frac{1}{2}$，則擲一枚硬幣，由人頭的那一面決定是否檢驗這批；如果 $f=\frac{1}{3}$，則投擲一個 6 面骰子，由點數 1 或 2 決定是否檢驗這一批；如果 $f=\frac{1}{4}$，則從撲克牌當中抽出一張牌，由黑桃決定是否檢驗這一批。

這個抽樣計畫假設拒收批需要矯正。

ANSI/ASQ S1[7]

當供應商的產品品質很好的時候，這個標準的目的是要提供一個程序，

---

[7] 本節摘錄自 ANSI/ASQ S1–1996，經美國品質管制學會允許。

表 10-11　CSP-1 計畫的 i 值

f	AOQL (%)													
	0.018	0.033	0.046	0.074	0.113	0.143	0.198	0.33	0.53	0.79	1.22	1.90	2.90	4.94	7.12	11.46
$\frac{1}{2}$	1,540	840	600	375	245	194	140	84	53	36	23	15	10	6	5	3
$\frac{1}{3}$	2,550	1,390	1,000	620	405	321	232	140	87	59	38	25	16	10	7	5
$\frac{1}{4}$	3,340	1,820	1,310	810	530	420	303	182	113	76	49	32	21	13	9	6
$\frac{1}{5}$	3,960	2,160	1,550	965	630	498	360	217	135	91	58	38	25	15	11	7
$\frac{1}{7}$	4,950	2,700	1,940	1,205	790	623	450	270	168	113	73	47	31	18	13	8
$\frac{1}{10}$	6,050	3,300	2,370	1,470	965	762	550	335	207	138	89	57	38	22	16	10
$\frac{1}{15}$	7,390	4,030	2,890	1,800	1,180	930	672	410	255	170	108	70	46	27	19	12
$\frac{1}{25}$	9,110	4,970	3,570	2,215	1,450	1,147	828	500	315	210	134	86	57	33	23	14
$\frac{1}{50}$	11,730	6,400	4,590	2,855	1,870	1,477	1,067	640	400	270	175	110	72	42	29	18
$\frac{1}{100}$	14,320	7,810	5,600	3,485	2,305	1,820	1,302	790	500	330	215	135	89	52	36	22
$\frac{1}{200}$	17,420	9,500	6,810	4,235	2,760	2,178	1,583	950	590	400	255	165	106	62	43	26

資料來源：摘錄自 ANSI/ASQ S1–1996，經美國品質管制學會允許。

減少檢驗的工作。它是以跳批抽樣方法，結合 ANSI/ASQ Z1.4 的計數值逐批抽樣計畫，不要把它和前一節描述的道奇跳批抽樣計畫混淆。這個計畫是 ANSI/ASQ Z1.4 減量檢驗的一個替代方案，它允許比正常檢驗有更小的樣本數。

為了使用這個計畫，供應商將：

1. 有一個書面系統，控制品質和設計變更。
2. 設立一套系統，可以偵側和矯正對品質造成反向影響的改變。
3. 不會經歷造成品質負面影響的組織改變。

除此之外，產品應該：

1. 是穩定設計的，是指沒有在本質上會造成品質負面影響的設計改變。
2. 除非供應商和負責承擔責任的當局同意更長的時間，維持連續製造至少 6 個月。負責承擔責任的當局，是指買方或授權的檢驗機構。
3. 在合格期間，一直以 ANSI/ASQ Z1.4 的一般檢驗水準 I、II 或 III，進行正常和減量檢驗。
4. 除非供應商和負責承擔責任的當局同意更長的時間，維持等於或小於 AQL 的品質水準至少 6 個月。
5. 符合表 10-12 和 10-13 中的下列要求：
   (a) 在先前的 10 批或更多連續批被允收。
   (b) 對於最近的 10 批或更多連續批，符合表 10-12 的最小累計樣本大小。
   (c) 對於最近的 2 批，符合表 10-13 當中的允收數目。

當使用雙次或多次抽樣，只計算第一次抽樣的結果。
例題 10-4 說明表的使用。

例題 10-4

一家製造壁爐裝飾品的製造商，符合供應商要求以及前 4 項產品要求。除此之外，負責承擔責任的當局訂定 AQL = 0.25，從 12 個連續批當中，6,000 個樣本進行檢驗，皆為允收。12 批當中發現 9 個不合格品，以及在最後 2 批同樣大小為 500 個的樣本中，分別有 1 個和 0 個不合格品。

使用 12 批，是因為第 10 或 11 批不符合要求，將使用 12 批。表 10-12 當中的要求有符合，因為最小累計樣本大小含有 9 個不合格品為 5,940，較 6000 個檢驗數為低。同時，也符合表 10-13 的要求，因為樣本大小 500，允許的不合格品是 2，而最後 2 批分別有 1 個和 0 個不合格品。因此，這個產品有資格使用跳批檢驗。

不合格百分比，僅適用於表中的 AQL 值為 10.0 或更低。全部 AQL 值適用於每 100 件的不合格點數。在每一個額外的不合格品，增加最後一列的值，表 10-12 的數目可以延伸超過 20 以上。因此，對於 AQL 為 1.5 和 24 的不合格品，最小累計樣本大小是 2,174 [1,862 + 4(78)]。

關於這個標準有三種基本情況；情況 1 是逐批檢驗活動。當供應商的產品符合之前所描述跳批檢驗的時候，這時計畫換至情況 2，即跳批情形。情況 3 是一種暫時的情形，在較不嚴格的程序下，跳批檢驗將會中斷，要再重新確認資格。當在情況 2 或 3，可能產生資格不符；在這種情況之下，程序轉換到情況 1，圖 10-8 說明這三種情形。

多次抽樣在情況 2 和 3 不被允許，而且強烈建議允收數 $c=0$ 的情況，不要在情況 2 和 3 使用。

跳批檢驗（情況 2）提供四種可能的跳批頻率：2 批當中提出 1 批檢驗、3 批當中提出 1 批檢驗、4 批當中提出 1 批檢驗以及 5 批當中提出 1 批檢驗。前三種頻率，適合最初的跳批檢驗頻率。圖 10-9 顯示起始頻率的決策圖，它是以情況 1 的檢驗結果為基礎，如果必須超過 20 批才能符合資格，則其頻率為每 2 批取 1 批，這也是最壞的情形。如果 20 或更少的批數符合資格，但有一些批數不符合表 10-13，則其頻率為每 3 批取 1 批；不過，如果全部 20 批或更少的批數符合表 10-13，則其頻率為每 4 批取 1 批。

例題 10-5

對例題 10-4，評估起始頻率，即資格情況（情況 1），決定最初的抽樣頻率。最初頻率是每 4 批取 1 批；因為符合表 10-12 達到 20 或更少的批，而且所有的批符合表 10-13。

表 10-12　開始跳批檢驗最小累計樣本大小－ANSI/ASQ S1 表 I

不合格點數或不合格品數	\\	AQL（不合格百分比或每 100 單位的不合格點數）										
	0.1	0.15	0.25	0.40	0.65	1.0	1.5	2.5	4.0	6.5	10.0	15.0	25.0
0	2,600	1,740	1,040	650	400	260	174	104	65	40	26	17	10
1	4,250	2,840	1,700	1,070	654	425	284	170	107	65	43	28	17
2	5,740	3,830	2,300	1,440	883	574	383	230	144	88	57	38	23
3	7,140	4,760	2,860	1,790	1,098	714	476	286	179	110	71	48	29
4	8,490	5,660	3,400	2,120	1,306	849	566	340	212	131	85	57	34
5	9,800	6,530	3,920	2,450	1,508	980	653	392	245	151	98	65	39
6	11,090	7,390	4,440	2,770	1,706	1,109	739	444	277	171	111	74	44
7	12,360	8,240	4,940	3,090	1,902	1,236	824	494	309	190	124	82	54
8	13,610	9,070	5,440	3,400	2,094	1,361	907	544	340	209	136	91	54
9	14,850	9,900	5,940	3,710	2,285	1,485	990	594	371	229	149	99	59
10	16,080	10,720	6,430	4,020	2,474	1,608	1,072	643	402	247	161	107	64
11	17,290	11,530	6,920	4,320	2,660	1,729	1,153	692	432	266	173	115	69
12	18,500	12,330	7,400	4,630	2,846	1,850	1,233	740	463	285	185	123	74
13	19,700	13,130	7,880	4,930	3,031	1,970	1,313	788	493	303	197	131	79
14	20,890	13,930	8,360	5,220	3,214	2,089	1,393	836	522	321	209	139	84
15	22,080	14,720	8,830	5,520	3,397	2,208	1,472	883	552	340	221	147	88
16	23,260	15,500	9,300	5,820	3,578	2,326	1,550	930	582	358	233	155	93
17	24,430	16,290	9,770	6,110	3,758	2,443	1,629	977	611	376	244	163	98
18	25,600	17,070	10,240	6,400	3,938	2,560	1,707	1,024	640	394	256	171	102
19	26,760	17,840	10,700	6,690	4,117	2,676	1,784	1,070	669	412	268	178	107
20	27,930	18,620	11,170	6,980	4,297	2,793	1,862	1,117	698	430	279	186	112
每個不合格件的額外加項	1,170	780	470	290	180	117	78	47	29	18	12	8	5

資料來源：摘錄自 ANSI/ASQ S1–1996，經美國品質管制學會允許。

表 10-13　開始或繼續跳批檢驗允收數目（個別批標準）－ANSI/ASQ S1 表 II

樣本大小	0.1	0.15	0.25	0.40	0.65	1.0	1.5	2.5	4.0	6.5	10.0	15.0	25.0
2	—	—	—	—	—	—	—	—	—	—	—	0	1
3	—	—	—	—	—	—	—	—	—	0	—	1	1
5	—	—	—	—	—	—	—	—	0	—	0	1	2
8	—	—	—	—	—	—	—	0	—	0	1	1	3
13	—	—	—	—	—	0	—	0	1	1	2	3	5
20	—	—	—	0	0	—	0	1	1	2	3	5	7
32	—	—	0	—	—	0	1	1	2	3	5	7	11
50	—	0	—	0	0	1	1	2	3	5	7	11	17
80	0	0	0	1	1	2	3	5	7	11	17	—	—
125	0	0	1	1	2	3	5	7	11	17	—	—	—
200	0	1	1	2	3	5	7	11	17	—	—	—	—
315	1	1	2	3	5	7	11	17	—	—	—	—	—
500	1	2	3	5	7	11	17	—	—	—	—	—	—
800	2	3	5	7	11	17	—	—	—	—	—	—	—
1,250	3	5	7	11	17	—	—	—	—	—	—	—	—
2,000													

AQL（不合格百分比或每 100 單位的不合格點數）

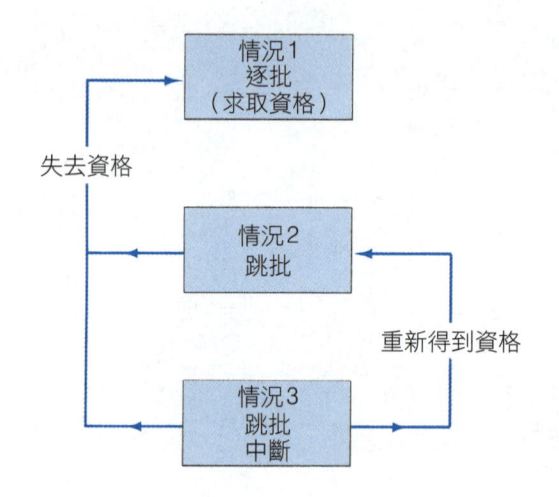

圖 10-8　三種情況的圖解

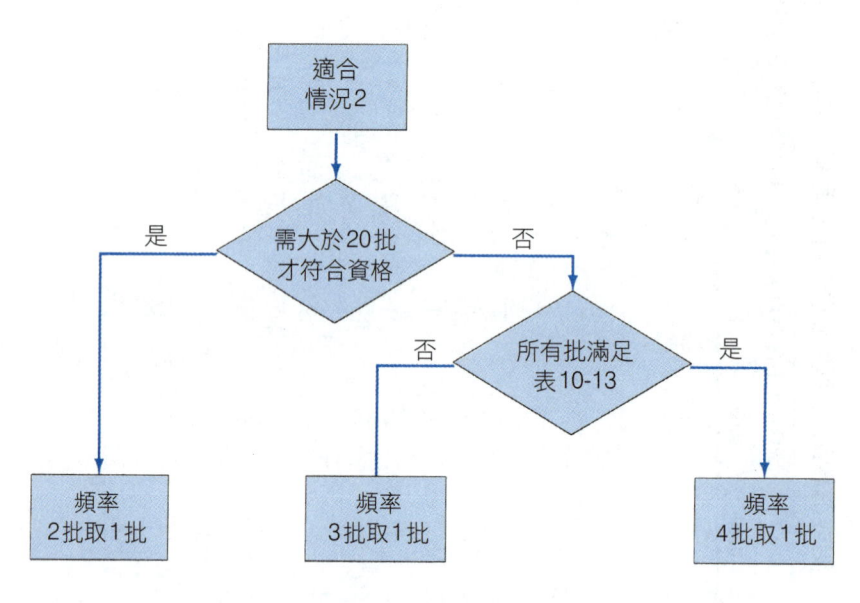

圖 10-9　初始抽樣頻率圖

當符合以下情形的時候，檢驗頻率可以改變至下一個較低的頻率。

1. 進行中的 10 批或更多批獲得允收。
2. 累計結果符合表 10-12。
3. 每個最近的 2 批，都符合表 10-13。
4. 負責承擔責任的當局許可。

前三種情形和產品資格要求的第五項完全相同。如果供應商最初的頻率

是每 3 批取 1 批，它可以降低到每 4 批取 1 批；而這將會是很大的節省。如果使用雙次抽樣，只需要計算第一樣本。

例題 10-6

> 起始跳批抽樣頻率為每 4 批取 1 批，在 AQL 為 0.65，最近 10 批結果均為允收，檢驗累計樣本大小為 1,625 單位，和全部 5 個不合格品的情況。如果對於最後 2 批，每批檢驗結果是 1 個不合格品，樣本大小分別為 125 和 200，則是否可以改變至更低的抽樣頻率？
>
> 因為符合表 10-12 和表 10-13 的要求，所以負責承擔責任的當局，核准改變為每 5 批抽 1 批。

情況 3，跳批中斷的情形，發生於每當最近一個檢驗批未符合表 10-13 的要求。當這種情況發生的時候，改以逐批正常檢驗為基礎的水準 I、II 或 III。如果連續允收 4 批，而且最後 2 批符合表 10-13 的要求，則回復跳批檢驗。然而，除非先前的水準是每 2 批取 1 批，不然頻率會增加到下一個更高的水準。因此，如果先前的頻率為每 4 批取 1 批，則下一個更高的頻率是每 3 批取 1 批。

當達到以下任何一種標準的時候，產品將不符合跳批檢驗，而且改成逐批檢驗：

1. 在情況 3 當中，有 1 批被拒絕。
2. 在 10 批內，不能達到再次的符合資格。
3. 在供應商或負責承擔責任的當局指定的期間內，沒有生產活動（如果沒有指定期間，則為兩個月）。
4. 供應商明顯地偏離合格供應條件或產品條件。
5. 負責承擔責任的當局，決定回復 ANSI/ASQ Z1.4 逐批檢驗。

跳批檢驗應該用在比 ANSI/ASQ Z1.4 減量檢驗，更符合成本效益的時候；及時（JIT）採購活動增加檢驗成本，是因為小樣本的關係。因此，減量檢驗和跳批檢驗相較於正常檢驗，是吸引人的替代方案。跳批檢驗的一個特色是，OC 曲線非常接近對應的正常檢驗計畫。

▪ 連續生產允收抽樣計畫

▶ 簡　介

　　本章討論的允收抽樣計畫是逐批允收抽樣計畫；很多製造業不會把批量製造當成是生產製程正常的一部分，因為它們是一個輸送帶、或其他直線生產系統的連續製程。在這種情形之下，需要連續生產的允收抽樣計畫。

　　連續生產允收抽樣計畫，由連續交替的抽樣檢驗和全數檢驗所組成；這些計畫開始的時候通常為 100% 全數檢驗，如果在預定的清查個數（clearance number, i）產品當中沒有不合格點，則實行抽樣檢驗，直到發現某一個特定數目的不合格品，然後回復 100% 全數檢驗。

　　連續生產抽樣計畫適用於計數值、非破壞性檢驗的流動產品。檢驗必須具備相當容易和迅速的特性，才不會因為檢驗活動產生瓶頸。除此之外，製程必須有能力製造同質的產品。生產人員通常執行 100% 全數檢驗，而品質人員則執行抽樣檢驗。在一個單位中，重大的、主要的和次要的分類會有不同的 AOQL 和 i 值，但通常具有相同的 f 值。

　　連續生產抽樣概念，首先由道奇（H. F. Dodge）在 1943 年提出，已經普遍地記為 CSP-1。這個計畫和另外的兩個計畫，CSP-2 和 CSP-3，都屬於單層計畫。1955 年，由 G. Licherman 和 H. Soloman 提出多層連續計畫。當品質持續很好的時候，多層計畫提供降低抽樣檢驗水準[8]。在早期的時候，很多這項工作是合併在 MIL-STD-1235（ORD）裡，而後在 1974 年 6 月 28 日由 MIL-STD-1235A 取代。美國海軍於 1981 年 12 月 10 日採用這個計畫後，這項標準的名稱更改為 MIL-STD-1235B。

▶ CSP-1 計畫 [9]

　　這個計畫對於次序生產的產品，開始的時候是 100% 全數檢驗，當特定數目的產品沒有發現任何不合格點，則停止 100% 全數檢驗，而改用抽樣檢

---

[8] G. Licherman and H. Soloman, "Multi-level Continuous Sampling Plans," *Annals of Mathematical Statistics*, Vol. 26 (December 1955): 686-704.

[9] H. F. Dodge, "A Sampling Inspection Plan for Continuous Production," *Annals of Mathematical Statistics*, Vol. 14 (September 1943): 264-279.

驗。樣本是產品線的一定比率，而且以最小偏差取樣。如果有一不合格點產生，則停止抽樣檢驗，而且回復 100% 全數檢驗；圖 10-10 說明 CSP-1 抽樣計畫的程序。清查個數 i，是 100% 全數檢驗當中，必須查到連續 i 件都為合格品的數目；抽樣頻率 f，是抽樣檢驗期間，檢驗件數和通過檢驗站的總數比率。因此，f 值等於 1/20，意指每 20 單位產品抽取 1 單位檢驗。

CSP-1 計畫是以 AOQL 為指引。對於一個特定的 AOQL，有不同的 i 和 f 值的組合，如表 10-11 所示。因此，AOQL 為 0.79 的計畫，$i = 59$、$f = \frac{1}{3}$。這個計畫是指，連續 59 個產品沒有不合格點，則開始每 3 個抽取 1 個的抽樣檢驗；直到發現 1 個不合格點，就回復全數檢驗。其他有關 AOQL = 0.79 的抽樣計畫是：

$$i = 113 \qquad f = \frac{1}{7}$$
$$= 270 \qquad = \frac{1}{50}$$

分析這個表得知，當 f 值減少，則 i 值增加。

對於一個特定的 AOQL，i 和 f 值的選擇是以實際情形來考慮的。當 f 值較小的時候，對於不一致品質的保護減少，尤其是其值低於 $\frac{1}{50}$ 的時候。

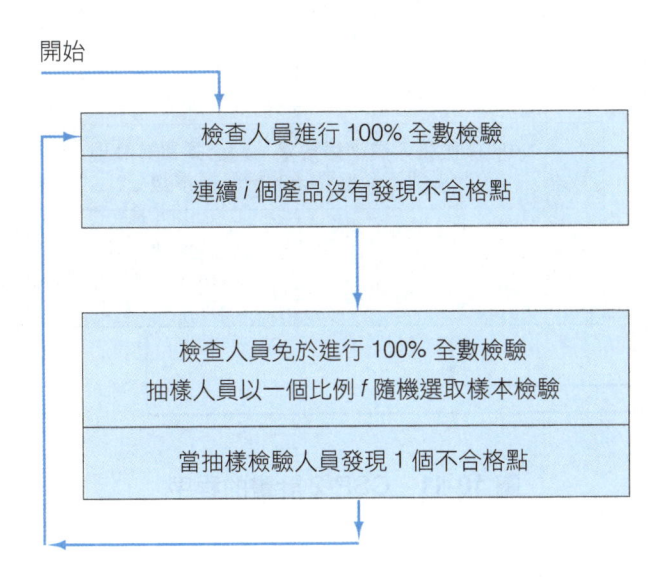

圖 10-10 CSP-1 和 CSP-F 計畫的程序

CSP-2 計畫

CSP-2 連續抽樣檢驗計畫是 CSP-1 的修正。CSP-1 計畫於抽樣計檢驗期間，發現一個不合格點的時候，必須回復 100% 全數檢驗；除非在下一個 i 值或更少的樣本當中，發現第二個不合格點[10]，否則 CSP-2 不需要回復 100% 全數檢驗。圖 10-11 顯示 CSP-2 抽樣計畫的程序。

CSP-2 計畫的目的在提供警戒，以避免當一個單獨的不合格點出現的時候，必須回復 100% 全數檢驗。

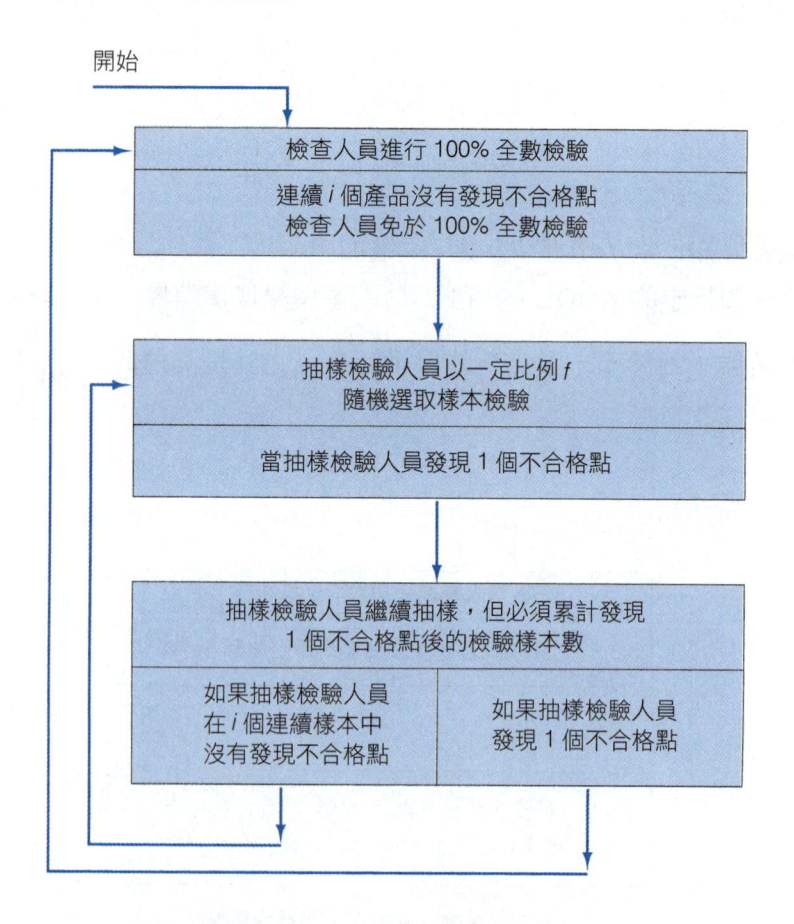

```
開始
  │
  ▼
┌─────────────────────────────────┐
│ 檢查人員進行 100% 全數檢驗        │
├─────────────────────────────────┤
│ 連續 i 個產品沒有發現不合格點     │
│ 檢查人員免於 100% 全數檢驗        │
└─────────────────────────────────┘
              │
              ▼
┌─────────────────────────────────┐
│ 抽樣檢驗人員以一定比例 f          │
│ 隨機選取樣本檢驗                  │
├─────────────────────────────────┤
│ 當抽樣檢驗人員發現 1 個不合格點   │
└─────────────────────────────────┘
              │
              ▼
┌─────────────────────────────────┐
│ 抽樣檢驗人員繼續抽樣，但必須累計發現│
│ 1 個不合格點後的檢驗樣本數        │
├──────────────────┬──────────────┤
│ 如果抽樣檢驗人員  │ 如果抽樣檢驗人員│
│ 在 i 個連續樣本中 │ 發現 1 個不合格點│
│ 沒有發現不合格點  │              │
└──────────────────┴──────────────┘
```

圖 10-11 CSP-2 計畫的程序

---

[10] H. F. Dodge and M. N. Torrey, "Additional Continuous Sampling Inspection Plans," *Industrial Quality Control*, Vol. 7, No. 5 (March 1951): 7-12.

計畫是由特定的 AOQL 做為指標，提供不同 i 和 f 值的組合，如表 10-14 所示。因此，$i=35$、$f=\frac{1}{5}$ 和 $i=59$、$f=\frac{1}{15}$ 為 AOQL= 2.90 多個抽樣計畫的其中兩個。

關於後者，$i=59$、$f=\frac{1}{15}$，當有 1 個不合格點出現的時候，則繼續以每 15 個抽取 1 個抽樣檢驗。如果在接下來的 59 個樣本當中發現第 2 個不合格點，則回復 100% 全數檢驗；如果沒有不合格點出現，則無條件繼續抽樣檢驗。

MIL-STD-1235B

這個標準是由五個不同的連續抽樣計畫組成；由不合格點或不合格品屬性，分為三種嚴重程度：重大的、主要的和次要的檢驗。

連續抽樣計畫是以 AOQL 為設計基礎。為了能夠和 ANSI/ASQ Z1.4 以及其他標準做比較，這個計畫同時也以 AQL 做為指標；AQL 只做為指標值，沒有其他涵義。

這個標準對於重大不合格點有一個特殊規定。只有 CSP-1 和 CSP-F 兩個計畫，可以用在重大不合格點。即使在這些情況下，負責承擔責任的當局（消費者），在任何時候都可以要求做全數檢驗。

表 10-14　CSP-2 計畫的 i 值

f	\multicolumn{8}{c}{AOQL（%）}
	0.53	0.79	1.22	1.90	2.90	4.94	7.12	11.46
$\frac{1}{2}$	80	54	35	23	15	9	7	4
$\frac{1}{3}$	128	86	55	36	24	14	10	7
$\frac{1}{4}$	162	109	70	45	30	18	12	8
$\frac{1}{5}$	190	127	81	52	35	20	14	9
$\frac{1}{7}$	230	155	99	64	42	25	17	11
$\frac{1}{10}$	275	185	118	76	50	29	20	13
$\frac{1}{15}$	330	220	140	90	59	35	24	15
$\frac{1}{25}$	395	265	170	109	71	42	29	18
$\frac{1}{50}$	490	330	210	134	88	52	36	22

在這五個計畫當中的任一個，都有中斷檢驗的規定。當產品品質以全數檢驗，連續檢驗超過一個指定數量 s 的時候，消費者可以中止產品允收。換句話說，如果在 s 個數量當中，抽樣計畫檢驗沒有發生，則產品的品質低於標準，而產品允收就可以中止；有關 s 值的表，在本書並未列出。

抽樣計畫是由代字指定。表 10-15 提供一系列以生產區間內的產品數（生產區間通常是 8 小時的班）為基礎的代字。影響代字選擇的因素有：每單位產品檢驗時間、生產速率以及接近其他的檢驗站的程度。當閒置的檢驗時間是重要考量的時候，通常會採用較高的抽樣頻率和較低的清查個數。

CSP-1 和 CSP-2 計畫。兩者都是道奇的抽樣計畫，除了形式不同，CSP-1 和 CSP-2 計畫都併入這一個標準。它也包含樣本大小代字、AQL，如表 10-17 所示的 CSP-T 計畫。

CSP-F 計畫。CSP-F 是一個單層連續抽樣程序，提供交互使用 100% 全數檢驗和抽樣檢驗。這個程序和 CSP-1 計畫相同，如圖 10-10 所示。CSP-F 計畫是以 AOQL 做為指標，同時也會以一個生產區間製造的產品數量做為指標。這樣允許使用較小的清查個數，讓 CSP-F 計畫適用於短期生產情形或費時的檢驗作業。

CSP-F 計畫有 12 張表；每一個表代表不同的 AOQL 值。表 10-16 是一個 AOQL = 0.33% 的例子；其餘 AOQL 值的表，本書並未列出。表當中最後一列的 i 值，和 CSP-1 計畫 AOQL = 0.33% 的值是相同的。

一個例題可以說明這個程序，AOQL = 0.33%、$f = \frac{1}{4}$ 以及批量大小為

表 10-15　抽樣頻率代字

生產區間內的產品數	容許的代字
2-8	A, B
9-25	A-C
26-90	A-D
91-500	A-E
501-1,200	A-F
1,201-3,200	A-G
3,201-10,000	A-H
10,001-35,000	A-I
35,001-150,000	A-J
150,001 以上	A-K

表 10-16　MIL-STD-1235B 表 3-A-8，CSP-F 計畫的 i 值
（AQL^a = 0.25%；AOQL = 0.33%）

抽樣頻率代字	A	B	C	D	E	F	G
f	$\frac{1}{2}$	$\frac{1}{3}$	$\frac{1}{4}$	$\frac{1}{5}$	$\frac{1}{7}$	$\frac{1}{10}$	$\frac{1}{15}$
N							
1-500	70	99	114	123	133	140	146
501-1,000	77	116	140	155	174	188	200
1,001-2,000	81	127	158	181	211	236	258
2,001-3,000	82	132	166	192	228	261	291
3,001-4,000	83	134	170	198	237	276	312
4,001-5,000	83	135	173	201	244	286	327
5,001-6,000	84	136	174	204	248	293	338
6,001-7,000	84	137	176	206	251	298	346
7,001-8,000	84	137	177	207	254	302	353
8,001-9,000	84	138	177	209	256	305	358
9,001-10,000	84	138	178	209	257	308	362
10,001-11,000	84	138	178	210	259	310	366
11,001-12,000	84	139	179	211	260	312	369
12,001-15,000	84	139	180	212	262	316	376
15,001-20,000	84	140	181	214	265	320	384
20,001 以上	84	140	182	217	270	335	410

[a] AQL 的值只能當成查表的指標，以簡化查表作業，對於這個抽樣計畫沒有其他的意義。

7,500，由表 10-16 可得 i = 177。

CSP-T 計畫。CSP-T 是一個多層連續抽樣計畫，提供交互使用 100% 全數檢驗和抽樣檢驗。它和先前抽樣計畫的不同之處在於當證明有較好品質的時候，可以降低檢驗計畫的抽樣頻率。圖 10-12 說明 CSP-T 的程序。表 10-17 提供特定 AOQL 的 i 和 f 值；注意 AOQL 值是在表的底部。

一個例子可以說明如何使用這個程序。AOQL 值為 2.90%，f 值為 $\frac{1}{7}$，表 10-17 相對應的 i 值為 35。連續 100% 全數檢驗，直到 35 個單位當中沒有任何不合格點，然後開始以頻率 $\frac{1}{7}$ 進行抽樣檢驗。如果在接下來的 35 個單位樣本當中沒有不合格點，則抽樣頻率改為 $f/2$ 或 $\frac{1}{14}$。以這個新的 $\frac{1}{14}$ 比例繼續抽樣，直到 35 個樣本都沒有不合格點。最後則減至 $f/4$ 或 $\frac{1}{28}$ 繼續抽

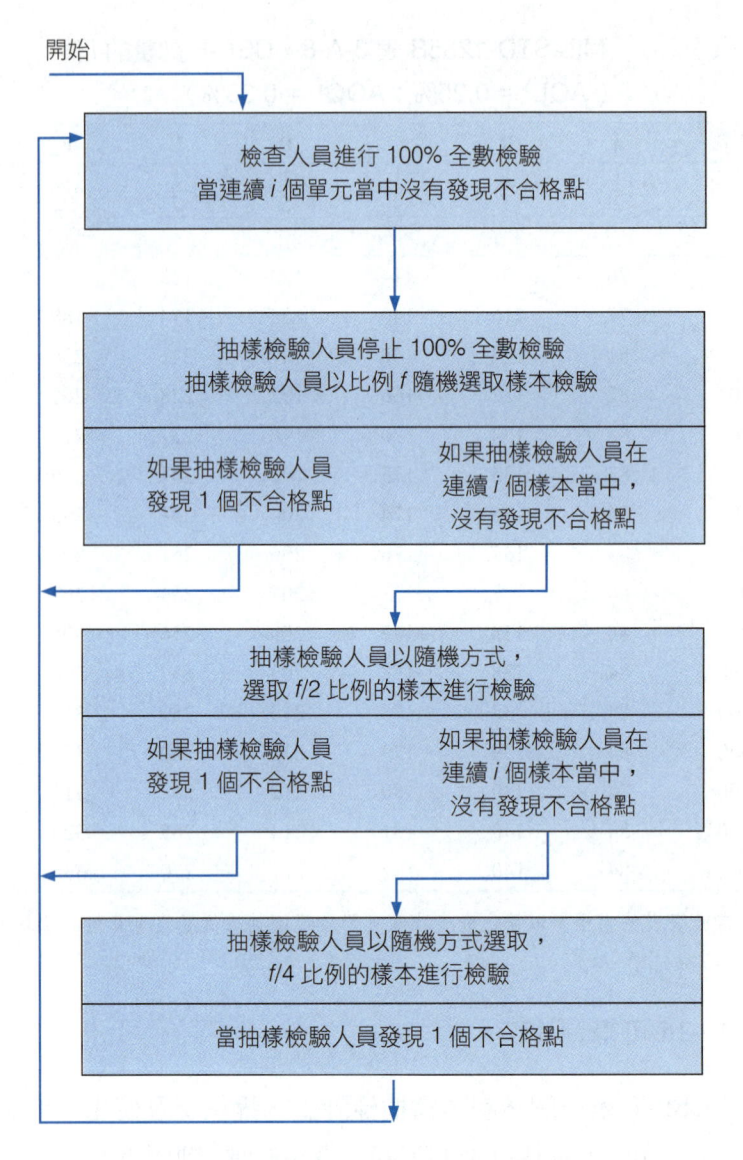

```
                         開始
                          │
          ┌───────────────▼───────────────┐
     ┌───▶│   檢查人員進行 100% 全數檢驗    │
     │    │ 當連續 i 個單元當中沒有發現不合格點 │
     │    └───────────────┬───────────────┘
     │                    │
     │    ┌───────────────▼───────────────┐
     │    │   抽樣檢驗人員停止 100% 全數檢驗   │
     │    │ 抽樣檢驗人員以比例 f 隨機選取樣本檢驗 │
     │    ├───────────────┬───────────────┤
     │    │ 如果抽樣檢驗人員 │ 如果抽樣檢驗人員在 │
     │    │ 發現 1 個不合格點│ 連續 i 個樣本當中，│
     │    │                │ 沒有發現不合格點    │
     │    └───────┬────────┴────────┬──────┘
     │            │                 │
     │    ┌───────┴─────────────────▼──────┐
     │    │   抽樣檢驗人員以隨機方式，       │
     │    │   選取 f/2 比例的樣本進行檢驗    │
     │    ├───────────────┬───────────────┤
     │    │ 如果抽樣檢驗人員 │ 如果抽樣檢驗人員在 │
     │    │ 發現 1 個不合格點│ 連續 i 個樣本當中，│
     │    │                │ 沒有發現不合格點    │
     │    └───────┬────────┴────────┬──────┘
     │            │                 │
     │    ┌───────┴─────────────────▼──────┐
     │    │   抽樣檢驗人員以隨機方式選取，    │
     │    │   f/4 比例的樣本進行檢驗         │
     │    ├────────────────────────────────┤
     │    │   當抽樣檢驗人員發現 1 個不合格點  │
     │    └───────────────┬───────────────┘
     └────────────────────┘
```

圖 10-12 CSP-T 計畫的程序

樣，直到生產項目全數完成。當然，任何時候有一個不合格點產生，則回復全數檢驗，並重新開始這個計畫程序。

雖然 CSP-T 計畫減少檢驗量以具有較高的品質，但是它們產生了檢驗人員的分配問題。例如，f 值為 $\frac{1}{4}$，就需要 16 個人進行 100% 全數檢驗——在第一層要有 4 個人，第二層要有 2 個人，最後一層要有 1 個人。

CSP-V 計畫。MIL-STD-1235B 的第五個計畫，是一個單層連續抽樣程序。當

表 10-17　MIL-STD-1235B（MU）表 5-A，CSP-T 計畫的 i 值

抽樣頻率代字	f	AQL[a]（%）							
		0.40	0.65	1.0	1.5	2.5	4.0	6.5	10.0
A	$\frac{1}{2}$	87	58	38	25	16	10	7	5
B	$\frac{1}{3}$	116	78	51	33	22	13	9	6
C	$\frac{1}{4}$	139	93	61	39	26	15	11	7
D	$\frac{1}{5}$	158	106	69	44	29	17	12	8
E	$\frac{1}{7}$	189	127	82	53	35	21	14	9
F	$\frac{1}{10}$	224	150	97	63	41	24	17	11
G	$\frac{1}{15}$	226	179	116	74	49	29	20	13
H	$\frac{1}{25}$	324	217	141	90	59	35	24	15
I	$\frac{1}{50}$	409	274	177	114	75	44	30	19
J, K	$\frac{1}{100}$	499	335	217	139	91	53	37	23
		0.53	0.79	1.22	1.90	2.90	4.94	7.12	11.46
		AOQL（%）							

[a] AQL 的值只能當成查表的指標，以簡化查表作業，對於這個抽樣計畫沒有其他的意義。

前 i 個樣本單元檢驗只要發現一個不合格點，則必須回復 100% 全數檢驗；一旦最初 i 個樣本通過檢驗，而且之後出現一個不合格點，可以減少 100% 全數檢驗；然而，清查個數 i 可以減少三分之二；因此，如果本來 CSP-T 計畫當中的 i 值為 39，則清查個數 i 減少為 13。這個類型的計畫，有助於應用在減少抽樣頻率 f，卻無法獲得任何益處的情況；這個狀況在檢驗人員不能分派到其他職務的時候發生。

圖 10-13 顯示 CSP-V 的程序；這個計畫簡化了檢驗人員的分配問題。除此之外，每當有一個不合格點出現的時候，它也讓檢驗的數量最小化。

計量值允收抽樣計畫

簡　介

雖然計數值抽樣計畫是允收抽樣最常見的類型，不過有一些情況是需要計量抽樣。計量抽樣計畫是以樣本平均數和標準差的統計資料以及次數分配為基礎。

444 品質管理

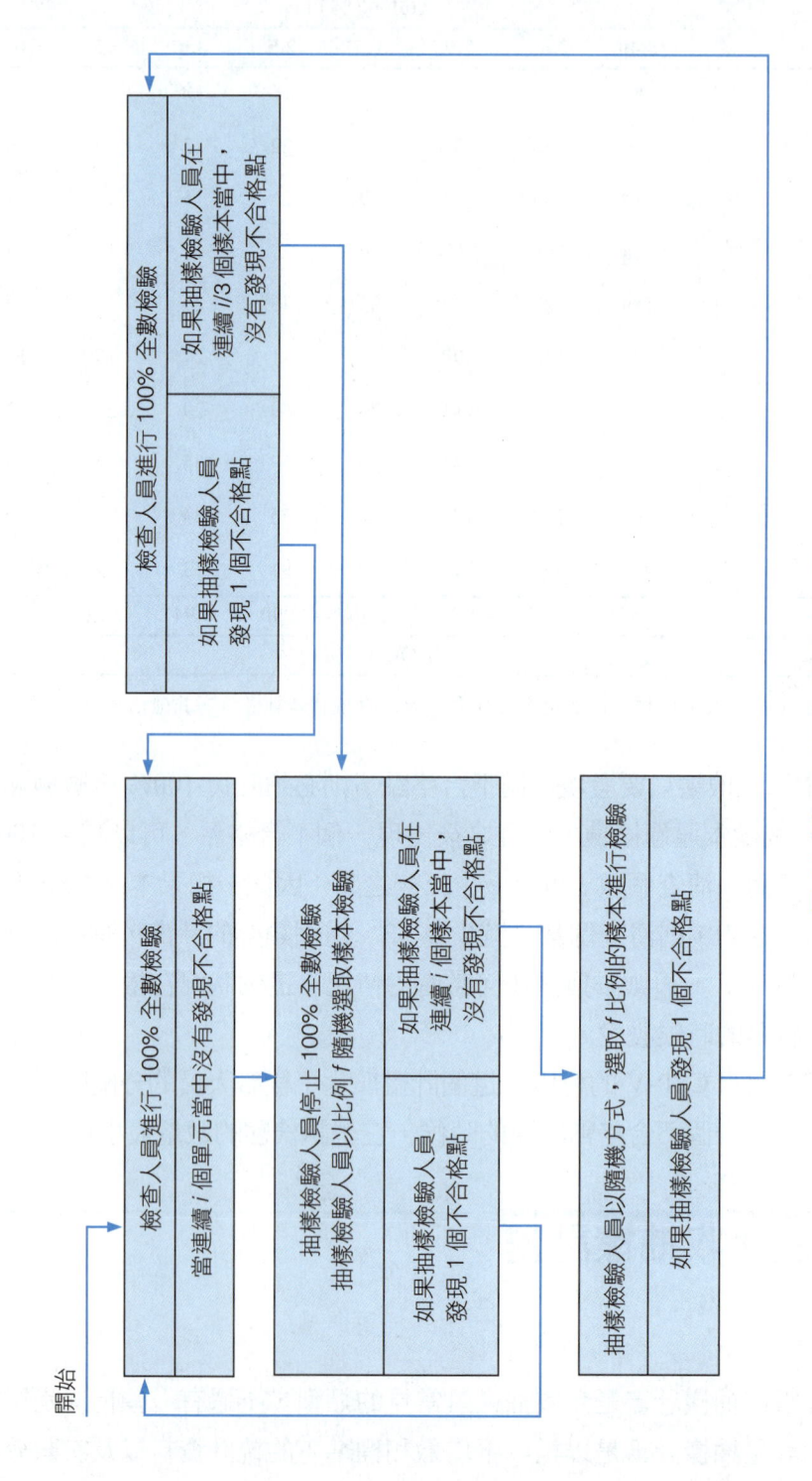

圖 10-13 CSP-V 計畫的程序

- 檢查人員進行 100% 全數檢驗
  - 如果抽樣檢驗人員在連續 i/3 個樣本當中，沒有發現不合格點
  - 如果抽樣檢驗人員發現 1 個不合格點

- 檢查人員進行 100% 全數檢驗
  - 當連續 i 個單元當中沒有發現不合格點

- 抽樣檢驗人員停止 100% 全數檢驗，抽樣檢驗人員以比例 f 隨機選取樣本檢驗
  - 如果抽樣檢驗人員在連續 i 個樣本當中，沒有發現不合格點
  - 如果抽樣檢驗人員發現 1 個不合格點

- 抽樣檢驗人員以隨機方式，選取 f 比例的樣本進行檢驗
  - 如果抽樣檢驗人員發現 1 個不合格點

開始

優點和缺點。計量抽樣主要的優點，是樣本大小比計數抽樣小很多。除此之外，計量抽樣提供改善品質和決策較多的資訊以及一個較佳的基準。

計量抽樣的缺點之一是只能評估一個特性；每一個品質特性需要一個獨立的抽樣計畫。計量抽樣通常包含比較多的管理、文書以及設備成本；而且，母體分配需為已知或已經估計。

抽樣計畫的類型。有兩種計量計畫的類型：不合格百分比和製程參數。不合格百分比計量計畫，適用於決定超出規格的產品比率。本節將討論兩種不合格百分比的計量計畫，為**夏寧批點繪法**（Shainin lot plot）和 ANSI/ASQ Z1.9。

製程參數的計量計畫，適用於將產品分配的平均數和標準差控制在特定的水準。這種類型的計畫有允收管制圖、計量值連續抽樣和假設檢定；因為這些計畫的應用有限，所以本章最後只做簡短的討論。

夏寧批點繪法計畫

夏寧批點繪法計畫是一種計量抽樣計畫，在一些產業裡運用；它是由夏寧（Dorian Shainin）在聯合航空公司（United Aircraft Corporation）的哈密頓標準部門（Hamilton Standard Division）擔任檢驗主管時所發展出來的[11]。這個計畫使用點繪的次數分配（直方圖）去評估一個樣本，以決定一檢驗批的允收或拒收。這個計畫最重要的特色是同時適用於常態和非常態次數分配；另一個特色是簡單，對於廠內檢驗和允收檢驗方面，它是一個實用的計畫。

批點繪法

進行批點繪法的方法[12]如下所述：

1. 從檢驗批當中隨機抽取 10 個樣組，每一樣組大小為 5 個，總共有 50 個樣本，表 10-18 顯示檢查結果。
2. 平均數 $\bar{X}$ 和全距 R，由每個樣組計算獲得，如表 10-18 所示。
3. 建構直方圖，方法如第 4 章所述。夏寧計畫說明組數應介於 7 到 16 之間，比按照之前準則所得到的結果稍大。組距等於 0.3、組數為 9 的直方圖，如圖 10-14 所示。

---

[11] Dorian Shainin, "The Hamilton Standard Lot Plot Method of Acceptance Sampling by Variables," *Industrial Quality Control*, Vol. 7, No. 1 (July 1950): 15-34.
[12] 這個方法已經修正為運用新的計算方法和本書先前所提供的資訊。

表 10-18　10 個樣組，各含 5 個樣本，總數 50 個樣本的隨機抽樣
（資料為黃銅板寬度；單位：公釐）

	1	2	3	4	5	6	7	8	9	10
	96.7	97.0	98.0	97.8	97.5	98.5	98.3	98.2	97.9	97.4
	97.7	98.3	99.0	97.2	96.7	97.1	97.7	97.9	97.7	96.5
	98.4	97.2	98.3	97.6	98.1	96.8	97.6	97.8	97.8	96.9
	97.4	97.2	97.5	98.0	97.1	97.6	98.8	98.1	97.1	97.3
	97.0	97.8	97.7	97.4	96.9	98.2	98.0	98.8	98.3	98.4
平均數	97.4	97.5	98.1	97.6	97.3	97.6	98.1	98.2	97.8	97.3
全距	1.7	1.3	1.5	0.8	1.4	1.7	1.2	1.0	1.2	1.9

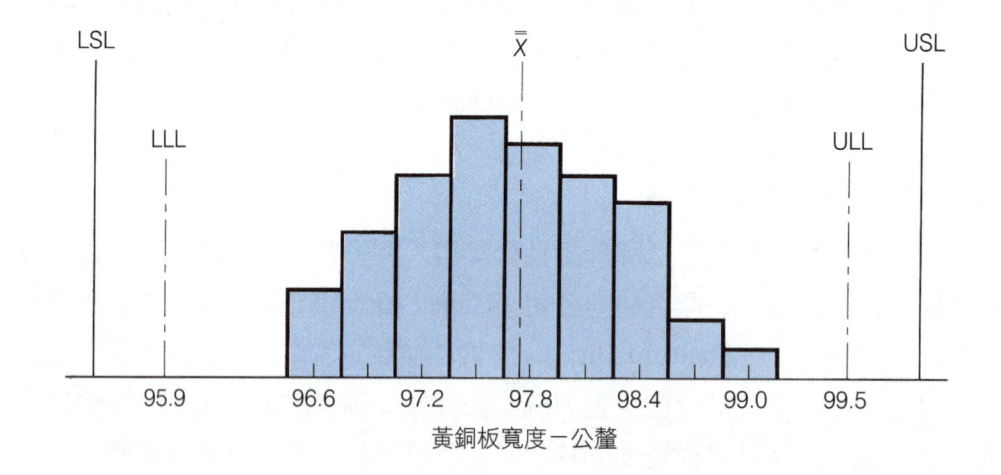

圖 10-14　顯示批的界限與規格的批點繪直方圖

4. 計算平均數的平均數（$\bar{\bar{X}}$）和全距的平均數（$\bar{R}$）：

$$\bar{\bar{X}} = \frac{\Sigma \bar{X}}{g} = \frac{976.8}{10} = 97.7 \qquad \bar{R} = \frac{\Sigma R}{g} = \frac{13.7}{10} = 1.37$$

5. 運用這些值，計算上批量界限和下批量界限如下：

$$\text{ULL} = \bar{\bar{X}} + \frac{3\bar{R}}{d_2} \qquad\qquad \text{LLL} = \bar{\bar{X}} - \frac{3\bar{R}}{d_2}$$

$$= 97.7 + \frac{(3)(1.37)}{2.326} \qquad\qquad = 97.7 - \frac{(3)(1.37)}{2.326}$$

$$= 99.5 \qquad\qquad\qquad\qquad = 95.9$$

這些值,如圖 10-14 所示。

批繪直方圖的評估。一旦獲得批繪直方圖和批量管制界限,則可以做允收或拒收的決策。這個決策是以 11 種不同類型的批繪直方圖為基準來對照,如圖 10-15 所示。

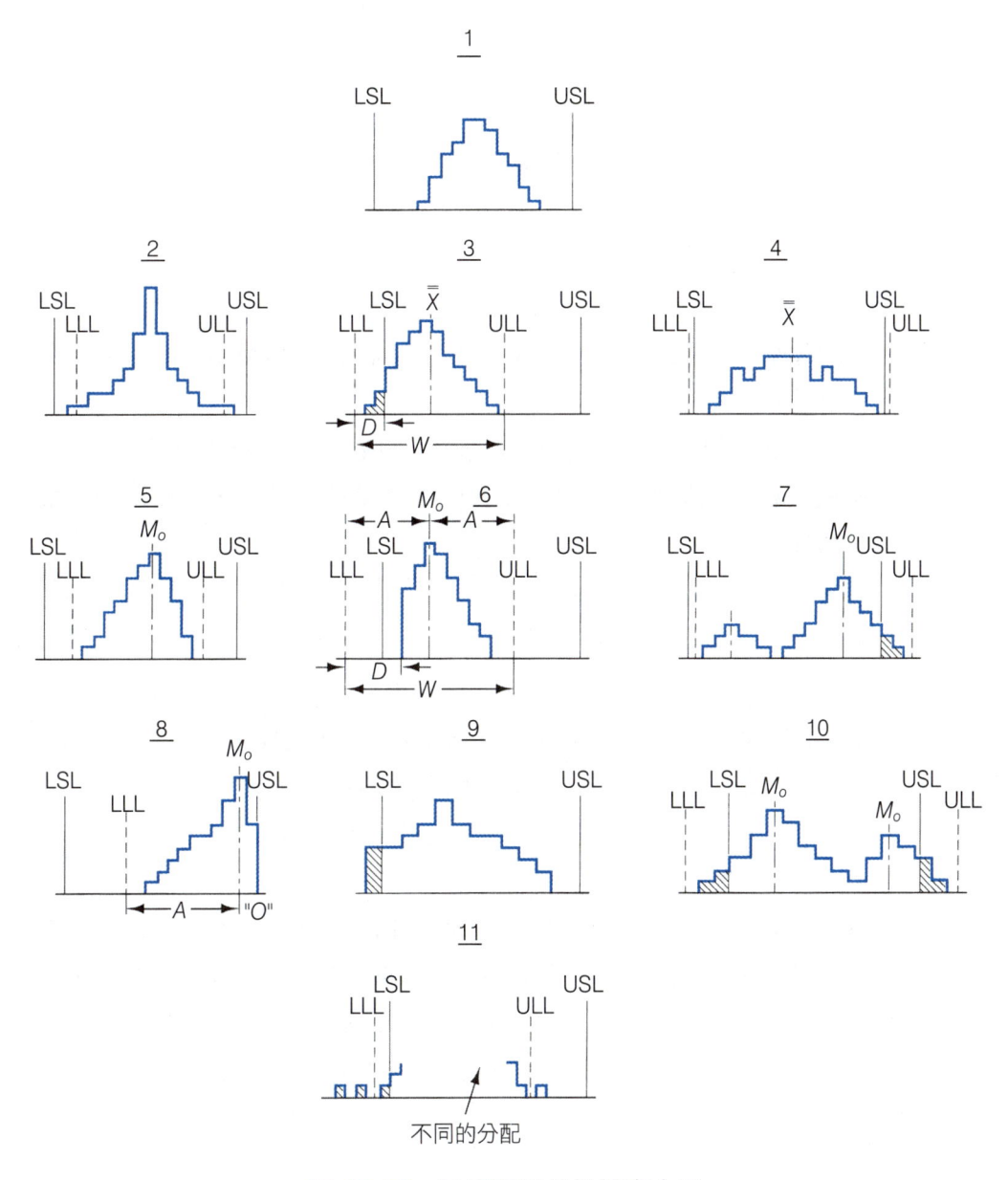

圖 10-15 11 種類型的批繪直方圖

資料來源:經授權摘錄自 Dorian Shainin。"The Hamilton Standard Lot Plot Method," *Industrial Quality Control*, Vol. 7, No. 1 (July 1950): 17。

前四種類型適用於批繪直方圖近似於常態分配。在類型 1 的情況當中，直方圖完全在規格內，而這批被允收的，不需計算批量管制界限。如果批量管制界限在規格界限內，如類型 2 所示，則這批是允收的。當批量管制界限在規格界限之外，如類型 3 和類型 4 所示，則得到超出規格界限的產品百分比，而檢查委員會將決定最後的處理方式。在某些情況之下，當有 1 個或 2 個值超出批量管制界限的時候，計數值計畫可以用來決定批量的接受度。

其他類型的直方圖使用於非常態分配；例如類型 5 為偏斜，類型 6 和類型 9 表示這批是經過篩選或挑選的；類型 7 和類型 10 說明雙峰的情況；類型 11 是關於一些零星值。上述黃銅板寬度，例如圖 10-15 所示，相當於類型 5 的批繪直方圖，而且這一批也被允收。

➡ 評　論

1. 一旦學會批繪直方圖後，就會發現程序相對較為簡單，而且可以改善品質和降低檢驗成本。
2. 拒收批退回給生產者，這樣的行動會促成後續的品質改善活動。
3. 檢驗人員可以接受合格批，而對於不滿意批的處理，則交給物料檢查委員會處置。
4. 許多批繪直方圖的使用者，已經將夏寧法修改成適合他們自己的情況。
5. 這個計畫受到的最主要批評，是批繪直方圖的形狀無法完全提供實際分配跡象。夏寧說明批繪直方圖已經是很接近，而在最後的決策上不會有實際的影響；或即使是如果有任何錯誤，它們也是在安全的方向。
6. 有關額外的資訊，讀者可以參考已發表的相關文章[13]。

➡ ANSI/ASQ Z1.9[14]

ANSI/ASQ Z1.9 是一計量值逐批允收計畫，由美國品質管制學會對 MIL-STD-414 計畫做修正，所以它比較接近 ANSI/ASQ Z1.4 和 ISO/DIS 3951 抽樣計畫。這些修正的抽樣計畫，已經包含在本書當中。

這個標準是以 AQL 值為指標，AQL 指標值從 0.10 到 10.0%。有正常、嚴格和減量檢驗的規定。樣本大小為批量大小和檢驗水準的函數。這個標準

---

[13] Dorian Shainin, "Recent Lot Plot Experiences Around the Country," *Industrial Quality Control*, Vol. 8, No. 5 (March 1952): 22.

[14] 本節摘錄自 ANSI/ASQ Z1.9–2003，經美國品質管制學會允許。

假設為一個常態分配隨機變數。因為此標準共有 101 頁,所以本書只提供部分表單和程序。

這個標準做成 9 種不同的程序規則,用於評估檢驗批為允收或拒收。圖 10-16 說明這個標準的組成,如果製程的變異性(σ)已知而且為穩定,則變異已知的計畫是最經濟的。當變異未知,則使用標準差法或全距法。因為全距法需要比較大的樣本,所以比較建議使用標準差法。有兩種類型的規格:單邊和雙邊;有兩種程序可以使用:形式 1 和形式 2,而且會得到相同的決策。形式 1 在使用上稍微簡單一些,但它只適用於單邊規格的情況。因此,形式 2 是比較好的程序。

這個標準分成四個部分。A 部分,包含抽樣計畫的一般描述、樣本大小代字以及抽樣計畫的 OC 曲線。未知變異的程序和範例──標準差法,如 B 部分的說明;C 部分,是關於未知變異──全距法;D 部分,是關於已知變異的程序和範例。

所有方法的樣本大小皆由代字指定。這些代字是以批量大小和檢驗水準為基礎,如表 10-19 所示,共有五種檢驗水準:特殊水準 S3 和 S4 以及一般水準 I、II、III。特殊水準,是用在需要小樣本,而且可以、也必須容許較大風險的時候。一般檢驗水準的分析,與 ANSI/ASQ Z1.4 類似。除非另外指定,否則皆使用檢驗水準 II。檢驗水準 III 會有較陡峭的 OC 曲線,因此降低消費者的風險。當可以容許較大消費者風險的時候,使用檢驗水準 I。

舉一個未知變異的範例,使用標準差法、單邊規格和形式 2 來示範程序。

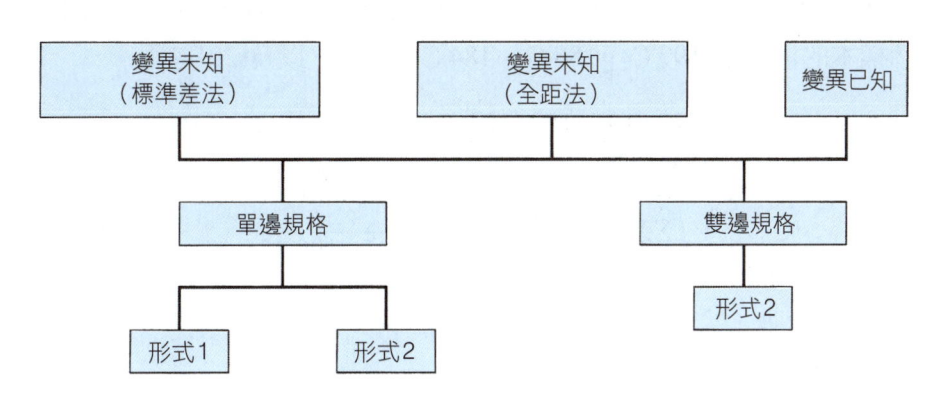

圖 10-16　ANSI/ASQ Z1.9 的組成

表 10-19　樣本大小代字（ANSI/ASQ Z1.9 的表 A-2）

批量大小	特殊 S3	特殊 S4	一般 I	一般 II	一般 III
2-8	B	B	B	B	C
9-15	B	B	B	B	D
16-25	B	B	B	C	E
26-50	B	B	C	D	F
51-90	B	B	D	E	G
91-150	B	C	E	F	H
151-280	B	D	F	G	I
281-400	C	E	G	H	J
401-500	C	E	G	I	J
501-1,200	D	F	H	J	K
1,201-3,200	E	G	I	K	L
3,201-10,000	F	H	J	L	M
10,001-35,000	G	I	K	M	N
35,001-150,000	H	J	L	N	P
150,001-500,000	H	K	M	P	P
500,001 以上	H	K	N	P	P

例題 10-7

有一特定裝置，規定最低作業溫度是 180℃。一送驗的批量大小為 40，以檢驗水準 II、正常檢驗，而且 AQL＝1.0％ 的標準做檢驗。

從表 10-19 得到代字為 D，相當樣本大小 $n=5$（從表 10-20 得知），五個樣本的溫度為 197℃、188℃、184℃、205℃ 以及 201℃。

$$\bar{X}=\frac{\Sigma X}{n}=\frac{197+188+184+205+201}{5}=195℃$$

$$s=\sqrt{\frac{\Sigma X^2-\frac{(\Sigma X)^2}{n}}{n-1}}=\sqrt{\frac{190,435-190,125}{5-1}}=8.80$$

下界品質指標：

$$Q_L=\frac{\bar{X}-L}{s}=\frac{195-180}{8.80}=1.70$$

估計此批當中低於 L 的不合格百分比：p_L

從表 10-21，$p_L = 0.66\%$

最大允許不合格百分比：M

從表 10-20，$M = 3.33\%$

如果 $p_L \leq M$，則此批達到允收標準：

因為 0.66% < 3.33%，所以允收此批。

這個例題是有關下界規格；如果是關於上界的單邊規格 U，方法也相同，只除了 Q_U 要用下列的公式計算之外：

$$Q_U = \frac{U - \bar{X}}{s}$$

估計超過 U 的不合格百分比 p_U 可以從表 10-21 獲得，並且和 M 做比較，以決定允收或拒收。

如果問題包含上界和下界規格，則需計算 p_U 和 p_L，而且要和 M 做比較。

例題 10-8

假設先前的例題也有一個上界規格 209℃，決定這批的情況。

下界品質指標：

$$Q_U = \frac{U - \bar{X}}{s} = \frac{209 - 195}{8.80} = 1.59 \text{（約 1.60）}$$

估計此批當中超過 U 的不合格百分比：p_U

從表 10-21，$p_U = 2.03\%$

如果 $p_L + p_U \leq M$，則此批達到允收標準：

因為 (0.66 + 2.03)% ≤ 3.32%，所以允收此批。

表 10-20　當變異未知，標準差法的正常與嚴格檢驗的主要抽樣表（雙邊規格界限和形式 2-單邊規格界限）——ANSI/ASQ Z1.9 的表 B-3

樣本大小代字	樣本大小	T	.10	.15	.25	.40	.65	1.00	1.50	2.50	4.00	6.50	10.00
		M	M	M	M	M	M	M	M	M	M	M	M
B	3												33.69
C	4									7.59	18.86	26.94	29.43
D	5								1.49	10.88	16.41	22.84	26.55
E	7	0.077	0.005	0.087	0.421	0.041	1.34	3.33	5.46	9.80	14.37	20.19	23.30
F	10	0.186	0.179	0.349	0.714	1.05	2.13	3.54	5.82	8.40	12.19	17.34	20.73
G	15	0.228	0.311	0.491	0.839	1.27	2.14	3.27	5.34	7.26	10.53	15.17	18.97
H	20	0.250	0.356	0.531	0.864	1.33	2.09	3.06	4.72	6.55	9.48	13.74	18.07
I	25	0.253	0.378	0.551	0.874	1.33	2.03	2.93	4.32	6.18	8.95	13.01	17.55
J	35	0.243	0.373	0.534	0.833	1.32	2.00	2.86	4.10	5.98	8.65	12.60	16.67
K	50	0.225	0.355	0.503	0.778	1.24	1.87	2.66	3.97	5.58	8.11	11.89	15.87
L	75	0.218	0.326	0.461	0.711	1.16	1.73	2.47	3.70	5.21	7.61	11.23	15.07
M	100	0.202	0.315	0.444	0.684	1.06	1.59	2.27	3.44	4.83	7.10	10.58	14.71
N	150	0.204	0.292	0.412	0.636	1.02	1.52	2.18	3.17	4.67	6.88	10.29	14.18
P	200		0.294	0.414	0.637	0.946	1.42	2.05	3.06	4.42	6.56	9.86	14.11
		.10	.15	.25	.40	.945	1.42	2.04	2.88	4.39	6.52	9.80	
						.65	1.00	1.50	2.86	4.00	6.50	10.00	
									2.50				

允收品質界限（正常檢驗）

允收品質界限（嚴格檢驗）

所有 AQL 值皆為不合格百分比。T 表示計畫只用於嚴格檢驗，而且提供符號以辨別適當的 OC 曲線。樣本大小與 M 值，都使用箭頭下方第一個抽樣計畫。當樣本大小等於或超過批量大小的時候，則檢驗批量中每件皆必須檢驗。

資料來源：摘錄自 ANSI/ASQ Z1.9–2003，經美國品質管制學會允許。

表 10-21　使用標準差法（百分比值）的不合格百分比（p_L或p_U）估計值表（ANSI/ASQ Z1.9[a]的表 B-5）

Q_U 或 Q_L	樣本大小							
	5	10	20	30	40	50	100	200
0	50.00	50.00	50.00	50.00	50.00	50.00	50.00	50.00
0.10	46.44	46.16	46.08	46.05	46.04	46.04	46.03	46.02
0.20	42.90	42.35	42.19	42.15	42.13	42.11	42.09	42.08
0.30	39.37	38.60	38.37	38.31	38.28	38.27	38.24	38.22
0.40	35.88	34.93	34.65	34.58	34.54	34.53	34.49	34.47
0.50	32.44	31.37	31.06	30.98	30.95	30.93	30.89	30.87
0.60	29.05	27.94	27.63	27.55	27.52	27.50	27.46	27.44
0.70	25.74	24.67	24.38	24.31	24.28	24.26	24.23	24.21
0.80	22.51	21.57	21.33	21.27	21.25	21.23	21.21	21.20
0.90	19.38	18.67	18.50	18.46	18.44	18.43	18.42	18.41
1.00	16.36	15.97	15.89	15.88	15.87	15.87	15.87	15.87
1.10	13.48	13.50	13.52	13.53	13.54	13.54	13.55	13.56
1.20	10.76	11.24	11.38	11.42	11.44	11.46	11.48	11.49
1.30	8.21	9.22	9.48	9.55	9.58	9.60	9.64	9.66
1.40	5.88	7.44	7.80	7.90	7.94	7.97	8.02	8.05
1.50	3.80	5.87	6.34	6.46	6.52	6.55	6.62	6.65
1.60	2.03	4.54	5.09	5.23	5.30	5.33	5.41	5.44
1.70	0.66	3.41	4.02	4.18	4.25	4.30	4.38	4.42
1.80	0.00	2.49	3.13	3.30	3.38	3.43	3.51	3.55
1.90	0.00	1.75	2.40	2.57	2.65	2.70	2.79	2.83
2.00	0.00	1.17	1.81	1.98	2.06	2.10	2.19	2.23
2.10	0.00	0.74	1.34	1.50	1.58	1.62	1.71	1.75
2.20	0.00	0.437	0.968	1.120	1.192	1.233	1.314	1.352
2.30	0.00	0.233	0.685	0.823	0.888	0.927	1.001	1.037
2.40	0.00	0.109	0.473	0.594	0.653	0.687	0.755	0.787
2.50	0.00	0.041	0.317	0.421	0.473	0.503	0.563	0.592
2.60	0.00	0.011	0.207	0.293	0.337	0.363	0.415	0.441
2.70	0.00	0.001	0.130	0.200	0.236	0.258	0.302	0.325
2.80	0.00	0.000	0.079	0.133	0.162	0.181	0.218	0.237
2.90	0.00	0.000	0.046	0.087	0.110	0.125	0.155	0.171
3.00	0.00	0.000	0.025	0.055	0.073	0.084	0.109	0.122

[a] 實際的 ANSI/ASQ Z1.9 表 B-5，包含更多樣本大小和大約 10 倍的 Q_U 或 Q_L 數值。

資料來源：摘錄自 ANSI/ASQ Z1.9–2003，經美國品質管制學會允許。

數量指標的公式 Q 和第 4 章的 Z 值公式非常相似。表 10-21 是以 Q 和樣本大小為基礎，而附錄表 A 是以 Z 值和無限的情況為基礎。p 值是不合格百分比的估計值，是指在規格界限之上或之下的面積，如圖 10-17 所示。只要 p_L、p_U 或 $p_L + p_U$ 較最大容許不合格百分比 M（對於特定的 AQL 和 n）還小，則接受該批。

正常檢驗和嚴格檢驗皆使用相同的表。正常檢驗的 AQL 值，由表的頂端所指引，而且嚴格檢驗由表的底部所指引；轉換規則和 ANSI/ASQ Z1.4 相同。

這個標準包含一特殊的程序，適用於混合計量——計數抽樣計畫。如果檢驗批沒有符合計量計畫的允收標準，則一計數值單次抽樣計畫，以嚴格檢驗和相同的 AQL，可以由 ANSI/ASQ Z1.4 獲得。只要兩者當中有一個計畫允收，則這個檢驗批即允收，但拒收時，必須兩個計畫皆不允收才可以。

▶ 其他計量值允收抽樣計畫

還有另外三種形式的計量值允收抽樣計畫，偶爾會用到。這些類型的計量計畫和平均品質或產品品質變異有關，但與不合格百分比無關。它們可以用來做大宗原料的抽樣，像是以整袋、油桶或油槽車運送的原料等。本節將對每一種類型做簡短的討論。

允收管制圖（acceptance control charts），提供關於使用樣本平均數決定允收或拒收檢驗批的方法。允收管制界限和樣本大小，是從已知的標準差、規格界限、AQL、消費者和生產者風險值建立；使用管制圖可以讓人員觀察到品質的趨勢[15]。

計量值逐次抽樣（sequential sampling by variables），使用於當品質特性是常態分配和標準差已知的時候。這個抽樣方法類似於先前所討論的計數值

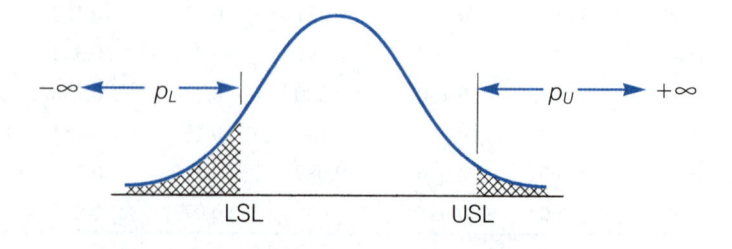

圖 10-17 在規格以上和以下的不合格百分比

---

[15] 欲得到更多的資訊，參閱 R. A. Freund, "Acceptance Control Charts," *Industrial Quality Control*, (October 1957): 13-23。

逐次計畫。然而，計量計畫是點繪 ΣX 之累計的和；計數計畫則點繪 d 之不合格品個數。逐次抽樣能夠導致減量抽樣檢驗[16]。

第三種類型的計量值抽樣計畫為**假設檢定**（hypothesis testing）。有許多不同的檢定方法用來評定樣本平均數或樣本偏差，以決定允收或拒收[17]。

作　業

1. 通用服務中心檢驗人員要使用 ANSI/ASQ Z1.4，而且從以下資訊決定單次抽樣計畫。

	檢驗水準	檢驗型態	AQL	批量大小
(a)	II	嚴格	1.5%	1,400
(b)	I	正常	65%	115
(c)	III	減量	0.40%	160,000
(d)	III	正常	2.5%	27

2. 如果 (a) 樣本當中有 6 個不合格品；(b) 有 8 個不合格品；(c) 有 4 個不合格品，說明於作業 1 (c) 當中，抽樣計畫的意義。

3. 使用 ANSI/ASQ Z1.4 和單次抽樣計畫，$n = 225$、$c = 3$，對最後 8 個檢驗批的檢驗結果如下：

I.	1 個不合格品	V.	3 個不合格品
II.	4 個不合格品	VI.	0 個不合格品
III.	5 個不合格品	VII.	2 個不合格品
IV.	1 個不合格品	VIII.	2 個不合格品

    如果第 I 批使用正常檢驗，則第 IV 批該使用何種檢驗？

4. 使用作業 3 的資訊，則第 V 批之後的情形為何？第 VIII 批之後的情形為何？

5. 使用 ANSI/ASQ Z1.4 單次抽樣計畫，樣本代字 C，正常檢驗，而且 AQL = 25 不合格點／每 100 件，最近 10 批的檢驗數量以及不合格品數如下：

---

[16] 欲得到更多的資訊，參閱 A. J. Duncan, *Quality Control and Industrial Statistics* (Homewood, IL: Richard D. Irwin, 1987), pp. 346-360。

[17] 欲得到更多的資訊，參閱 J. M. Juran, ed., *Quality Control Handbook*, 4th ed. (New York: McGraw-Hill Book Company, 1988), Sec. 23, pp. 60-81。

	n	c		n	c
I.	5	0	VI.	5	3
II.	5	1	VII.	5	1
III.	5	2	VIII.	5	2
IV.	5	2	IX.	5	3
V.	5	1	X.	5	1

如果生產是穩定的，而且減量檢驗已經獲得核准，是否可以從正常檢驗改為減量檢驗？

6. 以 ANSI/ASQ 標準 Q3 計畫，對於 1 批量大小為 3,500，而且 LQ = 5.0%；試決定單獨批的抽樣計畫。

7. 自供應商購得少許批數的原料，而且供應商的製程是連續流量生產。使用 ANSI/ASQ 標準 Q3 計畫，決定一個檢驗水準 II、LQ = 3.15%，而且批量大小為 4,000 的抽樣計畫。

8. 一家電話製造商的品質經理，以道奇－雷敏表決定次要不合格點的單次抽樣計畫，而且 AOQL = 3.0%，當製程平均為 0.80%，批量大小為 2,500，則 LQ 為何？

9. 在作業 8，如果這批為新產品，而且製程平均未知，則抽樣計畫為何？

10. 一家保險公司以道奇－雷敏 LQ 表決定一個單次抽樣計畫，而且 LQ = 1.0%，當製程平均為 0.35%、N = 600，則 AOQL 為何？

11. 如果在作業 10 的保險公司當中加入新的表格，而且無法獲得製程平均，則建議什麼樣的抽樣計畫？

12. 如果製程平均為 0.19% 不合格，則道奇－雷敏 LQ 表建議的單次抽樣計畫為何？LQ 為 1.0%，而且批量大小為 8,000，則 AOQL 為何？

13. 使用作業 10 的抽樣計畫，決定一個產品的允收機率；它的不合格率為 0.15%。

14. 決定一個 ChSP-1 計畫的 OC 曲線，n = 4、c = 0、i = 3；以 5 個點決定這個曲線。

15. 連鎖抽樣計畫 ChSP-1，要對每批有 250 件的批進行檢驗，檢驗 6 個樣本。如果沒有任何不合格品，則接受該批；如果發現有 1 個不合格品，而且在之前的 3 批樣本，沒有任何不合格品，則接受該批。試決定一個含有 3% 不合

格品檢驗的允收機率。

16. 一個逐次抽樣計畫定義為 $p_\alpha = 0.08$、$\alpha = 0.05$、$p_\beta = 0.18$、$\beta = 0.10$；決定允收和拒收直線方程式，而且以圖表描繪這個計畫。

17. 一個逐次抽樣計畫定義為 $\alpha = 0.08$、$p_\alpha = 0.05$、$\beta = 0.15$、$p_\beta = 0.12$；決定允收和拒收直線方程式。使用這些方程式，建立一個拒收數、允收數和檢驗單元數量的表格。當拒收數達到 6，則停止這個表格。

18. 一家食品配送倉庫以 AOQL = 1.90% 評估道奇的 SkSP-1 計畫。當 $f = \frac{1}{2}$、$\frac{1}{3}$、$\frac{1}{4}$ 的時候，其 i 值各為何？

19. 對於 SkSP-1 計畫，AOQL = 0.79%，當 $f = \frac{1}{2}$、$\frac{1}{3}$、$\frac{1}{4}$ 的時候，其 i 值各為何？

20. 一家醫院的可拋棄式溫度計供應商符合供應商的前四個產品要求。當 AQL = 0.25，它們是否符合 ANSI/ASQ S1 計畫表 10-12 和 10-13？第一次連續 10 批的樣本大小和不合格品數如下：

批	樣本大小	不合格品數	批	樣本大小	不合格品數
1	315	0	6	315	0
2	315	2	7	315	0
3	315	0	8	315	0
4	315	0	9	315	1
5	315	1	10	315	0

21. 在作業 20 當中，接下來的連續 14 批如下：

批	樣本大小	不合格品數	批	樣本大小	不合格品數
11	315	1	18	315	1
12	315	0	19	315	2
13	315	0	20	315	1
14	315	0	21	315	0
15	315	0	22	315	0
16	315	0	23	315	0
17	315	0	24	315	0

描述情況 1、情況 2 以及情況 3 發生什麼事，並且確定最初頻率和任何變化。注意這一題對應的 ANSI/ASQ Z1.4 的單次抽樣正常檢驗計畫為 $n = 315$、$c = 2$。

22. 一個電容器的製造商是否符合表 10-12 和表 10-13 的要求，為什麼？資料如下：AQL 為 0.65%，20 個連續接受批總樣本大小為 2,650 個，11 個不合格品，而且最後一批有 1 個不合格品，每一批樣本大小為 200。

23. 在作業 22 當中，如果產品符合表 10-12 和表 10-13 的要求，請描述最初的抽樣頻率，如果 (a) 全部 20 批皆符合個別批的標準；而且，如果 (b) 20 批當中有 1 批未符合個別批的標準。

24. 如果在作業 21 當中，第 25 批有 3 個不合格品，會發生什麼情況？

25. 一個微波爐製造商想要評估 AOQL = 0.143% 的 CSP-1 三種抽樣計畫。決定當 $f = \frac{1}{2}$、$\frac{1}{4}$、$\frac{1}{10}$ 時，其 i 值各為何。

26. 對於道奇的 CSP-2 計畫，當 AOQL 值為 4.94%，而且頻率為 20%，其 i 值為何？

27. 一個電腦用紙的製造商使用 AOQL = 1.22% 的 MIL-STD-1235B 計畫。決定關於 CSP-T 計畫，抽樣頻率為 $\frac{1}{15}$ 的 i 值；水準 II 和水準 III 的抽樣頻率為何？

28. 對於 CSP-1 計畫，決定 AOQL = 0.198%，而且頻率為 $\frac{1}{4}$ 的 i 值。

29. 對於 CSP-F 計畫，決定 AOQL = 0.33%，批量大小為 3,000，而且頻率為 $\frac{1}{5}$ 的 i 值；樣本代字為何？

30. 如果原來對於 CSP-V 計畫的 i 值為 150，則一旦起始的 150 單元通過檢驗，而且有 1 個不合格點發生，則 i 值變化為何？

31. 使用夏寧批點繪法，計算批量界限以及描繪出批繪直方圖。以 Rockwell-C 檢驗 50 個樣本的硬度，結果如下：

樣組	資料	平均數
1	50、49、53、49、56	51.4
2	52、50、47、50、51	50.0
3	49、49、53、51、48	50.0
4	49、52、50、52、51	50.8
5	51、53、51、52、53	52.0
6	54、50、54、53、52	52.6
7	53、51、52、47、50	50.6
8	46、55、54、52、52	51.8
9	49、53、51、51、50	50.8
10	51、48、55、51、52	51.4

上述分配為何種型態的批繪直方圖？如果規格從 41 到 60，該批是否允收？

32. 直徑 $\frac{3}{8}$ 吋的線，規格為 9.78 mm 和 9.65 mm。取 50 個隨機樣本檢驗結果如下。決定該批界限並繪製直方圖。如下資料的分配為何種類型的批繪直方圖？

樣　組	資　料	平均數	全距
1	9.77、9.76、9.75、9.76、9.76	9.760	0.02
2	9.73、9.74、9.77、9.74、9.77	9.750	0.04
3	9.73、9.77、9.76、9.77、9.75	9.756	0.04
4	9.78、9.77、9.77、9.76、9.78	9.772	0.02
5	9.72、9.78、9.77、9.78、9.74	9.758	0.06
6	9.75、9.77、9.76、9.77、9.77	9.764	0.02
7	9.78、9.76、9.77、9.76、9.78	9.770	0.02
8	9.77、9.77、9.77、9.78、9.78	9.774	0.01
9	9.78、9.77、9.76、9.76、9.77	9.768	0.02
10	9.75、9.78、9.77、9.78、9.76	9.768	0.03

33. 一個包含 480 個產品的檢驗批以檢驗水準 II 提出檢驗。試以 ANSI/ASQ Z1.9 計量計畫，決定樣本代字和樣本大小。

34. 假設正常檢驗，以 ANSI/ASQ Z1.9 計畫，變異未知──標準差法，樣本代字 D、AQL = 2.50%，而且單邊下界規格為 200 克，以形式 2 決定允收決策。5 個樣本的檢驗結果為 204、211、199、209 和 208 克。

35. 如果在作業 34 的下界規格是 200.5 克，則其允收決策為何？

36. 對於嚴格檢驗，ANSI/ASQ Z1.9 計畫，變異未知──標準差法，樣本代字 F、AQL = 0.65%，而且單邊上界規格為 4.15 mm，決定此批是否允收。使用形式 2，而且 10 個樣本檢驗結果為 3.90、3.70、3.40、4.20、3.60、3.50、3.70、3.60、3.80 以及 3.80 mm。

37. 如果作業 36 為正常檢驗，則其決策為何？

38. 如果作業 34 為嚴格檢驗，則其決策為何？

39. 如果作業 34 也有一上界規格 212 克，則其決策為何？

40. 如果作業 36 也有一下界規格 3.25 mm，則其決策為何？

41. 使用 EXCEL，撰寫一個連鎖抽樣的電腦程式。

42. 使用 EXCEL，撰寫一個夏寧批點繪法的電腦程式。

CHAPTER 11 可靠度

目 標

在完成本章之後，讀者可以預期：

- 知道可靠度的定義以及與它有關的因素
- 知道可以獲得可靠度的各種方法
- 知道機率分配、失效曲線以及時間為要素的可靠度曲線
- 在不同情況下計算失效率
- 建構壽命曲線，並且描述它的三個階段
- 計算常態、指數以及韋伯失效率
- 計算 OC 曲線
- 決定壽命和可靠度測試計畫
- 知道試驗設計的不同類型
- 知道可用度和維護度的概念

▉ 簡　介

本章涵蓋可靠度的基本資訊；最新的專門技術性文章，提供涵蓋更多進階資訊的各項方法，附註提供相關訊息的連結。

▉ 基本觀點

▶ 定　義

簡單來說，可靠度就是長期的品質。它是產品或服務在一段期間內，可以執行功能的能力。能夠長時間「運作」的產品，就是可靠的產品；因為一項產品的所有零件將會在不同的時間失效，所以可靠度就是一項機率。

更精確的定義為：可靠度是產品在某特定環境情況下，在指定的壽命期間內，可以圓滿執行功能的機率。從定義來看，可靠度有四個相關因素：(1) 數值；(2) 預期的功能；(3) 使用壽命；(4) 環境情況。

其值代表產品在特定的時間內，可以圓滿執行功能的機率。因此，數值 0.93 表示 100 件產品當中，有 93 件在指定時間內可以執行它的功能，而有 7 件產品在指定時間內無法完成功能的機率。特定的機率分配可以用來描述產品零件的失效率[1]（failure rate）。

第二個因素，是有關產品預期的功能。產品的設計是為了特定應用，而且預期可以履行這些應用。例如，電動起重機是預期可以舉起特定的重量，而不是預期可以舉起超過設計規格的重量。螺絲起子是設計用來轉動螺絲，而不是用來打開油漆罐。

可靠度定義當中的第三個因素，是產品的預期壽命；換句話說，也就是預期產品可以持續使用多久。因此，汽車輪胎的使用壽命是依據輪胎結構而有不同的指定值，如 36 個月或 70,000 公里。產品壽命是由使用、時間具體指定的函數，或包含這兩項因素。

定義的最後一個因素是指環境情況。一個設計在室內使用的產品，例如沙發椅，是不能期望在風吹、日曬、雨淋的室外環境，還能可靠地運作。環境情況還包括產品的儲存和運送；這些方面，可能比實際使用的時候還要嚴峻。

---

[1] 失效（failure），這個字在本章是限制在有關測試活動的技術觀念，而不是使用中。

達成可靠度

重視

產品的可靠度比以前更加受到重視；重視的理由之一，是消費者保護法（Consumer Protection Act），另一個理由是產品變得更複雜。洗衣機曾經只是一個簡單的攪動裝置，讓衣服在熱水、肥皂泡沫環境下洗乾淨。不過現在的洗衣機，有不同的攪拌速度、不同的沖洗速度、不同的循環次數、不同的水溫以及不同的水位，而且在準確的時間，將不同洗衣劑加入洗衣機裡；更重視可靠度的一項額外原因是自動化。很多時候，機器的一個自動零件壞了，人們便無法徒手操作產品。

系統可靠度

當產品變得愈來愈複雜（有更多的組件），失效的機率也會增加。組件的排列方法會影響整個系統的可靠度。組件的排列可以採取串聯、並聯，或是串、並聯的組合方式。圖 11-1 是不同的排列圖示。

當組件用串聯排列，系統可靠度是個別組件的乘積。因此，圖 11-1(a) 的串聯排列，可以使用乘法定理，而且串聯可靠度 R_S 的計算如下：

$$R_S = (R_A)(R_B)(R_C)$$
$$= (0.955)(0.750)(0.999)$$
$$= 0.716$$

請注意 R_A、R_B 以及 R_C 是組件 A、B 以及 C 有效運作的機率（P_A、P_B 以及 P_C）。當組件加總成串聯，系統的可靠度會減少；同時，系統可靠度也總是小於最低的組件可靠度值。俗話說，鍊條最多僅和最弱環節一樣強，這是一個數學事實。

例題 11-1

一個有 5 個組件 A、B、C、D 以及 E 的系統，其可靠度值分別為 0.985、0.890、0.985、0.999 以及 0.999。如果組件為串聯排列，則系統可靠度為多少？

$$R_S = (R_A)(R_B)(R_C)(R_D)(R_E)$$
$$= (0.985)(0.890)(0.985)(0.999)(0.999)$$
$$= 0.862$$

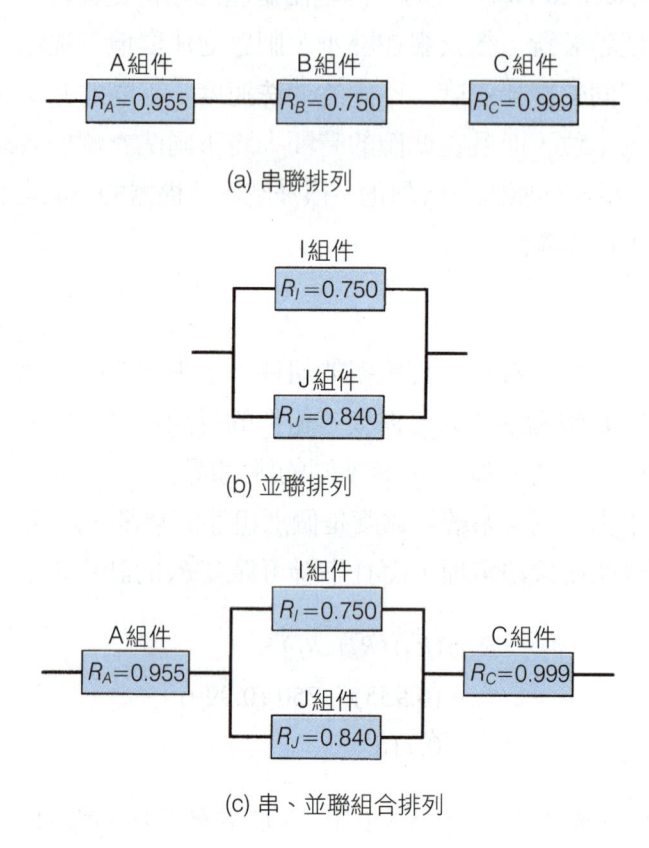

A組件　　　B組件　　　C組件
$R_A = 0.955$　$R_B = 0.750$　$R_C = 0.999$

(a) 串聯排列

I組件
$R_I = 0.750$

J組件
$R_J = 0.840$

(b) 並聯排列

I組件
$R_I = 0.750$

A組件　　　　　　　　　　C組件
$R_A = 0.955$　　　　　　　$R_C = 0.999$

J組件
$R_J = 0.840$

(c) 串、並聯組合排列

圖 11-1　組件排列方法

當系統的組件為串聯排列，而且其中有一個組件不能運作，整個系統就都不能運作；而並聯排列的組件不會如此。當系統有一個組件不能運作的時候，產品可以使用其他組件持續運作，直到系統當中所有並聯組件都不能運作，系統才失效。因此，如圖 11-1(b) 的並聯排列，並聯系統 R_S 的計算如下：

$$R_S = 1-(1-R_I)(1-R_J)$$
$$= 1-(1-0.750)(1-0.840)$$
$$= 0.960$$

請注意，$(1-R_I)$ 與 $(1-R_J)$ 代表組件 I 與 J 個別失效的機率。當並聯組件數目增加的時候，可靠度也隨之增加。組件並聯排列的可靠度，比個別組件的可靠度還要大。

例題 11-2

求 3 個並聯組件 A、B 以及 C 的系統可靠度；個別可靠度分別為 0.989、0.996 以及 0.994。

$$R_S = 1-(1-R_A)(1-R_B)(1-R_C)$$
$$= 1-(1-0.989)(1-0.996)(1-0.994)$$
$$= 0.999999736$$

請注意，答案當中有 9 個有效數字，以強調並聯組件的原則。

大多數複雜的產品，都會採用串聯與並聯系統組合排列的組件。如圖 11-1(c) 所示，其中組件 B 由並聯組件 I 與 J 所置換，其系統 R_S 可靠度計算如下：

$$R_S = (R_A)(R_{I,J})(R_C)$$
$$= (0.95)(0.96)(0.99)$$
$$= 0.90$$

例題 11-3

求下列系統的可靠度；組件 1、2、3、4、5 以及 6 的可靠度分別為 0.900、0.956、0.982、0.999、0.953 以及 0.953。

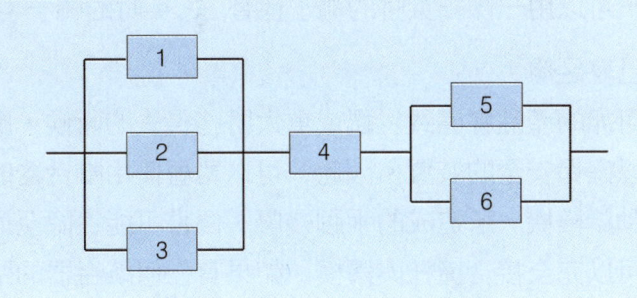

$$R_S = (R_{1,2,3})(R_4)(R_{5,6})$$
$$= [1-(1-R_1)(1-R_2)(1-R_3)][R_4][1-(1-R_5)(1-R_6)]$$
$$= [1-(1-0.900)(1-0.956)(1-0.982)][0.999][1-(1-0.953)(1-0.953)]$$
$$= 0.997$$

雖然大部分的產品除了是由串聯與並聯系統構成，還有更複雜的系統，例如惠斯登電橋或待機複聯系統，它們都是較難分析的系統。

設 計

可靠度最重要的，就是設計；它應該要盡可能的簡單。如前所述，組件數目愈少，可靠度愈大。如果有一個串聯 50 組件的系統，每個組件的可靠度均為 0.990，則系統的可靠度為：

$$R_S = R^n = 0.990^{50} = 0.605$$

如果是一個串聯 20 個組件的系統，則系統的可靠度為：

$$R_S = R^n = 0.990^{20} = 0.818$$

雖然這個範例不太可能是真的，但是它證實愈少的組件，有愈大的可靠度。

其他達成可靠度的方法，可以使用備用品或複聯組件。當主要組件不能運作的時候，則啟動其他組件；這個概念，在並聯排列的組件系統已經解釋。使用較便宜的複聯組件達到一個特定的可靠度，通常比使用昂貴的單一組件便宜。

可靠度也可以經由加重設計達成。加重使用安全因素，可以增加產品的可靠度。例如，可以用一條一英吋的繩子代替 $\frac{1}{2}$ 英吋的繩子；雖然使用 $\frac{1}{2}$ 英吋的繩子就已經足夠。

當一個不可靠的產品會導致災禍或重大財務損失的時候，應該使用操作失效時，也可以確保安全的裝置。因此，可以藉著使用離合器的踏板，把因為不當操作電動鑄模機，所造成的手腳殘廢、傷害可能性降至最低。而離合器的踏板必須可以完全接合撞杆與鑄模。如果有任何離合器的踏板活動系統發生機能故障，則電動鑄模機就不能運作。

系統的維護，在可靠度是一項重要的因素。容易維修的產品，它的維護

度會做的比較好。在某些情況下，設計成不需維護可能比較實際。例如，石油裝填的軸承，在產品可使用的壽命期間都不需要潤滑。

環境的情況，如灰塵、濕氣以及震動，都是不可靠產品的原因，設計者必須保護產品免於這些情況。隔熱防護罩、橡膠防震托板、過濾器，在不利的環境情況下，可以用來增加可靠度。

可靠度的投資（成本）與可靠度之間，有明確的關係。有一定的程度之後，產品成本大幅度的增加，可能只有輕微的可靠度改善。例如，有一個 $50 的組件，可靠度為 0.750，如果將成本增加到 $100，則可靠度變成 0.900；如果成本增加到 $150，則可靠度變成 0.940；如果可靠度增加到 $200，則可靠度變成 0.960。從這個假設的範例可以看出，隨著投資金額增加，增加的可靠度會減少。

生　產

生產過程是可靠度的第二個重要因素。前面幾章已經介紹基本的品質管制方法，以將生產不可靠產品的風險降至最低，而且重點是那些最不可靠的組件。

生產線的人員可以採取必要行動，確保所使用的設備正確適用於工作，同時調查可取得的新設備。除此之外，他們可以對製程情況進行試驗，決定那些條件可以生產最可靠的產品。

運　輸

可靠度的第三方面，是將產品送至顧客時的運輸。無論有多麼良好的設計構想和多麼小心地生產，送至顧客手中產品的真正性能，才是最終的評估。在運送當中產品搬運的方法，會大幅影響產品使用時的可靠度；必須要有良好的包裝方法以及評估如何做好運送。

維　護

雖然設計者嘗試要消除顧客所需要的維修，不過實際上卻不太實際或不太可能；在這些情形下，要給予充份的告誡。例如，當組件需要潤滑油的時候，警示燈或氣笛就會亮起或響起；維修工作應該簡單、容易執行。

附加的統計觀點

適用可靠度的分配

可靠度研究當中，連續型的機率分配有指數、常態以及韋伯（Weibull）[2]分配，其次數分配對應時間函數的圖形，參見圖 11-2(a)。

可靠度曲線

圖 11-2(b) 為指數、常態以及韋伯分配對應時間函數的可靠度曲線；圖中也有這些分配的公式。指數與韋伯曲線的公式分別為 $R_t = e^{-t/\theta}$ 與 $R_t = e^{-\alpha t^\beta}$，而常態分配的公式為：

$$R_t = 1.0 - \int_0^t f(t)dt$$

這個公式需要運用積分。然而，也可以用附錄表 A 求得曲線之下的面積，也就是 $\int_0^t f(t)dt$。

失效率曲線

在描述一項產品壽命曲線的時候，失效率是很重要的。圖 11-2(c) 是指數、常數以及韋伯分配時間函數的失效率曲線與公式。

藉由以下公式可以從測試的資料估計失效率：

$$\lambda_{估計} = \frac{測試失效個數}{測試時間或週期總和} = \frac{r}{\Sigma t + (n-r)T}$$

其中，λ = 失效率，在建立的單位時間或週期內，某組件失效的機率
r = 測試失效個數
t = 失效項目的測試時間
n = 測試項目數
T = 終止時間

---

[2] 第四種型態，伽瑪（gamma）分配並未列入，因為它本身受到應用上的限制。而離散機率分配、幾何和負二項分配，也因為同樣的理由而未列入。

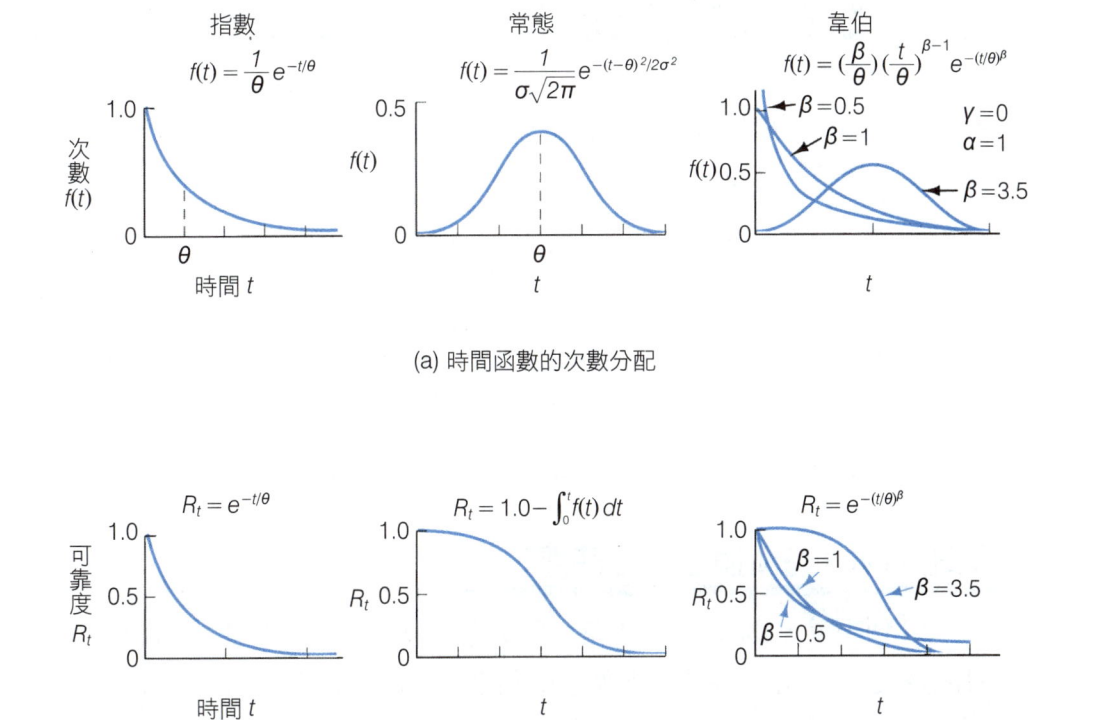

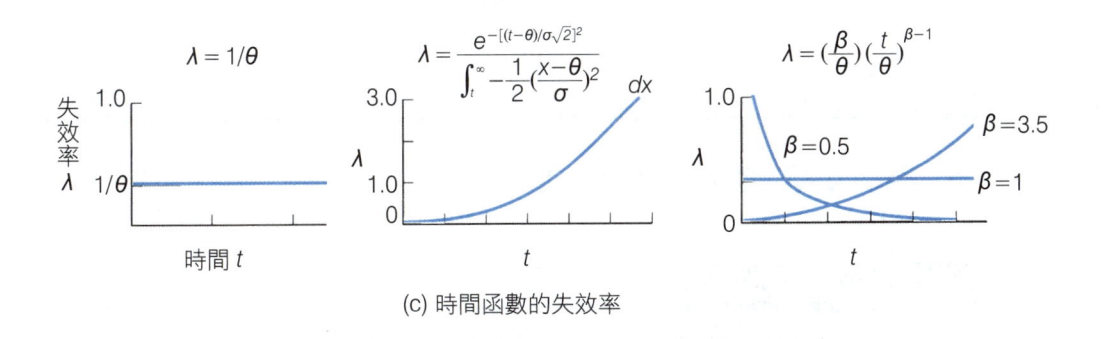

圖 11-2 時間函數的機率分配、失效率曲線以及可靠度曲線

這個公式適用於無置換情況下的終止時間；有置換失效終止的情況，必須修正終止時間。下列的例題說明差異。

例題 11-4（無置換的終止時間）

對一項產品的 9 個項目進行 22 小時的測試，決定它的失效率。其中 4 個項目分別在第 4、12、15 以及 21 小時失效，有 5 個項目在第 22 小時結束測試時仍可以運作。

$$\lambda_{估計} = \frac{r}{\Sigma t + (n-r)T}$$

$$= \frac{4}{(4+12+15+21)+(9-4)22}$$

$$= 0.025$$

例題 11-5（有置換的終止時間）

50 個項目，測試 15 個小時，試決定失效率。當失效發生的時候，由良品替代失效項目；在第 15 個小時結束的時候，有 6 個項目失效。

$$\lambda_{估計} = \frac{r}{\Sigma t}$$

$$= \frac{6}{50(15)}$$

$$= 0.008$$

注意，這個公式已經簡化，因為全部測試時間等於 Σt。

例題 11-6（失效終止）

試決定 6 個項目的失效率。測試週期為 1,025、1,550、2,232、3,786、5,608 以及 7,918。

$$\lambda = \frac{r}{\Sigma t}$$

$$= \frac{6}{1,025+1,550+2,232+3,786+5,608+7,918}$$

$$= 0.00027$$

注意，這個公式已經簡化，因為全部測試時間等於 Σt。

當指數分配與韋伯分配的形狀參數 $\beta = 1$ 的時候，有固定的失效率。當失效率為一定的時候，平均壽命與失效率之間的關係如下[3]：

$$\theta = \frac{1}{\lambda} \text{（當失效率固定時）}$$

其中，$\theta =$ 平均壽命或平均失效前的時間（mean time between failures, MTBF）。

例題 11-7

試決定前三個例題的平均壽命；假設失效率是固定的。

$$\theta = \frac{1}{\lambda} = \frac{1}{0.025} = 40 \text{ 小時}$$

$$\theta = \frac{1}{\lambda} = \frac{1}{0.008} = 125 \text{ 小時}$$

$$\theta = \frac{1}{\lambda} = \frac{1}{0.00027} = 3{,}704 \text{ 週期}$$

▶ 壽命曲線

圖 11-3 為複雜組合產品的典型壽命曲線，這個曲線有時又稱作「浴缸型」曲線；這個曲線是時間與失效率的對照。有三個不同的期間：除錯期間、偶發失效期間以及磨耗期間。圖 11-2(c) 的機率分配可以用來描述這些期間。

除錯期間（debugging phase），又稱做預燒（burn-in）或夭折（infant-mortality）期，以具有讓失效率快速減少的邊際與短期壽命零件為特徵。雖然曲線形狀會隨著產品型態稍微變化；當韋伯分配的形狀參數 $\beta < 1$ 的時候，可以用來描述失效的發生。對於某些產品來說，除錯期間可能是運送之前的測試活動；而對於其他產品來說，這個期間通常涵蓋保固期。不管是哪一種情形，它都是顯著的品質成本。

偶發失效期間（chance failure phase），為一水平線，表示失效率是固定的。因為失效率固定，所以失效的發生是隨機的。假設失效率固定，對大多數產品來說是正確的，然而，某些產品的失效率，會隨著時間增加。事實上，

---

[3] 失效率也等於 $f(t)/R_t$。

有些產品的失效率會稍微減少，代表隨著時間增加，產品品質真的有所改善。可以使用形狀參數等於 1 的韋伯分配，描述這個期間的產品壽命歷史；也可以使用形狀參數大於或小於 1 的韋伯分配，描述曲線增長或變短的情況。可靠度研究與抽樣計畫，大部分來說，多半與偶發失效期間有關；失效率愈低，表示產品品質愈好。

第三個期間為**磨耗期間**（wear-out phase），如圖中巨幅上升的失效率；通常常態分配是描述這個期間的最佳分配。不過，根據磨耗分配的型態，也可以使用形狀參數 $\beta > 1$ 的韋伯分配描述。

圖 11-3 所示的曲線是大多數產品的失效型態；然而，有些產品卻偏離這個曲線。瞭解失效型態是重要的，這樣才知道要用來分析以及預測產品可靠度的機率分配。藉由改變形狀參數 β，使用韋伯分配可以建立三個期間的模型；樣本的測試結果，可以用來決定適用的機率分配。下列例題說明壽命曲線的建構。

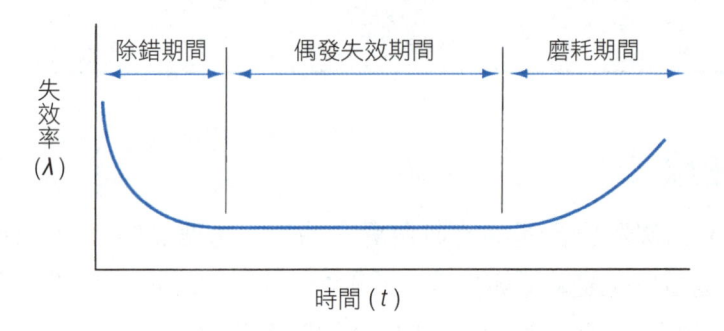

圖 11-3　複雜產品組合的典型壽命曲線

例題 11-8

試決定在週期內的 1,000 個項目試驗資料的壽命曲線；假設失效發生在週期範圍的 $\frac{1}{2}$，殘存發生在週期範圍結束，資料如下：

週期數	失效數	殘存數	計算 $\lambda = r/\Sigma t$
0–10	347	653	347/[(5)(347) + (10)(653)] = 0.0420
11–20	70	583	70/[(15)(70) + (20)(583)] = 0.0055
21–30	59	524	59/[(25)(59) + (30)(524)] = 0.0034
31–40	53	471	53/[(35)(53) + (40)(471)] = 0.0026

週期數	失效數	殘存數	計算 $\lambda = r/\Sigma t$
41–50	51	420	51/[((45)(51) + (50)(420)] = 0.0022
51–60	60	360	60/[(55)(60) + (60)(360)] = 0.0024
61–70	79	281	79/[(65)(79) + (70)(281)] = 0.0032
71–80	92	189	92/[(75)(92) + (80)(189)] = 0.0043
81–90	189	0	189/[(85)(189) + (90)(0)] = 0.0118

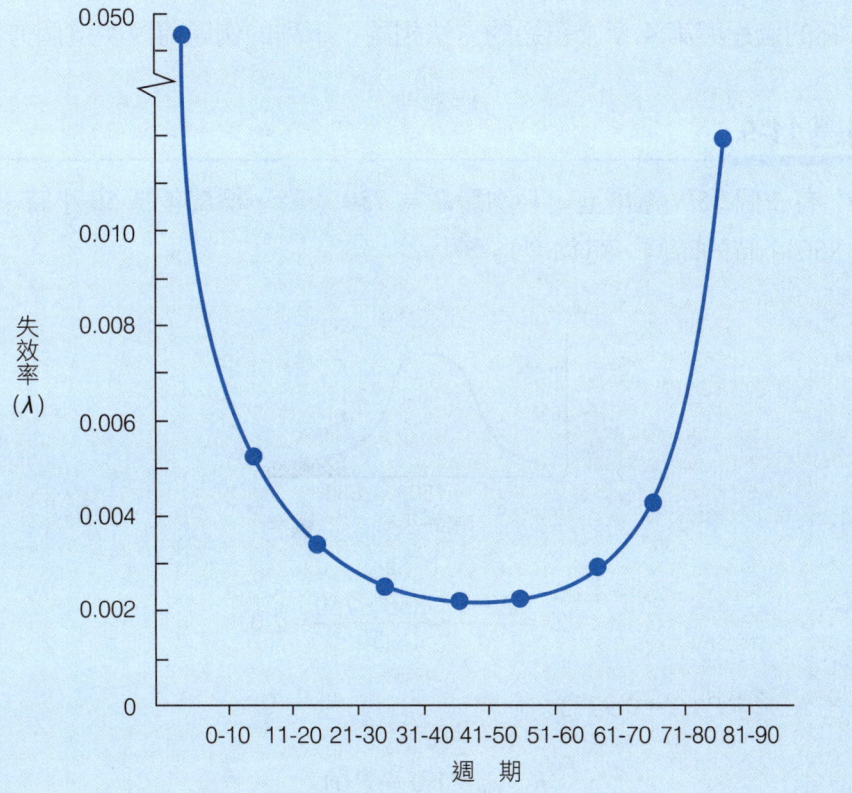

注意，因為失效率是對欄位裡整組值定義的，點是標繪在週期值之間。

⇒ 常態失效分析

儘管常態曲線適用於磨耗期間，不過韋伯分配比較常使用；先介紹常態曲線，是因為讀者對它的使用會比較熟悉。從圖 11-2(b)，可以得知可靠度公式為：

$$R_t = 1.0 - \int_0^t f(t)\,dt$$

其中積分 $\int_0^t f(t)dt$ [見圖 11-2(a)] 是至時間 t 左邊曲線下的面積，值可以由附錄表 A 當中獲得；因此，我們的方程式變為：

$$R_t = 1.0 - P(t)$$

其中，$R_t =$ 在時間 t 的可靠度
$P(t) =$ 失效機率或至時間 t 左邊常態曲線下的面積

它的過程與第 4 章介紹過的方法相同，下列的例題將說明這個方法。

例題 11-9

有一個 25W 電燈泡，平均壽命為 750 小時，標準差為 50 小時。試問在 850 小時的時候，可靠度為多少？

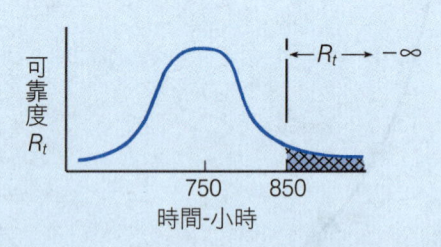

$$Z^a = \frac{X - \theta}{\sigma} = \frac{850 - 750}{50} = 2.0$$

查表 A，得 $P(t) = 0.9773$

$$\begin{aligned} R_{t=850} &= 1.0 - P(t) \\ &= 1.0 - 0.9773 \\ &= 0.0127 \text{ 或 } 1.27\% \end{aligned}$$

平均來說，燈泡將持續 850 小時的機率為 1.27%。換句話說，10,000 個電燈泡裡，有 127 個將持續至少 850 小時或更久。

[a] 在 Z 的方程式裡，以 θ 代替 μ。

⟹ 指數失效分析

如前所述,可以使用形狀參數等於 1 時的指數分配以及韋伯分配,描述固定失效的情況。在已知失效率與倒數(平均壽命),我們可以使用下列公式計算可靠度:

$$R_t = e^{-t/\theta}$$

其中,t = 時間或週期
　　　θ = 平均壽命

例題 11-10

試決定當 $t = 30$ 的可靠度;在失效率固定時的平均壽命為 40 小時。

$$R_t = e^{-t/\theta}$$
$$= e^{-30/40}$$
$$= 0.472$$

在 10 小時的可靠度為多少?

$$R_t = e^{-t/\theta}$$
$$= e^{-10/40}$$
$$= 0.453$$

在 50 小時的可靠度為多少?

$$R_t = e^{-t/\theta}$$
$$= e^{-50/40}$$
$$= 0.287$$

這個例題顯示,當時間增加的時候,項目的可靠度變小;這個事實從圖 11-2(b) 可以說明。

⟹ 韋伯失效分析

韋伯分配可以用在除錯期間($\beta < 1$)、偶發失效期間($\beta = 1$)以及磨耗

期間（$\beta > 1$）。藉著設定 $\beta = 1$，韋伯與指數相等；設定 $\beta = 3.4$，韋伯則近似於常態。

從圖 11-2(b) 可以得知，可靠度公式為：

$$R_t = e^{-(t/\theta)^\beta}$$

其中，β = 韋伯斜率

可以藉由圖形分析，得出參數 θ 和 β 的估計值，或利用 EXCEL 的電子試算表獲得。圖形分析法使用特殊的韋伯機率紙，把資料描在紙上，並藉由「目視」畫出一條直線而決定 θ 和 β 的估計值。不過電腦已經讓這項方法變得過時，電子試算表可以達到與機率紙相同的目的，而且更為精確[4]。

例題 11-11

有一個新型電池的失效型態符合韋伯分配，斜率值為 4.2，而且平均壽命為 103 小時，試決定在 120 小時的可靠度。

$$\begin{aligned} R_t &= e^{-(t/\theta)^\beta} \\ &= e^{-(120/103)^{4.2}} \\ &= 0.150 \end{aligned}$$

⇒ 建構操作特性曲線

操作特性曲線（OC 曲線）的建構方法，與第 9 章所介紹過的方法類似。然而，不合格率 p_0 由平均壽命 θ 取代。圖 11-4 的操作特性曲線形狀與第 9 章有所不同。如果送驗批平均壽命為 5,000 小時，則使用如圖 11-4 操作特性曲線所描述的抽樣計畫，得到的允收機率為 0.697。

我們將以使用失效率固定的例題說明建構方法；下列有一個置換的逐批允收抽樣計畫。

---

[4] 更進一步的資料，參閱 D. L. Grosh, *A Primer of Reliability Theory* (New York: John Wiley & Sons, 1989), pp. 67-69；以及 Mitchell O. Locks, "How to Estimate the Parameters of a Weibull Distribution," *Quality Progress* (August 2002): 59-64.

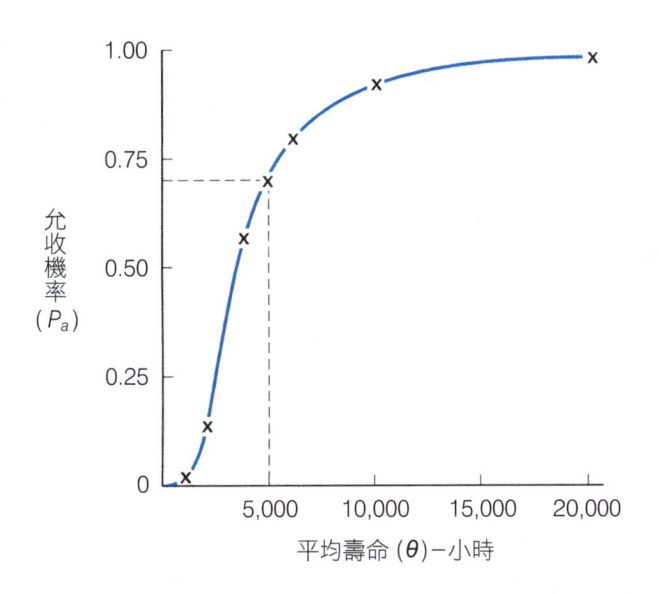

圖 11-4 $n = 16$、$T = 600$ 小時、$c = 2$ 以及 $r = 3$ 的抽樣計畫 OC 曲線

從一批產品當中選擇 16 個單位的樣本，而且測試每個產品 600 小時。如果有 2 個或小於 2 個產品失效，則允收該批；如果有 3 個或大於 3 個產品失效，則拒收該批。用符號表示這個計畫為 $n = 16$、$T = 600$ 小時、$c = 2$、$r = 3$。當有產品失效的時候，則由該批其他產品代替。曲線建構的第一步是假設平均壽命 θ。這些值再轉換為失效率 λ，如表 11-1 第二欄所示。接著把 nT [$nT = (16)(600)$] 乘上失效率，得到如表當中第三欄的期望平均失效數。

$nT\lambda$ 值的功能與 np_0 值相同，是用來建構 OC 曲線。該批的允收機率值可以由 $c = 2$ 時，從附錄表 C 當中查得，代表性的計算如下（假設 $\theta = 2,000$）：

$$\lambda = \frac{1}{\theta} = \frac{1}{2,000} = 0.0005$$
$$nT\lambda = (16)(600)(0.0005) = 4.80$$

查附錄表 C 的 $nT\lambda = 4.8$ 與 $c = 2$：

$$P_a = 0.142$$

在表 11-1 當中，有其他假設 θ 值的計算。

表 11-1　$n=16$、$T=600$ 小時、$c=2$、$r=3$ 的抽樣計畫 OC 曲線計算

平均壽命 θ	失效率 $\lambda=1/\theta$	期望平均失效數 $nT\lambda$	P_a $c=2$
20,000	0.00005	0.48	0.983[a]
10,000	0.0001	0.96	0.927[a]
5,000	0.0002	1.92	0.698[a]
2,000	0.0005	4.80	0.142
1,000	0.0010	9.60	0.004
4,000	0.00025	2.40	0.570
6,000	0.00017	1.60	0.783

[a] 利用內插法。

因為這個 OC 曲線假設失效率固定，所以指數分配也適用。卜瓦松[5]分配也可以用來建構 OC 曲線，因為它近似指數分配。

因為失效率固定，所以會有其他相同 OC 曲線的抽樣計畫，例如：

$n=4$　　　$T=2,400$ h　　　$c=2$
$n=8$　　　$T=1,200$ h　　　$c=2$
$n=24$　　$T=450$ h　　　　$c=2$

任何 n 與 T 的組合值，其乘積等於 9,600，而且 $c=2$ 的抽樣計畫都會有相同的 OC 曲線。

可靠度抽樣計畫的 OC 曲線也按照 θ/θ_0 的函數來畫，也就是實際平均壽命／允收平均壽命。當用這個方法建構 OC 曲線，所有無論有無置換的壽命試驗OC曲線，都有一個共同通過的點；這個點是生產者風險 α 與 $\theta/\theta_0 = 1.0$。

壽命與可靠度試驗計畫

試驗種類

因為可靠度試驗需要使用產品，而且有時會使產品損壞，所以採用何種試驗與多少產品數量，通常是基於經濟上的考量。試驗通常是測試最終的產品，不過，如果元件與組件有問題，也可以做測試。因為試驗通常在實驗室裡進行，所以應該盡量在控制情況下模擬實際環境。

---

[5] $P(c) = \dfrac{(np_0)^c}{c!} e^{-np_0}$（卜瓦松公式），代入 $\lambda T = np_0$ 和 $c=0$，則 $R_t = P(0) = \dfrac{\lambda T^0}{0!} e^{-\lambda T} = e^{-\lambda T}$。

壽命試驗有下列三種類型：

失效終止。這種壽命試驗抽樣計畫，在當樣本中出現預先指定的失效個數的時候，就終止試驗。而送驗批的允收標準，是依據當終止試驗時累積的項目試驗次數而定。

時間終止。這種壽命試驗抽樣計畫，在當樣本達到預先決定的試驗時間的時候，就終止試驗。而送驗批的允收標準，是依據在試驗期間內的樣本失效個數決定。

逐次。第三種壽命試驗抽樣計畫，是逐次壽命試驗抽樣計畫，事先並不固定需要達成決策的失效數與時間，而決策改以壽命試驗的累積結果代替。逐次壽命試驗計畫的優點是，決定批量允收能力的失效期望測試時間和數目，小於失效終止或時間終止的方式。

試驗可以置換失效單位，也可以不置換。**置換**（with replacement），發生在其他單位取代失效單位的時候。試驗時間會和新樣本單位一起累積；當失效率固定而且置換單位有相同失效率時，有可能會發生這種情況。而**無需置換**（without replacement）的情況，發生在不取代失效單位的時候。

試驗是依據下列之一或更多的特性：

1. **平均壽命**（mean life）──產品的平均壽命。
2. **失效率**（failure rate）──每單位時間或週期數的失效百分比。
3. **危險率**（hazard rate）──在一特定時間的瞬間失效率。危險率隨著年限而有不同；在固定失效率的特殊情況，失效率和危險率是相等的。韋伯分配是適用的，而當形狀參數 $\beta > 1$ 的時候，危險率隨著年限增加；形狀參數 $\beta < 1$ 的時候，危險率隨著年限減少。
4. **可靠壽命**（reliable life）──超越該批某些項目，特定部分的壽命。適用於磨耗期間的韋伯分配和常態分配。

表 11-2 是一些壽命試驗與可靠度計畫的總結，用平均壽命標準表示的時間終止試驗是最常使用的計畫。

表 11-2　壽命試驗與可靠度計畫的總結

文件	基本分配與計畫類型	計畫表示				試驗種類		
		平均壽命	危險率	可靠壽命	失效率	失效終止	時間終止	逐次
H 108	指數、逐批	×			×	×	×	×
MIL-STD-690B	指數、逐批				×		×	
MIL-STD-781C	指數、抽樣方案	×					×	×
TR-3	韋伯、逐批	×					×	
TR-4	韋伯、逐批		×					
TR-6	韋伯、逐批			×			×	
TR-7	韋伯、逐批、轉換	×	×	×			×	

資料來源：翻印自 J. F. Juran ed., Quality Control Handbook (New York: McGraw-Hill Book Company, 1988), Sec. 25, p. 80。

⇒ 手冊 H108

　　品質管制與可靠度手冊 H108（*Quality Control and Reliability Handbook H108*）[6]，提供可靠度試驗的抽樣程序與表格。手冊裡的抽樣計畫是依據指數分配。手冊裡提供三種不同種類的試驗：失效終止、時間終止以及逐次終止。對於每種試驗，都做了兩種情況的規定：試驗期間失效單位的置換或不置換。雖然在手冊裡有部分使用失效率，但實質上，計畫是依據平均壽命的標準。

　　因為手冊超過 70 頁，所以本書只介紹其中一個計畫。這個計畫是一個常見的計畫，為時間終止、置換與平均壽命計畫。有三種方法可以獲得這個計畫，將使用例題說明這些方法。

1. 約定生產者風險、消費者風險與樣本大小。決定一個時間終止、置換、平均壽命的抽樣計畫，其拒收該批的平均壽命 $\theta_0 = 900$ 小時的生產者風險 α 為 0.05，而且允收該批的平均壽命 $\theta_1 = 300$ 小時的消費者風險 β 為 0.1，$\theta_1 / \theta_0 =$ 的比率為：

$$\frac{\theta_1}{\theta_0} = \frac{300}{900} = 0.333$$

---

[6] 美國國防部，*Quality Control and Reliability Handbook H108* (Washington, DC: U.S. Government Printing Office, 1960)。

表 11-3　壽命試驗抽樣計畫代字名稱[a]（H108 的表 2A-1）

$\alpha = 0.01$ $\beta = 0.01$		$\alpha = 0.05$ $\beta = 0.10$		$\alpha = 0.10$ $\beta = 0.10$		$\alpha = 0.25$ $\beta = 0.10$		$\alpha = 0.50$ $\beta = 0.10$	
代字	θ_1/θ_0	代字	θ_1/θ_0	代字	θ_1/θ_0	代字	θ_1/θ_0	代字	θ_1/θ_0
A−1	0.004	B−1	0.022	C−1	0.046	D−1	0.125	E−1	0.301
A−2	0.038	B−2	0.091	C−2	0.137	D−2	0.247	E−2	0.432
A−3	0.082	B−3	0.154	C−3	0.207	D−3	0.325	E−3	0.502
A−4	0.123	B−4	0.205	C−4	0.261	D−4	0.379	E−4	0.550
A−5	0.160	B−5	0.246	C−5	0.304	D−5	0.421	E−5	0.584
A−6	0.193	B−6	0.282	C−6	0.340	D−6	0.455	E−6	0.611
A−7	0.221	B−7	0.312	C−7	0.370	D−7	0.483	E−7	0.633
A−8	0.247	B−8	0.338	C−8	0.396	D−8	0.506	E−8	0.652
A−9	0.270	B−9	0.361	C−9	0.418	D−9	0.526	E−9	0.667
A−10	0.291	B−10	0.382	C−10	0.438	D−10	0.544	E−10	0.681
A−11	0.371	B−11	0.459	C−11	0.512	D−11	0.608	E−11	0.729
A−12	0.428	B−12	0.512	C−12	0.561	D−12	0.650	E−12	0.759
A−13	0.470	B−13	0.550	C−13	0.597	D−13	0.680	E−13	0.781
A−14	0.504	B−14	0.581	C−14	0.624	D−14	0.703	E−14	0.798
A−15	0.554	B−15	0.625	C−15	0.666	D−15	0.737	E−15	0.821
A−16	0.591	B−16	0.658	C−16	0.695	D−16	0.761	E−16	0.838
A−17	0.653	B−17	0.711	C−17	0.743	D−17	0.800	E−17	0.865
A−18	0.692	B−18	0.745	C−18	0.774	D−18	0.824	E−18	0.882

[a] 生產者風險 α 是拒收平均壽命為 θ_2 的送驗批機率；消費者風險 β 是允收平均壽命為 θ_1 的送驗批機率。

　　查表 11-3，$\alpha = 0.05$、$\beta = 0.1$ 以及 $\theta_1/\theta_0 = 0.333$ 的時候，代字為 B-8。因為計算出的比率很少在表中有相同的值，所以取下一個較大的代字。

　　對於每個代字 A、B、C、D 以及 E，都有一個表，以決定拒收數目和比率 T/θ_0 值；其中 T 是試驗期間。表 11-4 有代字 B 的數值，因此對於代字 B-8 的拒收數目 r 等於 8，而 T/θ_0 值是樣本大小的函數。

　　樣本大小是從拒收數：$2r$、$3r$、$4r$、$5r$、$6r$、$7r$、$8r$、$9r$、$10r$ 以及 $20r$ 的倍數之一選擇。對於壽命試驗計畫，樣本大小是依據訂購大量試驗產品單位的相關成本，以及為了決定該批允收能力，而必須使壽命試驗持續的期望時間長度。增加樣本大小，將減少決定允收能力的平均需要時間；但在另一方面，將增加因為訂購更多試驗產品單位的成本。對這個例題，選擇倍數 $3r$，而得到一個樣本大小 $n = 3(8) = 24$，對應的 T/θ_0 值 $= 0.166$，則試驗時間 T：

$$T = 0.166\ (\theta_0)$$
$$= 0.166\ (900)$$
$$= 149.4\ \text{或}\ 149\ \text{小時}$$

接著從該批選擇 24 件樣本，而且同時進行測試。如果在終止時間 149 小時之前，發生第 8 個失敗，則拒收該批；如果在 149 小時之後，仍未發生第 8 個失敗，則允收該批。

2. 約定生產者風險、拒收數與樣本大小。 決定時間終止、置換、平均壽命抽樣計畫，其拒收平均壽命 θ_0=1200 h 的送驗批生產者風險等於 0.05，拒收數為 5，而且樣本大小為 10 或 2r。這個方法使用與前述相同的表格。表 11-4 是當 α = 0.05 代字 B 的表格，因此查該表可以得到 T/θ_0 值= 0.197，而且 T 值為：

$$T = 0.197\ (\theta_0)$$
$$= 0.197\ (1200)$$
$$= 236.4\ \text{或}\ 236\ \text{小時}$$

表 11-4 α = 0.05 的 T/θ_0 值——時間終止，置換、代字 B [H108 的表 2C-2(b)]

代字					樣本大小						
	r	2r	3r	4r	5r	6r	7r	8r	9r	10r	20r
B−1	1	0.026	0.017	0.013	0.010	0.009	0.007	0.006	0.006	0.005	0.003
B−2	2	0.089	0.059	0.044	0.036	0.030	0.025	0.022	0.020	0.018	0.009
B−3	3	0.136	0.091	0.068	0.055	0.045	0.039	0.034	0.030	0.027	0.014
B−4	4	0.171	0.114	0.085	0.068	0.057	0.049	0.043	0.038	0.034	0.017
B−5	5	0.197	0.131	0.099	0.079	0.066	0.056	0.049	0.044	0.039	0.020
B−6	6	0.218	0.145	0.109	0.087	0.073	0.062	0.054	0.048	0.044	0.022
B−7	7	0.235	0.156	0.117	0.094	0.078	0.067	0.059	0.052	0.047	0.023
B−8	8	0.249	0.166	0.124	0.100	0.083	0.071	0.062	0.055	0.050	0.025
B−9	9	0.261	0.174	0.130	0.104	0.087	0.075	0.065	0.058	0.052	0.026
B−10	10	0.271	0.181	0.136	0.109	0.090	0.078	0.068	0.060	0.054	0.027
B−11	15	0.308	0.205	0.154	0.123	0.130	0.088	0.077	0.068	0.062	0.031
B−12	20	0.331	0.221	0.166	0.133	0.110	0.095	0.083	0.074	0.066	0.033
B−13	25	0.348	0.232	0.174	0.139	0.116	0.099	0.087	0.077	0.070	0.035
B−14	30	0.360	0.240	0.180	0.144	0.120	0.103	0.090	0.080	0.072	0.036
B−15	40	0.377	0.252	0.189	0.151	0.126	0.108	0.094	0.084	0.075	0.038
B−16	50	0.390	0.260	0.195	0.156	0.130	0.111	0.097	0.087	0.078	0.039
B−17	75	0.409	0.273	0.204	0.164	0.136	0.117	0.102	0.091	0.082	0.041
B−18	100	0.421	0.280	0.210	0.168	0.140	0.120	0.105	0.093	0.084	0.042

接著從該批選擇 10 件樣本,而且同時測試它們。如果在終止時間 236 小時之前發生第 5 個失效,則拒收該批;如果在 236 小時之後,仍未發生第 5 個失效,則允收該批。

3. 約定生產者風險、消費者風險與試驗時間。 決定一個時間終止、置換、平均壽命的抽樣計畫,而不超過 500 小時,其允收平均壽命 10,000 小時(θ_0)送驗批的機率為 90%($\beta = 0.1$),其拒收平均壽命 2,000 小時(θ_1)送驗批的機率為 95%($\alpha = 0.05$)。第一步需計算兩個比率,θ_1/θ_0 與 T/θ_0:

$$\frac{\theta_1}{\theta_0} = \frac{2,000}{10,000} = \frac{1}{5}$$

$$\frac{T}{\theta_0} = \frac{500}{10,000} = \frac{1}{20}$$

利用 θ_1/θ_0、T/θ_0、α 與 β 值,可以從表 11-5 查出 r 與 n 值,結果為 $n = 27$ 與 $r = 4$。

表 11-5 特定 α、β、θ_1/θ_0 以及 T/θ_0 的抽樣計畫(H108 的表 2C-4)

θ_1/θ_0	r	T/θ_0 1/3 n	1/5 n	1/10 n	1/20 n	r	T/θ_0 1/3 n	1/5 n	1/10 n	1/20 n
		$\alpha = 0.01$		$\beta = 0.01$			$\alpha = 0.05$		$\beta = 0.01$	
2/3	136	331	551	1,103	2,207	95	238	397	795	1,591
1/2	46	95	158	317	634	33	72	120	241	483
1/3	19	31	51	103	206	13	25	38	76	153
1/5	9	10	17	35	70	7	9	16	32	65
1/10	5	4	6	12	25	4	4	6	13	27
		$\alpha = 0.01$		$\beta = 0.05$			$\alpha = 0.05$		$\beta = 0.05$	
2/3	101	237	395	790	1,581	67	162	270	541	1,082
1/2	35	68	113	227	454	23	47	78	157	314
1/3	15	22	37	74	149	10	16	27	54	108
1/5	8	8	14	29	58	5	6	10	19	39
1/10	4	3	4	8	16	3	3	4	8	16
		$\alpha = 0.01$		$\beta = 0.10$			$\alpha = 0.05$		$\beta = 0.10$	
2/3	83	189	316	632	1,265	55	130	216	433	867
1/2	30	56	93	187	374	19	37	62	124	248
1/3	13	18	30	60	121	8	11	19	39	79
1/5	7	7	11	23	46	4	4	7	13	27
1/10	4	2	4	8	16	3	3	4	8	16

表 11-5　特定 α、β、θ_1/θ_0、以及 T/θ_0 的抽樣計畫（H108 表 2C-4）（續）

θ_1/θ_0	r	T/θ_0 1/3 n	1/5 n	1/10 n	1/20 n	r	T/θ_0 1/3 n	1/5 n	1/10 n	1/20 n
		$\alpha=0.01$		$\beta=0.25$			$\alpha=0.05$		$\beta=0.25$	
2/3	60	130	217	434	869	35	77	129	258	517
1/2	22	37	62	125	251	13	23	38	76	153
1/3	10	12	20	41	82	6	7	13	26	52
1/5	5	4	7	13	25	3	3	4	8	16
1/10	3	2	2	4	8	2	1	2	3	7
		$\alpha=0.10$		$\beta=0.01$			$\alpha=0.25$		$\beta=0.01$	
2/3	77	197	329	659	1,319	52	140	234	469	939
1/2	26	59	98	197	394	17	42	70	140	281
1/3	11	21	35	70	140	7	15	25	50	101
1/5	5	7	12	24	48	3	5	8	17	34
1/10	3	3	5	11	22	2	2	4	9	19
		$\alpha=0.10$		$\beta=0.05$			$\alpha=0.25$		$\beta=0.05$	
2/3	52	128	214	429	859	32	84	140	280	560
1/2	18	38	64	128	256	11	25	43	86	172
1/3	8	13	23	46	93	5	10	16	33	67
1/5	4	5	8	17	34	2	3	5	10	19
1/10	2	2	3	5	10	2	2	4	9	19
		$\alpha=0.10$		$\beta=0.10$			$\alpha=0.25$		$\beta=0.10$	
2/3	41	99	165	330	660	23	58	98	196	392
1/2	15	30	51	102	205	8	17	29	59	119
1/3	6	9	15	31	63	4	7	12	25	50
1/5	3	4	6	11	22	2	3	4	9	19
1/10	2	2	2	5	10	1	1	2	3	5
		$\alpha=0.10$		$\beta=0.25$			$\alpha=0.25$		$\beta=0.25$	
2/3	25	56	94	188	376	12	28	47	95	190
1/2	9	16	27	54	108	5	10	16	33	67
1/3	4	5	8	17	34	2	2	4	9	19
1/5	3	3	5	11	22	1	1	2	3	6
1/10	2	1	2	5	10	1	1	1	2	5

　　這個抽樣計畫為從該送驗批選擇 27 件樣本，如果在終止時間 500 小時之前發生第 4 個失效，則拒收該批；如果在 500 小時之後，仍未發生第 4 個失效，則允收該批。

當使用這個方法的時候，表格提供下列數值：α = 0.01、0.05、0.10 以及 0.25；β = 0.01、0.05、0.10、以及 0.25；$\frac{\theta_1}{\theta_0} = \frac{2}{3}$、$\frac{1}{2}$、$\frac{1}{3}$、$\frac{1}{5}$、$\frac{1}{10}$；$\frac{T}{\theta_0} = \frac{1}{3}$、$\frac{1}{5}$、$\frac{1}{10}$ 以及 $\frac{1}{20}$。

至於決定使用何種資訊獲得需要的壽命試驗抽樣計畫方法，則是依據可得到的資訊。例如，較大的樣本提供較大的可信度；不過，從成本的觀點來看，它們可能變得不實際。

試驗設計

系統要求個別零件必須是高度可靠的。保固的資料，提供了可維修產品最佳的訊息來源之一[7,8]。然而，不是所有的產品都可以維修，而且這個方法是有反作用的；它應該用在可靠產品的細微調整。

在設計階段，要主動盡力地將產品建構成具有高度的可靠性；不過，即使我們盡最大的努力，產品實際使用時還是會有失敗，尤其是新發表的產品。通常產品開發能夠擁有的時間很短，使得產品壽命和可靠度測試受到嚴重的限制。

要能夠證明具有統計上高度值得信賴，而且是採用合理樣本大小、測試時間夠長的可信賴衡量方法，是很困難的。加速壽命測試（accelerate life testing, ALT），可以提供統計的保證，符合信賴度的目標，或是無法達成目標時的早期預警。加速壽命測試有三種：使用速度加速、產品老化加速以及產品壓力加速[9]。

使用速度加速（use-rate accelaration）是指產品沒有連續使用，因此，測試的產品會比平常使用時的使用次數更頻繁。例如，一台全新設計的咖啡機，通常是每天使用 1 次，在測試的時候，會一天之內使用 50 次；而在 7 天之內，可能就達到一整年的使用時數。從之前產品抽取而做的抽樣計畫，可以

---

[7] Necip Doganaksoy, Gerald J. Hahn, and William G. Meeker, "Improving Reliability Through Warranty Data Analysis," *Quality Progress* (November 2006): 63-67.

[8] Necip Doganaksoy, Gerald J. Hahn, and William G. Meeker, "How to Analyze Reliability Data for Repairable Products," *Quality Progress* (June 2006): 93-95.

[9] Gerald J. Hahn, William G. Meeker, and Necip Doganaksoy, " Speedier Reliability Analysis," *Quality Progress* (June 2003): 58-64.

做為所要的統計信賴程度，以測試需要的原型咖啡機數目。而產品在下一個生產週期開始之前，必須回復到穩定的狀態[10]。

產品老化加速（product aging acceleration）是指測試的產品暴露於嚴峻的溫度、濕度、空氣品質或是其他環境的情況。這些環境的情況，加速物質或化學降級的程序，造成某些特定失效的模式。例如，當一個電信用的雷射老化時，需要更多的電流，以維持光線的輸出。產品必須維持在溫度 20℃，20 年的期間，至少 200,000 小時之下可以運作；而根據經驗，保守估計加高溫度為 80℃將提供加速因子 40，因此需要 5,000 測試小時[11]。

產品壓力加速（product street acceleration）是指增加壓力的應用，例如震動、電壓、壓力或其他類型的壓力。如一個發電機電樞新的絕緣體降級，會使電壓強度減少；一般情況使用的 120 V/mm，壓力加速時增加 5 倍的電壓，就變成 170 到 220 V/mm[12]。

很多失效的機制，可以追溯到降級的程序所導致的最終產品失效。降級衡量的資料，通常提供比失效時間的資料更多資訊，以改善可靠度。有效使用降級的資料，是根據確認失效模式一個真正前兆的降級衡量。運用降級資料的優點是，它提供比較多的資訊，也比傳統失效時間所需要的時間更少。

另一種加速試驗的類型是高度加速壽命試驗（highly accelerated life tests, HALTs）。加速壽命測試和高度加速壽命試驗，都需要在特別挑選的加速情況下測試，以取得相關的失效模式。不過，高度加速壽命試驗的目標是確認和消除可靠度的問題，並且讓測試的產品失效更快速以使設計改變；另一方面，加速壽命測試，是設計在使用情況下，預估可靠度[13]。

■ 可用度與維護度

對耐久性商品和服務來說，例如冰箱、電線和前線的服務，可用度、可靠度以及可維修程度是和時間因子相關的。例如，當水管損壞的時候（可靠

---

[10] Necip Doganaksoy, Gerald J. Hahn, and William G. Meeker, "Reliability Assessment by Use-Rate Acceleration," *Quality Progress* (June 2007): 74-76.

[11] William G. Meeker, Necip Doganaksoy, and Gerald J. Hahn, "Using Degradation Data For Product Reliability Analysis," *Quality Progress* (June 2001): 60-65.

[12] Gerald J. Hahn, William G. Meeker, and Necip Doganaksoy, "Speedier Reliability Analysis," *Quality Progress* (June 2003): 58-64.

[13] 如前所述。

度），就無法再供應顧客水源，而必須修理或保養。

可用度（availability）是量測產品、製程或服務可以適當呈現設計功能的時間相關因子。產品、製程或服務在運作狀態的時候，是可以使用的，包括積極與待命的使用狀態。當計算機正在執行計算的時候或是放置於書袋當中，它是在正常操作中（uptime），可以利用下面的比值數量化：

$$A = \frac{正常操作時間}{正常操作時間 + 停機時間} = \frac{MTBF}{MTBF + MTDT}$$

其中，MTBF = 失效之間的平均時間
　　　MTDT = 全部平均停機時間

對於可以維修的項目來說，平均停機時間（mean downtime, MTDT）是檢修的平均時間（mean time to repair, MTTR）；對於不可維修物品來說，平均停機時間是更換新物品所需時間。以計算機為例，停機時間也許只是更換電池所需要的時間、送回製造商檢修所需要的時間（沒有有效的成本價值），或是購買新計算機所需要的時間。對於鋼鐵廠的製造過程來說，平均檢修時間是重要的，可能需要花一個晚上運送維修零件。一位顧客在電話中等待服務人員回答詢問所需要的閒置時間，可以反應出公司應該增加服務人員或是電話線的數量。停機時間會依照產品或服務的性質而有所不同。

維護度（maintainability），很容易藉由產品或服務，做預防或矯正的維護達成。改善維護度的最佳時機，是在產品或服務的設計階段。改善設計能造成在 100,000 英哩內，汽車的調整、自動潤滑的軸承、服務設施的專家系統等。生產製造過程，倚賴全面的生產保養改善維護度。維護度使用不同的計算指標，例如平均檢修時間、平均服務時間、每 1,000 個運作小時所需的檢修時數、預防性保養的成本以及停機的機率。

根據大衛・穆勒（David Mulder）教授指出，維持低維護度，比專注維持高可靠度，更具成本效益。例如，勞斯萊斯汽車是非常可靠的汽車；然而，當它損壞的時候，尋找維修廠、取得零件以及維修的等待時間，可能要好幾天 [14]。

---

[14] 內容以及例題摘錄自 David C. Mulder, "Comparing the Quality Measurements," 未出版的文章。

◾電腦程式

　　本書所附光碟裡的 EXCEL 軟體，可以解出韋伯分配的 β 以及 θ 值；它的檔案名稱是 *Weibull*。

作　業

1. 有一個系統有 4 個組件 A、B、C 以及 D，而且可靠度的值分別為 0.98、0.89、0.94 以及 0.95，如果組件為串聯排列，則系統可靠度為多少？

2. 有一個手電筒有 4 個組件：2 個可靠度為 0.998 的電池、1 個可靠度為 0.999 的電燈泡，與 1 個可靠度為 0.997 的開關。試決定這個串聯系統的可靠度。

3. 聖誕樹上的燈泡是以串聯系統製造──如果有一個燈泡熄滅，則會全部熄滅。如果每個燈泡的可靠度為 0.999，而且這個系統有 20 個燈泡，則這個系統的可靠度為多少？

4. 試問下列系統的可靠度為多少？

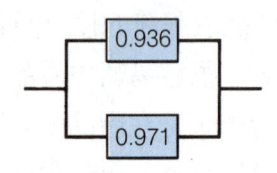

5. 如果作業 1 的組件 B 變為 3 個並聯組件，而且每一個都有相同的可靠度，則系統可靠度變為多少？

6. 試問下列系統的可靠度為多少？其中組件 A、B、C 以及 D 的可靠度分別為 0.975、0.985、0.988 以及 0.993。

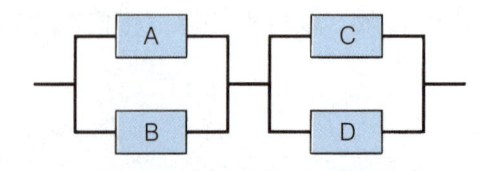

7. 試問下列系統的可靠度為多少？利用作業 6 的可靠度。

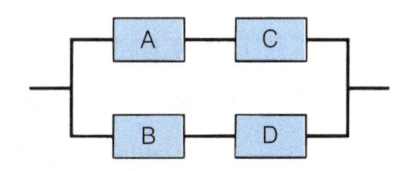

```
    ┌── A ── C ──┐
────┤            ├────
    └── B ── D ──┘
```

8. 有一系統由 5 個串聯組件組成，而且每個組件的可靠度為 0.96。如果系統變為 3 個串聯組件，則可靠度變為多少？

9. 試測試 5 件產品至失效時的失效率。試驗資料為 184、96、105、181 以及 203 小時。

10. 測試 25 個組件 15 小時。在試驗結束的時候，有 3 個組件分別在第 2、第 5 以及第 6 小時失效；試問失效率為多少？

11. 有 50 個組件分別測試 500 週期。當有一個組件失效的時候，則由另一組件代替，在試驗結束的時候有 5 個組件失效；試問失效率為多少？

12. 假設失效率固定，請決定作業 9、10、11 的平均壽命。

13. 試決定測試 9 件產品 150 小時的失效率，其中有 3 件在沒有置換的情況下，在第 5、第 76 以及第 135 小時的時候失效。試問在失效率為固定的情況下，平均壽命為多少？

14. 如果失效率固定的時候，平均壽命為 52 小時，則失效率為多少？

15. 對下列試驗資料建構一個壽命曲線。

試驗時間	失效數	殘存數
0–69	150	350
70–139	75	275
140–209	30	245
210–279	27	218
280–349	23	194
350–419	32	163
420–489	53	110
490–559	62	48
560–629	32	16
630–699	16	0
	500	500

16. 利用常態分配，決定平均壽命為 5,500 週期與標準差為 165 週期的開關，在 6,000 週期時的可靠度。

17. 試決定例題 11-10，$\theta = 125$，而且失效率固定，$t = 80$ 小時的可靠度。試問在 $t = 125$ 小時與 $t = 160$ 小時的可靠度分別為多少？

18. 試決定例題 11-10 的平均壽命為 3,704 週期，而且失效率固定時，$t = 3,500$ 週期的可靠度。試問在 $t = 3,650$ 週期與 $t = 3,900$ 週期時的可靠度分別為多少？

19. 利用作業 16 的韋伯分配，決定當 $\beta = 3.5$ 時的可靠度。

20. 有一台汽車引擎手箱幫浦的失效適合 $\beta = 0.7$ 的韋伯分配。如果除錯期間的平均壽命為 150 小時，則在 50 小時的時候，可靠度為多少？

21. 對指定 $n = 24$、$T = 149$、$c = 7$ 以及 $r = 8$ 的抽樣計畫，建構 OC 曲線。

22. 對指定 $n = 10$、$T = 236$、$c = 4$ 以及 $r = 5$ 的抽樣計畫，建構 OC 曲線。

23. 試決定一個時間終止、置換、平均壽命的抽樣計畫，其拒收平均壽命為 800 小時的送驗批生產者風險為 0.05，允收平均壽命 $\theta_1 = 220$ 的送驗批消費者風險為 0.10，樣本大小為 30。

24. 試決定時間終止以及置換的抽樣計畫，而且具有下列規格：$T = 160$、$\theta_1 = 400$、$\beta = 0.10$、$\theta_0 = 800$、$\alpha = 0.05$。

25. 試決定時間終止以及置換的抽樣計畫，其拒收平均壽命 $\theta_0 = 900$ 小時的送驗批生產者風險為 0.05，拒收數為 3，樣本大小為 9。

26. 試找出一個有 300 小時的置換壽命試驗抽樣計畫，其允收平均壽命為 3,000 小時的送驗批機率為 95%，但拒收平均壽命為 1,000 小時的送驗批機率為 90%。

27. 如果允收的平均壽命為 1,100 週期的送驗批機率為 0.95，而且拒收的平均壽命為 625 週期的送驗批機率為 0.9，則當樣本大小為 60 的時候，抽樣計畫為何？

28. 試找出壽命試驗、時間終止而且置換的抽樣計畫，其允收平均壽命為 900 小時的機率為 0.95（$\alpha = 0.05$）。這個試驗在發生第二個失效後就終止，而且有 12 個產品單位進行試驗。

29. 使用 EXCEL，設計一個 OC 曲線的模式，並藉由這個模式求解作業 21。
30. 使用書後面所附光碟的 EXCEL 韋伯分析軟體，決定以下資料的 β 和 θ 值；資料如下：20、32、40、46、54、62、73、85、89、99、102、118、140、151。

CHAPTER 12 管理與規劃的方法[1]

目 標

在完成本章之後,讀者可以預期:

- 描述為什麼?為什麼、影響力分析、名義群體技術等方法
- 知道如何發展以及使用下列的方法:
  1. 親和圖
  2. 關聯圖
  3. 樹狀圖
  4. 矩陣圖
  5. 優先順序矩陣圖
  6. 過程決策計畫圖
  7. 活動網路圖

---

[1] 經過同意,複製自 Besterfield et al., *Total Quality Management*, 3rd ed. (Upper Saddle River, NJ: Prentice-Hall, 2003)。

■ 簡 介

雖然統計製程管制（statistical process control, SPC）是很好解決問題的工具，但還是有不適用於處理某些問題的時候。本章討論一些另外的方法，適合小組，在某些狀況下也適合個人使用。這些方法不需使用費力的資料，只需要依賴主觀資訊。

首先的三個方法相當簡單；接下來的七大方法則比較複雜，一般稱為「七項管理與規劃的方法」。這些方法的應用，在製程改善、成本降低、政策展開以及新產品開發上，已經證明很有用。前三項的應用只能維持競爭優勢，產品或服務的創新才是在全球市場生存的實際來源。在創新階段，運用品質改善方法，會有較高的產品或服務品質，而成本和閒置時間也會變得比較短。藉由組織化的方法解決問題，這些方法在構想產生轉換為概念上是很有幫助的[2]。

■ 為什麼？為什麼？

雖然「為什麼？為什麼？」這個方法很簡單，不過它很有效。藉由專注在過程，而不是人為因素，它可以成為發現問題根本原因的主要關鍵。流程的步驟，是用明確的名稱描述問題，然後要問為什麼。你可以問三次以上「為什麼」，而得到問題的根本原因；舉個例子，有助於說明這個方法的概念。

  為什麼我們錯過了交貨日期？
    因為沒有及時做好安排。
  為什麼？
    許多製作的工程上有變動。
  為什麼？
    顧客的要求。
    每當製作的工程發生變動時，小組就會建議改變交貨日期。

這個方法對於發展想法很有幫助，經常是解決問題的快速方法。

---

[2] Justin Levesque and H. Fred Walker, "The Innovation Process and Quality Tools," *Quality Progress* (July 2007): 18-22.

影響力分析

影響力分析（forced field analysis）是用來找出影響問題或目標的力量與因素。它幫助組織更了解如何提升或驅動，以及限制或抑制力量，而使正面效果可以增加，負面效果可以減少或去除。流程步驟為：定義目標、決定評估改善行動有效性的標準、腦力激盪提升與抑制達成目標的力量、將這些力量從大到小排定優先順序、以及採取行動以便強化提升的力量與減弱抑制的力量。舉個例子，說明這個方法：

目標：戒菸			
提升的力量	→	←	抑制的力量
健康狀況不佳	→	←	習 慣
衣服帶有異味	→	←	成 癮
不好的示範	→	←	體 驗
成 本	→	←	壓 力
對他人的影響	→	←	廣 告

這個方法的好處是可以決定正面和負面情況，鼓勵人們認同、將這些競爭的力量排定優先順序，同時確認根本原因。

公稱群體技術

公稱群體技術（nominal group technique）提供來自團隊每一個人問題／意見的輸入，可以提供有效的決策。以下舉例來說明這個方法假設團隊要決定改善哪一個問題。每個人先在紙上寫下他們認為最重要的問題。然後把寫好問題的紙張蒐集起來，所有的問題都列舉在可以翻動的圖表上。接下來，每位成員用另外一張紙，把問題按重要程度從最不重要到最重要依序排列。依照這些排序各別給予一個數值，最不重要的問題從 1 開始，以此類推至最重要的。最後，統計每個問題所得的點數，得到最多點數的就是最重要的問題。

◼ 親和圖

　　親和圖（affinity diagram）讓小組更具有創造力，而且思索出大量的問題／意見，然後依邏輯將它們分別歸類，以利於瞭解問題並且找出可能的突破解答。流程步驟為：用完整的句子陳述問題、用簡短句子進行腦力激盪、寫在自黏式便條紙上或張貼在其他組員可以看到的地方、把觀念分類成邏輯群組以及給予每一群組簡捷的敘述性標題。圖 12-1 說明這個方法。

　　應該以適當的標題，將大群組分成小群組。而單一項可以歸為獨立標題或擺在雜項類別之內。親和圖法可以鼓勵小組的創造力、破除障礙、有助於突破性的進展，以及刺激過程的自主性。

◼ 關聯圖 [3]

　　關聯圖法（interrelationship diagram, ID）可以釐清許多複雜情況因素的相互關係。這個方法讓小組闡明所有要素的因果關係，於是關鍵驅動力和所產生的結果可以用來解決問題。流程步驟比先前所提到的方法複雜一些；因此，詳細列舉如下：

1. 小組必須同意議題或問題的陳述。
2. 從其他方法或是腦力激盪而來的所有意見或問題，都必須列出來，最好如圖 12-2(a) 所示，用圓圈表示。
3. 從第一個問題，「缺乏對別人的尊重」(A) 開始，以及評估與「缺乏衝擊的警覺性」(B) 的因果關係。在這種情況下，B 比 A 關係強；因此，箭頭將由 B 到 A，如圖 12-2(c)。在圈內的每一個問題都和問題 A 作比較，如圖 12-2(c)、(d)、(e)、(f)。只有問題 B 和 E 會與問題 A 有關聯，第一個循環就此完成。
4. 第二個循環，是比較問題 B 與問題 C [圖 12-3(a)]、D [圖 12-3(b)]、E [圖 12-3(c)]、F 之間的關係。第三個循環，是比較問題 C 與問題 D、E 以及 F 之間的關係。第四個循環，是比較問題 D 與問題 E 以及 F 之間的關係。第五個循環，是比較問題 E 以及 F 之間的關係。

---

[3] 本節授權節錄自 Michael Brassard, *The Memory Jogger Plus +* (Methuen, MA: GOAL/QPC, 1989)。

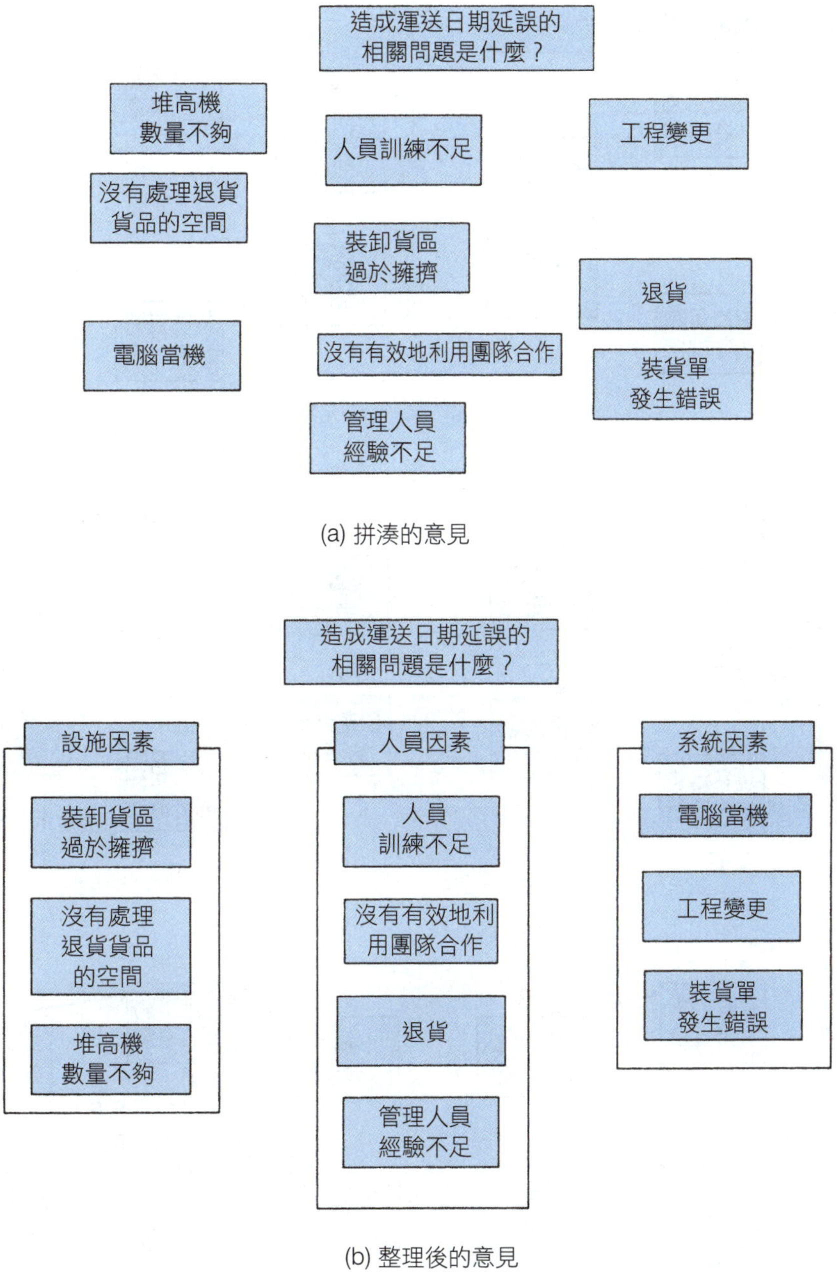
造成運送日期延誤的相關問題是什麼？
堆高機數量不夠
人員訓練不足
工程變更
沒有處理退貨貨品的空間
裝卸貨區過於擁擠
退貨
電腦當機
沒有有效地利用團隊合作
裝貨單發生錯誤
管理人員經驗不足
(a) 拼湊的意見
造成運送日期延誤的相關問題是什麼？
設施因素
裝卸貨區過於擁擠
沒有處理退貨貨品的空間
堆高機數量不夠
人員因素
人員訓練不足
沒有有效地利用團隊合作
退貨
管理人員經驗不足
系統因素
電腦當機
工程變更
裝貨單發生錯誤
(b) 整理後的意見

圖 12-1　親和圖法

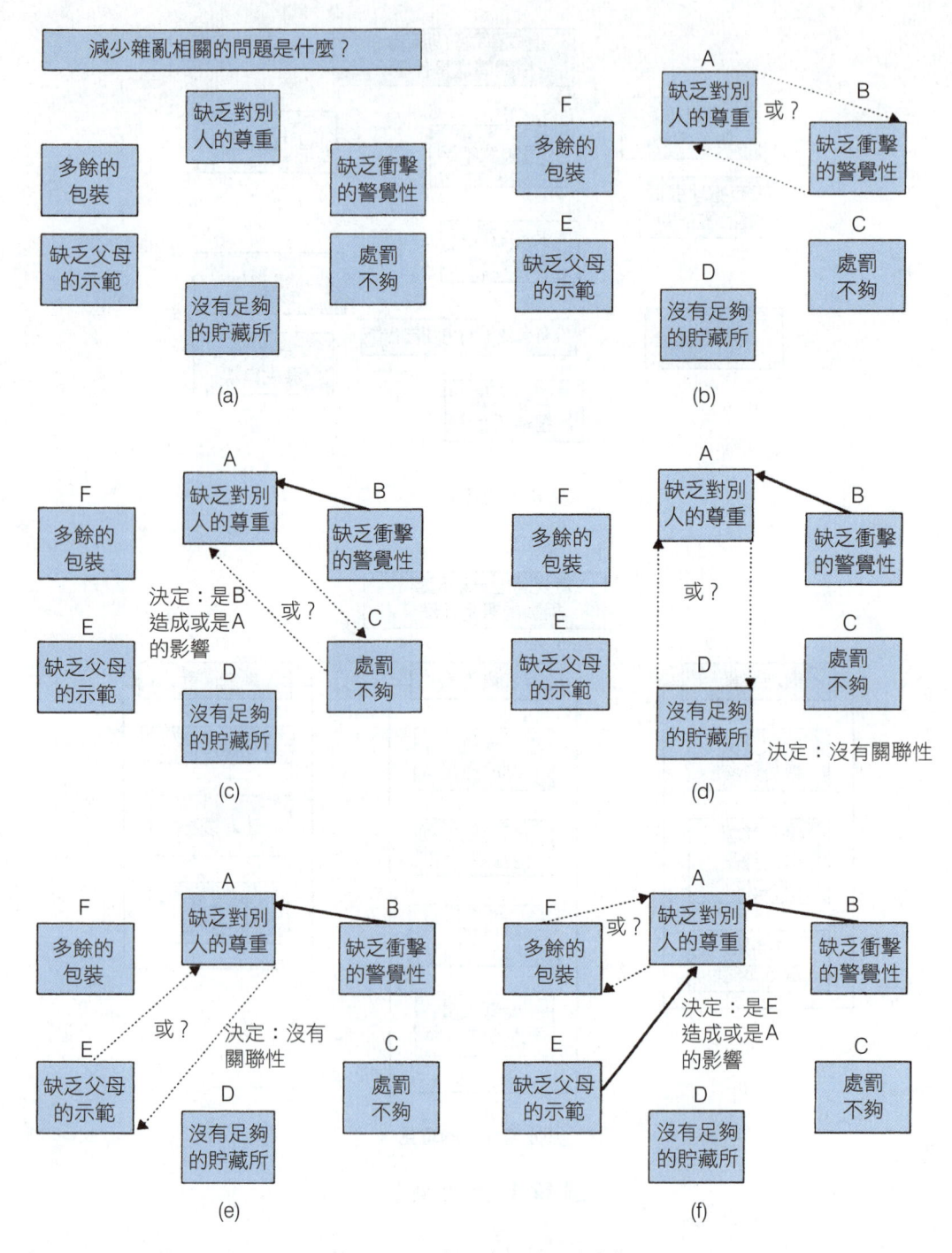

圖 12-2　第一個循環的關聯圖

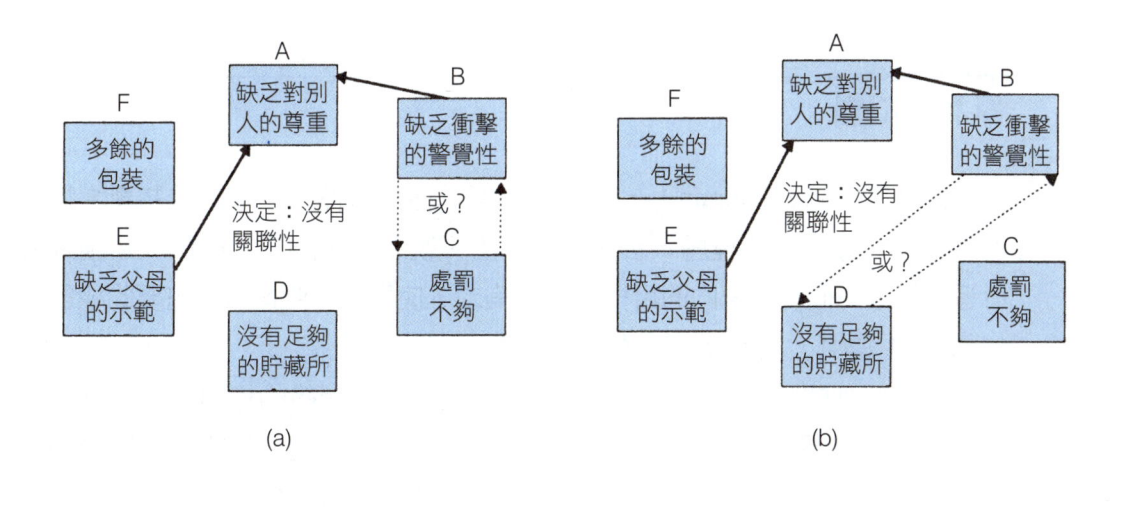

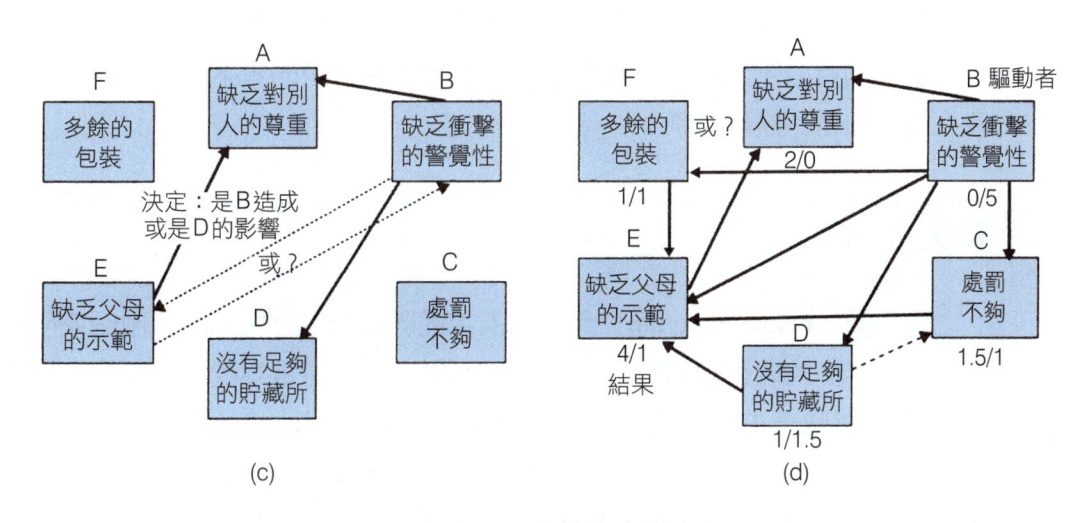

圖 12-3　完整的關聯圖

5. 整個關聯圖，有需要的地方應該檢查以及修改；透過製程的前端與後端的人獲得資訊，是很好的方法。
6. 藉由紀錄每一個問題進來跟出去的箭頭數量，並且置於方格的下方，這個關聯圖即完成，例如圖 12-3(d) 即是一個完成的關聯圖。問題 B 是「驅動者」，因為它沒有輸入箭頭，而有五個輸出箭頭；通常這就是所謂所有問題的根本起因。問題 E 接收了最多的箭頭，這是一個量測成功與否極具代表性的指標。

關聯圖讓團隊從主觀的資料，確認發生問題的根源，系統性地探索因果關係，鼓勵成員多方向地思想，進而培養團隊和諧性和有效性。

樹狀圖

樹狀圖（tree diagram），用在任何廣泛性的目標，以降低成為漸增性層次的詳細目標。這個程序，首先從關聯圖、親和圖、腦力激盪法以及團隊使命等，選定一個行動導向的目標說明。第二，使用腦力激盪選出主要的標題，如圖 12-4 當中，「手段」下方所標示的。

第三個步驟是藉由分析主要標題，產生下一個層級的標題；要問：「為達成目標，需要提出什麼？」在每一層級，重複提出這一個問題。目標的下三個層級，通常已經足夠完成這個圖形，以及做適當的配置。樹狀圖應該再次檢查，以決定是否這些行動將可達到預期的結果，或者缺乏某些東西。

樹狀圖會鼓勵團隊成員更有創意地思考，讓大型的專案易於管理，進而產生解決問題的團隊氣氛。

矩陣圖

矩陣圖（matrix diagram）允許個人或團隊確認、分析和評估兩個或兩個以上變數之間的關係。資料以表格形式呈現，它可能是客觀或主觀的，以帶有或不帶有數值的符號表示。品質機能展開（quality function deployment, QFD）在第 3 章已有簡短介紹，是使用矩陣圖非常好的一個例子。它有 5 種標準格式：L 型（2 變數）、T 型（3 變數）、Y 型（3 變數）、C 型（3 變數）以及 X 型（4 變數）。我們的討論將僅限於 L 型的格式，這也是最常使用到的[4]。

圖 12-5 顯示使用七管理與規劃方法的矩陣圖。圖形使用的第一個步驟是團隊先選出影響一個成功計畫的因素。在這個例子是創造力、分析、達成一致、採取行動。下一個步驟是選擇適當格式，在這個例子，L 型圖是最適當的。接下來的步驟是決定關聯性符號。可以採用何意符號，只要在圖下方提供圖例說明即可。數值有時會與符號在一起，如同之前 QFD 所做的一樣。最後的步驟是藉由分析每一個方格，完成矩陣，並且插入適當符號。

---

[4] 其他格式詳細的資訊，可以從 Michael Brassard 的 *The Memory Jogger Plus +* (Methuen, MA: GOAL/QPC, 1996) 獲得。

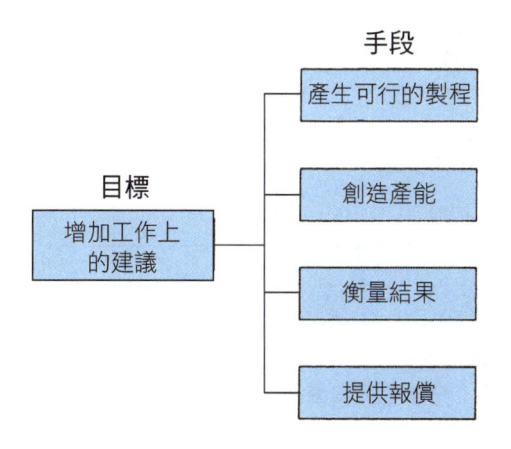

(a) 目標與手段

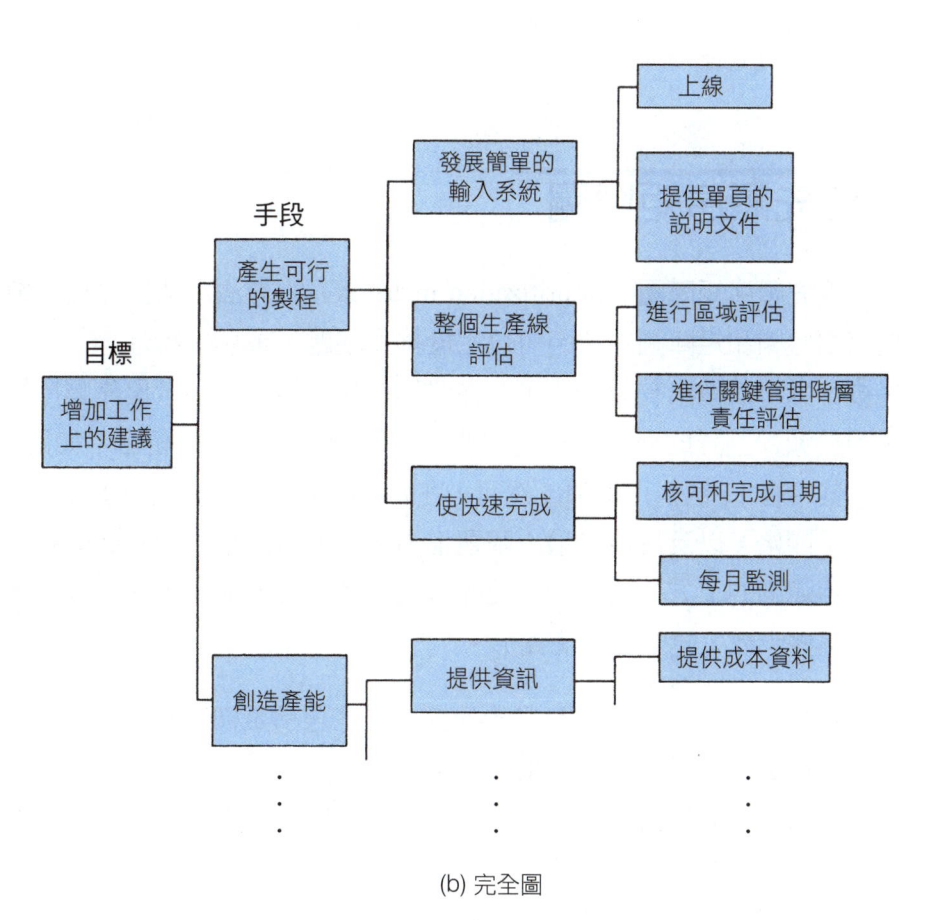

(b) 完全圖

圖 12-4　樹狀圖

　　矩陣圖清楚表示兩個變數的關係。此圖它鼓勵團隊以它們的關係、強度以及任何型態去思考。

工具 \ 使用情況	創造力	分析	達成一致	採取行動
親和圖	○		○	△
關聯圖		○	◎	
樹狀圖		◎		◎
優先順序矩陣圖			○	
矩陣圖		○	◎	○
過程決策計畫圖	◎	◎	○	○
活動網路圖			◎	○

說明：總是 ○；頻繁 ◎；偶爾 △

圖 12-5　使用七個管理方法的矩陣圖

資料來源：Ellen R. Domb, "7 New Tools: The Ingredients for Successful Problem Solving," *Quality Digest* (December 1994)。

優先順序矩陣圖

優先順序矩陣圖（prioritization matrices）的方法，依據加權標準，結合使用樹狀圖和矩陣圖方法，可以用於排序議題、事項、特性等。一旦排定順序後，就可以做出有效的決策。在詳細地執行規劃之前，優先順序矩陣設計是用於減少團隊的理性選項。它使用樹狀圖和矩陣圖的組合，如圖 12-6 所示，其中有 15 個執行選項；然而，在樹狀圖當中，只有前三項從「訓練管理人員」開始，以及最後一項「購買堆高機」顯示出來，而有四個執行標準顯示在矩陣圖的上方。優先順序矩陣圖是本章中最困難的方法；因此，我們將列舉這些步驟，建立出一個圖形。

1. 建構一個具有選項的 L 型矩陣圖，這些選項是樹狀圖最低階的標準詳細項目；這些資訊列在表 12-1 的第一欄。
2. 使用公稱群體技術（NGT），或任何其他可以符合加權標準的方法，決定執行標準。使用 NGT，每一團隊成員用一張紙，呈上最重要的標準。它們列舉在一個跳動式的圖表上，然後團隊成員再呈上另外已經排序好的一張紙，排列在跳動式的圖表上的標準當中。那些具有最大值的標準是最重要的，團隊再決定要使用多少標準。在這個例子當中，團隊決定使用顯示在矩陣圖上方的四個標準。

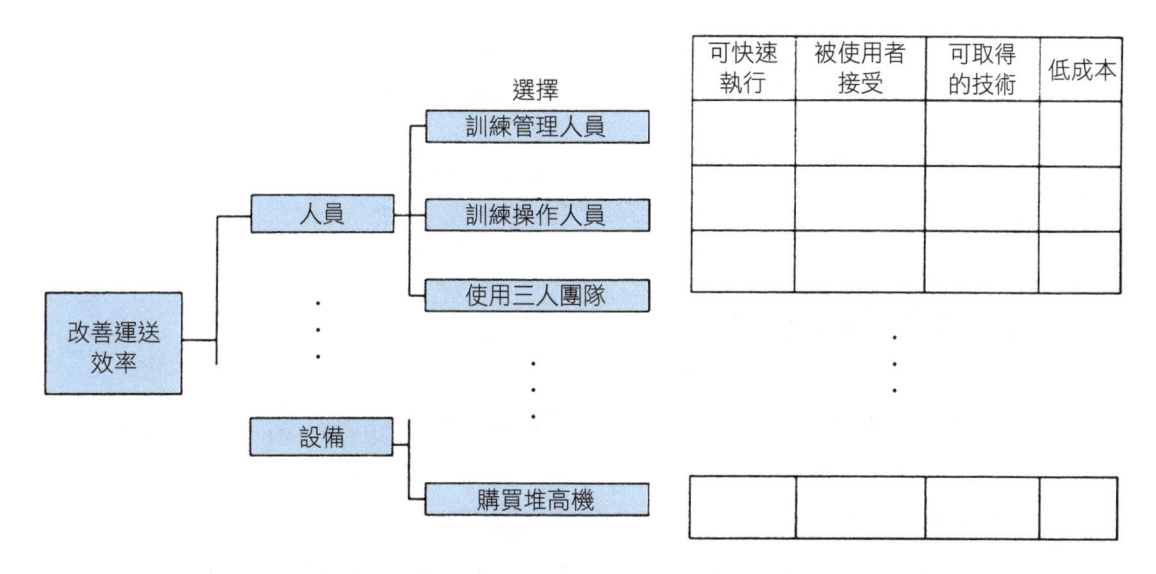

圖 12-6　改善運送效率的優先順序矩陣圖

表 12-1　使用一致性準則的方法改進運送效率

選項	可快速執行	被使用者接受	可取得的技術	低成本	總和
			標準		
訓練操作人員	13(2.10) = 27.3	15(1.50) = 22.5	11(0.45) = 5.0	13(0.35) = 4.6	59.4
訓練管理人員	12(2.10) = 25.2	11(1.50) = 16.5	12(0.45) = 5.4	8(0.35) = 2.8	49.9
使用三人團隊	8(2.10) = 16.8	3(1.50) = 4.5	13(0.45) = 5.9	14(0.35) = 4.9	32.1
⋮	⋮	⋮	⋮	⋮	⋮
購買堆高機	6(2.10) = 12.5	12(1.50) = 18	10(0.45) = 4.5	1(0.35) = 0.4	35.5

表 12-2　團隊成員的評估

標準	第一位成員	第二位成員		總和
被使用者接受	0.30	0.25		1.50
低成本	0.15	0.20	⋯	0.35
可快速執行	0.40	0.30		2.10
可取得的技術	0.15	0.25		0.45
	1.00	1.00		

3. 使用 NGT 將標準排定順序。每一個團隊成員都對標準給予加權，總加權值等於 1.00；而加總整體團隊的結果，如表 12-2 所示。
4. 使用 NGT，按照重要性對每一個標準排順序，將結果計算平均值，並取捨至最接近的整數位。因此，每個標準的排序，是從 1 到選項的全部數目。例如，訓練作業人員，在應該要快速執行的排序上，排序為 13。

5. 藉由乘以標準加權值，計算每一個標準選項重要性的分數，如表 12-1 所示；具有最高加總分數的選項，應該要優先執行。

有兩個其他更複雜的方法，讀者可以參閱 *The Memory Jogger Plus* ＋取得更多資訊。

▪ 過程決策計畫圖

為了達成特定目標的計畫，未必總是能依據計畫發展，而不在預期的發展可能造成嚴重的後果。過程決策計畫圖（process decision program chart, PDPC），可以避免意外事件和確認可能的對策。圖 12-7 說明了 PDPC 圖。

這個步驟的開始，是團隊要規劃一個成功的研討會。隨後是第一階層，研討會的相關活動，包含註冊、簡報和設施。圖 12-7 只圖示簡報活動。在某些情況下，可能會使用第二層的詳細活動。下一個步驟，團隊利用腦力激盪，

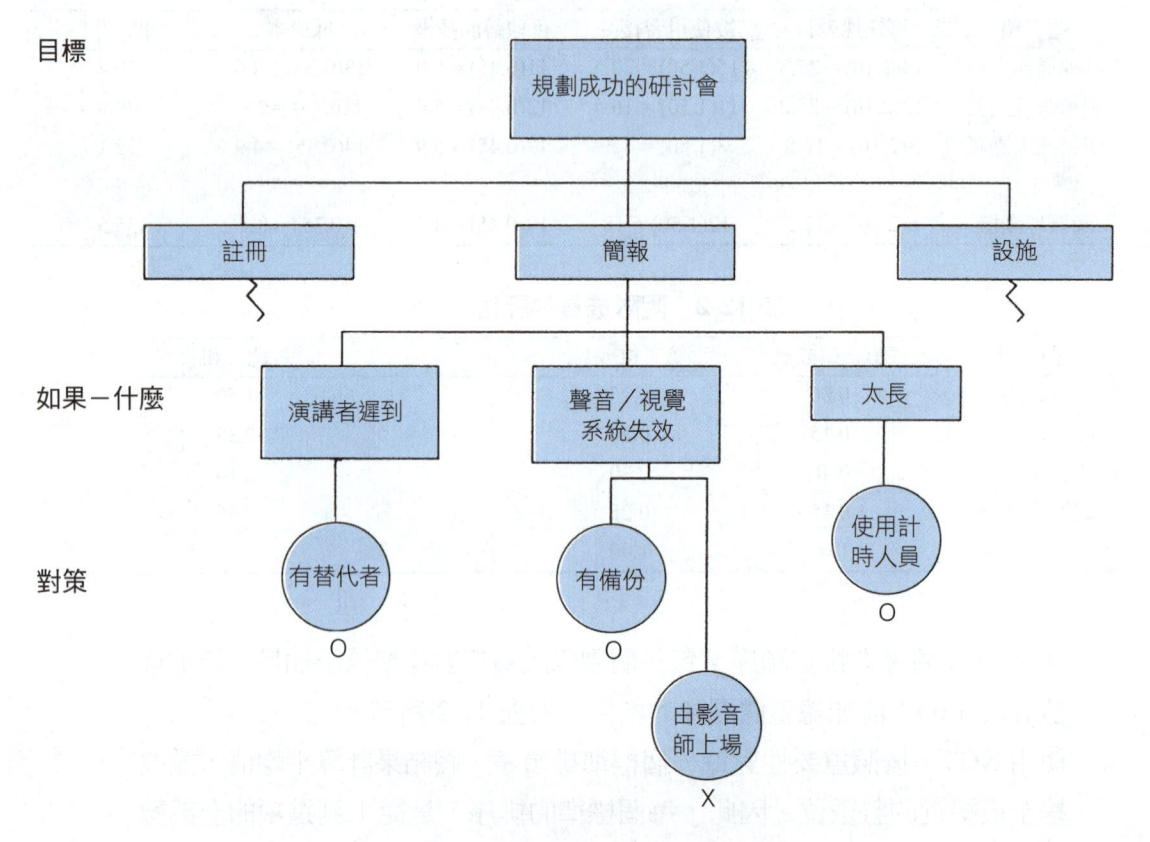

圖 12-7 研討會簡報的 PDPC 圖

決定研討會可能會出現什麼狀況，並且將這些狀況表示在「如果－什麼」（what if）層當中。腦力激盪所激發的對策，置於最下層的球型圖形中。最後的步驟，是評估對策並且選擇最佳的對策，而且下方置入一個○；而那些被拒絕的對策，下方置入一個×。

這個例子可以使用圖形格式；PDPC 也可以使用條列活動的大綱格式，以百分比為單位，表示「如果－什麼」發生的機率，包含在圖形裡的方格。對策應該是看起來合理的。當工作事項是新的或唯一、複雜的、或潛在失敗有很大風險的時候，應該使用 PDPC。這個方法，鼓勵團隊成員思考製程會發生什麼事，以及如何採取對策，提供有效降低不確定性執行計畫的機制。

活動網路圖

活動網路圖（activity network diagram）有多種不同名稱和差異，如計畫評核術（program evaluation and review technique, PERT）、關鍵路徑法（critical path method, CPM）、箭頭圖（arrow diogram）以及節點活動圖（activity on node, AON）。它讓團隊有效率地安排專案時程，這個圖形顯示完工時間、同步工作和關鍵活動的路徑。以下是執行的步驟：

1. 團隊腦力激盪或將全部工作都書面化，以完成專案。這些工作在自黏貼紙上紀錄，而所有的成員都能看到它們。
2. 第一項工作放置在一個大型工作看板的最左方，如圖 12-8(a) 所示。
3. 任何可以同時完成的工作擺在其下，如圖 12-8(b) 所示。
4. 重複步驟 2 和 3，直到所有工作置放在正確的順序，如圖 12-8(c) 所示。注意，因為空間有限，無法將全部工作顯示出來。
5. 每一工作給定一個號碼，並且畫出連結的箭頭，決定工作完成時間，並且貼在左下方方格內。完成時間以小時、天或週紀錄下來。
6. 藉由完成每一工作的四個剩餘方格，決定關鍵路徑，如下所示。使用這些方格，表示最早開始時間（the earliest start time, ES）、最早完成時間（earliest finish, EF）、最晚開始時間（latest start, LS）以及最晚完成時間（latest finish, LF）。

(a) 自黏貼紙

(b) 自黏貼紙

(c)

(d)

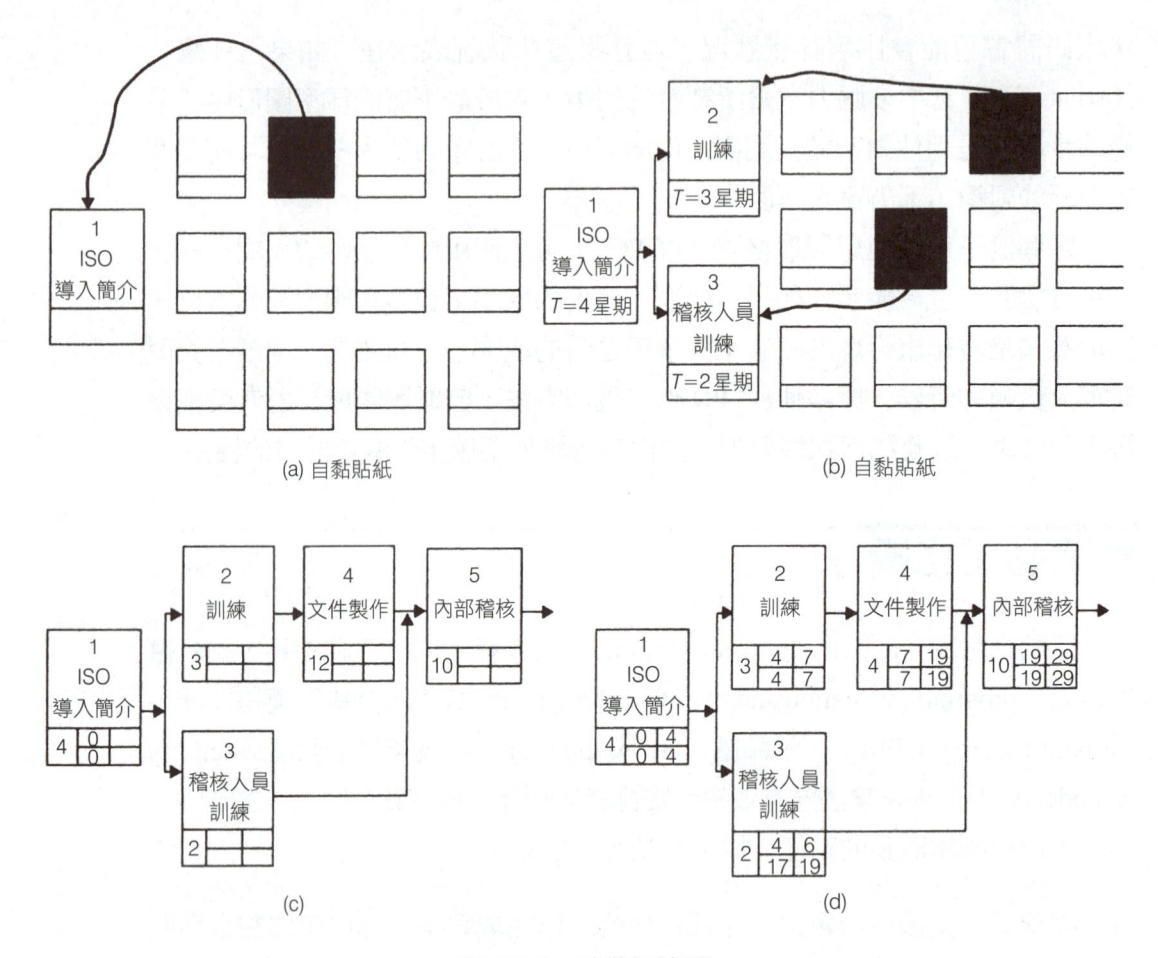

圖 12-8　活動網路圖

活動的 時間 [T]	最早開始 時間 [ES]	最早完成 時間 [EF]
	最晚開始 時間 [LS]	最晚完成 時間 [LF]

　　工作 1 的 ES 值為 0，以及之後使用方程式 EF = ES ÷ T，得到 EF 為 4 週；工作 2 的 ES 值為 4 週，與工作 1 的 EF 相同，而工作 2 的 EF 值為 4 + 3 = 7。對工作 4 和 5 重複這個過程，以完成內部稽核，總工作時間是 29 週。如果專案要跟維持進度，這些工作的每一個 LS 和 LF，必須等於相對的 ES 和 EF。這些值可以用向後運算，減掉工作時間的方式求得，如圖 12-8(d) 所示。

工作 3，稽核人員訓練，不必與其他工作事項依序排列。它必須在第 19 週完成；因為工作 5 的 ES 是 19。因此，工作 3 的 LF 也是 19，而且它的 LS 是 17。稽核人員的訓練可以在工作 1 之後開始，這將使 ES 值與 EF 值分別為 4 和 6。工作 3 的閒置時間等於 LS − ES [17 − 4 = 13]。關鍵路徑是具有最長累加時間，而且是當每一工作的閒置時間為 0 的連續活動；因此，關鍵路徑是 1、2、4、以及 5。

活動網路圖的好處是：(1) 實際的時間表，可以由使用者決定；(2) 團隊成員了解他們在整個計畫的角色；(3) 可以發現瓶頸，並且採取矯正行動；(4) 團隊成員專注在關鍵工作上。為了使這個方法有效運作，所有工作時間必須正確或是很接近的。

總　結

前三項工具可以廣泛地用在各種情況；不論是由個人或團隊使用，皆是簡單的。

本章介紹的最後七大方法，稱為七大管理與規劃方法。雖然這些方法可以個別使用，當系統性地使用它們以執行一個改善計畫，是最有效率的。圖 12-9 顯示這一個整合的建議流程圖。

團隊可能會遵循這個順序，或進行修正以符合團隊的需求。

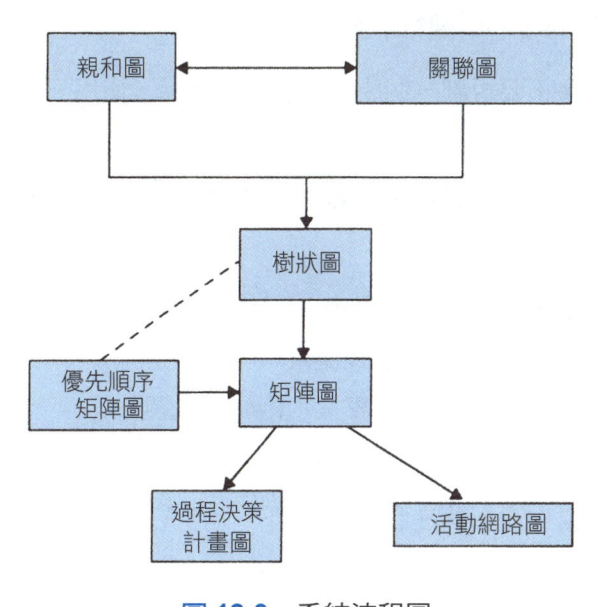

圖 12-9　系統流程圖

作　業

1. 使用「為什麼？為什麼？」方法，找出為何你在最近一次的考試考的不好的原因。

2. 使用影響力分析進行分析：
   (a) 減重
   (b) 改善你的 GPA
   (c) 增加你的某項運動能力

3. 使用三個或更多人的團隊，準備一個親和圖，以規劃：
   (a) 餐廳的改善
   (b) 春節的假期
   (c) 到當地組織的實地旅程

4. 使用三個人或更多人的團隊，準備一個關聯圖，以：
   (a) 在組織的設施內連結九個電腦網路
   (b) 執行識別和獎勵系統
   (c) 會計部門或其他工作群組的績效改善

5. 使用三個人或更多人的團隊，發展一個樹狀圖，為了：
   (a) 顧客對於一項產品或服務的需求
   (b) 規劃一項慈善愛心的健行活動

6. 某教堂的委員會正要規劃一個成功的嘉年華活動，使用三個人或更多人的團隊，設計一個樹狀圖，決定詳細的工作分配。

7. 使用三個人或更多人的團隊，發展一個矩陣圖，以設計一個組織性的訓練或員工參與計畫。

8. 使用三個人或更多人的團隊，建構一個矩陣圖，以：
   (a) 決定某項新產品或服務的顧客需求
   (b) 分配團隊工作，以執行一項專案，例如新生週
   (c) 比較教師特質和有潛能的學生績效

9. 使用在作業 6 當中發展的樹狀圖，發展一個優先順序矩陣圖。

10. 建構一個 PDPC 圖，為了：
    (a) 慈善愛心健行活動（見作業 5）
    (b) 作業 6 的教堂嘉年華活動
    (c) 作業 7 發展的矩陣圖

11. 使用三個人或更多人的團隊，建構一個活動網路圖，以：
    (a) 建構紙板船
    (b) 某大學要執行的活動時程表，例如畢業典禮
    (c) 發展新的教學用實驗室

12. 以三個人或更多人的團隊，選擇一個問題或情況，並使用七大管理與規劃的方法，執行一項活動計畫；如果方法當中的某一項不適合，就調整並排除。

APPENDIX

附　錄

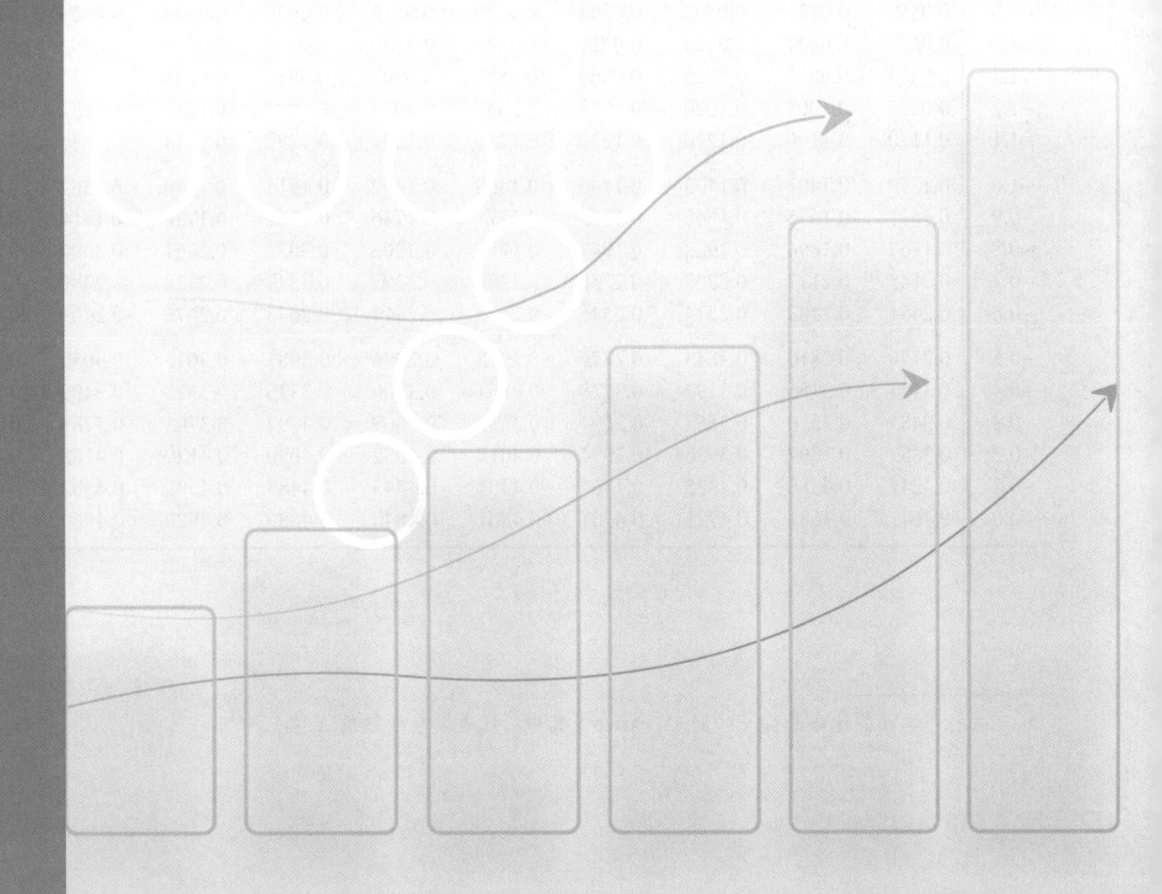

- 表 A　常態曲線下的面積
- 表 B　$\bar{X}$、s 和 R 管制圖的計算中心線及 3σ 管制界限的係數
- 表 C　卜瓦松分配
- 表 D　亂數表
- 表 E　一般常用的換算係數

表 A 常態曲線下的面積[a]

$\dfrac{X_i - \mu}{\sigma}$	0.09	0.08	0.07	0.06	0.05	0.04	0.03	0.02	0.01	0.00
−3.5	0.00017	0.00017	0.00018	0.00019	0.00019	0.00020	0.00021	0.00022	0.00022	0.00023
−3.4	0.00024	0.00025	0.00026	0.00027	0.00028	0.00029	0.00030	0.00031	0.00033	0.00034
−3.3	0.00035	0.00036	0.00038	0.00039	0.00040	0.00042	0.00043	0.00045	0.00047	0.00048
−3.2	0.00050	0.00052	0.00054	0.00056	0.00058	0.00060	0.00062	0.00064	0.00066	0.00069
−3.1	0.00071	0.00074	0.00076	0.00079	0.00082	0.00085	0.00087	0.00090	0.00094	0.00097
−3.0	0.00100	0.00104	0.00107	0.00111	0.00114	0.00118	0.00122	0.00126	0.00131	0.00135
−2.9	0.0014	0.0014	0.0015	0.0015	0.0016	0.0016	0.0017	0.0017	0.0018	0.0019
−2.8	0.0019	0.0020	0.0021	0.0021	0.0022	0.0023	0.0023	0.0024	0.0025	0.0026
−2.7	0.0026	0.0027	0.0028	0.0029	0.0030	0.0031	0.0032	0.0033	0.0034	0.0035
−2.6	0.0036	0.0037	0.0038	0.0039	0.0040	0.0041	0.0043	0.0044	0.0045	0.0047
−2.5	0.0048	0.0049	0.0051	0.0052	0.0054	0.0055	0.0057	0.0059	0.0060	0.0062
−2.4	0.0064	0.0066	0.0068	0.0069	0.0071	0.0073	0.0075	0.0078	0.0080	0.0082
−2.3	0.0084	0.0087	0.0089	0.0091	0.0094	0.0096	0.0099	0.0102	0.0104	0.0107
−2.2	0.0110	0.0113	0.0116	0.0119	0.0122	0.0125	0.0129	0.0132	0.0136	0.0139
−2.1	0.0143	0.0146	0.0150	0.0154	0.0158	0.0162	0.0166	0.0170	0.0174	0.0179
−2.0	0.0183	0.0188	0.0192	0.0197	0.0202	0.0207	0.0212	0.0217	0.0222	0.0228
−1.9	0.0233	0.0239	0.0244	0.0250	0.0256	0.0262	0.0268	0.0274	0.0281	0.0287
−1.8	0.0294	0.0301	0.0307	0.0314	0.0322	0.0329	0.0336	0.0344	0.0351	0.0359
−1.7	0.0367	0.0375	0.0384	0.0392	0.0401	0.0409	0.0418	0.0427	0.0436	0.0446
−1.6	0.0455	0.0465	0.0475	0.0485	0.0495	0.0505	0.0516	0.0526	0.0537	0.0548
−1.5	0.0559	0.0571	0.0582	0.0594	0.0606	0.0618	0.0630	0.0643	0.0655	0.0668
−1.4	0.0681	0.0694	0.0708	0.0721	0.0735	0.0749	0.0764	0.0778	0.0793	0.0808
−1.3	0.0823	0.0838	0.0853	0.0869	0.0885	0.0901	0.0918	0.0934	0.0951	0.0968
−1.2	0.0895	0.1003	0.1020	0.1038	0.1057	0.1075	0.1093	0.1112	0.1131	0.1151
−1.1	0.1170	0.1190	0.1210	0.1230	0.1251	0.1271	0.1292	0.1314	0.1335	0.1357
−1.0	0.1379	0.1401	0.1423	0.1446	0.1469	0.1492	0.1515	0.1539	0.1562	0.1587
−0.9	0.1611	0.1635	0.1660	0.1685	0.1711	0.1736	0.1762	0.1788	0.1814	0.1841
−0.8	0.1867	0.1894	0.1922	0.1949	0.1977	0.2005	0.2033	0.2061	0.2090	0.2119
−0.7	0.2148	0.2177	0.2207	0.2236	0.2266	0.2297	0.2327	0.2358	0.2389	0.2420
−0.6	0.2451	0.2483	0.2514	0.2546	0.2578	0.2611	0.2643	0.2676	0.2709	0.2743
−0.5	0.2776	0.2810	0.2843	0.2877	0.2912	0.2946	0.2981	0.3015	0.3050	0.3085
−0.4	0.3121	0.3156	0.3192	0.3228	0.3264	0.3300	0.3336	0.3372	0.3409	0.3446
−0.3	0.3483	0.3520	0.3557	0.3594	0.3632	0.3669	0.3707	0.3745	0.3783	0.3821
−0.2	0.3859	0.3897	0.3936	0.3974	0.4013	0.4052	0.4090	0.4129	0.4168	0.4207
−0.1	0.4247	0.4286	0.4325	0.4364	0.4404	0.4443	0.4483	0.4522	0.4562	0.4602
−0.0	0.4641	0.4681	0.4721	0.4761	0.4801	0.4840	0.4880	0.4920	0.4960	0.5000

[a] 在曲線下面積的比率是從 −∞ 到 $(X_i - \mu)/\sigma$（其中 X_i 代表欲求變數的 X 值）。

表 A　常態曲線下的面積（續）

$\dfrac{X_i - \mu}{\sigma}$	0.00	0.01	0.02	0.03	0.04	0.05	0.06	0.07	0.08	0.09
+0.0	0.5000	0.5040	0.5080	0.5120	0.5160	0.5199	0.5239	0.5279	0.5319	0.5359
+0.1	0.5398	0.5438	0.5478	0.5517	0.5557	0.5596	0.5636	0.5675	0.5714	0.5753
+0.2	0.5793	0.5832	0.5871	0.5910	0.5948	0.5987	0.6026	0.6064	0.6103	0.6141
+0.3	0.6179	0.6217	0.6255	0.6293	0.6331	0.6368	0.6406	0.6443	0.6480	0.6517
+0.4	0.6554	0.6591	0.6628	0.6664	0.6700	0.6736	0.6772	0.6808	0.6844	0.6879
+0.5	0.6915	0.6950	0.6985	0.7019	0.7054	0.7088	0.7123	0.7157	0.7190	0.7224
+0.6	0.7257	0.7291	0.7324	0.7357	0.7389	0.7422	0.7454	0.7486	0.7517	0.7549
+0.7	0.7580	0.7611	0.7642	0.7673	0.7704	0.7734	0.7764	0.7794	0.7823	0.7852
+0.8	0.7881	0.7910	0.7939	0.7967	0.7995	0.8023	0.8051	0.8079	0.8106	0.8133
+0.9	0.8159	0.8186	0.8212	0.8238	0.8264	0.8289	0.8315	0.8340	0.8365	0.8389
+1.0	0.8413	0.8438	0.8461	0.8485	0.8508	0.8531	0.8554	0.8577	0.8599	0.8621
+1.1	0.8643	0.8665	0.8686	0.8708	0.8729	0.8749	0.8770	0.8790	0.8810	0.8830
+1.2	0.8849	0.8869	0.8888	0.8907	0.8925	0.8944	0.8962	0.8980	0.8997	0.9015
+1.3	0.9032	0.9049	0.9066	0.9082	0.9099	0.9115	0.9131	0.9147	0.9162	0.9177
+1.4	0.9192	0.9207	0.9222	0.9236	0.9251	0.9265	0.9279	0.9292	0.9306	0.9319
+1.5	0.9332	0.9345	0.9357	0.9370	0.9382	0.9394	0.9406	0.9418	0.9429	0.9441
+1.6	0.9452	0.9463	0.9474	0.9484	0.9495	0.9505	0.9515	0.9525	0.9535	0.9545
+1.7	0.9554	0.9564	0.9573	0.9582	0.9591	0.9599	0.9608	0.9616	0.9625	0.9633
+1.8	0.9641	0.9649	0.9656	0.9664	0.9671	0.9678	0.9686	0.9693	0.9699	0.9706
+1.9	0.9713	0.9719	0.9726	0.9732	0.9738	0.9744	0.9750	0.9756	0.9761	0.9767
+2.0	0.9773	0.9778	0.9783	0.9788	0.9793	0.9798	0.9803	0.9808	0.9812	0.9817
+2.1	0.9821	0.9826	0.9830	0.9834	0.9838	0.9842	0.9846	0.9850	0.9854	0.9857
+2.2	0.9861	0.9864	0.9868	0.9871	0.9875	0.9878	0.9881	0.9884	0.9887	0.9890
+2.3	0.9893	0.9896	0.9898	0.9901	0.9904	0.9906	0.9909	0.9911	0.9913	0.9916
+2.4	0.9918	0.9920	0.9922	0.9925	0.9927	0.9929	0.9931	0.9932	0.9934	0.9936
+2.5	0.9938	0.9940	0.9941	0.9943	0.9945	0.9946	0.9948	0.9949	0.9951	0.9952
+2.6	0.9953	0.9955	0.9956	0.9957	0.9959	0.9960	0.9961	0.9962	0.9963	0.9964
+2.7	0.9965	0.9966	0.9967	0.9968	0.9969	0.9970	0.9971	0.9972	0.9973	0.9974
+2.8	0.9974	0.9975	0.9976	0.9977	0.9977	0.9978	0.9979	0.9979	0.9980	0.9981
+2.9	0.9981	0.9982	0.9983	0.9983	0.9984	0.9984	0.9985	0.9985	0.9986	0.9986
+3.0	0.99865	0.99869	0.99874	0.99878	0.99882	0.99886	0.99889	0.99893	0.99896	0.99900
+3.1	0.99903	0.99906	0.99910	0.99913	0.99915	0.99918	0.99921	0.99924	0.99926	0.99929
+3.2	0.99931	0.99934	0.99936	0.99938	0.99940	0.99942	0.99944	0.99946	0.99948	0.99950
+3.3	0.99952	0.99953	0.99955	0.99957	0.99958	0.99960	0.99961	0.99962	0.99964	0.99965
+3.4	0.99966	0.99967	0.99969	0.99970	0.99971	0.99972	0.99973	0.99974	0.99975	0.99976
+3.5	0.99977	0.99978	0.99978	0.99979	0.99980	0.99981	0.99981	0.99982	0.99983	0.99983

表 B $\bar{X}$、s 和 R 管制圖的計算中心線及 3σ 管制界限的係數

量測的樣本數 n	平均數管制圖 管制界限係數 A	A_2	A_3	標準差管制圖 中心線係數 C_4	管制界限係數 B_3	B_4	B_5	B_6	中心線係數 d_2	全距管制圖 d_3	管制界限係數 D_1	D_2	D_3	D_4
2	2.121	1.880	2.659	0.7979	0	3.267	0	2.606	1.128	0.853	0	3.686	0	3.267
3	1.732	1.023	1.954	0.8862	0	2.568	0	2.276	1.693	0.888	0	4.358	0	2.574
4	1.500	0.729	1.628	0.9213	0	2.266	0	2.088	2.059	0.880	0	4.698	0	2.282
5	1.342	0.577	1.427	0.9400	0	2.089	0	1.964	2.326	0.864	0	4.918	0	2.114
6	1.225	0.483	1.287	0.9515	0.030	1.970	0.029	1.874	2.534	0.848	0	5.078	0	2.004
7	1.134	0.419	1.182	0.9594	0.118	1.882	0.113	1.806	2.704	0.833	0.204	5.204	0.076	1.924
8	1.061	0.373	1.099	0.9650	0.185	1.815	0.179	1.751	2.847	0.820	0.388	5.306	0.136	1.864
9	1.000	0.337	1.032	0.9693	0.239	1.761	0.232	1.707	2.970	0.808	0.547	5.393	0.184	1.816
10	0.949	0.308	0.975	0.9727	0.284	1.716	0.276	1.669	3.078	0.797	0.687	5.469	0.223	1.777
11	0.905	0.285	0.927	0.9754	0.321	1.679	0.313	1.637	3.173	0.787	0.811	5.535	0.256	1.744
12	0.866	0.266	0.886	0.9776	0.354	1.646	0.346	1.610	3.258	0.778	0.922	5.594	0.283	1.717
13	0.832	0.249	0.850	0.9794	0.382	1.618	0.374	1.585	3.336	0.770	1.025	5.647	0.307	1.693
14	0.802	0.235	0.817	0.9810	0.406	1.594	0.399	1.563	3.407	0.763	1.118	5.696	0.328	1.672
15	0.775	0.223	0.789	0.9823	0.428	1.572	0.421	1.544	3.472	0.756	1.203	5.741	0.347	1.653
16	0.750	0.212	0.763	0.9835	0.448	1.552	0.440	1.526	3.532	0.750	1.282	5.782	0.363	1.637
17	0.728	0.203	0.739	0.9845	0.466	1.534	0.458	1.511	3.588	0.744	1.356	5.820	0.378	1.622
18	0.707	0.194	0.718	0.9854	0.482	1.518	0.475	1.496	3.640	0.739	1.424	5.856	0.391	1.608
19	0.688	0.187	0.698	0.9862	0.497	1.503	0.490	1.483	3.689	0.734	1.487	5.891	0.403	1.597
20	0.671	0.180	0.680	0.9869	0.510	1.490	0.504	1.470	3.735	0.729	1.549	5.921	0.415	1.585

取得 ASTM 的版權：100 Barr Harbor Drive, West Conshohocken, PA, 19428。

表 C　卜瓦松分配 $P(c) = \dfrac{(np_0)^c}{c!} e^{-np_0}$（括弧內是累積值）

np_0 c	0.1	0.2	0.3	0.4	0.5
0	0.905 (0.905)	0.819 (0.819)	0.741 (0.741)	0.670 (0.670)	0.607 (0.607)
1	0.091 (0.996)	0.164 (0.983)	0.222 (0.963)	0.268 (0.938)	0.303 (0.910)
2	0.004 (1.000)	0.016 (0.999)	0.033 (0.996)	0.054 (0.992)	0.076 (0.986)
3		0.010 (1.000)	0.004 (1.000)	0.007 (0.999)	0.013 (0.999)
4				0.001 (1.000)	0.001 (1.000)

np_0 c	0.6	0.7	0.8	0.9	1.0
0	0.549 (0.549)	0.497 (0.497)	0.449 (0.449)	0.406 (0.406)	0.368 (0.368)
1	0.329 (0.878)	0.349 (0.845)	0.359 (0.808)	0.366 (0.772)	0.368 (0.736)
2	0.099 (0.977)	0.122 (0.967)	0.144 (0.952)	0.166 (0.938)	0.184 (0.920)
3	0.020 (0.997)	0.028 (0.995)	0.039 (0.991)	0.049 (0.987)	0.061 (0.981)
4	0.003 (1.000)	0.005 (1.000)	0.008 (0.999)	0.011 (0.998)	0.016 (0.997)
5			0.001 (1.000)	0.002 (1.000)	0.003 (1.000)

np_0 c	1.1	1.2	1.3	1.4	1.5
0	0.333 (0.333)	0.301 (0.301)	0.273 (0.273)	0.247 (0.247)	0.223 (0.223)
1	0.366 (0.699)	0.361 (0.662)	0.354 (0.627)	0.345 (0.592)	0.335 (0.558)
2	0.201 (0.900)	0.217 (0.879)	0.230 (0.857)	0.242 (0.834)	0.251 (0.809)
3	0.074 (0.974)	0.087 (0.966)	0.100 (0.957)	0.113 (0.947)	0.126 (0.935)
4	0.021 (0.995)	0.026 (0.992)	0.032 (0.989)	0.039 (0.986)	0.047 (0.982)
5	0.004 (0.999)	0.007 (0.999)	0.009 (0.998)	0.011 (0.997)	0.014 (0.996)
6	0.001 (1.000)	0.001 (1.000)	0.002 (1.000)	0.003 (1.000)	0.004 (1.000)

np_0 c	1.6	1.7	1.8	1.9	2.0
0	0.202 (0.202)	0.183 (0.183)	0.165 (0.165)	0.150 (0.150)	0.135 (0.135)
1	0.323 (0.525)	0.311 (0.494)	0.298 (0.463)	0.284 (0.434)	0.271 (0.406)
2	0.258 (0.783)	0.264 (0.758)	0.268 (0.731)	0.270 (0.704)	0.271 (0.677)
3	0.138 (0.921)	0.149 (0.907)	0.161 (0.892)	0.171 (0.875)	0.180 (0.857)
4	0.055 (0.976)	0.064 (0.971)	0.072 (0.964)	0.081 (0.956)	0.090 (0.947)
5	0.018 (0.994)	0.022 (0.993)	0.026 (0.990)	0.031 (0.987)	0.036 (0.983)
6	0.005 (0.999)	0.006 (0.999)	0.008 (0.998)	0.010 (0.997)	0.012 (0.995)
7	0.001 (1.000)	0.001 (1.000)	0.002 (1.000)	0.003 (1.000)	0.004 (0.999)
8					0.001 (1.000)

（續下頁）

表 C　卜瓦松分配 $P(c) = \dfrac{(np_0)^c}{c!} e^{-np_0}$（括弧內是累積值）（續）

np_0 / c	2.1	2.2	2.3	2.4	2.5
0	0.123 (0.123)	0.111 (0.111)	0.100 (0.100)	0.091 (0.091)	0.082 (0.082)
1	0.257 (0.380)	0.244 (0.355)	0.231 (0.331)	0.218 (0.309)	0.205 (0.287)
2	0.270 (0.650)	0.268 (0.623)	0.265 (0.596)	0.261 (0.570)	0.256 (0.543)
3	0.189 (0.839)	0.197 (0.820)	0.203 (0.799)	0.209 (0.779)	0.214 (0.757)
4	0.099 (0.938)	0.108 (0.928)	0.117 (0.916)	0.125 (0.904)	0.134 (0.891)
5	0.042 (0.980)	0.048 (0.976)	0.054 (0.970)	0.060 (0.964)	0.067 (0.958)
6	0.015 (0.995)	0.017 (0.993)	0.021 (0.991)	0.024 (0.988)	0.028 (0.986)
7	0.004 (0.999)	0.005 (0.998)	0.007 (0.998)	0.008 (0.996)	0.010 (0.996)
8	0.001 (1.000)	0.002 (1.000)	0.002 (1.000)	0.003 (0.999)	0.003 (0.999)
9				0.001 (1.000)	0.001 (1.000)

np_0 / c	2.6	2.7	2.8	2.9	3.0
0	0.074 (0.074)	0.067 (0.067)	0.061 (0.061)	0.055 (0.055)	0.050 (0.050)
1	0.193 (0.267)	0.182 (0.249)	0.170 (0.231)	0.160 (0.215)	0.149 (0.199)
2	0.251 (0.518)	0.245 (0.494)	0.238 (0.469)	0.231 (0.446)	0.224 (0.423)
3	0.218 (0.736)	0.221 (0.715)	0.223 (0.692)	0.224 (0.670)	0.224 (0.647)
4	0.141 (0.877)	0.149 (0.864)	0.156 (0.848)	0.162 (0.832)	0.168 (0.815)
5	0.074 (0.951)	0.080 (0.944)	0.087 (0.935)	0.094 (0.926)	0.101 (0.916)
6	0.032 (0.983)	0.036 (0.980)	0.041 (0.976)	0.045 (0.971)	0.050 (0.966)
7	0.012 (0.995)	0.014 (0.994)	0.016 (0.992)	0.019 (0.990)	0.022 (0.988)
8	0.004 (0.999)	0.005 (0.999)	0.006 (0.998)	0.007 (0.997)	0.008 (0.996)
9	0.001 (1.000)	0.001 (1.000)	0.002 (1.000)	0.002 (0.999)	0.003 (0.999)
10				0.001 (1.000)	0.001 (1.000)

np_0 / c	3.1	3.2	3.3	3.4	3.5
0	0.045 (0.045)	0.041 (0.041)	0.037 (0.037)	0.033 (0.033)	0.030 (0.030)
1	0.140 (0.185)	0.130 (0.171)	0.122 (0.159)	0.113 (0.146)	0.106 (0.136)
2	0.216 (0.401)	0.209 (0.380)	0.201 (0.360)	0.193 (0.339)	0.185 (0.321)
3	0.224 (0.625)	0.223 (0.603)	0.222 (0.582)	0.219 (0.558)	0.216 (0.537)
4	0.173 (0.798)	0.178 (0.781)	0.182 (0.764)	0.186 (0.744)	0.189 (0.726)
5	0.107 (0.905)	0.114 (0.895)	0.120 (0.884)	0.126 (0.870)	0.132 (0.858)
6	0.056 (0.961)	0.061 (0.956)	0.066 (0.950)	0.071 (0.941)	0.077 (0.935)
7	0.025 (0.986)	0.028 (0.984)	0.031 (0.981)	0.035 (0.976)	0.038 (0.973)
8	0.010 (0.996)	0.011 (0.995)	0.012 (0.993)	0.015 (0.991)	0.017 (0.990)
9	0.003 (0.999)	0.004 (0.999)	0.005 (0.998)	0.006 (0.997)	0.007 (0.997)
10	0.001 (1.000)	0.001 (1.000)	0.002 (1.000)	0.002 (0.999)	0.002 (0.999)
11				0.001 (1.000)	0.001 (1.000)

表 C 卜瓦松分配 $P(c) = \dfrac{(np_0)^c}{c!} e^{-np_0}$（括弧內是累積值）（續）

c \ np_0	3.6	3.7	3.8	3.9	4.0
0	0.027 (0.027)	0.025 (0.025)	0.022 (0.022)	0.020 (0.020)	0.018 (0.018)
1	0.098 (0.125)	0.091 (0.116)	0.085 (0.107)	0.079 (0.099)	0.073 (0.091)
2	0.177 (0.302)	0.169 (0.285)	0.161 (0.268)	0.154 (0.253)	0.147 (0.238)
3	0.213 (0.515)	0.209 (0.494)	0.205 (0.473)	0.200 (0.453)	0.195 (0.433)
4	0.191 (0.706)	0.193 (0.687)	0.194 (0.667)	0.195 (0.648)	0.195 (0.628)
5	0.138 (0.844)	0.143 (0.830)	0.148 (0.815)	0.152 (0.800)	0.157 (0.785)
6	0.083 (0.927)	0.088 (0.918)	0.094 (0.909)	0.099 (0.899)	0.104 (0.889)
7	0.042 (0.969)	0.047 (0.965)	0.051 (0.960)	0.055 (0.954)	0.060 (0.949)
8	0.019 (0.988)	0.022 (0.987)	0.024 (0.984)	0.027 (0.981)	0.030 (0.979)
9	0.008 (0.996)	0.009 (0.996)	0.010 (0.994)	0.012 (0.993)	0.013 (0.992)
10	0.003 (0.999)	0.003 (0.999)	0.004 (0.998)	0.004 (0.997)	0.005 (0.997)
11	0.001 (1.000)	0.001 (1.000)	0.001 (0.999)	0.002 (0.999)	0.002 (0.999)
12			0.001 (1.000)	0.001 (1.000)	0.001 (1.000)

c \ np_0	4.1	4.2	4.3	4.4	4.5
0	0.017 (0.017)	0.015 (0.015)	0.014 (0.014)	0.012 (0.012)	0.011 (0.011)
1	0.068 (0.085)	0.063 (0.078)	0.058 (0.072)	0.054 (0.066)	0.050 (0.061)
2	0.139 (0.224)	0.132 (0.210)	0.126 (0.198)	0.119 (0.185)	0.113 (0.174)
3	0.190 (0.414)	0.185 (0.395)	0.180 (0.378)	0.174 (0.359)	0.169 (0.343)
4	0.195 (0.609)	0.195 (0.590)	0.193 (0.571)	0.192 (0.551)	0.190 (0.533)
5	0.160 (0.769)	0.163 (0.753)	0.166 (0.737)	0.169 (0.720)	0.171 (0.704)
6	0.110 (0.879)	0.114 (0.867)	0.119 (0.856)	0.124 (0.844)	0.128 (0.832)
7	0.064 (0.943)	0.069 (0.936)	0.073 (0.929)	0.078 (0.922)	0.082 (0.914)
8	0.033 (0.976)	0.036 (0.972)	0.040 (0.969)	0.043 (0.965)	0.046 (0.960)
9	0.015 (0.991)	0.017 (0.989)	0.019 (0.988)	0.021 (0.986)	0.023 (0.983)
10	0.006 (0.997)	0.007 (0.996)	0.008 (0.996)	0.009 (0.995)	0.011 (0.994)
11	0.002 (0.999)	0.003 (0.999)	0.003 (0.999)	0.004 (0.999)	0.004 (0.998)
12	0.001 (1.000)	0.001 (1.000)	0.001 (1.000)	0.001 (1.000)	0.001 (0.999)
13					0.001 (1.000)

c \ np_0	4.6	4.7	4.8	4.9	5.0
0	0.010 (0.010)	0.009 (0.009)	0.008 (0.008)	0.008 (0.008)	0.007 (0.007)
1	0.046 (0.056)	0.043 (0.052)	0.039 (0.047)	0.037 (0.045)	0.034 (0.041)
2	0.106 (0.162)	0.101 (0.153)	0.095 (0.142)	0.090 (0.135)	0.084 (0.125)
3	0.163 (0.325)	0.157 (0.310)	0.152 (0.294)	0.146 (0.281)	0.140 (0.265)
4	0.188 (0.513)	0.185 (0.495)	0.182 (0.476)	0.179 (0.460)	0.176 (0.441)

表 C　卜瓦松分配 $P(c) = \frac{(np_0)^c}{c!} e^{-np_0}$（括弧內是累積值）（續）

np_0 \ c	4.6	4.7	4.8	4.9	5.0
5	0.172 (0.685)	0.174 (0.669)	0.175 (0.651)	0.175 (0.635)	0.176 (0.617)
6	0.132 (0.817)	0.136 (0.805)	0.140 (0.791)	0.143 (0.778)	0.146 (0.763)
7	0.087 (0.904)	0.091 (0.896)	0.096 (0.887)	0.100 (0.878)	0.105 (0.868)
8	0.050 (0.954)	0.054 (0.950)	0.058 (0.945)	0.061 (0.939)	0.065 (0.933)
9	0.026 (0.980)	0.028 (0.978)	0.031 (0.976)	0.034 (0.973)	0.036 (0.969)
10	0.012 (0.992)	0.013 (0.991)	0.015 (0.991)	0.016 (0.989)	0.018 (0.987)
11	0.005 (0.997)	0.006 (0.997)	0.006 (0.997)	0.007 (0.996)	0.008 (0.995)
12	0.002 (0.999)	0.002 (0.999)	0.002 (0.999)	0.003 (0.999)	0.003 (0.998)
13	0.001 (1.000)	0.001 (1.000)	0.001 (1.000)	0.001 (1.000)	0.001 (0.999)
14					0.001 (1.000)

np_0 \ c	6.0	7.0	8.0	9.0	10.0
0	0.002 (0.002)	0.001 (0.001)	0.000 (0.000)	0.000 (0.000)	0.000 (0.000)
1	0.015 (0.017)	0.006 (0.007)	0.003 (0.003)	0.001 (0.001)	0.000 (0.000)
2	0.045 (0.062)	0.022 (0.029)	0.011 (0.014)	0.005 (0.006)	0.002 (0.002)
3	0.089 (0.151)	0.052 (0.081)	0.029 (0.043)	0.015 (0.021)	0.007 (0.009)
4	0.134 (0.285)	0.091 (0.172)	0.057 (0.100)	0.034 (0.055)	0.019 (0.028)
5	0.161 (0.446)	0.128 (0.300)	0.092 (0.192)	0.061 (0.116)	0.038 (0.066)
6	0.161 (0.607)	0.149 (0.449)	0.122 (0.314)	0.091 (0.091)	0.063 (0.129)
7	0.138 (0.745)	0.149 (0.598)	0.140 (0.454)	0.117 (0.324)	0.090 (0.219)
8	0.103 (0.848)	0.131 (0.729)	0.140 (0.594)	0.132 (0.456)	0.113 (0.332)
9	0.069 (0.917)	0.102 (0.831)	0.124 (0.718)	0.132 (0.588)	0.124 (0.457)
10	0.041 (0.958)	0.071 (0.902)	0.099 (0.817)	0.119 (0.707)	0.125 (0.582)
11	0.023 (0.981)	0.045 (0.947)	0.072 (0.889)	0.097 (0.804)	0.114 (0.696)
12	0.011 (0.992)	0.026 (0.973)	0.048 (0.937)	0.073 (0.877)	0.095 (0.791)
13	0.005 (0.997)	0.014 (0.987)	0.030 (0.967)	0.050 (0.927)	0.073 (0.864)
14	0.002 (0.999)	0.007 (0.994)	0.017 (0.984)	0.032 (0.959)	0.052 (0.916)
15	0.001 (1.000)	0.003 (0.997)	0.009 (0.993)	0.019 (0.978)	0.035 (0.951)
16		0.002 (0.999)	0.004 (0.997)	0.011 (0.989)	0.022 (0.973)
17		0.001 (1.000)	0.002 (0.999)	0.006 (0.995)	0.013 (0.986)
18			0.001 (1.000)	0.003 (0.998)	0.007 (0.993)
19				0.001 (0.999)	0.004 (0.997)
20				0.001 (1.000)	0.002 (0.999)
21					0.001 (1.000)

表 C　卜瓦松分配 $P(c) = \dfrac{(np_0)^c}{c!} e^{-np_0}$（括弧內是累積值）（續）

np_0 \\ c	11.0	12.0	13.0	14.0	15.0
0	0.000 (0.000)	0.000 (0.000)	0.000 (0.000)	0.000 (0.000)	0.000 (0.000)
1	0.000 (0.000)	0.000 (0.000)	0.000 (0.000)	0.000 (0.000)	0.000 (0.000)
2	0.001 (0.001)	0.000 (0.000)	0.000 (0.000)	0.000 (0.000)	0.000 (0.000)
3	0.004 (0.005)	0.002 (0.002)	0.001 (0.001)	0.000 (0.000)	0.000 (0.000)
4	0.010 (0.015)	0.005 (0.007)	0.003 (0.004)	0.001 (0.001)	0.001 (0.001)
5	0.022 (0.037)	0.013 (0.020)	0.007 (0.011)	0.004 (0.005)	0.002 (0.003)
6	0.041 (0.078)	0.025 (0.045)	0.015 (0.026)	0.009 (0.014)	0.005 (0.008)
7	0.065 (0.143)	0.044 (0.089)	0.028 (0.054)	0.017 (0.031)	0.010 (0.018)
8	0.089 (0.232)	0.066 (0.155)	0.046 (0.100)	0.031 (0.062)	0.019 (0.037)
9	0.109 (0.341)	0.087 (0.242)	0.066 (0.166)	0.047 (0.109)	0.032 (0.069)
10	0.119 (0.460)	0.105 (0.347)	0.086 (0.252)	0.066 (0.175)	0.049 (0.118)
11	0.119 (0.579)	0.114 (0.461)	0.101 (0.353)	0.084 (0.259)	0.066 (0.184)
12	0.109 (0.688)	0.114 (0.575)	0.110 (0.463)	0.099 (0.358)	0.083 (0.267)
13	0.093 (0.781)	0.106 (0.681)	0.110 (0.573)	0.106 (0.464)	0.096 (0.363)
14	0.073 (0.854)	0.091 (0.772)	0.102 (0.675)	0.106 (0.570)	0.102 (0.465)
15	0.053 (0.907)	0.072 (0.844)	0.088 (0.763)	0.099 (0.669)	0.102 (0.567)
16	0.037 (0.944)	0.054 (0.898)	0.072 (0.835)	0.087 (0.756)	0.096 (0.663)
17	0.024 (0.968)	0.038 (0.936)	0.055 (0.890)	0.071 (0.827)	0.085 (0.748)
18	0.015 (0.983)	0.026 (0.962)	0.040 (0.930)	0.056 (0.883)	0.071 (0.819)
19	0.008 (0.991)	0.016 (0.978)	0.027 (0.957)	0.041 (0.924)	0.056 (0.875)
20	0.005 (0.996)	0.010 (0.988)	0.018 (0.975)	0.029 (0.953)	0.042 (0.917)
21	0.002 (0.998)	0.006 (0.994)	0.011 (0.986)	0.019 (0.972)	0.030 (0.947)
22	0.001 (0.999)	0.003 (0.997)	0.006 (0.992)	0.012 (0.984)	0.020 (0.967)
23	0.001 (1.000)	0.002 (0.999)	0.004 (0.996)	0.007 (0.991)	0.013 (0.980)
24		0.001 (1.000)	0.002 (0.998)	0.004 (0.995)	0.008 (0.988)
25			0.001 (0.999)	0.003 (0.998)	0.005 (0.993)
26			0.001 (1.000)	0.001 (0.999)	0.003 (0.996)
27				0.001 (1.000)	0.002 (0.998)
28					0.001 (0.999)
29					0.001 (1.000)

表 D 亂數表

63271	59986	71744	51102	15141	80714	58683	93108
88547	09896	95436	79115	08303	01041	20030	63754
55957	57243	83865	09911	19761	66535	40102	26646
46276	87453	44790	67122	45573	84358	21625	16999
55363	07449	34835	15290	76616	67191	12777	21861
69393	92785	49902	58447	42048	30378	87618	26933
13186	29431	88190	04588	38733	81290	89541	70290
17726	28652	56836	78351	47327	18518	92222	55201
36520	64465	05550	30157	82242	29520	69753	72602
81628	36100	39254	56835	37636	02421	98063	89641
84649	48968	75215	75498	49539	74240	03466	49292
63291	11618	12613	75055	43915	26488	41116	64531
70502	53225	03655	05915	37140	57051	48393	91322
06426	24771	59935	49801	11081	66762	94477	02494
20711	55609	29430	70165	45406	78484	31699	52009
41990	70538	77191	25860	55204	73417	83920	69468
72452	36618	76298	26678	89334	33938	95567	29380
37042	40318	57099	10528	09925	89773	41335	96244
53766	52875	15987	46962	67342	77592	57651	95508
90585	58955	53122	16025	84299	53310	67380	84249
32001	96293	37203	64516	51530	37069	40261	61374
62606	64324	46354	72157	67248	20135	49804	09226
10078	28073	85389	50324	14500	15562	64165	06125
91561	46145	24177	15294	10061	98124	75732	08815
13091	98112	53959	79607	52244	63303	10413	63839
73864	83014	72457	26682	03033	61714	88173	90835
66668	25467	48894	51043	02365	91726	09365	63167
84745	41042	29493	01836	09044	51926	43630	63470
48068	26805	94595	47907	13357	38412	33318	26098
54310	96175	97594	88616	42035	38093	36745	56702
14877	33095	10924	58013	61439	21882	42059	24177
78295	23179	02771	43464	59061	71411	05697	67194
67524	02865	39593	54278	04237	92441	26602	63835
58268	57219	68124	73455	83236	08710	04284	55005
97158	28672	50685	01181	24262	19427	52106	34308
04230	16831	69085	30802	65559	09205	71829	06489
94879	56606	30401	02602	57658	70091	54986	41394
71446	15232	66715	26385	91518	70566	02888	79941
32886	05644	79316	09819	00813	88407	17461	73925
62048	33711	25290	21526	02223	75947	66466	06232

表 E　一般常用的換算係數

因　子	轉　換	乘上係數
長度	in. 至 m	2.54[a]　　E − 02
面積	in.^{2} 至 m^2	6.451 600E − 04
容積	in.^{3} 至 m^3	1.638 706E − 05
	US gallon 至 m^3	3.785 412E − 03
質量	oz（avoir）至 kg	2.834 952E − 02
加速度	ft/ s^2 至 m/s^2	3.048[a]　　E − 01
力量	poundal 至 N	1.382 550E − 01
壓力	poundal/ ft^2 至 Pa	1.488 164E + 00
	lb$_f$ / in.^{2} 至 Pa	6.894 757E + 03
能量，功	ft（lb$_f$）至 J	1.355 818E + 00
電能	hp（550ft）(lb$_f$/s) 至 W	7.456 999E + 02

參考文獻

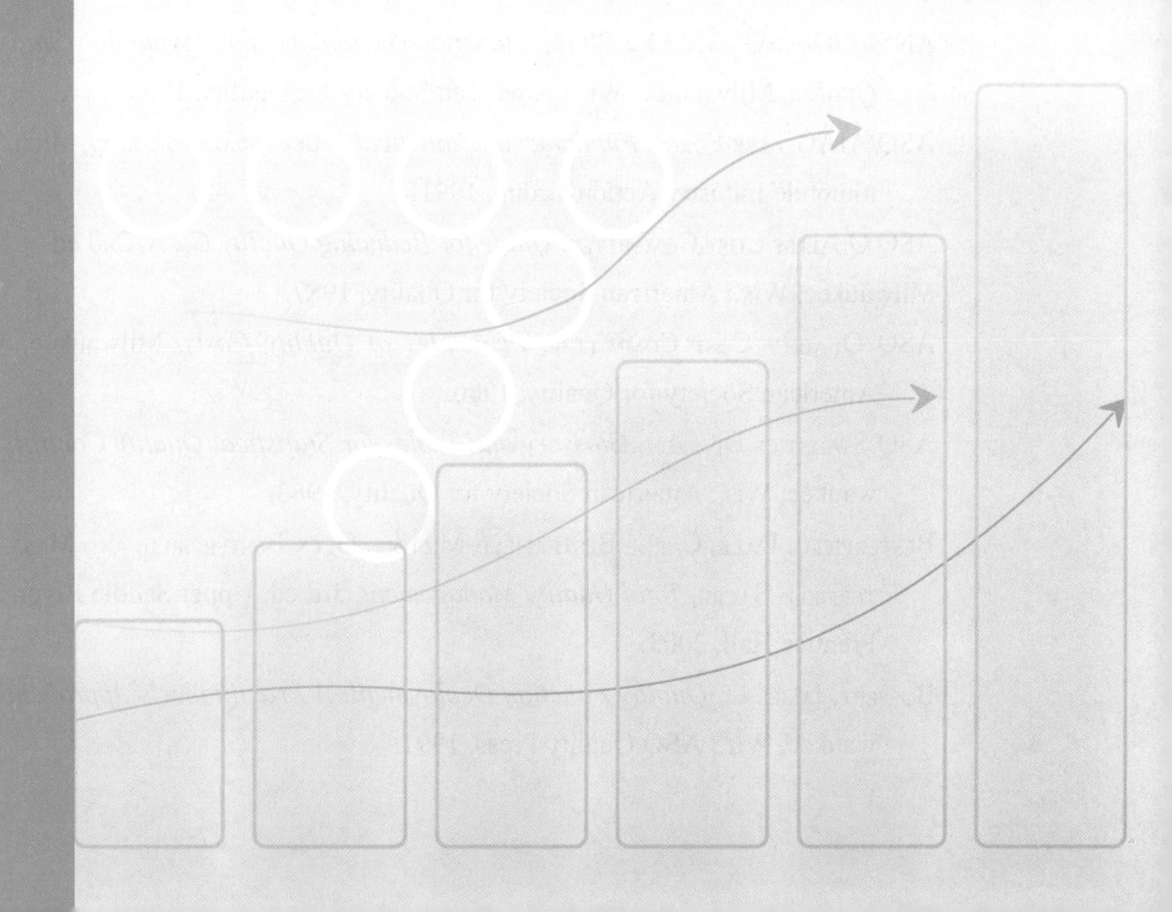

ANSI/ASQ B1-B3-1996, *Quality Control Chart Methodologies*. Milwaukee, Wis.: American Society for Quality, 1996.

ANSI/ASQ SI-1996, *An Attribute Skip-Lot Sampling Program*. Milwaukee, Wis.: American Society for Quality, 1996.

ANSI/ASQ S2-1995, *Introduction to Attribute Sampling*. Milwaukee, Wis.: American Society for Quality, 1995.

ANSI/ASQ Standard Q3-1988, *Sampling Procedures and Tables for Inspection by Isolated Lots by Attributes*. Milwaukee,Wis.: American Society for Quality, 1988.

ANSI/ASQ Z1.4-2003, *Sampling Procedures and Tables for Inspection by Attributes*. Milwaukee, Wis.: American Society for Quality, 1993.

ANSI/ASQ Z1.9-2003, *Sampling Procedures and Tables for Inspection by Variables for Percent Nonconforming*. Milwaukee, Wis.: American Society for Quality, 1993.

ANSI/ISO/ASQ A3534-1-2003, *Statistics-Vocabulary and Symbols-Probability and General Statistical Terms*. Milwaukee,Wis.: American Society for Quality, 1993.

ANSI/ISO/ASQ A3534-2-2003, *Statistics-Vocabulary and Symbols—Statistical Quality*. Milwaukee, Wis.: American Society for Quality, 1993.

ASQ/AIAG Task Force, *Fundamental Statistical Process Control*. Troy, Mich.: Automobile Industry Action Group, 1991.

ASQ Quality Cost Committee, *Guide for Reducing Quality Costs*, 2nd ed. Milwaukee, Wis.: American Society for Quality, 1987.

ASQ Quality Cost Committee, *Principles of Quality Costs*. Milwaukee, Wis.: American Society for Quality, 1986.

ASQ Statistics Division, *Glossary and Tables for Statistical Quality Control*. Milwaukee, Wis.: American Society for Quality, 1983.

Besterfield, Dale, Carol Besterfield-Michna, Glen Besterfield, and Mary Besterfield-Sacre, *Total Quality Management*, 3rd ed. Upper Saddle River, N.J.: Prentice Hall, 2003.

Bossert, James L., *Quality Function Deployment: A Practitioner's Approach*. Milwaukee, Wis.: ASQ Quality Press, 1991.

BRASSARD, MICHAEL, *The Memory Jogger Plus*. Methuen, Mass.: GOAL/QPC, 1989.

CAMP, ROBERT C., *Benchmarking: The Search for Industry Best Practices That Lead to Superior Practice*. Milwaukee, Wis.: ASQ Quality Press, 1989.

CROSBY, PHILLIP B., *Quality Is Free*. New York: McGraw-Hill Book Company, 1979.

CROSBY, PHILLIP B., *Quality Without Tears*. New York: McGraw-Hill Book Company, 1984.

DEMING, W. EDWARDS, *Quality, Productivity, and Competitive Position*. Cambridge, Mass.: Massachusetts Institute of Technology, 1982.

DUNCAN, ACHESON J., *Quality Control and Industrial Statistics*, 5th ed. Homewood, Ill.: Irwin, 1986.

FELLERS, GARY, *SPC for Practitioners: Special Cases and Continuous Processes*. Milwaukee, Wis.: ASQ Quality Press, 1991.

GITLOW, H. S., AND S. J. GITLOW, *The Deming Guide to Quality and Competitive Position*. Englewood Cliffs, N.J.: Prentice Hall, 1987.

GROSH, DORIS L., *A Primer of Reliability Theory*. New York: John Wiley & Sons, 1989.

HENLEY, ERNEST J., AND HIROMITSU KUMAMOTO, Reliability Engineering and Risk Assessment. Englewood Cliffs, N.J.: Prentice Hall, 1981.

ISHIKAWA, K., *What Is Total Quality Control?* Englewood Cliffs, N.J.: Prentice Hall, 1985.

JURAN, JOSEPH M. (ed.), *Quality Control Handbook*, 4th ed. New York: McGraw-Hill Book Company, 1988.

JURAN, JOSEPH M., AND FRANK M. GRYNA, JR., *Quality Planning and Analysis*, 2nd ed. New York: McGraw-Hill Book Company, 1980.

MONTGOMERY, DOUGLAS C., *Introduction to Statistical Quality Control*, 5th ed. Indianapolis, Ind.: Wiley Publishing, 2004.

PEACH, ROBERT W. (ed.), *The ISO 9000 Handbook*. Fairfax, Va.: CEEM Information Services, 1992.

SHAPIRO, SAMUEL S., The ASQ Basic References in Quality Control: Statistical Techniques, Edward J. Dudewicz, Ph.D., Editor, *Volume 3: How to Test Normality and Other Distributional Assumptions*. Milwaukee, Wis.: American Society for Quality, 1980.

Taguchi, G., *Introduction to Quality Engineering*. Tokyo: Asian Productivity Organization, 1986.

Wheeler, Donald J., *Short Run SPC*. Knoxville, Tenn.: SPC Press, 1991.

Winchell, William, *TQM: Getting Started and Achieving Results with Total Quality Management*. Dearborn, Mich.: Society of Manufacturing Engineers, 1992.

名詞解釋

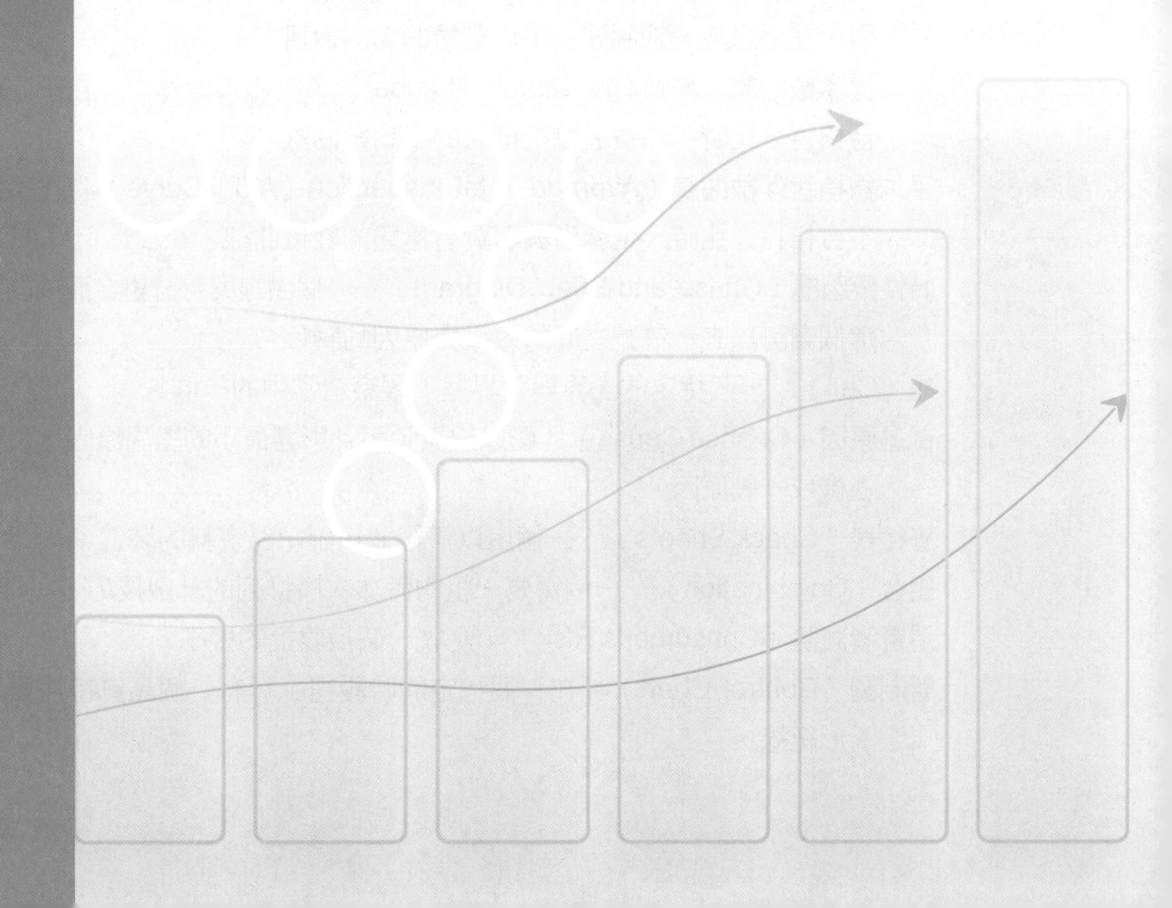

允收品質界限（Acceptance Quality Limit） 滿足允收抽樣目的最大不合格製程平均數。

允收抽樣（Acceptance Sampling） 根據該送驗批的樣本檢驗結果，判斷是否允收或拒收該批的系統。

活動網路圖（Activity Network Diagram） 一組可以促進專案中的排程，更有效率進行的圖。

親和圖（Affinity Diagram） 一個可以將團隊所提出大量的問題／構想，加以歸納創新，並邏輯化整合的圖。

可歸屬原因（非機遇原因）（Assignable Cause） 容易辨識，而且影響巨大的變異原因，又稱做特殊原因。

計數值（Attribute） 一個分類成合格或不合格規格的品質特性。

可用度（Availability） 量測產品或服務，能夠適當呈現所設計功能能力的一種時間相關因子。

平均數（Average） 所有觀察值的總和，除以總觀察數。

平均出廠品質曲線（Average Outgoing Quality（AOQ）Curve） 在不同的不合格百分比時，該批允收抽樣系統的平均品質水準曲線。

平均連串長度（Average Run Length） 下一個產品，因隨遇原因不在管制內，在這之前，管制圖上平均標繪的點的數目。

平均樣本數曲線（Average Sample Number（ASN）Curve） 在不同的不合格百分比時，消費者每批檢驗的平均數曲線。

平均總檢驗件數曲線（Average Total Inspection（ATI）Curve） 在不同的不合格百分比時，生產者與消費者檢驗的數量曲線。

特性要因圖（Cause-and-Effect Diagram） 一個由線與符號組合而成的圖，這個圖可以表示符號之間的效果與原因的關係。

組（Cell） 一個特定的上界與下界裡，觀察值當中的一群。

機遇原因（Chance Cause） 難以辨識，而且影響最小的變異原因，又稱做隨機或一般原因。

查檢表（Check Sheets） 一個用以仔細並精確紀錄資料的裝置。

組合（Combination） 一個需要一組物體非次序排列的計數技巧。

消費者風險（Consumer's Risk） 允收一個拒收批的機率。

管制圖（Control Chart） 在一個特定的時段裡，具有一個品質特性變異的圖形紀錄。

管制界限（Control Limits） 用來評估樣本與樣本間的品質變異管制圖上的界限——不要與規格界限混淆。

失效率（Failure Rate） 一件產品在特定的單位時間或週期失效的機率。

影響力分析（Forced Field Analysis） 一種方法，可以判別影響問題和目標的力量以及因子。

次數分配（Frequency Distribution） 資料的排列方式，以顯示在一種類的重複值。

直方圖（Histogram） 在次數分配裡，以長方形的圖形顯示。

關聯圖（Interrelationship Diagram） 將一個複雜狀況，許多因子間的相互關係以圖形清楚表示。

峰度（Kurtosis） 一個用以描述分配尖峰程度的數值。

界限品質（Limiting Quality, LQ） 對允收抽樣的目的來說，消費者希望該批允收機率能愈小的不合格百分比。

維護度（Maintainability） 很容易藉由產品或服務做預防或矯正性的保養而達到。

矩陣（Matrix） 將變數間相互關係的特性、分析和評估，以圖形表示。

平均數（Mean） 一個群體的平均數。

中位數（Median） 在一系列的有次序觀察值當中，會有一數值能使大於它的數目，與小於它的數目劃分為相等，這個數值即為中位數。

眾數（Mode） 在一組數字當中，出現最多次的數值。

多變異管制圖（Multi-Vari Chart） 將零件內、零件之間和時間對時間的變異，以圖形紀錄下來。

公稱群體技術（Nominal Group Technique） 過程中為了達到有效的決策，提供團隊當中每一個人議題或想法的一種方法。

不合格品（Nonconforming Unit） 至少包含一個不合格點的產品或服務。

不合格點（Nonconformity） 品質特性偏離期望水準，而使相關的產品或服務不能符合規格需求。

操作特性曲線（Operating Characteristic (OC) Curve） 表示在一定不合格百分比內，接受一個送驗批的機率曲線。

柏拉圖（Pareto Diagram） 確認和傳達重要少數事件的方法，決定主要的品質問題。

預先管制的公差百分比圖（Percent Tolerance Percent Chart） 一個評估預

先管制資料與目標值之間的誤差百分比圖。

排列（Permutation）　一組事物需要有次序安排的點計方法。

母體（Population）　在一統計製程中，考慮到所有觀測值的集合。

預先管制（Precontrol）　比較兩組樣本與規格的一種技術。

優先順序矩陣（Prioritization Matrices）　這個方法，根據權重原則排序問題、任務或是特徵等的優先順序。

機率（Probability）　一個事件將會發生可能性的數學計算。

製程能力（Process Capability）　製程的散佈；當製程是在統計管制狀態內，它等於六標準差。

過程決策計畫圖（Process Decision Program Chart）　這個圖避免意外狀況以及考慮可能對策。

製程流程圖（Process Flow Diagram）　表示一項產品或服務，經由各種不同製造過程的圖。

生產者風險（Producer's Risk）　允收批被拒絕的機率。

品質（Quality）　符合或超過顧客的期望；顧客滿意度。

全距（Range）　最大和最小觀測值之間的差。

可靠度（Reliability）　產品在預定壽命內，在固定環境情況下，能滿意執行預定功能的機率。

樣本（Sample）　母體的一小部分，用於代表整個母體。

偏態（Skewness）　資料遠離對稱的程度。

規格界限（Specification Limits）　定義可以接受的產品或服務的範圍界限。

標準差（Standard Deviation）　與母體的平均數或樣本的平均數離散趨勢的量測。

目標值（Target）　品質特性欲達成的值，也可以稱為公稱值。

公差（Tolerance）　依照品質特性的大小，可允許的變異。

樹狀圖（Tree Diagram）　一種將大目標，以增加局部級別逐步細分的工具。

計量值（Variable）　可以測量的品質特性，如重量、長度等。

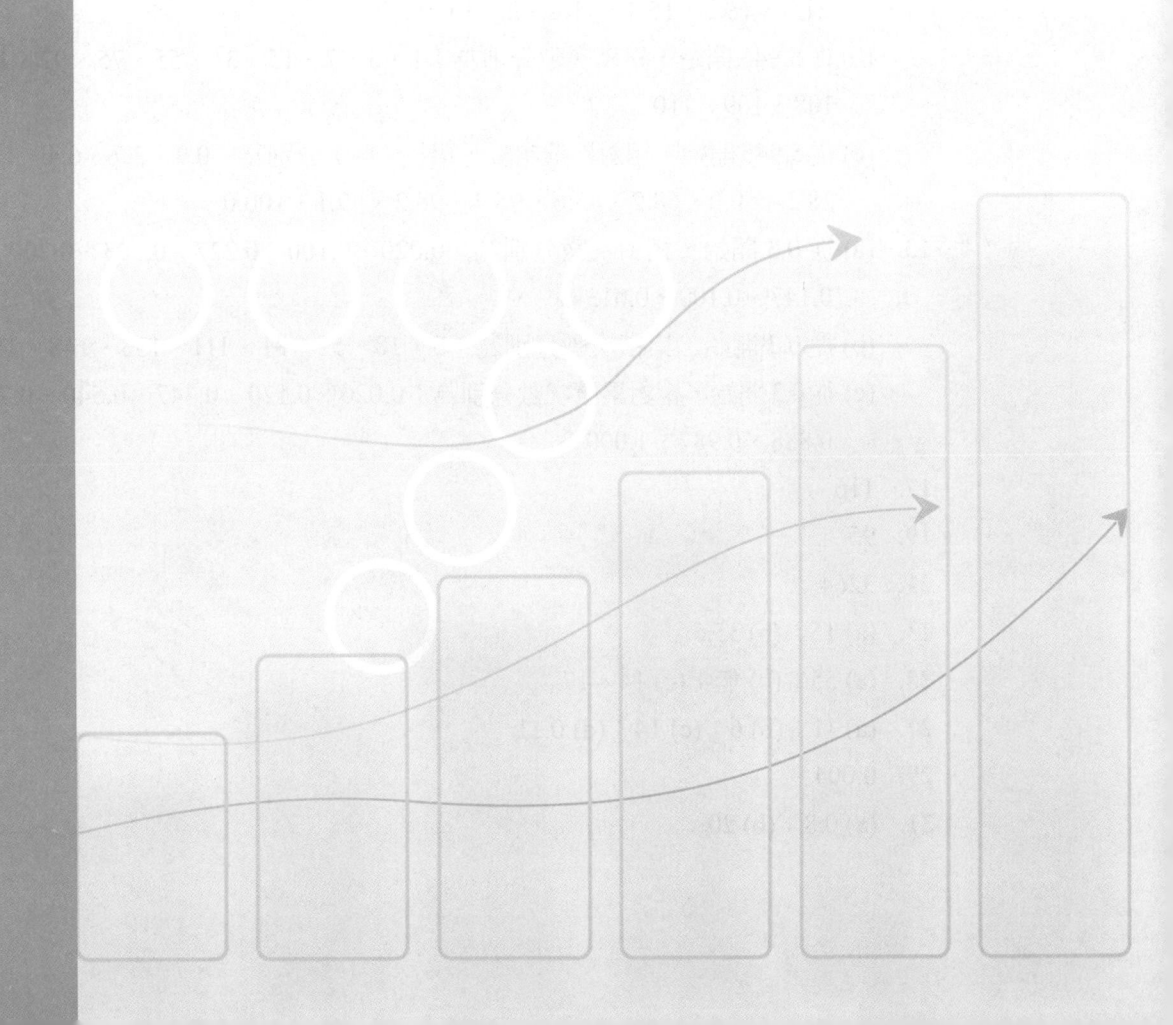

單數習題解答

▶ 第 3 章

1. 30.1%；19.0%；17.4%；12.7%；8.8%；3.5%；3.0%；5.5%
3. 30.1%；28.1%；8.1%；3.6%；3.3%；3.2%；23.6%
5. 30.9%；23.1%；12.1%；11.3%；6.7%；5.8%；2.7%
7. 39.1%；21.7%；13.1%；10.9%；8.7%；4.3%；2.2%
9. 總不合格點為遞減。

▶ 第 4 章

1. (a) 0.86；(b) 0.63；(c) 0.15；(d) 0.48
3. (a) 0.0006；(b) 0.001；(c) 0.002；(d) 0.3
5. (a) 66.4；(b) 379.1；(c) 5；(d) 4.652；(e) 6.2×10^2
7. 從 5.94 開始，次數分別為：1、2、4、8、16、24、20、17、13、3、1、1
9. 從 0.3 開始，次數分別為：3、15、34、29、30、22、15、2
11. (a) 從 5.94 開始，相對次數（單位：%）分別為：0.9、1.8、3.6、7.3、14.5、21.8、18.2、15.4、11.8、2.7、0.9、0.9

    (b) 從 5.945 開始，累積次數分別為：1、3、7、15、31、55、75、92、105、108、109、110

    (c) 從 5.945 開始，相對累積次數（單位：%）分別為：0.9、2.7、6.4、13.6、28.2、50.0、68.2、83.6、95.4、98.2、99.1、100.0
13. (a) 從 0.3 開始，相對次數分別為：0.020、0.100、0.227、0.193、0.200、0.147、0.100、0.013

    (b) 從 0.3 開始，累積次數分別為：3、18、52、81、111、133、148、150

    (c) 從 0.3 開始，相對累積次數分別為：0.020、0.120、0.347、0.540、0.740、0.888、0.987、1.000
17. 116
19. 95
21. 3264
23. (a) 15；(b) 35.5
25. (a) 55；(b) 無；(c) 14、17
27. (a) 11；(b) 6；(c) 14；(d) 0.11
29. 0.004
31. (a) 0.8；(b) 20

35. (b) 從 0.5 開始，次數分別為：1、17、29、39、51、69、85、88
39. (a) 從 0.5 開始，相對次數（單位：%）分別為：1.1、18.2、13.6、11.4、13.6、20.5、18.2、3.4
    (b) 從 0.5 開始，相對累積次數（單位：%）分別為：1.1、19.3、33.0、44.3、58.0、78.4、96.6、100.0
41. (b) -0.14、3.11
43. 製程能力不足──65 次有 5 次在規格之上，以及 65 次有 6 次在規格之下。
45. (a) 0.0268；(b) 0.0099；(c) 0.9914（根據大約 Z 值）
47. 0.606
49. (a) 常態；(b) 非常態，但對稱
53. -0.92；$y = 1.624 + (-0.43)x$；0.46
55. 0.89

➡ 第 5 章

1. $\bar{\bar{X}} = 0.72$；CLs = 0.83、0.61；$\bar{R} = 0.148$；CLs = 0.34、0
3. $\bar{X}_0 = 482$；CLs = 500、464；$R_0 = 25$；CLs = 57、0
5. $\bar{X}_0 = 2.08$；CLs = 2.42、1.74；$R_0 = 0.47$；CLs = 1.08、0
7. $\bar{X}_0 = 81.9$；CLs = 82.8、81.0；$s_0 = 0.7$；CLs = 1.4、0.0
11. 0.47% 廢品；2.27% 重工；$\bar{X}_0 = 305.32$ mm；6.43% 重工
13. 0.13
15. $6\sigma = 160$
17. (a) $6\sigma = 0.80$；(b) 1.38
19. 0.82，改變規格或是減少 σ
21. $C_{pk} = 0.82$；0.41；0；-0.41
23. $\bar{\bar{X}} = 4.56$；CLs = 4.76、4.36；$\bar{R} = 0.20$；CLs = 0.52、0
25. $Md_{Md} = 6.3$；CLs = 7.9、4.7；$R_{Md} = 1.25$；CLs = 3.4、0
27. $\bar{X} = 7.59$；CLs = 8.47、6.71；MR = 0.33；CLs = 1.08、0
29. $\bar{X}_0 = 20.40$；RLs = 20.46、20.34
31. 直方圖是對稱的；而推移圖的斜率是下降的。
39. UCL = 7.742；LCL = 7.444

➡ 第 6 章

1. 400；$r = 4$

3. 在 1,400 小時，時間對時間的變異產生；在 2,100 小時，組內變異增加。
5. $\bar{X}_0 = 25.0$；CLs = 25.15、24.85；$R_0 = 0.11$；CLs = 47、0
7. 是的，比率為 1.17
9. $\bar{Z}_0 = 0$；CLs = +1.023、−1.023；$W_0 = 1.00$；CLs = 2.574、0；$\bar{Z}$ 描點 = −0.2、1.6、0.4；W 描點 = 0.8、0.6、1.2
11. Z 點 = 1.67、−3.00（超出管制）；MW = 1.33、2.67
13. PC = 31.5、32.5
15. 73.5%、24.5%
17. (a) −10、80；(b) −80、0；(c) −10、64；(d) −20、−30
19. %R&R = 21.14%；根據實際情況，量規可能會被允收

第 7 章

1. 1.000、0
3. 0.833
5. 0.50、0.81
7. 0.40
9. 0.57
11. 0.018
13. 0.989
15. 520
17. 3.13×10^{15}
19. 161,700
21. 25,827,165
23. $1.50696145 \times 10^{-16}$
25. $C_r^n = C_{n-r}^n$
27. 假設 $n = r$，則 $C = 1$
29. 0.255、0.509、0.218、0.018、P(4) 是不可能的
31. 0.087、0.997
33. 0.0317
35. 0.246
37. 0.075
39. 0.475
41. 0.435

43. 0.084

⮕ 第 8 章

1. (a) 描點 = 0.010、0.018、0.023；0.015、0.025；
   (b) $\bar{p}$ = 0.0297、CLs = 0.055、0.004；
   (c) p_0 = 0.0242；CLs = 0.047、0.001
3. $100p_0$ = 1.54；CLs = 0.0367、0；q_0 = 0.9846；CLs = 1.0000、0.9633；
   $100q_0$ = 98.46；CLs = 100.00、96.33
5. CLs = 0.188、0；在管制狀態內
7. p_0 = 0.011
9. p_0 = 0.144；CLs = 0.227、0.061；11 月 15 日
11. (a) $100\,p_0$ = 1.54；CLs = 3.67、0；(b) $100\,p_0$ = 2.62；CLs = 3.76、1.48
13. np_0 = 45.85；CLs = 66.26；np
15. (a) q_0 = 0.9846；CLs = 1.00、0.9633；$100\,q_0$ = 98.46；CLs = 100、96.33；
    nq_0 = 295；CLs = 300、289
    (b) q_0 = 0.9738；CLs = 0.9850、0.9624；$100\,q_0$ = 97.38；CLs = 98.50、96.24；
    nq_0 = 1,704；CLs = 1,724、1,684
17. n = 10
19. c_0 = 6.86；CLs = 14.72、0
21. 在製程管制內；$\bar{c}$ = 10.5；CLs = 20.2、0.78
23. u_0 = 3.34；CLs = 5.08、161
25. u_0 = 1.092；CLs = 1.554、0.630

⮕ 第 9 章

1. (p, P_a) 的成對座標為 (0.01, 0.974)、(0.02, 0.820)、(0.04, 0.359)、
   (0.05, 0.208)、(0.06, 0.109)、(0.08, 0.025)、(0.10, 0.005)
3. $(P_a)_{\mathrm{I}} = P(2\ \text{或小於}\ 2)$
   $(P_a)_{\mathrm{II}} = P(3)_{\mathrm{I}}\,P(3\ \text{或小於}\ 3)_{\mathrm{II}} + P(4)_{\mathrm{I}}\,P(2\ \text{或小於}\ 2)_{\mathrm{II}}$
   $\qquad + P(5)_{\mathrm{I}}\,P(1\ \text{或小於}\ 1)_{\mathrm{II}}$
   $(P_a)_{\text{兩者}} = (P_a)_{\mathrm{I}} + (P_a)_{\mathrm{II}}$
5. $(100p, \mathrm{AOQ})$的成對座標為(1, 0.974)、(2, 1.640)、(4, 1.436)、(5, 1.040)、
   (6, 0.654)、(8, 0.200)；AOQL ≈ 1.7%
7. AQL = 0.025%；AOQL = 0.19%

9. (p, ASN) 的成對座標為 $(0, 125)$、$(0.01, 140)$、$(0.02, 169)$、$(0.03, 174)$、$(0.04, 165)$、$(0.05, 150)$、$(0.06, 139)$

11. (p, ATI) 的成對座標為 $(0, 80)$、$(0.00125, 120)$、$(0.01, 311)$、$(0.02, 415)$、$(0.03, 462)$、$(0.04, 483)$

13. $(100p, \text{AOQ})$ 的成對座標為 $(0.5, 0.493)$、$(1.0, 0.848)$、$(1.5, 0.885)$、$(2.0, 0.694)$、$(2.5, 0.430)$

15. 3、55；6、155；12、407

17. 2、82；6、162；14、310

19. 1、332；3、502；5、655

21. 3、195

23. 4、266

25. 5、175

27. 0.69

➡ 第 10 章

1. (a) $n = 125$、$\text{Ac} = 3$、$\text{Re} = 4$；(b) $n = 8$、$\text{Ac} = 10$、$\text{Re} = 11$；(c) $n = 500$、$\text{Ac} = 5$、$\text{Re} = 8$；(d) $n = 20$、$\text{Ac} = 1$、$\text{Re} = 2$

3. 過窄，因為拒絕最後兩批，所以符合拒絕標準。

5. 否，超過限制數目。

7. $n = 200$、$\text{Ac} = 3$

9. $n = 140$、$c = 7$、$\text{LQ} = 8.2\%$

11. $n = 305$、$c = 1$、$\text{AOQL} = 0.14\%$

13. 0.753

15. 0.923

17. $d_a = -1.91 + 0.080n$；$d_r = 2.48 + 0.080n$

19. 36、59、76

21. 開始狀態 1（$f = 1/3$）；11 批到狀態 2；19 批到狀態 3；23 批回到狀態 2。

23. (a) $f = 1/4$；(b) $f = 1/3$

25. 194、420、762

27. $i = 116$、$1/30$、$1/60$

29. $i = 192$、D

31. 57.85、44.43、形式 1

33. I、25

35. $10.76 \geq 9.80$，拒收該批
37. $Q_u = 1.91$，允收該批
39. 拒收該批

第 11 章

1. 0.78
3. 0.980
5. 0.87
7. 0.99920
9. 6.5×10^{-3}
11. 0.0002
13. 0.0027、370 小時
15. 描點為 (35, 0.0051)、(105, 0.0016)、(175, 0.0005)、(245, 0.0004)、(315, 0.0003)、(385, 0.0004)、(455, 0.0007)、(525, 0.0010)、(595, 0.0011)、(665, 0.0015)
17. 0.527、0.368、0.278
19. 0.257
21. 描點為 (1300, 0.993)、(1000, 0.972)、(500, 0.576)、(400, 0.332)、(300, 0.093)、(250, 0.027)、(750, 0.891)、(600, 0.750)
23. $n = 30$、$r = 5$、$T = 57$ 小時
25. $n = 9$、$r = 3$、$T = 160$ 小時
27. $n = 60$、$r = 30$、$T = 542$ 週期

英中名詞對照

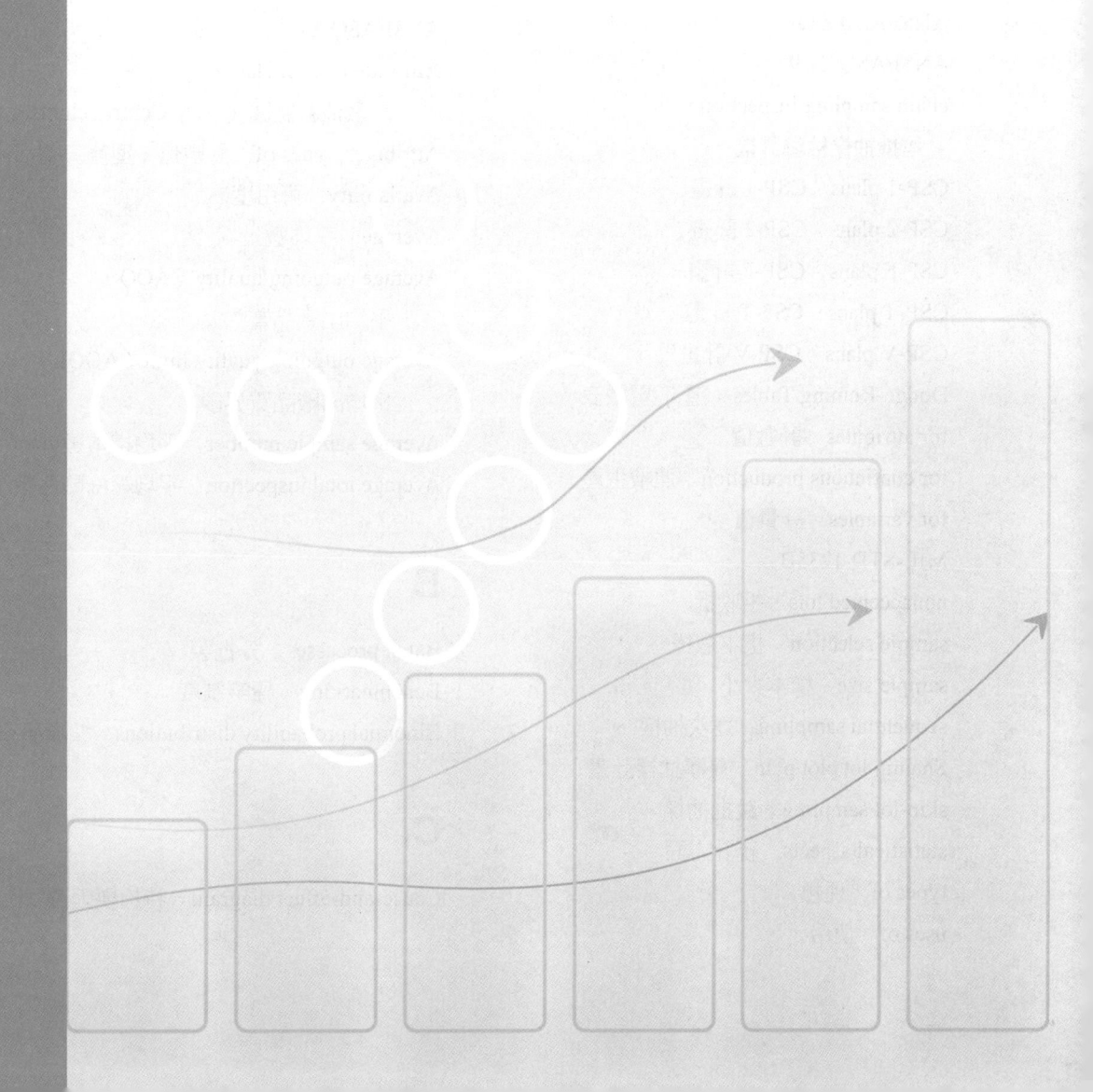

英中名詞對照

A

Acceptance quality limit（AQL）
　　允收品質界限
Acceptance sampling　允收抽樣
　　advantages/disadvantages　優點/缺點
　　ANSI/ASQ SI
　　ANSI/ASQ Standard Q3　ANSI/ASQ 標準 Q3
　　ANSI/ASQ Z1.4
　　ANSI/ASQ Z1.9
　　chain sampling inspection paln
　　　　連鎖抽樣檢驗計畫
　　CSP-1 plans　CSP-1 計畫
　　CSP-2 plans　CSP-2 計畫
　　CSP-F plans　CSP-F 計畫
　　CSP-T plans　CSP-T 計畫
　　CSP-V plans　CSP-V 計畫
　　Dodge-Roming Tables　道奇-雷敏表
　　for attributes　計數值
　　for continuous production　連續生產
　　for variables　計量值
　　MIL-STD-1235B
　　nonaccepted lots　拒收批
　　sample selection　樣本選擇
　　sample size　樣本大小
　　sequential sampling　逐次抽樣
　　Shainin lot plot plan　夏寧抽樣計畫
　　skip-lot sampling　跳批抽樣
　　statistical aspects　統計方面
　　types of　種類
　　uses of　使用

Accuracy　準確度
Activity network diagram　活動網路圖
Affinity diagram　親和圖
American Society for Quality
　　美國品質管制學會
ANSI/ASQ SI
ANSI/ASQ Standard Q3　ANSI/ASQ 標準 Q3
ANSI/ASQ Z1.4
ANSI/ASQ Z1.9
Attribute control charts
　　計數值管制圖（參考 Control charts）
Attributes, types of　計數值，型態
Availability　可用度
Average　平均數
Average outgoing quality（AOQ）
　　平均出廠品質
Average outgoing quality limit（AOQL）
　　平均出廠品質界限
Average sample number　平均樣本數
Average total inspection　平均總檢驗件數

B

Batch processes　分批製程
Benchmarking　標竿制度
Binomial probability distributions　二項機率分配

C

Cause-and-effect diagram　特性要因圖

c charts   *c* 管制圖
Central limit theorem   中央極限定理
Central tendency measures   集中趨勢量測
    average   平均數
    median   中位數
    mode   眾數
    relationships of   關係
Chain sampling inspection plan
    連鎖抽樣檢驗計畫
Characteristics of graphs   圖形的特性
Check Sheets   查檢表
Chief executive officer, quality control
    執行長，品質管制
Coefficient of variation   變異係數
Combination map   組合圖形
Combinations   組合
Computers   電腦
    automatic test/inspection   自動測試／檢驗
    data analysis   資料分析
    data collection   資料蒐集
    process control   製程管制
    statistical analysis   統計分析
    system design   系統設計
Computer programs   電腦程式
Conditional theorem   條件定理
Continuous process improvement
    持續的製程改善
Continuous process   連續製程
Control charts   管制圖
    attribute control charts   計數值管制圖
    techniques   方法
Control limits, specifications and
    管制界限，規格
Cost of poor quality   不良品質的成本
    analysis   分析
    appraisal   鑑定

    categories   類別
    collection system   蒐集系統
    external failure costs   外部失敗成本
    internal failure costs   內部失敗成本
    optimum cost concept   最佳成本概念
    Pareto analysis   柏拉圖分析
    preventive costs   預防成本
    quality improvement strategies   品質改善策略
Count of nonconformities, chart   不合格點數圖
CSP-1 Plans   CSP-1 計畫
CSP-2 Plans   CSP-2 計畫
CSP-F Plans   CSP-F 計畫
CSP-T Plans   CSP-T 計畫
CSP-V Plans   CSP-V 計畫
Cumulative frequency   累積次數
Customer satisfaction   顧客滿意度
    complaint   抱怨
    feedback   回饋
    service after the sale   售後服務
Customer, who is the   誰是顧客
    for average and range   平均數和全距
    for average and standard deviation
       平均數和標準差
    for better operator understanding
       操作人員較易瞭解
    for count of nonconformities   不合格點數
    for count of nonconformities per unit
       每單位不合格點數
    for deviation   離差
    for exponential weighted moving average
       加權指數移動平均數
    for individual values   個別值
    for individual values compared to averages
       個別值與平均值比較
    for median and range   中位數和全距

for moving average and moving range
　　　　移動平均數與移動全距
　　for nonacceptance limits　非允收界限
　　for nonconforming units　不合格品
　　for number nonconforming　不合格品管制圖
　　for trends　製程
　　for variable subgroup size　變動樣組大小
　　for Z & MW　Z 與 MW
　　for Z & W　Z 與 W
　　method　方法
　　overview　概述
　　process capability and tolerance
　　　　製程能力和公差
　　process in control　製程在管制內
　　process out of control　製程不在管制內
　　quality rating system　品質等級制度

D

Data collection, statistical　資料蒐集，統計
Data description, statistical　資料描述，統計
Demerit chart　缺點管制圖
Deming W. Edwards　戴明
Deming's 14 points　戴明 14 點聲明
Design engineering, quality control
　　　設計工程，品質管制
Design of experiments　實驗設計
Discrete probability distribution　離散機率分配
Dispersion measures　離散量測
　　range　全距
　　relationship among measures
　　　　量測值之間的關係
　　standard deviation　標準差
Dodge, H. F　道奇
Dodge-Roming tables　道奇-雷敏表

E

Employee involvement　員工參與
　　education and training　教育和訓練
　　project teams　專案小組
　　suggestion system　建議制度
EXCEL（參考 Computer program）　EXCEL
Exponential failure analysis　指數分效分析
Exponential probability distribution
　　　指數機率分配
Exponential weighted moving average chart
　　　加權指數移動平均管制圖

F

Failure mode and effect analysis（FEMA）
　　　失效模式與效應分析
Failure-rate curve, for reliability
　　　失效率曲線，可靠度
Flow diagrams　流程圖
Forced field analysis　影響力分析
Frequency distribution　次數分配
　　characteristics of graphs　圖形的特性
　　cumulative frequency　累積次數
　　frequency polygon　次數多邊形
　　grouped data　分組資料
　　Histogram　直方圖
　　relative frequency distribution　相對次數分配
　　ungrouped data　未分組資料
Frequency polygon　次數多邊形

G

Gage control　量規管制
　　calculations　計算
　　data collection　資料蒐集

evaluation 評估
repeatability and reproducibility
　　重複性與再現性
Gaussian distribution 高斯分配
Greatest possible error 最大可能誤差
Group chart 群組管制圖
Grouped data, frequency distribution
　　分組資料，次數分配

H

Handbook 手冊
Histgram 直方圖
Hotelling's T2 statistic　Hotelling's T2 統計值
Hypergeometric probability distributions
　　超幾何機率分配

I

Information technology 資訊科技
Inspection 檢驗
Interrelationship diagram 關聯圖
ISO 9000
ISO 14000

J

Juran, Joseph M. 朱蘭

K

Kurtosis 峰度

L

Leadership 領導能力

annual program 年度計畫
CEO commitment 執行長的支持
core value 核心價值
implementation 執行
quality council 品質會議
quality statements 品質聲明
strategic planning 策略規劃
Lean 精實
Life and reliability testing plans
　　壽命與可靠度試驗計畫
Life-history curve, for reliability
　　壽命曲線，可靠度
Limiting quality（LQ） 界限品質

M

Maintainability 維護度
Malcolm Baldrige National Quality Award
　　馬康包立茲國家品質獎
Management and planning tools
　　管理與計畫工具
Marketing department, quality control
　　行銷部門，品質管制
Metric system 公制系統
MIL-STD-105E （參考 ANSI/ASQ Z1.4）
MIL-STD-414 （參考 ANSI/ASQ Z1.9）
MIL-STD-1235B
Mode 眾數
Moving average/moving range, control charts
　　移動平均/移動全距管制圖
Multi-Vari chart 多變異管制圖

N

Nominal group technique 公稱群體技術
Nonacceptance charts 不允收管制圖

Nonconforming units　不合格品
Normal curve　常態曲線
　　Applications　應用
　　description of　說明
　　relationship to mean and standard deviation
　　　　平均數和標準差的關係
Normal failure analysis　常態函數的失效分析
Normal probability distribution　常態機率分配
Normality tests　常態性的檢定
　　chi-square　卡方
　　Histogram　直方圖
　　kurtosis　峰度
　　probability plots　機率點圖

O

Operating characteristic（OC）curve
　　　　操作特性曲線
　　consumer-producer relationship
　　　　生產者與消費者的關係
　　double sampling plans　雙次抽樣計畫
　　for reliability　可靠度
　　multiple sampling plans　多次抽樣計畫
　　properties　性質
　　single sampling plans　單次抽樣計畫
　　type A and B　型 A 與型 B
Optimal solutions　最佳解
Optimum cost concept　最佳成本概念

P

Packing and storage, quality control
　　　　包裝和儲存，品質管制
Pareto analysis　柏拉圖分析
p chart　p 管制圖

Percent tolerance precontrol chart
　　　　公差百分比預先管制圖
Performance measures　績效衡量
　　cost of poor quality　不良品質的成本
　　Malcolm Baldrige National Quality Award
　　　　馬康包立茲國家品質獎
Permutations　排列
Piece-to-piece variation　件間變異
Poisson probability distributions
　　　　卜瓦松機率分配
Polygon, frequency polygon
　　　　多邊形，次數多邊圖
Production department　生產部門
Products liability　產品責任

Q

Quality　品質
　　dimensions of　維度
　　responsibility for　責任
Quality assurance, quality control and
　　　　品質保證，品質管制
Quality by design　設計品質
Quality control　品質管制
　　historical view　歷史回顧
　　responsible for　責任
　　statistical quality control　統計品質管制
Quality, definition of　品質定義
Quality, function deployment（QFD）
　　　　品質機能展開
Quality improvement　品質改善
　　annual program for　年度計畫
　　continuous process improvement
　　　　持續製程改善
　　Deming's 14 points　戴明 14 點聲明
　　Strategy　策略

team approach　小組的方法
Quality rating system, control charts
　　品質等級制度，管制圖
Quality tools and techniques　品質工具和方法

R

Range　全距
Relative error　相對誤差
Relative frequency distribution　相對次數分配
Reliability　可靠度
　achieving reliability, aspects of
　　各層面可靠度的達成
　definition of　定義
　exponential failure analysis
　　指數函數失效分析
　Handbook H108　手冊 H108
　life and reliability testing plans
　　壽命與可靠度試驗計畫
　normal failure analysis　常態函數失效分析
　statistical aspects　統計概念
　test design　試驗設計
　Weibull failure analysis　韋伯函數失效分析
Reliability curves　可靠度曲線
　failure-rate curve　失效率曲線
　life-history curve　壽命曲線
　operating characteristics（OC）curve
　　操作特性曲線
Roming, H. G.　雷敏
Run chart　推移圖

S

Sample　樣本
Sampling plan concepts　樣本計畫概念

average outgoing quality（AOQ）
　平均出廠品質
average sample number　平均樣本數
average total inspection　平均總檢驗件數
consumer-producer relationship
　消費者與生產者的關係
design of　設計
　for stipulated consumer's risk
　　約定消費者風險
　for stipulated producer's and consumer's risk
　　約定生產者與消費風險
　for stipulated producer's risk
　　約定生產者風險
　OC curve　操作特性曲線
Scatter diagram　散佈圖
Sequential sampling　逐次抽樣
Shainin lot plot plan　夏寧批點繪法計畫
Shewhart, W. A.　蕭華特
Short run SPC　短期生產的統計製程管制圖
　deviation chart　離差管制圖
　percent tolerance precontrol chart
　　公差百分比預先管制圖
　precontrol chart　預先管制圖
　specification chart　規格管制圖
　Z & MW charts　Z 與 MW 管制圖
　Z & W charts　Z 與 W 管制圖
Six Sigma　六個標準差
Skewness　偏態
Skip-lot sampling　跳批抽樣
Standard deviation　標準差
Standardized normal curve　標準常態曲線
Statistical quality control, definition
　統計品質管制，定義
Statistics　統計
　data collection　資料蒐集
　data description　資料描述

definitions of　定義
frequency distribution　次數分配
measures of central tendency　集中趨勢的量測
measures of dispersion　離散量測
Supplier partnership　供應商管理
　Certification　檢定
　ratings　評等
　selection criteria　選擇標準

T

Taguchi, Genechi　田口玄一
Taguchi's quality engineering　田口品質工程
Team approaches　小組方法
Test design　試驗設計
Time-to-time variation　時間變異
Total Productive Maintenance（TPM）
　全面生產維護
Total quality management（TQM）, principles and practices　全面品質管理，原則與實務
　basic approach　基本方法
　continuous process improvement
　　持續的製程改善
　customer satisfaction　顧客滿意度
　Definition　定義
　Deming's 14 points　戴明 14 點聲明
　employee involvement　員工參與
　leadership　領導能力
　performance measures　績效量測
　supplier partnership　與供應商合夥的關係
Total quality management（TQM）, tools and techniques　全面品質管理，工具和方法
　acceptance sampling　允收抽樣
　Benchmarking　標竿制度
　design of experiments（DOE）　實驗設計

failure mode & effect analysis（FEMA）
　失效模式與效應分析
Information technology　資訊科技
ISO 9000
ISO 14000
management and planning tools
　管理與計畫工具
products liability　產品責任
quality by design　設計品質
quality function deployment（QFD）
　品質機能展開
Reliability　可靠度
statistical process control（SPC）
　統計製程管制
Taguchi's quality engineering　田口品質工程
　total productive maintenance　全面生產維護
Tree diagram　樹狀圖
Trends, control charts　趨勢管制圖

U

u chart　u 管制圖
Ungrouped data, frequency distribution
　未分組資料，次數分配

V

Variable control charts（參考 Control charts）
　計量值管制圖
　central limit theorem　中央極限定理
　data collection　資料蒐集
　limitations　限制
　method for　方法
　objectives of　目標
　quality characteristic　品質特性
　process capability　製程能力

rational group　合理樣本
　　　revised control limits　修正後的管制界限
　　　specifications　規格
　　state of control　管制狀態
　　　　techniques　方法
　　　trial control limits　試驗管制界限
Variable subgroup size, control charts
　　變動樣組大小，管制圖
Variation　變異
　　　piece-to-piece variation　件間變異
　　　sources of　資料來源
　　　time-to-time variation　時間變異
　　　within-piece variation　件內變異

X

X & MR chart　X 與 MR 管制圖
$\bar{X}$ & R chart　$\bar{X}$ 與 R 管制圖
$\bar{X}$ & s chart　$\bar{X}$ 與 s 管制圖

Z

Z & MW chart　Z 與 MW 管制圖
$\bar{Z}$ & W chart　$\bar{Z}$ 與 W 管制圖

W

Weibull failure analysis　韋伯函數的失效分析
Weibull probability distribution　韋伯機率分配
Why why technique　為什麼？為什麼？方法
Within-piece variation　件內變異

符號索引

A、A_2、A_3	管制係數	LQ	界限品質
a_3	偏度	LRL	下拒絕界限
a_4	峰度	M	最大可允許的缺陷百分比
AOQ	平均出廠品質	MTBF	失效之間的平均時間
AOQL	平均出廠品質界限	MTTR	維修平均時間
AQL	允收品質水準	MTDT	全部停工平均時間
ARL	平均連串長度	Md	中位數
ASN	平均樣本數	Mo	眾數
ATI	平均總檢驗件數	N	數量大小（批；母體）
B_3、B_4、B_5、B_6	管制圖係數	n	樣本大小（觀察的數量）
CSP	連續抽樣	np	不合格數
ChSP	連鎖抽樣	np_0	標準或參考值；中心線；一個事件的平均發生次數
C_r^n	組合		
C_p	能力指標	OC	操作特性
C_K	製程中心的能力指標	$P(A)$	一個事件的機率
C	不合格數；允收數；一個事件的發生	p_a、p_r	允收機率，拒收機率
		P_r^n	排列
$\bar{c}$	平均不合格數	$p(F)$	不合格的比率或分數（母數）
c_0	標準或參考值；中心線		
C_4	管制圖係數	p_0	標準或參考值；中心線
D	缺點；不合格數	$\bar{p}$	平均不合格比率或分數
D_1、D_2、D_3、D_4	管制圖係數	$100p$	不合格比率
d	不合格樣本	$P_{0.95}$、$P_{0.05}$	有關操作特性曲線的批量或製程品質
d_2	管制圖係數		
f	頻率	R	全距；可靠度
g	樣本數	R_0	標準或參考值；中心線
h	觀察或單位的數目	$\bar{R}$	全距的平均數
i	單位區間；間隔數	Q_U、Q_L	變動抽樣計畫中的 U 和 L 品質指標
LSL	下規格界限		
LCL	下管制界限	q	合格比率或分數（$1-p$）

SKSP	跳批抽樣計畫	$\bar{X}_0$	標準或參考值；中心線
$s(s)$	樣本標準差（母體）	$\bar{\bar{X}}$	平均數的平均或全部平均數的總平均
$s^2(s^2)$	樣本變異體（母體）		
s_0	標準或參考值；中心線	X^*	預先管制值的允差百分比
s_R	全距的樣本標準差	W	標準化全距值
s_p	比例的樣本標準差	Z	標準化常態值；標準化個別量測值
$S_{\bar{X}}$	平均數的樣本標準差		
$\bar{s}$	平均樣本標準差	$\bar{Z}$	標準化樣本平均數
t	時間	α	生產者風險；型 1 誤差
USL	上規格界限	β	消費者風險；型 2 誤差；韋伯斜率
UCL	上管制界限		
URL	上拒絕界限	λ	失效率
u	每單位不合格數	μ	參見 $\bar{X}$
u_0	標準或參考值；中心線	Σ	加總
$\bar{u}$	每單位平均不合格數	σ	參見 s
w	重量	θ	平均壽命；故障發生至下次故障的平均時間
X_i	觀察值		
$\bar{X}(\mu)$	樣本平均或平均（母體平均數）		